W0054964

Die Erfindung der Individualität
  oder
Die zwei Gesichter der Evolution

Wolfgang Wieser

Die Erfindung der Individualität
oder
Die zwei Gesichter der Evolution

Spektrum Akademischer Verlag   Heidelberg · Berlin

Die Deutsche Bibliothek – CIP-Einheitsaufnahme

Wieser, Wolfgang:
Die Erfindung der Individualität oder Die zwei Gesichter der Evolution / Wolfgang Wieser. – Heidelberg ; Berlin : Spektrum, Akad. Verl., 1998
ISBN 3-8274-0304-9

© 1998 Spektrum Akademischer Verlag GmbH Heidelberg · Berlin

Es konnten nicht sämtliche Rechteinhaber von Abbildungen ermittelt werden. Sollte dem Verlag gegenüber der Nachweis der Rechtsinhaberschaft geführt werden, wird das branchenübliche Honorar nachträglich gezahlt.

Lektorat: Frank Wigger, Martina Mechler (Ass.)
Redaktion: Ina Raschke
Produktion: Brigitte Trageser
Satz: TypoDesign Hecker GmbH, Heidelberg
Umschlaggestaltung: WSP DESIGN, Heidelberg
Gesamtherstellung: Franz Spiegel Buch, Ulm

Inhaltsverzeichnis

Vorwort

In den letzten zwei Jahrzehnten ist eine wahre Flut von Büchern über Evolutionsbiologie auf dem Markt erschienen. Mancher mag sich an frühe Perioden des Darwinismus erinnert fühlen, als zum Beispiel die Auflagen der Werke von Ernst Haeckel, dem eifrigsten Verkünder von Darwins Ideen in Deutschland, in die Hunderttausende gingen. Was mag wohl dieses neue Interesse für eine Wissenschaft entfacht haben, die immerhin schon seit fast 150 Jahren im Blickpunkt der Öffentlichkeit steht?

Sicherlich spielt hier zum einen die reine Faszination der in jüngster Zeit entdeckten genetischen und molekularbiologischen Zusammenhänge eine Rolle, die sowohl die Verwandtschaftsverhältnisse von Lebewesen als auch die Entwicklung adaptiver Merkmale und deren Vererbung in einem neuen Licht erscheinen lassen. Bei genauerer Betrachtung erschließt sich jedoch ein zweiter Aspekt: Die Integration der neuen Erkenntnisse in das Gedankengebäude des klassischen Darwinismus hat sich als derart erfolgreich erwiesen, daß es faktisch unmöglich geworden ist, den Tatbestand der genetischen Kontinuität und Evolution sämtlicher Lebewesen der Erde zu leugnen. Während Charles Darwin noch keine Ahnung von den Mechanismen der Vererbung und der Entstehung von Variabilität in Organismen hatte, sind wir heute imstande, auf die meisten Fragen zu diesen Themen plausible Antworten zu geben. Aufgrund der Einsicht in den molekularen Aufbau von Genen ist es zum Beispiel möglich, Hypothesen über die Verwandtschaftsverhältnisse rezenter Arten sowie über deren Abstammung von längst ausgestorbenen Vorfahren zu formulieren. Darüber hinaus erleben wir aber auch, wie die Konzepte der Evolutionstheorie in die Medizin, in die Soziologie und Psychologie, in die Wirtschaftstheorie und Ingenieurwissenschaften, ja sogar in die von Computern geschaffene virtuelle Wirklichkeit einsickern. Es ist nicht weiter verwunderlich, daß der Erfolg einer derart vielseitigen Theorie zu gravierenden Spannungen zwischen ihren Ansprüchen und denen der Bewahrer anderer Begriffs- und Wertesysteme geführt hat. Das Eindringen einer Universaltheorie in bisher geschützte Bereiche der Ideenwelt wird als Bedrohung empfunden. Widerstand regt sich allerorten und kommt aus den verschiedensten Richtungen. Viele der neuen Bücher über die Evolutionstheorie mögen dementsprechend auch als Versuche angesehen werden, die Grenzen zwischen Darwins *dangerous idea* – wie sie der amerikanische Philosoph Daniel Dennett nennt – und anderen Bereichen der Ideenwelt der Menschheit neu zu definieren und die Wissenschaft, die sie repräsentiert, gegen Feinde und Kritiker zu verteidigen.

Nun gibt es aber nicht nur Auseinandersetzungen zwischen Apologeten und Kritikern der Evolutionstheorie, sondern auch *innerhalb* des weiten Feldes des modernen Darwinismus bauen sich Barrieren auf. Diese zu überwinden fällt selbst einem so scharfsinnigen Kritiker wie Daniel Dennett schwerer, als die Grenzen zu definieren, die etwa den Darwinisten vom gierigen Reduktionisten oder vom romantischen Holisten scheiden. Die sichtbarste dieser Barrieren ist die zwischen *Gen* und *Organismus*, zwischen *Genotyp* und *Phänotyp*. Daß beide Begriffspaare jeweils eine Barriere umschließen, wird deutlich, wenn wir bedenken, daß Darwin den individuellen Organismus für die einzig relevante Einheit der Selektion hielt, während zeitgenössische Theoretiker diese Rolle meist den Genen zuschreiben. Zweifellos enthalten beide Konzepte einen Teil der Wahrheit, aber die Frage, in welcher Beziehung diese beiden Teilwahrheiten zueinander stehen, scheidet auch heute noch die Geister. Die einen postulieren: „Der Organismus ist bloß ein Vehikel der Gene, die ihn zum Zweck ihrer eigenen Vermehrung konstruieren", die anderen stellen die Frage: „Wie können Tausende egoistischer Gene ihre divergierenden Interessen der Funktionalität des individuellen Organismus unterordnen?" Um die Tragweite des angedeuteten Problems beurteilen zu können, müssen wir uns zusätzlich klar machen, daß die zuletzt gestellte Frage nur im Hinblick auf eine einzige der vielen Linien der Evolution als relevant empfunden wird, nämlich jene Linie, die von eukaryoten Einzellern zu vielzelligen Tieren und schließlich zum Menschen geführt hat. Der bei weitem größte Teil der biologischen Evolution ist jedoch – woran uns der amerikanische Paläontologe S. J. Gould unermüdlich erinnert (um aus diesem Tatbestand ebenso unermüdlich fragwürdige Schlüsse zu ziehen) – nichts anderes als *Prokaryotenevolution*. Die Ökosysteme der Erde sind und waren zu allen Zeiten beherrscht von kernlosen Mikroorganismen, deren Phänotyp sich auf die molekulare Maschinerie des Zellstoffwechsels und auf einige motorische Funktionen der Zelle beschränkt. Solche Zellen können sich zwar auch zu kolonialen Systemen zusammenschließen, aber integrierte vielzellige Organismen sind auf dieser Stufe der biologischen Organisation nicht entstanden. Erst nach Ablauf von etwa drei Vierteln der bisherigen Evolution (also rund drei Milliarden Jahre nachdem auf der erkalteten Erde die ersten Zellen entstanden waren) begann sich der Phänotyp einer quantitativ zunächst unbedeutenden Linie von Organismen, der Metazoen, in Dimensionen hinein zu enfalten, in denen sich zu den Merkmalen der Größe, Schnelligkeit und Arbeitsteilung allmählich auch noch soziales Verhalten, Intelligenz und Sprache gesellten.

Es ist bemerkenswert, daß die außerordentliche Asymmetrie und Ungleichgewichtigkeit der phänotypischen Evolution auf dem Boden und mit den Mitteln eines genetischen Substrats stattgefunden hat, das in Hinblick auf die Größe des Genoms und die Basensequenzen von Genen zwar enorm variabel ist, in qualitativer Hinsicht aber keine dramatischen Unterschiede zwischen den verschiedenen Stammeslinien der Evolution erkennen läßt (sieht man von der gewaltigen Zunahme des Anteils scheinbar informationsleerer DNA am Genom beim Übergang vom kernlosen (prokaryoten) zum kernhaltigen (eukaryoten) Zelltyp ab). Selbst innerhalb eines begrenzten Abschnitts stammesgeschichtlicher Verzweigungen lassen sich Asymmetrien im Ausmaß der phänotypischen Evolution und Diskrepanzen zwischen dieser und der genotypischen Evolution feststellen. In dem Zeitraum, in dem sich etwa der Stamm der Säugetiere in so verschiedene Linien wie Wale, Fledermäuse und Nagetiere aufgespalten hat, ist der Stamm der Amphibien fast unverändert geblieben – und dies, obwohl in *beiden* Gruppen die molekulare Uhr des Wandels ungefähr im gleichen Takt weitergeschlagen hat. Die eindrucksvollste Demonstration der Diskrepanz zwischen genotypischer und phänotypischer Veränderung liefern natürlich die Primaten, bei denen die Entwicklung des Großhirns und dessen kognitiver Leistungen, inklusive der Erfindung der Sprache, eine zweite Evolution in Gang gesetzt hat: die *kulturelle Evolution* menschlicher Gesellschaften, deren Wirkungen auf die Natur in keinem Verhältnis zu denen der parallelen *genetischen Evolution* dieser Tiergruppe stehen.

Derartige Asymmetrien und Diskrepanzen zwingen uns, das Verhältnis zwischen Genotyp und Phänotyp neu zu hinterfragen. Selbst wenn wir fest auf dem Boden des neuen Darwinismus bleiben und nicht bezweifeln, daß die biologische Evolution angetrieben wird durch genetisches Material, das sich vermehrt und verändert, und daß phänotypische Varianten dem unaufhörlichen Prozeß der natürlichen Selektion unterliegen – selbst unter dieser Voraussetzung bedarf es eines eigenen Systems von Begriffen, um beschreiben zu können, wie sich ähnliche Gene zu unterschiedlichen genetischen Netzwerken verknüpfen und unterschiedliche Phänotypen hervorbringen. In einem derartigen algorithmischen System hat das nur auf seinen unmittelbaren Vorteil (der unbegrenzten Replikation) bedachte „egoistische“ Gen wohl seinen Platz, aber zur Erklärung der Evolution des Phänotyps trägt der Tatbestand des egoistischen Potentials etwa ebensoviel bei wie der Tatbestand des thermodynamischen Potentials von ATP zur Erklärung so unterschiedlicher Vorgänge im tierischen Organismus wie Proteinsynthese, Muskelaktivität und Nervenimpulse. Die Frage ist nicht so sehr, ob und wo sich im Genom ein egoistisches Gen befindet, das ein bestimmtes Merkmal exprimiert, um seine eigene Vermehrung zu betreiben, sondern vielmehr, wie es möglich ist, daß hunderttausend Gene ihre egoistischen Interessen so aufeinander abstimmen, daß daraus ein auf der Kooperation von Teilen aufgebautes System entsteht.

Die gegenwärtige Evolutionsbiologie hat sich zwei großen Herausforderungen zu stellen: Sie muß den Übergang von einer *gen*zentrierten zu einer *genom*zentrierten Genetik und Entwicklungsbiologie vollziehen (womit sie mit Hilfe einer Reihe leistungsfähiger neuer Methoden bereits begonnen hat), und sie muß die Strategien der Wechselwirkungen zwischen Genotyp und Phänotyp neu definieren. Daß der Phänotyp in die Aktivität des genetischen Apparats einzugreifen vermag, indem er Gene ein- und ausschaltet oder deren Aktivität moduliert, ist seit langem bekannt. Die Möglichkeit, daß der Phänotyp auch die *Evolution* des Genotyps beeinflußt, ist in diesem Jahrhundert nur selten erörtert worden. Der lange Schatten des Lamarckismusvorwurfs hat dies weitgehend verhindert. Dabei hat der englische Biologe J. M. Baldwin bereits vor rund 100 Jahren darüber spekuliert, wie man sich einen derartigen Einfluß des Phänotyps auf die Evolution der Art vorstellen könne: Die Idee der Einzigartigkeit des Individuums impliziert nämlich auch, daß sich Individuen aufgrund ihrer besonderen Kombination von Merkmalen und Leistungen besondere Überlebensnischen mit einem jeweils spezifischen Selektionsregime aussuchen und auf diese Weise die Evolution ihrer Nachkommen in besondere Richtungen lenken könnten. Diese Möglichkeit – die Baldwin (1896) als einen „neuen Faktor der Evolution" bezeichnete – ist erst wieder in den letzten Jahrzehnten ernsthaft diskutiert worden.

Es gibt jedoch auch eine zweite Schiene für den Informationstransfer vom Phänotyp zum Genotyp. Je komplexer der Phänotyp gebaut ist, je spezifischer seine Teile ineinandergreifen, desto stärker wird hierdurch die Expressionsmöglichkeit von Genen und damit die Entstehung von neuen Varianten eines Bauplans eingeschränkt. Wir müssen uns darüber im klaren sein, daß eine durch *Verbote* zustande gebrachte *allgemeine Einschränkung* des genetischen Potentials ebenso einen Transfer von Information impliziert wie eine durch *Anweisungen* zustande gebrachte *gezielte Erweiterung* dieses Potentials. Aber nur auf letztere Strategie trifft der Lamarckismusvorwurf zu. Die zuerst genannte Strategie ist hingegen mitverantwortlich für die oft dramatische Beschleunigung des evolutionären Prozesses, denn zur Lösung eines adaptiven Problems stehen dann nicht unbegrenzt viele, sondern nur eine vom Grad der Komplexität und Vernetztheit des jeweiligen Bauplans abhängige, dramatisch eingeschränkte Zahl von Möglichkeiten zur Verfügung.

Ich möchte in diesem Buch den Rahmen für die notwendig gewordene Neuorientierung der Diskussion über das Verhältnis zwischen Genotyp und Phänotyp skizzieren. Zum einen will ich am Beispiel eines breiten Spektrums phänotypischer Funktionen – von der Transformation des genetischen Rezepts in die Werkzeuge des Stoffwechsels bis zum sozialen Verhalten von Tieren – jene Gesetzmäßigkeiten herauszuarbeiten versuchen, die wir heutzutage als „Zwänge" verstehen und die den Verlauf der biologischen Evolution ebenso mitbestimmt haben, wie es die natürliche Selektion getan hat. Zum anderen ziehe ich den Schluß, daß die mit zunehmender Komplexität des Bauplans zunehmende Bedeutung des Phänotyps auch zu dessen zunehmender Emanzipation von den Anweisungen des Genotyps geführt hat. Deutlich sichtbar wird dieser Vorgang mit der Erfindung der Sprache des Menschen, eines phänotypischen Werkzeugs, mit dessen Hilfe eine biologische Art erstmals imstande war, genetischen Anweisungen zu widersprechen. Angekündigt hat sich diese Entwicklung allerdings bereits in früheren Phasen, zumindest seit der Evolution eines phänotypischen Zentralorgans der Informationsverarbeitung, des Gehirns. Es ist diese partielle Unabhängigkeit des Phänotyps vom Genotyp, die für mich der Anlaß ist, von den „zwei Gesichtern" der Evolution zu sprechen. Mir scheint diese Differenzierung notwendig, um die Bedeutung von „Darwins gefährlichem Erbe" (Dennett 1997) richtig einschätzen zu können. Die Begriffe der Emanzipation des Phänotyps und der phänotypischen Evolution müssen allerdings richtig verstanden werden. Ich verlasse in keinem Augenblick den Boden eines konsequenten Darwinismus und bin so wie andere konsequente Darwinisten der Überzeugung, daß die *Rezepte* zur Erzeugung von Phänotypen nur über die genetische Maschinerie der Keimbahn weitergegeben werden können. Der Phänotyp hat aber seinerseits den Gang der Evolution mitbestimmt, indem er Wege zur Entwicklung einzigartiger Individuen eröffnet und auf diese Weise das Zeitmaß und die Richtung der Evolution des Genotyps zu beeinflussen imstande war. Die *Evolution der Individualität* (im Sinne von L. Buss 1987) oder die *Erfindung des Individuums* durch die Evolution hat letztendlich dazu geführt, daß an einem singulären Punkt des globalen Prozesses die biologische Evolution gleichsam in die Lage versetzt wurde, sich selbst zu reflektieren.

Wie es sich für ein Buch von selbst versteht, in dem Daten aus den verschiedensten Bereichen der Biologie herangezogen werden, um Ideen über die Rahmenbedingungen des evolutionären Prozesses zu stützen und zu illustrieren, bin ich zahlreichen Freunden und Kollegen für Anregungen, Kommentare und kritische Bemerkungen dankbar. Vor allem seien hier genannt: E. Gnaiger, J. Gruber, G. Haszprunar, R. Kaufmann, J. Klima, G. Kreil, G. B. Müller, H. Petsche, R. Psenner, R. Rieger, P. Schuster, P. Sitte, C. Sturmbauer, E. Thaler und G. P. Wagner. Darüber hinaus möchte ich nicht versäumen zu betonen, wie sehr ich der großen Zahl englischsprachiger Autoren verpflichtet bin, deren scharfsinnige und prägnante Analysen maßgeblich dazu beigetragen haben, daß die Integration von Genetik, Entwicklungsbiologie, Morphologie, Physiologie und Soziologie zu einem facettenreichen Bild vom Verlauf und den Mechanismen der Evolution so erfolgreich voranschreitet. Stellvertretend für viele möchte ich zwei Bücher nennen, die mir die *systemaren* Aspekte der biologischen Evolution auf besonders überzeugende Weise nahegebracht haben. Es sind dies *The Evolution of Individuality* von L. W. Buss (1987) und *The Major Transitions in Evolution* von J. Maynard Smith und E. Szathmáry (1995).

Frau Sieglinde David hat zur graphischen Gestaltung des Buches wesentlich beigetragen, und das Lektorat des Spektrum-Verlags, allen voran Frau Ina Raschke und Herr Frank Wigger, hat auf kreative Weise stilistische und grammatische Unebenheiten meines Manuskripts ausgebügelt. Schließlich bin ich, wie immer, meiner Frau Joy dankbar, daß sie meine monomane Beschäftigung mit der Biologie und Evolution anderer Lebewesen ertragen hat.

Innsbruck
Juli 1998

1. Was ist Leben? Ordnungsbegriffe und Modelle

Das Bemühen, die Ordnung der Welt zu verstehen, ist nicht nur der Kern der abendländischen Wissenschaftsidee, es prägt sämtliche Kulturen dieser Erde. Diese unterscheiden sich voneinander vor allem durch das von ihnen jeweils bevorzugte Verhältnis zwischen objektiver und subjektiver Interpretation der Wirklichkeit. So kann der Weg von der Unordnung zur Ordnung sowohl durch die Naturwissenschaften als auch durch Mythologien gewiesen werden (Girard 1984). Dies impliziert, daß Menschen bereit sind, sich auf sehr unterschiedliche Weise mit der unübersehbaren Existenz von Mannigfaltigkeit auseinanderzusetzen. Es ist möglich, die Dinge der Umwelt zu *beschreiben* und zu *benennen*, sie zu *klassifizieren* oder ihr Zustandekommen und ihre Herkunft zu *verstehen*. Inwieweit eine Beschreibung das Gefühl vermittelt, das beschriebene Objekt auch *begriffen*, das heißt „in Besitz" genommen zu haben, hängt in hohem Maße von den Ansprüchen des Beschreibers ab. Zwei unterschiedlich aufgebaute dynamische Systeme mögen zum Beispiel ein Verhalten zeigen, das sich durch ein und denselben Formalismus beschreiben läßt. Dem einen Betrachter genügt diese Ähnlichkeit als Beweis für ein zugrundeliegendes gemeinsames Ordnungsprinzip, dem anderen nicht. So soll die Mikrokosmos-Makrokosmos-Analogie bei der Entdeckung des Blutkreislaufs durch William Harvey Pate gestanden haben, aber erst die Befreiung von den Zwängen dieser Analogie hat die vorurteilsfreie, rationale Erforschung des Mikrokosmos der Lebewesen möglich gemacht.

Auch die Suche nach biologischen Ordnungsprinzipien hatte sich aus dem Bemühen entwickelt, die Mannigfaltigkeit der uns umgebenden belebten Dinge zunächst zu *unterscheiden* und dann zu *klassifizieren*, ein Bemühen, das in der abendländischen Welt mit Aristoteles einen ersten, mit Carl von Linné einen zweiten Höhepunkt erreichte. Die durch systematisches Sammeln und Beobachten aufgespürten Ähnlichkeiten zwischen Lebewesen ließen ein zugrundeliegendes ordnendes Prinzip erahnen, das in Darwins großem Entwurf, rund 100 Jahre nach Linnés *Systema Naturae*, dann auch tatsächlich sichtbar wurde: Organismen sind einander ähnlich, weil sie gemeinsame Vorfahren haben. Zum Vergleich mag man sich die Klassifikationsversuche nichtabendländischer Kulturen vor Augen führen. Von gewissen Stämmen Neuguineas wird berichtet, sie hätten sämtliche Vogelarten, die in ihrem Gebiet sehr viel später von westlichen Ornithologen identifiziert und mit wissenschaftlichen Namen benannt wurden, ebenfalls bereits zu unterscheiden und zu benennen gewußt. Den Ureinwohnern Neuguineas ging es allerdings ausschließlich um die *Feststellung* von Unterschieden in ihrer Umwelt, also darum, sich durch genaue Beobachtung in einem komplexen ökologischen System zurechtzufinden, nicht um die Suche nach Prinzipien zur *Erklärung* von Unterschieden.

Die in der Mannigfaltigkeit von Lebewesen sichtbar werdenden Ähnlichkeiten haben jedoch nicht nur die Idee der *Verwandtschaft* provoziert. Das Phänomen der Ähnlichkeit läßt sich auch hinterfragen, indem nach den Gesetzen gesucht wird, die das Zusammenwirken der Teile von Objekten regeln. Dabei mag sich herausstellen, daß die Ähnlichkeit zweier Objekte nicht in deren Verwandtschaft, sondern in einer gemeinsamen *funktionellen Organisation* wurzelt. Die in der Renaissance geborene, mit Namen wie Borelli, Galilei oder Descartes verknüpfte Idee, das Funktionieren von Organismen beruhe letzten Endes ebenso auf mechanischen Prinzipien wie das Funktionieren von Maschinen, stand bekanntlich am Anfang der Eroberung der Welt durch die Naturwissenschaften. Auch wenn der *Antrieb* zunächst im Dunkel blieb, das Studium der Teile biologischer Maschinen eröffnete Einblicke in Zusammenhänge, die den Vergleich mit Uhrwerken und anderen mechanischen Artefakten der damaligen Zeit nahelegten. Mechanische Apparate, die sich bewegten, Arbeit verrichteten, Prozesse steuerten und Veränderungen in der Umwelt anzeigten, wurden so zu Abbildern eines organisatorischen Prinzips, von dem angenommen wurde, daß es auch die Leistungen von Lebewesen bestimmen müsse. Der Schritt von der Suche nach *Ordnung* in der Welt zum Versuch, die *Organisation* von Dingen zu verstehen, war folgenschwer und markiert den Aufstieg der sogenannten westlichen Zivilisation in der Geschichte.

Die mechanischen Modelle bildeten *Funktionen* von Organismen ab, nicht aber deren *Formen*, und schon gar nicht ließen sie Aussagen über die *Entstehung* dieser Formen zu. Betrachtet man jedoch einen sich entwickelnden Keim, etwa die Entfaltung organischer Strukturen aus dem scheinbar strukturlosen Plasma eines Vogeleies, dann wird die Suche nach Prinzipien zur Erklärung der biologischen Organisation in eine neue Richtung gelenkt. Man wird veranlaßt, sich mit dem Rätsel der Entstehung eben dieser Formen auseinanderzusetzen. Hat man dieses einmal durchschaut, dann wird sich, so meint der an Aristoteles geschulte Forscher, die Einsicht in die assoziierte Funktion gewissermaßen von selbst einstellen.

In der zweiten Hälfte des 19. Jahrhunderts setzte eine Entwicklung ein, die dieser Erwartung Nahrung zu geben schien. Zum einen wurden mit den besten Mikroskopen der damaligen Zeit im scheinbar homogenen Protoplasma von Zellen Fasergeflechte, Micellen, Wabenmuster und andere Strukturen entdeckt, die als Ausdruck verborgener Lebensprozesse gedeutet wurden. Zum anderen zeigten physikochemische Studien an Lösungen und Stoffgemischen, daß Diffusion, Osmose und elektrische Wechselwirkungen in ebenfalls homogenen Flüssigkeiten charakteristische Strukturen hervorbringen können, die sich mit den in Zellen beobachteten vergleichen ließen. Es schien, als könne das Studium von Lösungen unter dem Einfluß physikochemischer Kräfte zu Einsichten in allgemeine Gesetze der Formbildung führen, die auch für biologische Systeme Gültigkeit hätten. Nicht die *Funktion*, sondern die *Form* trat nun als die bestimmende Größe des Lebens in den Vordergrund, und es wurde zur vornehmsten Aufgabe der Biologie, deren Entstehung in heterogenen chemischen Systemen zu erklären. In den Worten von Stéphane Leduc (1914, S. 112), einem der eifrigsten Verfechter einer physikochemischen Theorie des Lebens und Professor an der Medizinischen Hochschule in Nantes:»Die hauptsächliche Bedingung für ein Lebewesen ist seine Form: Geborenwerden heißt Form annehmen. Das Lebewesen tritt mit einer vor ihm nicht vorhandenen Form auf und entwickelt sich und verschwindet mit ihr ... Es ist augenscheinlich, daß diese unwiderlegbare Wichtigkeit aus der Morphogenie die Grundlage der Biologie machen müßte.«

Die physikochemische Theorie des Lebens und die physikochemischen Modelle von Lebensformen und -prozessen verdankten ihre Popularität um die Jahrhundertwende zwei Forschungsgebieten der physikalischen Chemie, die sich gegen Ende des 19. Jahrhunderts besonders stürmisch entwickelt hatten: Osmose und Kolloidchemie (siehe Wolfgang Ostwald 1909). Das Wirken osmotischer Kräfte in kolloidalen Lösungen ist von Formveränderungen begleitet, deren Ähnlichkeiten mit wachsenden Pflanzen, fressenden und sich teilenden Einzellern nicht als bloß oberflächliche Analogien verstanden wurden.»Die Chemie der Osmose ist die Chemie des Lebens«, meinte Leduc. Danach sollten Lebensformen ihre Entstehung ganz allgemein dem – von einem „Zentrum" ausgehenden – Wirken osmotischer und elektrischer Kräfte auf die Komponenten heterogener chemischer Lösungen verdanken.

Da man sah, daß unter gewissen Bedingungen chemische Systeme durch das Wirken ihnen innewohnender Kräfte auch komplexe dynamische Strukturen hervorzubringen vermögen, fühlte man sich berechtigt, in ihnen Modelle formgebender biologischer Prozesse zu sehen. Das Prinzip der *Selbstorganisation* wurde dementsprechend auch als eine der entscheidenden Voraussetzungen zum Verständnis von Lebensprozessen angesehen. Der große deutsche Chemiker Wilhelm Ostwald (der Vater von Wolfgang) diskutierte in seinen Vorlesungen über Naturphilosophie bereits vor fast 100 Jahren den Aspekt der Selbstorganisation und bezeichnete dessen Erforschung als eine der Herausforderungen an die Biologie der Zukunft (Wilhelm Ostwald 1902; zitiert nach Niedersen et al. 1992):»Wir werden bald sehen, daß die stationären Erscheinungen in bestimmtem Sinne die Formen des Lebens sind, und daß alle Organismen sich als Gebilde auffassen lassen, deren verhältnismäßige Beständigkeit auf der Ausbildung stationärer, durch Selbstregulierung entstehender Zustände beruht.«

Die Geschichte der Biologie ist eine Geschichte wunderbarer Entdeckungen, sie gleicht aber auch einem Museum der Lebensmodelle, von denen jedes den jeweiligen Wissensstand über einen Aspekt der biologischen Organisation präsentiert. *Ideen* von der Wirklichkeit können so an der Wirklichkeit selbst iterativ getestet werden. Auch die spezialisierte und mechanistische Naturwissenschaft dieses Jahrhunderts hat eine Fülle von Modellvorstellungen produziert, die wir als Pfade durch die Labyrinthe der Wissenschaft vom Leben interpretieren können.

1.1 Strukturen und Systeme

Als ein charakteristisches Merkmal des Lebens wurde früher die Tatsache gewertet, daß belebte Strukturen scheinbar unvermittelt aus strukturloser Materie entstehen können. Aus dem formlosen Schlamm eines Gewässers schlüpfen Wimpertierchen und die filigranen Wunder von Eintagsfliegen; das Protoplasma eines Eies verwandelt sich gleichsam vor unseren Augen in die differenzierte Gestalt eines werdenden Hühnchens. Theorien über die Entstehung differenzierter Muster in einem unstrukturierten Medium nehmen deshalb im Museum der Modelle einen besonderen Platz ein. So demonstrieren die oben erwähnten physikochemischen Modelle, daß chemische Reaktionen in transparenten kolloidalen Lösungen zu Strukturen führen können, die an ähnliche Strukturen in lebenden Zellen erinnern. Wir wissen heute, daß sämtliche derartigen Veränderungen durch Konzentrationsgradienten, osmotische und elektrische Kräfte sowie durch die freien Energien exergoner (das heißt spontan ablaufender) chemischer Reaktionen angetrieben werden. Strukturen entstehen aufgrund von Wechselwirkungen zwischen Teilchen, etwa als Folge unterschiedlicher Diffusionsgeschwindigkeiten von Stoffen in Lösung, aufgrund von Widerständen, die der Ausbreitung von Stoffen durch Grenzflächen entgegensetzt werden, oder durch die katalytische Kopplung von Reaktionen. Es sind die *Wechselwirkungen* zwischen Teilchen, die zu nichtlinearen Veränderungen im betrachteten System führen – und diese wiederum sind für die Ausbildung von Strukturen verantwortlich. Das in Abbildung 1.1a gezeigte Beispiel einer solchen nichtlinearen Kreation teilt jedoch mit fast allen anderen Beispielen aus der klassischen Epoche der physikalischen Chemie um die Jahrhundertwende das Attribut, ein „geschlossenes" System darzustellen, dem weder Energie noch Stoffe zugeführt werden. Sind die in den Anfangsbedingungen des Systems enthaltenen thermodynamischen Gradienten (Konzentrationsunterschiede, elektrische und osmotische Potentiale) einmal eingeebnet, dann ist der Zustand des Gleichgewichts erreicht, die Dynamik des Geschehens kommt zum Erliegen, die Strukturen verschwinden oder bilden Präzipitate, *statische Muster* ohne funktionelle Bedeutung.

Demgegenüber zeichnen sich biologische Systeme dadurch aus, daß sie einen bestimmten Zustand fern vom thermodynamischen Gleichgewicht *aufrechterhalten*, was die kontinuierliche Zufuhr von Energie und Stoffen voraussetzt, die das System durchfließen und in entwerteter Form wieder verlassen. In diesem dynamischen Geschehen können charakteristische Merkmale des Systems, wie Stoffkonzentrationen und Zustandsgrößen des inneren Milieus sowie spontan zustande gekommene Strukturen, ihre jeweilige Form bewahren, also nicht bloß *Dauer*, sondern *Dauer im Wechsel* demonstrieren. Seit Bertalanffy (1932) wird diese besondere Form der Konstanz fern vom thermodynamischen Gleichgewicht als „dynamisch", „stationär" oder als *Fließgleichgewicht* bezeichnet.

Nun hat die Erkenntnis, daß es auch anorganische Reaktionssysteme gibt, auf die der Begriff des Fließgleichgewichts anwendbar ist, eine neue Generation von Lebensmodellen hervorgebracht. Wie das obige Zitat von Wilhelm Ostwald andeutet, wußten bereits die Chemiker des 19. Jahrhunderts, daß auch gekoppelte physikochemische Reaktionen im Prinzip zur »Ausbildung stationärer, durch Selbstregulierung entstehender Zustände« imstande sind. Zu echten Modellen des Lebens wurden derartige Reaktionssysteme allerdings erst durch die Entwicklung mathematischer Formalismen, mit deren Hilfe ihre Eigenschaften beschrieben werden können.

In neuerer Zeit haben zwei derartige Modelle besondere Popularität gewonnen: zum einen das von Prigogine und seinen Mitarbeitern (Prigogine und Wiame 1946; Prigogine und Nicolis 1971; Nicolis und Prigogine 1977) entworfene, das den Übergang vom mikroskopischen Chaos zur makroskopischen Ordnung *dissipativer Strukturen* in Flüssigkeitssystemen beschreibt (siehe den Exkurs „Selbstorganisation dissipativer Strukturen" auf Seite 9); zum anderen die von Haken (1983, 1988, 1990) entwickelte *Synergetik*, die sich in einem weit allgemeineren Sinn mit der Hervorbringung makroskopischer räumlicher und zeitlicher Strukturen in dynamischen Systemen befaßt. Beide Modelle, sowohl das der Selbstorganisation dissipativer Strukturen wie das der Synergetik, handeln von *dynamischen* funktionslosen Mustern, die – in den Worten von Bischof (1988) – zwar *schön* sein mögen, nie aber *zweckmäßig*. Dennoch sind dissipative Strukturen und synergetische Effekte als echte Modelle von Lebenserscheinungen gefeiert worden, bereits von ihren Erfindern, aber noch überschwenglicher von den Verkündern neuer Wahrheiten. So bezeichnete etwa Capra (1996, S. 220) dissipative Strukturen als die »Grundstrukturen aller lebenden Systeme und damit auch von uns Menschen«. Ihre Regelmäßigkeit und scheinbare Stabilität ist als Ausdruck homöostatischer Prozesse interpretiert worden; und im Entstehen eines kohärenten Lichtfeldes durch die Unterdrückung „konkurrierender" Lichtwellenzüge meinte Haken (1988) sogar das »Prinzip des Darwinismus in der unbelebten Natur« entdeckt zu haben. Derartige Sprachfiguren führen jedoch in die Irre. Würden wir die durch Interaktionen von Molekülen hervorgerufene Konstanz von Strömungsmustern für ein „homöostatisches Phänomen" halten, dann ließe sich auch ein Topf kochenden Wassers als ein solches bezeichnen, denn trotz ständiger Energiezufuhr bleibt die Temperatur des Wassers konstant um 100 °C. Vom „Darwinismus" konkurrierender Elektronen zu sprechen, ist noch bizarrer, denn die Selektionstheorie handelt von der Konkurrenz autonomer, zur Selbstvermehrung befähigter Einheiten, von denen ein bestimmter Typ anderen Typen unter ganz bestimmten Bedingungen überlegen ist. Unter anderen Selektionsbedingungen können sich die Dominanzverhältnisse jedoch auch umkehren. Eine solche Möglichkeit setzt grundsätzlich andere Bedingungen voraus, als sie für die von Haken geschilderten Interferenzen zwischen Photonen und Elektronen gelten – und diese verfälscht der Autor zudem durch Verwendung des Begriffs Versklavung auf ähnliche Weise, wie um die Jahrhundertwende die Popularisatoren des Darwinismus sich darin gefielen, Wechselwirkungen zwischen Molekülen als Akte der *Liebe* zu bezeichnen.

In der Systematik von Lebensmodellen dokumentiert der Übergang von statischen zu dissipativen Strukturen eine Erweiterung des physikalischen Weltbildes. Das Interesse der Physiker und Chemiker richtet sich nun nicht mehr bloß auf ausschließlich von *Kräften* bestimmte Reaktionen im Gleichgewicht, sondern auch auf gleichgewichtsferne, von Kräften und *Flüssen* bestimmte Reaktionen. Aus diesem Grund, so meint Prigogine (1977), sind Physik und Kosmologie dabei, von Wissenschaften des *Seins* zu solchen des *Werdens* zu expandieren. Das Werden als ein *biologisches* Phänomen handelt jedoch nicht einfach von *Flüssen*, sondern von autonomen, vermehrungsfähigen und evolvierbaren *Systemen*. Die entsprechenden Modelle müssen also *zweckmäßige* Konstruktionen und *zielgerichtete* Prozesse enthalten.

Während dissipative Strukturen Manifestationen der Verteilung und des Transports von Entropie durch ein Medium sind, bedürfen autonome biologische Systeme „konservativer" Strukturen, die der Dissipation von Energie und den chaotischen Fluktuationen von Teilchen Widerstand entgegensetzen (Eigen 1971; Eigen und Winkler 1975). Die molekularen und anatomischen Strukturen von Lebewesen sind von solcher Art. Ihre Bedeutung wurzelt in der Stärke der Bindungen (der *Affinität*) zwischen ihren Teilen, und in der *Spezifität* dieser Bindungen wurzelt das Merkmal der *Identität* biologischer Systeme. Obwohl biologische Systeme im thermodynamischen Sinne *offene* Systeme darstellen, die – wie bereits erwähnt – einen bestimmten Zustand fern vom

EXKURS

Selbstorganisation dissipativer Strukturen

In dem als *Bénard-Phänomen* bekanntgewordenen dissipativen Reaktionssystem wird eine Lösung durch stete Wärmezufuhr fern vom thermodynamischen Gleichgewicht gehalten. Die zugeführte Energie baut einen Temperaturgradienten auf, der zu Konvektionsinstabilitäten führt. Die strömenden Flüssigkeitspartikel stoßen zunächst chaotisch gegeneinander, wobei ein Großteil der mechanischen Energie der Konvektionsströme wieder in Wärme verwandelt und damit die Entropieproduktion in der Lösung erhöht wird. Mit zunehmender Dauer der Erwärmung beginnen die Flüssigkeitsströme jedoch geordneteren Bahnen zu folgen, was dazu führt, daß die Partikel weniger chaotisch gegeneinander stoßen und der Anteil der mechanischen Energie an der Energiebilanz wächst, der der Reibungsverluste hingegen abnimmt. Insgesamt sinkt somit die Entropieproduktion. Der stabile Zustand, gekennzeichnet durch die makroskopische Ordnung der zirkulierenden Flüssigkeitsströme, entspricht einem Zustand, in dem die *Entropieproduktion minimal* ist (Glansdorf und Prigogine 1971). Der Vorgang der Entstehung geordneter Muster in einer Lösung wurde als „spontane Selbstorganisation" bezeichnet, wobei der Weg dieser Entwicklung vom mikroskopischen Chaos zu Beginn der Erwärmung über die Phase der Instabilität mit hoher Entropieproduktion in Richtung auf einen Zustand der zunehmenden makroskopischen Ordnung mit abnehmender Entropieproduktion verläuft. Dies ist aber auch jener Zustand, in dem der Entropie*transport* durch die Flüssigkeitsschicht hindurch maximal ist, da die Reibungsverluste im Inneren der Schicht dann auf ein Minimum reduziert sind. In erster Annäherung können dissipative Strukturen und Muster somit als Manifestationen bevorzugter Konvektionsströme bezeichnet werden, die Entropie durch ein im thermodynamischen Ungleichgewicht gehaltenes Reaktionssystem transportieren.

In energetischer Hinsicht unterscheiden sich Gleichgewichts- und Fließgleichgewichtssysteme dadurch voneinander, daß bei ersteren sämtliche Potentiale eingeebnet sind und solche Reaktionssysteme dementsprechend keine Arbeit verrichten können, während bei letzteren aufgrund der ständigen Zufuhr von freier Energie ein arbeitsfähiges thermodynamisches Potential aufrechterhalten wird. Die Tatsache, daß trotz der Dynamik des Fließgleichgewichtszustands gewisse strukturelle Systemparameter konstant bleiben, läßt vermuten, daß es in der Lösung zu stabilen Verteilungsmustern zwischen mechanischer und Transportleistung einerseits sowie Wärme- und Entropieproduktion andererseits kommt. Dahinter verbirgt sich ein weiterer wichtiger Unterschied zwischen Gleichgewicht und Fließgleichgewicht. Im Gleichgewicht verrichten chemische Reaktionen weder Arbeit, noch produzieren sie Entropie, das heißt, in diesem Zustand ist der Reaktionsfluß von „links" nach „rechts" ebenso groß wie der in umgekehrter Richtung. Wechselwirkungen zwischen Teilchen können daher nur in submikroskopischen Dimensionen stattfinden, für die eine Strecke von 10^{-10} Metern (10 Nanometer = 1 Ångström) als Richtmaß dienen mag. Im Fließgleichgewichtszustand hingegen werden chemische Prozesse in weiter Entfernung vom thermodynamischen Gleichgewicht gehalten, und dies hat Wechselwirkungen in völlig anderen Dimensionen zur Folge. Stellen wir uns etwa ein heterogenes Reaktionssystem vor, in dem gleichzeitig zwei chemische Reaktionen ablaufen: eine, in der die Substanz X in 2 Y umgewandelt wird (und umgekehrt), und eine zweite, in der die Substanz Y in 2 Z umgewandelt wird (und umgekehrt):

$$[X \rightleftharpoons 2\,Y] \text{-----} [Y \rightleftharpoons 2\,Z] \qquad \text{(Fall 1)}$$

$$Q$$

$$\begin{array}{ll} & Y \Rightarrow\Rightarrow\Rightarrow 2\,Z \rightarrow\rightarrow\rightarrow\rightarrow\rightarrow \\ Q & \\ X \Rightarrow\Rightarrow\Rightarrow 2\,Y \rightarrow\rightarrow\rightarrow\rightarrow\rightarrow[& \qquad \text{(Fall 2)} \\ Q & \\ & Y \Rightarrow\Rightarrow\Rightarrow 2\,Z \rightarrow\rightarrow\rightarrow\rightarrow\rightarrow \\ & Q \end{array}$$

Im Zustand des Gleichgewichts (Fall 1) befinden sich die Teilchen jeder der beiden Reaktionen in ständiger Wechselwirkung miteinander (⇌), während *zwischen* den beiden Reaktionen keine oder nur geringfügige Wechselwirkungen auftreten (-----). Die Entropieproduktion (Q) ist in beiden Reaktionen gleich Null. Im Zustand des Fließgleichgewichts (Fall 2) sind hingegen die Wechselwirkungen zwischen den Teilchen jeder der beiden Reaktionen schwächer (und zwar um so schwächer, je weiter entfernt vom thermodynamischen Gleichgewicht sich die jeweilige Reaktion befindet). Die für Ungleichgewichtszustände charakteristischen, von Entropieproduktion (Q) begleiteten starken Flüsse (⇒⇒⇒) bewirken jedoch innerhalb des Mediums markante *Korrelationen*, wie Prigogine (1988) die Wechselwirkungen zwischen Reaktionen (→→→) nennt. Aufgrund dieser Korrelationen und in Abhängigkeit von den jeweils gültigen Stöchiometrien können im Medium massive Verdünnungs- oder Verdichtungseffekte auftreten, die ihrerseits wieder die Bildung von Turbulenzen und Strömungsmuster zur Folge haben. Das obige Schema macht deutlich, daß im Fall 2 die Reichweite der Korrelationen und Wechselwirkungen wesentlich größer sein wird als im Fall 1. Tatsächlich liegt sie in der erwähnten Bénard-Reaktion im Zentimeterbereich, also um 10^{-2} Meter und damit um viele Größenordnungen über der submikroskopischen Reichweite von Gleichgewichtsreaktionen. Kopplungen zwischen mehreren Reaktionen können zu weiteren Komplikationen führen, zum Beispiel zu Oszillationen und periodischen Musterbildungen in der Lösung.

Für irreversible, „dissipative" (das heißt durch die Entwertung freier Energie angetriebene) Reaktionssysteme gelten somit zwei wichtige Regeln: 1) Entropie wird von einer Quelle (*source*) zu einer Senke (*sink*) transportiert, wobei die Tendenz besteht, den Entropie*fluß* auf Kosten der Entropie*produktion* zu maximieren. 2) Die starken Flüsse durch Reaktionen fern vom thermodynamischen Gleichgewicht haben Korrelationen und Wechselwirkungen zwischen Teilchen über große Distanzen zur Folge.

In diesen beiden Regeln gründen jene dynamischen Muster dissipativer Strukturen, die in den letzten 20 Jahren so große

Aufmerksamkeit erregt haben. Allerdings deutet Abbildung 1.1 an, daß sich die Strukturmuster des kolloidal-osmotischen Gleichgewichtssystems (Abbildung 1.1a) von denen des dissipativ-dynamischen Ungleichgewichtssystems (Abbildung 1.1b) zumindest phänomenologisch kaum unterscheiden. Das ist so zu deuten, daß sich auch die Strukturen des statischen Systems auf dessen Wegen vom gleichgewichtsfernen Anfangszustand zum Gleichgewicht des Endzustands gebildet haben, also in der kurzen irreversiblen Spanne seiner Existenz. Symmetrie und Regelmäßigkeit der Präzipitate künden von dieser dynamischen Phase des Systems.

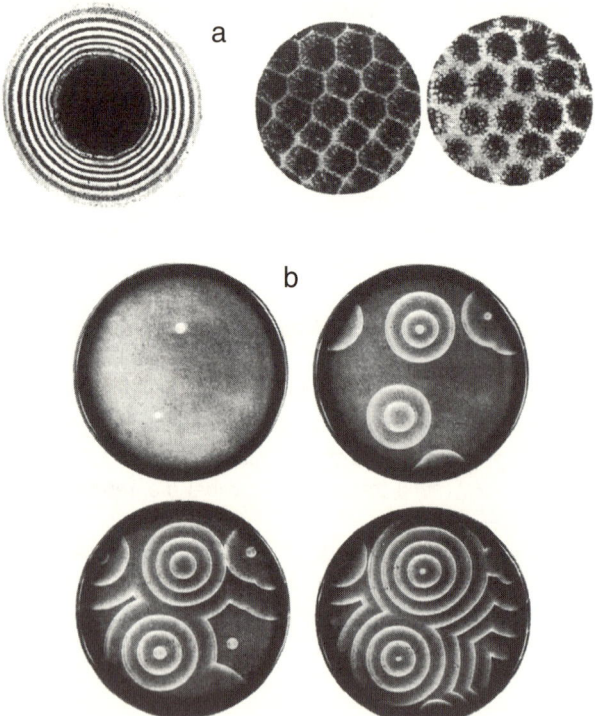

1.1 a) Statische Strukturen, die durch Diffusion von Salzlösungen in (kolloidalen) Gelatinelösungen entstehen. Sie sind das Ergebnis der nichtlinearen Wechselwirkungen zwischen den von einem Zentrum zur Peripherie diffundierenden Salzionen, den Proteinen der Gelatinelösung und Wassermolekülen. *Links:* Tropfen einer Natriumcarbonatlösung in einer Gelatinelösung mit Spuren von Calciumnitrat. *Rechts:* Tropfen einer zehnprozentigen Lösung von Blutlaugensalz in einer zehnprozentigen Gelatinelösung. (Aus Leduc 1914, S. 38 und 55.) b) Dissipative Strukturen, hervorgerufen durch eine anorganische chemische Reaktion (Belousov-Zhabotinsky-Reaktion). Der Prozeß schließt autokatalytische Schritte ein, ohne die es nicht zu Oszillationen käme. Man erkennt die wellenförmige Ausbreitung der Reaktion, die, von zwei Zentren ausgehend, durch Interferenz ein komplexes Muster bildet. Dieses wird allein durch den Ablauf der chemischen Reaktion – unter ständiger Dissipation von Energie – unterhalten. (Aus Eigen und Winkler 1975.)
◄

thermodynamischen Gleichgewicht aufrechtzuerhalten trachten, erfordert die Verteidigung dieses Zustands gegenüber Störungen von außen und innen eine sowohl strukturelle wie funktionelle *Abgrenzung* des Systems von der Umwelt.

Selbstorganisation und Selbsterhaltung. Als Folge der Entdeckung sich selbst organisierender dissipativer Strukturen in chemischen Reaktionssystemen hat sich in den letzten 20 Jahren eine eigenartige „Ideologie der Selbstorganisation" entwickelt, derzufolge auch die komplexesten Systeme nicht nur ohne Intervention eines Schöpfers oder „Bildungstriebes" (wie ihn Goethe bezeichnete), sondern auch ohne jede Art von Instruktion durch Steuerzentren und ohne Wechselwirkungen mit der Umwelt, ausschließlich und allein durch Selbstorganisation ihrer Teile, entstehen könnten. Erich Jantsch (1979) spricht zum Beispiel von der „Selbstorganisation des Universums", als wäre eine neue Theorie der Entstehung der Welt geboren worden; Francisco Varela und Humberto Maturana (1979) präsentieren *Autopoiese* (ein Synonym für Selbstorganisation) als ein völlig neues, die Autonomie des Organismus gegenüber der Umwelt begründendes Lebensprinzip – das zum Beispiel auch für die Mikrobiologin Lynn Margulis (1997) den Rang eines fundamentalen (und fundamental neuen) Prinzips der Biologie hat –, und Karl W. Kratky (1990) meint, der Paradigmenwechsel von der Fremd- zur Selbstorganisation sei das Merkmal einer Revolution des naturwissenschaftlichen Weltbildes in der zweiten Hälfte des 20. Jahrhunderts.

Keiner dieser Ansprüche ist gerechtfertigt. Zum einen, weil das bereits erwähnte Zitat von Wilhelm Ostwald beweist, daß die Idee der Selbstorganisation seit mehr als einem Jahrhundert das entscheidende Fundament ist, auf dem das Gebäude einer nichtvitalistischen, rational-mechanistischen Biologie ruht (und nur von einer solchen sind die Lösungen jener Rätsel zu erwarten, mit denen uns das Lebensgeschehen auf diesem Planeten konfrontiert). Zum anderen, weil die Mythologisierung des Begriffs Selbstorganisation den Unterschied zwischen diesem und dem Begriff Selbsterhaltung verwischt. Es ist nämlich *eine* Sache, wenn sich (wie in Abbildung 1.1b angedeutet) die Teile eines chemischen Reaktionssystems in einem durch eine äußere Wärmequelle stabilisierten Temperaturgradienten spontan zu spezifisch strukturierten, mehr oder minder komplexen Gebilden *zusammenfügen*; eine *andere* Sache, wenn sich solche Gebilde auch ohne äußere Wärmezufuhr im Zustand des Fließgleichgewichts *selbst erhalten*. Letzteres ist ohne die massive Intervention steuernder und informationsverarbeitender Zentren nicht möglich. Falls solche Steuerzentren nicht als Manifestationen einer externen Autorität, sondern als integrierte Bestandteile des Systems selbst verstanden werden, lassen sie sich natürlich problemlos dem Begriff „Selbstorganisation" unterordnen. Allerdings verliert dann dieser Begriff jeden Erkenntniswert, er wird zur Tautologie des Begriffs „Organismus", wie ihn die nichtvitalistische Biologie seit jeher verwendet.

1.2 Die komplexe Architektur von Lebewesen

Im vorigen Abschnitt habe ich das Umfeld abgesteckt, in dem erste Antworten auf die Frage „Was ist Leben?" formuliert werden können. Dabei ging es im wesentlichen um die Definition von Systemeigenschaften, die für den Zustand, den wir Leben nennen, unentbehrlich sind. Ich entwickelte den Begriff des thermodynamisch offenen, aber strukturell abgegrenzten Systems, das sich in einem Zustand des Fließgleichgewichts erhält, indem es hochwertige Energie „entwertet" (dissipiert) und die freiwerdende Energie gezielt für seine eigene Erhaltung einsetzt. Aus dieser Beschreibung lassen sich Funktionalität und Zweckmäßigkeit des Systems ableiten, während Selbsterhaltung und Homöostase die Existenz konservativer, dem allgegenwärtigen Chaos widerstehender Strukturen implizieren. Demzufolge kommt Organismen und anderen finalen Systemen also nicht nur *Ordnung*, sondern eine jeweils spezifische, dynamische *Organisation* zu, deren Merkmal die Einschränkung von Freiheitsgraden der miteinander in Wechselwirkung stehenden Teile ist. Damit sind aber nur die äußersten Randbedingungen für die Beantwortung der Frage „Was ist Leben?" definiert. Weitere Merkmale biologischer Systeme, wie Stoffwechsel, Reizbarkeit, Replikation, Erblichkeit und andere, erfordern zusätzliche Maßnahmen sowie übergeordnete strukturelle Prinzipien, die sich aus so fundamentalen Begriffen wie dem des offenen Systems oder des Fließgleichgewichts nicht ableiten lassen. Um unsere Vorstellungen über die Organisation von Lebewesen und deren Evolution zu vertiefen, benötigen wir Begriffe, die der *komplexen Architektur* von Lebewesen angemessen sind. Die am häufigsten in der Literatur verwendeten Begriffe dieser Art sind: Netze und Vernetzung; Hierarchien und hierarchische Organisation; Schichtenbau, Kompartimentierung, modulare Konstruktionen, Baupläne und einige andere. Die Idee der Vernetzung ist eine vertraute Vorstellung, die sich auch aus den Bedingungen für die oben besprochenen dissipativen Systeme ergibt und die uns im Zusammenhang mit der Besprechung biochemischer und physiologischer Funktionen von Organismen noch mehrmals beschäftigen wird (Abschnitte 2.3, 3.3.1, 3.6.2 und Abschnitt „Funktionen", S. 325). In Verbindung mit der Idee vom Schichtenbau fügt sich die der Vernetzung zu einem Grundprinzip der biologischen Organisation (Abschnitt 1.4).

1.2.1 Hierarchische Organisation

Der Begriff Hierarchie wird in der Biologie sehr unterschiedlich und auf eine manchmal höchst verwirrende, ja irreführende Weise angewandt. Die amerikanische Wissenschaftsphilosophin Marjorie Grene meinte sogar einmal (Grene 1988), sie sei in der Lage, 22 verschiedene Konzepte hinter diesem Begriff zu entdecken – ebenso viele, wie sich hinter dem von Thomas Kuhn (1962, 1967) popularisierten Begriff Paradigma verbergen. Eine folgenschwere Unschärfe des Begriffs Hierarchie entsteht dadurch, daß er einmal als ein abstraktes Prinzip zur Ordnung von Mannigfaltigkeit verwendet wird, ein andermal zur Bezeichnung einer realen Kommandostruktur, bei der, von einer zentralen Instanz ausgehend, Kommandos an aufeinanderfolgende Stufen untergeordneter Instanzen weitergegeben werden. Letztere Verwendungsart entspricht am ehesten der ursprünglichen Bedeutung des griechischen *hieros archikos*, „heilige Herrschaft". Die abstrakte Verwendung des Begriffs führt zu einer Art von logischem Schachtelsystem, in dem jeweils größere Schachteln eine bis viele kleinere Schachteln enthalten, diese noch kleinere und so weiter. In den Worten von Riedl (1975, S. 153; Hervorhebungen von mir): »Die Ordnung der Hierarchie ist durch Merkmale (oder Begriffe) gekennzeichnet, deren Geltungsbereiche, ohne daß sich ihre Grenzen schnitten, ineinander verschachtelt sind; wobei meist mehrere gleichrangige Unterbegriffe innerhalb eines Oberbegriffes vorkommen. Dabei bestimmt der Oberbegriff die *Bedeutung* seiner Unterbegriffe und diese gegengleich dessen *Inhalt*.«

Dieses abstrakte Ordnungsprinzip bietet sich für die Systematisierung von Mannigfaltigkeit an, etwa indem mehrere Arten einer Gattung untergeordnet werden, mehrere Gattungen einer Familie und so weiter. Dasselbe Prinzip wurde und wird allerdings auch bedenkenlos verwendet, um die reale Organisation biologischer Prozesse zu beschreiben. Es werden hierarchische Kommandostrukturen konstruiert, und dabei wird angenommen, es gebe – in den Worten Riedls – Instanzen, »deren Geltungsbereiche, ohne daß sich ihre Grenzen schnitten, ineinander verschachtelt sind«. In der Verhaltensforschung haben solche Konstruktionen zum Beispiel eine große Rolle gespielt (Tinbergen 1942, 1955; Abbildung 1.2a). Aber auch in der Entwicklungsbiologie ist das Bild von der „hierarchischen Organisation" bemüht worden, um die Entfaltung des vielzelligen Organismus aus der befruchteten Eizelle, die Differenzierung von Organen und Organteilen aus allgemeinen Anlagen darzustellen. Am eindeutigsten zu einem hierarchischen Prinzip der Keimentwicklung hat sich August Weismann (1892) bekannt, der annahm, daß das gesamte – totipotente – genetische Material der befruchteten Eizelle bei jeder Zellteilung auf die beiden Tochterzellen so aufgeteilt wird, daß nach einer langen Serie von Teilungsschritten jede Zelle nur jene genetischen Determinanten enthält, die ihrer spezifischen Funktion angemessen sind. Muskelzellen sollten also nur „Muskeldeterminanten" enthalten, Nervenzellen nur „Nervendeterminanten" und so weiter (Abbildung 1.2b). Bei diesem ontogenetischen Modell entsprechen die differenzierten Zellen tatsächlich den „Unterbegriffen" in der zitierten Definition des hierarchischen Prinzips, und ihre Summe macht den Inhalt der Eizelle, des allgemeinsten „Oberbegriffs", aus. Nun wissen wir aber, daß sich Weismann geirrt hat beziehungsweise daß er (beim Spulwurm *Ascaris*) zufällig auf einen – in seiner Kausalität noch immer nicht verstandenen – Sonderfall der Entwicklungsbiologie gestoßen war. Bei fast allen anderen Organismen enthält jede Körperzelle in der Regel das gesamte genetische Programm der befruchteten Eizelle, es werden bloß verschiedene Programmelemente ein- oder ausgeschaltet. An diesem dynamischen Vorgang des Ein- und Ausschaltens beteiligt sich jedoch der *gesamte* Organismus, und das setzt wiederum voraus, daß sich die einzelnen Zellen auf jeder Stufe des Differenzierungsprozesses als Teile eines nicht bloß vertikal gegliederten, sondern auch

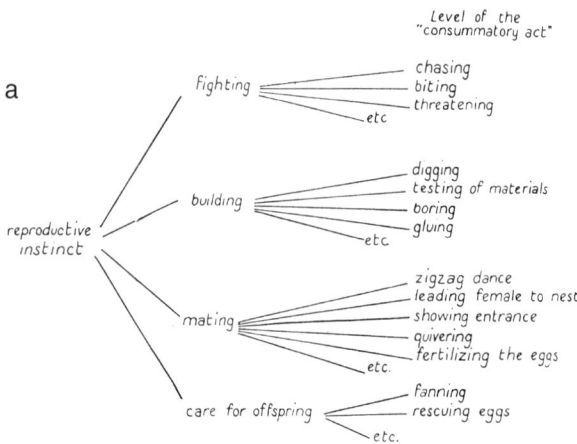

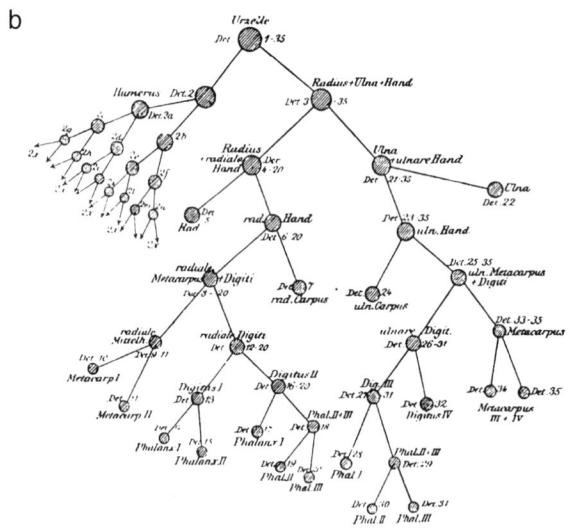

◀
1.2 Zwei historische Versuche, den zeitlichen Verlauf biologischer Prozesse durch ein hierarchisches Modell abzubilden. a) Fortpflanzungsverhalten des Stichlings. Der „Oberbegriff" des Fortpflanzungsinstinkts wird auf unteren Instanzenebenen durch eine Abfolge von Entscheidungen eingeengt. Am Ende stehen die Endhandlungen als „Unterbegriffe". Jede Entscheidung kommt durch Wechselwirkungen zwischen dem Verhaltensprogramm und der Umwelt zustande. (Aus Tinbergen 1955.) b) Die Differenzierung des Handskeletts aus einer „Urzelle", von der hier angenommen wird, daß sie die gesamte Anlage zur Bildung eines Armes enthält. Bei jeder Zellteilung wird ein Teil des Erbmaterials ausgeschieden, so daß in jeder differenzierten Zelle nur die ihrer Funktion entsprechenden genetischen Determinanten übrigbleiben. (Weismann 1892.)

horizontal vernetzten Systems verhalten. Dieser besondere Systemcharakter wird zum Beispiel sichtbar, wenn der sich entwickelnde Keim auf Milieuveränderungen und Eingriffe mit regulativen Maßnahmen reagiert, also etwa in Geweben Entwicklungstendenzen mobilisiert, die normalerweise stillgelegt sind (Abschnitt „Ubiquitine und die geordnete Entsorgung von Proteinen", S. 257). Zwar lassen sich sowohl in der Keimentwicklung wie in der dynamischen Ordnung des Organismus hierarchische Kommandostrukturen nachweisen (so wie sich aus komplexen Verhaltensweisen von Tieren Reflexketten herauslösen lassen), aber diese sind eingebettet in ausgedehnte Beziehungsnetze, die die Transformation des Genotyps in den Phänotyp betreiben (Abschnitt 3.1).

Noch fragwürdiger ist die weitverbreitete Gewohnheit, ontogenetische oder phylogenetische Sequenzen biologischer Systeme von zunehmender Komplexität, also etwa: Zelle → Organismus → Soziät, als Manifestationen einer „hierarchischen Ordnung" zu bezeichnen. Weder ist es möglich, die weiter oben zitierte logische Definition der hierarchischen Ordnung auf eine derartige Stufenleiter der Komplexität zu übertragen, noch lassen sich in dieser lineare Kommandostrukturen mit auf- oder absteigenden Graden von Autorität identifizieren. Es ist zwar richtig, daß etwa eine tierische Soziät aus Individuen besteht und diese sich aus Zellen zusammensetzen, aber die Beziehungen zwischen diesen Ebenen der biologischen Organisation lassen sich auf keine vorstellbare Weise im Sinne einer verschachtelten Kommandostruktur beschreiben. Beim Zusammenschluß autonomer Systeme (zum Beispiel Zellen) zu neuen Systemen mit komplexerer Beziehungsstruktur (zum Beispiel vielzelligen Organismen) entstehen vielmehr Geflechte neuer Abhängigkeiten – und zwar in beiden Richtungen: Zellen steuern die Funktionen des Organismus und werden von diesen in ihrer Autonomie eingeschränkt.

Die Beschreibung der Evolution von Systemen zunehmender Komplexität ist ein Anliegen, das dieses Buch wie ein roter Faden durchzieht. Befestigen läßt sich ein solcher Faden an einem Modell, das zum Verständnis der Architektur von Organismen und ihrer Evolution beinahe unentbehrlich geworden ist, einem *Schichtenmodell.*

1.2.2 Ein Schichtenmodell

Auch wenn die komplexe Architektur eines Organismus den Eindruck eines einheitlichen Gebildes vermittelt, lassen sich gedanklich zumindest drei Ebenen der Organisation unterscheiden: die Ebene des linearen genetischen Programms, hier als *Genom* zusammengefaßt, die Ebene der dreidimensionalen phänotypischen *Gestalt* und die Ebene der zeitlichen Projektion dieser Gestalt, also des *Verhaltens*. Jede dieser drei Ebenen hat den Charakter eines Systems, in dem spezifische Bau- oder Funktionselemente nach spezifischen Regeln miteinander vernetzt sind, und jeder dieser Ebenen kommt partielle Eigenständigkeit zu, die sich mit schichtenspezifischen Methoden beschreiben läßt: die des Genoms zum Beispiel mit den Methoden der Molekularbiologie, die der phänotypischen Gestalt mit den Methoden der vergleichenden Anatomie. Darüber hinaus sind die drei Ebenen auf besondere Weise voneinander abhängig. Die funktionellen Beziehungen zwischen ihnen haben den Charakter von Projektionen, in deren Verlauf Information aus einer Systemsprache in eine andere Systemsprache übersetzt wird. Zur Darstellung dieses Schichtenbaus haben Striedter und Northcutt (1991) ein Modell entworfen (Abbildung 1.3), in dem die genannten drei Organisationsebenen durch zwei Transformationssysteme verknüpft sind: *Entwicklung* (Ontogenese) und physiologische *Funktionen*. Solche Verknüpfungen stellen zwar kausale Beziehungen zwischen den strukturellen Ebenen her, sie lassen jedoch ausreichend Raum für nichtlineare Umwege und flexible Suchstrategien. Auf diese Weise können zum Beispiel im Entwicklungsprozeß auftretende Blockaden umgangen, Störungen kompensiert und innovative Lösungen initiiert werden. Ein wichtiges Prinzip ist hier, daß die Projektionen von Merkmalen und Anlagen (zum Beispiel in Abbildung 1.3 von A, B, C und D auf 1, 2 und 3 sowie von diesen auf a, b, c, d und e) nicht den Charakter von Eins-zu-eins-Verbindungen haben. Eine Anlage kann am Aufbau meh-

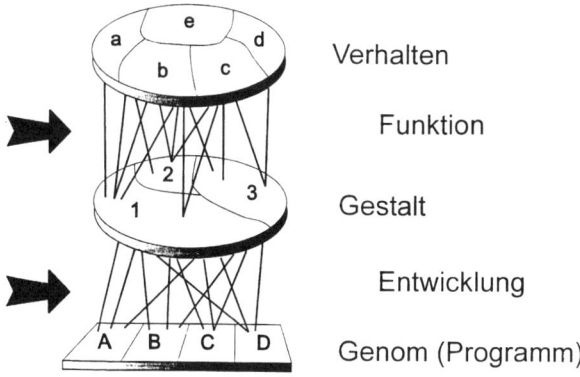

1.3 Dreischichtenmodell des tierischen Organismus. Jede der drei Schichten repräsentiert eine Organisationsebene (Genom – Gestalt – Verhalten), deren Informationsgehalt jeweils durch ein Transformationssystem (Entwicklung und physiologische Funktion) aufeinander projiziert wird. Jede Organisationsebene wird als ein hochintegriertes Teilsystem angesehen, das in seinen Leistungen partiell autonom ist. Die beiden Pfeile deuten an, daß die Transformationssysteme zwischen den Schichten durch interne epigenetische Einflüsse und Zwänge (unterer Pfeil) beziehungsweise durch äußere ökologische und soziale Einflüsse (oberer Pfeil) modifiziert werden können. (Nach Striedter und Northcutt 1991.)

rerer Merkmale auf der nächsten Ebene mitwirken, und umgekehrt können beim Aufbau eines einzigen Merkmals mehrere Anlagen kooperieren. Bis zu einem gewissen Grad können die auf einer bestimmten Ebene herrschenden Zwänge die von anderen Ebenen ausgehenden Projektionen *strukturieren*, so wie die von einer Ebene ausgehenden Projektionen Vorgänge auf anderen Ebenen zu *steuern* vermögen.

Jedes morphologische Merkmal ist Teil eines spezifischen Funktionskreises, dessen Programm zwar im genetischen Material der Zelle verschlüsselt vorliegt, dessen Expression jedoch auch vom Milieu und der Dynamik des morphogenetischen Geschehens bestimmt wird. Darüber hinaus können Struktur und Funktion eines Merkmals Einfluß darauf nehmen, in welche Richtungen sich eventuelle neue Versionen des Programms entwickeln werden. Mutationen, Kombinationen und sonstige Veränderungen des genetischen Materials (auf die wir in den Abschnitten 2.1 bis 2.7 noch ausführlich zu sprechen kommen werden) finden zwar Eingang in morphologische Konstruktionspläne und bewirken an diesen Veränderungen. Dem Ausmaß solcher Veränderungen sind jedoch Grenzen gesetzt, die von funktionellen Zwängen, von dem zur Verfügung stehenden Baumaterial sowie von der Lebensweise des jeweiligen Organismus bestimmt werden. Da diese Eigenschaften historische Wurzeln haben, wird die Stammesgeschichte der jeweiligen Art zu einer Determinante ihrer weiteren Evolution. Diese wechselseitige Verknüpfung von Programm und Gestalt macht es notwendig, lineare Verknüpfungsmodelle, in denen phänotypische Merkmale bloß als die Produkte der Aktivitäten von Genen erscheinen, durch zyklische Modelle zu ersetzen, in denen die Phäne auf die Gene zurückwirken und deren Expressionsmöglichkeiten beeinflussen.

Die Aufforderung zu „kreisförmigem", „vernetztem", „kybernetischem" Denken ist in den letzten Jahrzehnten oft ausgesprochen worden. Aufbauend auf den Ideen eines Pioniers der Entwicklungsbiologie, Conrad Waddington (1940, 1957, 1962), hat zum Beispiel Alberch (1990) ein Schema entworfen, in dem die Wirkungen der Gene auf die Merkmale des Organismus bloß als eines von mehreren Gliedern eines zyklischen Entwicklungsprozesses dargestellt sind (Abbildung 1.4).

Eine Reihe von Autoren (Riedl 1975; Wuketits 1979; Tuomi et al. 1988 und andere) hielt es dementsprechend für richtig, zwischen „inneren" und „äußeren" Faktoren der Selektion zu unterscheiden. Das Begriffssystem sowohl des klassischen Darwinismus wie des Neodarwinismus läßt Selektion nur durch die *äußere* Umwelt gelten, die die Zufallsmutationen im genetischen Material einer Population von Individuen kanalisiert und damit der Evolution eine Richtung aufzwingt. Legen wir der Evolutionstheorie jedoch ein zyklisches Schema von der Art der Abbildung 1.4 zugrunde, dann behaupten wir, daß die Expression des genetischen Programms auch durch die selektive Wirkung eines *inneren* Milieus kanalisiert wird, indem morphogenetische Zwänge darüber entscheiden, was in den jeweiligen Bauplan paßt und was nicht. Auf-

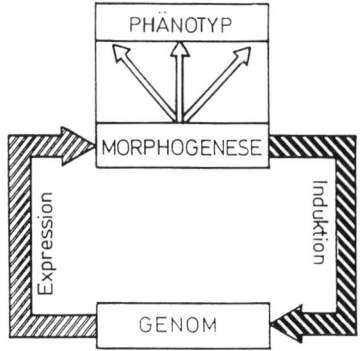

1.4 Blockschema zur Darstellung der wechselseitigen Beziehungen zwischen Genotyp und Phänotyp. Dieses Schema soll vor allem andeuten, daß phänotypische Merkmale nicht unabänderliche Konsequenzen („Expressionen") des im Genom lokalisierten Erbprogramms sind. Vielmehr werden Konstruktionsanweisungen des genetischen Programms auch vom morphogenetischen Geschehen des sich entwickelnden Keimes getestet („innere Selektion"). Je nach den im morphogenetischen Milieu herrschenden Bedingungen kann die Expression einer Anlage verschiedene Wege einschlagen. Des weiteren können die Produkte morphogenetischer Prozesse im Genom neue Programmelemente aufrufen („induzieren") und so die weitere Entwicklung des Phänotyps steuern. (Verändert nach Alberch 1990.)

grund ihrer stärkeren Vernetztheit verhalten sich *Baupläne* bei diesem Selektionsverfahren wesentlich rigoroser als die chaotischere *Umwelt*, das Kraftfeld der äußeren Selektion. Sie schränken den Bereich der Möglichkeiten drastischer ein und operieren in viel stärkerem Maße als diese mit *Verboten*. Dies hat zur Folge, daß morphologische Strukturen oft von außerordentlicher evolutionärer Stabilität sind. Man denke etwa an den Bauplan der Wirbelsäule, zum Beispiel an die adaptiv unverständliche Fixierung der Zahl der Halswirbel bei Säugetieren, von der Wagner (1985) vermutet, daß sie etwas mit der streng festgelegten Zuordnung von Spinalnerven und Extremitäten zu tun hat, einer Voraussetzung für die optimale Bewegungskoordination bei dieser Gruppe von Tieren. Diese Konstruktion hat sich weit über 200 Millionen Jahre lang allen Veränderungstendenzen widersetzt, obwohl nicht einzusehen ist, warum bei Tierarten mit so unterschiedlichen Bedürfnissen und Lebensweisen wie etwa Spitzmaus und Giraffe die Trägerkonstruktion des Halses ausgerechnet und unter allen Umständen aus sieben Bauelementen bestehen muß. Dahinter steht also ein *partikuläres morphologisches Gesetz*, dessen Geltungsbereich zwar begrenzt ist, das in diesem jedoch mit derselben Ausnahmslosigkeit wirksam ist wie das Fallgesetz im kosmischen Bereich.

1.2.3 Baupläne

„Hierarchien", „Netze" und „Schichten" sind abstrakte Begriffe, die verwendet werden, um grundlegenden Konstruktionsprinzipien von Lebewesen auf die Spur zu kommen. Betrachten wir jedoch die Mannigfaltigkeit pflanzlicher und tierischer Formen, dann tritt ein konkreteres Prinzip in den Vordergrund. Wir erkennen, daß es zum Beispiel innerhalb des Tierreichs mit seinen drei, zehn oder 30 Millionen Arten (je nachdem, welche Extrapolation gerade aktuell ist) nur eine sehr begrenzte Anzahl unterschiedlicher Organisationstypen oder *Baupläne* gibt, von denen jeder in etwa der Summe der charakteristischen morphologischen Merkmale eines Stammes (Phylum) im System der Tiere entspricht: „Stachelhäuter", „Insekten", „Chordatiere" und so weiter. Rezent und fossil dürfte es im Tierreich nicht viel mehr als 30 solcher Baupläne geben und gegeben haben. Die Entdeckung, daß 1) in der Geschichte der Tierwelt nur eine begrenzte Anzahl fundamentaler Organisationstypen zustande gekommen ist, 2) die meisten dieser Typen sehr bald nach der „kambrischen Explosion" vor rund 550 Millionen Jahren (Abschnitt 4.2.2; Gould 1989) die Bühnen irdischer Lebensräume betreten und sich 3) im weiteren Verlauf der Evolution nur mehr unwesentlich verändert haben, wirft eine Reihe grundsätzlicher Fragen auf. Wie ist es zum Beispiel möglich, daß sich angesichts der von der Evolutionstheorie so unermüdlich beschworenen Dynamik der Anpassung und Veränderlichkeit sämtlicher Merkmale gewisse morphologische Konstellationen samt den koordinierten epigenetischen Prozessen über Hunderte Millionen von Jahren so gut wie unverändert erhalten konnten? Unser Gang durch das Museum der Lebensmodelle in den vorigen Abschnitten hat uns auf eine der Antworten auf diese Frage vorbereitet: Die komplexe morphologische Konstruktion eines „Bauplans" impliziert derart viele Abhängigkeiten und Beziehungen zwischen strukturellen und funktionellen Komponenten, daß sie allen Versuchen zur Veränderung durch Agenzien des Wandels Widerstand entgegensetzt. Im tierischen Bauplan manifestiert sich auf besonders eindrucksvolle Weise das in Abschnitt 1.1 diskutierte Prinzip der finalen und konservativen Strukturen, mit deren Hilfe sich offene dynamische Systeme vom Chaos des unaufhörlichen Wandels abzugrenzen vermögen.

Das Konzept des *Bauplans* ist ein Nachfahre des *Typus*-Konzepts der idealistischen Morphologie im 18. und 19. Jahrhundert, hinter dem sich eine platonische Idee von der Wirklichkeit verbarg: Jedem Organismus sollte ein – vermutlich göttlicher – Plan zugrunde liegen, welcher den Erscheinungen Halt und Beständigkeit verleiht. Aufgrund dieser idealistischen Assoziation ist der Begriff des Typus und sogar der des Bauplans in reduktionistischen Zirkeln der Biologie in Ungnade gefallen. In neuester Zeit hat man sich jedoch des rationalen und didaktischen Gehalts dieses Begriffs besonnen, der nun wieder ein wichtiges Etikett zur Bezeichnung der Beständigkeit pflanzlicher und tierischer Formen geworden ist (Hall 1996; Meyer 1996). So wie sich hinter dem Typus-begriff eine platonische Idee verbarg, ruht auch der moderne Bauplan-begriff auf einer Idee, nämlich der der *constraints*, der *Zwänge*, die der Variabilität und Beliebigkeit morphologischer Formen so deutliche Grenzen setzen. Von welcher Art sind diese Zwänge, und wie können sie die Entwicklung morphologischer Merkmale beeinflussen? Georges de Cuvier (1769–1832) sprach von einem »Gesetz der Korrelation der Teile« (Cuvier 1812), während in unserer Zeit der Bauplan einer Tier- oder Pflanzengruppe als die Summe der ihr gemeinsamen *homologen Merkmale* verstanden wird. Die *Homologie* der Merkmale verschiede-ner Organismen deutet auf deren gemeinsame Abstammung (Mayr 1984), während sich in der *Stabilität* homologer Merkmale die epigene-tischen und funktionellen Zwänge spiegeln, denen diese Merkmale auf ihren Wegen vom befruchteten Ei zum adulten Organismus unterwor-fen sind. Kürzlich haben Waxman und Peck (1998) plausibel machen können, daß eine der Ursachen der Stabilität phänotypischer Merkmale die *Pleiotropie* von Genen ist. Pleiotrop werden Gene genannt, die mehrere Merkmale beeinflussen. Normalerweise bewirken Mutationen an einem Genlocus quantitative Veränderungen im codierten Merkmal. Unterschiedliche Mutationen haben unterschiedliche Veränderungen zur Folge, die alle der stabilisierenden Selektion unterliegen. Beeinflußt jedoch ein einziges Gen *drei oder mehr* Merkmale, dann nimmt die Zahl der Mutationen ab, die in einem der Merkmale zur Expression ge-langen können (da die „korrelierten" Merkmale gewissermaßen als Bremsen wirken). Die Folge davon ist, daß sich in einer Population je-weils nur ein einziger optimaler Genotyp durchsetzen wird. Wagner (1998) nannte diesen Mechanismus zur Stabilisierung phänotypischer Merkmale *evolutionary crystallization*, dessen Ausmaß in direkter Be-ziehung zum Grad der Pleiotropie und damit zur Komplexität des Orga-nismus steht.

Homologie, Homodynamie, Analogie

Seit jeher war es eines der Hauptthemen der Morphologie, die Ähnlichkeiten von Bauplänen und Bauplanmerkmalen durch objektive Kriterien zu definieren. Als solche gelten vor allem Lagebeziehungen morphologischer Bauteile sowie durch Zwischenstufen markierte phylogenetische Reihen innerhalb eines bestimmten Bauplans. Die morphologischen Ähnlichkeiten der Extremitäten von Wirbeltieren (Flossen, Flügel, Beine) sind eine vertraute Demonstration dieses Konzepts. Durch seine Formalisierung, erstmals in Cuviers „Gesetz der Korrelation", wird das Ähnlichkeitskriterium zu einem wichtigen Instrument zur Ordnung der Mannigfaltigkeit von Tieren und Pflanzen. Bekanntlich hat Goethe (1786 [1954]) auf diese Weise die Existenz eines Zwischenkiefers beim Menschen gefordert und bewiesen. Daß das Prinzip der Ähnlichkeit ein Mittel zur Ordnung von Mannigfaltigkeit sein kann, wurde also bereits von den als „idealistisch" apostrophierten Morphologen des späten 18. Jahrhunderts erkannt. Den Begriff *Homologie* führte der englische Arzt und Zoologe Richard Owen (1848) ein, womit das entscheidende Werkzeug geschaffen war, um eine auf *Verwandtschaft* gründende Ähnlichkeit (Homologie) von einer rein *funktionell* bedingten Ähnlichkeit (Analogie) zu unterscheiden. Die hierfür notwendigen Kriterien sind erst im 20. Jahrhundert genauer festgelegt worden und werden auch in neuester Zeit noch gerne diskutiert und interpretiert (Remane 1952; Riedl 1975; Patterson 1988; Dohle 1989; Haszprunar 1994).

Nun sind homologe Merkmale „Raum-Zeit-Gestalten", das heißt die Produkte komplexer Entwicklungsprozesse. Die Kohäsion ihrer Bauteile muß demgemäß die oft verschlungenen Pfade der Ontogenese vom Ei zum Adulten überdauern. Exemplarisch ist der Fall der drei Gehörknöchelchen der Säugetiere, die sich aus dem primären Kieferapparat von Fischen ableiten lassen. Anhand der von Riedl (1975, S. 61) zusammengestellten Zwischenstufen ist zum Beispiel deutlich zu erkennen, wie sich die Lagebeziehungen gewisser Knochenpartien des Fischkiefers – *Articulare*, *Quadratum* und *Hyomandibulare* – sowie einer zugeordneten Nervenfaser und eines Gefäßastes in den Lagebeziehungen von Hammer, Amboß und Steigbügel, samt Nervenfaser und Gefäßast, im Mittelohr eines Säugetiers wiederfinden. Im Hinblick auf das soeben diskutierte Schichtenmodell der biologischen Organisation erhebt sich hier sofort die Frage, welche Beziehung zwischen dieser ontogenetisch-phänotypischen *Gestalt* und der Organisationsebene des genetischen Programms, des *Genoms*, besteht. Finden die Lagebeziehungen morphologischer Bauteile ihre Entsprechung in Lagebeziehungen des genetischen Materials, und wird dessen Expression durch einen präzisen Fahrplan ontogenetischer Prozesse gesteuert?

Die Entdeckungen der Genetik um die Mitte dieses Jahrhunderts hatten zunächst eine eindeutige Beziehung zwischen Gen und Merkmal nahegelegt. „Ein Gen – ein Merkmal" war die Parole der vierziger und fünfziger Jahre, dann „ein Gen – ein Protein", und diese Vorstellung fügte sich gut in die damals propagierte hierarchische Organisation ein, bei der Gene in präziser Weise die sequentielle Ausbildung phänotypischer Merkmale steuern. Ein Merkmal mag zwar von mehreren Genen abhängen, aber verschiedene Merkmale, so hieß es, könnten immer nur auf verschiedene und voneinander deutlich abgegrenzte Gengruppen im Genom zurückgehen.

Mit dem so rapide anwachsenden molekulargenetischen Wissen begann sich dieses simple Schema jedoch aufzulösen beziehungsweise auf höchst überraschende Weise zu komplizieren (Wagner 1989; Davidson 1991; Hall 1996; Müller und Wagner 1996; Meyer 1996). Wir werden uns mit entwicklungsgeschichtlichen Problemen noch auseinandersetzen (Abschnitte „Das Ende der Unsterblichkeit", S. 259, und 4.1.4), aber im Zusammenhang mit der Frage, welche Beziehungen zwischen der Entwicklung homologer Merkmale und dem Schichtenmodell der biologischen Organisation bestehen, empfiehlt es sich, die folgende Einsicht vorwegzunehmen.

Die Diskussion des Problems der Beziehungen zwischen invarianten, homologen morphologischen Strukturen einerseits und molekulargenetischen Strukturen andererseits begann nach der Art eines Verwirrspiels. Unter „genetischer Homologie" wurde nämlich nicht, wie in der Morphologie, die Ähnlichkeit komplexer dreidimensionaler Gebilde verstanden, sondern bloß die Ähnlichkeit der linearen Anordnung von Basen in den Nucleinsäuremolekülen von Genen (Abschnitt 2.1). Übersteigt diese Ähnlichkeit ein gewisses Maß (das mittels statistischer Verfahren festgesetzt – aber natürlich auch wieder verworfen – werden kann), dann nimmt man an, daß sich die betreffenden Gene aus einer gemeinsamen Stammform entwickelt hätten und daher „homolog" seien. Aufgrund der Häufigkeit der Sequenzunterschiede läßt sich abschätzen, zu welcher Zeit die Trennung der betrachteten Gene von der Stammform stattgefunden haben muß.

Nun konnte mit Hilfe molekulargenetischer Methoden nachgewiesen werden, daß an der Steuerung von Differenzierungsprozessen auch bei nicht näher miteinander verwandten Arten oftmals Gene mit sehr ähnlichen Basensequenzen beteiligt sind. Der wohl spektakulärste Fall betrifft die Augen von Insekten und Wirbeltieren, die aufgrund ihrer radikal unterschiedlichen Anatomie von den meisten Biologen bisher als bloß funktionell ähnlich, das heißt als *Analogien* gedeutet worden waren. Dementsprechend erregte es großes Aufsehen, als im Labor von Walter Gehring mittels gentechnischer Methoden in der Taufliege *Drosophila* die Entwicklung von Komplexaugen durch ein Gen induziert werden konnte, das aus Geweben der Maus stammte und dort die Entwicklung des so völlig anders aufgebauten Linsenauges dieser Säugetierart steuert (Quiring et al. 1994; Halder et al. 1995). Auch an der Augenentwicklung des Menschen hat ein Gen, *Pax6* genannt, entscheidenden Anteil, das zur selben Familie gehört wie die Gene, die bei anderen Wirbeltieren wie auch bei Insekten für die Bildung von Augen verantwortlich sind. Solche Befunde führten in weiterer Folge zu der Annahme, sämtliche im Tierreich bekannten Augentypen (etwa 40 an der Zahl) seien vielleicht doch homolog und aus einer gemeinsamen Stammform an der Wurzel der Stammbaums der Tiere hervorgegangen. (Es sei hier angemerkt, daß diese Deutung aufgrund von histologischen Indizien bereits von einem Morphologen, J. R. Vanfletern (1982), gewagt worden war.)

Bei nochmaligem Hinsehen stellte sich die Entdeckung eines homologen „Master-Gens" für die Augenentwicklung (so wie die anderer, ähnlich universeller Steuergene) allerdings als nicht ganz so sensationell und unerwartet heraus, wie es zunächst (den Nobelpreis greifbar vor des Entdeckers eigenen Augen) geschienen hatte. Zum einen wird ja ganz allgemein angenommen, daß das Reich der Tiere monophyletischen Ursprungs ist, daß also in sämtlichen Tiergruppen ähnlich gebaute Gene zu erwarten sind (Abschnitt 4.2.1). Zum anderen kann man sich solche Master-Gene ja auch als Schalter vorstellen, die verschiedene genetische Netze aktivieren, wobei erst diese aus verschiedenen Genen, Signal- und Transkriptionsfaktoren (Abschnitte 2.3 und 3.3.1) konstruierten Netze für die Spezifität der Bildung analoger Organe mit identischen Funktionen, wie zum Beispiel Komplexaugen und Linsenaugen, verantwortlich sind.

Dennoch ist das Beispiel vom Master-Gen für die Augenentwicklung von großer Bedeutung für die Vorstellungen, die wir uns von den Beziehungen zwischen der genotypischen und der phänotypischen Organisationsebene im Schichtenbau biologischer Systeme machen. Ich möchte diese Bedeutung in folgender Weise charakterisieren.

1. Auf seiner Suche nach einer adäquaten Definition der molekulargenetischen Homologie bediente sich Roth (1984) der Formulierung »sharing of pathways of development which are controlled by genealogically-related genes«. Diese Definition versucht, dem Begriff Homologie auch in der molekularen Dimension jene Komplexität und Dreidimensionalität der Struktur wiederzugeben, die ihm in der morphologischen Dimension zukommt und durch die Definition „Ähnlichkeit von Basensequenzen" abhanden gekommen war. Sie läßt anklingen, daß die für die Entwicklung von Organen verantwortlichen *genetischen Netze* möglicherweise als die eigentlichen Äquivalente morphologischer Homologien anzusehen sind. Die meisten Beispiele für solche homologen Netze betreffen allerdings das, was Gilbert (1997, S. 911) die »Infrastruktur der Entwicklung« nennt: die molekulare Maschinerie zur Aktivierung, Expression und Steuerung einzelner Gene, Gengruppen und Proteine sowie einzelner Schritte im Prozeß der Differenzierung von Zellen.

Zur Illustration des Verhältnisses zwischen morphologischer und molekulargenetischer Homologie stelle ich in Abbildung 1.5 eine exemplarische morphologische Homologie (den bereits erwähnten Fall der Transformation von Bauelementen des primären Kiefergelenks von Fischen in die Mittelohrknöchelchen bei Landwirbeltieren) einer charakteristischen molekularen Homologie (der Anordnung hochkonservierter Transkriptionsfaktoren zur Steuerung der Aktivität eines Gens mit definierter physiologischer Funktion) gegenüber.

Die hier als exemplarisch bezeichnete *morphologische Homologie* gilt nur innerhalb des Bauplans der Wirbeltiere, was einem der von Morphologen erdachten Homologiekriterien, dem „negativen Koinzidenz-Kriterium", entspricht (Riedl 1975, S. 60). An ihr sind zahlreiche Bauelemente aus verschiedenen Keimblättern beteiligt, und sie wird begleitet von einem drastischen Funktionswechsel der betroffenen Organe: von der Mechanik eines Kiefergelenks zur Mechanik der Übertragung von Schallwellen im Gehörorgan. Demgegenüber ist die *molekulare Homologie* von fundamentaler Art. Sie betrifft in diesem Beispiel die Expression und Aktivität eines universellen Enzyms und scheint sämtlichen Tiergruppen zuzukommen. Charakterisiert ist sie durch eine ganz bestimmte dreidimensionale Anordnung von Transkriptionsfaktoren und DNA-Abschnitten (siehe auch Abschnitt 3.3.1). Selbst in kaum miteinander verwandten Arten, wie Taufliege und Mensch, zeichnen sich die Basensequenzen der beteiligten Transkriptionsfaktoren durch einen hohen Grad von Übereinstimmung aus.

Auf der nächsten Stufe der Komplexität, aber noch immer der Infrastruktur der Entwicklung zuzuordnen, finden sich homologe Signalwege, die in verschiedenen Tierarten verschiedene Differenzierungsschritte steuern; der sogenannte „RTK-RAS-Signalweg" steuert zum Beispiel in einem Fadenwurm die Differenzierung der Vulva, in der Haut von Säugetieren Zellteilungen und in den Augen der Taufliege die Differenzierung einer Sehzelle (Gilbert 1997, S. 910).

Aus solchen Vergleichen könnte der allgemeine Schluß gezogen werden, morphologische Homologien seien exemplarisch in dem

Sinne, daß sie sich auf die Anordnung von Bauelementen innerhalb
eines einzigen, genau umschriebenen Bauplans beschränken,
während molekulare Homologien als fundamental zu bezeichnen
seien, da sie den Aufbau der ontogenetischen Infrastruktur sämtlicher
Tiere mittels hochkonservierter Bauelemente bestimmen. Dieser

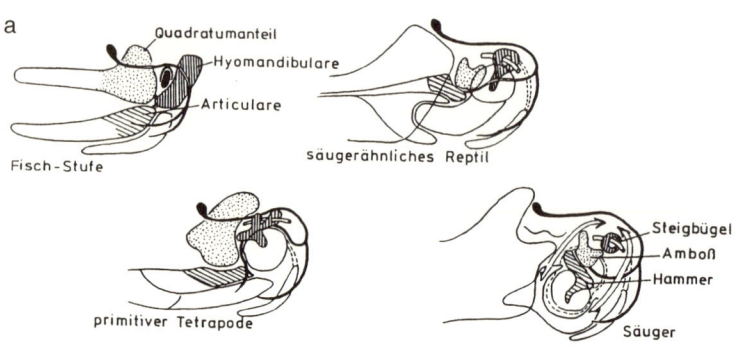

a

Quadratumanteil

Hyomandibulare

Articulare

Fisch-Stufe

säugerähnliches Reptil

primitiver Tetrapode

Steigbügel

Amboß

Hammer

Säuger

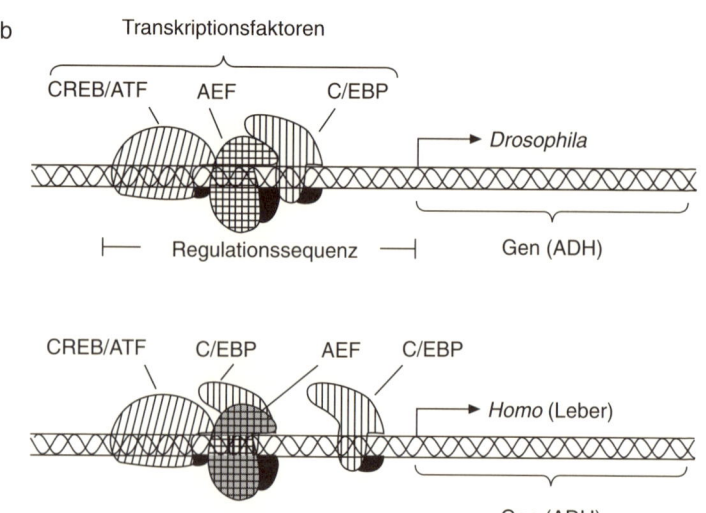

b   Transkriptionsfaktoren

CREB/ATF   AEF   C/EBP

→ *Drosophila*

├── Regulationssequenz ──┤   Gen (ADH)

CREB/ATF   C/EBP   AEF   C/EBP

→ *Homo* (Leber)

Gen (ADH)

Schluß wäre jedoch verfrüht, denn das Problem der Beziehungen zwischen den Schichten unseres Modells (siehe Abbildung 1.3) ist noch um einiges komplizierter.

2. Soweit wir wissen, besteht die Infrastruktur der Entwicklung nicht nur aus molekulargenetischen Fundamentalhomologien. Vor allem gibt es zahlreiche Beispiele dafür, daß genetische Netze mit identischen Funktionen sich im Gegensatz zu dem in Abbildung 1.5 dargestellten Fall durchaus unterschiedlicher, nichthomologer Transkriptionsfaktoren bedienen (Abschnitt 3.3.1). Je komplexere Entwicklungsprozesse wir ins Auge fassen, desto deutlicher wird, daß Bestandteile genetischer Netzwerke ihre ursprüngliche Funktion ändern oder in andere Netzwerke hineingezogen werden können, daß neue Gene von etablierten genetischen Schaltkreisen kooptiert werden oder besonders wirksame Master-Gene anderen Schaltkreisen ihre Funktion aufzuzwingen vermögen. Derartige genotypische Ver-

◄

1.5 Gegenüberstellung zweier Varianten des Homologiebegriffs. a) *Morphologische Homologie* am Beispiel der Ableitung anatomischer Elemente im Mittelohr von Säugetieren (Hammer, Amboß, Steigbügel sowie einer Nervenfaser und eines den Steigbügel durchsetzenden Gefäßastes) aus anatomischen Elementen des primären Kiefergelenks von Fischen. Diese Ableitung war nur möglich, weil es genügend fossile und rezente Zwischenformen gibt, die Fische und Säuger miteinander verbinden. (Aus Riedl 1975.) b) *Molekulargenetische Homologie* am Beispiel der molekularen Maschinerie, die bei zwei ganz verschiedenen Organismen – Taufliege und Mensch – die Aktivität eines für die Expression eines Enzyms zuständigen Gens regelt. Die Buchstabenkombinationen bezeichnen jeweils „homologe", also in ihren Aminosäuresequenzen sehr ähnliche (hier durch identische Schraffierungen ausgewiesene) Proteine, die als Transkriptionsfaktoren die Aktivität des Gens steuern, indem sie an eine dem Gen vorgelagerte Regulationssequenz der DNA binden (siehe Abschnitt 3.3.1). Die Transkription des Gens, das heißt die Überschreibung der in der Basensequenz der DNA verschlüsselten Information in die einer Messenger-RNA (Abschnitt 2.1), erfolgt in der durch den Pfeil angedeuteten Richtung. ADH steht für das Enzym Alkoholdehydrogenase. (Nach Gilbert 1997.)

änderungen müssen nicht unbedingt zu äquivalenten Veränderungen der von ihnen exprimierten phänotypischen Merkmale führen. Die ontogenetischen Wege, die zu den Augen von Salamandern und Fröschen führen, unterscheiden sich zum Beispiel sehr deutlich voneinander, die Augen selbst sind jedoch homologe Strukturen (Meyer 1996); die homologen segmentalen Muster der Keimstreifenbildung bei verschiedenen Insektenarten werden von unterschiedlichen genetischen Faktoren gesteuert (Weisblatt et al. 1994; Hall 1996), und homologe Körperteile entstehen in verschiedenen Ordnungen auf embryologisch unterschiedliche Weise (Wagner 1989). Entscheidend ist eben – in der Formulierung von van Valen (1982) – nicht die Identität der Herkunft, sondern die Kontinuität der übertragenen *Information*.

Dieses Prinzip, wonach homologe Strukturen auch auf nichthomologen Wegen erreicht werden können, war bereits viel früher von Morphologen erkannt und von Baltzer (1950) als *Homodynamie* bezeichnet worden (Riedl 1975) – ein Begriff, der uns zum wichtigsten Punkt dieser Argumentationskette führt.

3. Für die Funktionalität einer aus Nucleinsäuren und Proteinen zusammengesetzten Signalübertragungskette in der Zelle (Abschnitt 3.5.2) sind nicht die Basen- oder Aminosäure*sequenzen* der entsprechenden Makromoleküle entscheidend, sondern deren *geometrische Form*. Die Topologie der Makromoleküle und die Stärke von deren Bindungen aneinander sowie an kleine Signalmoleküle entscheidet über die Wirkung, die eine solche Übertragungskette vermittelt. Im Gegensatz zu früheren Vermutungen hat sich nun aber gezeigt, daß es in der Welt der Makromoleküle viel weniger stabile dreidimensionale *Formen* als Basen- oder Aminosäure*sequenzen* gibt, was vermuten läßt, daß ein und dieselbe Topologie über eine Vielzahl unterschiedlicher Sequenzpfade erreicht werden kann. Wir stoßen hier zum ersten Mal auf ein allgemeines Form- und Entwicklungsprinzip, das uns in diesem Buch noch mehrmals beschäftigen wird (Abschnitte 2.7 und 3.3.1). Im Hinblick auf das aktuelle Thema der Beziehungen

zwischen Genotyp und Phänotyp kommt es durch dieses Prinzip zu einer Neuverteilung der Gewichte einiger der von Morphologen eingeführten Begriffe. So sind am Zustandekommen morphologischer Homologien molekulare Homologien (im Sinne der konventionellen Definition von Makromolekülen mit gemeinsamer Abstammung) zwar auch beteiligt, möglicherweise aber in geringerem Ausmaß als molekulare *Analogien*, also Makromoleküle von identischer (oder ähnlicher) *Form*, aber unterschiedlicher *Herkunft*.

In diesen Beispielen und Überlegungen manifestiert sich ein wesentliches Prinzip des Schichtenbaus von Organismen: Einerseits folgen die Verknüpfungen der Schichten untereinander bestimmten Projektionsregeln, andererseits vermag jede Organisationsebene diesen Projektionen auch ihre eigenen schichtenspezifischen Regeln aufzuzwingen. Eine dieser Regeln könnte zum Beispiel sein: *Mir ist deine Herkunft egal, solange du dich den bei uns herrschenden Formgesetzen fügst.* Dagegen lautet eine Hauptregel der klassischen Morphologie: *Wenn es die Umstände verlangen, mußt du das Beste aus deiner Herkunft machen und dich neuen funktionellen Zwängen fügen* (siehe den Exkurs „Der Gesang der Heuschrecke" auf Seite 36).

1.3 Spiele des Lebens

In den letzten Abschnitten sind Lebewesen und Lebensmodelle als Systeme geschildert worden, die sich unter gewissen Bedingungen selbst organisieren und selbst erhalten. Dabei wurde ein Aspekt der Evolution ignoriert, der seit Darwin im Vordergrund der Aufmerksamkeit von Evolutionsbiologen steht und der in den folgenden Kapiteln, in denen es weniger um Modelle als um die Beschreibung konkreter biologischer Situationen geht, ausführlich behandelt wird. Die Quintessenz dieses Aspekts der Evolution ist, daß die so wundervoll angepaßten Strukturen und erstaunlichen Leistungen von Lebewesen die Ergeb-

EXKURS

Der Gesang der Heuschrecke

Falls es sich bei der partiellen Autonomie der Organisationsebenen des Organismus um ein allgemeines Prinzip handelt, müßte sich dieses auch in den Beziehungen zwischen der morphologischen Gestalt und dem *Verhalten* von Tieren nachweisen lassen (Abbildung 1.3). Ein von Striedter und Northcutt (1991) diskutiertes Beispiel illustriert einen derartigen Zusammenhang.

Die in der Familie Acrididae zusammengefaßten Feldheuschrecken produzieren zur Fortpflanzungszeit artspezifische Gesänge. Die meisten Arten erzeugen diese Gesänge, indem sie die mit einer feilenartigen Chitinleiste ausgestatteten Oberschenkel ihrer Hinterbeine gegen die Außenkanten der Vorderflügel reiben. Eine einzige Art, *Calliptamus italicus*, erzeugt ihre Gesänge jedoch mit ganz anderen anatomischen Mitteln, nämlich indem sie Teile ihrer Mundwerkzeuge, die Mandibeln, aneinander reibt. Dabei führen die Hinterbeine synchrone Bewegungen aus, ohne jedoch mit den Flügeln in Kontakt zu kommen. Dies weist darauf hin, daß Rudimente alter nervöser Schaltungen intakt geblieben sind. Zwischen den Gesängen von *C. italicus* und denen der verwandten Arten lassen sich keine prinzipiellen Unterschiede entdecken, obwohl sie von verschiedenen Körperteilen produziert werden. Sie sind – morphologisch gesehen – *homolog*, weil sie mit Sicherheit in der Ahnenreihe der Feldheuschrecken nur einmal entstanden sind. Ihre Ähnlichkeit dokumentiert die funktionellen Zwänge ihrer Rolle im Fortpflanzungsritual, so wie im Kontext einer Oper ein bestimmtes Motiv zwingender ist als die Art des Instruments, mit dem es gespielt wird. Genauer betrachtet haben wir es hier also mit einem ethologischen Beispiel für *Homodynamie* zu tun.

Offenbar vermag der von einer konservativen Organisation ausgehende Zwang – mag diese Organisation nun eine soziologische, morphologische oder genetische sein – den weiteren Verlauf der Evolution entscheidend zu beeinflussen. Diese prägende Kraft kann so stark sein, daß wir die Möglichkeit der partiellen *Emanzipation* einer Systemebene in Betracht ziehen müssen. So hat sich der *Phänotyp* in gewissem Ausmaß von den Einflüssen des *Genotyps* emanzipiert – ein Vorgang, dessen Konsequenz für den Gesamtverlauf der Evolution kaum überschätzt werden kann (siehe auch Abschnitt 3.1 und Abschnitt „Emanzipation des sozialen Phänotyps", S. 478).

nisse von *Auseinandersetzungen* sind; von Auseinandersetzungen zwischen den Teilen jener Systeme, deren Umrisse und Grundbedürfnisse ich in den vorhergegangenen Abschnitten skizziert habe. In der realen biologischen Welt finden Auseinandersetzungen zwischen sämtlichen biologischen Systemeinheiten statt, zwischen Genen, Zellen, Zellorganellen, Individuen und Sozietäten. Die klassische Evolutionstheorie hat diese Auseinandersetzungen zunächst fast ausschließlich im Sinne von Konkurrenzkämpfen gesehen, bei denen es nur Sieger und Besiegte gibt: Des einen Gewinn ist des anderen Verlust. Erst relativ spät in diesem Jahrhundert wurde bemerkt, daß der Versuch, ein so vielschichtiges Phänomen, wie es die Auseinandersetzungen und Wechselwirkungen zwischen autonomen Einheiten sind, auf das Modell eines *Nullsummenspiels* zu reduzieren, eine allzu grobe Vereinfachung darstellt. Dies mag auch einer der Gründe dafür sein, daß das Hochstilisieren des Konkurrenzkampfes zum wichtigsten Motor der Evolution von Anfang an auf so heftigen Widerstand gestoßen ist. Als sich abzuzeichnen begann, daß die Hauptereignisse, die wirklich *großen* Schritte der Evolution, zwar auch mit dem Überleben von Individuen und mit dem Entstehen neuer Arten, darüber hinaus aber vor allem mit dem Zusammenschluß biologischer Einheiten zu komplexeren Systemen zu tun haben, begann sich auch der Blickwinkel, unter dem Auseinandersetzungen zwischen diesen Einheiten betrachtet wurden, radikal zu ändern. Jeder der von Maynard Smith und Szathmáry (1995, 1996) zitierten »großen Übergänge der Evolution« repräsentiert die Entstehung einer neuen Systemorganisation auf Kosten der Autonomie ihrer Teile (siehe auch

Kapitel 6). Genetische Elemente werden zu Bestandteilen von Chromosomen, aus einfach gebauten kleinen Zellen werden komplexer gebaute große Zellen, Einzelzellen schließen sich zu vielzelligen Gebilden zusammen, Individuen zu Sozietäten, und an den verschiedensten Stellen des evolutionären Netzes gehen Vertreter nicht näher miteinander verwandter Organismengruppen permanente symbiontische Beziehungen ein: Aus der Vereinigung von Alge und Pilz entsteht zum Beispiel ein völlig neuer Organismus, eine Flechte (Abschnitt 5.3).

In jedem dieser Übergangsfelder hatten biologische Einheiten immer wieder eine grundsätzliche „Entscheidung" zu fällen: Sollten sie weiterhin selbständig bleiben, oder sollten sie mit anderen Einheiten kooperieren und damit Teile ihrer Autonomie verlieren? Das Ergebnis derartiger Entscheidungen hängt auf lange Sicht davon ab, in welchem Zustand, dem autonomen oder dem kooperativen, die Replikationseinheiten mit größerer Wahrscheinlichkeit an die nächste Generation weitergegeben werden können. Unübersehbar ist jedoch, daß es die Einheiten selbst sind – Gene, Zellen oder Individuen –, welche die relevanten Entscheidungen zu fällen haben. Auf ihre logische Struktur reduziert, gleichen derartige Entscheidungen denen eines Spielers, dessen nächster Zug von den herrschenden Zwängen beeinflußt wird, wobei zu diesen Zwängen auch das strategische Repertoire des Gegners oder Partners gehört. Das ist der Grund, warum die von John von Neumann und Oskar Morgenstern (1944) für Wirtschaftswissenschaftler entwickelte Spieltheorie in den letzten Jahrzehnten auch in der Biologie so populär geworden ist (Maynard Smith 1974, 1982; Eigen und Winkler 1975; Sigmund 1993). Im Rahmen spieltheoretischer Überlegungen erhalten die Auseinandersetzungen zwischen biologischen Einheiten eine andere Bedeutung, als die von der Idee des Konkurrenzkampfes beherrschte klassische Evolutionstheorie anzubieten hatte. Es stellte sich heraus, daß biologische Auseinandersetzungen nicht nur Nullsummenspielen gleichen müssen (der Gewinn des Siegers entspricht dem Verlust des Unterlegenen), sondern daß Optionen offen stehen, bei denen *beide* Partner gewinnen können – wenn auch vielleicht nicht so viel wie der Sieger in einem Nullsummenspiel. Derartige Optionen eröffnen

sich in all jenen Auseinandersetzungen, in denen sowohl egoistische
wie kooperative Entscheidungen möglich sind und die den langfristig
höchsten *gemeinsamen* Gewinn versprechende Strategie gefunden werden soll. Die einfachste dieser Auseinandersetzungen, die „Mutter
aller Evolutionsspiele", ist das „Gefangenen-Dilemma" (*prisoner's dilemma*, PD). Partner dieses Spiels sind zwei Häftlinge, die unabhängig
voneinander über ihre Straftat aussagen müssen, wobei es folgende
Möglichkeiten gibt: Wenn beide kooperieren, das heißt, die Straftat
leugnen, dann erhält jeder in diesem Indizienprozeß eine geringfügige
Gefängnisstrafe, sagen wir ein Jahr. Bezichtigt der eine den anderen,
der die Straftat jedoch leugnet, dann erhält dieser zehn Jahre Gefängnis, während jener freikommt. Bezichtigen beide Partner einander,
dann erhält jeder vier Jahre. Nun wird sich in einem rationalen System
jeder der beiden so verhalten, daß die Wahrscheinlichkeit für die ge-
ringstmögliche Strafe am größten ist. Also werden sich beide egoistisch
verhalten, einander bezichtigen und jeweils vier Jahre absitzen. Zwar
hätte beiderseitiges kooperatives Verhalten zu einer wesentlich günsti-
geren Lösung geführt, nämlich einem Jahr Gefängnis für jeden, aber
die Gefahr, bei einseitigem Leugnen zehn Jahre aufgebrummt zu bekommen, war zu groß. Die Gewichte der möglichen Entscheidungen
verlagern sich jedoch deutlich, wenn die Kontrahenten erwarten können, einander auch in Zukunft wieder unter ähnlichen Umständen zu
begegnen. In einem solchen „wiederholten Gefangenen-Dilemma" (*ite-
rated prisoner's dilemma*, IPD) wird die Suche nach der optimalen
Strategie von den *Erfahrungen* der beiden Kontrahenten beeinflußt.
Das erhöht die Attraktivität der kooperativen Strategie ganz entscheidend. Nun ist im vorgestellten Beispiel die kooperative Lösung mit
bloß einem Jahr Gefängnis zwar die langfristig bestmögliche, aber ein
vertrauensvoll auf fortgesetzte Kooperation setzender Spieler kann von
einem risikofreudigen Egoisten stets aus der Bahn geworfen werden.
Um in Anbetracht dieser Verhältnisse die für IPD und ähnliche Auseinandersetzungen günstigste Langzeitstrategie zu finden, hat Axelrod
(1984; Axelrod und Dion 1988) berühmt gewordene Computerturniere
veranstaltet, bei denen sich „Tit For Tat" (TFT) – also „Wie du mir, so

ich dir" – stets als die erfolgreichste Strategie erwies. Bei TFT verhält sich ein Spieler zu Beginn stets kooperativ, beantwortet jedoch jedes egoistische Manöver des Partners mit gleicher Münze.

Nach einem Vorschlag von Maynard Smith (1974) wird eine Strategie, die unter den gegebenen Rahmenbedingungen von keiner anderen Strategie dauerhaft unterwandert werden kann, als *evolutionär stabile Strategie* (ESS) bezeichnet – ein Begriff, der in der modernen Evolutionstheorie und Verhaltensforschung eine große, wenn auch bisher überwiegend theoretische Bedeutung gewonnen hat. Im Prinzip läßt sich für jede Auseinandersetzung von der Art des IPD, bei der Spieler zwischen egoistischen und kooperativen Optionen wählen können, eine ESS in der Form einer Wahrscheinlichkeitsaussage angeben. Für sämtliche Varianten derartiger Auseinandersetzungen müssen jedoch folgende Bedingungen gelten: Die Spieler müssen entscheidungs- und lernfähig sein, das heißt, sie müssen die Entscheidungen des Partners registrieren und speichern können; die Spieler werden aufgrund ihrer Entscheidungen bestraft oder belohnt, wobei es für die Liste der möglichen Entscheidungen eine Bewertungsskala („Auszahlungsmatrix" in der Spieltheorie) geben muß.

Nun sind im Laufe der Evolution biologische Einheiten – von Genen bis zu Individuen – immer wieder in Situationen geraten, in denen sich sowohl autonome wie kooperative Optionen anboten. Weiterhin ist es nachweislich mehrmals zur Bildung von Systemen mit unterschiedlicher Bindungsstärke (Kohäsion) zwischen den Einheiten gekommen, darunter so perfekt integrierten wie dem aus einzelnen Zellen zusammengesetzten tierischen Organismus oder den Staaten der sozialen Insekten. Es ist also anzunehmen, daß die oben genannten Bedingungen auch auf Lebewesen zutreffen und daß die von Menschen erfundenen Lebens- und Evolutionsspiele gewisse Auseinandersetzungen zwischen biologischen Einheiten simulieren, also den Charakter echter Lebensmodelle haben.

Was die Entscheidungs- und Lernfähigkeit betrifft, so bietet der genetische Apparat auch der einfachsten Zellen geeignete Voraussetzungen. Die in ihm gespeicherte Information kann von Generation zu Generation weitergegeben werden, und durch Selektion können gewisse Informationen unterdrückt, andere gefördert werden. Dies ist das Äquivalent eines Lernprozesses. In Zeiten der Ressourcenknappheit werden zum Beispiel kooperative Varianten des Verhaltens oft erfolgreicher sein als egoistische, so daß die genetische Grundlage dieses Erfolgs mit erhöhter Wahrscheinlichkeit an die nächsten Generationen weitergeben wird. Zum genetischen Gedächtnis gesellt sich bei Tieren ein phänotypischer Informationsspeicher in Gestalt des Gehirns. Dementsprechend können sich bei Tieren optimale Kompromisse zwischen egoistischen und kooperativen („altruistischen") Verhaltensweisen sowohl auf genetischer wie auf neuronaler Basis etablieren. In Gruppen verwandter Individuen kann die Häufigkeit altruistischen Verhaltens auf den hohen Anteil gemeinsamer Gene zurückgeführt werden (Hamilton 1964), und für gewisse Fälle von „reziprokem Altruismus" mögen individuelle Gedächtnisleistungen verantwortlich sein (Trivers 1985; siehe Abschnitt 5.3.2). Welche Form des Verhaltens letzten Endes am erfolgreichsten ist, also einer ESS am nächsten kommt, hängt allerdings ganz entscheidend von der „Auszahlungsmatrix" ab, also davon, welche evolutionären Gewinne sich mit den einzelnen Entscheidungen verbinden.

Global gesehen wird der Verlauf von Evolutionsspielen einerseits von den Zufälligkeiten des Angebots an Lösungsvarianten, andererseits von den Regelhaftigkeiten struktureller und funktioneller Beziehungen zwischen den Spielern (den Molekülen, Zellen und Individuen) bestimmt. Die Belohnung für „richtiges" Verhalten wird in „Fitneßwährung", das heißt in der Zahl der fortpflanzungsfähigen Nachkommen, ausgezahlt. Die Beziehung zwischen Verhalten und Gewinn ist im Spiel der biologischen Evolution allerdings um vieles variantenreicher als in den von Menschen gespielten Spielen. In gewissen Phasen gleicht das Lebensspiel einer Lotterie, vor allem bei der Produktion von Keimzellen und beim Befruchtungsprozeß, wenn aus einer riesig großen Zahl zufälliger Anlagenkombinationen nur einige wenige lebensfähige Nachkommen ausgewählt werden. In einem solchen Fall wird eine erste Rate auf den Gewinn – die Investition in die nächste Generation – sofort ausgezahlt. In anderen Phasen erweckt das Spiel eher den Eindruck eines deterministischen Programms, das Zug um Zug entlang vorgegebener Bahnen abläuft – so etwa in der Entwicklungsphase eines Organismus, wenn aus einem Fliegenei unweigerlich eine Fliege, aus einem Froschei unweigerlich ein Frosch hervorgeht. Der Zusammenhang zwischen dem Erfolg einer derartigen entwicklungsphysiologischen Leistung und dem Fitneßgewinn ist allerdings nur lose und seine Signifikanz schwer abzuschätzen. Zu unsicher bleibt, ob ein bestimmtes, sich erfolgreich entwickelndes (oder in anderer Hinsicht erfolgreiches) Individuum jemals fortpflanzungsfähige Nachkommen produzieren wird. Diese Distanz zwischen Leistung und Auszahlung hat unter anderem ihren Niederschlag in einem beliebten Thema der Evolutionsbiologie des 20. Jahrhunderts gefunden: Wie lassen sich die Begriffe *Anpassung* und *Fitneß* eindeutig und nichtzirkulär definieren? Ob ein Individuum „besser angepaßt" ist als andere Individuen derselben Population, ist ja letztlich nur am Erfolg seiner Reproduktionsleistung und der seiner Nachkommen zu erkennen. Über diesen Zusammenhang bleibt der Spieler jedoch prinzipiell im Ungewissen, und dem allfälligen Beobachter fehlen die Zeit und das statistische Material, um den Zusammenhang *post hoc* herstellen zu können (Reeve und Sherman 1993).

Allerdings werden in den Auseinandersetzungen zwischen den Individuen einer Population die Karten des Evolutionsspiels ständig neu gemischt. Das leistungsfähigere Individuum, das in diesen Auseinandersetzungen gewinnt (indem es zum Beispiel schneller läuft oder Mangelperioden besser übersteht als andere Individuen), stellt gewissermaßen einen Wechsel auf die Zukunft aus. Je häufiger ein bestimmtes Individuum im Laufe seines Lebens erfolgreich ist, desto größer ist die Wahrscheinlichkeit, daß seine Wechsel einmal zur Auszahlung kommen werden, das heißt, daß es letztendlich im Überlebensspiel gewinnen wird. Je autonomer Individuen agieren können, je deutlicher sich phänotypisches Verhalten von genotypischen Zwängen zu emanzipieren vermag, desto häufiger wird allerdings der Fall eintreten, daß die Wechsel als die eigentliche und endgültige Belohnung im Evolutionsspiel angesehen werden. Dann eröffnet sich die Möglichkeit, daß Individuen auf der Bühne des Welttheaters ihre eigenen Spiele zu spielen beginnen; daß sie einander mit Wechseln belohnen, für deren Einlösung die Natur keine Garantie übernimmt. Dieser Weg von der Anonymität der Generationenfolge zur Autonomie des Individuums ist ein wesentliches Element der Evolution, vor allem aber der Geschichte der Menschheit (siehe auch Abschnitt 6.1).

1.4 Ein Ordnungsprinzip: Drei miteinander verknüpfte Netze

In den folgenden Kapiteln wird es darum gehen, die in diesem Kapitel vorgestellten Begriffe und Modelle mit Leben zu erfüllen und so Tendenzen, Antriebe und Zwänge des evolutionären Prozesses sichtbar zu machen. Für die weitere Behandlung des Themas verwende ich einen Rahmen, der auf dem oben skizzierten Dreischichtenbau von Organismen aufbaut (siehe Abbildung 1.3). In diesem Schema repräsentiert das *Genom* das Konstruktionsprogramm der Eizelle, wie es mit Modifikationen von Generation zu Generation entlang einer Stammeslinie von Lebewesen überliefert wird. Diese Überlieferung kann auch als die Resultierende aus zahllosen Auseinandersetzungen und Weichenstellungen im Laufe der Stammesgeschichte der Art aufgefaßt werden.

Unter *Gestalt* wird das unter spezifischen ökologischen und epigenetischen Bedingungen zustande gekommene sichtbare Ergebnis der Übersetzung des genotypischen Programms in eine phänotypische Realität verstanden. Der Phänotyp repräsentiert die im Genotyp angelegten Funktionen, die ihn zum Überleben in einer variablen Umwelt befähigen; er repräsentiert die Abstimmung all dieser Funktionen und Bedürfnisse, das heißt ihre Optimierung im Hinblick auf ein gemeinsames Ziel: die Maximierung der Überlebenswahrscheinlichkeit des Individuums. Insofern ist das Individuum die wichtigste – wenn auch nicht die einzige – Einheit der Selektion im Spiel der Evolution (Kapitel 6).

Die nach außen, in die Umwelt, projizierten Leistungen von Lebewesen eröffnen die dritte Ebene der biologischen Organisation, ein Repertoire von *Verhaltensweisen*, deren Netz das Individuum mit seiner abiotischen und biotischen Umwelt verknüpft. Die Summe sämtlicher Verhaltensweisen ist in demselben Sinne eine funktionelle Expression der morphologischen Gestalt, wie diese eine epigenetische Expression des Programms der Keimzelle ist.

Diese drei Schichten der biologischen Organisation werden als drei miteinander verknüpfte, partiell autonome Netze betrachtet. Durch den Begriff des *Netzes* soll auf die Existenz von Strukturen hingewiesen werden, die – innerhalb der jeweiligen Organisationsebene – dem Austausch von *Information* dienen. In diesem Sinne ist zwischen einem *inneren*, einem *mittleren* und einem *äußeren Netz* der biologischen Organisation zu unterscheiden.

1. Das *innere Netz* repräsentiert die Strukturen und Funktionen, die an der Erhaltung des genotypischen Programms beteiligt sind. Dies betrifft einerseits die Strukturmerkmale der DNA, andererseits jene mit der Synthese von RNA und Proteinen verbundenen Vorgänge, die für die Erhaltung und Vermehrung des in der Sprache der DNA geschriebenen genetischen Programms notwendig sind (wobei davon abgesehen wird, daß es einige Klassen von Viren gibt, deren genetisches Programm aus RNA besteht). Da die Erhaltung des Phänotyps ebenfalls von RNA- und Protein-Synthesen abhängt, ist für die Zwecke dieser Diskussion eine pragmatische Entscheidung zu treffen: Zum inneren Netz sollen nur jene Strukturen und Prozesse gerechnet werden, die zur Expression solcher Proteine führen, deren Zielort wieder die DNA des genetischen Programms ist. Das Netz besteht also vor allem aus autokatalytischen Kreisprozessen, mit deren Hilfe sich die DNA von Zellen erhält und vermehrt, vergleichbar den von Eigen und Schuster (1979) beschriebenen Hyperzyklen.

2. Das *mittlere Netz* wird repräsentiert durch die Strukturen und Funktionen, die für die Übersetzung des genetischen Programms in den Phänotyp erforderlich sind. Es entfaltet sich somit aus dem inneren

Netz, doch hat der größte Teil seiner Komponenten mit der Gestalt und den Leistungen des Phänotyps zu tun. Die Adressen der vom Genom ausgehenden Signale befinden sich in den verschiedensten Kompartimenten des Phänotyps, den Organellen, Geweben und Organen. Die zum mittleren Netz gerechneten molekularen Faktoren steuern die Entwicklung des Organismus, sind als Enzyme und Transportmechanismen für seinen Stoffwechsel und als Komponenten informationsübertragender und -verarbeitender Systeme für seine Integration verantwortlich. Die Fähigkeit von Zellen und Organen, auf chemischem und elektrochemischem Wege miteinander zu kommunizieren, ist Grundlage für die Flexibilität und Anpassungsfähigkeit der Leistungen des Phänotyps und damit auch für dessen partielle Unabhängigkeit von den Vorschriften des Genoms.

3. Das *äußere Netz* wird repräsentiert durch die Verhaltensweisen, die den Phänotyp mit seiner biotischen und abiotischen Umwelt verknüpfen. Diese Verknüpfungen können so strukturiert und so stabil sein, daß sie die physiologischen Leistungen des Organismus kontrollieren und die Form der spezifischen Umwelt mitbestimmen, die sich der Organismus erschafft. Da die Verhaltensweisen von Tieren im Nervensystem, vor allem in dessen Zentrum, dem Gehirn, wurzeln, korreliert die Leistungsfähigkeit des äußeren Netzes mit der Entwicklung dieses Organs, das seinerseits die Evolution des Lebens auf der Erde so entscheidend beeinflußt und geprägt hat.

2. Das innere Netz

2.1 Grammatik und Semantik des genetischen Programms

Seit der Entdeckung des *genetischen Codes* (zwischen 1961 und 1965) ist es üblich, das genetische Programm als einen in Buchstabenschrift verfaßten Text zu bezeichnen, in dem die für die Konstruktion eines Organismus notwendigen Anweisungen niedergelegt sind. Dies ist ein für das Verständnis der biologischen Organisation wichtiger Vergleich, der zum Beispiel eine Antwort auf die seit Jahrhunderten gestellte Frage liefert, ob man sich die Entwicklung eines Lebewesens als eine Neuschöpfung – *Epigenesis* – oder als das Sichtbarmachen von schon Vorhandenem – *Präformation* – vorzustellen habe: Die Übersetzung eines Textes ist beides.

Die kleinsten Einheiten des genetischen Textes sind die vier Stickstoffbasen der Nucleotide, aus denen sich Nucleinsäuren zusammensetzen: Adenin, Thymin, Cytosin und Guanin im Falle der Desoxyribonucleinsäure (DNA), Uracil anstelle von Thymin im Falle einer der drei Ribonucleinsäuren (RNA) – Boten- oder Messenger-RNA (mRNA), Transfer-RNA (tRNA) und ribosomale RNA (rRNA). Demgemäß werden die Basen meist als die Buchstaben eines genetischen Alphabets bezeichnet (abgekürzt A, T, C und G beziehungsweise A, U, C und G). In Zellen tritt DNA in der Form einer *Doppelhelix* auf: Zwei verschraubte Längsstränge sind durch Basenpaare sprossenartig miteinander verbunden, wobei die Paarungen obligaterweise A-T und C-G lauten. Werden die Bindungen der Basenpaare gelöst, die Längsstränge lokal entspiralisiert und kurzfristig voneinander getrennt, dann kann in der DNA festgelegte genetische Information unter Vermittlung bindungsstiftender Enzyme (*RNA-Polymerasen*) Buchstabe für Buchstabe abgelesen und in eine an der DNA-Matrize entlang wachsende RNA-Kette überschrieben (transkribiert) werden (Abschnitt 3.3.1). Das Ablesen einer Basensequenz erfolgt ohne Ausnahme vom 5′-Ende des transkribierten DNA-Stranges in Richtung auf dessen 3′-Ende (wobei 5′ und 3′ zwei der fünf Kohlenstoffatome des Ribosemoleküls bezeichnen; der C_5-Zucker Ribose repräsentiert neben dem Phosphatrest das invariante Rückgrat des Nucleinsäuremoleküls).

Die RNA-Kette, in die die Basensequenz eines DNA-Abschnittes überschrieben wurde, löst sich von dieser ab und übernimmt im Cytoplasma verschiedene Aufgaben: Ribosomale RNA-Moleküle sind am Aufbau der Ribosomen, der proteinsynthetisierenden Organellen, maßgeblich beteiligt; Transfer-RNA-Moleküle wirken als hochspezifische Rezeptoren für Aminosäuren, die sie zu den Ribosomen transportieren, und Messenger-RNA-Moleküle übermitteln die in den Basensequenzen von Genen festgelegten Anweisungen zum Bau von Proteinen. Die Übersetzung des Nucleotidtextes in den Aminosäuretext (Translation) erfolgt unter hohem Energieaufwand, wobei jeweils einer Dreiergruppe von Nucleotiden (einem Basentriplett oder Codon) eine spezifische Aminosäure zugeordnet wird (Abschnitt 3.3.2). Die Sequenz der Aminosäuren bestimmt die Eigenschaften der Proteine, die sich nach Abschluß des jeweiligen Syntheseprozesses von den Ribosomen lösen und auf verschiedenen Wegen in jene Zellkompartimente gelangen, in denen sie ihre Wirkungen entfalten werden (Abschnitt „Transport und Verteilung von Proteinen: Proteinkinesis", S. 151). Die Zuordnung der einander entsprechenden Zeichen, der Basentripletts und Aminosäuren, erfolgt durch den *genetischen Code*, und da ein und dieselbe Aminosäure von mehreren Tripletts spezifiziert werden kann (für die 20 Aminosäuren in Proteinen stehen 64 Basentripletts zur Verfügung, von denen drei – UAG, UAA und UGA – die Rolle von Stoppzeichen spielen) nennt man diesen Code „redundant" oder „degeneriert".

In diesem Vorgang der Bewahrung und des Transfers von molekular verschlüsselter Information lassen sich strukturelle Prinzipien identifizieren, in denen sowohl die Logik wie die Universalität des Lebensgeschehens wurzeln. Solchen strukturellen Prinzipien mag dementsprechend die Bedeutung einer *universellen Grammatik* zugeschrieben werden. Freilich können sich grammatische Regeln nur etablieren und durchsetzen, wenn mit ihrer Hilfe Aussagen zustande kommen, die einen *Sinn* ergeben, denn es ist dieser Sinn, der die Stabilisierung der strukturellen Regeln ermöglicht. Im Falle der molekularen Sprache der Evolution vollzieht sich dieser Schritt bei der Übersetzung eines genetischen Programms in Populationen von Proteinen, die als molekulare Effektoren das Leben der Zelle und damit sowohl die Funktionsfähigkeit als auch das Überleben des genetischen Programms bestimmen. Die Beziehung zwischen *genetischer Struktur* und *physiologischer Bedeutung* läßt sich mit der zwischen Grammatik und Semantik bei menschlichen Sprachen vergleichen, ein Vergleich, dessen wir uns in diesem Buch noch mehrmals bedienen werden, so etwa, wenn wir auf das für die Biologie fundamentale Verhältnis des *Genotyps* zum *Phänotyp* zu sprechen kommen (Abschnitt 3.1).

Sechs der wichtigsten Strukturregeln des genetischen Informationssystems sind in Abbildung 2.1 zusammengestellt. Von diesen gelten fünf (Nummer 1, 2, 3, 5 und 6) für sämtliche Lebewesen, während Nummer 4 die Dichotomie zwischen prokaryoten und eukaryoten Zellen charakterisiert. Die oben bereits erwähnten Strukturregeln seien im folgenden nochmals kurz kommentiert:

1. *Basenpaarung*: Innerhalb der vier Stickstoffbasen, der Buchstaben des Nucleinsäurealphabets, wird zwischen zwei kleinen Pyrimidinen – C und T (U) – und zwei größeren Purinen – A und G – unterschieden. Jeweils ein Purin und ein Pyrimidin bilden ein stabiles Basenpaar, wobei A-T (U) stabiler als A-C und G-C stabiler als G-T (U) ist; G-C mit seinen drei Wasserstoffbrücken ist nochmals stabiler als A-T (U) mit bloß zwei derartigen Brücken (gestrichelte Linien in Abbildung 2.1). Diese Basenpaarungen bilden die Sprossen der DNA-Doppelhelix und sind für die Schleifenbildungen einsträngiger RNA-Moleküle verantwortlich (Abbildung 2.1, Nummer 5).

2. *Semikonservative, antiparallele Replikation*: Zwei DNA-Stränge bilden aufgrund der Basenpaarungsregel eine Doppelhelix mit jeweils

charakteristischer Sequenz von Basenpaaren. Bei der Replikation wird jeder der beiden Einzelstränge durch den jeweils komplementären Strang ergänzt. Dies geschieht, unter Mitwirkung eines Enzymsystems (Abschnitt 2.4.1), schrittweise in der Richtung vom

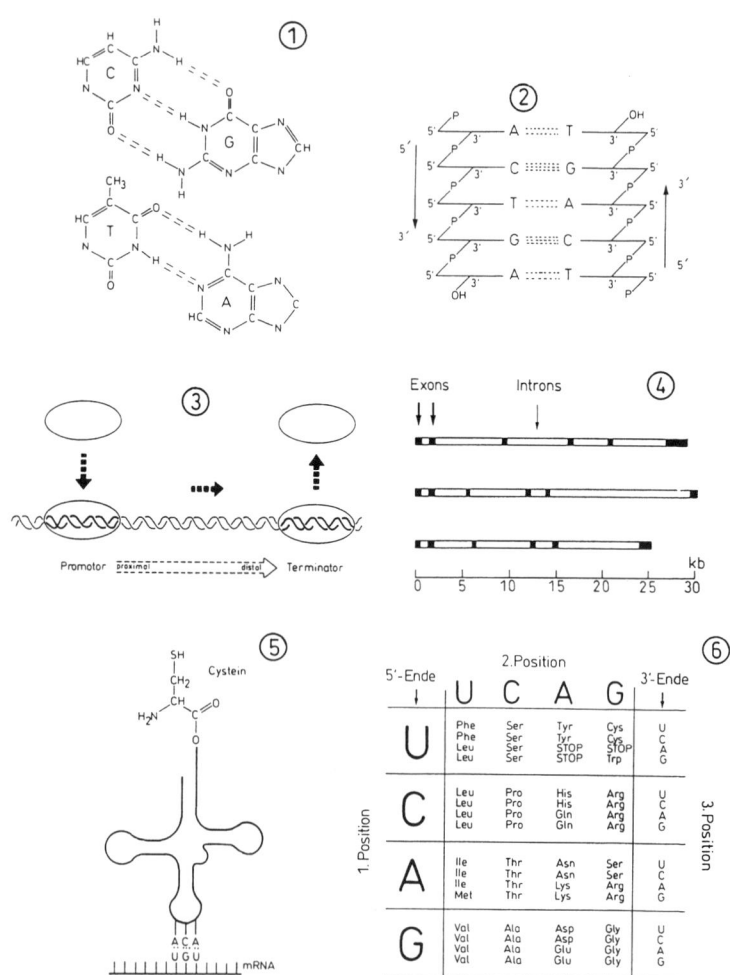

5′-Ende zum 3′-Ende des jeweiligen Stranges, also – wie Abbildung 2.1 andeutet – *antiparallel*.

3. *Transkription*: Die Übersetzung eines DNA-Abschnitts in einen RNA-Strang mit Hilfe von Polymerasen beginnt bei der Promotorregion (proximal) und endet bei der Terminatorregion (distal). Die Polymerasen binden entweder direkt oder durch Vermittlung von *Transkriptionsfaktoren* (Abschnitt 3.3.1) an charakteristische Erkennungssequenzen der DNA, die selbst keine Proteine codieren (also im Phänotyp nicht sichtbar werden), sondern den zeitlichen Verlauf des Übersetzungsprozesses steuern. In allen Organismen werden Gene von den gleichen Familien unspezifischer RNA-Polymerasen transkribiert, und so ähneln sich auch die im Organismenreich vor-

◄

2.1 Sechs Komponenten und Regeln, die hier als Grundlage der allgemeinen Grammatik eines molekularlinguistischen Systems gedeutet werden. 1. Die Regeln der Basenpaarung: *Cytosin* (C) paart immer mit *Guanin* (G), *Thymin* (T) immer mit *Adenin* (A). 2. Aufgrund der Basenpaarungsregeln formieren sich zwei DNA-Stränge zu richtungsverkehrten (antiparallelen) Doppelhelices. Das „Rückgrat" eines DNA-Stranges besteht aus C_5-Zuckern (*Ribose*) und Phosphatresten (P), die jeweils die 3′- und 5′-C-Atome zweier Ribosemoleküle miteinander verknüpfen. Die gestrichelten Linien deuten die Wasserstoffbindungen (Wasserstoffbrücken) an, die für die Stabilität der Doppelhelix hauptverantwortlich sind. 3. Der Mechanismus der Transkription. Die Ellipsen repräsentieren die *Polymerasen*, die dicker gezeichneten Abschnitte der Doppelschraube die *Erkennungssequenzen* der DNA, an die Polymerasen oder spezifische Transkriptionsfaktoren binden. Die Leserichtung der Transkription verläuft stets vom Promotor zum Terminator. 4. Der Aufbau der DNA eukaryoter Zellen aus *Exons* und *Introns*. Dargestellt ist ein bestimmtes Gen bei drei Säugetierarten. Die Länge des Gens ist in Kilobasen (kb) angegeben; eine Kilobase entspricht 1000 Basenpaaren. (Lewin 1988, S. 524.) 5. Eine tRNA, die an einem Ende eine Aminosäure (hier Cystein) bindet und am anderen Ende mit einem Nucleotidtriplett (*Anticodon*) die Verbindung zum komplementären *Codon* der mRNA herstellt. 6. Der genetische Code. Ein Triplett, jeweils vom 5′- zum 3′-Ende der zugeordneten Ribose gelesen, steht entweder für eine Aminosäure oder für ein Stoppzeichen. Da mehrere Tripletts ein und dieselbe Aminosäure spezifizieren können, spricht man von einem „degenerierten" Code.

kommenden Erkennungssequenzen. Diese Ähnlichkeit kommt im ubiquitären Auftreten spezifischer Sequenzmotive zum Ausdruck, die bereits vor der Trennung prokaryoter und eukaryoter Zellinien angelegt worden sein müssen und seither allen Veränderungstendenzen widerstanden haben.

4. *Genomstruktur*: Auf dem Organisationsniveau der kernlosen prokaryoten Zelle überwiegt die lineare Anordnung der Tripletts zu Genen, die ihrerseits perlschnurartig aufeinanderfolgen und den größten Teil der DNA des Genoms ausmachen. In eukaryoten Zellen hingegen sind die meisten Gene zerstückelt, indem sich codierende – das heißt übersetzbare – Regionen mit nichtcodierenden Regionen abwechseln. Erstere werden *Exons*, letztere *Introns* genannt. Dieser grundsätzliche Unterschied im Aufbau des Genoms dürfte für Unterschiede im Leistungs- und Verhaltensrepertoire prokaryoter und eukaryoter Organismen von Bedeutung sein (Abschnitt 2.2).

5. *Informationstransfer*: Die Übersetzung (Translation) einer Nachricht von der Nucleotid- in die Aminosäuresprache erfolgt an Ribosomen. Damit eine Aminosäurekette mit charakteristischer Sequenz entstehen kann, müssen die jeweils richtigen Aminosäuren hintereinander an die Punkte mit den jeweils richtigen Codons am Ribosom dirigiert werden. Sämtliche Organismen verwenden hierfür einen *Adapter*, ein relativ kleines einsträngiges tRNA-Molekül, das in zweidimensionaler Projektion in etwa die Form eines Kleeblatts einnimmt. An einem Ende bindet dieses Molekül eine bestimmte Aminosäure, am anderen Ende befindet sich ein Nucleotidtriplett, das *Anticodon*, das – wie ein Schlüssel in sein Schloß – genau zum komplementären *Codon* in der mRNA paßt, die durch das Translationszentrum des Ribosoms gezogen wird. Die Bindung zwischen einer Aminosäure und dem zugehörigen tRNA-Molekül ist hochspezifisch, was auf die genaue Passung zwischen der Nucleinsäure und dem bindungsstiftenden Enzym zurückzuführen ist. Von diesem Enzymtyp, der *Aminoacyl-tRNA-Synthetase*, gibt es in Zellen 20 Varianten, eine für jede der 20 Aminosäuren, aus denen Proteine zusammengesetzt sind. Die 20 spezifischen Paßformen der 20 tRNA-

Transferasen wurden als die Elemente eines „zweiten genetischen Codes" bezeichnet (Waldrop 1989), von dem es hieß, er sei im Unterschied zum „ersten" Code nicht „verbal", sondern „figural" strukturiert (Sitte 1996b).

6. Der (erste) *genetische Code*: Bei der Translation wird jede Aminosäure durch ein bis sechs Basentripletts codiert. Diese Redundanz des Codes steht in gewisser Beziehung zur Häufigkeit der codierten Aminosäuren in den Proteinen von Zellen. So entspricht etwa der in Proteinen seltenen Aminosäure *Tryptophan* (Trp) das einzige Triplett UGG, während die häufige Aminosäure *Leucin* (Leu) durch sechs Tripletts repräsentiert wird, deren erster Buchstabe U oder C ist, der zweite Buchstabe stets U, während an der dritten Stelle jeder der vier Buchstaben des Alphabets stehen kann. Die größere Unbestimmtheit der dritten Position ist beim Informationstransfer von Nucleinsäuren zu Proteinen die Regel. Die Leserichtung ist, wie erwähnt, stets vom 5'- zum 3'-Ende des Ribosemoleküls. Bei einigen Organismen kommen geringfügige Abweichungen vom generalisierten Codeschema vor (Maynard Smith und Szathmáry 1995, 1996; Witting und Bück 1996).

Die grammatischen Strukturen im genetischen Material von Zellen schaffen den Rahmen für den Aufbau von Proteinnetzen, die der Steuerung von Stoffwechselprozessen dienen, welche ihrerseits die Dynamik und Integrität des Organismus verantworten. Dieser Aspekt des genetischen Programms wurzelt in der für jedes Individuum charakteristischen Nucleotidsequenz, also in der Gesamtheit des genetischen *Textes*. Dessen Bedeutung (Sinn) läßt sich aus den abstrahierten grammatischen Regeln nicht ableiten, sie ist vielmehr das Ergebnis von weit in die Vergangenheit zurückreichenden Auseinandersetzungen zwischen Organismen und Umwelten. Partner der Auseinandersetzung mit der Umwelt in diesem evolutionären Prozeß sind die Expressionen des genetischen Programms: Ribonucleinsäuren und Proteine, die als Katalysatoren, Transportvehikel, molekulare Maschinen, Signalfaktoren oder Formelemente den Fließgleichgewichtszustand des Organismus bestimmen. Sowohl RNA-Moleküle wie Proteine erfüllen ihre Aufgaben aufgrund einer jeweils spezifischen dreidimensionalen *Form*. Änderungen der Form bedingen Änderungen der Funktion und umgekehrt, woraus folgt, daß sich in der Form etwa eines Proteinmoleküls dessen Rolle im Leben des Organismus spiegelt, daß ihr also eine ganz bestimmte *Bedeutung* zukommt. Damit ist die soeben angesprochene *semantische Ebene* des genetischen Informationssystems definiert. Da die dreidimensionale Form eines Proteins von der Primärsequenz seiner Aminosäuren abhängt und diese von der Nukleotidensequenz des für die Codierung zuständigen Gens, ist der genetische Text eines Organismus befrachtet mit Inhalten und Bedeutungen, die sich aufgrund der Einsicht in die Physiologie des Organismus zwar *interpretieren*, jedoch nur aus dessen Evolution *ableiten* lassen.

Wie die menschlichen Sprachen ist also auch das genetische Informationssystem der Lebewesen geprägt von den wechselseitigen Beziehungen zwischen Grammatik und Semantik. Dementsprechend läßt sich auch fragen, inwieweit zwischen den beiden sprachlichen Ebenen Abhängigkeiten bestehen mögen, etwa in dem Sinne, daß die eine durch die andere bedingt oder eingeschränkt wird. Dabei sind Wirkungen sowohl der Struktur auf die Bedeutung wie umgekehrt der Bedeutung auf die Struktur denkbar. Was die zuerst genannte Richtung betrifft, so ist unser Wissen noch zu gering, um sagen zu können, inwieweit die phänotypische Evolution durch strukturelle Vorgaben des genetischen Programms, etwa durch die Natur der zur Verfügung stehenden Basenpaarungen oder des genetischen Codes, beeinflußt oder gar eingeschränkt gewesen sein mag. Vielleicht könnte man so weit gehen und behaupten, die Einschaltung stummer Zwischenstücke (Introns) zwischen die Codierungseinheiten eines Gens (Exons) habe die Flexibilität eukaryoter Genome erhöht und damit deren Expressionsmöglichkeiten erweitert.

Die Beziehung in umgekehrter Richtung, die – indirekte – Beeinflussung von Strukturen durch ihre jeweilige Bedeutung, kann für das genetische Informationssystem anhand eines Beispiels diskutiert werden, auf das uns die Diskussion des Homologiebegriffs im vorigen Kapitel

(Abschnitt „Homologie, Homodynamie, Analogie", S. 27) vorbereitet hat.

In den fünfziger und sechziger Jahren dieses Jahrhunderts waren die Grundlagen für die Ansicht geschaffen worden, die dreidimensionale Struktur eines Proteins, also dessen phänotypische *Bedeutung*, werde ausschließlich und höchst spezifisch von seiner Aminosäuresequenz bestimmt. Mit zunehmender Kenntnis der Beziehung zwischen Aminosäuresequenz und Proteinstruktur sowie zwischen Nucleotidsequenz und RNA-Struktur stellte sich jedoch heraus, daß es sehr viel mehr Sequenzen als dreidimensionale Strukturen gibt (die „*Sequenz*kapazität" ist weit größer als die „*Form*kapazität"). Das heißt aber, daß sich Aminosäure- und Nucleotidketten mit sehr unterschiedlichen Sequenzen zu identischen räumlichen Strukturen falten können (Russell und Barton 1994). Nun wurzelt aber die *Bedeutung* eines Proteins oder tRNA-Moleküls in eben dieser räumlichen Struktur, die dafür verantwortlich ist, daß spezifische Substrate katalysiert oder transportiert werden können sowie Proteine und RNA-Moleküle auf äußere Signale – Hemmer, Aktivatoren und sonstige Effektoren – zu reagieren vermögen (Lesk und Boswell 1992; Chelvanayagam et al. 1994; Schuster et al. 1994). Diese Erkenntnis hat unsere Vorstellung von den Beziehungen zwischen genotypischer Struktur und phänotypischer Bedeutung und damit auch von den Mechanismen der biologischen Evolution maßgeblich beeinflußt, und zwar in folgendem Sinne: Die äußere Selektion kann nur dort ansetzen, wo sich Umwelt und Organismus begegnen, also am Phänotyp, der auf Umweltänderungen reagiert. Vererbbare Reaktionen des Phänotyps sind allerdings nur auf dem Weg blinder Mutationen möglich, die in weiterer Folge dann die dreidimensionalen Strukturen von RNA- und Proteinmolekülen verändern mögen. Da nun aber *verschiedene* Buchstabenfolgen zu *identischen* Faltungsstrukturen führen können, ist eine partielle Entkopplung zwischen der semantisch-funktionellen und der grammatisch-strukturellen Ebene von Organismen vorgezeichnet. Im Rahmen unseres Sprachengleichnisses wäre zu erwarten, daß die Bedeutung eines Wortes oder Satzes auf sehr unterschiedliche Weise, durch verschiedene Buchstaben- beziehungsweise Wortfolgen, zum Ausdruck gebracht werden kann. Das entspricht sowohl der linguistischen Erfahrung mit menschlichen Sprachen als auch dem Verhältnis zwischen Genotyp und Phänotyp in den Reichen der Organismen. Diese Erkenntnis beeinflußt unser Verständnis vom Verlauf der Evolution, denn es wird ja impliziert, daß der Weg von der zufälligen Mutation zum adaptierten Phänotyp sehr viel kürzer sein könnte, als allgemein angenommen wird. Da im Prinzip viele Mutationen, also viele Buchstabensubstitutionen, dieselbe phänotypische *Bedeutung* haben können, mag eine spezifische Anpassung weit schneller zustande kommen, als das so beliebte Gleichnis vom goldenen Wurf im großen Würfelspiel der Evolution vermuten läßt. Schuster et al. (1994) haben zum Beispiel nachgewiesen, daß sämtliche adaptiven Strukturen eines aus 100 Nucleotiden zusammengesetzten RNA-Moleküls in Reichweite einer unerwartet geringen Zahl von Mutationen (Mittelwert 7,2) liegen.

2.2 Eine Erweiterung des genetischen Repertoires

Rund zwei Milliarden Jahre lang bestand das Spielmaterial der biologischen Evolution aus einem Typus von Zelle, den wir heute als kernlose, *prokaryote* Zelle bezeichnen und der kernhaltigen, *eukaryoten* Zelle gegenübersetzen. Wir werden uns mit dem Übergang von dem einen zum anderen Zelltyp noch auseinanderzusetzen haben (Abschnitt 3.2; Tabelle 3.1), aber im Rahmen der Behandlung des „inneren Netzes" ist bereits an dieser Stelle auf jenen Aspekt hinzuweisen, den ich als eine „Erweiterung des genetischen Repertoires" bezeichne.

Entscheidend für die Evolution der prokaryoten Welt war und ist die Geschwindigkeit, mit der sich die Zellen teilen und vermehren und mit der sie den zur Verfügung stehenden Lebensraum mit immer neuen genetischen Varianten anzureichern vermögen (siehe auch Abschnitt 2.5). Das in Nucleotidsequenzen festgelegte genetische Programm prokaryoter Zellen ist relativ kurz, es besteht aus maximal ein paar Millionen

Basenpaaren pro Zelle, um einen Faktor von 10^2 bis 10^3 weniger als das der meisten eukaryoten Zellen. Außerdem sind so gut wie sämtliche Basen Bestandteile von Genen, und diese sind wie die Perlen einer Perlenkette aneinandergereiht, das heißt, das lineare Programm wird nicht – wie bei eukaryoten Zellen – von funktionslosen DNA-Abschnitten oder Proteinen unterbrochen. Die der Zellteilung vorangehende Replikation des Genoms ist dementsprechend relativ unkompliziert und erfolgt bei günstigen Milieubedingungen mit einer Geschwindigkeit von rund 1 000 Basenpaaren pro Sekunde, etwa zehnmal schneller als der vergleichbare Prozeß bei eukaryoten Zellen. Zudem scheint der einfache, geradlinige Aufbau des genetischen Programms den horizontalen Austausch von genetischem Material zwischen beliebigen prokaryoten Zellen erleichtert zu haben. Das Rekombinationspotential der Biosphäre war dementsprechend bereits lange vor Erfindung der sexuellen Fortpflanzung sehr hoch, stand allerdings noch nicht direkt im Dienste der Fortpflanzung. Es war noch nicht diszipliniert durch den präzisen Mechanismus der Reifeteilung (*Meiose*), der in der eukaryoten Welt die enge Verwandtschaft zwischen sich paarenden Zellen voraussetzt (Abschnitt 2.5).

Die eukaryote Zelle verdankt ihre Entstehung einer Serie von Begegnungen zwischen kernhaltigen „Urkaryoten" und kernlosen Prokaryoten (Abschnitt 3.2). Diese Begegnungen führten zu einer Lebensform, die wir heute als eine symbiontische Beziehung interpretieren. Aus den Symbionten, den prokaryoten Zellen, gingen Mitochondrien und Chloroplasten hervor, die für die Energieversorgung der neuen Lebensform unentbehrlichen Organellen. Seit diesem „Megaschritt" finden die mit dem Speichern, Kopieren und Bearbeiten von genetischer Information befaßten Geschäfte in einem eigenen Kompartiment, dem Zellkern, statt, getrennt von allen anderen, *exekutiven* Geschäften der Zelle im Cytoplasma. Die Einrichtung spezieller Organellen für die Erzeugung biologisch verwertbarer Energie gestattete eine bis zu 1 000fache Vergrößerung des Zellvolumens, was wiederum die Voraussetzung für eine weiterführende räumliche und zeitliche Differenzierung zellulärer Prozesse war. Nur auf dieser Basis sind hochintegrierte vielzellige

Lebewesen entstanden (im Unterschied zu den strukturierten Kolonien, wie sie auch bei Bakterien und anderen Mikroorganismen häufig sind: Shapiro 1988; Margulis 1997). Umgekehrt erhöhten Größenzunahme und Differenzierung den Energiebedarf der neuen Zellen, für dessen Deckung die vollständige Oxidation von Nährstoffen durch molekularen Sauerstoff notwendig ist, während in der prokaryoten Welt unvollständige Oxidationsprozesse dominieren (Abschnitt 3.2; Tabelle 3.1).

Das erweiterte genetische Repertoire eukaryoter Zellen manifestiert sich – nach Cavalier-Smith (1991) – in folgenden revolutionären Eigenschaften:

1. einer komplexen, modularen Chromosomenstruktur, die ein weites Spektrum neuer Kombinationsmöglichkeiten von genetischem Material eröffnet;
2. einem ausgedehnten inneren Membransystem, durch das Stoffe transportiert werden können;
3. der Fähigkeit zur Aufnahme und Verdauung größerer Partikel, wodurch zum Beispiel auch die Aufnahme weiterer Symbionten erleichtert wird;
4. dem Ersatz des starren Außenskeletts der Bakterienzelle durch ein inneres Cytoskelett, das die Voraussetzung für das Verschmelzen von Zellen und damit für geschlechtliche Fortpflanzung und Genaustausch schafft.

Eukaryote Zellen verdanken ihren evolutionären Erfolg auch dem Prinzip der *Arbeitsteilung*, einem Prinzip, das im vielzelligen tierischen Organismus seine höchste Ausprägung erfuhr. Ein System, das imstande ist, verschiedene Funktionen – Nahrungsaufnahme, Verdauung, Exkretion, Lokomotion, Fortpflanzung und so weiter – durch spezialisierte Organellen, Zellen und Organe besorgen zu lassen, muß in vieler Hinsicht einem System überlegen sein, bei dem sich alle diese Funktionen neben- oder nacheinander in einem einzigen Kompartiment abspielen. Freilich muß der hier verwendete Begriff der Überlegenheit richtig verstanden werden. Wie die Geschichte des Lebens auf der Erde zeigt, sind weder Prokaryoten von Eukaryoten noch Einzeller von Vielzellern *verdrängt* worden. Im Gegenteil: Beide sind durch ein gemeinsames ökologisches Schicksal untrennbar miteinander verbunden. Was die Erweiterung der biologischen Organisationsform möglich machte, das war *die Eroberung neuer ökologischer Dimensionen*. Ein eukaryoter Organismus, dem es zum Beispiel gelungen war, die Funktion der Lokomotion (mittels spezialisierter Wimper- oder Geißelzellen) von der der Fortpflanzung (durch Teilung generativer Zellen) zu trennen, verfügte über ein erweitertes Repertoire von Verhaltensweisen. Nicht nur konnte er die viel kleineren Prokaryoten jagen und verzehren, er war auch in der Lage, Orte und Zeiten des Nährstoffmangels relativ schnell zu verlassen, ohne dabei seine Fähigkeit zur Vermehrung einschränken zu müssen. (In diesem Zusammenhang ist von Interesse, daß sich – wie Lynn Margulis herausgefunden hat (Margulis 1997) – eine eukaryote Zelle nicht gleichzeitig teilen und mit Hilfe von Geißeln fortbewegen kann. Beide Funktionen konkurrieren nämlich um dieselben Proteine, die für die mechanische Arbeit sowohl der Geißeln wie der Teilungsspindeln unentbehrlich sind.) Die auf diese Weise aufrechterhaltenen hohen Populationsdichten sorgten für den ungebrochen hohen Selektionsdruck, der für die Entstehung neuer Anpassungen notwendig ist. Dies eröffnete neue Überlebenschancen und -bereiche im Vergleich zu Organismen, die Zeiten des Mangels nur durch die Reduktion von Lebensfunktionen zu überdauern vermögen. Andererseits erlaubt gerade letztere Fähigkeit prokaryoten Zellen das Überleben unter Extrembedingungen, denen eukaryote Zellen mit ihrer differenzierteren Organisation, komplexeren Membranstruktur sowie ihrem höheren Energiebedarf nicht gewachsen sind. Wir erkennen bereits an diesem Beispiel, wie sehr das *Verhalten* eines Individuums ein Instrument des evolutionären Wandels darstellt (Wcislo 1989). Durch neue Formen des Verhaltens schaffen sich Organismen neue Umwelten mit neuen Selektionsbedingungen. Dies ist die eigentliche Basis ihrer „Überlegenheit" gegenüber Organismen, die den Regeln eines älteren Selektionsregimes verhaftet bleiben.

Die Lokalisierung biologischer Funktionen in spezialisierten Geweben und Organen impliziert die Entwicklung neuer Mechanismen der Kontrolle und Steuerung von Genaktivitäten. In der prokaryoten Zelle ist unter günstigen Lebensbedingungen das genetische Programm voll aktiv, das heißt, die meisten Gene werden fortlaufend exprimiert und tausend oder mehr Proteine gleichzeitig oder zeitlich eng gestaffelt synthetisiert. In den Zellen eines differenzierten eukaryoten Organismus hingegen ist zu einem bestimmten Zeitpunkt nur eine vergleichsweise beschränkte Zahl von Genen aktiv. Neben den für den Energiehaushalt unentbehrlichen Enzymen produzieren Muskelzellen nur Muskelproteine, Verdauungszellen nur Verdauungsenzyme und so weiter. Da aber sämtliche Zellen des Organismus die Nachkommen einer einzigen Zelle – der befruchteten Eizelle – sind und da sie fast ohne Ausnahme bei jedem Teilungsschritt das gesamte genetische Programm der Mutterzelle übernehmen, kann dessen Reduktion auf einige wenige spezialisierte Funktionen nur durch eine neue Kategorie struktureller und funktioneller Prinzipien der *Genkontrolle* zustande gekommen sein (Abschnitt „Ubiquitine und die geordnete Entsorgung von Proteinen", S. 257).

Dementsprechend gibt es zwischen prokaryoten und eukaryoten Zellen radikale Unterschiede im Feinbau des Chromatins und der Chromosomen. Auffallend ist zunächst die enge Verbindung der DNA eukaryoter Zellen mit speziellen Proteinen. In mehr oder minder regelmäßigen Abständen winden sich Nucleinsäurefäden spiralig um Komplexe, die aus stammesgeschichtlich hochkonservierten Proteinmolekülen (*Histonen*) aufgebaut sind. Acht Histonmoleküle bilden gemeinsam mit der DNA ein *Nucleosom*, das als eine neue supramolekulare Struktureinheit des Eukaryotenchromosoms aufzufassen ist. Ein einziger menschlicher Zellkern enthält bis zu 30 Millionen derartige Einheiten, die durch histonfreie Verbindungsstücke der DNA miteinander verbunden sind. Mehrere Nucleosomen können sich auch zu größeren Komplexen zusammenschließen.

Histone sind Knotenpunkte der Spiralisierung und Kondensation des DNA-Fadens und sind in dieser Funktion für die Kontrolle der Genaktivität von entscheidender Bedeutung. Ihre Verteilung über ein Chromosom deutet an, daß dessen Aktivität auch weitgehend stillgelegt werden kann. Soll ein bestimmtes Gen aktiviert, das heißt zur Expression des ihm zugeordneten Proteins veranlaßt werden, dann kommt es an dieser Stelle zur Aufhebung der Repression des Chromatins durch spezifische Signale. Als solche dienen Proteine, die mit Erkennungssequenzen an das jeweilige Nucleosom binden und so eine Reihe von Reaktionen in Gang setzen, die zu einer lokalen Entspiralisierung (Dekondensation) des DNA-Fadens führen. An diesem Punkt setzt die Transkription der verschlüsselten genetischen Information in eine Ribonucleinsäure ein. Die Auflockerung der Chromosomen an jenen Stellen, an denen die Erbinformation in die Botschaft der RNA übersetzt wird, wurde schon vor längerer Zeit in Gestalt von Verdickungen und Schleifenbildungen an Riesenchromosomen im Lichtmikroskop erkannt. Durch zahlreiche Proteinrezeptoren steht dieser Übersetzungsprozeß mit der näheren und ferneren Umwelt des Genoms in Beziehung. In Beantwortung äußerer Reize werden zum Beispiel Hormone in das Blut ausgeschüttet und im Körper verteilt. Steroidhormone vermögen Zellmembranen zu durchdringen, gelangen in das Cytoplasma und verbinden sich dort mit löslichen Rezeptorproteinen. Der Hormon-Rezeptor-Komplex diffundiert durch die Poren der Kernhülle zu den Chromosomen, wo er an Erkennungssequenzen „stromaufwärts" der Initiationsstelle bestimmter Gene bindet und das Einsetzen des Transkriptionsvorgangs beeinflußt. Dies geschieht, indem die Histonkomplexe des jeweiligen Nucleosoms zerfallen, was eine Trennung der beiden DNA-Stränge bewirkt. Unter Vermittlung weiterer Faktoren bindet nun eine Polymerase an den abzulesenden („codogenen") Strang und beginnt mit der Synthese einer RNA. Dahinter fügen sich die beiden DNA-Stränge sofort wieder zur ursprünglichen Doppelhelix zusammen.

Diese molekulare Maschinerie, die in eukaryoten Zellen den Vorgang der Transkription steuert, ist derart universell, daß sich viele der aus so verschiedenen Organismen wie Hefe, Taufliege und Säugetieren gewonnenen Transkriptionsfaktoren beliebig austauschen lassen und in jedem Organismus die ihnen gemäße Funktion erfüllen können. Dabei wurzelt die Identität der *Funktion* zuallererst in der Identität der molekularen *Form* und erst in zweiter Linie in der Gemeinsamkeit der *Herkunft*; sie kann also – im Sinne der oben (Abschnitt „Homologie, Homodynamie, Analogie", S. 27) geführten Diskussion – sowohl *analog* wie *homolog* sein.

Sämtliche eukaryoten Organismen sind mit drei Typen von RNA-Polymerasen ausgestattet, die die genetische Information der DNA in verschiedene Sorten von RNA transkribieren und deren Aktivität von jeweils genau umschriebenen, relativ kurzen Sequenzmotiven der DNA bestimmt wird (siehe Abschnitt 3.3; Abbildung 3.3).

– Für die Übersetzung ribosomaler RNA ist die *Polymerase I* zuständig. Ihr Einsatz wird durch kurze DNA-Sequenzen in der Nähe des Startpunktes der Transkription kontrolliert. Die Kontrollsequenzen können aber auch einige hundert bis einige tausend Basenpaare oberhalb des Gens liegen.
– *Polymerase II* transkribiert Messenger-RNA für die Codierung von Proteinen. Sie wird durch eine größere Zahl von Kontrollsequenzen beeinflußt, die sowohl in der Nähe des Startpunktes als auch bis zu 20 000 Basenpaare stromaufwärts liegen können.
– *Polymerase III* ist für die Transkription von Transfer-RNA und einigen anderen kleineren RNA-Molekülen zuständig. Ihre Kontrollsequenzen finden sich kurz oberhalb oder unterhalb des Startpunktes ihrer Aktivität.

Über die Kontrollsequenzen wird die Transkription des genetischen Programms an das rechtzeitige Auftreten spezifischer Signalproteine geknüpft. Gene, die nur in bestimmten Zellen, zu bestimmten Zeitpunkten oder in Abhängigkeit von bestimmten Umweltbedingungen transkribiert werden, enthalten Kontrollsequenzen, die nur mit solchen Proteinen in Wechselwirkung treten, die in eben jenen Zellen, zu jenen Zeitpunkten oder unter dem Einfluß spezifischer Umweltbedingungen im Cytoplasma gebildet werden.

Die für eukaryote Zellen charakteristische räumliche Trennung von Transkription und Translation hat noch etwas anderes bewirkt – oder ermöglicht: das Einfügen einer neuen *Kontrollinstanz* in den Ablauf des Übersetzungsprozesses von der DNA in das Netzwerk der Proteine (Abschnitt 3.3). In prokaryoten Zellen folgen Transkription und Translation unmittelbar aufeinander. Das Vorderende eines an der DNA entlang wachsenden mRNA-Stranges löst sich allmählich von seiner Matrize und nimmt mit einem Ribosom Kontakt auf. Dort beginnt die Translation der genetischen Botschaft in eine Proteinsequenz, während das Hinterende der mRNA von der zugeordneten DNA noch Instruktionen erhält. In eukaryoten Zellen finden hingegen Transkription und Translation in verschiedenen *Kompartimenten* statt: erstere im Kern und letztere an den Ribosomen im Cytoplasma. Die Unterbrechung des direkten Informationsflusses zwischen Chromosomen und Ribosomen hat zu einer dramatischen Erweiterung und Umstrukturierung des genetischen Materials geführt. Erste Hinweise auf derartige Veränderungen brachte die Entdeckung, daß nur ein Bruchteil der DNA einer eukaryoten Zelle tatsächlich aktiv ist und Proteine codiert. Während die DNA von *E. coli* mit etwa vier Millionen Nucleotidpaaren etwa 4 000 Proteine synthetisiert, enthalten Säugetierzellen 1 000mal mehr DNA, produzieren aber nur zehn- bis 20mal so viele verschiedene Proteine – der Mensch zwischen 60 000 und 100 000. In menschlichen Zellen nehmen sämtliche Gene nur etwa drei Prozent der Länge eines haploiden Chromosomensatzes ein. Was machen die restlichen 97 Prozent?

Eine Teilantwort auf diese Frage liefert die oben (Abschnitt 2.1) erwähnte Entdeckung, daß in eukaryoten Zellen viele Gene nicht in einem Stück vorkommen, sondern als *Mosaikgene*, zusammengesetzt aus mehreren codierenden Bruchstücken (den Exons), die durch scheinbar informationslose, jedenfalls nichtcodierende Introns miteinander verknüpft sind. Die Gesamtheit der Exons und Introns eines Gens wird in eine RNA transkribiert, die sich von der DNA löst, den Kern jedoch nicht sofort verläßt. Zunächst werden die soeben erst synthetisierten RNA-Introns durch besondere Enzyme wieder herausgeschnitten und die Exons zusammengefügt. In dieser verkürzten Form wird die RNA dann in das Cytoplasma hinausgeschleust.

Wir wissen nicht, was hinter der Mosaiknatur der eukaryoten Gene steckt und wie es zu ihrer Entstehung gekommen ist, aber der Zusammenbau der proteincodierenden Sequenzen der mRNA aus Teilstücken macht den Eindruck einer modularen Bauweise, die neben Mutationen und der Kombination von Genen eine dritte Quelle der Variabilität des genetischen Materials eröffnet. Durch den Mechanismus des *Crossing-over* bei der Meiose können nämlich nicht bloß Gene, sondern auch deren Untereinheiten, die Exons, zu neuen genetischen Konstellationen kombiniert werden. Der Vorteil dieses als *exon shuffling* (*Exonaustausch*) bezeichneten Vorgangs könnte sein, daß die zum Aufbau neuer Gene verwendeten Teile schon einmal von der Selektion getestet worden sind (Gilbert 1978). Diese Form der Erzeugung genetischer Vielfalt bekräftigt die Ansicht, daß zumindest mit dem Beginn der Evolution eukaryoter Vielzeller im Proterozoikum vor rund 1,5 Milliarden Jahren (siehe Tabelle 3.1) morphologische Neuerungen nicht mehr ausschließlich durch Mutationen, sondern durch das spontane oder kontrollierte Kombinieren schon vorhandener – und getesteter – Nucleotidsequenzen zustande gekommen sein dürften (Pollard 1988; Hartl 1991).

Wie der gesamte Vorgang der Transkription stehen die – als Processing (Bearbeiten) im allgemeinen und Splicing (Spleißen) im besonderen bezeichneten – Manipulationen der Prä-RNA unter strikter genetischer Kontrolle. Das Herausschneiden der Introns aus der langen Prä-RNA-Kette muß mit hoher Präzision erfolgen, da schon ein Irrtum um bloß einen einzigen Buchstaben den Leserahmen an dieser Stelle verschieben und zur Synthese eines falsch zusammengesetzten Proteins führen könnte (Gröning 1994). Um eine derartige Genauigkeit erzielen zu können, müssen die für den Spleißvorgang zuständigen „molekularen Scheren" durch Signalfaktoren genau an die richtigen Stellen im Übergangsfeld zwischen Intron und Exon dirigiert sowie ihre mechanischen Operationen vielfach kontrolliert werden. Diese steuernde und kontrollierende Funktion erfüllt ein als *Spliceosom* oder *Spleißosom* bezeichneter Enzymkomplex, der die Grenze zwischen Exon und Intron erkennt, die RNA abspaltet, die freien Zwischenprodukte fixiert und die flankierenden Exons miteinander verknüpft. Nicht nur die Sequenz der RNA-Ketten, sondern auch deren räumliche Struktur liefert einen Teil der Information, die der Lokalisierung der Schnittstelle zwischen Exon und Intron dient. Nach dem Abschluß eines Spleißvorgangs wird die endgültige (reife) mRNA aktiv aus dem Spleißosom freigesetzt und in das Cytoplasma überführt. Die Introns bleiben zunächst noch im Spleißosom, bis dieses zerfällt. Von der Intron-RNA nahm man früher an, sie werde abgebaut und ihre Bestandteile würden in den Zellstoffwechsel zurückgeführt. Es zeichnet sich jedoch auch die Möglichkeit ab, daß Teile dieser RNA selbst die Rolle von Signalfaktoren spielen, die neben Proteinen an der Steuerung weiterer Schritte der Transkription mitwirken (Wickens und Takayama 1994).

Die Bearbeitung der transkribierten RNA in den Zellkernen eukaryoter Organismen repräsentiert einen organisatorischen und energetischen Aufwand, der dem ökonomisch denkenden (aber zweifellos naiven) Beobachter zunächst unverständlich bleibt. Das Gen für das Hormon Thyreoglobulin enthält zum Beispiel mehr als 40 Introns, die aus der transkribierten RNA herausgeschnitten werden, wodurch die ursprüngliche Länge der Nucleotidkette von rund 100 000 auf 8 500 Basenpaare gekürzt wird. Die Gene für verschiedene Lipoproteine und deren Rezeptoren enthalten 17 bis 28 Introns, das Gen für den Blutgerinnungsfaktor VIII 25 Introns. Bei Wirbeltieren repräsentieren die informativen Exons im Durchschnitt bloß an die zehn Prozent der Größe eines Gens. Diese Mosaiknatur eukaryoter Gene stellt ein gewaltiges Rekombinationspotential dar. So sind zum Beispiel von den 18 Exons des LDL-(*low density lipoprotein-*)Rezeptors 13 Sequenzen homolog zu Teilsequenzen anderer Gene mit meist völlig anderen Funktionen. Dies bekräftigt die Schlußfolgerung, daß das Kombinieren von Bruchstücken des Genoms eine grundsätzlich erfolgreiche Methode zur Erzeugung von genetischer Mannigfaltigkeit in eukaryoten Organismen sein dürfte.

2.3 Das vernetzte Genom

Im Mittelpunkt genetischer Theorien stehen nicht mehr so sehr die Schicksale einzelner Gene, sondern die Strukturen ganzer Genome. Untersuchungen liefern immer neue Beispiele für das Zusammenwirken verschiedener DNA-Segmente im Dienste einer gemeinsamen Funktion, wobei diese Segmente in enger Nachbarschaft auf einem Chromatinfaden, aber auch weit voneinander entfernt auf verschiedenen Chromosomen lokalisiert sein können. Man denke bloß an die soeben geschilderte Einheit von Exons, Introns und Kontrollsequenzen, die alle zusammenwirken müssen, um ein bestimmtes Genprodukt in einer bestimmten Zelle zu einem bestimmten Zeitpunkt exprimieren zu können. Einige der Kontrollsequenzen können sich in einer Entfernung von mehreren tausend Basenpaaren vom eigentlichen Gen befinden, aber dessen Aktivität hängt dennoch davon ab, was in dieser Entfernung auf dem DNA-Strang geschieht. Eine Mutation in der Kontrollsequenz kann das Gen auf Jahrmillionen stillegen, eine Rückmutation es wieder aktivieren. Einen noch deutlicheren Beweis für die Realität übergeordneter genomischer Strukturen liefert die Tatsache, daß auch auf verschiedenen Chromosomen lokalisierte Gene durch eine gemeinsame Funktion miteinander verknüpft sein können und ihre Aktivitäten aufeinander abgestimmt werden müssen (siehe weiter unten). Hierzu bedarf es jedoch einer zusätzlichen Information.

In eukaryoten Organismen liegen viele Gene und kürzere DNA-Sequenzen in oftmals zahlreichen Kopien (*repetitiven Sequenzen*) vor. Diese entstehen meist durch asymmetrisches Crossing-over im Verlauf der Meiose (indem die Schnittstellen zweier homologer Chromatiden um eine gewisse Distanz gegeneinander verschoben sind). Der selektive Vorteil repetitiver Gene und Sequenzen kann zweifacher Art sein: Zum einen erhöht sich dadurch die *Kapazität* für die Expression von Genprodukten. Dies gilt etwa für die vielen hundert Kopien von rRNA-Genen in den Zellen von Säugetieren, deren synchrone Aktivität die Produktion von ribosomaler RNA bei Bedarf enorm steigern kann.

Zum anderen nimmt mit der Zahl der Kopien der *Selektionsdruck* auf einzelne Gene der Gruppe ab, denn selbst wenn in einigen Kopien Mutationen auftreten, gibt es weiterhin eine genügend große Zahl unveränderter Gene, die für die Erfüllung der angestammten Aufgabe ausreicht. Dadurch kann die mutierte Kopie zum Ausgangspunkt der Evolution neuer funktioneller Eigenschaften von Genen werden. Auf diese Weise sind zum Beispiel Gene für die beiden Untereinheiten des Hämoglobinmoleküls entstanden, das sich bei den meisten Wirbeltierarten aus zwei α- und zwei β-Globinen zusammensetzt. Die für die Expression dieser beiden Proteine verantwortlichen Gene sind durch Mutationen aus einem gemeinsamen Stammgen hervorgegangen. Auf ähnliche Weise haben sich im Laufe der Evolution zahlreiche Familien verwandter Gene etabliert. Mitglieder dieser Familien erfüllen in den Geweben von Organismen unterschiedliche phänotypische Aufgaben. Hinzu kommt, daß repetitive Sequenzen, vor allem die als mittelrepetitiv bezeichneten (mit mehreren tausend bis mehreren zehntausend Kopien), besonders mobil zu sein scheinen. Sie bewegen sich mit großer Leichtigkeit durch die Labyrinthe von Genomen, springen von Chromosom zu Chromosom und fügen sich am Zielort in die dortigen DNA-Sequenzen ein. Man nennt sie demgemäß *disperse mobile Elemente*. Einer der Gründe für ihre Mobilität ist derselbe wie der für ihre erhöhte Mutationshäufigkeit: Sie sind alten funktionellen Zwängen entronnen und können es sich nun gewissermaßen leisten, im Genom auf Wanderschaft zu gehen, ohne daß die Funktion, für die das Vorfahrengen ursprünglich allein verantwortlich war, dadurch in Mitleidenschaft gezogen würde. Ein möglicher (evolutionärer) Vorteil der erhöhten Beweglichkeit mag darin bestehen, daß die mobilen Gene an ihren Zielorten in ein jeweils neues genetisches Umfeld geraten und damit zu Bestandteilen neuer genetischer Netzwerke werden können. Dies kann phänotypische Konsequenzen haben (Abschnitt „Homologie, Homodynamie, Analogie", S. 27). Einige Regeln dieses genetischen Stellungsspiels lassen sich am Beispiel der erwähnten Globingene der Wirbeltiere erläutern.

Aus dem Stammgen für ein Globin gingen durch Duplikation und Mutation die Gene für zwei etwas unterschiedliche Proteinvarianten,

α- und β-Globin, hervor. In Amphibien befinden sich diese beiden Gene noch in unmittelbarer Nachbarschaft auf ein und demselben Chromosom. Weitere Duplikationen haben zu größeren Gruppen – *Clustern* – geführt, die die beiden Gene in zahlreichen Kopien enthalten. Beim Krallenfrosch *Xenopus laevis* finden sich zwei ähnliche Cluster, die insgesamt je sechs α- und sechs β-Gene enthalten. Von diesen werden je vier nur in den Larven exprimiert, je zwei in den adulten Fröschen. Innerhalb der Globinfamilie hat es also nicht nur weitere Duplikationen, sondern auch Mutationen gegeben, die zu einer ontogenetischen Differenzierung dieses Proteins geführt haben. Aber noch sind alle Gene hintereinander auf einem einzigen Chromosom angeordnet. Völlig anders stellt sich die Situation bei Vögeln und Säugern dar. Dort sind die α- und β-Gene auf verschiedene Chromosomen verteilt. Es sind getrennte Cluster entstanden, in denen mehrere Gene in der Reihenfolge aufscheinen, in der sie im Laufe der Entwicklung der jeweiligen Art exprimiert werden. Beim Menschen enthält zum Beispiel der α-Cluster auf Chromosom 16 ein während der Embryogenese aktives Gen sowie zwei Gene für den Fetus und den Erwachsenen. Im β-Cluster auf Chromosom 11 findet sich eine Serie, bestehend aus einem Gen für die Embryonalentwicklung, zwei sehr ähnlichen Genen für den Fetus und zwei weiteren Genen für den erwachsenen Organismus. Noch komplizertere Verhältnisse herrschen bei anderen Arten. Bei der Ziege besteht der β-Locus aus zwölf Genen, die in drei homologen Gruppen zu je vier Genen angeordnet sind. Während beim Menschen das fetale β-Gen bei der Geburt abgeschaltet und das entsprechende adulte Gen eingeschaltet wird, schiebt sich bei der Ziege noch ein weiteres, präadultes Gen dazwischen.

Diese Beispiele illustrieren eine evolutionären Prozeß, der sich mit „genomischer Fluidität" charakterisieren läßt. Vieles scheint im Fluß zu sein: Gene werden kopiert, bilden Gruppen, trennen sich wieder und wandern von Chromosom zu Chromosom. Das zunächst Erstaunliche dabei ist allerdings, daß sich diese genotypische Dynamik im allgemeinen nicht in einer äquivalenten Dynamik der phänotypischen Funktionen niederschlägt. Wo immer im Genom sie lokalisiert sein mögen,

Hämoglobingene werden stets nur in Blutzellen und in den Zellen blutbildender Organe exprimiert, und für die Transporteigenschaften der Hämoglobinmoleküle sind die Verteilungsmuster der für ihre Expression verantwortlichen Gene im Genomverband ohne Bedeutung. Bedenkt man zusätzlich, daß codierende Gene nur einen Bruchteil der gesamten DNA einer Eukaryotenzelle ausmachen, in gewissem Sinne also – wie sich Ohno (1982) ausdrückte – bloß »Oasen in der Wüste des Genoms« darstellen, dann wird deutlich, daß es besondere Formen der intragenomischen Kommunikation und Koordination geben muß, mit deren Hilfe die gesuchten „Oasen" lokalisiert und zu konzertierten Aktionen veranlaßt werden.

Derart konzertierte Aktionen zwischen oft weit voneinander entfernt lokalisierten Genen im Netzwerk des Genoms werden sichtbar, wenn sich ein bestimmtes Merkmal auf das Zusammenwirken mehrerer Gene zurückführen läßt. In früheren Zeiten ist dies indirekt durch Züchtungsversuche möglich gewesen, in neuerer Zeit haben direkte Eingriffe in das Genom mittels gentechnischer Verfahren zahlreiche Beispiele für solche Interaktionen zwischen Genen zutage gefördert. Ein besonders instruktives Beispiel liefern Untersuchungen über die Mechanismen der *Antibiotikaresistenz* von Bakterien. Wie wir alle wissen, sind die meisten Bakterienstämme gegen häufig verwendete Antibiotika resistent geworden, indem sich Mutationen ausbreiteten, die die chemischen Waffen dieser so gepriesenen Allheilmittel gegen Infektionskrankheiten unschädlich machen. Man war nun der Meinung, Bakterien würden ihre Resistenz verlieren, setzte man sie längere Zeit dem entsprechenden Antibiotikum *nicht* aus. Es gab nämlich Gründe für die Annahme, der Resistenzmechanismus sei energetisch aufwendig, so daß in Abwesenheit des Selektionsfaktors die resistenten Bakterienstämme den nichtresistenten Wildtypen in Hinblick auf ihre Fitneß (die Vermehrungsrate) unterlegen wären. Diese Hoffnung hat sich jedoch, zumindest in einigen Fällen, nicht erfüllt. So sind zum Beispiel Stämme des Darmbakteriums *Escherichia coli* in gewissen Spitälern gegen das Antibiotikum *Streptomycin* resistent geblieben, auch wenn dieses 30 Jahre lang nicht verwendet worden war. Als Erklärung für

diesen unerwarteten Befund stellte sich heraus, daß die Bakterienstämme in der Zwischenzeit eine *zweite* Mutation erworben hatten, die
das Fitneßdefizit im Vergleich zum nichtresistenten Wildtyp auszuglei-
chen vermochte. Das heißt, im direkten Vergleich vermehrten sich die
resistenten Stämme nun ebenso rasch wie die nichtresistenten. Ja, was
noch dramatischer ist: Für erstere Stämme war das Resistenzgen sogar
essentiell geworden. Entfernte man es mittels gentechnischer Tricks,
dann nahm die Vermehrungsrate des resistenten Stammes drastisch ab
(*Science* vom 24. 10. 1997, S. 575). In diesem Beispiel wird ein in seiner Kausalität noch wenig verstandenes, aber scheinbar universell gül-
tiges Prinzip sichtbar: Die Wirkung eines Gens auf den Phänotyp hängt
auch vom *genetischen Umfeld* ab, in dem sich dieses Gen befindet.
Eine Warnung an all jene, die sich veranlaßt sehen, aus dem Vorhandensein eines bestimmten Gens im Genom eines Individuums weitreichende Schlüsse über dessen Schicksal zu ziehen.

2.4 Erhaltung der genotypischen Identität

Die Aufbewahrung und Weitergabe der genetischen Information bedarf
der koordinierten Aktivität des gesamten Systems, um mittels eines
dichtgeknüpften Netzes konservierender und ordnender Maßnahmen
das an allen Ecken und Enden lauernde Chaos einzudämmen. Ein besonders risikoreiches Ereignis ist die Weitergabe der genetischen Information von Zelle zu Zelle. So wie der Akt der Fortpflanzung Tiere
besonders verwundbar macht, stellt der Akt der Vermehrung von
Nucleinsäuren und Chromosomen, die *Replikation*, eine besonders ris-
kante Phase dar. Die Gefahr liegt hier darin, daß bei den für die Replikation von Nucleinsäuresträngen erforderlichen hohen Syntheseraten
(bei Bakterien 500 bis 1 500 Basenpaare pro Sekunde, bei homoiothermen Tieren ein Zehntel davon) auch die Wahrscheinlichkeit des Auftretens von Fehlern im genetischen Material stark zunimmt. Die Replika-

tion von Nucleinsäuresträngen durch polymerisierende Enzyme läßt sich im Reagenzglas durchführen. Man benötigt hierzu neben den jeweiligen Matrizen und Replikasen lediglich Energiequellen in Form von Nucleosidtriphosphaten sowie Bausteine. Die Fehlerhäufigkeit der Replikation beträgt unter solchen Bedingungen etwa $1 : 10^3$, das heißt, bei einer Kettenlänge von 1 000 Nucleotiden wird im Durchschnitt jede Kopie einen Fehler in Gestalt einer falsch eingebauten Base (zum Beispiel A-C anstelle von A-T) aufweisen. Da Gene meist sehr viel länger als 1 000 Basenpaare sind, wäre unter diesen Umständen die Wahrscheinlichkeit der Produktion fehlerfreier Kopien sehr gering. Um die störungsfreie Weitergabe der genetischen Information mit ausreichender Wahrscheinlichkeit zu garantieren, müßte die Fehlerrate weit unter $1/N$ liegen, wobei N die Zahl der betrachteten Bausteine, also entweder der Nucleotide oder der Gene, ist. Proteine setzen sich oft aus mehreren tausend Aminosäuren zusammen, für deren Codierung die jeweils dreifache Zahl an Nucleotiden notwendig ist (Abschnitt 2.1). Die Fehlerhäufigkeit bei der Replikation eines durchschnittlichen Gens darf also sicher nicht größer sein als $1 : 10^4$ (ein Fehler auf 10 000 Basen). Für das Bakterium *E. coli* mit seinen 4×10^6 Basenpaaren hat man nun die außerordentlich geringe Fehlerhäufigkeit von $1 : 10^9$ bis 10^{10} gefunden, das heißt, bei der Replikation der Genome dieser Zellen sind im Durchschnitt 99,90 bis 99,99 Prozent aller Kopien fehlerfrei. Ähnliches gilt für eukaryote Zellen. Dies ist eine hinreichend sichere Ausgangsbasis für den Verlauf der Evolution, deren wichtigste Strategie – der herrschenden Meinung zum Trotz – *nicht die unkontrollierte Erzeugung von Innovationen, sondern die Erhaltung des Bestehenden, die Konservierung der Integrität des jeweiligen Genoms* ist. Am stärksten gefährdet ist diese Strategie bei der Replikation der DNA, woraus folgt, daß dieser Vorgang an den verschiedensten Punkten durch die Einführung konservierender Strukturen und kontrollierender Maßnahmen besonders geschützt und nach allen Richtungen abgesichert sein muß.

2.4.1 Replikation

Die Replikation einer DNA-Doppelhelix erfolgt *semikonservativ*, indem die beiden Stränge des langen, schraubig gewundenen Moleküls voneinander getrennt werden und jeder Strang durch Synthese des fehlenden Partners zu einer neuen Doppelhelix ergänzt wird. Jede der beiden so gebildeten Doppelhelices besteht somit je zur Hälfte aus einem alten und einem neuen Strang. Diese semikonservative Konstruktion ist einer der Garanten für die hohe Genauigkeit der DNA-Replikation, denn sie bietet *Reparaturenzymen* (Abschnitt 2.4.2) ausreichend Zeit, um die Genauigkeit der Passung zwischen dem Original und der Kopie zu prüfen.

Bevor es zur Synthese des neuen DNA-Stranges kommen kann, muß die alte Doppelhelix jedoch entspiralisiert werden. Damit beginnt ein erstaunlicher *Pas de deux*, in dessen Verlauf es Schritt um Schritt zu Bindungen, Trennungen und wiederum Bindungen zwischen DNA-Abschnitten und verschiedenen spezifischen Proteinen kommt, die entweder katalytisch wirksam sind oder kooperativ zur Konservierung eines bestimmten Zustands der DNA beitragen.

In prokaryoten Zellen beginnt der Replikationsprozeß an einer einzigen Stelle der ringförmigen DNA, in eukaryoten Zellen gleichzeitig an mehreren bis vielen Stellen der fadenförmigen Chromosomen. Die erste Auseinandersetzung zwischen DNA-Abschnitten und Proteinen findet in Form eines *Erkennungsprozesses* statt, bei dem ein spezifischer, aus mehreren Untereinheiten bestehender Proteinkomplex den jeweiligen Startpunkt der Trennung der beiden DNA-Stränge definiert (Bell und Stillman 1992). Der noch ungetrennte Doppelstrang windet sich dabei um das *Initiatorprotein*, womit das Zeichen für den nun folgenden Akt der Entspiralisierung gesetzt ist. Dieser Aufgabe unterzieht sich der zweite Protagonist in diesem Spiel, ein als *Helicase* bezeichnetes Enzym, das das Auseinanderwinden der beiden schraubig verdrehten Stränge katalysiert. Diese Entspiralisierung gleicht einem Schmelzvorgang, wobei pro Mol Basenpaare bis zu etwa 20 Kilojoule an Energie zuzuführen sind, die durch die Hydrolyse von ATP aufgebracht

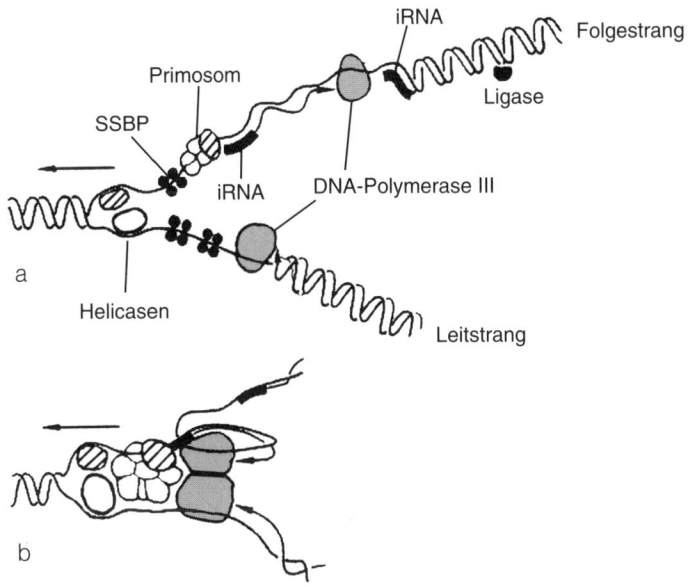

2.2 Schematische Darstellung einer *Replikationsgabel* bei *E. coli.* Die Replikation selbst schreitet in Pfeilrichtung voran, doch müssen die beiden Stränge antiparallel, das heißt in entgegengesetzten Richtungen, von zwei Molekülen der DNA-Polymerase ergänzt werden. (Nach Kleinig und Sitte 1992, S. 212.) a) Entspiralisierung der DNA-Doppelhelix durch Helicasen und SSB-Proteine. Am Leitstrang erfolgt die kontinuierliche Synthese des neuen Stranges durch eines der beiden Polymerasemoleküle. Am Folgestrang arbeitet das zweite Polymerasemolekül hingegen nach rückwärts, indem es die 3'-Enden von RNA-Primern (iRNA) verlängert, die selbst von Bestandteilen des *Primosoms* in regelmäßigen Abständen synthetisiert werden. Die RNA-Primer werden schließlich abgebaut, die Lücken durch einen anderen Polymerasetyp, DNA-Polymerase I, aufgefüllt und die Sequenzfragmente durch Ligasen miteinander verknüpft. b) Hypothetisches Modell eines *Replisoms*, in dem alle Enzyme und Proteinfaktoren des Replikationsapparates zusammengefaßt sind. Die Antiparallelität der Stränge der Doppelhelix wird durch Schleifenbildung am Folgestrang lokal aufgehoben.

werden. Sofort nach dem „Aufschmelzen" binden an jeden der beiden Stränge Vertreter einer weiteren Klasse von Proteinen, sogenannte SSB-Proteine (*single stranded DNA binding proteins*), deren Aufgabe es ist, den vorzeitigen Zusammenschluß der soeben voneinander getrennten Stränge der Doppelhelix zu verhindern. Dies ist also bereits die dritte spezifische Interaktion zwischen DNA und Proteinen im Rahmen des Replikationsvorgangs. Die beiden DNA-Stränge dienen nun als Matrizen für die Synthese jeweils komplementärer Stränge, wodurch es zur erwähnten Bildung der beiden identischen Doppelhelices kommt. Bis dieses Ziel erreicht ist, müssen jedoch eine Reihe schwieriger konstruktiver Probleme gelöst werden. Das erste dieser Probleme ergibt sich daraus, daß die beiden nunmehr getrennten Stränge der DNA in entgegengesetzter Leserichtung, das heißt *antiparallel*, miteinander verbunden waren. Die für die Replikation der beiden Stränge verantwortlichen Polymerasen können nur am $3'$-C-Atom einer Ribose neue Nucleotidbausteine an die wachsende Kette anfügen, das heißt, die Synthese kann nur in der Richtung $5' \rightarrow 3'$ erfolgen. Infolgedessen kann die Replikation nicht von einem einzigen, doppelgleisig arbeitenden Polymerasemolekül durchgeführt werden. Es bedarf vielmehr zweier unabhängig voneinander operierender Replikationsmaschinen, von denen die erste, der voranschreitenden Replikationsgabel folgend, den Leitstrang (*leading strand*) der DNA ergänzt, während die zweite den Folgestrang (*lagging strand*) in entgegengesetzter Richtung ergänzt und sich dabei von der Replikationsgabel entfernt (Abbildung 2.2). Die Polymerase des Leitstranges verrichtet also ihre Synthesearbeit kontinuierlich und produziert dabei eine gleichmäßig wachsende neue Doppelhelix. Die Polymerase des Folgestranges hingegen kann jeweils nur einen kurzen Abschnitt der neuen Doppelhelix synthetisieren und muß dann abbrechen, wieder zur Replikationsgabel zurückkehren, sich an die Synthese eines neuen Abschnitts machen und so weiter. Auf diese Weise entstehen am Folgestrang kurze Fragmente (bei Prokaryoten 1 000 bis 2 000 Nucleotide, bei Eukaryoten etwa 200 Nucleotide lang), nach ihrem Entdecker *Okazaki-Fragmente* genannt, die in einem nächsten Schritt miteinander verknüpft werden müssen, was eine weitere, als *Ligase* bezeichnete Polymerase besorgt. Das Grundmotiv des *Pas de deux* der Replikation wird somit gewissermaßen von zwei Instrumenten in unterschiedlichem Takt gespielt. Diese müssen jedoch das Stück gleichzeitig beginnen und gleichzeitig zu Ende bringen.

Aber damit ist die Liste der Konstruktionsprobleme noch nicht zu Ende. Man stelle sich eine lange, biegsame, aus Lego-Elementen zusammengefügte Kette vor, von der eine Negativkopie hergestellt werden soll, indem jede Erhebung des Originals in eine Vertiefung der Kopie paßt und umgekehrt. Zu diesem Zweck müssen die für die Herstellung der Kopie benötigten Bauelemente in eine ziemlich genau definierte Position gebracht und gegen das entsprechende Bauelement des als Matrize fungierenden Originals gedrückt werden. Man dachte früher, daß im Falle der DNA-Replikation das synthetisierende Enzym, die Polymerase, sowohl die genaue Ausrichtung von Kopie und Original besorgt als auch – in übertragenem Sinne – den Druck liefert, der die zueinander passenden Elemente verbindet (indem sie den Widerstand, der dieser Verbindung entgegensteht, vermindert). Es hat sich jedoch herausgestellt, daß die Polymerase allein diese Aufgabe nicht zu erfüllen vermag. Kritisch ist der Startbereich des Syntheseprozesses. Während die Polymerase den Originalstrang entlangwandert, wächst die Gefahr, daß sich im Startbereich die Verbindung der beiden Stränge wieder lockert. Ähnliches geschieht, wenn man versucht, einen Reißverschluß zu schließen, ohne die bewegliche Borte in die vorgesehene Lasche zu schieben. In sämtlichen Zellen, prokaryoten wie eukaryoten, wird das Problem ebenfalls mittels einer solchen Lasche gelöst, die an der Matrize befestigt wird. Die Polymerase schiebt das erste Nucleotid der zu erstellenden Kopie gewissermaßen in den Schlitz der Lasche und nimmt dann schrittweise ihre weitere Synthesearbeit auf. Man kann sich diese Verankerung also auch als Starter (*Primer*) jedes einzelnen Replikationsschrittes vorstellen. Merkwürdigerweise besteht der Starter jedoch nicht aus DNA–, sondern aus RNA-Basen, und zwar aus 90 bis 100 in prokaryoten Zellen und aus bloß neun bis zehn in den Zellen von Säugetieren. Eine eigene Polymerase (*Primase*, Teil eines als *Primosom* bezeichneten Enzymkomplexes; siehe Abbildung 2.2a) synthetisiert den Primer, wobei die Genauigkeit der Passung zunächst nicht ganz so entscheidend ist. Die Fehlerhäufigkeit im Startbereich der Replikation ist dementsprechend groß, aber zu diesem Zeitpunkt kommt es auf die schnelle und gerade ausreichend feste Verankerung der wachsenden DNA-Kette an.

Nachdem die Kopie fertiggestellt ist, wird der Starter, fehlerhaft oder nicht, wieder abgebaut und die entstehende Lücke von einer Polymerase (DNA-Polymerase I) mit passenden DNA-Basen aufgefüllt. Die auf diese Weise erreichte Genauigkeit der gesamten Replikation liegt um mehrere Größenordnungen über der Synthesegenauigkeit des Primers.

Des weiteren führt das Entspiralisieren und Entzerren eines langen, schraubig gewundenen Fadens auch zu mechanischen Problemen, die nicht bloß im unmittelbaren Replikationsbereich sichtbar werden, sondern sich über größere Distanzen des Chromosoms erstrecken. Die Kräfte, die von den Helicasen zu Beginn des Replikationsprozesses aufgebracht werden, bewirken Torsionsspannungen im gesamten Nucleinsäurefaden. Da dieser nicht frei rotieren kann, kommt es zu einer Überdrehung (*Supercoiling*) der DNA-Helix, die so stark sein kann, daß sie den ordnungsgemäßen Verlauf der Replikation beeinträchtigt. (Um die auf diese Weise zustande kommenden Kräfte abschätzen zu können, denke man an verdrillte Gummiringe, mit denen sich die Propeller von Spielflugzeugen antreiben lassen.) Die Gefahr, daß es durch Überdrehung zu unkontrollierten kompensatorischen Bewegungen eines ganzen Chromosoms kommt, ist so groß, daß es eigene Enzyme – *Topoisomerasen* – gibt, die die Torsion einer überdrehten Nucleinsäurehelix aufheben, indem sie den Doppelstrang an mehreren Punkten aufbrechen und damit spannungsfreie Räume für Retorsionsbewegungen schaffen. Es ist anzunehmen, daß diese Enzyme den Zustand des Supercoiling aufgrund der besonderen topologischen Beschaffenheit der beteiligten DNA-Stränge erkennen, als könnte das Enzym die Unterschiede zwischen einer normal und einer übernormal verdrehten DNA-Helix ertasten wie ein Blinder die feinen Unebenheiten einer dreidimensionalen Struktur. Die von den Topoisomerasen erzeugten Bruchstellen werden, nachdem die Spannungen der überdrehten Doppelstränge abgebaut wurden, durch Reparaturenzyme wieder zusammengeschweißt.

2.4.2 Reparatur

Die Dynamik einer lebenden Zelle schafft Bedingungen, die zu Störungen des zellulären Milieus und zu Schäden an zellulären Strukturen führen können. Eine Erhöhung der Tourenzahl der Stoffwechselmaschinerie bedingt die Beschleunigung von Replikations- und Transkriptionsvorgängen und erhöht damit die Wahrscheinlichkeit des Auftretens von Übertragungs- und Übersetzungsfehlern. Es muß dann ein um so größerer Aufwand an Reparaturarbeit betrieben werden, um den Fortbestand der betroffenen Zellinien zu garantieren. Die Proportionalität zwischen Reaktionsgeschwindigkeit und Fehlerhäufigkeit ist der Hauptgrund für die beobachtete Beziehung zwischen Energieumsatz und Lebensdauer: je höher der Energieumsatz, desto geringer die Lebenserwartung eines Organismus.

Einer der häufigsten Schäden im Genom ist die Spaltung der chemischen Bindung zwischen einer Stickstoffbase (vor allem von Purinen) und der Ribose des zentralen DNA-Stranges. Es wird geschätzt (Singer und Berg 1991, S. 108), daß in einer menschlichen Zelle pro Tag 5 000 bis 10 000 derartige Bindungen gebrochen werden; daneben werden etwa 100mal pro Tag spontan Cytosin zu Uracil und Adenin zu Hypoxanthin desaminiert. Hinzu kommen durch äußere Faktoren induzierte Schäden am genetischen Material. Benachbarte Pyrimidine, vor allem Thymin, können durch UV-Bestrahlung zu einem Dimer (einer Doppelbase) verbunden werden, wodurch das Ablesen der genetischen Information an dieser Stelle verhindert wird. Diese und zahlreiche andere Störfälle würden – „unternähme" die Zelle nichts dagegen – sehr schnell zum Zusammenbruch sämtlicher Informationssysteme, zum Erliegen von Replikation und Transkription führen. Um dieser Bedrohung durch das Chaos entgegenzuwirken, sind Zellen mit komplizierten

Reparatureinrichtungen ausgestattet, deren Effizienz und Spezifität ebenfalls – wie die der soeben geschilderten Replikationsmaschinerie – auf der genauen Passung von Protein- und Nucleinsäuremolekülen beruhen.

Es gibt zweierlei Arten von *Reparaturenzymen*: solche, die einen Defekt an einem Bauelement einer Nucleinsäure direkt am Strang reparieren, und solche, die beschädigte oder falsch gepaarte Basen aus dem Strang herausschneiden und durch die richtigen Basen ersetzen. So kann etwa die durch UV-Strahlen induzierte Dimerisierung zweier benachbarter Thymine durch eine *Photolyase* wieder rückgängig gemacht werden. Dieses Enzym verbindet sich mit dem starren ringförmigen Doppel-Thymin zu einem Komplex, der unter Mithilfe von sichtbarem Licht die Trennung des Dimers in die beiden einzelnen Thyminbasen bewirkt und so den ursprünglichen Zustand wieder herstellt. Derselbe Defekt kann aber auch durch einen Enzymkomplex repariert werden, der ein Segment, mit dem beschädigten Element in der Mitte, aus dem betroffenen DNA-Strang herausschneidet. In Bakterienzellen ist dieses Segment im Durchschnitt zwölf Nucleotide lang, in eukaryoten Zellen hingegen 28 Nucleotide. Dieser Eingriff wird durch *Endonucleasen* eingeleitet, die die schadhafte Stelle erkennen und den Strang dort aufbrechen, und durch *Exonucleasen* fortgesetzt. Diese vergrößern die entstehende Lücke zu beiden Seiten der beschädigten Base durch Entfernen weiterer Nucleotide. Das fehlende DNA-Stück wird danach durch eine DNA-Polymerase wieder geschlossen. Die mit dem Herausschneiden von DNA-Segmenten befaßten Enzyme stellen in Wirklichkeit Multienzymkomplexe dar, die unter dem Begriff *Excisionsenzyme* oder *Excinucleasen* zusammengefaßt werden. Wie wichtig derartige Systeme für den Organismus sind, zeigt unter anderem der Umstand, daß an ihrer Organisation viele Gene beteiligt sind. Bei Menschen, die an der schweren Erbkrankheit Xeroderma pigmentosum leiden, ist das Enzymsystem zum Herausschneiden der Thymindimere gestört. Dies bewirkt, daß die Träger des Defekts gegenüber UV-Licht extrem empfindlich sind und meist von einer der vielen Formen von Hautkrebs befallen werden. Die Krankheit läßt sich auf Mutationen in einem von mindestens neun Genen zurückführen, das heißt, zumindest diese Anzahl von Genen ist an der Reparatur des durch UV-Bestrahlung induzierten genetischen Schadens beteiligt.

Reparaturenzyme lokalisieren genetische Defekte (Strukturfehler in einer der Stickstoffbasen, verbotene Basenpaarungen, Dimerisierungen) meist an den Verformungen, die an den betroffenen DNA-Segmenten auftreten. Wie bei der Replikation wandern auch in solchen Fällen Reparaturenzyme über die DNA-Stränge, ertasten jede Unregelmäßigkeit und reagieren auf deren Vorkommen und Form. Die Subtilität dieser Wechselbeziehungen läßt sich an der Bildung unerlaubter Basenpaare demonstrieren. Nach den universellen Paarungsregeln (Abbildung 2.1) verknüpft sich stets ein langes Purin mit einem kurzen Pyrimidin, und zwar stets Adenin (A) mit Thymin (T) und Guanin (G) mit Cytosin (C). Zufallsbedingt kommt es jedoch gelegentlich auch zur Bildung von A-C und G-T. In ihren molekularen Dimensionen unterscheiden sich diese verbotenen Paarungen nur geringfügig von den erlaubten, dennoch sind Reparaturenzyme imstande, die durch sie bewirkten topologischen Verformungen zu erkennen, die falschen Paare herauszuschneiden und durch die richtigen Partner zu ersetzen. In anderen Fällen tritt das Reparatursystem dort in Aktion, wo ein Transkriptionsvorgang aufgrund einer fehlerhaften Basenpaarung in der DNA-Kette abgebrochen wird. Die Reparaturenzyme registrieren den Abbruch der Transkription und reparieren die fehlerhafte Stelle der DNA-Matrize (Hanawalt 1994).

Schlüpft ein falsches Basenpaar durch die Maschen der Reparatursysteme, dann kann dies genetische Konsequenzen haben: Aus A-T wird zum Beispiel zunächst A-C, woraus bei der nächsten Replikationsrunde A-T und G-C hervorgehen. Das heißt, die Fehlpaarung hat zu einem neuen Basenpaar geführt, das möglicherweise eine neue Aminosäure codiert (wenn sich dieser Austausch in einem Exon abgespielt und der Basenaustausch das Codewort verändert hat: siehe Abschnitt 2.1 und Abbildung 2.1). Ähnliches kann durch mutagene Chemikalien bewirkt werden. So hat das als Folge überreichlicher Düngung in viele unserer Gewässer geratene *Nitrit* unter anderem die Eigenschaft, Cytosin in die

Stickstoffbase Uracil zu verwandeln, die in Ribonucleinsäuren normalerweise anstelle von T mit A paart. Durch die oxidative Wirkung von
Nitrit kann also in einem DNA-Abschnitt die folgende Sequenz ablaufen, deren Resultat der Ersatz eines G-C-Paares durch ein A-T-Paar ist:

$$G\text{-}C \rightarrow G\text{-}U \rightarrow U\text{-}A \rightarrow A\text{-}T$$

Im Anschluß an derartige Beispiele ist eine grundsätzliche Frage zu
stellen: Wie gut soll (muß) ein Reparatursystem arbeiten? Reparaturen
verursachen Kosten, die in Zellen mit Energie beglichen werden. Wie
die Synthese aller Proteine ist auch die von Reparaturenzymen sehr
aufwendig, da sie in einem komplizierten Fließbandprozeß an den Ribosomen des Cytoplasmas erfolgt (Abschnitt 3.3.2). Um jeweils zwei
der als Bausteine für Proteinsynthesen zur Verfügung stehenden 20 verschiedenen Aminosäuren aneinanderzufügen, werden fünf Einheiten
der Energiewährung aller Zellen, das heißt fünf Moleküle ATP, verbraucht, und jedes Protein besteht aus Hunderten bis mehreren tausend
Aminosäuren. Jede Zelle beherbergt Dutzende verschiedener Arten von
Reparaturenzymen, die meist zu den wirklich großen Proteinen
gehören. Die Lebensdauer eines Proteinmoleküls ist umgekehrt proportional seiner Umsatzleistung, so daß besonders aktive Reparaturenzyme
relativ oft ersetzt werden müssen. Wie hoch die jeweilige Konzentration eines bestimmten Typs von Reparaturenzym in der Zelle ist, wird
also einerseits von der zulässigen Fehlerhäufigkeit, andererseits vom
Energiebudget der Zelle abhängen. Vom evolutionären Standpunkt am
wichtigsten ist die möglichst fehlerfreie Weitergabe der Erbinformation
von Generation zu Generation. Dieser Forderung entspricht der erwähnte semikonservative Replikationsmechanismus, auf dessen Basis
durch den Einsatz einer Batterie von Reparaturenzymen eine Übertragungsgenauigkeit von 99,90 bis 99,99 Prozent erreicht werden kann
(Abschnitt 2.4).Weniger wichtig ist die Genauigkeit der Synthese von
RNA- und Proteinmolekülen. Bei diesen auftretende Fehler betreffen ja
nicht die potentiell unsterbliche Keimbahn, sondern das sterbliche
Soma. Stirbt eine Zelle an den Folgen eines Synthesefehlers, dann ver-

schwindet mit ihr zwar auch das Genom, aber unter 10 000 Zellen desselben Typs gibt es ja noch 9 990 bis 9 999 andere, die, wenn sie überleben, die jeweils gültige Erbinformation korrekt in die nächste Generation transportieren können. Beim Reparieren von Übersetzungsfehlern, die im Verlauf der Transkription oder Translation begangen wurden, kann die Zelle demnach sparsamer sein als beim Reparieren von Replikationsfehlern. Das wird ihr durch die besondere Natur des Synthesevorgangs auch aufgezwungen, denn da sich sowohl bei der Transkription wie bei der Translation die neusynthetisierten Molekülketten sofort von ihren Matrizen lösen und in das Cytoplasma abdriften, haben Reparaturenzyme nur wenig Zeit, eventuell auftretende Synthesefehler durch das Erkennen topologischer Spannungen bei der Basenpaarung zu reparieren. Demgemäß ist die Reparaturgenauigkeit von Transkription und Translation um mehrere Größenordnungen geringer als die der Replikation. Messungen zufolge beträgt die Fehlerhäufigkeit bei der Synthese eines aus 1 000 Aminosäuren bestehenden Proteins rund $1 : 10^4$, das heißt, etwa zehn Prozent der synthetisierten Proteinmoleküle werden fehlerhaft sein. Bei der Replikation von DNA-Molekülen beträgt die Fehlerhäufigkeit hingegen bloß 0,1 bis 0,01 Prozent.

2.5 Sex und Kombinatorik: Suche nach neuen Identitäten

Die außerordentliche Genauigkeit der Replikation suggeriert die fast fehlerfreie Weitergabe der genetischen Information von Generation zu Generation. Die Einheit der Evolution ist jedoch nicht das *Individuum*, sondern die *Population*, und rechnen wir mit dieser, dann erscheint das Problem der Genauigkeit der Vererbung unter einem anderen Blickwinkel. Ein instruktives Beispiel liefert einer der am besten bekannten prokaryoten Organismen, das Bakterium *Escherichia coli*, essentieller Bestandteil der Darmflora aller Menschen (und anderer Säugetiere).

Im Durchschnitt produziert ein Mensch pro Tag 200 Gramm Kot, der rund 10^8 *E. coli*-Zellen pro Gramm enthält. Das heißt, jeder Mensch verliert 2×10^{10} *E. coli*-Zellen pro Tag, die alle seit der letzten Defaekation im Darm herangewachsen sind. Die Bevölkerung der Erde beträgt gegenwärtig an die 5×10^9 Menschen, in denen somit täglich etwa 10^{20} Bakterienzellen gebildet werden. Bei 4×10^6 Nucleotiden pro Zelle, die sich zu 4×10^3 Genen zusammenfügen, entspricht dies einer täglichen Produktion von 4×10^{23} *E. coli*-Genen. Eine Replikationsgenauigkeit von $1 : 10^{10}$ für das gesamte Genom (Abschnitt 2.4) bedeutet, daß in einer Bakterienpopulation pro Replikationsrunde im Durchschnitt eines von 10^{10} Nucleotiden und damit eines von 10^7 Genen in veränderter Form an die nächste Generation weitergegeben wird. Das heißt aber, daß in der gegenwärtigen Erdbevölkerung pro Tag 4×10^{16} Genveränderungen durch die Netze der Reparaturmaschinerie von *E. coli*-Zellen schlüpfen, also jedes einzelne der 4000 Gene dieser Bakterienart im Durchschnitt 10^{13}mal täglich mutiert. Diese sagenhafte Veränderungsrate produziert zwar viele – mit modernen Methoden auch nachweisbare – Varianten, wie zum Beispiel *E. coli* 0157:H7, deren tödliches Toxin im Sommer 1996 zwölf Menschenleben gefordert hat. Sequenzanalysen zufolge besteht jedoch kein Grund für die Annahme, *E. coli* sei nicht bereits vor 100 Millionen Jahren der wichtigste Vertreter der Darmflora von Säugetieren gewesen (Maynard Smith und Szathmáry 1996, S. 192, und *New Scientist* vom 28. 12. 1996).

Freilich, auch eine Zahl von 10^{16} Genvarianten pro Tag ist nur ein Bruchteil der $4^{4 \text{ Millionen}}$ theoretisch möglichen Kombinationen von vier Buchstaben (den vier Nucleotiden) in einem vier Millionen Zeichen langen Text (der Größe des Bakteriengenoms). Aber die biologische Evolution vollzieht sich eben keineswegs so, daß aus einem unbegrenzten Vorrat vier Buchstaben durch zielloses Probieren so lange zusammengesetzt werden, bis ein sinnvoller Text entstanden ist. Auf dieses Argument werde ich gleich zurückkommen (Abschnitt 2.7).

Da die Zahl der vererbten Mutationen mit der Größe des Genoms zunimmt und das Anpassungspotential einer Population von der Mutationsrate pro Generation abhängt, wäre mit dem Voranschreiten der

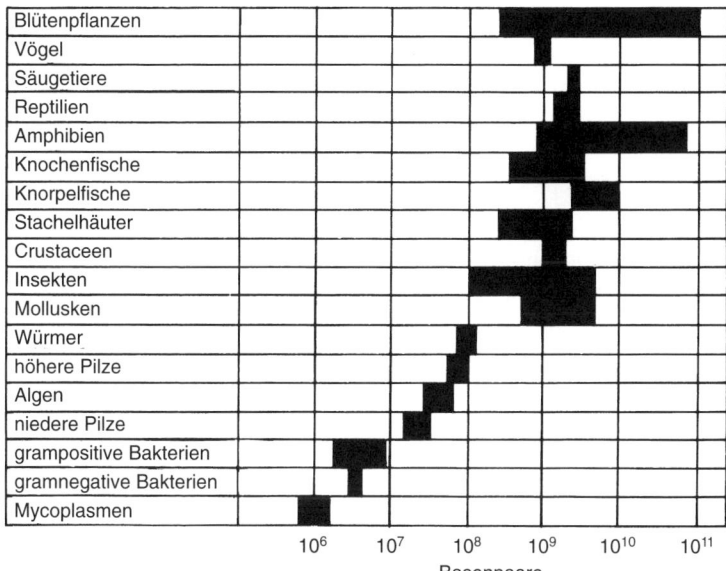

2.3 Darstellung des *C-Wert-Paradoxons* der molekularen Evolution, das besagt, daß der DNA-Gehalt des haploiden Genoms in den Zellen eines Organismus nur schwach mit dessen morphologischer Komplexität korreliert. Von Mycoplasmen und prokaryoten Zellen bis zu Würmern und Mollusken unter den eukaryoten vielzelligen Tieren wächst die Genomgröße zwar an, bei komplexeren vielzelligen Tieren sowie bei Blütenpflanzen schwankt sie jedoch in einem weiten Bereich um einen ziemlich konstanten Mittelwert. (Verändert nach Lewin 1988; aus Wieser 1994.)

Evolution eine allgemeine Zunahme der Genomgröße zu erwarten gewesen. Das trifft für die an der Basis des Stammbaumes aller Lebewesen angeordneten Organismengruppen auch zu. Das Genom der kleinsten Zellen, der Mycoplasmen, umfaßt im Mittel 10^6 Basenpaare. Von den Bakterien über niedere Pilze, Algen und höhere Pilze bis hin zu den niederen Würmern hat diese Zahl auf rund 10^8 zugenommen. Innerhalb aller höheren Gruppen des Tier- und des Pflanzenreichs, von Mollusken und Gliederfüßlern bis hin zu Säugetieren und Vögeln, von Moosen bis

hin zu Blütenpflanzen, scheint sich jedoch ein weiteres Konstruktionsprinzip durchgesetzt zu haben: Innerhalb des in seinen Lebensweisen
und Leistungen so heterogenen Sortiments von Organismen läßt sich
zwischen Genomgröße und Stellung im System keine klare Beziehung
mehr erkennen. Dafür hat in fast allen Gruppen die Variabilität der Genomgröße zugenommen, am stärksten innerhalb der Blütenpflanzen,
deren Zellen Genome mit 5×10^8 bis 10^{11} Basenpaaren enthalten. Errechnet man für die bisher untersuchten Arten einen Mittelwert, dann
lassen sich Blütenpflanzen, Schnecken, Krebse, Insekten, Stachelhäuter, Fische, Säugetiere und alle sonstigen Tiergruppen statistisch nicht
voneinander unterscheiden. Der Mittelwert sämtlicher Arten liegt dabei
nicht weit von der für den Menschen gültigen Zahl von 3×10^9 Basenpaaren pro *haploidem* Genom (Abbildung 2.3). Zur Zeit der Entdeckung dieses Verteilungsmusters (vor etwa 25 Jahren) widersprach
das Fehlen einer Beziehung zwischen der Genomgröße und der Komplexität eines Organismus noch allen Vorstellungen, die man sich vom
Verhältnis zwischen Genotyp und Phänotyp gemacht hatte. Das Phänomen wurde dementsprechend als paradox empfunden und *C-Wert-
Paradoxon* genannt. Seitdem ist jedoch deutlich geworden, daß das
angebliche Paradoxon Ausdruck zweier grundsätzlich neuer Prinzipien
der genetischen Organisation von Lebewesen ist.

1. Mit der Erfindung der sexuellen Fortpflanzungsweise hat sich das
   Repertoire der Strategien zur Veränderung des genetischen Materials
   dramatisch erweitert. Während bei prokaryoten Organismen genetische Veränderungen einerseits durch Mutationen, andererseits durch
   verschiedene Formen der Genübertragung zwischen benachbarten –
   aber nicht notwendigerweise miteinander verwandten – Zellen (Konjugation, Transduktion, Transformation) hervorgerufen werden, spielen bei eukaryoten Organismen unterschiedliche Rekombinationsverfahren die überragende Rolle. Bei ersteren basieren evolutionäre
   Veränderungen also überwiegend auf echten *Innovationen*, bei letzteren in zunehmendem Maße auf der *originellen Verwertung des Bestehenden*.

2. Sowohl die Größe des Genoms als auch die Existenz einer aufwendigen Rekombinationsmaschinerie haben dazu geführt, daß in eukaryoten Zellen ein zunehmend großer (und variabler) Anteil des genetischen Materials der direkten Prüfung durch die äußere Selektion entzogen wird. Diese vermag nur an den *Expressionsprodukten* von Genen, also an Proteinen und sonstigen phänotypischen Strukturen, anzugreifen. In dem Maße, in dem nichtexprimierte, aber kopierbare Abschnitte der DNA herausgeschnitten, transferiert, verdoppelt, ausgetauscht und wieder verschweißt werden, wird ein Teil des Erbmaterials in die Lage versetzt, die vorhandene Replikations- und Rekombinationsmaschinerie zur bloßen Selbstvermehrung zu nützen. Eine derartige DNA, die man als *parasitär* bezeichnet hat, mag einerseits eine Belastung für die eigentlich arbeitenden Gene und damit für den Phänotyp (der ja die Energie zur Erhaltung des gesamten Genoms aufzubringen hat) darstellen, andererseits repräsentiert sie auch ein evolutionäres Potential, indem Teile davon wieder in die arbeitende Population von Genen integriert werden und an der Konstruktion neuer genetischer Lösungen teilhaben können (Pollard 1988).

2.5.1 Drei Wurzeln der genetischen Kombinatorik

Zwar kommt es auch bei Bakterien und anderen prokaryoten Zellen zur Paarung homologer DNA-Stränge, aber der sexuelle Fortpflanzungsmodus, bei dem diese Paarung die unverzichtbare Norm darstellt, ist eine Erfindung der eukaryoten Zelle. Diese Strategie der Fortpflanzung verkörpert, *par excellence*, das Prinzip der Kombinatorik, doch bezeichnet dieser Begriff drei sehr unterschiedliche Wege, auf denen es in Zellen zum Austausch von genetischem Material kommen kann.

1. Der Akt der sexuellen Fortpflanzung wird bei der Verschmelzung der Kerne zweier haploider Keimzellen zu einer diploiden *Zygote* vollzogen (*Karyogamie*). Jedem Chromosom des einen Elternteiles ent-

spricht ein homologes Chromosom des anderen. Auf den Chromosomen besetzt jedes Gen einen bestimmten Platz (*Locus*), doch können
auf den beiden homologen Chromosomen verschiedene Varianten
(*Allele*) eines Gens vorkommen. Da innerhalb einer Population die
Zahl der Varianten pro Locus sehr groß sein kann, repräsentiert die
Summe aller Paarungsereignisse eine unüberschaubar große Mannigfaltigkeit von Genkombinationen. Welche Kombinationen jeweils
verwirklicht sind, hängt von den Zufälligkeiten der Keimzellen-
paarung sowie von der Größe der Population ab.

2. Die Bildung haploider Keimzellen aus diploiden Geschlechtszellen
erfolgt in einem mehrstufigen Prozeß, der Reifeteilung (*Meiose*), in
deren Verlauf DNA-Sequenzen zwischen homologen Chromosomen
ausgetauscht werden. Der entscheidende Schritt hierfür geschieht in
einer frühen Phase der Meiose, in der sich die – jeweils bereits aus
einem Paar identischer Chromatiden zusammengesetzten – homologen Chromosomen aneinanderlagern und einen *synaptischen Komplex* bilden, in dem sich die homologen DNA-Sequenzen einander
gegenüber anordnen (v. Wettstein et al. 1984). Jede der vier Chromatiden (zwei pro Chromosom) kann an verschiedenen Stellen auf-
gebrochen werden, die nun freien Enden zweier homologer Stränge
wandern aufeinander zu, überkreuzen sich (Crossing-over) und verschmelzen mit dem jeweils gegenüberliegenden freien Ende des
Partnerstranges. Das so entstehende *Chiasma* – die Kreuzung der
beiden homologen Stränge – setzt die Strangwanderung fort und verlängert die ausgetauschte Strecke des Chromosomenpaares.

3. Für eukaryote Zellen charakteristisch ist die Differenzierung von
Genen in exprimierte und nichtexprimierte Abschnitte – *Exons* und
Introns –, wobei letztere aus dem unmittelbaren Transkriptionsprodukt, der mRNA, wieder herausgeschnitten werden (Abschnitte 2.2
und 3.3). Obwohl diese mosaikartige Konstruktion eukaryoter Gene
keine zwingende Konsequenz der sexuellen Fortpflanzung ist, wird
deren evolutionäres Potential durch sie unterstützt. Treten nämlich
bei der Meiose Strangbrüche im Intronbereich auf, dann kann es zum

Austausch von Exons zwischen homologen Genen kommen (*exon shuffling*, siehe Abschnitt 2.2).

Sämtliche Begleitumstände, unter denen sich die sexuelle Fortpflanzung vollzieht, haben dem *Zufall* neue Tore geöffnet. Zunächst erfordert die Bildung synaptischer Komplexe bei der Reifeteilung zwar die präzise, scheinbar ferngesteuerte Positionierung homologer Chromosomen, aber welcher der beiden Partner in eine der beiden Tochterzellen gelangt, bleibt dem Zufall überlassen. Ebenso ist der Verlauf des Crossing-over-Prozesses durch eine Folge enzymatisch gesteuerter Schritte genau geregelt, aber die Verteilung der Kreuzungsstellen innerhalb eines Genoms wird wiederum durch den Zufall bestimmt. Schließlich gleicht das Zusammentreffen der männlichen und weiblichen Gameten innerhalb einer Population einem Würfelspiel, bei dem gewisse Kombinationen von Symbolen erfolgreicher sind als andere.

Durch die Verschmelzung zweier haploider Gameten zur diploiden Zygote kommt es zur Neukombination homologer Genpaare. Waren die beiden Eltern zum Beispiel an einem bestimmten Locus heterozygot, etwa **Aa** und **aA**, dann finden sich dort in der nächsten Generation die Allelpaare **AA**, **Aa**, **Aa** und **aa**. Es hat sich also nicht nur die Zahl der Kombinationen erhöht, sondern es sind auch zwei neue homozygote Allelpaare entstanden. Für die Zukunft der Population ist dies vor allem dann von Bedeutung, wenn das rezessive Allel **a** schädlich ist und nur deshalb vererbt werden kann, weil seine Signale in heterozygoten Zellen stets vom dominanten Allel **A** überdeckt werden. Die homozygote Kombination **AA** kann somit zum Ausgangspunkt einer vom schädlichen Partner gesäuberten Linie von Zellen werden, während die Zellen mit der homozygoten Kombination **aa** aussterben. Viele Evolutionsbiologen sind der Meinung, diese Fähigkeit zur Säuberung des Genoms von schädlichen Mutationen sei für den Erfolg des sexuellen Fortpflanzungsmodus bei vielzelligen Organismen wichtiger gewesen als die Fähigkeit zur Herstellung neuer Genkombinationen.

Während sich also bei der Verschmelzung haploider Gameten homologe Allele zu neuen *Kombinationsmustern* zusammenfügen, führt

Crossing-over auf jedem der beiden homologen Stränge zu neuen *Sequenzmustern.* Alte Sequenzen werden gebrochen, neue etabliert. Auch in diesem Fall wird angenommen, daß der ursprüngliche Selektionsvorteil dieser kombinatorischen Strategie vor allem im Aufbrechen potentiell letaler Genkopplungen lag, die sich unter dem Deckmantel des heterozygoten Zustandes in einer Population ausbreiten (Haig und Grafen 1991). Es könnte aber auch sein, daß diese Möglichkeit zwar den Anstoß zur Entwicklung des Crossing-over-Mechanismus gegeben hat, daß dessen evolutionäre Bedeutung letztlich aber darin liegt, DNA-Sequenzen in neue genetische Umfelder zu transportieren (Abschnitt 2.3). So hat etwa die Analyse der Ausbreitung insektizidresistenter Allele in einer Population von Pflanzenschädlingen gezeigt, daß es zu weitreichenden Umschichtungen des genetischen Materials kommen kann, wenn sich auf demselben Chromosom auch ein Gen befindet, das die Zahl von Crossover-Ereignissen erhöht (Baker 1982).

2.6 Strategien der genomischen Evolution

Um im Evolutionsspiel weiterzukommen, müssen sich Zellen durch Teilung vermehren. Eine wesentliche, wenn auch im Detail unerfüllbare Auflage ist die Bewahrung der *Identität* des Genoms, das ja die Summe sämtlicher erfolgreichen und vererbbaren Problemlösungen einer langen Reihe von Vorfahren enthält. Diesem Ziel dient einerseits der Aufwand zur Herstellung und Verteilung identischer Kopien des genetischen Programms (Abschnitt 2.4.1), andererseits der ebenso große Aufwand bei der Behebung von Strukturfehlern, wie sie vor allem bei der Zellteilung auftreten (Abschnitt 2.4.2). Perfektion in dieser Hinsicht ist unmöglich, und so machen die Genome sämtlicher Zellen auf ihren Wegen durch die Zeit Veränderungen durch, die pauschal als *Mutationen* bezeichnet werden (auch wenn deren Entstehungsweisen sehr unterschiedlich sein können). Hier wird das zweite wichtige Prin-

zip des Teilungsprozesses sichtbar: Die durch die Netze der Reparaturmaschinerie geschlüpften Mutationen sind eine Quelle der fortgesetz-
ten Anpassungsfähigkeit von Organismen und damit auch das Rohmaterial der Evolution.

Für den Verlauf der biologischen Evolution war wohl von Anfang an
die Frage entscheidend, inwieweit das Prinzip einer möglichst getreuen
Weitergabe erfolgreicher genetischer Lösungen mit dem Zwang zur
Veränderung auch der erfolgreichsten Programme in Übereinstimmung
gebracht werden könne. Höchstwahrscheinlich repräsentiert das Maß
der *Ungenauigkeit*, mit dem die Weitergabe der genetischen Information bei Zellteilungen erfolgt, bereits eine Antwort auf diese Frage:
einen Kompromiß, der selbst das Ergebnis eines Selektionsprozesses ist
und in verschiedenen Zellinien zu verschiedenen Resultaten führen
kann. So haben zum Beispiel LeClerc et al. (1996) gezeigt, daß die Mutationsraten pathogener *Salmonella*-Populationen bis zu tausendfach
größer sein können als die Mutationsraten nichtpathogener Kontroll-
populationen. Dabei ist der auslösende Mechanismus die Unterdrückung der Reparaturaktivität an gewissen Stellen des Genoms.
Diese als *Hypermutabilität* bezeichnete Eigenschaft kann also einerseits als Zeichen der Entgleisung des Reparatursystems der Zelle gedeutet werden (Abschnitte 2.4.2 und 3.3.2), andererseits aber auch für
das so unerwartet rasche Auftreten neuer Varianten in Bakterienpopulationen verantwortlich sein. Die untere Grenze der Genauigkeit, mit der
genetische Information in der Evolution weitergegeben wird, dürfte
also ein durch Selektion zustande gekommenes adaptives Merkmal des
zellulären Apparats sein. Die obere Grenze hingegen ist wohl durch den
Reparaturaufwand definiert, den sich Zellen im Rahmen ihres Energiebudgets leisten können.

Während unter dem Druck spezifischer Selektionsbedingungen die
Mutationsraten an gewissen Loci gesteigert werden und die betroffenen
Zellinien hierdurch in den Genuß eines Innovationsschubes kommen
können, spielt die gegenläufige Tendenz in der Evolution eine zumindest ebenso große Rolle. Darauf deutet der Umstand hin, daß Zellinien,
die sich ausschließlich *vegetativ* fortpflanzen, unweigerlich in evolu-

tionäre Sackgassen geraten. Dies hängt mit der trotz aller Reparatur-
maßnahmen unvermeidlichen Anhäufung letaler und subletaler Mutationen zusammen, die im Takt der Zellteilungen entstehen und die Überlebensfähigkeit solcher Zellinien gefährden. Einen Ausweg aus diesem
neuerlichen evolutionären Dilemma (das nach seinem Entdecker, dem
amerikanischen Nobelpreisträger Herman Muller, *Muller's ratchet* –
Mullersche Ratsche – genannt wird) eröffnet zunächst die Macht
großer Zahlen. Besteht eine Population aus wirklich sehr vielen Zellen
– Graham Bell (1985), auf den diese Argumentation zurückgeht, nennt
eine Zahl von 10^{15} als untere Grenze –, dann ist auch die Wahrscheinlichkeit positiver Rückmutationen hinreichend groß, um den Fortbestand der Zellinie zu garantieren. Dies traf und trifft nach Bells Ansicht
auf die prokaryote Welt zu, die die biologische Evolution rund zwei
Milliarden Jahre lang beherrscht hat und seit dem Auftreten eukaryoter
Zellen vor etwa 1,5 Milliarden Jahren weiterhin die Stoffkreisläufe in
sämtlichen Ökosystemen dieser Erde am Leben erhält. Die Populationen der bis zu 1 000fach größeren eukaryoten Zellen waren stets zu
klein und ihre Vermehrungsrate zu gering, um mit der Akkumulation
letaler Replikationsfehler fertigzuwerden. Es bedurfte also einer neuen
Strategie zur Fehlerbeseitigung, und als eine solche stellt sich die sexuelle Fortpflanzung dar. Einerseits bietet diese Strategie, wie soeben angedeutet, die Möglichkeit zur Säuberung der Genome von schädlichen
Mutationen, andererseits führt sie ein völlig neues Prinzip zur Erhöhung der genetischen Mannigfaltigkeit von Populationen ein: *die*
originelle Verwertung des Bestehenden durch die Rekombination vor-
handener genetischer Elemente.

Tatsächlich genügen bei vielen Tiergruppen nur einige wenige sexuelle Fortpflanzungsrunden, um die Zahl der in langen vegetativen Phasen angehäuften schädlichen Mutationen entscheidend zu reduzieren
und um gleichzeitig mit der Einführung neuer genetischer Kombinationen das Genom gewissermaßen wieder zu verjüngen (Bell 1985). Es
gibt nur ganz wenige Beispiele für obligat asexuelle Tierarten, zum
Beispiel eine Familie von Rädertierchen, die Bdelloidea, von der
Männchen unbekannt sind. Hier nimmt man an, daß diese Tiere entwe-

der Sex im Verborgenen treiben oder daß sämtliche bekannten Arten die zum baldigen Aussterben verurteilten Äste eines Stammes sind, an dessen Wurzeln sich noch unbekannte Arten mit geschlechtlicher Fortpflanzungsweise befinden.

2.6.1 Individuen, Typen, Quasispezies

Jedes Lebewesen repräsentiert die erfolgreiche Lösung vieler Konstruktionsprobleme. Zunächst könnte man vermuten, ein Konstrukteur werde alles daran setzen, eine durch ihr Überleben nachweislich erfolgreiche Lösung zu erhalten und durch die Herstellung perfekter Kopien potentiell unsterblich zu machen. Dieser Intention entspricht der erwähnte energetische und nachrichtentechnische Aufwand bei der Herstellung von Kopien. Im scheinbaren Widerspruch dazu wird im Verlauf der sexuellen Fortpflanzung die gelungene Konstruktion jedoch immer wieder in Frage gestellt. Neue Allelkombinationen werden zugelassen, DNA-Sequenzen zwischen Genen und Chromosomen ausgetauscht (ganz abgesehen von dem normalen Chaos, das sich im Genom abspielt, in dessen Labyrinthen DNA-Sequenzen scheinbar beliebig herumwandern und ihre Teilnahme am Aufbau des Organismus verweigern können; siehe Abschnitt 2.5).

Jeder Vertreter einer sich sexuell fortpflanzenden Art stellt aufgrund des Zusammenspiels von Mutationen und Rekombinationen ein einmaliges Exemplar seiner Art dar. Ihm kommt *Individualität* zu, denn mit Sicherheit (sehen wir von eineiigen Zwillingen und anderen Klonen ab) ist die für ihn charakteristische Kombination genotypischer und phänotypischer Merkmale einmalig im Universum (siehe Abschnitt 6.1). Die molekulargenetische Forschung hat mit der Entdeckung des genetischen *Polymorphismus* (erstmals am Beispiel der Blutgruppen; Mourant 1954) der Idee des Individuums einen neuen, biologischen Inhalt gegeben (Medawar 1957, 1981).

Andererseits ist ein Individuum aber auch ein „typischer" Vertreter seiner Art, was heißt, daß es sich in bezug auf eine noch viel größere

Zahl struktureller und funktioneller Merkmale von sämtlichen Artgenossen *nicht* unterscheidet. Wichtiger Ausdruck dieser Merkmals-
gemeinsamkeit ist die Tatsache, daß sämtliche Geschlechtspartner einer
Art miteinander fortpflanzungsfähige Nachkommen produzieren können. Ja, diese Tatsache (oder Annahme) ist eine der Säulen, auf denen
der moderne Artbegriff ruht. Stabile Merkmale und ihre Relationen zueinander müssen somit im Genom der Art so fest verankert sein, daß
die ihnen zugrundeliegenden Strukturen weder durch Mutationen noch
durch den Austausch von DNA-Sequenzen beim Crossing-over, noch
durch die kombinatorischen Zufälle beim Verschmelzen der Keimzellen zerstört werden können. Im Prinzip wäre es möglich, diesen unwan-
delbaren Kern der phänotypischen Organisation mit dem *Typus* zu
identifizieren, für den nach Ansicht der idealistischen Morphologen seit
Goethe (1795 [1954]) ein unbekanntes „inneres Gesetz" verantwortlich
zu machen ist. Wie jedoch weiter oben (Abschnitt 1.2.3) bereits bemerkt, ist dieses ideologisch überfrachtete Wort auf den Märkten der
modernen Biologie kaum mehr verkäuflich und muß durch andere, weniger belastete Wörter ersetzt werden. Vor allem bietet sich hier das
empirisch faßbare Konzept des *Bauplans* an, das als die *Summe der
Homologa* einer Gruppe verwandter Lebewesen (Tiere und Pflanzen)
aufzufassen ist (Abschnitt „Homologie, Homodynamie, Analogie",
S. 27). Wer nach einem moderneren Konzept sucht, der kann sich des
von der Chaostheorie getesteten Begriffs des *Attraktors* bedienen, der
nach Ansicht einiger Popularisatoren der modernen Biologie den »für
jedes Genom begrenzten Bereich zulässiger Modifikationen« definiert
(Wesson 1993, S. 182). Unter diesem Blickwinkel erscheinen Arten als
die Ergebnisse einer jeweils besonderen genetischen Kohäsion und
„Attraktivität", während die Entstehung einer *neuen* Art die Abkehr
vom alten und die Zuwendung zu einem neuen Attraktor erforderlich
macht (Wesson 1993, S. 224). Es ist allerdings nicht zu übersehen, daß
diese Beschreibung ziemlich genau der Argumentation des soeben noch
verpönten typologischen Denkens in der Biologie entspricht.

Die Diskussion über die Polarität von Individualität und Typus wäre
unvollständig, berücksichtigten wir nicht, daß es in diesem Spannungs-

feld noch einen weiteren Spieler gibt: die sich vegetativ fortpflanzende Zelle, die bei jeder Teilungsrunde identische Tochterzellen produziert. Durch mitotische Teilungen entsteht nach mehreren Runden ein *Klon*, auf dessen Einheiten der Begriff der Individualität natürlich nicht anwendbar ist (siehe Abschnitt 6.1). Als Organismen mit asexueller Vermehrung mangelt diesen Zellen auch das soeben genannte wesentliche Merkmal der biologischen Art: die vom Prinzip des Genaustauschs bestimmte genetische Kohäsion einer Fortpflanzungsgemeinschaft. Kann die Idee eines konservierten genetischen „Typus" oder „Attraktors" dennoch auf prokaryote Zellen und andere sich ausschließlich durch Teilung vermehrende Systeme angewandt werden?

Die Zellen eines Klons verändern sich allmählich durch Mutationen und setzen eine Evolution von Zellinien in Gang. Da zudem zwischen prokaryoten Zellen der ungeordnete horizontale Austausch von Genen möglich ist, könnte man folgern, auf ein solches System sei das klassische Modell der Artentstehung und -erhaltung nicht anwendbar. Tatsächlich sind derartige Überlegungen angestellt worden (Sonea 1991), denen jedoch Befunde wie der weiter oben (Abschnitt 2.5) zitierte über das Darmbakterium *E. coli* widersprechen, das als eine genetische Einheit identifiziert werden kann, obwohl doch in den Därmen der Menschheit jedes seiner Gene im Durchschnitt 10^{13}mal täglich mutiert.

Wie könnten wir einer Lösung dieses vertrackten Problems näherkommen? Unter allen Umständen muß die Regel gelten, daß sämtliche sich ausschließlich durch Teilung vermehrenden Systeme Kompromisse zwischen fehlerfreier Vererbung und unbegrenzter Variabilität eingehen müssen (Eigen et al. 1989; Schuster 1994). Den ersten Fall repräsentiert der erwähnte Klon, dessen Teile sich genetisch nicht voneinander unterscheiden. Es gibt keine Varianten und dementsprechend auch keine Evolution. Treten bei der Replikation jedoch Fehler in Form von Mutationen auf, dann steht der Selektion ein Repertoire von Varianten zur Verfügung, die jeweilige Population vermag sich an wechselnde Umweltbedingungen anzupassen – und dies ist die entscheidende Voraussetzung für den Beginn eines evolutionären Prozesses.

Freilich, bei einer zu hohen Fehlerrate kann die in der Population von Vermehrungseinheiten gespeicherte genetische Information, also das jeweils spezifische genetische Programm, nicht mehr stabil vererbt werden. Eine „Fehlerkatastrophe" bahnt sich an, die Vererbung verkommt zur Zufallsreplikation, wodurch – wenn auch aus entgegengesetzten Gründen wie bei der fehlerfreien Vererbung – Evolution ebenfalls nicht stattfinden kann.

Der für den Verlauf der Evolution einer Population von Vermehrungseinheiten optimale Kompromiß besteht darin, einerseits eine ausreichende Zahl von Varianten zur Verfügung zu stellen, um den Veränderungen der Umwelt folgen zu können, andererseits jedoch die genetische Distanz zwischen den Varianten und dem Ausgangspunkt der Evolution, dem „Wildtyp" beziehungsweise der „Mastersequenz", nicht allzu groß werden zu lassen. Eine derart aus Varianten bestehende, aber durch genetische Bande verknüpfte Population wurde als *Quasispezies* bezeichnet (Eigen 1971; Eigen und Schuster 1977; Eigen et al. 1989). Daß die Existenz quasi-stabiler genetischer Netzwerke eine notwendige Voraussetzung für die Evolution auch jener Vermehrungseinheiten ist, die sich nur mittels identischer Teilung fortpflanzen, kann durch Modellrechnungen plausibel gemacht werden. Was jedoch die mechanistischen *Zwänge* für die Erhaltung der genetischen Kohäsion von Populationen mit vegetativer Fortpflanzung und horizontalem Gentransfer sein könnten, darüber gibt es nur Vermutungen (Schuster 1994).

2.7 Zähmung des Chaos

Ian Hacking (1990) hat in einem faszinierenden Buch die Entwicklung der Statistik geschildert – den Einbruch des Indeterminismus in die deterministischen Systeme der Philosophie und Naturwissenschaften der Neuzeit. Eine wichtige Schlußfolgerung dieser Analyse war, daß die Gesellschaft ein um so größeres Maß an sozialer Kontrolle erwartet, ja verlangt, je stärker von Indeterminismus geprägt sich ihr die Welt darstellt. Die etwa seit der Napoleonischen Epoche heranbrandende Flut statistisch verwertbarer Daten über alle möglichen Aspekte der sozialen Wirklichkeit, wie Selbstmorde, Krankheiten, Prostitution, Verbrechen, Erziehung und so weiter, hatte die Erwartung genährt, die Folgen des indeterministischen Verhaltens von Einzelpersonen müßten durch geeignete Maßnahmen unter Kontrolle gebracht werden. War man früher geneigt gewesen, die Zufälligkeiten der Geschichte auf die Konten einer unergründlichen Vorsehung (und damit eines unbekannten Planes) zu schreiben, so begann man nun die Idee des Chaos als eines konstitutiven Bestandteiles der Welt zu akzeptieren, dem sich der Mensch durch Gesetze und Verordnungen entgegenzustellen habe.

Menschen reflektieren über das Verhältnis von Chaos und Ordnung, das sie an sich selbst und ihren Institutionen entweder unmittelbar erleben oder das ihnen aus der Geschichte in vielen Verkleidungen entgegentritt. Die Motivationen und Ergebnisse dieser Reflexionen werden aber auch auf Probleme übertragen, deren Lösungen sich nicht ohne weiteres aus der persönlichen Erfahrung oder aus einer Interpretation der Geschichte erschließen. So wurde und wird etwa auch den Axiomen des Darwinismus mit dem Argument begegnet, Ordnung könne in der biologischen Evolution nur durch die Intervention lenkender und regelnder Instanzen zustande gekommen sein. Je nach der Einstellung des Kritikers wird dabei dem blinden Zufall, der die Wege der Evolution bestimmen soll, ein „kosmischer Plan" oder ein „inneres Gesetz" entgegengesetzt. In neuerer Zeit gründet die Kritik vor allem in der Feststellung, die Informationskapazität auch des kleinsten Genoms sei so gewaltig, daß dessen spezifische Organisation niemals durch rein zufälliges „Herumprobieren" hätte entstehen können. Ein beliebtes Zahlenbeispiel schaut dabei folgendermaßen aus: Das Genom eines Bakteriums setzt sich aus rund vier Millionen Nucleotiden zusammen. Für die vier Bausteine des Genoms, A, T, C und G, gibt es also $4^{4 \text{ Millionen}}$ Sequenzalternativen. Um durch zufälliges Kombinieren zur spezifischen Sequenz des Bakteriums zu gelangen, reicht die Mannigfaltigkeit des Universums nicht aus. Wie Küppers (1987) vorrechnet, liegt die

Gesamtzahl der Elementarbausteine der Materie im Universum in der Größenordnung 10^{80}, und das Alter des Universums in kleinsten quantenmechanisch zulässigen Zeitspannen beträgt etwa 10^{40}. Die Zahl der seit Anbeginn der Welt möglichen Elementarereignisse ist somit maximal 10^{120}, ein verschwindender Bruchteil der Zahl der Sequenzalternativen des Genoms auch der kleinsten Zellen.

Das Argument der unendlich großen Unwahrscheinlichkeit übersieht jedoch, daß es auch alternative Strategien gibt, um unter Verwendung des Zufallsprinzips aus Bausteinen komplex organisierte Gebilde mit spezifischen Funktionen aufzubauen, darunter solche, bei denen die Rolle des Zufalls im Vergleich zum Würfelspiel drastisch eingeschränkt ist. So können nach dem sogenannten *Markow-Verfahren* einzelne Glieder Schritt um Schritt zu Ketten von zunehmender Länge zusammengefügt werden, wobei jeder Verlängerungsschritt eine statistische Wahl zwischen verschiedenen Möglichkeiten impliziert. Die Unsicherheit jeder Wahlentscheidung ist proportional der Häufigkeitsverteilung der verschiedenen Sorten von Gliedern im Medium. Ist die Wahl einmal getroffen und der wachsenden Kette ein weiteres Glied hinzugefügt worden, dann ist gleichzeitig auch eine Unsicherheit beseitigt und, falls die Kette die Rolle eines Informationsträgers spielt, deren Informationsgehalt vermehrt worden. Die wachsende Kette erscheint somit als ein Kompromiß zwischen Zufälligkeit (jedes Verlängerungsschritts) und Determiniertheit (der konservierten Sequenz der Glieder in der wachsenden Kette). Wir werden gleich sehen, daß die Problematik der Selbstorganisation komplexer Gebilde in einem ganz anderen Licht erscheint, wenn der Prozeß der Entstehung von »Ordnung aus dem Chaos« (Küppers 1987) nicht mit einem Würfelspiel, sondern mit dem Wachsen von Makromolekülen nach dem Markow-Verfahren verglichen wird (Nicolis und Subba Rao 1987; Prigogine 1988). Damit derartigen Markow-Ketten eine evolutionäre Bedeutung zugeschrieben werden kann, ist allerdings eine weitere und sehr stringente Annahme erforderlich: Jede Kette muß replikationsfähig sein, und diese Fähigkeit muß in jedem Stadium des Kettenwachstums getestet werden können.

2.7.1 Aufbau linearer Programme durch Entscheidungssequenzen

Sämtliche als Informationsträger fungierenden Moleküle biologischer Systeme – RNA, DNA und Proteine – sind aus Einzelgliedern (Monomeren) aufgebaute Kettenmoleküle (Polymere). Die Monomere sind kovalent miteinander verknüpft, ihre Sequenzen repräsentieren *lineare Programme*. Unter dem Einfluß schwacher Wechselwirkungen (vor allem Wasserstoffbindungen) zwischen den Gliedern nehmen die Ketten allerdings eine auch von Umweltbedingungen abhängige, jeweils spezifische räumliche Struktur ein. Kovalente Bindungen bilden das Rückgrat eines solchen Kettenmoleküls, Wasserstoffbindungen stabilisieren es und schützen es vor den hydrolytischen Attacken der stets in Überzahl vorhandenen Wassermoleküle.

Für das Ingangsetzen eines globalen Prozesses von der Art der biologischen Evolution mußten zumindest drei Voraussetzungen erfüllt sein:

1. die Möglichkeit des schrittweisen Zusammenfügens von Einzelmolekülen zu längeren Kettenmolekülen;
2. die Möglichkeit der Replikation der Kettenmoleküle (wofür verschiedene Verfahrensweisen denkbar sind);
3. das Auftreten molekularer Varianten, an denen Selektion angreifen kann.

Gehen wir einmal davon aus, daß auch in der chemischen Phase der Evolution vor rund 4×10^9 Jahren primitive katalytische Mechanismen für die Verknüpfung von Monomeren zu Polymeren sowie für die Vermehrung der entstandenen Polymere zur Verfügung standen. Diese Möglichkeit wird zwar von einigen Chemikern prinzipiell geleugnet (Vollmert 1985), doch gibt es auch gegensätzliche Ansichten, indem zum Beispiel Tonmineralien und Kristallflächen mit ihren elektrischen Ladungen ordnende und rudimentär katalytische Fähigkeiten zugeschrieben werden. Möglicherweise hatten die heutzutage als Informationsträger fungierenden Nucleinsäuren auch einfachere Vorläufer, die sich entweder selbst replizieren konnten oder die Rolle von Gerüsten für replikationsfähige Moleküle spielten (Cairns-Smith 1985). Wie dem auch sei, wenn wir die oben zitierten Voraussetzungen als erfüllt annehmen und von der weiteren (viel weniger kritischen) Annahme ausgehen, daß in der „Ursuppe" ein hinreichend großer Vorrat an chemischen Bausteinen zur Verfügung stand, dann müßte eigentlich fast zwangsläufig eine Evolution in Gang gekommen sein. Da eine Voraussetzung dafür allerdings die Weitergabe von Information durch Replikation der Informationsträger ist, müssen selbst die kürzesten, aus einigen wenigen Gliedern bestehenden Sequenzen in dieser Hinsicht erfolgreich gewesen sein. Nicht zur Replikation befähigte Sequenzen verschwanden schnell von der Bildfläche. Einen Hinweis bietet hier die in sogenannten Evolutionsreaktoren (Abbildung 2.4) gemachte Beobachtung, daß selbst aus zwei bis drei Nucleotiden bestehende RNA-Ketten unter der Mithilfe von Polymerasen zur Selbstreplikation befähigt sein können (Eigen et al. 1981).

In solchen Evolutionsreaktoren, wie sie von Spiegelman (1971; Mills et al. 1967) erfunden und von Orgel (1979) sowie Eigen (Eigen und Winkler 1975; Eigen et al. 1981) weiterentwickelt wurden, läßt sich ein grundsätzlicher Aspekt der biologischen Evolution, nämlich die Entstehung hochangepaßter Kettenmoleküle durch das Zusammenwirken von Variabilität und Selektion, experimentell simulieren. Nach dem in Abbildung 2.4 skizzierten Prinzip werden Populationen künstlich hergestellter RNA-Ketten, zusammen mit den zur Replikation und Synthese benötigten Rohstoffen und Enzymen, im Zustand eines dynamischen Gleichgewichts gehalten. Substrate werden dem Reaktor zugeführt, Endprodukte aus ihm entfernt, so daß die effektiven Konzentrationen der RNA-Moleküle sowie die Milieubedingungen im Inneren des Reaktors mehr oder minder konstant bleiben. Es zeigte sich nun, daß unter dem Druck spezifischer Selektionsbedingungen die Populationen der RNA-Moleküle ihre Zusammensetzung und Länge ändern und daß nach überraschend kurzer Zeit die den jeweiligen Bedingungen am besten angepaßten Varianten im Reaktor dominieren. So wurden zum Beispiel Populationen von RNA-Molekülen mit dem Gift Ethi-

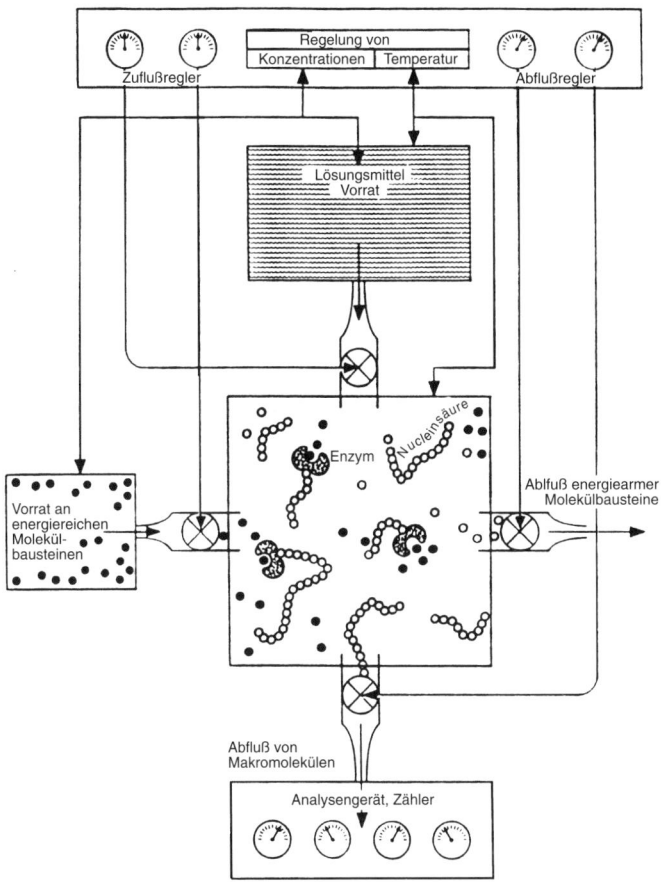

2.4 Schema eines Reaktors zur Durchführung von Evolutionsexperimenten. Aus energiereichen Nucleosidtriphosphaten (volle Kreise) werden unter Mithilfe einer Polymerase RNA-Ketten von unterschiedlicher Länge und Zusammensetzung aufgebaut. Dasselbe Enzym wirkt auch als eine *Replikase* und stellt Kopien der Ketten her. Durch den geregelten Zufluß von Bausteinen und von Lösungsmittel mit Salzen und Cofaktoren sowie durch den Abfluß abgearbeiteter Bausteine (offene Kreise) und aufgebauter Makromoleküle (Ketten) wird das System im Fließgleichgewicht gehalten. (Aus Eigen und Winkler 1975.)

diumbromid behandelt, das sich an RNA-Ketten heftet und deren Replikation hemmt; oder die Konzentrationen der Nucleosidtriphosphate im Reaktor wurden reduziert, die RNA-Matrizen also gewissermaßen auf Hungerdiät gesetzt. In beiden Fällen paßten sich die Moleküle sehr rasch den geänderten Bedingungen an. Im ersten Fall dominierten schließlich Sequenzen, deren Affinität für das Gift um 35 Prozent *gesunken*, im zweiten Fall solche, deren Affinität für die Synthesebausteine um denselben Anteil *gestiegen* war. Stets genügten einige wenige Mutationen (drei im Falle der Resistenz gegen Ethidiumbromid), um den empfindlichen „Wildtyp" in eine besser angepaßte Sequenzvariante zu verwandeln (Orgel 1979).

Betrachten wir den Verlauf eines solchen begrenzten Evolutionsvorgangs unter dem Blickwinkel der oben erwähnten Diskussion, mit welcher Wahrscheinlichkeit angepaßte Strukturen durch zufälliges Kombinieren von Bauteilen entstehen können. Im Reaktor befinden sich RNA-Ketten von unterschiedlicher Länge, unterschiedlicher Zusammensetzung und Stabilität. Das zur Klasse der Polymerasen gehörende Enzym verlängert und kopiert die aus Nucleotiden zusammengesetzten Kettenmoleküle. Dabei werden sich aus der ungeheuer großen Zahl molekularer Varianten im Reaktor jene durchsetzen, bei denen unter den herrschenden Bedingungen die Differenz zwischen *Synthesegeschwindigkeit* und *Abbaurate* am größten ist und die in Hinblick auf *Replikationstreue* und *Stabilität* anderen Varianten überlegen sind. Kettenlänge und Nucleotidsequenz sind die Variablen dieses Spieles. Wieviel Zeit würde es brauchen, um RNA-Ketten von optimaler Länge und Zusammensetzung zu finden? Jeder Verlängerungsschritt entspricht einer kovalenten Synthese, wobei den vorhandenen Ketten jeweils eines von vier Nucleotiden (Adenin, Guanin, Cytosin, Uracil) angefügt wird. Bei jeder Verlängerungsrunde entstehen also vier neue Kettentypen, die in weiterer Folge von den Polymerasen gewissermaßen auf ihre Replikationsgeschwindigkeit und Stabilität getestet werden. Das bedeutet, daß stabile und sich schnell vermehrende Varianten alle anderen, weniger stabilen und weniger gut in das aktive Zentrum des jeweiligen Enzyms passenden Varianten verdrängen werden. Stehen viele Polymerasemoleküle zur Verfügung, dann können große Populationen von Kettenmolekülen mehr oder minder gleichzeitig getestet werden, so daß die Geschwindigkeit, mit der die jeweils günstigste Variante selektiert wird, von der durchschnittlichen Dauer einer Synthese- und Replikationsrunde abhängt. Nehmen wir diese mit einer Stunde an (die Replikation eines rezenten Bakteriums bei 37 °C benötigt nicht mehr als etwa 20 Minuten), dann wäre die Selektion der an die herrschenden Milieubedingungen am besten angepaßten Ketten von 100 Nucleotiden Länge etwa nach 100 Stunden abgeschlossen. Wollte man dasselbe Ergebnis erreichen, indem sämtliche möglichen Sequenzvarianten einer aus vier verschiedenen Nucleotiden aufgebauten Kette von 100 Nucleotiden Länge unabhängig voneinander getestet werden, dann wären hierfür zumindest $4^{100} = 10^{60}$ Tests vonnöten. Stünden für das Kopieren der Ketten ständig 10^{10} Polymerasemoleküle zur Verfügung, dann würde das Durchtesten der 10^{60} Varianten noch immer rund 10^{33}mal mehr Stunden benötigen, als seit Beginn der Evolution vergangen sind.

Man hat Evolutionsprozesse nach dem Markow-Prinzip mit der Besteigung eines Berges verglichen, bei der jeder Schritt den nächsten bedingt und eine Sequenz von Schritten so lange bergauf führt, bis ein Gipfel erreicht ist. Diese Beschreibung paßt nicht bloß auf die Veränderungen von RNA-Molekülen in einem künstlichen Reaktor, sondern ebenso auf den Verlauf der biologischen Evolution in der Natur. Sie macht deutlich, daß Lebensprozesse und deren Evolution nur möglich sind, wenn Innovationen auf dem Boden bewährter Problemlösungen aufbauen, wenn die Zufälligkeit elementarer Ereignisse auf jeder Stufe der Organisation unter Kontrolle gehalten, das Chaos durch konservative Strukturen gezähmt werden kann (Eigen 1971; Pattee 1971; Schuster 1994).

Nun repräsentieren hochentwickelte Lebewesen allerdings derart komplexe Strukturen, daß die Möglichkeit ins Auge gefaßt werden muß, die Zähmung des Chaos könnte so gut gelingen, die „Bürde der Tradition" (im Sinne von Riedl 1975) so übermächtig werden, daß wenig Raum für innovative Varianten bliebe. Unter solchen Umständen würde sich die Spirale der Evolution langsamer drehen, denn es fehlten gewissermaßen die Griffe, an denen die Selektion ansetzen könnte. Bradshaw (1991) hat für einen solchen Zustand den Begriff *Genostasis* geprägt und deutet an, daß seit dem großen Diversifizierungsschub im frühen Kambrium vor rund 500 Millionen Jahren (Abschnitte 3.2 und 4.2.2) der Verlauf der biologischen Evolution eher vom Mangel als vom Überfluß an Variabilität bestimmt gewesen sein könnte. Selbst wenn dies im Prinzip zutrifft (und die Tatsache, daß so gut wie sämtliche Stämme des Tierreichs bereits im Kambrium vorhanden waren und sich die großen Baupläne in den folgenden 500 Millionen Jahren nicht wesentlich verändert haben, spricht dafür), muß es entscheidende Ausnahmen und Alternativen gegeben haben. In Abschnitt 6 werden wir auf ein weiteres Prinzip zu sprechen kommen, durch das im Verlauf der biologischen Evolution eventuelle Mängel an innovativer Variabilität auf elegante und höchst effektive Weise überwunden werden konnten.

2.7.2 Zufall und Notwendigkeit

In der obigen Darstellung wird der Rolle des Zufalls in der Evolution der unvermeidliche Tribut gezollt – eine Rolle, die sich allerdings deutlich von der unterscheidet, die den Kritikern der Evolutionstheorie vorschwebt, wenn sie die Unmöglichkeit der Entstehung von Ordnung durch den „blinden" Zufall betonen. Eine solche Interpretation, die der Zufälligkeit von Einzelereignissen eine derart übermächtige Bedeutung zuschreibt, daß die Entstehung des Lebens nur als das Werk eines persönlichen Schöpfers gedacht werden kann, trifft sich formal und auf paradoxe Weise mit der Interpretation von Jacques Monod (1972), der alles andere als ein Kritiker der Evolutionstheorie war. In seinem berühmten Buch *Zufall und Notwendigkeit* betont Monod zwar auch die übermächtige Rolle des Zufalls, meint aber im Gegensatz zu anderen Kritikern, daß es keines Gegenspielers bedurfte, um Leben auf der Erde entstehen zu lassen, sondern daß eben der *Zufall selbst* für den – einmaligen und unwiederholbaren – schöpferischen Akt verantwortlich war. »Wir sagen«, formuliert Monod (1971, S. 141), »diese Änderungen [des genetischen Materials] seien akzidentell, sie fänden zufällig statt. Und da sie die *einzige* mögliche Ursache von Änderungen des genetischen Textes darstellen, der seinerseits der *einzige* Verwahrer der Erbstrukturen des Organismus ist, so folgt daraus mit Notwendigkeit, daß *einzig und allein* der Zufall jeglicher Neuerung, jeglicher Schöpfung in der belebten Natur zugrunde liegt. Der reine Zufall, nichts als der Zufall, *die absolute, blinde Freiheit* [meine Hervorhebung] als Grundlage des wunderbaren Gebäudes der Evolution – diese zentrale Erkenntnis der modernen Biologie ist heute nicht mehr nur eine unter anderen möglichen oder wenigstens denkbaren Hypothesen; sie ist die *einzig* vorstellbare, da sie allein sich mit den Beobachtungs- und Erfahrungstatsachen deckt ... «

30 Jahre vor diesem Bekenntnis hatte der deutsche Physiker Pascual Jordan (1941) in analoger Weise zum Ausdruck gebracht, das damals gerade formulierte Prinzip des Indeterminismus mikrophysikalischer Ereignisse könne zur Erklärung des Phänomens der *Willensfreiheit* des Menschen herangezogen werden (1941, S. 110): »Daß mikrophysikalische, nicht mehr kausal gebundene Einzelentscheidungen das Lebensgeschehen diktatorisch, richtunggebend steuern – diese Erkenntnis rückt uns dem großen Problem der inneren *Freiheit* des Lebendigen näher. Zum erstenmal in der Geschichte des menschlichen Denkens nimmt dies Problem Umrisse an, die uns naturwissenschaftlich abtastbar zu werden beginnen.«

Hier bewegen wir uns in einer Welt der Bilder, in der es nichts zu verifizieren, nichts mehr zu falsifizieren gibt, die also eher der Kunst als den Naturwissenschaften zuzurechnen ist. Dennoch sollten die mythenbildenden Potentiale derartiger Äußerungen nicht unterschätzt werden, und diese bestimmen eben auch das Klima mit, in dem die naturwissenschaftliche Methode gedeiht. Aufgrund des gegenwärtigen Wissensstandes muß den von Jacques Monod und Pascual Jordan beschworenen Bildern vom „schöpferischen Zufall" ein grundsätzlich anderes Bild entgegengesetzt werden:

Unsere Welt ist so geartet, daß sich Teile und elementare Prozesse zu Komplexen und Systemen vereinigen. Auf jeder Stufe dieser Vereinigung kommt es zur Einschränkung der Freiheitsgrade von Teilen und elementaren Prozessen und damit zu einer Einschränkung des Zufalls, einer „Zähmung des Chaos". Im Hinblick auf die zitierten Äußerungen von Monod und Jordan hat diese Interpretation zwei Konsequenzen:

1. Jeglicher Neuerung und jeglicher Schöpfung in der belebten Natur liegt der Zufall *nur in seiner Einschränkung durch Selbstorganisation und konservative Strukturen* zugrunde. Das Ausmaß dieser Einschränkung ist wahrscheinlich so groß, daß die Entstehung des Lebens kein einmaliges, unmögliches („absurdes") Ereignis war, sondern mit *Notwendigkeit* aus den von der erkaltenden Erde geschaffenen Prämissen folgte.

2. Das Erlebnis der *Freiheit* gedeiht nicht auf dem Boden des Indeterminismus mikrophysikalischer *Einzelereignisse*, sondern nur dort wo *Entscheidungen* möglich sind, also in komplexen, deterministischen *Systemen*.

3. Das mittlere Netz: Zellen

3.1 Genotyp und Phänotyp

Nach der in diesem Buch verwendeten Terminologie repräsentiert das „innere" Netz die molekularen Mechanismen und Strukturen zur Erhaltung und Vermehrung der genetischen Programme von Zellen. Die Architektur dieses Netzes wird bestimmt durch das Zusammenspiel von Proteinen und Nucleinsäuren, wobei jene von diesen codiert und zusammengesetzt werden. Die Proteine ihrerseits katalysieren und steuern jene Vielzahl von Prozessen, die für die Erhaltung und Vermehrung des genetischen Programms notwendig sind: Replikation, Reparatur und Rekombination.

Obwohl eingebettet in ein umfassenderes Netz, läßt sich die molekulare Maschinerie zur Erhaltung des Genoms als ein enorm erweiterter Hyperzyklus interpretieren, in dem ein in Nucleinsäureschrift geschriebenes Programm autokatalytisch seine eigene Erhaltung und Vermehrung betreibt. Die Proteine, die das Nucleinsäureprogramm ablesen und aktivieren, werden in einem komplizierten Vorgang an *Ribosomen* zusammengebaut, und diese Organellen sind auch der Punkt, an dem das *innere* mit dem *mittleren* Netz des Stoffwechsels verknüpft ist. Hier werden nicht nur jene Proteine synthetisiert, die bestimmt sind, zu den Wurzeln ihrer Entstehungsgeschichte, dem genotypischen Programm, zurückzukehren, sondern auch solche, die in immer größeren Kreisen Stoffwechselprozesse katalysieren, die der Erhaltung des Phänotyps und seiner in die Umwelt hinaus reichenden Leistungen dienen. In der Translationsmaschinerie der Zellen verschränken sich somit nicht bloß das innere und das mittlere Netz des Stoffwechsels, sondern auch die beiden grundsätzlichen Ebenen der biologischen Organisation: *Genotyp* und *Phänotyp*. Als Genotyp wollen wir hier das linear angeordnete genetische Programm bezeichnen; als Phänotyp sämtliche dreidimensionalen Strukturen, makromolekulare wie anatomische, die das Erscheinungsbild des Organismus prägen.

Mit der prokaryoten Zelle (Protocyte) begann die eigentliche biologische Evolution. Die Leistungen dieser Zellen dienen überwiegend den unmittelbaren Bedürfnissen ihrer eigenen Vermehrung: Zellteilung – Zellwachstum – Zellteilung und so weiter, *ad infinitum*. Bei Nahrungsmangel stellen Protocyten ihren Betrieb weitgehend ein, bei Nahrungszufuhr werden 90 Prozent sämtlicher Ressourcen in Wachstumsprozesse gesteckt, die als notwendige Bedingung für die nächste Vermehrungsrunde anzusehen sind. Natürlich lassen sich auch auf dieser Ebene der Organisation Strukturen identifizieren, die nur indirekt im Dienste der Vermehrung stehen, so etwa die in der Biosphäre einmaligen extraplasmatischen, rotierenden Geißeln, mit deren Hilfe sich Bakterien im Wasser fortbewegen und auf diese Weise neue Nahrungsquellen erschließen können (Schmitt 1997). Zwar verdanken die Geißeln ihre Entstehung dem genetischen Programm, das für den Zusammenbau von Proteinen in richtiger Reihenfolge sorgt, aber Form und Richtung der jeweiligen Bewegung der Bakterienzelle werden durch die Wechselwirkungen zwischen dreidimensionalen molekularen Strukturen und dem Medium bestimmt.

Von der prokaryoten Zelle zur eukaryoten Zelle und von dieser zum vielzelligen Organismus nimmt die Bedeutung des Phänotyps zu. Das Spektrum der Expressionsmöglichkeiten genetischer Programme wird immer reichhaltiger, vernetzter und differenzierter, und damit nehmen auch die Begegnungsmöglichkeiten und Wechselwirkungen zwischen Organismen und ihrer jeweiligen Umwelt zu. Je größer die Mannigfaltigkeit möglicher Wechselwirkungen mit der Umwelt, desto autonomer muß der Phänotyp operieren und eigenständige Entscheidungen treffen können. Diesem Ziel dienen informationsverarbeitende Netze, deren Konstruktionsprogramme zwar im Genom angelegt sind, deren jeweilige Aktivität jedoch erst in der Auseinandersetzung mit der Umwelt Gestalt annimmt.

Eine für den weiteren Verlauf der Evolution entscheidende Weichenstellung führte vor 1,5 bis zwei Milliarden Jahren zur Erfindung der geschlechtlichen Fortpflanzungsweise (Abschnitte 2.5 und 2.6), was die Trennung der (potentiell) unsterblichen *Keimbahn* vom (obligat) sterblichen *Soma* zur Folge hatte. Wie schon in der antiken Mythologie beschrieben, gelten für Sterbliche und Unsterbliche unterschiedliche Gesetze. So wird die Keimbahn sorgfältiger vor Zerfall und Schädigung geschützt als das – sowieso dem Tod anheimgegebene – Soma, und das hat physiologische Konsequenzen. Dem Soma stehen Strategien der Flexibilität und individuellen Anpassung zur Verfügung, die der Keimbahn fremd sind, denn diese vermag den Herausforderungen der Umwelt nur ein Angebot an genetischen Varianten entgegenzusetzen – eine Strategie, die in der *Population*, nicht im *Individuum* wirksam wird. Es ist das Zusammenspiel von *phänotypischer Flexibilität* und *genotypischer Variabilität*, das den evolutionären Prozeß treibt.

Die Möglichkeit der phänotypischen Flexibilität kann so weit gehen, daß sie im Beobachter den Eindruck einer partiellen Emanzipation des Phänotyps vom Genotyp erweckt. Ich stelle diese Möglichkeit in der Parabel vom „Souffleur und Schauspieler" zur Diskussion (siehe den Exkurs „Souffleur und Schauspieler" auf Seite 108). Jeder kann dieses Gleichnis weiterspinnen und sich seinen eigenen Reim darauf machen. Worauf es letzten Endes ankommt, ist die Erkenntnis, *daß der Text die Form des Spieles nur bis zu einem gewissen Grad determiniert.* In Blickrichtung auf den biologischen Organismus impliziert das Gleichnis, daß an der Transformation des Genotyps in den Phänotyp die Zwänge und Möglichkeiten sowohl von Entwicklungsprozessen wie von physiologischen Funktionen entscheidend beteiligt sind. Ein bestimmtes Ziel, das heißt eine Gestalt oder eine Verhaltensweise, kann je nach den herrschenden Bedingungen auf verschiedenen Wegen erreicht, ein Konstruktionsproblem auf verschiedene Weise gelöst werden.

┌─ EXKURS ──────────────────────────────

Souffleur und Schauspieler

Bis zu einem gewissen Punkt kann man die Beziehung zwischen Genotyp und Phänotyp mit der zwischen Souffleur und Schauspieler vergleichen. Stellen wir uns vor, wir hätten es mit einer Truppe hervorragender Schauspieler zu tun, die allesamt ein schlechtes Gedächtnis haben oder es mit dem Auswendiglernen nicht allzu genau nehmen. Der Souffleur bestimmt also den grundsätzlichen Verlauf der Handlung, indem er den überlieferten Text vorspricht, den die Schauspieler dann in ein Spiel mit überraschenden Varianten und unwiederholbaren Nuancen verwandeln. Jeder von ihnen reagiert auf Signale seiner Partner sowie auf Störungen und andere unvorhersehbare Einflüsse aus der Umwelt. Durch Mimik, Gesten und Bewegungen vermögen die Schauspieler jeder Situation eine besondere Note zu verleihen.

Dieser Gedanke läßt sich in verschiedene Richtungen erweitern.

- Ein genialer Improvisator versucht das Spiel an schwierigen Stellen neu zu interpretieren und benützt den Souffleur nur mehr als Lieferant von Stichwörtern.
- Es gibt Stegreifspiele, in denen – wie in den Notationen alter Musikstücke – nur das Gerüst der Handlung festgelegt ist und es der Truppe überlassen bleibt, das Ideengerüst in ein Stück aus Fleisch und Blut zu verwandeln.
- Dem Souffleur gefällt oder mißfällt eine bestimmte Variante des gespielten Stückes. Er macht sich im Textbuch Notizen, die von späteren Kopisten übernommen und in den Text integriert werden.
- Die Erfindung der Kinematographie macht es möglich, spielerische Varianten, die bisher grundsätzlich dem Vergessen anheim gegeben waren, der Nachwelt zu vermitteln. Die in ein neues Medium gebannten Demonstrationen beeinflussen nicht bloß die Spiele künftiger Generationen, sondern sie

übn auch auf die Textauswahl Druck aus, indem gewisse der überlieferten Versionen des Stückes bevorzugt, andere unterdrückt werden.

Trotz aller Freiheiten, die sich die Schauspieler nehmen können, bleibt der den Text vermittelnde Souffleur ein unentbehrlicher Bestandteil des Spieles.

Wir werden in diesem Buch noch öfters auf Möglichkeiten und Mechanismen der Einflußnahme des Phänotyps auf die Realisierung des genotypischen Programms zu sprechen kommen. Einige Ergebnisse dieser Diskussion vorwegnehmend, sei hier auf folgende Aspekte hingewiesen (die ihren schematischen Niederschlag auch in Abbildung 3.1b finden):

1. Somatische Mutationen können zu lokalen Veränderungen des Erbprogramms von Körperzellen führen. Falls die Keimbahn von somatischen Zellinien nicht abgeschirmt ist – was für viele Lebewesen gilt (Abschnitt 4.1.1) –, können somatische Mutationen auch das Erbprogramm künftiger Generationen beeinflussen (Abschnitt 6.1).
2. Die Expression der genetischen Information verläuft über viele Stationen (Abbildung 3.3). Auf jeder dieser Stationen kann in die Entfaltung des Phänotyps aus dem Genotyp steuernd eingegriffen werden. Solche Eingriffe sind oft nicht programmiert, sondern gehen von lokalen Veränderungen des zellulären Milieus oder von epigenetischen Zwängen aus. Durch unterschiedliche Bearbeitung der RNA nach ihrer Ablösung von der DNA-Matrize (Abschnitt 2.2) kann sogar ein und dasselbe Gen in verschiedenen Geweben unterschiedliche Proteine codieren (Cohen 1998).
3. Veränderungen im inneren wie im äußeren Milieu des Organismus können sowohl das räumliche wie das zeitliche Muster der Gewebe-

a

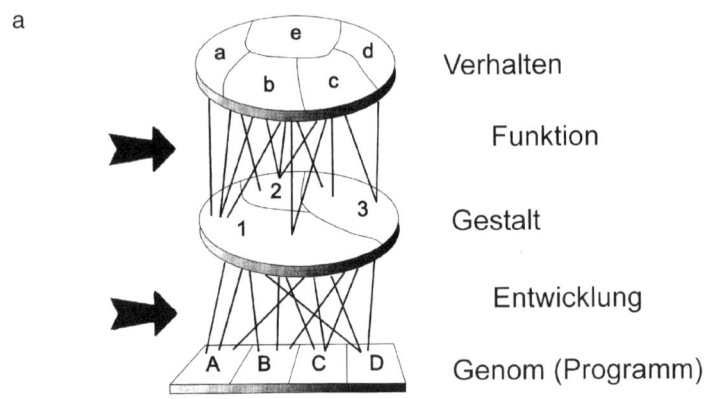

Verhalten

Funktion

Gestalt

Entwicklung

Genom (Programm)

b

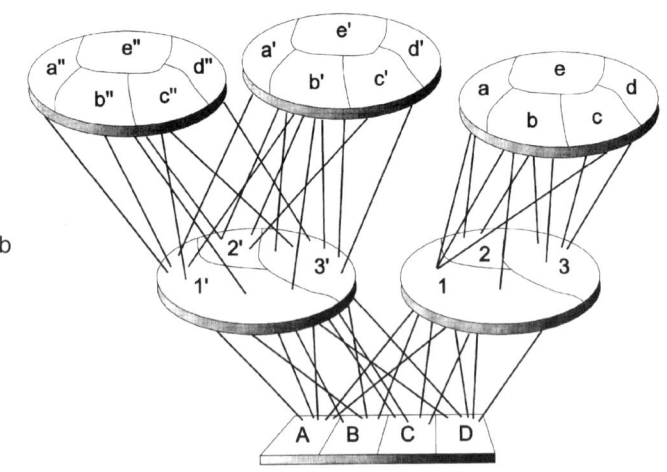

3.1 Das Prinzip der relativen Unabhängigkeit des Phänotyps vom Geno-typ, demonstriert an Hand eines Dreischichtenmodells. a) Das Grundmodell nach Abbildung 1.3. b) Je nach der Intensität und Form innerer und äußerer Einflüsse (Pfeile in 3.1a) kann ein und derselbe Genotyp in verschiedene Phänotypen transformiert werden. (Graphik von R. Lackner, aus Wieser 1998.)

differenzierung modifizieren und auf diese Weise Einfluß auf die Eigenschaften des ausdifferenzierten Gewebes nehmen (Abschnitt 4.1.6). Solche Interaktionen zwischen genetischen Botschaften einerseits, epigenetischen und ökologischen Einflüssen andererseits verbieten die eindeutige Vorhersage der Merkmale und Leistungen des Phänotyps aus den Buchstabenfolgen des genetischen Programms.

4. Aufgrund der besonderen Leistungen des Zentralnervensystems produzieren Tiere Reaktionen und Verhaltensweisen, deren Einzelheiten im genetischen Programm nicht festgeschrieben sind, die jedoch dessen Überleben mitbestimmen.

5. Prägung und andere Lernprozesse bewirken, daß sich ein und derselbe Genotyp in ganz verschiedene Richtungen entwickeln kann. Das ist der Grund, warum sich genetisch identische, aber in unterschiedlichen Umwelten aufwachsende Vertreter eines Klons (zum Beispiel eineiige Zwillinge) phänotypisch so stark voneinander unterscheiden können (Abschnitt „Emanzipation des sozialen Phänotyps", S. 478).

6. Durch epigenetische Zwänge und spezifische Erfahrungen erwirbt jeder Mensch eine einzigartige Persönlichkeit, die sich aus seinem genetischen Programm – vermöchte man dieses zu lesen – niemals ableiten ließe (Abschnitt 6.1).

3.2 Zellenevolution, Symbiogenese und ihre Folgen

Chemische, geologische, paläontologische und molekularbiologische Untersuchungen der letzten Jahrzehnte haben unsere Vorstellungen vom Zeitverlauf und den wichtigsten Phasen der biologischen Evolution in groben Zügen gefestigt. In Tabelle 3.1 ist der Zeitrahmen skizziert, in dem sich die Evolution der Einzeller und der Übergang zur Evolution vielzelliger Organismen abgespielt hat (siehe auch Abschnitt

2.2). Dabei überrascht die „Geschwindigkeit" (in diesem Zusammenhang ein relativer Terminus), mit der auf der erkaltenden Erde die chemische und präbiotische sowie die biologische Evolution aufeinandergefolgt sein müssen. So bezeugt die asymmetrische Verteilung der Kohlenstoffisotope ^{13}C und ^{12}C in Sedimenten, daß bereits mit dem Einsetzen der sedimentären Überlieferung vor 3,5 Milliarden Jahren

Tabelle 3.1: Übersicht über die wichtigsten Perioden und einige herausragende Ereignisse der frühen biologischen Evolution

Großereignisse	10^9 Jahre vor heute	Periode
Entstehung der Erde	4,6	Archaikum
Beginn der sedimentären Überlieferung	3,8	
erste Mikrofossilien; biogene Stromatolithen (aus Cyanobakterien ähnelnden Zellen aufgebaute Strukturen); Photosynthese	3,5	
Abschluß der Aufnahme von O_2 durch die Reaktion $Fe^{2+} \rightarrow Fe^{3+}$ in marinen Sedimenten; Atmosphäre wird oxidierend	2,2–2,5	Algonkium
erste eukaryote Zellen; O_2-Gehalt der Atmosphäre circa 5% des heutigen Gehalts	1,5	
Massenauftreten planktischer Algen; erste eukaryote Vielzeller (ohne Schalen oder Skelett)	0,8–1,1	(Proterozoikum)
Massenauftreten „moderner" Baupläne mit Schalen oder Skelett; Ediacara- und Burgess-Fauna; O_2-Gehalt circa 20% des heutigen Gehalts	0,5–0,7	Kambrium
Ozonbildung; Landbesiedlung	0,4	
Hominiden	0,005	

die geochemischen Kreisläufe von Kohlenstoff, Sauerstoff und Schwefel im wesentlichen biologisch gesteuert waren; und die hohen Gehalte an organischem Kohlenstoff in archaischen Sedimenten lassen den Schluß zu, daß bereits die nur von Prokaryoten besiedelten Ökosysteme der frühen Erde sehr produktiv gewesen sein müssen (Schidlowski 1987, 1991). Diese beiden Indizien – die Anreicherung des leichteren Kohlenstoffisotops ^{12}C in Sedimenten sowie die hohe Produktivität auch der ältesten Ökosysteme – deuten zudem auf die sehr frühe Wirksamkeit photosynthetischer Prozesse hin. Nur die lichtinduzierte, enzymatisch gesteuerte Reduktion von CO_2 zu CH_2O diskriminiert einerseits gegen das schwerere Isotop ^{13}C und besitzt andererseits das nötige Potential zur Verwandlung großer Mengen von anorganischem in organischen Kohlenstoff. Zunächst mögen H_2 und H_2S als Wasserstoffquellen zur Reduktion von CO_2 gedient haben, aber es ist sehr wahrscheinlich, daß das Wasser der Urmeere, die einzige praktisch unbegrenzte Quelle für Reduktionsäquivalente, schon relativ früh durch die Erfindung der *oxigenen Photosynthese* erschlossen wurde, deren Gesamtgleichung lautet:

$$2H_2O + CO_2 + h\nu \rightarrow CH_2O + H_2O + O_2 \qquad (3.1)$$

(wobei $h\nu$ die Energiemenge bedeutet, die in den Reaktionszentren von Chlorophyll und anderen Pigmenten die Anregung jener Elektronen bewerkstelligt, die dann im Cytoplasma CO_2 zu Kohlenhydraten (CH_2O) reduzieren; Broda 1975). Der bei dieser Reaktion freigesetzte Sauerstoff wurde zunächst durch die in den Urgewässern in riesigen Mengen gelösten zweiwertigen Eisenionen abgefangen. Das auf diese Weise gebildete unlösliche Fe^{3+} lagerte sich in der Form gebänderter Eisensteine in küstennahen Meeresteilen ab. Nach Absättigung der gelösten Fe^{2+}-Vorräte vor 2,2 bis 2,5 Milliarden Jahren begann der Sauerstoff aus dem Wasser in die Luft zu diffundieren. Die Zunahme des O_2-Gehalts der Atmosphäre läßt sich unter anderem an den zu dieser Zeit erstmals auftretenden Oxidationsverwitterungen an Land, den kontinentalen Rotsedimenten, ablesen. Man nimmt an, daß der O_2-Partialdruck der

Erdatmosphäre bis zum ersten Massenauftreten fossilisierbarer Tiere vor 0,6 bis 0,7 Milliarden Jahren bis auf etwa ein Fünftel des heutigen Wertes, also auf etwa 40 Millibar, angestiegen war (Canfield und Teske 1996). Bei einem derartigen Druck bot der gleichzeitig entstehende Ozonschild bereits ausreichenden Schutz vor kurzwelliger UV-Strahlung, womit das Tor zur Besiedlung des Festlandes durch Lebewesen im Prinzip offen stand.

Aus derartigen Indizien ist der Schluß zu ziehen, daß leistungsfähige Zellen vom prokaryoten Typ schon vor etwa 3,5 Milliarden Jahren entstanden waren und daß dieser Zelltyp während der nächsten zwei Milliarden Jahre sämtliche Biotope der Erde beherrschte. Mehr als die Hälfte der biologischen Evolution ist Prokaryotenevolution. Die ersten prokaryoten Zellen besaßen sicherlich einen sehr einfachen Stoffwechsel, aber in Anbetracht der relativen Geschwindigkeit, mit der sich die präbiotische Evolution von den ersten Replikationseinheiten zu den ersten Zellen vollzogen haben muß, ist anzunehmen, daß ein paar Dutzend Millionen Jahre genügten, um den für rezente Zellen gültigen Standard an biochemischer Komplexität zu erreichen (Loomis 1988). Darauf deuten unter anderem die frühen Spuren photosynthetischer Prozesse, die ja ein beträchtliches Maß an Integration von Membranen und Proteinen verlangen. Im Laufe der ersten Milliarde Jahre der biologischen Evolution sind wohl fast alle wichtigen biochemischen Erfindungen gemacht worden, mit denen die heutigen Lebewesen operieren. Auch die in die Vergangenheit weisenden molekularen Spuren rezenter Zellen deuten darauf hin, daß prokaryote Zellen bereits vor zwei Milliarden Jahren hochentwickelt waren und höchstwahrscheinlich über zumindest folgende biochemische und cytologische Einrichtungen verfügten (nach Cavalier-Smith 1991):

1. lipoproteinhaltige Plasmamembranen mit spezifischen Transportmolekülen,
2. aus RNA zusammengesetzte Ribosomen mit Mechanismen zur Verlängerung von Peptidketten,

3. Signalmechanismen für den Transport von Proteinen durch Membranen,

4. aus DNA aufgebaute Chromosomen, die sich mit Hilfe von DNA-Polymerasen verdoppeln können,

5. hochkonservierte RNA-Polymerasen für die Transkription genetischer Information von DNA in RNA,

6. Mechanismen zur Rekombination und Reparatur von DNA,

7. eine komplexe Maschinerie zur Abstimmung des Replikationszyklus der DNA mit der Zellteilung,

8. membrangebundene ATPasen und Protonenpumpen,

9. Enzyme und Strukturen für alle wichtigen Wege des zellulären Stoffwechsels,

10. ein calciumarmes und kaliumreiches Cytosol.

Dichte Matten, herumtreibende Klumpen und auf Sedimenten wachsende, durch Calciumsalze verfestigte Strukturen dieser bereits perfekt organisierten biochemischen Maschinen haben also die seichten warmen Zonen der Weltmeere dominiert, ehe sie sich der Herausforderung durch neue Organisationsformen zu stellen hatten. Ihre Energie und ihre Baustoffe bezogen sie auf im Prinzip dieselbe Weise wie rezente Mikroorganismen, also entweder *autotroph* durch Fixierung von CO_2 zu organischen Kohlenstoffverbindungen oder *heterotroph* aus den Zerfallsprodukten eben dieser organischen Quellen. Archaische Ökosysteme müssen wir uns als extensive Netze kurzgeschlossener Nahrungszyklen vorstellen. Aufbauender Ast war jeweils die Verwandlung der im Wasser gelösten anorganischen und organischen Stoffe zu Zellen, abbauender Ast die Regeneration dieser Stoffe durch den Zerfall von Zellen. Die Aufnahme des gelösten Materials erfolgte aktiv und passiv durch die für prokaryote Organismen charakteristischen Zellwände. So präsentierten sich die warmen aquatischen Biotope der noch jungen Erde gewissermaßen als gedeckte Tische, die jenen Lebewesen opulente Mahlzeiten versprachen, die sich des Gebotenen unmittelbar zu bedienen wußten, anstatt auf dessen Zerfall zu warten. Bildlich gesprochen muß also der Selektionsdruck in Richtung auf eine Erweiterung der Nahrungspyramide enorm groß gewesen sein. Die Tafel war gedeckt und wartete auf neue Konsumenten.

Dieser Megaschritt der Evolution fand dann auch tatsächlich statt. Paläontologische Befunde, die das Erscheinen einer neuen zellulären Organisationsform dokumentieren, lassen sich erst in rund 1,5 Milliarden Jahre alten Sedimenten mit Sicherheit nachweisen, also zwei Milliarden Jahre nach Entstehung der prokaryoten Zellform. Es besteht eine Beziehung zwischen dem Auftreten dieses neuen Organisationstyps und dem Sauerstoffgehalt der Atmosphäre, der vor 1,5 Milliarden Jahren etwa fünf Prozent des heutigen Wertes erreicht haben dürfte. Diese Beziehung läßt darauf schließen, daß sich die wesentlich größeren und komplexeren neuen Zellen nur mit den Mitteln des *aeroben* Energiestoffwechsels, also unter Ausnützung der bei der vollständigen Oxidation organischer Nährstoffe frei werdenden Energie, entfalten konnten (Abschnitt 3.6.4). Das bedeutet weiterhin, daß Schutzmaßnahmen gegen den bereits bei einem Partialdruck von ein bis zwei Millibar giftigen Sauerstoff gefunden worden sein mußten. Dessen Giftigkeit beruht darauf, daß bei Oxidationsprozessen in Zellen auch aggressive Sauerstoff- und Hydroxylradikale entstehen, die zelluläre Strukturen zerstören können. Die biochemischen Mechanismen, mit deren Hilfe sich rezente Organismen vor derartigen Gefahren schützen, dokumentieren den Erfolg ihrer Vorfahren im Kampf gegen die erste globale Umweltkatastrophe, die Vergiftung der Erde durch Sauerstoff (Lovelock 1988).

Die neuen Zellen, die vor 1,5 bis 1,8 Milliarden Jahren die Bühne des Evolutionstheaters betraten, sind tatsächlich von ganz anderem Kaliber als die prokaryoten Zellen, die diese Bühne bis dahin beherrscht hatten. Vor allem sind sie wesentlich größer: in linearer Dimension bis zu zehnmal, in räumlicher Dimension bis zu tausendmal. Sie besitzen einen vom Cytoplasma abgegrenzten Kern und komplexer gebaute Chromosomen. Die starre Außenwand ist durch ein inneres Cytoskelett ersetzt; die fluide, dynamische Zellmembran erlaubt die Aufnahme größerer Nahrungspartikel sowie das Verschmelzen mit anderen Zellen. Ein ausgedehntes inneres Membransystem ist für den Transport von

Stoffen durch das Cytoplasma verantwortlich und schafft zudem abgegrenzte Reaktionsräume und Kompartimente, was die räumliche und zeitliche Differenzierung zellulärer Funktionen wesentlich verbessert. Zu den auffallendsten Kompartimenten gehören die *Mitochondrien*, aus deren oxidativen Reaktionen die Zellen ihren Bedarf an Energie in Form von ATP decken (siehe Abbildung 3.14). Diese Organellen sind das Resultat einer dramatischen Begegnung, die an der Schwelle der Eukaryotenevolution stattgefunden haben muß. Sowohl die Mitochondrien wie die *Plastiden* pflanzlicher Zellen (in denen die Transformation von Lichtenergie in chemische Energie stattfindet) sind die Nachfahren prokaryoter Zellen, die von anderen, größeren Zellen verschluckt und in deren Cytoplasma integriert worden waren. Diese räuberischen „Urkaryoten" müssen schon einige der Merkmale des von ihnen ableitbaren eukaryoten Zelltyps besessen haben, vor allem einen Kern mit Chromosom(en), eine bewegliche, zur *Phagocytose* befähigte Außenmembran sowie ein inneres Membransystem und Cytoskelett. Als die Stammformen der Mitochondrien und Plastiden gelten einerseits aerobe *Purpurbakterien*, andererseits photosynthetische *Cyanobakterien*. Deren Nachfahren unterscheiden sich von allen anderen Organellen eukaryoter Zellen durch den Besitz einer für prokaryote Zellen charakteristischen ringförmigen DNA sowie durch die doppelte Membranhülle, die uns den Prozeß der Aufnahme und Internalisierung des prokaryoten Symbionten mikroskopisch vor Augen führt.

An die Vorstellung von der Entstehung der eukaryoten Zelle als Folge einer Begegnung zwischen urkaryoten und prokaryoten Zellen vor 1,5 bis 1,8 Milliarden Jahren haben sich Biologen inzwischen gewöhnt. Weitere Überraschungen kündigen sich jedoch an. So muß man sich ja die Frage stellen, wie aus kernlosen prokaryoten Zellen kernhaltige und mit einem inneren Membransystem ausgestattete urkaryote Zellen hervorgehen konnten. Hat vielleicht auch hier eine Vereinigung unterschiedlich gebauter Zellen stattgefunden? Sequenzanalysen der Genome rezenter Mikroorganismen weisen tatsächlich auf diese Möglichkeit hin. Es hat den Anschein, als sei auch der *Kern* der modernen eukaryoten Zelle eine Chimäre: das Ergebnis einer Begegnung vor

mehr als zwei Milliarden Jahren, in deren Verlauf ein echtes (gram-
negatives) Bakterium ein Archaebakterium vereinnahmte. Dieses entwickelte sich im Inneren des Wirtes zum evolutionären Zentrum für die
Konstruktion eines von einer Doppelmembran umschlossenen Organells, das nunmehr der Bearbeitung und Aufbewahrung des genetischen
Materials dient (Gupta und Golding 1996). Die Nachfahren des Produkts dieser frühen Begegnung zwischen Eubakterium und Archaebakterium, große phagocytierende kernhaltige Zellen, leben als *Archezoa*
noch immer unter uns. An die 1 000 Arten dieser Gruppe von Einzellern
sind bis jetzt bekannt geworden, die als bodenbewohnende amöben-
artige Räuber und Detritusfresser, viele auch als Parasiten, ihr Leben
fristen (Cavalier-Smith 1991). Sie sind ausschließlich zur *anaeroben*
ATP-Produktion imstande und demonstrieren damit, zu welch enormer
Erweiterung des ökologischen Repertoires die Assoziation einiger ihrer
Vorfahren mit jenen purpur- und cyanobakterienähnlichen Prokaryoten
geführt hat, die bereits die Kunst des aeroben Energiestoffwechsels sowie der oxygenen Photosynthese beherrschten. Ausschließlich auf der
Basis derartiger kooperativer Prozesse war die Evolution vielzelliger
Lebewesen möglich. Während die ersten eukaryoten Zellen vor rund
1,5 Milliarden Jahren die Bühne des Evolutionstheaters betraten, zeigen neuere mikropaläontologische Untersuchungen (Knoll 1994), daß
es vor 0,8 bis 1,1 Milliarden Jahren zu einem Massenauftreten eukaryoter planktischer Algen in den Weltmeeren kam, das mit dem Auftreten
der ersten vielzelligen Tiere zusammengefallen sein dürfte. Diese ersten Vielzeller waren weichhäutig und schalenlos, so daß sie keine fossilen Spuren hinterlassen haben. Ihre Existenz kann jedoch durch molekularbiologische Untersuchungen an rezenten Tieren indirekt erschlossen werden (Wray et al. 1996; Bell 1997). Auch die Entdeckung neuer,
wunderbar erhaltener Mikrofossilien in etwa 600 Millionen Jahre altem
Phosphoritgestein in China weist in diese Richtung.

Betrachten wir das rezente Verhältnis zwischen Mitochondrien,
Plastiden und eukaryoten Wirtszellen etwas genauer, dann fällt zunächst zweierlei auf:

1. Einige wesentliche Merkmale der ursprünglichen Symbiontenorganisation sind erhalten geblieben, das heißt, Mitochondrien und Plastiden lassen sich eindeutig als abgewandelte prokaryote Zellen identifizieren.
2. Ein ausgedehnter Transfer von genetischem Material hat zwischen den ehemaligen Symbionten und dem Kern des ehemaligen Wirtes stattgefunden.

Obwohl die Teilungsfähigkeit von Mitochondrien und Plastiden erhalten geblieben ist, wird die Synthese der meisten ihrer Proteine vom Genom des Zellkernes gesteuert. So vermögen die Mitochondrien von Säugerzellen nur mehr etwa fünf Prozent ihrer Proteine aus eigener Kraft herzustellen, die übrigen 95 Prozent werden aufgrund von Anweisungen aus dem Zellkern synthetisiert und müssen von den Mitochondrien aus dem Cytoplasma importiert werden. Die gesamte DNA von Plastiden findet sich zerstückelt und teilweise inaktiv in mehreren Kopien im Zellkern wieder. In den frühen Phasen der Evolution dieser Symbiose muß somit zwischen den Symbionten und dem Kern des Wirtes, aber auch zwischen Symbionten unterschiedlicher Herkunft (denn Plastidengene sind auch in den Mitochondrien von Pflanzenzellen wiedergefunden worden) ein intensiver Genverkehr stattgefunden haben. Das entscheidende Ergebnis dieses Verkehrs war die Übertragung der Kontrolle über den Aufbau und die Funktionen der Symbionten von deren Genom auf das Genom des Wirtes (Margulis 1970). Mitochondrien und Plastiden wurden so von ursprünglich selbständigen Zellen zu lohnabhängigen Fertigungsstätten degradiert, deren einzige Aufgaben die Versorgung der Wirtszelle mit Energie sowie die Durchführung einiger besonderer Stoffwechselprozesse sind. Kurz und gut, Mitochondrien und Plastiden sind *Domestikationsprodukte*. Daß der Vorteil einer derartigen Beziehung für den Wirt sehr groß sein kann, wird indirekt dadurch bestätigt, daß in späteren Phasen der Evolution auch zwischen eukaryoten Zellen häufig intrazelluläre Symbiosen zustande gekommen sind. Seit ihrer Entdeckung durch Tomas und Cox (1973) sind zahlreiche Fälle von *sekundärer Endocytobiose* bekannt geworden, bei denen grüne, zur Photosynthese befähigte Zellen von plastidenfreien phagocytierenden Einzellern aufgenommen wurden (Sitte 1990, 1991). Die sekundären Symbionten erfuhren dann ebenso eine Reduktion auf die für die Wirtszelle einzig interessante Organelle, die Plastiden, wie bei der *primären Endocytobiose* Purpurbakterien auf ihre dem Elektronentransport dienenden Atmungsketten reduziert worden waren. So gibt es zahlreiche zu den Algen gezählte rezente Formen, etwa Euglenen (die grünen Augentierchen) und Dinoflagellaten, die sich durch den Besitz komplexer Plastiden auszeichnen. Dadurch entlarven sie sich aber auch als ursprüngliche einzellige Tiere, die eine sekundäre Symbiose mit einzelligen Algen eingegangen sind.

Mit Nachdruck muß hier auf die *ökologische* Konsequenz der Evolution eukaryoter Zellen hingewiesen werden: auf den Siegeszug des oxidativen Energiestoffwechsels in den Ökosystemen der Erde. Der anaerobe Energiestoffwechsel prokaryoter Zellen (und einiger rezenter eukaryoter Organismen) ist sehr ineffektiv. Nur ein geringer Teil, vielleicht zehn Prozent, der aufgenommenen Nahrungsenergie kann genutzt und in Biomasse und biologische Leistung verwandelt werden. Der oxidative Stoffwechsel, durch den organische Rohstoffe mit Hilfe von Sauerstoff vollständig zu CO_2 und H_2O abgebaut werden, ist mindestens um den Faktor fünf effektiver. Die ökologische Konsequenz dieses Unterschiedes ist, daß nur auf der Basis des oxidativen Stoffwechsels Nahrungsketten mit mehr als zwei Gliedern entstehen konnten. Die vier- bis fünfgliedrigen Nahrungsketten mit ihren großen Räubern – vom Weißen Hai bis zum Menschen –, die so viele Ökosysteme der rezenten Erde prägen, sind, wenn man so will, das Ergebnis der Verwandlung einer prokaryoten Zelle in ein energietransformierendes Organell (Fenchel und Finlay 1994).

3.2.1 Konkurrenz zwischen Organellen

Durch die Übertragung des größten Teiles ihrer Gene auf den Zellkern haben Mitochondrien und Plastiden ihre Kontrolle über den Vermehrungsrhythmus weitgehend verloren. Aber auch mit reduziertem Genom sind die Organellen einer eukaryoten Zelle imstande, durch die Produktion spezifischer Enzyme sowohl untereinander als auch mit den Genen des Zellkernes um die Ressourcen des Cytoplasmas zu konkurrieren – eine Demonstration des erstmals von W. Roux beschriebenen »Kampfes der Theile« im Organismus (Abschnitt „Vom 'Kampf der Theile im Organismus' zu 'genetischen Konflikten'", S. 349). So sind Mutationen von mitochondrialen Genen bekannt geworden, die das Replikationsverhalten der Mitochondrienpopulation derart beeinflussen, daß die Mutante bevorzugt an die nächste Zellgeneration weitergegeben wird (Kawano et al. 1991). Andererseits repräsentiert die Mitochondrienpopulation einer Zelle einen Klon, das heißt, sämtliche Mitochondrien stammen von einer einzigen Organelle ab und sind demnach – soweit keine neuen Mutationen aufgetreten sind – genetisch identisch. Dies scheint die Entstehung konkurrenzmindernder Mechanismen innerhalb des Klons erleichtert zu haben. Demgegenüber kommt es bei der geschlechtlichen Fortpflanzung zur Verschmelzung von zwei Zellen, die *verschiedenen* Individuen entstammen und sich deshalb in ihrer genetischen Zusammensetzung mehr oder minder stark voneinander unterscheiden. Das gilt natürlich auch für die Genome von Mitochondrien und Plastiden, was zur Folge hat, daß im Prinzip zwei Populationen von Organellen mit unterschiedlichen genetischen Ausstattungen in ein und dasselbe Cytoplasma gelangen können. Dies mag zu Beginn der Evolution von Zellen mit geschlechtlicher Fortpflanzungsweise auch tatsächlich der Fall gewesen sein. In rezenten Zellen kommt es hingegen nur ganz selten zu einer derartigen *biparentalen* Vererbung von Mitochondrien und Plastiden. Es wird vielmehr entweder die Übertragung der in den Spermien enthaltenen Organellen in die Zygote unterbunden, oder die väterlichen Organellen werden gleich nach Verschmelzen der Kerne im Cytoplasma der Zygote zerstört. Diese enthält also fast immer nur mütterliches Cytoplasma und mütterliche Mitochondrien.

Der Ausschluß der väterlichen Mitochondrien vom weiteren Schicksal der befruchteten Zygote muß als eine Maßnahme zur Verhinderung von Konkurrenz zwischen cytoplasmatischen Genomen und dementsprechend als eine unmittelbare Konsequenz der geschlechtlichen Fortpflanzungsweise verstanden werden (Hoekstra 1987). Hurst und Hamilton (1992) sind noch einen Schritt weitergegangen und machen das Ausschlußverfahren dafür verantwortlich, daß es bei fast allen eukaryoten Lebewesen nur *zwei* Geschlechter gibt, ein männliches und ein weibliches. Man könnte ja argumentieren, daß einer der Vorteile der geschlechtlichen Vermehrung, die Eliminierung rezessiver letaler Mutanten (Abschnitt 2.5), auch mit sehr viel mehr als bloß zwei verschiedenen Geschlechtern erreicht werden könnte, wobei diese Strategie den zusätzlichen Vorteil böte, daß dann im Prinzip jedes verwandte Individuum als Geschlechtspartner in Frage käme. Hurst und Hamilton haben die Hypothese aufgestellt, daß in einer aus mehreren Fortpflanzungstypen bestehenden Population die Entscheidung, welche cytoplasmatischen Gene in der befruchteten Eizelle bleiben und welche ausgeschlossen werden sollen, unüberwindbar schwierig wäre. Existieren nur zwei Geschlechter, dann sind die in Frage kommenden Genome eindeutig etikettiert, nämlich als „männlich" oder „weiblich". Kerngene können die Angehörigen des männlichen Typs ohne Schwierigkeiten identifizieren und eliminieren. Bei einer größeren Serie von Geschlechtern wäre die eindeutige Identifikation hingegen problematisch, und Genome unterschiedlicher Herkunft würden sich allzuoft in ein und demselben Cytoplasma zusammenfinden. Aufgrund dieser Hypothese läßt sich vorhersagen, daß bei jenen Formen der geschlechtlichen Vermehrung, die auf dem Verschmelzen zweier Zellen und der Vereinigung der Zellinhalte beruhen (wie in den meisten Fällen), die Existenz von bloß *zwei* Geschlechtern die Regel sein müßte, während dort, wo sich zwei Zellen aneinanderlegen und nur Kernmaterial, nicht aber cytoplasmatisches Material austauschen, auch *mehrere* Geschlechter vorkommen können. Dies ist tatsächlich der Fall! Bei Ciliaten (wie dem Pantoffeltierchen *Paramecium*) gibt es nicht bloß zwei getrennte Geschlechter, sondern Dutzende von Paarungstypen. Jede Zelle kann sich mit jeder anderen paaren, vorausgesetzt, die genetische Ähnlichkeit ist nicht allzu groß. Das gleiche gilt für viele Pilze. Am eindrucksvollsten spricht für die Hypothese von Hurst und Hamilton der Fall einer besonderen Gruppe von Ciliaten, bei denen die geschlechtliche Fortpflanzung *entweder* durch das Verschmelzen zweier Zellen *oder* durch Konjugation erfolgen kann. Erstere Strategie führt zur Vermischung der gesamten Zellinhalte, bei letzterer werden jedoch nur die Kerne ausgetauscht. Tatsächlich treten diese Wimpertierchen beim Verschmelzungsmodus in bloß zwei Geschlechtern auf, beim Konjugationsmodus hingegen in einer Serie von Paarungstypen.

Neue Einsichten in die molekularen Prozesse der Vererbung und Fortpflanzung haben somit unsere Vorstellungen von den Ursachen und Folgen der geschlechtlichen Vermehrung grundlegend geändert. Während früher bloß von ihrer Bedeutung für die Erhöhung der genetischen Mannigfaltigkeit von Populationen die Rede war, sind in letzter Zeit zwei weitere Argumente ins Spiel gebracht worden: 1) Sex ist eine Methode, um die Akkumulation rezessiver letaler Mutanten in eukaryoten Zellen zu verhindern (Abschnitte 2.5.1 und 5.1). 2) Der „Kampf der Geschlechter" ist der Preis, den Organismen dafür zu zahlen haben, daß es ihnen gelungen ist, den „Kampf der Organellen" in ihren Zellen zu unterdrücken.

3.2.2 Portrait der eukaryoten Zelle

Der ungarische Biochemiker T. Gánti hat schon vor mehr als 25 Jahren (Gánti 1971) versucht, die Bedingungen für die Konstruktion einer „Minimalzelle" zu definieren. (Die Vermittlung seiner auf ungarisch geschriebenen Gedankengänge verdanken wir Gántis Landsmann Eörs Szathmáry (Maynard Smith und Szathmáry 1995, 1996)). Das von Gánti entworfene *Chemoton* besteht aus drei Untersystemen: einem minimalen Stoffwechselzyklus, einer replikationsfähigen makromolekularen Matrize und einer äußeren Membran. Jedes der drei Untersysteme hat autokatalytische Eigenschaften, und auch das Chemoton als Ganzes ist ein autokatalytisches System, dessen Verhalten sich durch kinetische Gleichungen beschreiben und – wie der Autor hofft – durch ein funktionsfähiges chemisches Modell simulieren läßt.

Rein äußerlich entspricht Gántis Minimalzelle in etwa dem Bild, das sich Biologen vor etwa 160 Jahren vom Bau der tierischen Zelle machen konnten. Im Jahre 1838 formulierten Moritz Schleiden und Theodor Schwann die *Zelltheorie*, wonach die Zelle Baustein und kleinste Einheit sämtlicher Lebewesen sei. Auch 23 Jahre später vermochte Max Schultze (1861) in einem zu seiner Zeit richtungweisenden Aufsatz bloß zwischen dem Protoplasma und dem Kern zu unterscheiden und ersteres als eine »in sich homogene, glasartig durchsichtige Grundsubstanz von zähflüssiger oder auch festerer Consistenz, in die zahlreiche Körnchen eingebettet sind« zu beschreiben (Fleming 1882). Die in Abbildung 3.2a gezeigte Darstellung einer Ganglienzelle des Hundes aus dem Jahre 1882 läßt den Zellkern mit den Chromosomen (von damals noch ungeklärter Funktion) erkennen, darum herum das Protoplasma, in dem sich der Zellstoffwechsel abspielt und das gegen die Umwelt von einer nicht näher definierten Membran abgegrenzt ist. Damit waren die drei von Gánti geforderten Struktur- und Funktionseinheiten der Minimalzelle beschrieben: eine replikationsfähige Matrize, ein Stoffwechsel und eine Membran. Was sich in diesen drei Kompartimenten der eukaryoten Zelle tatsächlich abspielt, davon hatten die Zellbiologen des vorigen Jahrhunderts freilich so gut wie keine Ahnung.

Mit zunehmender Leistungsfähigkeit der Mikroskope sowie mit dem Fortschritt der histologischen Präparations- und Färbetechnik wurde das Bild von der eukaryoten Zelle mit immer neuen Strukturen angereichert, denen mit Hilfe spezifischer Färbemethoden und aufgrund von Vergleichen zwischen Zellen aus verschiedenen Geweben sowie aus demselben Gewebe in verschiedenen Aktivitätszuständen auch zunehmend spezifische Funktionen zugeordnet werden konnten. Das in Abbildung 3.2b dargestellte Schema entspricht in etwa dem Bild, wie es aufgrund histologischer und lichtoptischer Untersuchungen an Geweben um die Mitte dieses Jahrhunderts entworfen werden konnte. Seit damals weiß man, daß sich das Cytoplasma aller eukaryoten Zellen aus sieben oder acht strukturell und funktionell gut definierten Komponenten zusammensetzt. In das *Cytosol* (das Protoplasma des 19. Jahrhunderts) sind die folgenden Organellen und besonderen Strukturen eingebettet: 1) das *endoplasmatische Reticulum* (ER) als zentrales internes Transportsystem; 2) freie oder an das ER gebundene *Ribosomen*, die Organellen der Proteinsynthese; 3) der *Golgi-Apparat*, die Leit- und Verteilerzentrale des intrazellulären Transportsystems; 4) *Mitochondrien* und *Chloroplasten*, die Zentralen der Energietransformation; 5) *Lysosomen*, in denen Makromoleküle und Nahrungspartikel abgebaut und umgesetzt werden; 6) *Peroxisomen*, Orte spezieller Entgiftungsreaktionen. Aber auch das Cytosol ist alles andere als eine »homogene Grundsubstanz«. Es entpuppt sich in zunehmendem Maße als ein molekulares Netzwerk, in dem sich Stütz- und Transportfunktionen vereinen, das aber auch für die Lokomotion, die innere mechanische Dynamik der Zellen sowie für die Strukturierung des Signalverkehrs zwischen dem extrazellulären Milieu und dem Zellkern verantwortlich ist. Die Rekonstruktion dieses inneren *Cytoskeletts* hat in der zweiten Hälfte des 20. Jahrhunderts die größten Fortschritte gemacht und die größten Überraschungen gebracht, denn die elektronen- und fluoreszenzoptischen, chemischen und molekularbiologischen Methoden, die für die Darstellung submikroskopischer Strukturen notwendig sind, haben sich in diesem Zeitraum besonders stürmisch entwickelt. Aufgrund solcher Untersuchungen können wir uns nun das Innere der eukaryoten Zelle als ein dreidimensionales molekulares Netzwerk vorstellen, das dem Cytosol eine jeweils spezifische innere Form verleiht. Spezifität entsteht insofern, als jeder Zelltyp durch ein Cytoskelett mit charakteristischen Merkmalen definiert ist. Dies betrifft vor allem die Zone zwischen der Zellmembran und dem Cytosol, in der integrierte Membranproteine mit den Proteinfilamenten des Cytoskeletts vielfach vernetzt sind. Die größten Anteile an diesen Netzen haben *Actinfilamente, intermediäre Filamente* und aus Tubulinfilamenten bestehende *Mikrotubuli*, die alle auch mit kleineren Regulatorproteinen assoziiert sind (Abbildung 3.2c). Intermediäre Filamente bilden ein flexibles Netzwerk, das der Zelle Festigkeit verleiht (Fuchs und Cleveland 1998), fungieren aber auch als Gerüst für die an einer Reaktionssequenz beteiligten En-

a

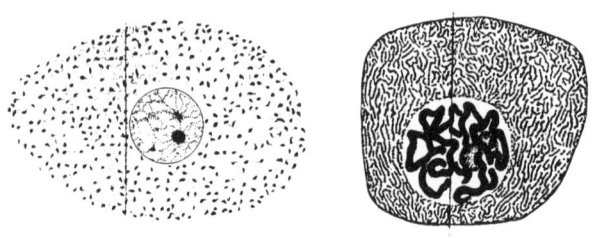

b

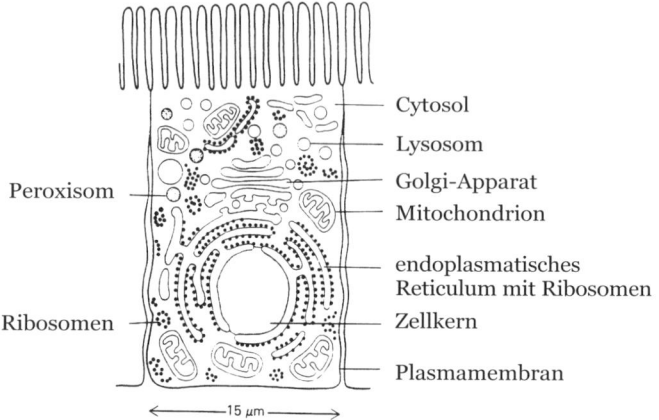

Peroxisom

Ribosomen

Cytosol

Lysosom

Golgi-Apparat

Mitochondrion

endoplasmatisches
Reticulum mit Ribosomen

Zellkern

Plasmamembran

←—— 15 μm ——→

c

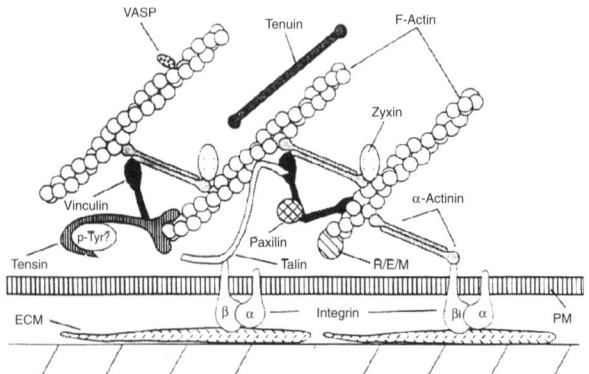

3.2 Die Entwicklung des Bildes der eukaryoten (tierischen) Zelle im Laufe eines Jahrhunderts. a) *Links*: Die im Lichtmikroskop sichtbaren Strukturen eines mit Chromsäure fixierten und mit Hämatoxylin gefärbten Schnittes einer Spinalganglienzelle eines Hundes. *Rechts*: Mit 1 % Ameisensäure versetzte unfixierte Speicheldrüsenzelle einer Zuckmückenlarve (*Chironomus*). (Aus Flemming 1882.) b) Schematische Darstellung der mit dem Lichtmikroskop sichtbaren wichtigsten Strukturen einer typischen tierischen Zelle. (Aus Alberts et al. 1983, S. 321.) c) Rekonstruktion der wichtigsten Protein-Protein-Wechselwirkungen zwischen Membran und Cytosol in Muskelzellen, wie sie durch *in vitro*-Versuche und molekulare Analysen nahegelegt werden. Das aus Actinfilamenten aufgebaute Hauptgerüst wird mittels sogenannter *intermediärer Filamente* (hier repräsentiert durch Vinculin, Tensin, Talin, Tenuin und α-Actinin) vernetzt. Die Struktur und Dynamik dieses Netzes wird aber auch durch globuläre Proteine beeinflußt (hier VASP, Paxilin, Zyxin, R/E/M und p-Tyr? – sämtlich Regulatorproteine mit nicht genau definierten Funktionen). *Integrine* sind integrale, aus zwei Untereinheiten zusammengesetzte Membranproteine, denen die Rolle von Rezeptoren für den Signalverkehr zwischen der extrazellulären Matrix (ECM) und dem Zellinneren zukommt. PM steht für Plasmamembran. (Aus Luna und Hitt 1992.)
◄

zyme, von denen man bis noch vor kurzem annahm, sie flottierten als lösliche Moleküle frei im Cytosol. Durch die Strukturierung katalytischer Sequenzen im Zellstoffwechsel können Reaktionsprodukte wie bei einer Stafette von Enzym an Enzym weitergereicht werden. In einen prinzipiell skalaren Prozeß wird so ein ordnender *Vektor* eingeführt, der den Stoffdurchsatz durch das Reaktionssystem beschleunigt und vor störenden Einflüssen aus dem Cytosol schützt. Mikrotubuli sind wie Schienen, entlang denen motorische Proteine aus den Familien der *Kinesine* und *Dyneine* Lasten transportieren, vor allem Zellorganellen (Hirokawa 1998). Außerdem instrumentieren sie sämtliche Gestaltveränderungen von Zellen, wie sie bei der Lokomotion, bei der Motorik von Geißeln und Wimpern sowie bei der Zellteilung zu beobachten sind. Am dramatischsten haben sich unsere Vorstellungen darüber entwickelt, welche Rolle das Cytoskelett im Signalverkehr spielt, und zwar nicht nur innerhalb einzelner Zellen, sondern auch im Gewebeverband zwischen der *extrazellulären Matrix* und dem Inneren von Gewebezellen. Wir wissen heute, daß das Cytoskelett einer Zelle durch Vermittlung integrierter Membranproteine mit der strukturierten Matrix außerhalb der Zelle verbunden ist (wie in Abbildung 3.2c angedeutet). Es dürfte nicht übertrieben sein, von einem weiteren, bisher noch wenig erforschten Informationsnetz zu sprechen, das die Zellen von Geweben miteinander verknüpft und in der Lage ist, Signale aus dem äußeren Milieu durch das Cytosol hindurch bis in den Zellkern zu leiten und in diesem die Expression spezifischer Gene zu bewirken (Clark und Brugge 1995; Maniotis et al. 1997; Strange 1997). Auf dieses Signalsystem werden wir im Zusammenhang mit der Analyse gestaltbildender Vorgänge bei der Entwicklung des tierischen Keimes nochmals einzugehen haben (Abschnitt „Gewebespezifische Integration: Die extrazelluläre Matrix", S. 275).

Das Portrait der eukaryoten Zelle wäre allerdings nicht vollständig, würde man nicht hinzufügen, daß statische Bilder von der Art der in Abbildung 3.2 angebotenen noch keine rechte Vorstellung vom Leben der Zelle vermitteln können. Daß wir uns bisher weitgehend mit derartigen statischen Projektionen begnügen mußten, hängt natürlich mit der Technik der Präparation sowie mit dem Medium der Darstellung zusammen, die sich allerdings beide in den letzten Jahren auf radikale Weise zu ändern begonnen haben. Immerhin ist es auch bisher möglich gewesen, durch Serienbeobachtungen und -präparationen sehr fundierte Vorstellungen über jene Dynamik des zellulären Geschehens zu gewinnen, von der uns Druckmedien und Photographie immer nur Momentaufnahmen, eingefrorene Augenblicke eines kontinuierlichen Prozesses, vermitteln. Um das Portrait der eukaryoten Zelle zu vervollständigen, ist es geboten, an dieser Stelle auf zwei sehr wesentliche Voraussetzungen für die spezifische Dynamik des zellulären Geschehens hinzuweisen.

Die im vorigen Kapitel gegebene kurze Darstellung des „inneren Netzes", also jener Operationsbasis, von der aus die Zelle die Replikation und Erhaltung des Genoms betreibt, hat bereits deutlich gemacht, daß das Leben der Zelle entscheidend von zwei Klassen von Makromolekülen bestimmt wird: Nucleinsäuren und Proteinen. Gemeinsam kommen diesen beiden Bausteinen des Lebens zwei besondere Eigenschaften zu: *erstens* die Fähigkeit, miteinander spezifische und unterschiedlich stabile Bindungen einzugehen, und *zweitens* die Fähigkeit, chemische Reaktionen zu katalysieren. Beide Eigenschaften beruhen auf Wechselwirkungen, deren Spezifität und Stärke durch die Geometrie und Ladungsverteilung der beteiligten Moleküle bestimmt wird. Die Zahl der möglichen Paßformen zwischen Molekülen ist nicht beliebig groß, und die Kräfte, die für die Trennung chemischer Bindungen in lebenden Systemen aufgewendet werden müssen, sind von mittlerer Stärke. Sie variieren von etwa zwei bis 100 Kilojoule pro Mol. Die in Frage kommenden Bindungen sind also weder so stark, daß sie im Laufe eines Lebensalters nicht gelöst werden könnten, noch so schwach, daß sie schon bei Temperaturen, wie sie auf der Erde herrschen, spontan zerfallen würden. In dieser Kombination von Eigenschaften (geometrische und elektrische Passung, Affinität, mittlere Bindungsstärke zwischen chemischen Gruppen, katalytische Wirksamkeit) wurzeln jene Merkmale, die dem Leben der Zelle seine charakteristischsten Züge verleihen: Spezifität und Dynamik. Obwohl der Begriff des „dynamischen Systems" heutzutage von jedem Biologen verwendet wird, wenn es um die Beschreibung des Verhaltens lebender Zellen geht, haben wir über das wahre Ausmaß dieser „Dynamik" im Grunde noch keine adäquate Vorstellung. Eine Ahnung davon vermitteln neue, durch den Einsatz revolutionärer Methoden möglich gewordene Befunde über die Umsteuerung und Reprogrammierung des Zellstoffwechsels in Antwort auf Umweltveränderungen. So ist es der Gruppe um Patrick O. Brown an der Stanford University gelungen, den Aktivitätszustand fast sämtlicher 6 000 Gene der Hefe im Verlauf des Übergangs vom anaeroben (fermentativen) zum aeroben (oxidativen) Stoffwechsel mit Hilfe fluoreszierender DNA-Segmente gleichzeitig sichtbar zu machen (DeRisi et al. 1997). Befindet sich ausreichend Glucose im Medium, dann wächst die Hefekultur exponentiell, wobei Energie durch Vergärung der Glucose zu Äthanol gewonnen wird. An diesem Prozeß sind rund 2 000 Gene beteiligt, die Transkriptionsfaktoren und Enzyme exprimieren (Abschnitte 3.3.1 und 3.3.2). Fällt der

Glucosespiegel des Mediums unter einen kritischen Wert, dann kommt es zu einer dramatischen Umsteuerung des Stoffwechsels, indem das in der anaeroben Phase akkumulierte Äthanol zu Acetat abgebaut und dieses im Citratzyklus oxidiert wird. Das für den Stoffwechsel benötigte ATP wird nun auf oxidativem Weg in den Mitochondrien gewonnen. Begleitet wird diese Umsteuerung des Stoffwechsels von einer Reprogrammierung des Genoms, wobei die Aktivität von rund 700 Genen entscheidend *erhöht*, die von rund 1 000 Genen entscheidend *verringert* wird. Es ist anzunehmen, daß jeder Wechsel der Lebensweise und der Lebensbedingungen von Organismen von ähnlich dramatischen Veränderungen des Zellstoffwechsels sowie von Programmänderungen des Genoms begleitet ist.

3.3 Informationsmanagement der Zelle

Das soeben skizzierte Leben der eukaryoten Zelle ist der gemeinsame Nenner zum Verständnis der Strukturen und Funktionen von Pflanzen, Pilzen und Tieren. Es wird beherrscht von Mechanismen, die den Fluß der Information vom genetischen Programm in die Proteine und in die von diesen aufgebauten Strukturen des Cytoplasmas regeln. Wir können das genetische Programm somit als „Legislative" und die Gesamtheit der Enzyme, Struktur- und sonstigen Effektorproteine als „Exekutive" betrachten. Dadurch wird den Vorgängen im Stoffwechselgetriebe von Zellen zunächst eine Richtung unterlegt, die sich im Netzwerk der Prozesse allerdings schnell wieder verliert, da die Exekutive rückwirkend auch mit der Legislative kommuniziert und Verordnungen aktiviert, die zu anderen Zeiten und an anderen Stellen in den Archiven der DNA verschlossen bleiben (siehe auch Abbildung 1.4).

Die Informationsflüsse von den Chromosomen im Zellkern zu den Proteinen im Cytoplasma und von diesen zurück zu den Chromosomen repräsentieren das Grundgerüst des „mittleren Netzes", von dem in diesem und den folgenden Abschnitten die Rede sein wird. Sie sind zunächst über weite Strecken identisch mit dem Organisationsschema des „inneren Netzes", das für die Erhaltung, Weitergabe und Variabilität des genetischen Programms selbst verantwortlich ist: für Reparatur, Replikation und Rekombination. Ein Großteil der an den Ribosomen des Cytoplasmas synthetisierten Proteine dient jedoch dem Aufbau einer dynamischen Struktur aus Membranen, Organellen, Rezeptoren, Enzymen, Skelett- und Transportelementen, die das Er-

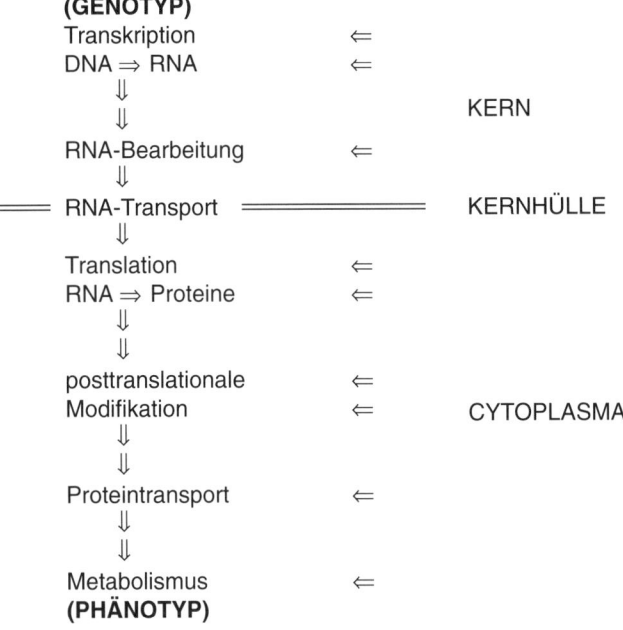

3.3 Die wichtigsten Stationen des Informationstransfers vom Zellkern in das Cytoplasma. Die horizontalen Pfeile markieren die Stellen, an denen molekulare Faktoren aus dem Milieu der Zelle kontrollierend und modifizierend in den Übertragungsprozeß eingreifen. Dort werden Weichen gestellt, und Rückkopplungsschleifen verknüpfen den Verlauf mit dem Erfolg des jeweiligen Prozesses.

scheinungsbild der Zelle, ihr Verhalten sowie ihre Beziehungen zur Umwelt und zu anderen Zellen bestimmen.

Es ist noch gar nicht lange her, da meinte man, der Informationsfluß von der DNA zu den Proteinen sei durch die molekularen Mechanismen der beiden Übersetzungsprozesse, *Transkription* und *Translation*, ausreichend charakterisiert. Bei der Transkription wird die im DNA-Code der Chromosomen verschlüsselte Information in den Code kleinerer RNA-Moleküle umgeschrieben, die die Botschaften in das Cytoplasma transportieren, wo an den Ribosomen dann die Übersetzung des Nucleinsäurecodes in den Aminosäurecode der Proteine erfolgt (Abschnitt 2.1). In weiterer Folge lösen sich die Proteine von den Ribosomen und bestimmen als Enzyme oder Strukturproteine das Leben der Zelle.

In den letzten Jahrzehnten ist dieses einfache Schema viel komplizierter geworden. Die scheinbar so geradlinigen Wege von den Genen zu den Proteinen sind verschlungener als gedacht, was im wesentlichen daraus folgt, daß der Fluß der Information nicht nur beim Codieren und Umcodieren, sondern auch beim Transport sowie an mehreren Stellen davor und danach kontrolliert und modifiziert werden kann. Die Stationen des Informationstransfers vom Kern in das Cytoplasma, vom Genotyp zum Phänotyp, lassen sich vereinfacht wie in Abbildung 3.3 darstellen.

3.3.1 Transkription und Transkriptionskontrolle: Die Logik der lokalen Steuerung

Das Geschäft des Aufbaus und der Erhaltung eines Phänotyps beginnt mit dem Umschreiben des im DNA-Code festgelegten genetischen Programms in RNA-Moleküle, die spezifische Botschaften und Strukturelemente (zum Beispiel die Bausteine von Ribosomen) vom Zellkern in das Zellplasma transportieren. Wie bereits in Abschnitt 2.2 angedeutet, sind an dieser *Transkription* drei Typen von Enzymen beteiligt: *Polymerase I* katalysiert die Synthese der in sämtlichen Zellen quantitativ dominierenden rRNA, *Polymerase II* die der mRNA, welche die für den Aufbau von Proteinen entscheidende Information enthält, und *Polymerase III* katalysiert die Synthese kleiner RNA-Moleküle, etwa der für den Transport von Aminosäuren verantwortlichen tRNA. Alle drei Polymerasen sind nichts anderes als große Übersetzungsmaschinen aus Protein. Damit ihre Leistungen zum Aufbau eines Organismus beitragen können, müssen Ort und Zeitpunkt sowie die Intensität ihres jeweiligen Einsatzes genau geregelt sein. Dies wird durch eine Vielfalt von Zellproteinen besorgt, die kurze charakteristische Sequenzen des genetischen Programms erkennen, an diese binden und sich so in eine Position manövrieren, von der aus sie den Verlauf der Transkription eines Gens durch Beeinflussung der zuständigen Polymerase steuern können. Zu den DNA-Sequenzen, die für die Kontrolle der Transkription eines Gens von Wichtigkeit sind, gehören vor allem solche mit relativ genau fixierter Lage in der unmittelbaren Nachbarschaft des Startpunktes für die Transkription. Die Gesamtheit dieser Sequenzen im Umfeld eines Gens wird als *Promotor* bezeichnet, als ob es sich hier um eine einheitlich gebaute wohldefinierte Steuereinheit handelte. In Wirklichkeit setzt sich der Promotor jedoch aus mehreren Bestandteilen zusammen, und dieser *modulare Aufbau* erweist sich als ein wichtiges Merkmal. Daneben gibt es auch noch DNA-Sequenzen, die in mehr oder minder großer Entfernung vom jeweiligen Startpunkt lokalisiert sind, dennoch aber die Vorgänge in der Promotorregion zu beeinflussen vermögen. Dazu gehören Verstärkersequenzen („Enhancer") und negative Modulatoren („Silencer"). Da die Übersetzung eines Gens stets nur in einer Richtung erfolgt (Abschnitt 2.4.1 und Abbildung 2.1), kann eine Kontrollsequenz ihren Platz oberhalb („stromaufwärts") oder unterhalb („stromabwärts") des Startpunktes einnehmen. So findet sich zum Beispiel eine der charakteristischsten Erkennungssequenzen eukaryoter Zellen, die „TATA-Box" (eine aus der Aufeinanderfolge **T**hymin-**A**denin-**T**hymin-**A**denin bestehende Sequenz), stets 25 bis 35 Basenpaare stromaufwärts, was mit „-25 bis -35 Bp" bezeichnet wird. Alle Kontrollsequenzen, die sich auf demselben DNA-Molekül wie das zu kontrollierende Gen befinden und dessen

Transkription stromauf- oder stromabwärts beeinflussen, werden als *cis-Elemente* zusammengefaßt. Ihnen stehen *trans-Elemente* gegenüber, die ihre jeweilige Wirkung zwischen verschiedenen DNA-Molekülen ausüben können.

Die auf einer DNA-Kette im Umfeld eines Gens angeordneten Erkennungssequenzen sind Rezeptoren für spezifische mobile Proteine. Erst in Verbindung mit diesen *Transkriptionsfaktoren* kann die Poly-

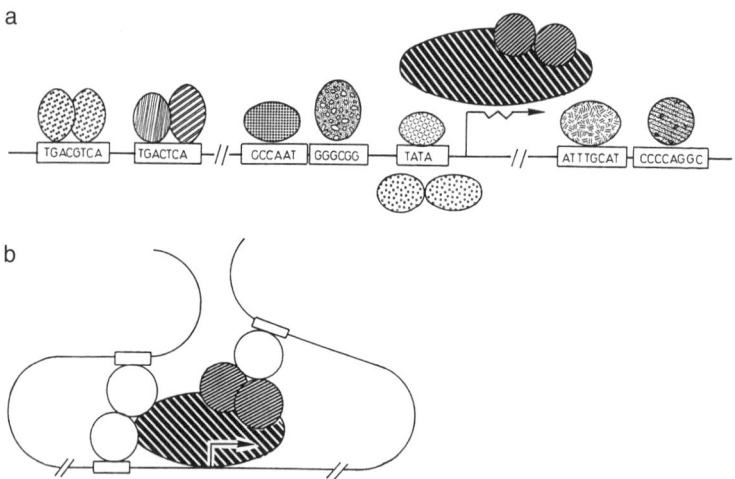

3.4 Schematische Darstellung der strukturellen Merkmale einer Kontrollregion für die Transkription eines proteincodierenden Gens. a) Hypothetische lineare Anordnung einer Reihe von cis-Elementen in der Promotorregion des von der Polymerase II (große schräg gestreifte Ellipse) transkribierten Gens. Jede der unterschiedlich schraffierten kleineren Ellipsen repräsentiert einen der vielen Proteinfaktoren, die an spezifische Erkennungssequenzen der DNA binden und insgesamt die Transkriptionsmaschinerie des Gens ausmachen. Andere Faktoren (Kreise) binden direkt an die Polymerase II. Der Pfeil markiert die Stelle des Transkriptionsbeginns. b) Durch Faltung des DNA-Stranges können auch räumlich weiter entfernte Transkriptionsfaktoren in Kontakt mit der Polymerase oder mit anderen Faktoren der Promotorregion gebracht werden und so an der Steuerung des Transkriptionsvorgangs teilnehmen. (Nach Mitchell und Tjian 1989.)

merase ihr Geschäft beginnen, die Botschaft eines Gens zu übersetzen. Jedem Gen ist eine Serie positiver und negativer Transkriptionsfaktoren zugeordnet, die in charakteristischer Reihenfolge vor und nach dem Startpunkt der Transkription entweder an die Erkennungssequenzen des Promotors binden oder untereinander Kontakte herstellen. So entsteht zunächst eine für jedes Gen spezifische lineare Sequenz von Faktoren, die insgesamt die Aktivität der Polymerase kontrollieren (Abbildung 3.4a). Aber mit der linearen Anordnung der Faktoren ist der Transkriptionskomplex noch nicht ausreichend definiert. Der mit Histonen und anderen Strukturproteinen bestückte Chromatinfaden kann Schleifen bilden, so daß auch Faktoren, die sich in größerer Entfernung vom Startpunkt der Transkription befinden, direkt oder indirekt mit der Polymerase Komplexe herstellen können, denen eine jeweils spezifische dreidimensionale Struktur zukommt (Abbildung 3.4b). Diese Struktur ist in vielen Fällen ein obligates Merkmal des Transkriptionskomplexes (Paabo und Sauer 1992).

Im Verlauf der Evolution von prokaryoten zu eukaryoten Zellen hat die Bedeutung regulatorischer Proteine für die Kontrolle der Transkription zugenommen. Während bei ersteren die Polymerase selbst an die Promotorregion bindet und, von einigen Hilfsfaktoren unterstützt, den Transkriptionsprozeß vollzieht, haben bei letzteren die Transkriptionsfaktoren die gesamte Kontrolle übernommen. Die Polymerase bindet gar nicht mehr an die Promotorsequenzen, sondern sie wird vollständig durch den aus Transkriptionsfaktoren aufgebauten Komplex dirigiert. Die Zahl der in den Zellen eines eukaryoten Organismus aktiven Transkriptionsfaktoren geht in die Tausende.

In der zunehmenden Mannigfaltigkeit neuentdeckter Erkennungssequenzen und Transkriptionsfaktoren werden die Umrisse eines zentralen Kommunikationsnetzes sichtbar, das für die Koordination und Integration der Funktionen von Zellen verantwortlich ist. Transkriptionsfaktoren und Erkennungssequenzen sorgen zum Beispiel dafür, daß die einer gemeinsamen Funktion dienenden, jedoch auf verschiedenen Chromosomen lokalisierten Gene (wie zum Beispiel jene in Abschnitt 2.3 erwähnten, die bei Vögeln und Säugetieren die Untereinheiten des

Hämoglobins codieren) *gleichzeitig* exprimiert werden oder daß Gene imstande sind, auf Kombinationen externer und interner Faktoren in *gewebespezifischer* Manier zu antworten. Dabei gibt es Faktoren mit Breitbandwirkung, die die Transkription einer ganzen Familie von Genen steuern, und solche mit sehr viel eingeschränkterer Wirkung, die diesen Vorgang an die jeweils herrschenden lokalen Bedingungen anpassen. In letzter Zeit ist es möglich geworden, die logische Struktur solcher Steuerungsprozesse – zumindest im Prinzip – aufzuklären. Hierzu drei Beispiele:

1. Bei den meisten Organismen bewirken extreme Umweltbedingungen die Expression charakteristischer Schutzproteine. Zum Beispiel werden durch hohe Milieutemperaturen *Hitzeschockproteine* (HSP) induziert, die Zellbestandteile vor den schädigenden Wirkungen dieses Faktors schützen. In den Geweben der Taufliege *Drosophila* werden bei erhöhter Temperatur Gene eingeschaltet, die mehrere RNA-Varianten für die Bildung von HSP codieren. In den Promotoren all dieser Gene findet sich ein gemeinsames, etwa 15 Basenpaare langes Reaktionselement, an das ein Transkriptionsfaktor (HSTF) bindet, der der zuständigen Polymerase signalisiert, den Transkriptionsvorgang in Gang zu setzen. Die Signalwirkung dieses allgemeinen Faktors kann jedoch durch zusätzliche Faktoren moduliert werden. So werden die HSP der Taufliege in den meisten Geweben erst bei einer höheren Umgebungstemperatur eingeschaltet als im empfindlicheren Ovar. Dementsprechend findet sich in jenen Geweben ein Transkriptionsfaktor, der im Bereich des Hitzeschockgens an eine Erkennungssequenz zwischen −49 und −85 Bp bindet, im Ovar hingegen ein anderer Faktor, der viel weiter stromaufwärts, bei −341 Bp bindet. Auf diese Weise werden allgemeine und spezifische Reaktionen von Organismen durch die Interaktionen allgemeiner und spezifischer Transkriptionsfaktoren und Erkennungssequenzen gesteuert.

2. Im Genom des befruchteten Eies derselben Taufliege finden sich – unter anderem – zwei Steuergene, von ihren Entdeckern *bicoid* (BCD) und *hunchback* (HB) getauft, die über Transkriptionsfaktoren

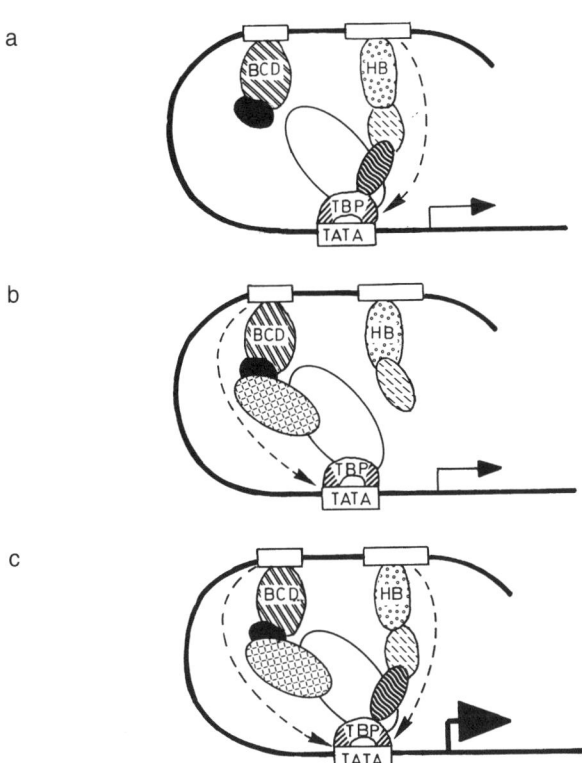

3.5 Modell für das Zusammenwirken mehrerer Transkriptionsfaktoren zur Steuerung der Aktivität eines wichtigen Effektorgens in der Embryonalentwicklung von *Drosophila*. Das im Modell durch die Dicke des Pfeiles angedeutete Aktivitätsniveau dieses Gens wird letzten Endes von der Aktivität der TATA-Box im Promotor bestimmt. Diese hängt ihrerseits von der Konformation eines vorgeschalteten „TATA-Box-bindenden" Proteins (TBP) ab, die wiederum durch ein Schaltnetz gesteuert wird, an dem zumindest sechs weitere Transkriptionsfaktoren oder Signalproteine beteiligt sind. Entscheidende Rollen spielen dabei die Expressionsprodukte zweier Kontrollgene, *bicoid* (BCD) und *hunchback* (HB), die entweder unabhängig voneinander (a,b) oder gemeinsam (c) die Konformation des TBP verändern können. Nur in letzterem Fall wird das Effektorgen voll aktiviert (dicker Pfeil). Die gestrichelten Pfeile deuten den Informationsfluß in diesem logischen Netz an. (Verändert nach Sauer et al. 1995.)

ein weiteres Gen aktivieren und damit eine entscheidende Phase der
Embryonalentwicklung in Gang setzen können (siehe die Abschnitte
„Nachbarschaftsbeziehungen: Adhäsionsmoleküle und Organisatoren", S. 271, und „Gewebespezifische Integration: Die extrazelluläre
Matrix", S. 275). Jedes der beiden Steuergene kann für sich allein,
durch Vermittlung von vier oder fünf verschiedenen Signalproteinen,
das entscheidende Effektorgen erreichen, indem das letzte Protein
der Signalkette an die zentrale Erkennungssequenz, die TATA-Box,
bindet und damit den Transkriptionsvorgang am Gen auslöst. Dieses
letzte Glied der Kette heißt demgemäß auch „TATA-Box-bindendes
Protein" (TBP). Die quantitative Ausbeute an Transkriptionsproduk-
ten (der komplementären mRNA) ist unter diesen Bedingungen allerdings nur mäßig. Werden jedoch die beiden Steuergene BCD und
HB *gleichzeitig* aktiviert, dann kommt es zwischen den beteiligten
Transkriptionsfaktoren zum Aufbau einer molekularen Brücke (Abbildung 3.5c), wodurch das TBP in seiner Konformation derart verändert wird, daß es dem Promotor des Transkriptionsprozesses gewissermaßen das Kommando „volle Fahrt voraus" erteilt. Der Unterschied zwischen den Folgen der Aktivierung von jeweils einem der
beiden Steuergene und von beiden Genen gemeinsam ist durch die
Dicke der Pfeile in Abbildung 3.5 angedeutet. Dieser Mechanismus
ist somit das molekulare Analogon eines digitalen Schalters, dessen
logische Struktur folgendermaßen dargestellt werden kann:

BCD = HB

BCD + HB >> BCD oder HB

Andere Strukturen wären denkbar, zum Beispiel

BCD > HB

oder

BCD < HB.

3. In anderen Fällen kooperieren Transkriptionsfaktoren nicht nach der
Art eines digitalen Schalters, sondern sie erlauben eine komplexere,
quantitativ abgestufte Reaktion der zugeordneten Transkriptionsmaschinerie. Ein elegantes Beispiel liefert die kürzlich gelungene
Analyse eines Gens, das die Entwicklung der Darmregion des See-

igels *Strongylocentrotus purpuratus* steuert (Yuh et al. 1998). Etwa 30 regulatorische Proteine wirken zusammen, um in ein paar hundert Zellen die Transkription des Gens *Endo16* an die lokalen Verhältnisse im sich entwickelnden Keim anzupassen. Die 30 Proteine formieren sich zu einem aus sechs Modulen zusammengesetzten Cluster. Einem dieser Module kommt die terminale Kontrolle über die lokale Transkriptionsaktivität zu. Mit diesem zentralen Modul bilden die anderen fünf Module topologische Komplexe, wobei, je nach ihrer Position im gesamten Cluster, zwei Module die Transkription von *Endo16* beschleunigen, die drei anderen diese jedoch hemmen können. So entsteht in den Zellen im Bereich des sich entwickelnden Darmes ein abgestuftes Muster der Aktivität von *Endo16*, das von den Autoren der Studie durch ein analoges Computerprogramm simuliert werden konnte.

Wir stehen erst am Anfang unseres Wissens über den Aufbau und die Mechanismen des aus Transkriptionsfaktoren, Erkennungssequenzen und Reaktionselementen zusammengesetzten zentralen Kommunikationssystems des Genoms, aber einige allgemeine Schlußfolgerungen lassen sich bereits ziehen.

1. Grundsätzlich erweitern die Merkmale dieses zellulären Kommunikationsnetzes unsere Einsichten in die vielschichtigen Wechselwirkungen zwischen Proteinen und Nucleinsäuren, die sich schon aus den Funktionen des „inneren Netzes" ableiten ließen. Information fließt aus dem genetischen Programm in Proteine und von diesen zurück in das genetische Programm. Die Schnittstellen dieses Netzwerkes sind einerseits die *Ribosomen*, die Orte der Proteinsynthese, andererseits die Erkennungssequenzen der Kern- sowie der mitochondrialen DNA.
2. Es ist charakteristisch für Transkriptionsfaktoren, daß sie mittels bestimmter Teile ihrer Struktur (*Domänen*) Verbindungen mit Erkennungssequenzen der DNA und mittels anderer Teile Verbindungen mit regulatorischen oder katalytischen Proteinen herstellen. Auf

diese Weise kommt es innerhalb eines einzigen Moleküls zur räumlichen Trennung zwischen den Funktionen *Identifikation* und *Instruktion*.

3. Als ein weiteres Merkmal kann der Aufbau molekularer Komplexe zur Steuerung der Aktivität einzelner Gene angesehen werden. Bestandteile derartiger Komplexe sind sowohl die an Erkennungssequenzen der DNA bindenden Transkriptionsfaktoren als auch Teile des Chromatingerüsts im Bereich des jeweiligen Gens. Damit die Polymerase II aktiv werden kann, müssen zum Beispiel zumindest fünf Transkriptionsfaktoren an kurze Sequenzen des Promotors in unmittelbarer Nachbarschaft eines Gens binden (Abbildung 3.4). Zusätzlich können aber auch noch weit außerhalb der Promotorregion bindende Faktoren am Aktivierungsprozeß beteiligt sein. Dies deutet darauf hin, daß durch Faltungen und Schleifenbildungen des Chromatinfadens ein relativ weites genetisches Umfeld in die Kontrolle der Transkription eines Gens einbezogen wird.

4. Falls in der dreidimensionalen Struktur eines aus DNA und Proteinen bestehenden Komplexes ein Teil jener Information verschlüsselt ist, die für den Verlauf der Transkription benötigt wird, dann erhalten die in eukaryoten Zellen so weitverbreiteten nichtcodierenden, scheinbar informationsleeren DNA-Regionen (Abschnitt 2.2) eine neue Bedeutung. Sie mögen als raum- und distanzbestimmende Elemente („Spacer") für den Aufbau spezifischer räumlicher Strukturen wichtig sein. Darauf deutet der Umstand, daß eine bestimmte DNA-Sequenz gemeinsam mit Proteinfaktoren zwar das Einschalten eines Gens *in vitro* bewerkstelligen kann, daß aber für die Feinregulierung dieses Vorgangs (zum Beispiel im Hinblick auf die Geschwindigkeit der Kettenverlängerung) auch weitere Bereiche der DNA-Struktur erforderlich sind. Laybourn und Kadonaga (1992) sowie Ding et al. (1994) beschreiben Fälle, bei denen die Abhängigkeit der Transkriptionsaktivität von der Schwellenkonzentration eines der Transkriptionsfaktoren erst dann sichtbar wird, wenn in das experimentelle System auch Teile des Chromatingerüsts mit seinen Proteinen eingeführt werden.

5. Ein und dasselbe Reaktionselement im Promotorbereich kann von *verschiedenen* Transkriptionsfaktoren erkannt werden, und *ein* Transkriptionsfaktor kann verschiedene Promotoren aktivieren. Auf diese Weise konstituieren sich im Genom allgemeine, durch spezifische Faktoren jedoch modulierbare Kommunikationsnetze, deren logische Grundstruktur wir allmählich zu verstehen beginnen.

6. Bestimmte Transkriptionsfaktoren werden nur in bestimmten Geweben transkribiert, womit sich andeutet, daß das skizzierte System zur Kontrolle von Transkriptionsvorgängen auch für die kontrollierenden Proteinfaktoren selbst gilt. Aber auch in ihrer exprimierten Form, als cytoplasmatische oder mitochondriale Proteine, hängt der korrekte Einsatz dieser Faktoren von zusätzlichen Maßnahmen ab. Oft bedürfen sie, um wirksam werden zu können, der Aktivierung durch Phosphorylierung unter Energieverbrauch oder der Bindung zusätzlicher molekularer Liganden.

7. In der komplexen Kontrollmaschinerie der Transkription ist die Wirksamkeit jenes topologischen Prinzips zu erkennen, dem wir in diesem Buch schon zweimal begegnet sind (Abschnitt „Homologie, Homodynamie, Analogie", S. 27, und Abschnitt 2.7). Auch in jenen Fällen ging es um die Frage der „Zähmung des Chaos" durch strukturelle Zwänge. Für den Fall von Transkriptionskomplexen gilt, daß die lineare Sequenz der Basenpaare in den Erkennungssequenzen und Kontrollelementen an informationstragender Bedeutung verliert, sobald sich die räumliche Struktur des Komplexes als ein zusätzlicher Träger von Information etabliert. So übermitteln etwa im Promotorbereich Konsensussequenzen wie GGGCGG oder CAAT spezifische Botschaften unabhängig von der *Richtung*, in der sie in den DNA-Text eingesetzt sind. Verschiedene Promotoren mit ein und derselben Funktion enthalten Kontrollsequenzen in unterschiedlichen Kombinationen, sogar die TATA-Box ist manchmal entbehrlich. Einer der zentralen Transkriptionsfaktoren, das an die TATA-Box bindende Protein, setzt sich aus zwei topologisch identischen, aus je 88 bis 89 Aminosäuren bestehenden Domänen zusammen, deren Sequenzen jedoch nur zu 31 Prozent identisch sind. Das heißt,

die Identität der *Form* ist von der *Reihenfolge der Bauelemente* (der *Syntax*) weitgehend unabhängig (Nikolov et al. 1992). Was zählt (weil es von der Selektion wahrgenommen wird), ist *die dreidimensionale Struktur des jeweiligen Komplexes*, und diese kann entlang sehr unterschiedlicher Sequenzpfade erreicht werden.

3.3.2 Die molekulare Ökologie der Expression

Die im vorigen Abschnitt geschilderte Transkription repräsentiert die erste Phase eines komplizierten Verfahrens, mit dessen Hilfe Zellen Zugriff auf die in den Archiven ihrer Genome ruhende genetische Information erhalten. Durch den Transkriptionsvorgang wird das genetische Archiv geöffnet, wobei die an der DNA-Matrize aufgebaute Messenger-RNA-Kette (ihrer Bezeichnung entsprechend) die Rolle einer Botschaft spielt, die an den Ribosomen die Synthese jeweils spezifischer Proteine in Gang setzt. In ihrer Gesamtheit repräsentieren Proteine als Katalysatoren, Transportvehikel, Strukturbausteine, Informationsträger oder Energiespeicher das abstrakte Gerüst jedes Organismus. Sie sind Projektion und Expression der genetischen Information.

Uns interessiert nun die Frage, nach welchen Regeln sich in Zellen die Expression der genetischen Information vollzieht. Was muß geschehen, was müßte von einem Konstrukteur bedacht werden, damit eine in der Sprache der DNA verschlüsselte latente Information aktiviert und zum Akteur auf der Bühne der Erscheinungen werden kann? Wie kann in einem dynamischen System, das sich aus vielen tausend verschiedenen und miteinander in Wechselwirkung stehenden Bestandteilen zusammensetzt, sowohl die Funktionalität des Geschehens als auch die Geordnetheit und Identität des Erscheinungsbildes aufrechterhalten werden?

Das Grundprinzip der Übersetzung der genetischen Information aus der Nucleotidsprache in die Aminosäuresprache wurde bereits erläutert (Abschnitt 2.1, Abbildung 2.1), soll hier aber noch etwas genauer ausgeführt werden, um das Verständnis der anschließenden Überlegungen zu ermöglichen.

Ein aus den vier Buchstaben des DNA-Alphabets zusammengesetzter Text wird zunächst in die RNA-Sprache umformatiert (wobei T durch U ersetzt wird). Dieser Vorgang der Transkription führt zur Bildung von mRNA-Ketten, die entweder in unmodifizierter oder modifizierter Form (Abbildung 3.3) zu den Ribosomen verfrachtet werden, an denen der RNA-Text abgelesen und zum größten Teil in die Aminosäuresprache der Proteine übersetzt wird. Die Basis dieses Übersetzungsprozesses ist der *genetische Code*, der darauf beruht, daß jeweils ein Nucleotidtriplett eine Aminosäure spezifiziert (Abbildung 2.1). Aus einem Vorrat von vier Buchstaben können 64 (4^3) mögliche Kombinationen von Dreiergruppen gebildet werden; 61 davon codieren eine Aminosäure. Da in Proteinen bloß 20 solcher Bausteine vorkommen, sind jeder einzelnen Aminosäure – mit Ausnahme von Methionin – mehrere (also synonyme) Tripletts zugeordnet. Drei Tripletts, UAA, UAG und UGA, spielen die Rolle von Stoppzeichen, die der Übersetzungsmaschinerie das Ende einer Botschaft signalisieren. Die korrekte Aufeinanderfolge von Aminosäuren kommt dadurch zustande, daß sich die Ribosomen Schritt um Schritt die mRNA-Kette entlangarbeiten. Bei jedem Schritt dieses Fließbandprozesses wird ein Triplett der mRNA (das *Codon*) vom komplementären Triplett (dem *Anticodon*) eines tRNA-Moleküls erkannt. Jedes dieser kleinen, beweglichen Moleküle trägt an einem seiner Enden eine der 20 in Frage kommenden Aminosäuren, deren Position in der wachsenden Kette durch das zum Anticodon passende Codon bestimmt wird. Transfer-RNA-Moleküle sind Transportvehikel, die mit ihrer Fracht im Cytoplasma beladen werden, wobei ein besonderes Enzym, die *Aminoacyl-tRNA-Synthetase*, für die Spezifität der Verbindung sorgt. In sämtlichen Zellen, aber auch in den ebenfalls zur Peptidsynthese befähigten Mitochondrien und Plastiden gibt es zumindest 20 (mit allen Varianten vielleicht bis zu 40) verschiedene derartige Synthetasen, von denen jede einzelne jene Gruppe von tRNA-Molekülen erkennt, die als Träger einer bestimmten Aminosäure in Frage kommt. So wird zum Beispiel die Aminosäure *Valin* durch die vier Tripletts GUU, GUC, GUA und GUG codiert. Eine der Aminoacyl-tRNA-Synthetasen erkennt alle vier tRNAs und belädt sie mit jeweils einem Molekül Valin, wofür Energie benötigt wird. Beim Transport jeder einzelnen Aminosäure wird ein Molekül ATP verbraucht.

Die beladenen tRNA-Moleküle steuern funktionstüchtige Ribosomen an und binden dort mit ihrem jeweiligen Anticodon an ein komplementäres Codon der mRNA. Das geschieht an einer genau definierten Stelle des Ribosoms, die als A(Aminoacyl)-Bindungsstelle bezeichnet wird. Für dieses Zusammenfinden von Anticodon und Codon ist allerdings ein besonderes Protein, der *Elongationsfaktor Tu*, unentbehrlich, der das mit einer Aminosäure beladene tRNA-Molekül wie ein Lotse zu der Bindungsstelle geleitet und in die geometrisch richtige Position bringt. Stimmt die Passung zwischen dem Codon der mRNA und dem Anticodon der tRNA, dann verläßt der Elongationsfaktor das Ribosom wieder, was ebenfalls Energie kostet. Diese bringt der Proteinfaktor in Gestalt eines energiereichen GTP-Moleküls selbst mit. GTP wird zu GDP gespalten, und der Elongationsfaktor driftet vom Ribosom zurück in das Cytoplasma, wo er neuerlich mit einem Molekül GTP beladen wird, um für die nächste Fahrt bereitzustehen. In der Zwischenzeit hat sich das Ribosom an der mRNA-Kette um einen Schritt weiter stromaufwärts vorgearbeitet; das mit seiner Aminosäure beladene tRNA-Molekül rutscht um einen Zahn, das heißt um ein Codon, weiter stromabwärts an die sogenannte P(Peptidyl)-Bindungsstelle, und die freiwerdende A-Bindungsstelle wird von der nächsten Aminoacyl-tRNA besetzt. Die an der P-Stelle geparkte erste Aminosäure wird nun mit Hilfe eines weiteren Enzyms, der *Peptidyltransferase*, von der P- zur A-Bindungsstelle verschoben und verbindet sich dort mit der neu hinzugekommenen Aminosäure zu einem Dipeptid. Indem auf diese Weise ein Baustein nach dem anderen zwischen A- und P-Bindungsstelle hin- und herrangiert wird, beginnt Schritt um Schritt eine Aminosäurekette zu wachsen, während das Band der mRNA im gleichen Takt durch die Ribosomen hindurchgezogen wird und die ihrer Fracht entledigten tRNA-Moleküle in das Cytoplasma zurückkehren.

Der Startpunkt jeder Peptidsynthese an Ribosomen wird durch das Triplett AUG markiert, das Codewort für die Aminosäure Methionin, doch gibt es für diesen Fall eine eigens modifizierte Aminoacyl-tRNA, deren ausschließliche Funktion es ist, den Startpunkt einer wachsenden Aminosäurekette anzuzeigen. Im Verlauf der Kettenverlängerung wird das modifizierte Methionin meist wieder abgespalten. Peptidsynthesen werden beendet, wenn an der A-Bindungsstelle des Ribosoms eines der drei Stoppcodons UAA, UAG oder UGA erscheint – die einzigen Tripletts, für die es keine komplementäre tRNA gibt.

Auf diese Weise führt also die in einem Gen verschlüsselte Information auf Umwegen zum Aufbau von kurzkettigen *Peptiden* oder längerkettigen *Proteinen*. Das Syntheseprodukt löst sich schließlich von der P-Bindungsstelle der Übersetzungsmaschinerie und beginnt sein Leben in der Zelle. Besonders deutlich tritt der Fließbandcharakter des Übersetzungsprozesses vom genetischen Konstruktionsplan über die mRNA zum fertigen Produkt bei Bakterien und anderen prokaryoten Zellen zutage, bei denen der Verwirklichung des Planes keine Barriere in Gestalt einer Kernhülle im Wege steht. In diesen kernlosen Zellen wird eine an der DNA-Matrize synthetisierte mRNA sehr bald von Ribosomen eingefangen, die sich am freien, in das Cytoplasma hinauswandernden Ende der Kette festsetzen und mit der Translation beginnen, während am anderen Ende noch die Transkription an der DNA-Matrize voranschreitet. Da sich Ribosomen stets in Gruppen an eine mRNA heften, wird deren Information an mehreren Stellen gleichzeitig in das entsprechende Produkt übersetzt. Bei Bakterien enthalten die meisten transkribierten mRNA-Ketten die Information mehrerer Gene (auch *Cistrons* genannt), die eine genetische Einheit bilden und gemeinsam kontrolliert werden. In solchen Fällen synthetisiert die Übersetzungsmaschinerie der Ribosomen somit hintereinander die von mehreren Genen codierten Proteine.

In eukaryoten Zellen verläuft der Übersetzungsprozeß etwas anders als in prokaryoten. Der markanteste Unterschied besteht darin, daß das Fließband von Transkription und Translation im Zellkern unterbrochen ist, da dort das primäre Transkriptionsprodukt bearbeitet, in Stücke geschnitten und wieder zusammengeheftet wird (Abschnitte 2.2 und 3.3; Abbildung 3.3). Erst die bearbeitete Nachricht, die in den meisten Fällen die Information bloß eines einzigen Gens enthält, wird in das Cytoplasma hinausgeschleust. Die im Zusammenhang mit der Bearbeitung der mRNA erforderlichen Operationen bieten Gelegenheit zu neuen steuernden Eingriffen und Kontrollmaßnahmen, die jedoch auch Zeit kosten. In Zellen des Darmbakteriums *Escherichia coli* werden bei der Körpertemperatur des Menschen von 37 °C etwa 2 500 Nucleotide pro Minute, ungefähr 14 Tripletts pro Sekunde, transkribiert, was ziemlich genau der Geschwindigkeit entspricht, mit der an den Ribosomen Aminosäuren zu Peptiden zusammengefügt werden. Dies garantiert einen gleichmäßigen Ablauf des Fließbandprozesses zwischen DNA und Ribosomen. Etwa drei Minuten nachdem die Expression eines Gens in Gang gesetzt wurde, tauchen die ersten komplementären Proteine im Cytoplasma der Bakterienzelle auf. In eukaryoten Zellen hingegen dauert der gesamte Vorgang etwa zehnmal so lange.

Der Ablauf des für die Dynamik und Integrität von Lebensprozessen so entscheidenden Vorgangs der Proteinsynthese, der in mancher Hinsicht der Logik von Übersetzungsprozessen folgt, ist uns nun in groben Zügen bekannt. Die Regeln dieses Prozesses sind denkbar einfach, und auch für die zunächst so merkwürdig anmutende Tatsache, daß jede Aminosäure durch mehrere synonyme Basentripletts spezifiziert wird, glaubt man eine plausible Erklärung gefunden zu haben, die etwas mit Redundanz und dem Schutz der Nachricht vor Übersetzungsfehlern zu tun hat.

In den letzten zwei Jahrzehnten hat jedoch das molekularbiologische Wissen enorm zugenommen. Immer wichtiger wurde die an sich triviale Einsicht, daß Proteinsynthesen nicht nur in den standardisierten Medien von Reagenzgläsern ablaufen, sondern Bestandteil eines komplexen Geschehens sind, an dem lebende Zellen mit all ihren Strukturen und Funktionskreisen teilhaben; eines Geschehens, das sich zudem in einem Milieu mit spezifischen und variablen Merkmalen, wie pH-Wert, Temperatur, Ionenstärke und chemischer Zusammensetzung, vollzieht. Dies impliziert natürlich eine enorme Erweiterung der Bedingungen, die erfüllt sein müssen, damit in bestimmten Zellen bestimmte Proteine in bestimmten Mengen zu bestimmten Zeitpunkten erscheinen und rechtzeitig an genau jene Orte gelangen, an denen sie gebraucht werden. Das in modernen Industriegesellschaften als besonders fortschrittlich erachtete Prinzip des Just-in-time-Transports, das heißt der genauen zeitlichen Abstimmung von Produktion und Verbrauch, ist ein Abbild des in Zellen herrschenden analogen Prinzips. Mit anderen Worten, bei dem in Lehrbüchern meist unter der Überschrift „Transkription und Translation" abgehandelten Thema haben wir es nicht bloß mit der *Logik eines molekularen Übersetzungsprozesses* zu tun, sondern auch mit der *Anpassung von Molekülpopulationen* an die jeweils spezifischen und variablen Bedingungen einer zellulären Umwelt. Dies muß um so mehr als ein *ökologisches* Problem betrachtet werden, als der Begriff des „inneren Milieus" schon seit langem und der der „inneren Selektion" seit kurzem als entscheidend wichtige Begriffe der biologischen Evolution erkannt sind.

Die Erweiterung des mechanistischen Repertoires der Genexpression geht einher mit dem Erwerb neuer molekularer Merkmale, die für den geordneten Ablauf dieses Geschehens notwendig sind. Einige derartige Merkmale haben auch mit der Logik der Übersetzung zu tun, darunter vor allem jene, die der *Genauigkeit* der Translation dienen. Eine sehr viel umfangreichere Gruppe von Merkmalen steht jedoch mit dem *Transport* sowohl der mRNA als auch der Syntheseprodukte durch das zelluläre Milieu sowie mit der gezielten *Verteilung* der Proteine auf die verschiedenen Kompartimente (die „Lebensräume") der Zelle im Zusammenhang. Hierher ist auch der Export von Proteinen in entlegenere Bezirke des Organismus zu rechnen. Mit gewissen Aspekten dieses Problembereichs können wir uns also auseinandersetzen, als gelte es, die Rätsel einer *zellulären Ökologie* zu ergründen.

Die Genauigkeit der Translation:
Eine Frage von Zeit, Energie und Geometrie

Es versteht sich von selbst, daß die Übersetzung einer Nachricht aus der RNA- in die Aminosäuresprache mit jener Genauigkeit erfolgen muß, die die Produktion einer ausreichend großen Zahl fehlerfreier Proteine garantiert. Dies hängt von zwei Variablen ab: zum einen von der Größe des Proteins, zum anderen von der Fehlerfrequenz, also der Wahrscheinlichkeit des Einbaus einer falschen Aminosäure in die am Ribosom wachsende Kette. Ein Protein durchschnittlicher Größe setzt sich aus 1 000 Aminosäuren zusammen, was einem Molekulargewicht von rund 110 000 entspricht. Bei einer Fehlerfrequenz von 10^{-5} (eine von 100 000 Aminosäuren wird falsch eingebaut) wären 99 Prozent der synthetisierten Proteine dieser Größe fehlerfrei, bei einer Fehlerfrequenz von 10^{-3} hingegen kein einziges. Die tatsächlich beobachtete Fehlerhäufigkeit der Translation liegt zwischen 10^{-4} und 10^{-5}, einem außerordentlich niedrigen Wert, denn im Reagenzglas ist der kritischste Schritt der Translation, das Zusammenfinden von Codon und Anticodon, um zumindest zwei Größenordnungen fehleranfälliger. Etwa eine von 100 Aminosäuren wird dort falsch eingebaut, was bedeutet, daß bei einer Kettenlänge von bloß 100 Aminosäuren kein einziges Peptid fehlerfrei bleiben würde. Welche Mechanismen mögen also für die beobachtete hohe Genauigkeit der Translation in lebenden Zellen verantwortlich sein?

Im komplizierten Prozeß der Proteinsynthese gibt es zwei kritische Punkte, an denen die Präzision der Informationsübertragung besonders gefährdet ist: beim Beladen der tRNA mit der richtigen Aminosäure und beim Erkennen eines Codons der mRNA durch das Anticodon der tRNA. Im ersten Fall ist es das jeweils spezifische bindungsstiftende Enzym, die Aminoacyl-tRNA-Synthetase, das sowohl die tRNA wie die dazugehörige Aminosäure erkennt und miteinander verbindet. Diese topologische Meisterleistung wird durch die im Vergleich zu den beiden Bausteinen gewaltige Größe des Enzymmoleküls möglich. Auf dem großen Protein gibt es genügend Haftpunkte, mit denen das

Enzym die im Cytoplasma flottierenden tRNA- und Aminosäure-moleküle erkennen, positionieren, vorübergehend binden und schließlich endgültig miteinander verknüpfen kann. Dabei bedient sich das Enzym eines Verfahrens, das als *Korrekturlesen* bezeichnet wird: Zunächst bindet die Transfer-RNA sehr rasch an die Synthetase, die das gebundene kleine Molekül gewissermaßen auf die Genauigkeit seiner Passung prüft. Stimmt diese, das heißt, erweist sich die gebundene tRNA als das richtige Molekül, dann wird die Bindung durch eine Konformationsänderung des Enzyms stabilisiert. Der nächste Schritt in der Reaktionssequenz, die Verknüpfung von tRNA und Aminosäure (*Aminosäureacylierung*), erfolgt dann sehr rasch. Mit einer falschen tRNA hingegen kommt es zu keiner Konformationsänderung des Enzyms, und die Reaktion läuft langsamer ab. Dies erhöht die Wahrscheinlichkeit, daß sich die tRNA wieder vom Enzym löst, ehe sie mit einer Aminosäure beladen wird (Lewin 1991, S. 153/154).

Dieser Vorgang ist in mehrfacher Hinsicht exemplarisch für Entscheidungsprozesse in den Reaktionsnetzen von Zellen. Von überragender Bedeutung ist zunächst die Tatsache, daß die Genauigkeit und Spezifität eines Informationsaustauschs zwischen zwei kleinen löslichen Molekülen (tRNA und Aminosäure) durch Vermittlung eines großen, die Funktion eines dreidimensionalen Gerüsts erfüllenden Struktur um das 500- bis 1 000fache erhöht werden kann. Das ist auch die Quintessenz der enzymatischen Katalyse. Zudem spielen bei diesem Entscheidungsprozeß zwei Variable eine Schlüsselrolle, deren Verhältnis zueinander viele Optimierungsprozesse bestimmt: *Zeit* und *Energie* (*Zeit* und *Geld* in der ökonomischen Welt).

Was die Energie betrifft, so wird die Aminosäure vor ihrer Bindung an das Transportvehikel vom bindungsstiftenden Enzym aktiviert, und das kostet ein Molekül ATP. Das heißt aber, daß jede vom Enzym getestete Verbindung zwischen tRNA und Aminosäure, ob sie sich nun als fehlerhaft herausstellen wird oder nicht, dieselben Energiekosten verursacht. Fehler sind hier also in einem ganz konkreten Sinn kostspielig und würden ab einer kritischen Schwelle das Energiebudget der Zelle überlasten. Unter solchen Umständen kommt der Fehlervermeidung von Anfang an eine entscheidende Bedeutung zu. Eine Maßnahme zum Energiesparen könnte darin bestehen, die *richtigen* tRNA-Aminosäure-komplexe schneller zu bearbeiten als die *falschen*. Wie die obige Schilderung andeutet, ist dies auch tatsächlich der Fall, was zur Folge hat, daß bei der Aktivierung der Bausteine für die Proteinsynthese die *Fehlerkosten pro Zeiteinheit* geringer sind, als die *Fehlerhäufigkeit* vermuten läßt. Dennoch verbrauchen, nach einer groben Schätzung, tRNA-Synthetasen im Durchschnitt etwa zehn Prozent der von ihnen umgesetzten ATP-Moleküle beim Korrekturlesen. Bei geänderten Reaktionsbedingungen kann sich dieser Wert sogar wesentlich erhöhen (Freist 1992).

Der nächste Schritt, das Zusammenfinden von Codon und Anticodon an der A-Bindungsstelle des Ribosoms, ist für die Genauigkeit der Translation noch kritischer als die Herstellung des tRNA-Aminosäure-komplexes. Auch in diesem Fall wird die Genauigkeit des Informationstransfers zwischen zwei kleinen Molekülen oder Molekülgruppen durch die stabilisierende Wirkung eines Makromoleküls, des Elongationsfaktors Tu, um zumindest zwei Größenordnungen, nämlich von 10^{-2} auf 10^{-4} bis 10^{-5}, verbessert, und wie bei der Herstellung des tRNA-Aminosäurekomplexes kostet diese ordnungsstiftende Intervention Energie, die in diesem Fall durch ein Molekül GTP aufgebracht wird. Falschpaarungen können hier jedoch noch *vor* der Spaltung des GTP-Moleküls als solche erkannt und verworfen werden. Durch das rechtzeitige Erkennen eines Paarungsfehlers kann in diesem Fall somit Energie gespart werden, und das verleiht der Dimension der *Zeit* einen anderen Stellenwert als bei der Herstellung des tRNA-Aminosäure-komplexes. Der große Elongationsfaktor ist im Umfeld der A-Bindungsstelle am Ribosom verankert und prüft die Güte der Passung zwischen Codon und Anticodon. Da sich die in Frage kommenden Tripletts in ihren strukturellen Merkmalen nicht allzusehr voneinander unterscheiden, öffnet sich folgende Schere: Je mehr Zeit dem Elongationsfaktor für das Prüfverfahren zur Verfügung steht, desto größer ist die Wahrscheinlichkeit, daß Falschpaarungen zwischen Codon und Anticodon erkannt und ausgeschieden werden können. Andererseits nimmt dann auch die Wahrscheinlichkeit zu, daß das vom Elongationsfaktor mitgeführte GTP-Molekül gespalten und die freiwerdende Energie verschwendet wird. Schlimmer noch: Die lange Prüfzeit hätte außerdem eine geringere Ausbeute an richtigen Paarungen und damit an Peptidbindungen pro Zeiteinheit zur Folge. Umgekehrt wäre eine kurze Prüfzeit zwar energiesparender und würde zu einer besseren Ausbeute an Peptidbindungen führen, die meisten der synthetisierten Proteine wären dann jedoch fehlerhaft.

Wie erwartet, ist es im Verlauf der Evolution zu einem Kompromiß gekommen. Die Zeit zwischen dem Andocken des tRNA-Aminosäurekomplexes am Ribosom und der GTP-Spaltung sowie zwischen dieser und der Stabilisierung einer korrekten Codon-Anticodon-Paarung (die durch das Wegdriften des Elongationsfaktors angezeigt wird) beträgt jeweils ein paar Millisekunden, während die Fehlerfrequenz beim Zusammenbau der Aminosäurekette, wie erwähnt, zwischen 10^{-4} und 10^{-5} liegt. Dieser Wert erwies sich tatsächlich als Kompromiß, denn durch den Einsatz einer künstlichen GTP-Variante, die sehr viel langsamer hydrolysiert wird als das natürliche Molekül, kann die Fehlerfrequenz der Codon-Anticodon-Paarung nochmals um rund zwei Größenordnungen verringert werden.

Die Gesamtenergiekosten der Fehlerhaftigkeit und Fehlerkorrektur in lebenden Zellen lassen sich nicht genau ermitteln. Sicher ist bloß, daß die theoretisch zu erwartenden Minimalkosten von vier bis fünf Molekülen ATP pro Peptidbindung im natürlichen Leben von Zellen bei weitem überschritten werden. Dies ist der Preis für den Kompromiß zwischen höchstmöglicher Genauigkeit und höchstmöglicher Geschwindigkeit der Proteinsynthese.

Transport und Verteilung von Proteinen: Proteinkinesis

Nachdem die neugebildeten Proteine aus der Synthesemaschinerie der Ribosomen entlassen wurden, müssen sie an jene Stellen des Organismus gelangen, an denen sie ihre oft sehr spezifischen Funktionen zu erfüllen haben. Das kann entweder innerhalb der Zelle sein, in der sie hergestellt wurden, oder aber sie müssen in andere Zellen und Gewebe transportiert werden. Diese Forderung wirft zwei grundsätzliche Probleme auf: Die Proteine müssen in einem außerordentlich komplex strukturierten, mehrphasigen Milieu ganz bestimmte, genau definierte Punkte ansteuern, und sie müssen dieses Milieu unbeschädigt und möglichst ohne große Verzögerungen durchqueren. Die gezielte *Verteilung* und der effiziente *Transport* von Proteinen im inneren Milieu von Zellen stellen dementsprechend an das gesamte System Anforderungen, die von gänzlich anderer Art sind als jene, die für die Herstellung der Moleküle an den Fließbändern der Ribosomen zu erfüllen waren. Für diesen Aspekt des großen Themas der Funktionen und des Verhaltens von Proteinen in Zellen hat sich der Begriff der Proteindynamik oder *Proteinkinesis* eingebürgert.

Der Vollständigkeit halber sei erwähnt, daß nicht nur einzelne *Proteine* Ziele in der Zelle ansteuern können, sondern daß in besonderen Fällen die *gesamte Synthesemaschinerie* – Ribosom samt mRNA – diesen Weg einzuschlagen vermag. Dies wurde bei Muskelfasern beobachtet, die unter Belastung hypertrophieren, das heißt durch die Einlagerung von Proteinen an kritischen Stellen an Masse zunehmen. Lokalisiertes Wachstum kommt zustande, indem Ribosomen jene kritischen Stellen ansteuern und neu synthetisiertes Protein direkt in die Muskelfibrillen einlagern (Heskett 1996).

Navigationshilfen In Zellen kommen zwei Formen von Ribosomen vor: eine frei bewegliche, die die neusynthetisierten Proteine direkt an das Cytoplasma abgibt, und eine zweite, an die Membranen des *endoplasmatischen Reticulums* (ER) gebundene, welche die von ihr synthetisierten Proteine noch während des Translationsprozesses in das Lumen des inneren Kanalsystems einschleust. Man spricht im ersten Fall von *posttranslationalem*, im zweiten von *cotranslationalem* Proteintransfer. Für beide Fälle gilt, daß die Proteine genau vorgeschriebene Ziele (Membranbezirke, Organellen, Knotenpunkte im Stoffwechselnetz) ansteuern müssen und daß sie auf dem Weg zu diesen Zielen von spezifischen *Leit-* und *Signalsequenzen* geführt werden. Hierbei handelt es sich um kurze Aminosäureketten, die an wachsende Proteine angefügt und vom jeweiligen Zielkompartiment erkannt werden. Beim cotranslationalen Transfer zum Beispiel wird einem Protein eine kurze Signalsequenz vorangesetzt, die das zunächst noch im Cytoplasma flottierende Ribosom zu einem spezifischen Anheftungspunkt an das ER dirigiert. Dort wird die Signalsequenz von *Signalerkennungspartikeln* kontaktiert, die zwischen ihr und membranständigen Rezeptorproteinen vermitteln. An der Identifikation der Signalsequenzen sind deren lipidlösliche Abschnitte wesentlich beteiligt, und diese sorgen auch dafür, daß die jeweilige Sequenz in das apolare Milieu der endoplasmatischen Membranen eintauchen und diese durchdringen kann. Auf diese Weise ziehen Signalsequenzen gewissermaßen die an ihren Enden angehefteten, Codon um Codon am jeweiligen Ribosom wachsenden Aminosäureketten in die Membranen des ER hinein und schließlich durch diese hindurch. An der Innenseite, also im Lumen des intrazellulären Kanalsystems, werden die Signalsequenzen mittels eigens dafür zuständiger Enzyme abgespalten und die nun von Ribosomen und Membranen abgelösten Proteine auf ihre weitere Reise geschickt.

Wir können uns die Signal- und Leitsequenzen als *Lotsen* vorstellen, die eine Vielzahl von Proteinen zielsicher durch ein strukturiertes Medium an definierte Ankerplätze geleiten. Die Zielgenauigkeit des Transports scheint ausschließlich in der Natur der Signalsequenz zu liegen, wie das im Exkurs „Irrwege eines Darmbakteriums" geschilderte Beispiel nahelegt.

Geleitschutz, Stabilisierung, Qualitätskontrolle: Chaperonine Aminosäureketten wachsen, wie in Abschnitt 3.3.2 beschrieben, an den A-Bindungsstellen von Ribosomen heran. Hat eine solche Kette eine gewisse Länge erreicht, dann beginnt sie sich aufzuwinden und eine komplexere, oft annähernd kugelförmige *Tertiärstruktur* auszubilden. Die genaue Form dieses dreidimensionalen Gebildes hängt zuallererst von der Reihenfolge der Aminosäuren ab. Die am Aufbau der Proteine beteiligten Aminosäuretypen unterscheiden sich voneinander durch spezifische Seitenketten, die lang oder kurz, unverzweigt, verzweigt

EXKURS

Irrwege eines Darmbakteriums

Die besondere Aggressivität und Gefährlichkeit des Tuberku-
lose-Erregers *Mycobacterium tuberculosis* wurzelt in dessen
Fähigkeit, in die im Blut des prospektiven Opfers zirkulierenden
Abwehrzellen, die *Makrophagen*, einzudringen und in diesen
beziehungsweise ihren Nachkommen oft jahrelang zu überdauern. Irgendwann wachen die Erreger dann in ihren Wirtszellen auf und beginnen ihr Zerstörungswerk in der Lunge des
Opfers. Nun sind Makrophagen ja eigentlich darauf spezialisiert,
in den Körper eingedrungene Mikroorganismen und Fremdstoffe
zu erkennen und unschädlich zu machen. Das Tuberkulosebak-
terium unterläuft diese Abwehrstrategie des Wirtsorganismus auf
zweifache Weise. Erstens läßt es sich nicht „fressen", sondern
dringt aktiv durch die Zellmembran in den Makrophagen ein, und
zweitens vermag es im feindlichen inneren Milieu der Makrophagenzelle zu überleben.

Welche seiner Eigenschaften befähigen den Krankheitserreger zu diesen ungewöhnlichen Leistungen? Man hat herausgefunden, daß dabei ein Fragment des Bakteriengenoms mit einer Länge von 1 535 Basenpaaren die entscheidende Rolle
spielt. Dieses Stück des genetischen Programms codiert wahrscheinlich zwei Proteine, von denen eines eine Signalsequenz
repräsentiert – gewissermaßen den Schlüssel zum Öffnen einer
Tür in das Innere der Makrophagenzelle – während das andere
irgendwie das Überleben des Krankheitserregers in der Wirtszelle ermöglicht. Daß Tuberkelbazillen tatsächlich über die Anlei-
tung zum Bau eines Universalschlüssels für Zellen verfügen,
konnte durch ein Experiment bewiesen werden, bei dem das
1 535 Basenpaare lange DNA-Fragment isoliert, kloniert und auf
Darmbakterien der Art *Escherichia coli* übertragen wurde. Diese
dringen normalerweise nicht in andere Zellen ein, doch das auf
sie übertragene DNA-Fragment von *M. tuberculosis* verlieh ihnen
unerwartete Fähigkeiten. Sie erwiesen sich plötzlich imstande,
die Zellen einer Kultur menschlicher Epithelzellen zu besiedeln

und dort zumindest 24 Stunden lang zu überleben (Arruda et al. 1993). Die Fähigkeit, in fremde Zellen einzudringen, scheint in einer etwa 300 Aminosäuren langen Signalsequenz zu wurzeln, die von einem Teil des aus den Tuberkelbazillen isolierten DNA-Fragments codiert wird. Mit Hilfe dieses Schlüssels ist es dem Krankheitserreger gelungen, die erste Verteidigungslinie von etwa einem Drittel der Weltbevölkerung zu unterlaufen und sich in deren Makrophagenpopulationen einzunisten.

oder ringförmig, polar oder apolar, positiv oder negativ geladen sein können. Ab einer bestimmten Länge repräsentiert die Kettenform jedoch nicht mehr die stabilste Struktur des Moleküls, und dieses beginnt sich zu falten und aufzuwinden, bis es zu einer neuen stabilen, nunmehr dreidimensionalen Struktur gefunden hat. In diesem Zustand sind die Seitenketten der Aminosäuren so orientiert, daß sich anziehende und abstoßende Kräfte die Waage halten und die Summe ihrer freien Energien ein Minimum ist (was dasselbe bedeutet wie die Aussage, daß diese Struktur thermodynamisch stabil ist). Wie schon in Abschnitt 2.1 auseinandergesetzt wurde, dachte man früher, die dreidimensionale Struktur eines Proteins werde *ausschließlich* von seiner Aminosäuresequenz bestimmt. Hinweise darauf hatten vor allem Untersuchungen von Christian Anfinsen und seinen Mitarbeitern gebracht, die zeigten, daß Proteine unter bestimmten Bedingungen beliebig oft denaturiert und renaturiert werden konnten, wobei sie stets wieder zur selben stabilen Form (soweit dies mit den damals zur Verfügung stehenden Mitteln festzustellen war) zurückkehrten (Anfinsen 1973). Dies galt als eine Demonstration der *Selbstorganisation* biologischer Strukturen. Dabei war die Bedeutung des Mediums für den Verlauf des Faltungsprozesses zwar anerkannt, im Hinblick auf die Verhältnisse in der lebenden Zelle aber doch stark unterschätzt worden. Die Wechselwirkungen zwischen einem Protein und dem Medium hängen im wesentlichen von der Verteilung der Elektronen im Protein sowie von der Verteilung der Wassermoleküle und Ionen in Medium ab, wobei die entscheidende Determinante der Antagonismus zwischen den *polaren* Wassermolekülen und den *apolaren* Kohlenwasserstoffketten einiger Aminosäuren ist. Dieser Antagonismus hat zur Folge, daß sich die polaren Aminosäuren eines Proteins an der dem Cytoplasma zugekehrten Außenseite des Moleküls anordnen, während die apolaren Aminosäuren im wasserfreien Inneren des Moleküls Platz finden müssen.

Das Ablösen einer Aminosäurekette von dem Ribosom, an dem sie zusammengebaut wurde, gleicht einem Geburtsvorgang. Das Molekül wird aus dem kompakten Nucleoproteinmilieu der Synthesemaschinerie in ein völlig andersartiges Milieu entlassen. Dort herrschen Bedingungen, die die Struktur und Funktion eines Proteins ganz wesentlich beeinflussen können. Zunächst einmal ist das, was noch immer gerne mit dem einheitlichen Begriff Cytoplasma oder Cytosol bezeichnet wird, in Wirklichkeit ein aus zahlreichen Einzelkompartimenten zusammengesetztes, komplex strukturiertes chemisches System, das von den Proteinen auf dem Weg zum jeweiligen Zielort überwunden werden muß (Abschnitt 3.2.2 und Abbildung 3.2). Das Durchwandern von Membranen, die ja einen wesentlichen Bestandteil der eukaryoten Zelle ausmachen, erfordert zum Beispiel andere Löslichkeitseigenschaften als das Passieren der wäßrigen Kompartimente des Cytosols. Zudem können die Konzentrationen einiger Proteine in Zellen so hohe Werte erreichen, daß sich diese unter bestimmten Bedingungen zu Aggregaten zusammenklumpen und damit ihre Funktionsfähigkeit einbüßen. Außerdem variieren im Cytosol die Konzentrationen wichtiger Ionen (H^+, K^+, Ca^{2+}, Mg^{2+}), was wiederum die stabile Struktur von Proteinen und anderen geladenen Molekülen beeinflußt.

Beim Studium des Zusammenbaus von Nucleinsäuren und Proteinen im Zellkern stieß man dann auf ein saures Protein, *Nucleoplasmin*, dessen Anwesenheit das Verklumpen von Nucleinsäuren und Histonen verhindert. Laskey et al. (1978) nannten dieses Protein ein „molekulares *Chaperonin*" (vom englischen *to chaperone*, begleiten, schützen, Anstandsdame spielen ...). Später wurden auch im Cytoplasma Substanzen entdeckt, die einerseits für die korrekte Faltung von Proteinen notwendig sind, andererseits die Bildung von Proteinaggregaten verhindern. Ellis und Hemmingsen (1989) haben den Begriff des Chaperonins oder Chaperons auf diese Klasse von Schutzfaktoren im Cytoplasma ausgedehnt, von denen zusammenfassend zu sagen ist, daß es sich um Proteine handelt, die anderen Proteinen bei der Erstellung und Erhaltung einer jeweils spezifischen Struktur beistehen. Sie assistieren bei der *korrekten* Faltung von Aminosäureketten, verhindern aber auch Wechselwirkungen, die zu *inkorrekten* Faltungsstrukturen führen; sie binden an gefaltete Proteine, begleiten und schützen diese beim Transfer zum Zielort; sie verhindern das Zusammenklumpen von Proteinmolekülen, sind aber auch in der Lage, eine thermodynamisch ungünstige Struktur kurzfristig zu stabilisieren, zum Beispiel, wenn es darum geht, ein im Cytoplasma gelöstes Protein durch das lipophile Milieu einer Membran hindurch zu schleusen (Gething und Sambrook 1992; Georgopoulos 1992; Craig 1993).

Die Einschätzung dieser Schutzfaktoren nahm nochmals eine Wendung, als sich herausstellte, daß Chaperone zu einer größeren Klasse von Proteinen gehören, die in Zellen überall dort und immer dann eingreifen, wenn aufgrund innerer oder äußerer Störungen die Fähigkeit zur Selbstorganisation von Proteinen nicht ausreicht, um eine bestimmte dreidimensionale Struktur zu bewahren oder wiederzufinden. Geraten Zellen zum Beispiel unter den Einfluß erhöhter Temperaturen oder von Schadstoffen, wie Säuren und Metallen, dann nimmt die Gefahr der Denaturierung lebenswichtiger Proteine zu. Unter solchen Bedingungen werden Hitzeschock- und andere *Streßproteine* synthetisiert, die die funktionsgerechte Struktur der gefährdeten Proteine stabilisieren und damit einer allgemeinen Denaturierungskatastrophe entgegenwirken.

Im Kontext des Problems, auf welche Weise Proteine in Zellen ihre jeweils stabile, funktionsgerechte dreidimensionale Struktur finden, hat der Begriff der Selbstorganisation (*self-assembly*) von Anfang an eine große Rolle gespielt (Ellis und Hemmingsen 1989). Anfinsen (1973) verstand darunter die Tatsache, daß in einem definierten Medium Aminosäureketten ihre thermodynamisch stabile dreidimensionale Struktur *autonom*, also ohne die Mitwirkung zusätzlicher Faktoren finden und nahm an, daß diese Struktur dann auch die für die Funktion des jeweiligen Proteins geeignetste sei. Nun zeigt sich aber, daß diese eingeschränkte Version des Prinzips der Selbstorganisation nicht ausreicht, um das Auftreten einer Vielfalt von Proteinstrukturen in Zellen zu erklären. Die Gründe hierfür können sehr unterschiedlich sein. Zum einen erfolgen manche Strukturänderungen von Proteinen zu langsam, um mit der Geschwindigkeit akuter Milieuänderungen Schritt halten zu können. Zum anderen ist es gelegentlich notwendig, thermodynamisch ungünstige, also instabile Strukturen vorübergehend zu stabilisieren, wozu es, wie gerade ausgeführt, des Einsatzes zusätzlicher molekularer Faktoren bedarf. Vom Standpunkt des betrachteten Proteins kann somit – im Gegensatz zu Anfinsens Interpretation – nicht mehr von Selbstorganisation im strikten Sinne gesprochen werden, sondern der Strukturwandel wird durch andere Proteine unterstützt, ja, von diesen in gewissem Maße kontrolliert.

Aber hat sich durch diesen Schwenk unserer Betrachtungsweise Wesentliches geändert? Wir haben ja nur unseren Blickwinkel erweitert und beobachten nun nicht bloß ein einzelnes Proteinmolekül, sondern ein aus mehreren Komponenten bestehendes, umfassenderes System. Vom Standpunkt dieses Systems ist jeder Ordnungszustand, der sich in ihm einstellt, ebenfalls durch Selbstorganisation zustande gekommen, getrieben durch die Affinitäten seiner Teile zueinander. Diese Formulierung deutet allerdings an, daß die Selbstorganisation eines Systems doch etwas anderes ist als die eines individuellen Moleküls. Der Unterschied liegt darin, daß Teile mit unterschiedlichen Funktionen und von unterschiedlicher Herkunft nun füreinander eine *Bedeutung* gewonnen haben.

Export- und Importsysteme   Wie schon erwähnt, müssen Proteine auf dem Weg von den Ribosomen zu ihrem jeweiligen Zielort in der Zelle mehrfach Membranen passieren – ein Vorgang, der den Einsatz einer Reihe spezifischer funktioneller und struktureller Maßnahmen erfordert. Daß die Summe dieser Vorgänge für das Leben einer Zelle auch von großer quantitativer Bedeutung ist, läßt sich daran ermessen, daß rund die Hälfte sämtlicher Proteine in eine zelluläre Membran hinein oder durch eine solche hindurch transportiert wird (Schatz und Dobberstein 1996). In allen Zellen haben sich zwei Typen von Transportsystemen entwickelt: *Export-* und *Importsysteme*. Erstere transportieren Proteine vom Cytosol in extracytoplasmatische Kompartimente, wie etwa das Lumen des endoplasmatischen Reticulums (Abschnitt 3.2.2 und Abbildung 3.2) oder die innere Mitochondrienmembran; letztere übernehmen den Transport in Zellkompartimente, die dem Cytosol äquivalent sind, wie zum Beispiel die Matrix von Mitochondrien, Chloroplasten und Peroxisomen. Jedes Export- oder Importsystem setzt sich aus folgenden Komponenten zusammen:

– cytoplasmatischen Chaperonen, die das zu transportierende Protein bis zur Membran begleiten,
– Membranrezeptoren, die ein Protein an seinen Signalsequenzen erkennen,
– Membrankanälen und Translokatoren, die den Transport eines Proteins durch die Zielmembran hindurch (oder in sie hinein) ermöglichen sowie die hierfür benötigte Energie (meist in Form von ATP oder GTP) bereitstellen.

Am Aufbau jeder dieser Komponenten sind mehrere Proteine beteiligt, so daß sich die Export- und Importsysteme einer Zelle aus Hunderten verschiedener Proteine zusammensetzen, wobei bemerkenswert ist, daß sich Export- und Importsysteme in ihrer Zusammensetzung grundsätzlich voneinander unterscheiden. Abbildung 3.6 zeigt beispielhaft den modularen Aufbau des Importsystems durch die äußere und die innere Membran der Mitochondrien von Hefezellen.

Dem näheren Verständnis eines geregelten Transportprozesses durch Zellmembranen hindurch mögen – dem gegenwärtigen Wissensstand entsprechend – noch folgende Hinweise dienen:

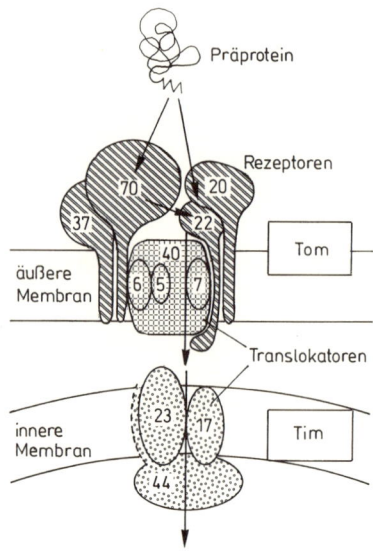

3.6 Die aus verschiedenen Proteinformen zusammengesetzte Transport-maschinerie in den Membranen der Mitochondrien von Hefezellen – den in dieser Hinsicht am besten untersuchten eukaryoten Zellen, die als Modell für andere Zellen dieser Organisationsstufe dienen. Die nunmehr standardi-sierte Terminologie der Komponenten dieses Systems unterscheidet zunächst zwischen der Transportmaschinerie der äußeren (Tom) und der in-neren (Tim) Mitochondrienmembran. Des weiteren wird zwischen *Rezepto-ren* und *Translokatoren* unterschieden. Erstere ragen in das Cytosol und er-kennen das von Chaperonen begleitete „Präprotein" („Prä-" deshalb, weil es sich durch die später abgetrennte Signalsequenz vom endgültigen Protein unterscheidet), letztere sind für den eigentlichen Transport des Proteins durch die Membran hindurch verantwortlich. Jede der durch Schraffierung ausgewiesenen Strukturen repräsentiert eine Einheit des Transportsystems, doch können sich vor allem die Tom-Einheiten vorübergehend auch zu größeren Komplexen zusammenschließen. Mit der Entdeckung weiterer Einheiten ist zudem zu rechnen. Die Zahlen in den schraffierten Strukturen beziehen sich auf das Molekulargewicht der jeweiligen Einheit in Kilodalton und sind Teil von deren offizieller Bezeichnung, also zum Beispiel Tom70 oder Tim44. Die hier identifizierten Einheiten sind in verschiedenen Varian-ten in sämtlichen bisher untersuchten eukaryoten Zellen zu finden. (Nach Pfanner et al. 1996.)

– In der Regel lassen sich Proteine nur in zumindest teilweise entfaltetem Zustand – das heißt partiell denaturiert – durch Membranen
schleusen. Für die Herstellung und Aufrechterhaltung eines derartigen thermodynamisch instabilen Zustands im Cytoplasma sind
eigene Chaperone erforderlich, die das jeweilige Protein bis an den
Membranrezeptor heranbringen. Durch den Kontakt mit dem Rezeptor wird das cytoplasmatische Chaperon abgespalten und die Signalsequenz des Proteins in den Transportkanal dirigiert.

– Die Membranrezeptoren sind integrale, das heißt die Membran
durchsetzende Proteine mit in das Cytosol ragenden Teilen (*Domänen*). Die Funktion eines Rezeptors kann durch die Bindung und Hydrolyse von ATP oder GTP gesteuert werden.

– Zwischen Rezeptoren und Importkanälen bestehen enge Wechselwirkungen, die für das effiziente Durchschleusen eines Proteins
durch den entsprechenden Membranabschnitt verantwortlich sind.
Dabei kann ein und derselbe Transportkanal mit verschiedenen Rezeptoren in Verbindung stehen. Angetrieben wird jeder Transportvorgang meist durch die Hydrolyse eines Nucleosidtriphosphats an der
Außenseite der Membran, wodurch die Konformation eines Rezeptors oder eines Translokators geändert wird. Tom70 (Abbildung 3.6)
wird zum Beispiel als ein mechanochemisches Enzym verstanden,
das die bei der Spaltung von ATP freiwerdende Energie einsetzt, um
ein Protein aktiv durch die innere Membran hindurchzuziehen (Horst
et al. 1997). Daß es sich hier um einen höchst komplizierten Vorgang
handelt, wird unter anderem dadurch dokumentiert, daß die Passage
eines einzigen Proteins durch einen Membrankanal zwischen drei
und 60 Sekunden dauert – 10^6- bis 10^7mal länger als die Passage von
Ionen und kleineren Molekülen durch die zuständigen Kanäle
(Wickner 1994).

– Wird die Signalsequenz des Proteins noch vor Abschluß des Transportvorgangs abgetrennt, dann bleibt das Protein gewissermaßen
in der Membran stecken, es wird zu einem integralen Membranprotein.

3.4 Stoffkreisläufe und Massentransport

Der soeben skizzierte Transport von Proteinen vom Ort ihrer Bildung, dem Ribosom, zum jeweiligen Zielort ist Teilaspekt eines umfassenderen Funktionskreises im Leben der eukaryoten Zelle. Die Aufrechterhaltung des Fließgleichgewichts erfordert den ständigen Umsatz von Zellbestandteilen (Abschnitt 3.2.2). Neben den bereits erwähnten Proteinen werden Polysaccharide, Lipide, Nucleinsäuren sowie kleinere Zellbausteine auf- und abgebaut, verstoffwechselt, in Zellkompartimente eingeschleust, aus diesen ausgeschleust und nach allen Richtungen durch das Innere der Zelle transportiert. Die Gesamtheit des Geschehens müssen wir uns zunächst als einen riesigen Stoffkreislauf vorstellen, denn die meisten Stoffe, die in einer bestimmten Region der Zelle abgebaut oder aus dieser abtransportiert werden, müssen durch gleichartige Stoffe wieder ersetzt werden. Des weiteren ist nicht zu erwarten, daß jede Stoffart eine ebensolche Vorzugsbehandlung erfährt wie die Proteinmoleküle, die, von Chaperonen begleitet, gewissermaßen eine Reise erster Klasse zu ihren Zielorten unternehmen. Für den allgemeinen Umsatz und Transport von Stoffen ist das endoplasmatische Reticulum mit seinen Außenstellen, wie dem Golgi-Apparat und verschiedenen Vesikeltypen (Abbildungen 3.2 und 3.7), von eminenter Bedeutung.

Das ER ist Teil eines ausgedehnten Transportsystems, das alle eukaryoten Zellen durchzieht. Seine Innenräume setzen sich entweder direkt oder indirekt – durch Vermittlung mobiler Membranvesikel – in die Zisternen des *Golgi-Komplexes* fort, die ihrerseits mit Lysosomen und Transportvesikeln in Verbindung stehen, von denen viele mit der äußeren Zellmembran verschmelzen können. Auf diese Weise entsteht ein aus Membranen aufgebautes Netzwerk, über das Zellkern und Außenwelt miteinander kommunizieren (schraffierte Region in Abbildung 3.7a). In diesem System findet ein Großteil des Verkehrs von Proteinen und Lipiden statt, dessen Ordnung auf zwei entscheidenden konstruktiven Prinzipien aufbaut: dem *Prinzip der spezifischen Erkennungssequenzen* und dem *Prinzip des gerichteten Vesikeltransports.*

1. Wie beim posttranslationalen Transport von den Ribosomen in die Lumina des ER (Abschnitt „Proteinkinesis", S. 151) werden Proteine auch zu allen anderen Bestimmungsorten im Zellinneren durch spezifische Erkennungssequenzen dirigiert. Falls sie auf ihrer Reise durch die Zelle mehrere Kompartimente und Reaktionsräume durchqueren müssen, sind auch ihre topogenen Signale aus mehreren Abschnitten zusammengesetzt, von denen jeder für ein bestimmtes Kompartiment zuständig ist (Abschnitt „Proteinkinesis", S. 151, und Abbildung 3.6).

2. Der Massentransport von Proteinen und anderen Stoffen durch das wäßrige Cytosol zur Zellmembran oder zu membranumschlossenen Organellen erfolgt nach dem Containerprinzip, und zwar mit Hilfe von Transportvesikeln, die sich vom ER abschnüren und ihre Last zunächst in den Zisternenstapeln des Golgi-Apparats abladen. Dort werden Proteine modifiziert, etikettiert und neuerlich in Vesikel verpackt, die den Weitertransport zu den eigentlichen Zielorten besorgen. Ein Großteil der in einer eukaryoten Zelle produzierten Proteine wird exportiert, indem die den „trans"-Bereich des Golgi-Apparats (Abbildung 3.7) verlassenden Vesikel mit der Zellmembran fusionieren und ihren Inhalt nach außen abgeben. Dieser Schritt wird *Exocytose* genannt.

Das Prinzip des gerichteten Vesikeltransports in eukaryoten Zellen wurde erstmals vor rund 40 Jahren vorgestellt (Palade 1975). Die dahinterstehende molekulare Maschinerie wurde in den letzten Jahren in ihren wesentlichen Zügen aufgeklärt (Rothman 1994; Fabry 1996). Ihre wichtigsten Komponenten sind folgende (Abbildung 3.7b):

Die Bildung von Vesikeln durch Abschnüren („Knospung") vom Membransystem des ER oder des Golgi-Apparats bedarf der Synthese einer aus sieben Untereinheiten („Coatomeren") zusammengesetzten dünnen Proteinschicht, die vom Cytoplasma ausgehend die Außenseite

a

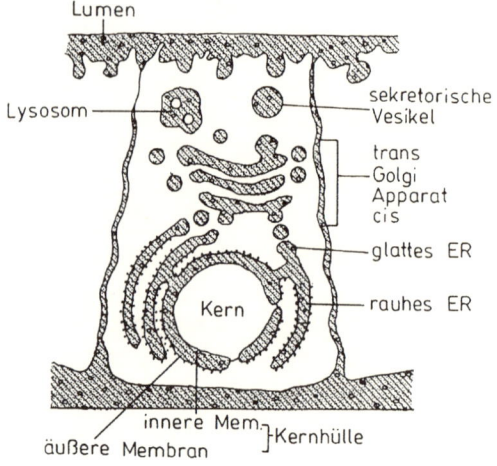

Lumen

Lysosom

sekretorische Vesikel

trans
Golgi
Apparat
cis

glattes ER

rauhes ER

Kern

innere Mem.
äußere Membran
Kernhülle

b

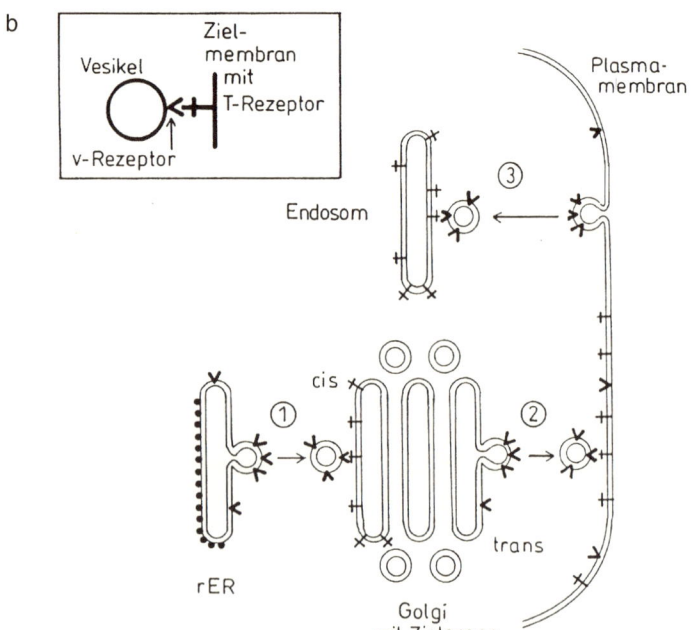

Vesikel

Ziel-
membran
mit
T-Rezeptor

v-Rezeptor

Plasma-
membran

Endosom

③

cis

①

②

rER

trans

Golgi
mit Zisternen

3.7   Das innere Membransystem und das allgemeine Prinzip des Protein-
und Vesikeltransports in eukaryoten Zellen. a) Die schraffierten Bereiche
sind topologisch äquivalente Räume, die im Prinzip alle miteinander sowie
mit dem extrazellulären Medium in Verbindung stehen. (Nach Alberts et al.
1983, S. 353.) Beim Golgi-Apparat wird zwischen einem kernnahen (cis)
und einem kernfernen (trans) Subkompartiment unterschieden. Dazwischen
liegt ein „mediales" Kompartiment. b) Schema des Vesikeltransports. Als
zentraler Mechanismus wird die Bindung zwischen *v-Rezeptoren* auf den
Vesikeln und *T-Rezeptoren* auf den Zielmembranen angesehen (links oben).
Durch die regionale Spezifität dieser Bindung werden die Wege von Vesikel-
populationen und damit die Verteilung der von den Vesikeln transportierten
Proteine auf die verschiedenen Zielregionen in der Zelle festgelegt. Im
Hauptteil der Abbildung ist zwischen drei Abschnitten des Vesikeltransports
unterschieden, von denen jeder durch jeweils spezifische v- und T-Rezepto-
ren identifiziert werden kann: 1) der Weg vom rauhen endoplasmatischen
Retikulum (rER) zur cis-Region des Golgi-Komplexes; 2) von der trans-
Region des Golgi-Komplexes zur Zellmembran; 3) von der Zellmembran zu
Endosomen, über die endocytotisch aufgenommene Partikel in der Zelle
verteilt werden. (Nach Rothman 1994.)

◄

der Vesikel überzieht. Dies scheint notwendig zu sein, um die überwiegend hydrophoben Membranvesikel durch das wäßrige Cytoplasma
transportieren zu können. Die aus dem ER stammenden beschichteten
Vesikel treten an der „cis"-Seite in den Golgi-Komplex ein, die protein-
haltige Schutzschicht wird wieder abgebaut (was die Hydrolyse von
GTP erfordert), und die Vesikel docken an eine der Zisternen des
Golgi-Komplexes an. Diesem Vorgang liegt einer jener vielen Erken-
nungsprozesse zugrunde, die für die Koordination des dynamischen
Geschehens in der Zelle so unentbehrlich sind.

   In diesem Fall wird zwischen zwei Familien von Rezeptoren unterschieden: *v-Rezeptoren* an der Vesikelmembran und *T-Rezeptoren* an
der Zielmembran. Die verschiedenen Zielregionen des Vesikeltransports – Golgi-Komplex, Zellmembran, Endosomen und so weiter –
zeichnen sich durch jeweils spezifische Vertreter der Rezeptorfamilien
aus, die miteinander in Wechselwirkung treten und durch ihre Bin-
dungsspezität die Zielregion identifizieren (Abbildung 3.7b). Die den

Vesikeln im ER und im Golgi-Komplex aufgeprägten v-Rezeptoren repräsentieren die Adresse, mit deren Hilfe die zugehörigen Adressaten im Cytoplasma gefunden werden. Dieser Mechanismus ist unter dem Namen „Snare"-Hypothese bekannt geworden (Rothman 1994; Fabry 1996).

Die aus dem ER stammenden Vesikel fusionieren mit den Membranen des Golgi-Komplexes ((1) in Abbildung 3.7b) und entleeren ihre Fracht in dessen Lumen, wo es zur erwähnten Modifikation der Proteine kommt. Nach weiterem Herumrangieren zwischen den Zisternen verlassen die modifizierten Proteine den Komplex an dessen „trans"-Seite, neuerlich verpackt in beschichteten Vesikeln, die nun den Transport zu den endgültigen Zielorten besorgen. Ist das Ziel die Zellmembran ((2) in Abbildung 3.7b), dann ist ein weiteres Signal vonnöten, ehe die Transportvesikel mit dieser verschmelzen und so den Vorgang der Exocytose einleiten können. Dies schützt die Zelle vor dem Verlust wertvoller Inhaltsstoffe.

In umgekehrter Richtung halten Transportvesikel den lebensnotwendigen Protein- und Lipidverkehr vom extrazellulären Milieu in das Innere von Zellen aufrecht ((3) in Abbildung 3.7b). Hierzu ein charakteristisches Beispiel: Eine besondere Klasse von Proteinen mit einem hohen Anteil apolarer, also lipidlöslicher Seitenketten ist für den Transport von Fetten und fettartigen Substanzen durch das Blut zur Leber und anderen stoffwechselaktiven Geweben verantwortlich. Sogenannte low density lipoproteins (LDL) transportieren zum Beispiel Cholesterin. Sie werden an ihren Zielgeweben durch spezifische, an der Außenseite der Zellmembran lokalisierte LDL-Rezeptoren erkannt und binden an diese. Ist eine größere Zahl derartiger Rezeptoren besetzt, dann stülpt sich die umliegende Region der Zellmembran ein, und es entsteht zunächst eine Tasche. Aus dieser bildet sich durch Abschnürung ein Vesikel, das die proteinbeladenen LDL-Rezeptoren zu einem Endosom transportiert, mit dem es verschmilzt. In dessen saurem Inneren trennen sich die Transportproteine von ihren Rezeptoren und gelangen auf weiteren Umwegen in Lysosomen, in denen sie verdaut werden. Dadurch wird das Cholesterin – um dessentwillen das ganze

Manöver in Gang gesetzt wurde – freigesetzt und weiteren lebenswichtigen Funktionen (zum Beispiel als Bestandteil von Membranen) zugeführt. Die in den Endosomen zurückgebliebenen Rezeptoren gelangen über Vesikelstaffetten wieder zur Zellmembran zurück, auf deren Außenseite sie neuerlich Position beziehen. Es besteht also ein perfekter Kreisverkehr, der dafür sorgt, daß – zumindest bei Säugetieren – ein LDL-Rezeptor in seiner etwa 20 Stunden währenden Lebensspanne mehrere hundert Male zwischen der Zellmembran und dem vesikulären Transportsystem im Zellinneren hin und her verschoben wird. Insgesamt kann der Stoffaustausch zwischen einer Zelle und ihrem äußeren Milieu so intensiv sein, daß im abgestimmten Kreislauf von *Endocytose* (dem Import von Stoffen) und *Exocytose* (Export) die gesamte Zellmembran in ein bis zwei Stunden umgesetzt und somit völlig erneuert wird.

3.5 Signalverkehr und Informationsübertragung

Biologische Systeme sind nicht nur räumlich, sondern auch zeitlich differenziert. Verschiedene Prozesse laufen zu verschiedenen Zeiten sowie in voneinander getrennten Bereichen ab: in Kompartimenten, Organellen, Geweben und Organen. Die Abstimmung dieser Prozesse erfolgt über Signale, deren Spezifität und Vielfalt dem Grad der Differenziertheit und Komplexität des Organismus entsprechen müssen. Indem Signale von Sendern an Empfänger übertragen und im Kontext einer nachrichtentechnischen Aufgabe mit anderen Signalen verknüpft und verglichen werden, fließt ihnen *Bedeutung* zu. Sie übermitteln *Information*. Ein aus Signalen, Rezeptoren und integrierenden Elementen zusammengesetztes System kann daher als *Informationssystem* bezeichnet werden.

Im Einklang mit der in Abschnitt 1.4 getroffenen Unterscheidung von drei Ebenen der biologischen Organisation sei hier zwischen inne-

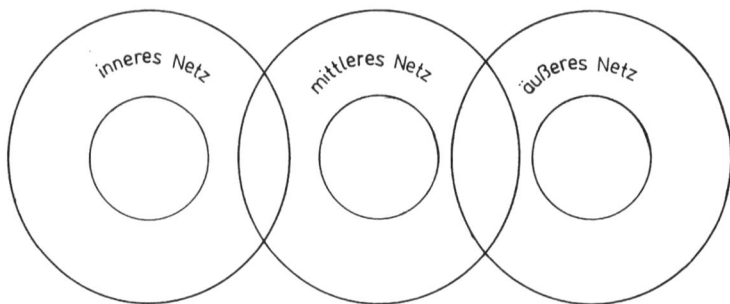

3.8 Schematische Darstellung des Prinzips der *Verschränkung* (äußere konzentrische Kreise) und relativen *Eigenständigkeit* (innere konzentrische Kreise) der drei Informationsnetze im vielzelligen tierischen Organismus.

rem, mittlerem und äußerem Informationsnetz unterschieden, von denen jedes trotz seiner engen Verschränkung mit den beiden anderen Netzen ein gewisses Maß an Eigenständigkeit besitzt. Abbildung 3.8 deutet diese Beziehungen an. Das innere Informationsnetz setzt sich vor allem aus den in Abschnitt 3.3.1 skizzierten Transkriptionsfaktoren zusammen, die aneinander sowie an Erkennungssequenzen der DNA binden und auf diese Weise den Einsatz und Verlauf der Expression genetischer Information steuern. Dies kann in Verbindung mit der Steuerung von Replikation, Reparatur und Rekombination ein weitgehend auf das Genom bezogener Vorgang sein (innerer Kreis in Abb. 3.8), aber die Expressionsprodukte der Gene steuern natürlich auch den Stoffwechsel und das Verhalten des gesamten Organismus (überlappende große Kreise). Gleiches gilt für die Verschränkung zwischen dem äußeren und dem mittleren Netz. Signale aus der Umwelt, die von Sinnesorganen aufgenommen und verwandelt werden, steuern Prozeßabläufe im Organismus, aber innerhalb einer sozialen Umwelt dienen derartige Signale auch der Strukturierung des sozialen Systems.

Im tierischen Organismus werden Stoffwechselprozesse und andere Effektorleistungen durch eine Vielzahl chemischer Signale gesteuert. Diese stammen aus Zellen, die aufgrund ihrer besonderen Eigenschaften imstande sind, Systemzustände des Organismus zu registrieren und zu bewerten. Einige Beispiele für den Zusammenhang zwischen Signal, Gewebe und Funktion liefert Tabelle 3.2. Die von Nerven-, Hormon- und Immunsystem, den drei integrativen Systemen tierischer Organismen, ausgesandten chemischen Signale werden über Leitungsbahnen – Blutgefäße oder Nervenfasern – Zielgeweben übermittelt, wo sie in Zellen spezifische Funktionen in Gang setzen. Die Frage der *Spezifität* dieser Funktionen ist eines der Hauptprobleme der biologischen Informationsverarbeitung. Tabelle 3.2. enthält bereits eine Teilantwort auf diese Frage: Verschiedene Funktionen können durch ein und dasselbe Signal in den Zellen verschiedener Gewebe (Adrenalin in Muskel und Fettgewebe), aber auch durch verschiedene Signale in ein und demselben Gewebe (Adrenalin und Somatomedin in Muskelgewebe) gesteuert werden. Spezifität entsteht also zunächst einmal durch die Spezifität der *Adresse*. Entscheidender Bestandteil der Adresse sind *Rezeptoren*, von denen es sowohl funktionsspezifische wie gewebespezifische geben

Tabelle 3.2: Einige Beispiele für die Zusammenhänge zwischen Signal, Zielgewebe und Effektorleistung (Funktion) bei Wirbeltieren. (α und β bezeichnen verschiedene Typen von Adrenalinrezeptoren auf den Membranen von Zellen der Zielgewebe.)

Signal	Gewebe	Funktion
Adrenalin	Skelettmuskel β	Glykogenabbau
Adrenalin	Fettgewebe β	Lipidabbau
Adrenalin	Fettgewebe α	Hemmung des Lipidabbaus
Adrenalin	Darm β	Flüssigkeitssekretion
Vasopressin	Niere	Rückresorption von Wasser
Angiotensin II	Nebenniere	Sekretion von Aldosteron
Acetylcholin	Pankreas	Sekretion von Amylase
Acetylcholin	Pankreas (β-Zellen)	Sekretion von Insulin
Acetylcholin	glatte Muskulatur	Kontraktion
Interleukine	Lymphocyten	DNA-Synthese
Wachstums-faktoren	Fibroblasten	DNA-Synthese
Somatotropin, Somatomedin	Muskel und andere Gewebe	Proteinsynthese

muß. Eine weitere Form der Spezifität bietet die Spezifität der *Leitungsbahn*, wie sie im Nervensystem verwirklicht ist.

3.5.1 Digitale und analoge Verschlüsselung

Zellen werden also durch eine Vielzahl von Signalen darüber auf dem laufenden gehalten, was sich im Organismus in näherer oder weiterer Entfernung abspielt: über Aktivitätszustände, Immunstatus, Verletzungen, Wassergehalt, Muskeltonus, Körpertemperatur und vieles andere mehr. Weiterhin muß die Zelle auf Änderungen ihrer eigenen Befindlichkeit reagieren, sie muß über Volumen, Ionenverteilung, Energiereserven, pH-Wert und andere zelluläre Zustandsgrößen informiert sein. Alle relevanten Signale müssen empfangen, bewertet und beantwortet werden. Die Frage ist entscheidend, wie Zellen den jeweiligen Wert einer intra- oder extrazellulären Variable messen und wie sie funktionsgerecht auf ihn zu reagieren vermögen. Was die Übertragung von Signalen von einem Sender zu einem Empfänger betrifft, so wird in der Nachrichtentechnik zwischen zwei Verfahren unterschieden, dem *Analogieverfahren* und dem *digitalen* oder *Zählverfahren*. Bei ersterem wird eine bestimmte Größe oder Konfiguration auf eine andere Größe oder Konfiguration übertragen, zum Beispiel die Temperatur auf eine elektrische Spannung und diese auf die Auslenkung einer Schreibfeder, die dann auf einem Registrierpapier eine Kurve zeichnet und damit den Temperaturverlauf abbildet. Auch die Photographie steht zur abgebildeten Wirklichkeit in einem Analogieverhältnis. Beim digitalen Verfahren hingegen wird die Nachricht in ein abstraktes Bezugssystem übersetzt, in eine Buchstabensprache oder in einen digitalen Code. Für die Signalübertragung in Zellen und Organismen muß folgendes gelten: Das Bild, das sich die Zelle durch Vermittlung ihrer Rezeptoren von der Umwelt macht, soll *adäquat* und *verläßlich* sein. Adäquat in dem Sinne, daß der gesamte für die Zelle relevante Bereich einer bestimmten Variable erfaßt und bewertet werden kann. Verläßlich in dem Sinne, daß die gewonnenen Meßwerte im großen und ganzen *richtig* sein müssen, was eine hinreichende Absicherung gegenüber Störfaktoren erfordert. Weiterhin müssen aufgrund der Ergebnisse des Meß- und Bewertungsverfahrens an kritischen Stellen einer Signalübertragungskette *Entscheidungen* getroffen werden können, und diese Entscheidungen müssen (im Rahmen gewisser Toleranzbereiche) *eindeutig* sein. Es muß zum Beispiel eindeutig sein, ob ein Enzym aktiviert werden soll oder nicht.

Mittels beider Verfahren kann eine beliebige Menge von Information übertragen werden. Das analoge Verfahren erscheint zunächst als das einfachere und daher billigere, denn eine gleitende Variable kann von einem geeigneten Sensor direkt in eine andere gleitende Variable übersetzt werden, der erwähnte Temperaturgang zum Beispiel in einen Kurvenverlauf oder der Konzentrationsgradient eines Stoffes in einen Druckgradienten. Dieselbe Variable kann aber auch von einem komplizierteren Sensor *digitalisiert*, das heißt, in einen binären (oder sonstigen) Code verwandelt werden. Jedes Zeichen oder jede Zeichenfolge dieses Codes repräsentiert dann einen bestimmten Wert der zu messenden Variable. Man könnte einwenden, daß es bei diesem Verfahren keine Übergänge zwischen Zeichenkombinationen gibt und dadurch Information verloren geht. Durch Verlängerung der Zeichenfolge läßt sich jedoch – wie bereits Turing (1937) nachgewiesen hat – die Genauigkeit der Übertragung beliebig steigern. Dieser Hinweis macht allerdings auch deutlich, daß beim digitalen Verfahren für die Erhöhung der Genauigkeit und die Annäherung an die Vollständigkeit der Abbildung ein möglicherweise hoher Preis zu zahlen ist. Je mehr Werte einer Variable codiert, übertragen und gespeichert werden sollen, desto längere Übertragungszeiten und desto mehr Speicherplatz müssen in Kauf genommen werden. Dieser Nachteil wird jedoch durch einen enormen Vorteil aufgewogen: die (relative) Sicherheit der Übertragung und die Eindeutigkeit des gespeicherten Wertes. Was die Übertragung und Speicherung von Nachrichten betrifft, könnte es also in der biologischen Evolution zu einem Abwägen von Vor- und Nachteilen gekommen sein. Während das analoge Verfahren einfach, aber störungsanfällig ist, erfordert das digitale Verfahren einen höheren technischen und energetischen Aufwand, ist dafür aber bei Sicherheit und Reproduzierbarkeit überlegen. In der kulturellen Evolution der Menschheit scheint eine Entwicklung von analogen zu digitalen Methoden der Nachrichtenübermittlung stattgefunden zu haben, wobei vor allem zwei Erfindungen entscheidend waren: Buchdruck und elektronische Datenverarbeitung. Diese Entwicklung veranlaßte einen der Pioniere der Nachrichtentechnik zu folgender Feststellung: »Das Analogieverfahren ist ursprünglich und unmittelbar ... Das Zählverfahren ... ist ... wenig anschaulich und tritt immer erst in einem späteren Abschnitt der Entwicklung auf« (Zemanek 1959, S. 17). Der interne Nachrichtenverkehr des Organismus wurde zu allen Zeiten vom analogen Prinzip beherrscht. Unsicherheit und Mehrdeutigkeit werden in Kauf genommen, ja mögen sogar an gewissen Punkten des Systems kreative Elemente der Informationsverarbeitung darstellen. Digitalisierte Verfahren zur Übertragung und Speicherung von Information sind in den physiologischen Kommunikationssystemen von Organismen nicht entstanden – auch wenn in der euphorischen Anfangsphase des Computerzeitalters unter Neurophysiologen und Psychologen eine Zeitlang die Ansicht populär war, das Gehirn funktioniere wie ein digitaler Computer (George 1961). Das ist sicherlich nicht der Fall, auch wenn es im Nachrichtenverkehr von Organismen kritische Punkte gibt, an denen biologische Elemente die Rolle von quasi-binären Schaltern spielen und damit das einfachste Merkmal des digitalen Übertragungsprinzips verkörpern. So sind zahlreiche Knoten des Stoffwechselnetzes mit Proteinen besetzt, die in zwei (manchmal auch mehreren) deutlich voneinander unterschiedenen Konfigurationen vorkommen und damit die Funktion eines Schalters oder einer Weiche im Stoffwechselnetz erfüllen. Im Nervensystem erweckt der elektrochemische Impuls des Aktionspotentials noch viel deutlicher den Eindruck eines binären Schalters, denn er folgt dem „Alles-oder-nichts-Gesetz", das heißt, es gibt nur zwei Zustände: Ein oder Aus, 1 oder 0. Einige Grundbausteine für den Aufbau logischer Netze stehen also auch dem Phänotyp zur Verfügung. Durch das Zusammenschalten mehrerer solcher Schaltelemente vermag dieser sogar simple logische Operationen, wie Addition und Subtraktion, durchzuführen. Ein molekulares Beispiel dieser Art haben wir bereits bei der Besprechung der Interaktionen von Transkriptionsfaktoren kennengelernt (Abschnitt 3.3.1 und Abbildung 3.5), und auf der Beobachtung des Zusammenspiels hemmender und erregender Synapsen im Nervensystem beruhte die erwähnte Idee vom Gehirn als einem digitalen Computer. In allen diesen Fällen funktionieren digitale Elemente allerdings nur im Kontext weitverzweigter Geflechte *analoger* Beziehungsmuster. So ist es im Nervensystem meist nicht der *einzelne* Impuls, sondern es sind die Impuls*salven*, die komplexere Information übermitteln – und deren Frequenz ist ein analoges Übertragungsprinzip. Auf der anderen Seite besteht die Funktion der Schalterproteine darin, entweder andere Schalter zu aktivieren oder Substrat- und Signalflüsse (also Mengen pro Zeit) zu steuern, und auch dahinter verbirgt sich ein analoges Übertragungsprinzip.

Die Funktionen molekularer und elektrochemischer Schalter im phänotypischen Nachrichtenverkehr von Organismen sind dementsprechend sehr spezifisch und eng umschrieben. Molekulare Schalter vermitteln im wesentlichen *kritische Entscheidungen* an den Knotenpunkten des Stoffwechsels und der Signaltransduktion: Zum Beispiel können zwei Konformationen eines katalytischen Proteins oder einer Synapse die Kommandos „Ein" oder „Aus", „Ja" oder „Nein" geben. Andererseits repräsentieren die Aktionspotentiale von Nervenzellen das Prinzip der möglichst *störungsfreien Übertragung* von Signalen über weite Strecken. In dieser Hinsicht lassen sich die von einem Zellkörper zu peripheren Synapsen ziehenden Impulssalven mit dem in der Radiotechnik gebräuchlichen Verfahren der Frequenzmodulation (FM) vergleichen. Selbst im Zusammenhang mit den Leistungen des *Gedächtnisses* ist es im Gehirn nicht zum Aufbau eines logischen Informationssystems gekommen. Das Faszinierende und Einmalige dieser Leistungen beruht vielmehr darauf, daß das Gehirn eben *nicht* digital, sondern analog funktioniert; *nicht* wie ein moderner Computer, sondern eher wie ein mikroskopisch-holographisches Videosystem.

Daß in der biologischen Welt das digitale Verfahren der Nachrichtenübermittlung und -speicherung aber doch eine entscheidende, ja *die* entscheidende Rolle spielt, sollte die vorhergehende Diskussion über die Grammatik und Semantik des genetischen Programms (Abschnitt 2.1) deutlich gemacht haben. Stellen wir die Frage, warum es im Genom, nicht aber im physiologischen Apparat des Gehirns zur Evolution eines nach digitalen Prinzipien funktionierenden Informationssystems, einer *Sprache*, gekommen ist, dann reduziert sich die Antwort wahrscheinlich auf ein einziges Argument, nämlich auf den Zwang, komplizierte Texte mit hohem Informationsgehalt fast fehlerfrei, dafür aber unbegrenzt oft kopieren und speichern zu müssen. Dies wäre mit einem störungsanfälligen analogen System nicht zu leisten, und so muß zu Beginn der biologischen Evolution – der oben zitierten Aussage von Zemanek (1959) zum Trotz – ein mit einigen wenigen Zeichen operierendes digitales System der Nachrichtenspeicherung und -übertragung etabliert worden sein. Es dauerte fast vier Millarden Jahre, ehe ein zweites vergleichbares System erfunden wurde – vom menschlichen Gehirn und mit den Mitteln eines überwiegend analog operierenden neurophysiologischen Systems der Nachrichtenverarbeitung. Daß die Grundlage der Tätigkeiten des Gehirns ein analog, korrelativ und assoziativ arbeitendes Nachrichtsystem ist, zeigt sich unter anderem in den Schwierigkeiten, die uns logisches Denken und erst recht logisches Handeln bereiten. In den Hervorbringungen ihrer eigenen Gehirne: in Büchern über Logik und Mathematik, in technischen Anweisungen und im codifiziertem Recht, suchen Menschen jedoch immer wieder nach Bestätigung für die Annahme, daß ohne ein logisches System der Informationsverarbeitung im Hintergrund nicht nur eine biologische, sondern auch eine sozio-kulturelle Evolution nicht stattfinden kann.

3.5.2 Der weite Weg von der Außenwelt in die Innenwelt der Zelle

Wie Tabelle 3.2. andeutet, bewirkt die Ausschüttung von Adrenalin aus dem Mark der Nebenniere (einem neuroendokrinen Gewebe) in Muskelfasern den Abbau von Glykogen. Das kleine Adrenalinmolekül ist das Signal, das über das Blut transportiert und von spezifischen Rezeptoren an den Außenseiten der Zellmembranen verschiedener Gewebe erkannt und mit hoher Affinität gebunden wird. Als Folge dieser Bindung macht der aus mehreren großen Proteinmolekülen zusammengesetzte Rezeptor eine Konformationsänderung durch, die in den Zellen des Zielgewebes eine Serie physikochemischer Prozesse in Gang setzt. Diese ersten Schritte der Signalübertragung demonstrieren das soeben erwähnte Zusammenspiel von analogen und digitalen Verfahrensweisen. Die Stärke eines Reizes oder einer inneren Störung wird durch die Menge der mobilisierten Signalmoleküle repräsentiert und diese durch die Menge der an den Zellmembranen aktivierten Rezeptoren, die ihrerseits wieder die Menge der durch die chemische Reaktionskette transportierten Moleküle (also deren *Fluß*) bestimmt. Dies sind analoge Vorgänge, da jeweils eine Menge durch eine andere Menge abgebildet wird. Die Aktivierung eines Rezeptors hingegen, also das Ingangsetzen (oder Stoppen) einer Reaktionskette, ist, wie die Funktion eines Schalters, ein digitales Ereignis.

Mit seiner Aktivierung setzt der Rezeptor eine Reaktionskette und damit eine Stafette von sogenannten *Signaltransduktionen* in Gang. Zunächst muß der Zelle der Empfang eines externen Signals mitgeteilt werden, wofür Signalwandler oder Transducer zur Verfügung stehen. Eine häufig verwendete Klasse von Transducern sind die *G-Proteine*. Ihr Name deutet darauf hin, daß das Protein durch Verbindung mit einem energiereichen Molekül *GTP* (Guanosintriphosphat) aktiviert wird. Ein GTP-spaltendes Enzym, die GTPase, kann die Aktivierung wieder aufheben, also wie ein AUS-Schalter wirken. Die Konfigurationsänderung des aktivierten G-Proteins ist Auslöser des nächsten digitalen Schrittes, der in der Aktivierung des in die Zellmembran eingebetteten Enzyms *Adenylatzyklase* besteht. Dieses ragt mit einem Ende in das Cytosol und katalysiert dort die Umsetzung von Adenosintriphosphat (ATP) in das zyklische Adenosinmonophosphat (cAMP), ein kleines, gut wasserlösliches Molekül, das beim Informationsverkehr in Zellen eine besondere Rolle spielt. Es fungiert als *sekundärer Botenstoff*, der als das intrazelluläre Pendant zu einem extrazellulären

Hormon Information (in diesem Fall das Signal ADRENALIN!) durch das Cytosol hindurch an spezifische Effektoren heranträgt. Je mehr Adrenalinrezeptoren aktiviert worden sind, desto mehr Moleküle Adenylatzyklase nehmen ihre katalytische Tätigkeit auf und desto mehr cAMP-Moleküle übertragen pro Zeiteinheit ihre Botschaft an die nächste Station der Signalstafette. Aufgrund der Einschaltung des Enzyms Adenylatzyklase hat somit nicht bloß die Verwandlung (Transduktion) eines Signals (Adrenalin) in ein anderes Signal (cAMP) stattgefunden, sondern auch eine *Verstärkung* und räumliche *Verteilung* des ursprünglichen Signals.

Die besondere Aufgabe sekundärer Botenstoffe besteht einerseits darin, die Strecke zwischen der Zellmembran und spezifischen Zielorten im Stoffwechselnetz der Zelle möglichst rasch zu überwinden, andererseits in der Aktivierung eines weiteren Schalters, was zur Auslösung der nächsten molekularen Reaktion und damit letztendlich zur Mobilisierung der eigentlichen Zielfunktion führt. Aber auch diese Etappe der Signaltransduktion wird nicht in einem einzigen Schritt, sondern in Form einer Kaskade enzymatisch gesteuerter Reaktionen zurückgelegt, einem weiteren Instrument zur Verstärkung und Ausbreitung chemischer Signale über den cytoplasmatischen Raum. Außerdem erhöht der Mechanismus der Kaskade die Zahl möglicher Kontrollpunkte im Prozeßgeschehen, denn jede Stufe wird von einem anderen Enzym katalysiert und kann demgemäß durch zusätzliche Faktoren beeinflußt und gesteuert werden.

Verfolgen wir zunächst noch das weitere Schicksal des sekundären Botenstoffs cAMP. Wie andere derartige Stoffe findet auch dieser seinen Weg zu einem molekularen Effektor, der sich aus einer regulatorischen und einer katalytischen Komponente zusammensetzt (Abbildung 3.9). Das cAMP-Molekül bindet an den regulatorischen Teil, was dessen Trennung vom größeren katalytischen Teil zur Folge hat. Das damit enthemmte Enzym fungiert als eine *Kinase*, die Phosphatgruppen auf andere katalytische Proteine überträgt, wodurch diese ebenfalls aktiviert werden. Der Akt der Phosphorylierung kann allerdings auch zur *Inaktivierung* eines Enzyms führen. In dem hier betrachteten Beispiel wird durch cAMP das Enzym Phosphorylasekinase und durch diese das Schlüsselenzym Glykogenphosphorylase mobilisiert. Letztere ist der eigentliche Effektor der Kaskade, der von großen Glykogenmolekülen jene kleinen Glucosereste abspaltet, die als Energiequellen für schnelle Muskelkontraktionen dienen.

Die Dimension des Raumes zwischen Zellmembran und Zellkern, der von Signalfaktoren überwunden werden muß, läßt sich anschaulich machen, wenn wir alle linearen Maße mit 10^9 multiplizieren. Der Radius einer durchschnittlichen eukaryoten Zelle kann mit zehn Mikrometern angenommen werden, der Durchmesser eines durchschnittlichen Proteins mit fünf Nanometern und der eines kleinen Moleküls wie cAMP mit einem Nanometer. Milliardenfach vergrößert stellt sich das Problem des Nachrichtenverkehrs derart dar, daß eine Strecke von zehn Kilometern von ein bis fünf Meter langen Vehikeln zurückgelegt werden soll. Ein mit 120 Stundenkilometern fahrendes Auto braucht hierfür fünf Minuten. In der um den Faktor 10^9 reduzierten molekularen Dimension entsprechen fünf Minuten einer Zeitspanne von 0,3 Mikrosekunden. Proteinmoleküle brauchen tatsächlich in etwa so lange, um durch das Cytosol einer Zelle hindurchzudiffundieren. Das heißt, der molekulare Signalverkehr in Zellen erfolgt mit einer Geschwindigkeit, die in etwa der des legalen Autoverkehr auf unseren Autobahnen entspricht.

Intrazelluläre Kommunikation: Ein vereinheitlichendes Prinzip

Das molekulare Gerüst der Übertragung von Signalen aus dem extrazellulären Milieu in das Innere von Zellen hat klare Strukturen. Das soeben geschilderte zyklische Adenosinmonophosphat (cAMP) ist die am längsten (seit 1958) bekannte Komponente eines Mechanismus, dessen wichtigste gemeinsame Merkmale in Abbildung 3.9 zusammengestellt sind. In den Membranen von Zielgeweben gibt es spezifische Rezeptoren, die sich durch hohe Affinität für *primäre Botenstoffe* auszeichnen. Zu diesen gehören vor allem Hormone, außerdem Neurotransmit-

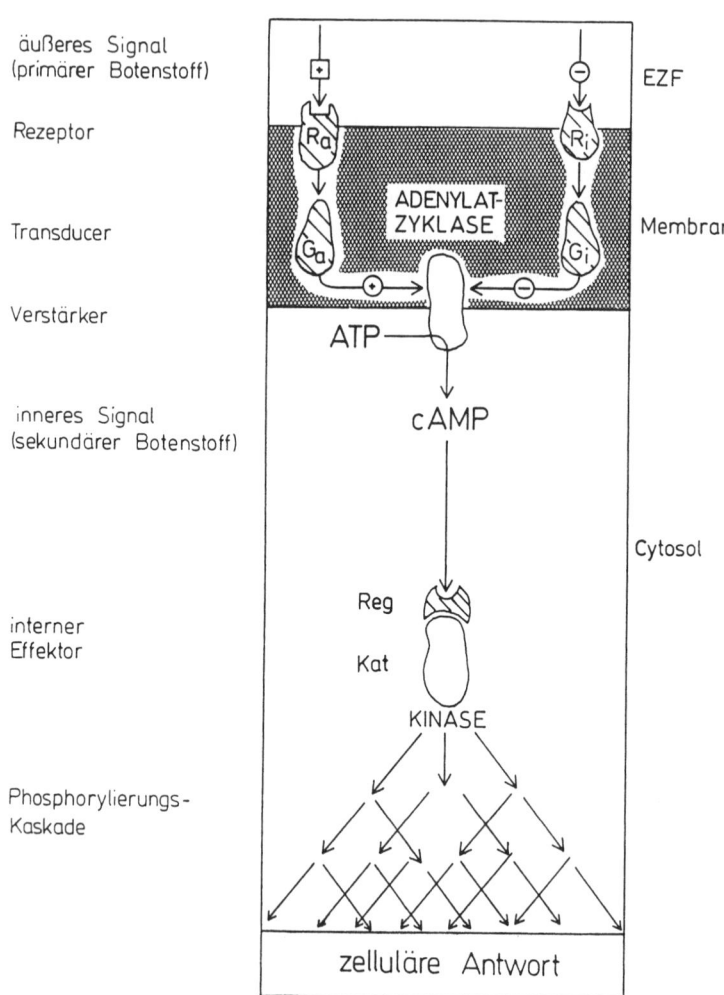

äußeres Signal
(primärer Botenstoff)

Rezeptor

Transducer

Verstärker

inneres Signal
(sekundärer Botenstoff)

interner
Effektor

Phosphorylierungs-
Kaskade

EZF

Membran

Cytosol

ADENYLAT-
ZYKLASE

ATP

cAMP

Reg

Kat

KINASE

zelluläre Antwort

ter, Wachstums- und Differenzierungsfaktoren, Cytokine, Lymphokine, Morphogene und sogar einige Vitamine. Die jeweils zuständigen Rezeptoren stehen in direktem Kontakt mit Vertretern einer weiteren Familie von Membranproteinen, die als Signalwandler oder Adapter wirken, indem sie Enzyme aktivieren, die *sekundäre Botenstoffe* entwe-

3.9 Die wichtigsten Stationen eines der am besten bekannten intrazellulären Signalwege, der primäre Botenstoffe (in diesem Fall Hormone) aus dem extrazellulären Milieu (EZF, für extrazelluläre Flüssigkeit) mit spezifischen Effektoren (in diesem Fall Schlüsselenzymen des Zellstoffwechsels) verknüpft. Zu unterscheiden sind dabei: Rezeptoren für primäre Botenstoffe mit aktivierender (R_a) und solche mit hemmender (R_i) Wirkung; G-Proteine, die als Transducer oder Signalwandler wirken (G_a, G_i); das Enzym Adenylatzyklase, das den sekundären Botenstoff cAMP aus ATP herstellt und damit die Rolle eines Verstärkers spielt; als erster interner Effektor eine Proteinkinase, die sich aus einem regulatorischen (Reg) und einem katalytischen (Kat) Teil zusammensetzt. Unter dem Einfluß von cAMP löst sich dieser von jenem und setzt eine Phosphorylierungskaskade in Gang, die schließlich in der eigentlichen zellulären Antwort (in diesem Fall der Mobilisierung von Muskelglykogen) mündet. (Nach Berridge 1985.)
◄

der aus Vorstufen herstellen oder aus Speichern freisetzen (in Abbildung 3.9 ist erstere Variante dargestellt). Die sekundären Botenstoffe wiederum induzieren in Effektorproteinen Konformationsänderungen, entweder indem sie selbst an die regulatorische Einheit des jeweiligen Proteins binden oder indem sie dessen Phosphorylierung bewirken. Die aktivierten Effektorproteine lösen chemische Prozesse aus, an denen energiereiche Phosphatverbindungen beteiligt sind, und zwar meist als Bestandteile von Phosphorylierungskaskaden, die in die jeweilige Zielfunktion einer Signalkette münden.

Neben dem cAMP-Weg gibt es einen zweiten, ähnlichen Weg, der allerdings aus einer größeren Anzahl von Komponenten besteht. Deren wichtigste ist das zweiwertige Kation *Calcium*, der vielseitigste aller intrazellulären Botenstoffe, der an eine Reihe von Proteinen (von denen *Calmodulin* und *Troponin* als quantitativ herausragende genannt seien) bindet und durch diesen Akt die Konformation des jeweiligen Zielproteins verändert. Der Ca^{2+}-Protein-Komplex nimmt dann maßgeblich an der Steuerung von Effektorleistungen teil, der Ca^{2+}-Troponin-Komplex zum Beispiel am Kontraktionszyklus von Muskelfasern. Mit dem Calcium eng verknüpft sind zwei weitere sekundäre Botenstoffe, deren Besonderheit darin liegt, daß sie aus dem Baumaterial von Zellmembranen stammen: *Inositoltriphosphat* (*IP₃*) und *Diacylglycerol* (*DAG*), die durch das lipidspaltende Enzym *Phospholipase C* aus einem Phospholipid an der Innenseite von Zellmembranen auf katalytischem Wege hergestellt werden. Die Freisetzung von IP_3 und DAG wird über Signale aus dem extrazellulären Milieu durch Vermittlung von Membranrezeptoren gesteuert, die entweder mit einem der schon erwähnten *G-Proteine* oder mit einem weiteren phosphatübertragenden Protein, einer *Tyrosinkinase*, assoziiert sind.

Das wasserlösliche IP_3 gelangt in das Cytoplasma und mobilisiert Calciumionen aus internen Speichern im endoplasmatischen Reticulum. Auf diese Weise nimmt es teil an der Steuerung wichtiger zellulärer Funktionen, etwa von Muskelkontraktionen. Das größere DAG bleibt in der Zellmembran, in der es sich aufgrund seines lipophilen Charakters frei bewegt. Sowohl Ca^{2+} wie DAG aktivieren nun das ebenfalls phosphatübertragende Enzym *Proteinkinase C*, das seinerseits eine große Zahl verschiedener Proteine zu phosphorylieren vermag und somit im Informationsnetz von Zellen eine Schlüsselposition einnimmt (Hug 1992; Berridge 1993).

Die bisher genannten sekundären Botenstoffe cAMP, Ca^{2+}, IP_3 und DAG spielen insgesamt gewichtige Rollen bei der Steuerung von Stoffwechselprozessen im Organismus. In den verschiedensten Zielgeweben induzieren sie so unterschiedliche Funktionen wie die Sekretion von Hormonen, den Abbau von Glykogen und Lipiden, die Resorption von Wasser oder Knochensubstanz, die Kontraktion von Skelettmuskeln, die Beschleunigung der Herzschlagfrequenz und viele mehr.

Darüber hinaus sind diese Signalfaktoren aber auch an der Steuerung von Entwicklungs- und Wachstumsvorgängen beteiligt, die die Transkriptionsmaschinerie der DNA im Zellkern in Anspruch nehmen. In diesem Funktionskreis müssen die kleinen Botenstoffmoleküle allerdings mit großen Signalproteinen kooperieren. Dieser Schritt ist notwendig, um diejenigen großen Transkriptionsfaktoren zu erreichen und zu aktivieren, welche die Expression von Genen kontrollieren. Dabei ist zwischen zwei alternativen Informationswegen zu unterscheiden, einem direkten und einem indirekten.

1. Der *direkte* Weg zwischen dem mittleren und dem inneren Informationsnetz von Organismen steht nur stark apolaren primären Botenstoffen, vor allem Steroidhormonen, offen, die die Zellmembran aufgrund ihres lipophilen Charakters mehr oder minder ungehindert passieren können und erst im Zellinneren durch spezifische Proteine erkannt und gebunden werden. Die Rezeptoren dieses Informationsweges sind somit nicht membrangebundene, sondern im Cytosol gelöste Proteine, die mit ihrer Fracht die Kernhülle durchdringen und an die DNA andocken. Dort binden solche Komplexe an Erkennungssequenzen, wodurch spezifische Übersetzungen und Expressionen in Gang gesetzt werden (Abschnitte 3.3.1 und 3.3.2).

2. Der *indirekte* Nachrichtenweg von der Außenwelt in die Innenwelt des Genoms erfordert demgegenüber das Zusammenspiel einer großen Zahl von Membranrezeptoren, Transducern, Verstärkern und Transkriptionsfaktoren (Abbildung 3.10). Die Komplexität dieses Zusammenspiels dürfte damit zusammenhängen, daß in diesem Funktionskreis Fehlsteuerungen zur unbegrenzten Zellvermehrung und damit zu ungeregeltem Wachstum führen können. Jeder der beteiligten Proteinfaktoren spielt dementsprechend die Rolle einer potentiellen Kontrollinstanz zur Sicherung des korrekten Verlaufs von Wachstums- und Entwicklungsvorgängen.

Zwischen den beiden Hauptfunktionen des intrazellulären Nachrichtenverkehrs, der Steuerung von Stoffwechselprozessen im Cytosol und der Aktivierung von Genen im Zellkern, besteht auch ein gravierender strategischer Unterschied: Viele Schlüsselenzyme des Stoffwechsels liegen in nano- bis mikromolaren Konzentrationen vor, was 100 bis 100 000 Molekülen in einer eukaryoten Zelle entspricht, deren durchschnittliches Volumen mit 10^{-12} Liter angenommen wird. Demgegenüber sind die Gene einer diploiden Zelle *Unikate*, das heißt, es gibt in jeder Zelle nur ein einziges Exemplar (wenn man von der möglichen Existenz multipler Genkopien absieht). Man sollte also meinen, daß die Aktivierung von Enzymen und die Aktivierung von Genen die Informationssysteme von Zellen vor sehr unterschiedliche Aufgaben stellen.

Intrazelluläre Kommunikation: Vernetzung und Modulation

Der reduktionistische Charakter der naturwissenschaftlichen Methode bringt es mit sich, daß unabhängig von der Komplexität des Gegenstandes zunächst Elementarbausteine isoliert und charakterisiert werden müssen. Diese Anfangsphase jedes naturwissenschaftlichen Unterfangens führt oft zu Enttäuschungen bei den Spielern und ruft billige Kritik bei den Zuschauern hervor, denn die beobachtbaren Eigenschaften der isolierten Bausteine reichen niemals aus, um die Eigenschaften des intakten Systems zu erklären. Allmählich gelingt es dann allerdings, einige der isolierten Elemente wieder miteinander zu verknüpfen und die Idee einer systemaren Beziehung, eines umfassenderen Organisationsprinzips, beginnt Gestalt anzunehmen. Man denke etwa an die vor rund 100 Jahren geborene Idee des Reflexbogens, die Sinnesorgane und Effektoren zu einer Einheit zusammenschweißte, in der die Konturen einer allgemeinen Theorie des Nervensystems sichtbar zu werden schienen. Auch in der Idee des sekundären Botenstoffs und in der Logik der Signaltransduktion zwischen Membranrezeptoren und molekularen Effektoren kündigten sich die Konturen einer allgemeinen Theorie der Steuerung des zellulären Geschehens an.

Es ist diese unterste Ebene der Komplexität, deren Entschlüsselung – zumindest in den biologischen Wissenschaften – bei den Entdeckern die größte Genugtuung hervorruft. Und zwar deshalb, weil der Schritt vom isolierten Element zum einfachen System, in dem mehrere derartige Elemente im Dienste einer Funktion zusammengeschlossen sind, Einsicht nicht bloß in die *Ursache*, sondern auch in die *Zweckmäßigkeit* eines Prozesses gewährt. Der Forscher erlebt hier (vielleicht zum ersten Mal in seiner wissenschaftlichen Laufbahn), daß auch die reduktionistische Methode zu Einsichten in die Bedeutung und Sinnhaftigkeit von Lebensvorgängen führen kann. Mit dem weiteren Verlauf der Analyse werden die Dinge dann allerdings wieder komplizierter und unübersichtlicher. Aus linearen Ketten und simplen Rückkopplungsschaltungen konstruierte Modelle erweisen sich als immer weniger geeignet, das Verhalten des gesamten Systems zu erklären. So beginnt eine neue

Runde der Modellbildung, getragen von der Hoffnung, die Zusammenhänge im System auch auf höheren Ebenen der Komplexität abbilden
zu können. Meist gelingt dies nur um den Preis der Zunahme an Ab-
straktion.

Diese Überlegungen passen gut zur Geschichte der Erforschung der
Signaltransduktion in Zellen, in deren Verlauf ein scheinbar einfaches
Prinzip der Nachrichtenübermittlung Schritt um Schritt in ein immer
undurchschaubareres Netz von Beziehungen und Abhängigkeiten ein-
geflochten wird. Daß generelle Strategien flexibel und modulierbar sein
müssen, leuchtet ein; denken wir zum Beispiel daran, daß sowohl
Lichtsinneszellen wie Leberzellen auf äußere Reize mit dem Öffnen
und Schließen von Ionenkanälen antworten, daß jedoch der Reiz bei
jenen aus Lichtblitzen, bei diesen aus langsam zirkulierenden Hormon-
molekülen besteht (Berridge 1993). Aus der Liste von Prinzipien, die
bei der Anpassung der Signaltransduktion an lokale Bedingungen in
Zellen eine Rolle spielen, seien folgende beispielhaft angeführt.

1. *Spezifische Funktionen, generelle Mechanismen.* Mit dem Begriff
   des Signals ist das Konzept einer spezifischen Funktion verbunden,
   die in Gang gesetzt, gestoppt oder moduliert werden soll. In einem
   Organismus muß es also zahlreiche spezifische Signale und Funktionen geben, die einander zugeordnet sind. Ein entscheidendes Prinzip
   der Zuordnung ist das bereits erwähnte Prinzip der *Adresse*, das in
   der besonderen räumlichen Struktur und Ladungsverteilung von Proteinmolekülen wurzelt. Andererseits gibt es logistische und energetische Gründe, die für eine Vereinfachung der Signalübertragung in
   Zellen sprechen, das heißt, mehrere Signale sollten sich ein und desselben Übertragungsmechanismus bedienen können. Ein gutes Beispiel hierfür ist die Universalität von *Phosphorylierungskaskaden*
   (und damit auch der zugeordneten Enzyme, der Kinasen und Phos-
   phatasen) in den soeben skizzierten intrazellulären Kommunikationssystemen.

2. *Gegensteuerung.* So wie die Optimierung der Fahrgeschwindigkeit
   eines Autos erst durch das Zusammenspiel von Gaspedal und

Bremse gelingt, muß neben der Aktivierung von Übertragungs- und Verstärkermechanismen auch deren Hemmung möglich sein. Diese erfolgt entweder über Rückkopplungen, bei denen Reaktionsprodukte ihre eigene Erzeugung hemmen, oder durch das dialektische Wechselspiel von Ein- und Ausschaltern. Ein *aktivierender* Rezeptor kann einem *hemmenden* Rezeptor gegenüberstehen, wie dies in der Darstellung des cAMP-Mechanismus zum Ausdruck kommt (Abbildung 3.9). Die beiden Gegenspieler werden durch verschiedene Signalfaktoren stimuliert und aktivieren jeweils verschiedene G-Proteine (G_a und G_i), die ihrerseits dann das nachfolgende Enzym entweder „einschalten" oder „ausschalten". Für diesen Schritt gibt es eine Alternative: Die Aktivierung des G_a-Proteins erfolgt, wie oben (Abschnitt 3.5.2) erwähnt, durch Verbindung mit dem energiereichen GTP. Ein besonderes Enzym, eine *GTPase*, kann GTP wieder zu GDP hydrolysieren und damit den aktivierten Zustand des G-Proteins beenden. Ein derartiges Enzym ist zum Beispiel konstitutiver Bestandteil der Umgebung von Adrenalinrezeptoren – ein Sachverhalt, dessen Bedeutung auf dramatische Weise durch die Entdeckung vor Augen geführt wurde, daß ein vom *Cholerabazillus* produziertes Toxin diese GTPase hemmt, so daß in den betroffenen Zellen cAMP auch ohne Anwesenheit von Adrenalin fortlaufend weiter gebildet wird. In Darmzellen steuert Adrenalin die Flüssigkeitssekretion (Tabelle 3.2), und die andauernde cAMP-Bildung ist die Ursache jener Diarrhoe, die eine der unangenehmsten Begleiterscheinungen der Cholera (und eine Strategie ihres Erregers für seine Verbreitung) ist.

3. *Modulation.* Einer der bekanntesten Mechanismen zur Feinabstimmung von Stoffwechselreaktionen ist die Modulation der Affinität von Enzymen durch Cofaktoren. Die Affinität der an der Steuerung fast aller Wachstumsvorgänge beteiligten Proteinkinase C für Calcium kann zum Beispiel durch Phorbolester oder Okadasäure erhöht werden, was zu einer abgestuften Beschleunigung von Zellteilungen führt. Das bedeutet unter anderem, daß das Ein- und Ausschalten eines regulatorischen Enzyms zwar ein digitaler Schritt ist, dessen Länge jedoch über einen gewissen Bereich variieren kann.

Ein weiteres Instrument zur Feinabstimmung der Signalübertragung in Zellen ist die Einstellung spezifischer Konzentrationsverhältnisse von Signalfaktoren. Die spektakulären Entdeckungen der molekularen Entwicklungsbiologie der letzten Jahre haben gezeigt, daß der geordnete Ablauf von Entwicklungsprogrammen wesentlich von der genauen Einstellung von Konzentrationsgradienten entlang einer der Körperachsen des Embryos abhängt (Abschnitt „Morphogenetische Koordinaten: Raumplanung", S. 278). Verschiedene Konzentrationen eines Signalstoffs können in verschiedenen Körperregionen jeweils spezifische Subprogramme in den Genomen regionaler Zellpopulationen aufrufen und auf diese Weise ortsspezifische morphogenetische Prozesse in Gang setzen. Durch das Zusammenspiel phosphatübertragender und phosphatabspaltender Enzyme werden in Zellen lokalisierte Gradienten von phosphorylierten und nichtphosphorylierten Proteinpopulationen aufrechterhalten. Dem in Abbildung 3.10 dargestellten G-Protein *Ras* (RAS) (dem die Funktion einer GTPase zugeschrieben wird) scheint bei der Einstellung derartiger Konzentrationsgradienten eine Schlüsselrolle zuzukommen. Die Aktivierung von Ras-Proteinen durch den *epidermalen* Wachstumsfaktor bewirkt zum Beispiel in bestimmten Zellen eine Beschleunigung der *Proliferationsrate*, während die Aktivierung durch den *neuralen* Wachstumsfaktor *Differenzierungsprozesse* in Gang setzt. Es wird angenommen, daß solche unterschiedlichen Signalantworten auf quantitative Unterschiede im Phosphorylierungsgrad von Proteinpopulationen zurückzuführen sind (A. Hall 1994). Die oft zitierte Phosphorylierungskaskade ist also gleichsam ein Medium, über das sich im Cytosol *Phosphorylierungswellen* ausbreiten, die ihrerseits einen wichtigen dynamischen Bestandteil der Signalübertragung in Zellen repräsentieren. Die Übersetzung der analog verschlüsselten Information eines Konzentrationsgradienten in eine digitale Schalterfunktion konnte kürzlich auch experimentell bewiesen werden (Ferrell 1996). Ähnliches gilt für modulierte Calciumwellen, deren Frequenz direkt in die Aktivität von Enzymen übersetzt werden kann (Berridge 1997; de Coninck und Schulman 1998).

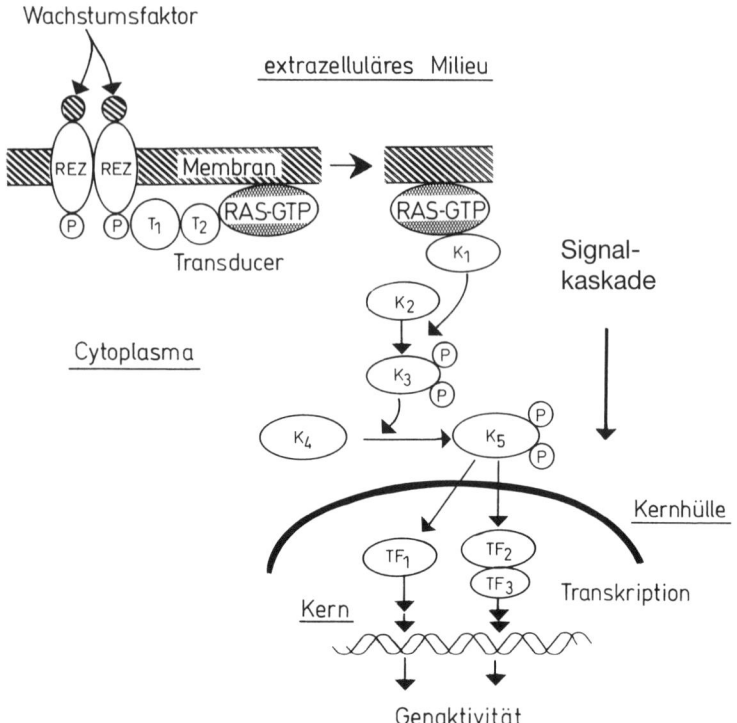

3.10 Die Steuerung spezifischer Genaktivitäten durch Wachstumsfaktoren mit Hilfe einer komplexen Übertragungskette, die von Membranrezeptoren (REZ) über Transducer (T_1, T_2, RAS-GTP) und phosphorylierende Enzyme im Cytoplasma (K_1 bis K_5) zu Transkriptionsfaktoren im Zellkern führt (TF_1 bis TF_3). Letztere sind die eigentlichen zellulären Effektoren, die spezifische DNA-Abschnitte im Zellkern ein- oder ausschalten. „P" deutet an, daß sowohl Rezeptoren wie Transducer und Enzyme durch Phosphorylierung aktiviert oder gehemmt werden können. Das als Phosphatase operierende G-Protein RAS-GTP spielt als Bindeglied zwischen Zellmembran und Cytosol in vielen Signalketten eine zentrale Rolle. (Nach Marx 1993.)

4. *Räumliche und funktionelle Spezifizierung.* Die Antwort einer Zelle
auf ein Signal hängt entscheidend vom Umfeld und von den jeweils
herrschenden Bedingungen ab. Ein und dasselbe Signal kann je nach
Umständen Unterschiedliches bewirken, und verschiedene Signale
können identische Wirkungen hervorrufen. Das setzt einerseits den
horizontalen Austausch von Information zwischen parallelen
Kanälen voraus, andererseits muß auch die *Lage* eines Empfängers
im System sowie der *Zeitpunkt* eines Prozesses im Programm der
Prozeßsteuerung verwertbare Information enthalten. So gibt es etwa
im Cytoplasma bestimmter Zellen für jedes der zahlreichen Steroidhormone einen spezifischen Proteinrezeptor, der als Folge seiner
Bindung an das entsprechende Hormon eine hohe Affinität für die
DNA im Zellkern erwirbt. Der Hormon-Protein-Komplex bindet
ortsspezifisch an Chromatin und setzt die Transkription spezifischer
Gene in Gang. Allerdings reguliert ein und derselbe Proteinrezeptor
in verschiedenen Zielgeweben *verschiedene* Gene, was nahelegt, daß
das Chromatin jedes Zelltyps so organisiert ist, daß es dem Hormon-
Rezeptor-Komplex Zutritt nur zu den jeweils gewebespezifischen
Genen gestattet. Demgegenüber sorgen im Cytoplasma besondere
Anker-, Gerüst- und Adapterproteine als Teile des Cytoskeletts für
die ortsspezifische Integration von Enzymen und Rezeptoren in das
Signalnetz der Zelle (Pawson und Scott 1997).

Im vielzelligen Organismus kommt Ortsspezifität unter anderem
dadurch zustande, daß Schlüsselglieder von Signalketten in mehreren Varianten (Isoformen, Isoenzymen) auftreten, die gewebespezi-
fisch exprimiert werden. Die Isoenzyme α und β der Proteinkinase
C (PKC) finden sich zum Beispiel in fast allen Zelltypen, während
die Variante γ nur im Nervengewebe, die Variante η vor allem im
Lungengewebe exprimiert wird. Es ist anzunehmen, daß die *spezifischen* PKC-Isoenzyme auch spezifische Funktionen katalysieren,
während die *ubiquitären* PKC-Isoenzyme an der Steuerung allgemeiner Zellfunktionen beteiligt sind (Hug 1992).

5. *Zeitschaltung.* Eine von Alberts et al. (1983, S. 746f.) diskutierte
Modifikation des weiter oben erwähnten Prinzips der Gegensteue-

rung läßt sich als ein Minimalprogramm zur Steuerung des Zeitverlaufs enzymatischer Aktivität deuten: Das für die Muskeltätigkeit wichtige Enzym *Phosphorylasekinase* setzt sich aus vier Untereinheiten zusammen und wird durch die in Abbildung 3.9 angedeutete cAMP-abhängige Kinase phosphoryliert. Die Phosphorylierung der Untereinheit β hat die Aktivierung des Enzyms zur Folge; die Phosphorylierung der Untereinheit α hingegen bewirkt eine Konformationsänderung, die das gesamte Protein leichter zugänglich für ein phosphatabspaltendes Enzym macht, durch dessen Angriff die Phosphorylasekinase wieder inaktiviert wird. Das gesamte Protein durchläuft somit einen Aktivierungs/Hemmungs-Zyklus mit eingebautem Verzögerungsglied. Ein und derselbe Mechanismus schaltet das Enzym zunächst ein, stellt aber gleichzeitig gewissermaßen auch den Wecker für seine Abschaltung, die mit einer Verzögerung von ein bis zwei Minuten wirksam wird. Man könnte sich vorstellen, daß die Verzögerungsdauer von der Konformation des Proteins abhängt, daß ein solcher Zeitschalter also auch *verstellbar* ist.

Biologische Uhren

Periodische Vorgänge in der unbelebten Natur zwingen Lebensprozessen eine spezifische zeitliche Ordnung auf und übernehmen damit auch eine ökologische Funktion. Die Blüten und Blätter von Pflanzen bewegen sich im Rhythmus des Tag-Nacht-Wechsels (der *Photoperiode*), die Tentakel der Seeanemonen an Meeresküsten im Rhythmus der *Gezeitenperiode*; Räuber jagen entweder nur in der Nacht, nur am Tag oder ausschließlich während der Dämmerung; das Fortpflanzungsverhalten der meisten Tiere und Pflanzen korreliert mit dem Rhythmus der Jahreszeiten am jeweiligen Standort und so weiter. Bei genauerer Betrachtung zeigt sich, daß nicht nur das augenscheinliche, makroskopische Verhalten von Lebewesen, sondern auch verborgene, mikroskopische Zustandsvariable des Fließgleichgewichts im Rhythmus von Photo-, Gezeiten- und Jahresperioden schwingen: Körpertemperatur, Stoffumsatz, Hormonproduktion, Gehirnaktivität und viele andere physiologische Erscheinungen.

Blicken wir noch genauer hin und analysieren die periodischen Vorgänge in Organismen mit Hilfe experimenteller Methoden, dann stellt sich heraus, daß biologische Rhythmen nicht bloß reflexartige Antworten auf entsprechende Perioden in der Umwelt sind, sondern von den Organismen selbst hervorgebracht werden. Dies ist leicht zu beweisen, indem ein Organismus in ein konstantes Milieu transferiert wird, denn auch dort läuft die ursprünglich ökologisch sinnvolle Rhythmik des betrachteten Prozesses zumindest eine Zeitlang weiter, obwohl sie nun sinnlos ist. So können sich die Blüten einer Pflanze im gewohnten Tag-Nacht-Rhythmus öffnen und schließen, obwohl es im neuen Milieu konstant hell bleibt.

Diese Beobachtung läßt sich nur so deuten, daß Organismen mit *biologischen Uhren* ausgestattet sind, deren Perioden die von der Umwelt vorgegebenen Tages-, Mond- und Jahresperioden auch in deren Abwesenheit zu simulieren vermögen. Warum ist das so? Wäre es nicht, könnte man naiverweise fragen, für Lebewesen einfacher und billiger, auf Umweltänderungen direkt zu antworten, als sich einen aufwendigen Apparat zuzulegen, der diese Änderungen gewissermaßen im Inneren des Organismus reproduziert? Die Antwort lautet, daß Lebewesen auf so tiefgreifende und regelmäßige Veränderungen in der Umwelt, wie sie Tages- und Jahresperioden darstellen, *antizipatorisch* reagieren müssen; das heißt, sie müssen sich auf die zu erwartenden Veränderungen *vorbereiten*. An dieser Vorbereitung sind jedoch viele Mechanismen und Prozesse beteiligt, die, obwohl unterschiedlichen Fahrplänen gehorchend, *gemeinsam* agieren müssen. Die biologische Uhr ist also der Taktgeber, der einer Vielzahl von Reaktionen im Organismus eine einheitliche Periodik aufzwingt. Zwar ist die Umlaufzeit der inneren Uhr an präzise astronomische Zeitgeber gekoppelt, aber einmal in Phase gebracht, läuft sie auch ohne deren Anwesenheit weiter. Diese sogenannte freilaufende Periode stimmt allerdings niemals exakt mit der Umweltperiodik überein. Das muß sie auch nicht, denn in der Natur wird sie ja stets durch Außenreize synchronisiert. Man spricht deshalb auch von *circa*dianer, *circa*lunarer und *circa*nnualer Periodik. Ein endogener Oszillator von relativ geringer Präzision mit der Fähigkeit zur Synchronisation mit einem äußeren Zeitgeber dürfte eine wesentlich ökonomischere Lösung repräsentieren, als es ein vom äußeren Zeitgeber völlig unabhängiger Oszillator von allerhöchster Präzision wäre. Außerdem werden durch die innere Uhr nur die Rahmenbedingungen für die periodischen Antworten des Organismus definiert; die notwendigen Details werden in Form direkter Antworten auf aktuelle Signale aus der Umwelt hinzugefügt. Eine Demonstration dieser Doppelstrategie bietet die Vorbereitung gewisser Säugetiere auf den Winterschlaf. Initiiert werden diese Vorbereitungen durch eine circannuale Uhr, die bei einer kritischen Tageslänge, noch lange vor Winterbeginn, eine Umsteuerung des Stoffwechsels der Tiere in Gang setzt. Der Winterschlaf selbst wird aber erst durch fallende Außentemperaturen eingeleitet.

Die Frage nach der Funktionsweise biologischer Uhren hat die Wissenschaft seit langer Zeit bewegt. Aber erst der Molekularbiologie – und in der Sichtweise des organismisch orientierten Biologen ist dies einer ihrer größten Triumphe – ist es in den letzten zehn Jahren gelungen, die wichtigsten Bauelemente solcher Uhren zu identifizieren. Wir wissen nun, daß biologische Uhren in besonderen Zellen lokalisiert sind und über eine gewisse Autonomie verfügen, denn ihre Eigenschaften lassen sich auch in Zellkulturen studieren. Außerdem wissen wir, daß es zumindest in einigen der bisher untersuchten Organismen keine „Hauptuhr", sondern mehrere gewebespezifische Uhren gibt, die zwar miteinander in Verbindung stehen, denen aber jeweils eine partielle Autonomie zugeschrieben werden muß. Bei Wirbeltieren haben sich bisher drei solche semiautonomen Uhren (auch als Oszillatoren oder Schrittmacher bezeichnet) lokalisieren lassen: eine im *Nucleus suprachiasmaticus* oberhalb der Kreuzung der beiden Augennerven im Zwischenhirn; eine zweite in der Zirbeldrüse (nach Descartes Sitz der Seele) und eine dritte in der Netzhaut des Auges (Tosini und Menaker 1996).

Der zentrale Mechanismus solcher Uhren besteht aus der uns schon bekannten Transkriptions-Translations-Kette in Zellen (Abschnitt 3.3), die durch die Einführung eines negativen Rückkopplungsastes in einen sich selbst steuernden zyklischen Oszillator umgebaut wurde (Aronson et al. 1994). Nach gegenwärtigem Wissensstand bietet sich für diesen Umbau folgendes Szenario an (Page 1994; Aronson et al. 1994; Takahashi 1996; D'Souza und Dryer 1996; siehe auch Abbildung 3.11): Unter dem Einfluß äußerer oder innerer Signale wird die Transkription eines „Uhrgens" aktiviert. Im Laufe der nächsten Stunden reichern sich dessen Produkte in der Zelle an, zuerst die mRNA, dann das exprimierte Protein. Gleichzeitig werden die Moleküle des „Uhrproteins" posttranslational verändert, meist phosphoryliert. Die modifizierten Proteine gelangen in den Zellkern, wo sie entweder selbst oder durch Vermittlung von Transkriptionsfaktoren (Abschnitt 3.3.1) an das Uhrgen binden und nach dem Prinzip der *Produkthemmung* ihre eigene Herstellung blockieren. Der Aufbau und die Modifikation der Proteinpopulation bis zum Wirksamwerden der Produkthemmung markieren die erste Phase der vom Uhrgen gesteuerten Periode. In der Zirbeldrüse des Huhnes, einem der am besten bekannten circadianen Oszillatoren im Tierreich, ist dies zum Beispiel die Dunkelphase. Damit sich an diese die programmierte Hellphase anschließen kann, müssen die phosphorylierten Proteine abgebaut werden, was durch Proteolyse, einen von speziellen Enzymen besorgten Spaltungsprozeß, geschieht. Dabei dürfte der Akt der Phosphorylierung in der ersten Hälfte der Aufbauphase bereits das Signal für den Beginn des folgenden Abbauschritts geben. Auch Licht kann die Spaltung spezifischer Proteine beschleunigen und ist damit an der Aufrechterhaltung der circadianen Periode von meist 22 bis 25 Stunden Dauer direkt beteiligt (Rosato et al. 1997). Die circadiane Periode definiert den zeitlichen Rahmen für viele Lebensprozesse des Organismus. Daraus ist zu folgern, daß der Zyklus auch mit der Transkription anderer Gene gekoppelt sein muß. So wird in Abbildung 3.11 angedeutet, daß gewisse Transkriptionsfaktoren mit dem zentralen Oszillator gekoppelt sind und andere Zielgene aktivieren. Im Falle der Zirbeldrüse ist dies zum Beispiel ein für die Expression eines

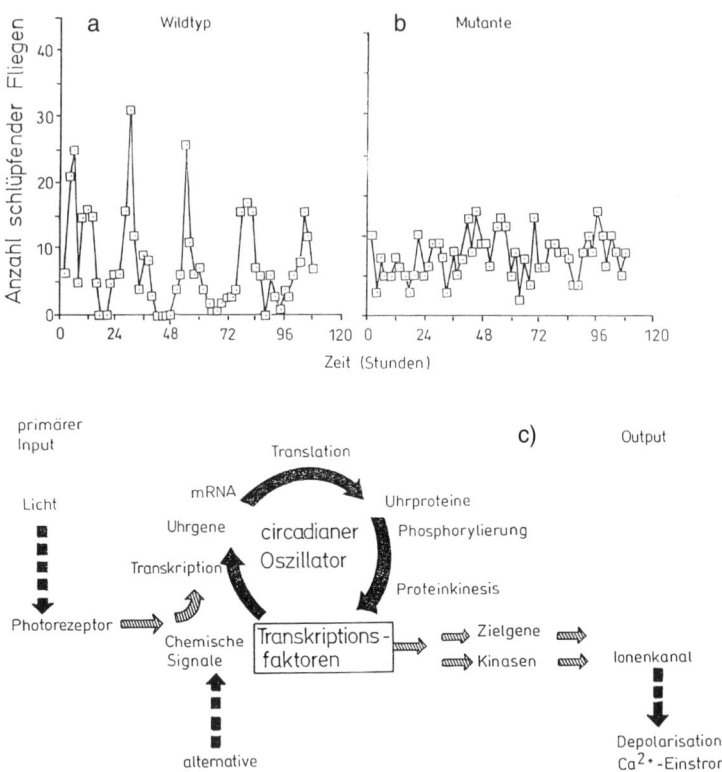

spezifischen Enzyms (einer N-Acetyltransferase) verantwortliches Gen. Auch ein für den Einstrom von Calcium in die Zelle zuständiger Ionenkanal öffnet sich (in der Nacht) und schließt sich (am Tag) im circadianen Rhythmus der Zirbeldrüse (D'Souza und Dryer 1996). Gemeinsam sind die N-Acetyltransferase und der Ionenkanal an der Synthese jenes kürzlich in die Schlagzeilen geratenen Hormons *Melatonin* beteiligt, das wesentlich für die Steuerung der tages- und jahresperiodischen Züge des Stoffwechsels und Verhaltens homoiothermer Tiere verantwortlich ist.

3.11 Verschiedene Aspekte der *biologischen Uhr.* a) Circadianer Schlüpf-rhythmus des Wildtyps von *Drosophila melanogaster.* Die Periodik dieses Prozesses wird vom Uhrgen *period* und von dessen Expressionsprodukt, dem Uhrprotein *PERIOD,* gesteuert. b) Eine Mutante *timeless* bewirkt den Zusammenbruch des periodischen Verhaltens der Taufliegen. Es ist dies keine Mutation des Uhrgens selbst, sondern vermutlich die eines Transkriptionsfaktors, der für die Bindung von PERIOD an die DNA notwendig ist. (Nach Sehgal et al. 1994.) c) Schematische Darstellung des Schaltnetzes, das einen circadianen Oszillator mit einem primären, äußeren *Input* (dem Zeitgeber Licht), alternativen inneren *Inputs* (chemischen Signalen) und einem *Output* verknüpft. Als Output ist hier der Ca^{2+}-Kanal genannt, der von D'Souza und Dryer (1996) in den Zellen der Zirbeldrüse des Huhnes entdeckt wurde. Der Oszillator setzt sich aus einer Transkriptions-Translations-Kette zusammen, deren Expressionsprodukt, das Uhrprotein, nach Phosphorylierung in den Kern gelangt und dort seine eigene Produktion hemmt. Die Umlaufzeit von Transkription, Translation, Phosphorylierung, Transport und Endprodukthemmung bestimmt die Periodik des Oszillators. Über verschiedene Transkriptionsfaktoren ist dieser mit Outputfunktionen wie dem gezeigten Ionenkanal gekoppelt. (Verändert nach Takahashi 1996.)
◀

Das Zusammenspiel von Uhrgenen mit sekundären Zielgenen beschert uns Bilder von molekularen Netzen, an deren Knotenpunkten sich Transkriptionsfaktoren befinden, die die Periodik der Uhr mit den Leistungen von spezifischen Effektoren, wie Enzymen und Transportproteinen, verknüpfen. Mutationen von Effektorgenen können die Aktivitäten solcher Leistungen verändern oder ganz blockieren. Mutationen von Uhrgenen können den zentralen Oszillator zerstören, wie dies in Abbildung 3.11b angedeutet ist, sie können aber auch seine aus Transkription, Translation, Phosphorylierung, Proteintransport und Endprodukthemmung zusammengesetzte Umlaufzeit verkürzen oder verlängern.

EXKURS

Lebensuhren

Das maximale Alter, das ein Lebewesen erreichen kann, scheint ein artspezifisches Merkmal zu sein, das, wie wir an unserer eigenen Art erkennen, trotz größter Umweltveränderungen im wesentlichen konstant bleibt. Ein Rädertierchen wird höchstens ein paar Tage alt, ein Wasserfloh 100 Tage, ein Lanzettfischchen sieben Monate, ein Seepferd fünf Jahre, eine Elster 25 Jahre, ein Elefant 70 Jahre und ein Mensch 120 Jahre. Es liegt also nahe, auch in diesen Fällen an die Existenz artspezifischer, genetisch verankerter Uhren zu denken, die sich allerdings nicht durch periodische Zeitstrukturen auszeichnen. Daß spezifische Gene solche Uhren steuern, wird schon seit längerer Zeit vermutet. Daß der wissenschaftliche Fortschritt auf diesem Gebiet jedoch wesentlich langsamer verlief als bei der Aufklärung des Mechanismus der circadianen Uhr, verwundert nicht weiter, denn die Uhr, die es hier zu untersuchen gilt, läuft im Leben eines Individuums eben nur ein einziges Mal ab. Sie ist ein Wecker, der nur ein einziges Mal gestellt wird. Erst in den letzten Jahren sind Genmutationen entdeckt oder technisch erzeugt worden, die zu einer Verlängerung der maximalen Lebensdauer von Vertretern verschiedener Tierarten führen. Der bei weitem spektakulärste Fall betrifft den winzigen Fadenwurm *Caenorhabditis elegans* – ein Paradetier der Entwicklungsforschung (Abschnitt 4.1.2) – bei dem gleich mehrere für den Verlauf des Alternsprozesses verantwortliche Gene entdeckt wurden. Fadenwürmer mit Mutationen in zwei dieser Gene leben zwei- bis dreimal länger als normale Würmer, und in Kombination mit einer Mutation in einem weiteren Gen verlängert sich die Lebensdauer sogar auf das Fünffache des Normalwertes – eine unglaubliche Steigerung (Lakowski und Hekimi 1996).

Schon sehr viel länger weiß man, daß es bei Organismen eine Beziehung zwischen Lebensdauer und Stoffwechselrate gibt. Tiere mit niedriger Rate leben länger als solche mit hoher (Lints 1989). Das gilt im Vergleich zwischen nahe verwandten aktiven und weniger aktiven Arten, aber auch im Vergleich zwischen unterschiedlich ernährten Individuen ein und derselben Art. Auch die langlebigen Fadenwürmer zeichnen sich durch eine stark reduzierte Stoffwechselrate aus, was eine enge Verbindung zwischen den entdeckten „Alterungsgenen" und dem Stoffwechsel der Tiere nahelegt. Hinter der umgekehrt proportionalen Beziehung zwischen Lebensaktivität und Lebensdauer verbirgt sich höchstwahrscheinlich eine Begleiterscheinung des oxidativen Energiestoffwechsels: Beim Elektronentransport entlang der Atmungsketten von Mitochondrien (3.6.5.1 und Abbildung 3.15) entstehen Sauerstoffradikale, die aufgrund ihrer elektrischen Eigenschaften den Zellstoffwechsel schädigen können. Die Gefahr solcher Schädigungen ist um so größer, je schneller sich das Rad des Energiestoffwechsels dreht.

Diese nachgewiesene Beziehung zwischen Lebensdauer und Energieumsatz erlaubt die Formulierung einer physiologischen Hypothese über den Mechanismus von Lebensuhren. Diese könnten tatsächlich, wie in alten Darstellungen des Todes oftmals abgebildet, nach der Art einer *Sanduhr* funktionieren: In alternden Geweben finden Veränderungen statt (Akkumulation von Produkten und Zwischenprodukten des Stoffwechsels; Erschöpfung von Energiereserven; strukturelle Veränderungen von Makromolekülen und Membranen), deren Ausmaß in proportionaler Beziehung zu den Stoffumsätzen steht. Zellen sind imstande, zumindest einige dieser Variablen zu messen. Ab einer kritischen Schwelle des Ausmaßes an Veränderungen setzen Prozesse ein, die zur Zerstörung von Geweben und zum Tod des Organismus führen. Freilich, in welcher Beziehung dieser hypothetische *biochemisch-physiologische* Stoffwechselmechanismus zu jenen beiden anderen, viel besser verstandenen *molekularen* Mechanismen steht, die für die gezielten Tode von Zellen und Zellinien verantwortlich sind (Abschnitt 4.1.2 und Abschnitt „Das Ende der Unsterblichkeit", S. 259), das ist noch völlig offen.

3.6. Energie- und Stoffhaushalt von Zellen

In den vorigen Abschnitten wurde eine Reihe zellbiologischer Funktionen skizziert, Beispiele für molekulare Strategien zur Aufrechterhaltung der dynamischen Ordnung in Zellen: Replikation, Reparatur und Rekombination der genetischen Information, Übersetzung dieser Information in die Sprache der Proteine, Kompartimentierung und Stofftransport sowie intrazellulärer Signalverkehr.

Wir wollen nun wieder einige Schritte zurücktreten und die Zelle als Ganzes betrachten, um ihrer Rolle als der universellen Einheit der biologischen Organisation eine weitere Facette hinzuzufügen. In diesem Abschnitt werden wir nach den allgemeinen Prinzipien des Energie- und Stoffhaushalts suchen. Um den richtigen Rahmen für dieses Thema zu finden, ist nochmals auf das entscheidende Axiom für Lebensprozesse hinzuweisen: Lebensprozesse materialisieren sich in offenen Systemen, die fern vom thermodynamischen Gleichgewicht durch den Austausch von Stoffen, Energie und Information mit der Umwelt einen *dynamischen Zustand* („Fließgleichgewicht") aufrechterhalten. Dieser Vorgang kann als die Entstehung und Erhaltung von *Ordnung* beziehungsweise als die Abnahme von *Entropie* in einem abgegrenzten Teil des Universums verstanden werden. Möglich wird er dadurch, daß derartige Systeme der Umwelt hochwertige Energie entnehmen, diese in niederwertige Energie verwandeln und die Differenz zur Erhaltung des Systems verwenden. Dabei wird der zweite Hauptsatz der Thermodynamik nicht verletzt, denn die Zunahme von Ordnung beziehungsweise die Abnahme von Entropie ist ein bloß lokaler Vorgang, bei dem mehr freie Energie entwertet wird, als eigentlich – Joule für Joule – in die Aufrechterhaltung der systemaren Ordnung investiert werden müßte. Dementsprechend nimmt die Entropie des Universums *zu*, die Bedingung des zweiten Hauptsatzes bleibt erfüllt.

Dieses Axiom ist in den letzten Jahrzehnten auf verschiedene Weise beschrieben und kommentiert worden. Am bekanntesten ist wohl die

Formulierung von Erwin Schrödinger (1944), wonach Lebewesen der Umwelt negative Entropie (von Brillouin 1949 zu „Negentropie" verkürzt) entnehmen, positive Entropie an die Umwelt abgeben und die Differenz an arbeitsfähiger Energie verwenden, um sich vor dem Sturz in das thermodynamische Gleichgewicht zu bewahren. Der von Schrödinger erfundene Begriff „negative Entropie" ist von Fachkollegen kritisiert worden, er läßt sich aber ohne weiteres durch den gebräuchlicheren Terminus „freie" oder „arbeitsfähige" Energie ersetzen, ohne daß dadurch Information verlorenginge. Lebewesen nutzen die in der Umwelt vorhandenen Quellen an hochwertiger freier Energie und geben im Zustand des Fließgleichgewichts den genauen Betrag der genutzten Energie als Entropie wieder an die Umwelt ab. Entropie kann in Form von Wärme, aber auch in Form entwerteter Reaktionsprodukte auftreten. Wird zum Beispiel Glucose mit Hilfe von Sauerstoff zu Kohlendioxid und Wasser oxidiert, dann trägt nicht nur die bei der Oxidation von einem Mol Glucose freiwerdende Wärmeenergie von rund 2 800 Kilojoule zur Erhöhung der Entropie des Universums bei, sondern auch die Tatsache, daß ein Mol Glucose mit Hilfe von sechs Mol O_2 zu sechs Mol CO_2 und sechs Mol H_2O abgebaut wurde und diese zwölf Mengeneinheiten kleiner Moleküle insgesamt mehr „Unordnung" und somit einen höheren Entropiegehalt repräsentieren als die sieben Mengeneinheiten der eingesetzten Moleküle Glucose und Sauerstoff. Laufen derartige Reaktionen in einem offenen System ab, dann stellen wir einen Fluß von Energie fest, dessen Qualität variabel ist, dessen Menge jedoch zu jedem Zeitpunkt konstant bleibt (was aus dem ersten thermodynamischen Hauptsatz folgt) und für dessen Aufrechterhaltung der *Zufluß* (der Verbrauch an freier Energie) ebenso essentiell ist wie der *Abfluß* (die Produktion von Entropie). Manchmal ist zu lesen, daß Energienutzung notwendig, Entropieproduktion hingegen des Teufels oder zumindest die Ursache aller Umweltverschmutzung sei. »Pollution is just another name for entropy« behauptet Jeremy Rifkin, der Prediger einer angeblich ökologisch orientierten neuen Denkweise, in seinem Buch *Entropy* (1981, S. 35). Das ist ein grundsätzliches Mißverständnis. Leben ist nur fern vom thermodynamischen Gleichgewicht möglich, und die für die Aufrechterhaltung dieses Zustands eingesetzte freie Energie (mit Ausnahme jenes Anteils, der kurzfristig als Biomasse gespeichert wird) muß unter allen Umständen als Entropie an die Umwelt abgegeben werden. Nur im thermodynamischen Gleichgewicht ist die Entropieproduktion Null, aber das ist auch der Zustand des Todes. Diese Feststellung schränkt in keine Weise eine zweite Feststellung ein, nämlich daß es oft günstig oder sogar notwendig ist, den Energiefluß durch ein System zu drosseln, so wie es manchmal notwendig ist, den Energiefluß zu beschleunigen. Aber wie klein oder wie groß der Energiefluß auch sein mag, in offenen Systemen fern vom thermodynamischen Gleichgewicht sind der Verbrauch an freier Energie und die Produktion von Entropie zwei Seiten einer einzigen Münze. Ersterer kann ohne letztere nicht stattfinden, und die beiden stimmen – im Zustand des Fließgleichgewichts – quantitativ exakt überein.

Um überleben zu können, müssen Zellen somit Zugang zu hochwertiger freier Energie haben. Die wichtigste Quelle hochwertiger Energie für Lebewesen auf der Erde ist zwar die Sonne, doch können einige Gruppen von Mikroorganismen auch das hohe Reduktions-Oxidations-Potential (hier verkürzt *Redoxpotential* genannt) gewisser anorganischer Elemente und Verbindungen, wie H_2, H_2S, S und Fe^{2+}, nutzen. Diese Energiequelle muß auch die Evolution vor Erfindung der Photosynthese angetrieben haben. So könnte zum Beispiel die bei der Bildung von Pyrit (FeS_2) aus FeS und H_2S freiwerdende Energie die treibende Kraft für die Entstehung von Peptidbindungen gewesen sein (Keller et al. 1994). Was den Energiehaushalt von Zellen betrifft, so sind drei Regeln besonders hervorzuheben:

1. Für die Energieversorgung sämtlicher Zellen sind Elektronenflüsse verantwortlich, die bei *autotrophen* Zellen ihren Ursprung in anorganischen Elementen und Verbindungen, bei *heterotrophen* Zellen in organischen Verbindungen haben. Elektronen werden entweder von außen (zum Beispiel durch die Photonen des Sonnenlichts) angeregt, oder sie befinden sich bereits auf einem hohen Energieniveau, von dem sie auf tiefere Niveaus des Redoxpotentials herabfallen. Die auf

diesen Wegen freiwerdende Energie kann zum Antrieb energiebe-
dürftiger (endergoner) Reaktionen eingesetzt werden. Zum Verständnis dieses Mechanismus können wir uns eines einfachen, aber stim-
migen Vergleichs bedienen: Die Nutzung von Elektronenpotentialen
ist mit hinreichender Genauigkeit analog der Nutzung der potentiellen Energie des Wassers, das von einem hochgelegenen Speicher auf
ein tieferes Niveau fällt und dabei eine Turbine antreibt. Die Wassermoleküle im Speicher und die Wassermoleküle im Abwasser der
Turbine unterscheiden sich chemisch nicht voneinander (sie können
also beliebig oft wiederverwendet werden), ihre *potentielle Energie*
hat jedoch abgenommen. In Zellen fließen Elektronen von Verbindungen mit hohem „Elektronendruck" entlang Reaktionsketten in
Richtung auf Verbindungen mit niederem Elektronendruck, aber
höherer „Elektronenaffinität". Man spricht auch von Redoxpotentia-
len mit unterschiedlicher Negativität, von Wasserstoffpotentialen
oder von einer unterschiedlich starken *Reduktionskraft*. In allen Zellen muß es also Verbindungen geben, die Elektronen an andere Verbindungen abgeben und diese dabei *reduzieren*, während sie selbst
oxidiert werden.

Der Fluß von Elektronen entlang eines Gefälles, über Stationen mit
abnehmender Reduktionskraft und zunehmender Elektronenaffinität,
ist die Grundlage der Energieversorgung sämtlicher Zellen. Als
Elektronen*donatoren* oder Reduktionsmittel dienen dabei Stoffe mit
labilen, reaktionsfreudigen Elektronen, was in allen Fällen die Betei-
ligung von Wasserstoff, bevorzugt in seiner Verbindung mit Kohlenstoff, impliziert. Am anderen Ende der Reaktionskette stehen Elektronen*akzeptoren* oder Oxidationsmittel, in denen die Elektronen
sehr viel fester an Atomkerne gebunden sind. Als terminaler Akzep-
tor mit der höchsten Affinität für Elektronen dient in den Zellen von
Lebewesen der Sauerstoff. So wie die Ströme des Wassers vorübergehend auf dem Meeresniveau zur Ruhe kommen, um durch die Ver-
dunstungskraft der Sonne wieder auf ein höheres Potential gehoben
zu werden, kommen die Elektronen des Energiestoffwechsels von
Zellen im Sauerstoffatom kurzfristig zur Ruhe, indem sie sich mit

zwei Protonen zu einem Molekül Wasser verbinden. Durch Photonen des Sonnenlichts können die Elektronen des Wassermoleküls jedoch wieder aktiviert und auf ein höheres Potential gehoben werden. So verschränken sich unter katalytischer Mitwirkung lebender Zellen der thermodynamische und der ökologische Kreislauf des Wassers auf der Erde.

2. Die im Elektronenfluß freiwerdende Energie kann über einen Kopplungsmechanismus auf energiebedürftige Reaktionen übertragen werden. Der primäre Kopplungsmechanismus befindet sich entweder im Cytoplasma oder in eigenen Organellen. Die Übertragung der freien Energie erfolgt in allen Zellen jedoch auf dem gleichen Weg, nämlich durch die Reaktion

$$ADP + P_i + \Delta G \leftrightharpoons ATP + H_2O \qquad (3.2)$$

Dabei steht ADP für Adenosindiphosphat, ATP für Adenosintriphosphat, P_i für anorganisches Phosphat und ΔG für die Differenz an freier Energie. Den Zusammenhang des Kopplungsvorgangs stellt Abbildung 3.12 auf schematische Weise dar.

Tabelle 3.3: Zusammenfassung der wichtigsten Rahmenbedingungen für den Energiehaushalt von Lebewesen.

energetischer Typus	primäre Energiequelle	Elektronen-quelle für ATP	Kohlenstoff-quelle
chemoautotroph	Oxidation anorganischer Verbindungen		CO_2
photoautotroph	Sonnenlicht	Wasser	CO_2
photoheterotroph	Sonnenlicht	Oxidation organischer Verbindungen	organische Verbindungen
heterotroph	Oxidation organischer Verbindungen		organische Verbindungen

3. Für Stoffsynthesen in Zellen sind Kohlenstoffquellen vonnöten. Als eine solche dient entweder das anorganische CO_2 (bei autotrophen Lebewesen), oder es werden organische Verbindungen eingesetzt (bei heterotrophen Lebewesen).

Die in autotrophen Organismen durch chemophysikalische Prozesse aufgebauten Redoxpotentiale stellen die Energiequelle für die Reduktion von CO_2 zu Kohlenhydraten dar, aus denen in weiterer Folge all jene organischen Verbindungen gebildet werden, die heterotrophe Organismen mit chemischer Energie und Baustoffen versorgen. Zu berücksichtigen ist, daß dieser Versorgungsweg natürlich immer dann auch für autotrophe Organismen selbst gilt, wenn die Primärquelle keine Energie liefert, also zum Beispiel für grüne Pflanzen in der Nacht. Die in organischen Verbindungen gespeicherte *Primärenergie* treibt als *chemische Energie* den Stoffwechsel von Zellen, dessen Netz den dynamischen Teil jener Ordnung repräsentiert, die sich – wie oben geschildert – im Fließgleichgewicht offener Systeme fern vom thermodynamischen Gleichgewicht selbst erhält. Selbstorganisation und Selbsterhaltung sind nur möglich, wenn sich die Umwandlungsreaktionen im Netz des Stoffwechsels mit ausreichender Geschwindigkeit abspielen, und das erfordert die Mitwirkung von Biokatalysatoren – *Enzymen*, die den Ablauf chemischer Reaktionen um viele Größenordnungen (billionenfach und mehr!) beschleunigen.

3.6.1 Das Aktivierungsprinzip

Um das Fließgleichgewicht von Zellen aufrechterhalten zu können, müssen chemische Verbindungen sowohl abgebaut wie aufgebaut werden. Dementsprechend wird im Stoffwechselgeschehen zwischen *Katabolismus* (Abbau) und *Anabolismus* (Aufbau) unterschieden. Nun können Reaktionen nur dann spontan, das heißt ohne zusätzliche Energiezufuhr, ablaufen, wenn die Differenz an freier Energie (ΔG) zwischen den jeweiligen Substraten und Produkten möglichst groß und negativ ist, also wenn entlang des Reaktionsweges arbeitsfähige Energie *abge-geben* wird. Man spricht dann von *exergonen* Reaktionen und drückt dies durch das Symbol $-\Delta G$ aus. Je stärker negativ ΔG, desto vollständiger werden sich die Substrate (nennen wir sie hier A und B) in die Produkte (C + D) verwandeln. Die Gleichgewichtskonstante K, ausgedrückt durch das Verhältnis $([C] + [D])/([A] + [B])$ nach Beendigung der Reaktion, wird dementsprechend sehr groß sein. Daraus folgt aber, daß die für das Leben der Zelle ebenso notwendigen aufbauenden, *endergonen* Reaktionen gegen einen Energieberg $(+\Delta G)$ anarbeiten müssen und deshalb ohne zusätzliche Unterstützung nicht ablaufen können (Abbildung 3.12). Der Einsatz von Enzymen ändert an diesem Zustand nichts, da Katalysatoren bloß die Geschwindigkeit, nicht aber

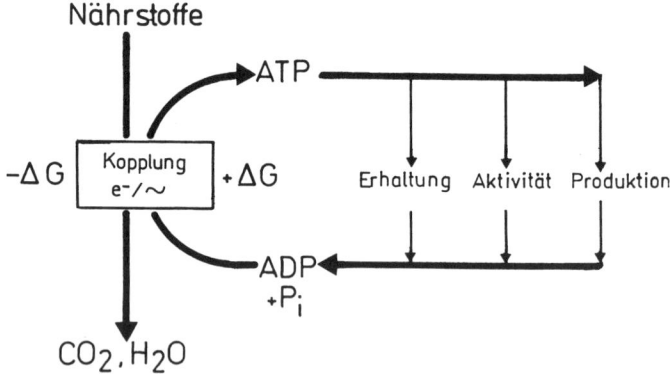

3.12 Die bei der Oxidation von Nährstoffen zu CO_2 und H_2O freiwerdende Energie tritt als Redoxpotential von Elektronenflüssen (e^-) auf und kann zum Antrieb der Synthese von ATP aus ADP und P_i und damit zum Aufbau eines Phosphatübertragungspotentials ~ eingesetzt werden. Voraussetzung hierfür ist, daß die exergone Reaktion ($-\Delta G$) mit der endergonen Reaktion ($+\Delta G$) gekoppelt ist, was in Elektronentransportketten geschieht. Die im ATP-ADP-System gespeicherte Energie wird im Erhaltungs- und Aktivitätsstoffwechsel der Organismen sowie bei der Produktion von Biomasse (Wachstum und Reproduktion) wieder verbraucht. An diesem Schema erkennen wir die Verknüpfung von *Energiefluß* und *Stoffkreislauf*.

das Gleichgewicht einer Reaktion verändern können. Ein Ausweg aus diesem Dilemma könnte eventuell darin bestehen, die Konzentrationen der Substrate stark zu erhöhen und so die ungünstigen thermodynamischen Bedingungen durch den Aufbau eines in die entgegengesetzte Richtung weisenden Konzentrationsgefälles zu überwinden. Das ist jedoch nur in ganz seltenen Fällen möglich, da die zum Aufbau derartiger Gefälle benötigten Konzentrationen sehr schnell ins Unermeßliche wachsen.

Die in Zellen verwirklichte Lösung des Problems besteht darin, die Substrate endergoner Reaktionen durch Kopplung mit einem energiereichen Trägermolekül auf ein höheres Energieniveau zu heben, wodurch der Zwang zum Aufbau überproportionaler Substratkonzentrationen umgangen wird. Man halte sich das folgende, von Atkinson (1977) diskutierte Beispiel vor Augen: Einer der ersten Schritte der Glykolyse ist die durch das Enzym *Hexokinase* katalysierte Phosphorylierung der Glucose zu Glucose-6-Phosphat (G6P). Vom Chemismus her könnte diese Reaktion folgendes Aussehen haben:

$$\text{Glucose} + P_i \Rightarrow \text{G6P} + H_2O \quad \Delta G' = +12,5 \text{ kJ} \times \text{mol}^{-1} \quad (3.3)$$

$\Delta G'$ bedeutet, daß hier eine Reaktion unter physiologischen Standardbedingungen betrachtet wird, mit einmolaren Konzentrationen, aber bei einem pH-Wert von 7,0. Da diese Reaktion stark endergon ist, kann sie unter Standardbedingungen nicht spontan ablaufen. Außerhalb der Standardbedingungen wäre es jedoch möglich, die Konzentrationen der Substrate auf der linken Seite der Gleichung anzuheben und so einen kinetischen Druck zu erzeugen, der einen spontanen Reaktionsverlauf trotz ungünstiger thermodynamischer Bedingungen denkbar erscheinen ließe. Der dafür zu zahlende Preis wäre allerdings zu hoch. Um im Gleichgewicht für das Konzentrationsverhältnis von Glucose zu Glucose-6-Phosphat den (bescheidenen) Wert 1:10 zu erreichen, wären Phosphatkonzentrationen von etwa 1 400 Mol pro Liter notwendig – eine absolut unerfüllbare Bedingung.

Koppelt man die Reaktion jedoch anstelle von anorganischem Phosphat (P_i) mit dem „energiereichen" ATP, dann ergibt sich ein gänzlich anderes Bild:

$$\text{Glucose} + \text{ATP} \Rightarrow \text{G6P} + \text{ADP} \quad \Delta G' = -21 \text{ kJ} \times \text{mol}^{-1} \quad (3.4)$$

Diese Reaktion ist stark exergon, kann also spontan ablaufen. Der Grund hierfür liegt in der hohen Energieausbeute der (hier in abgekürzter Form dargestellten) Hilfsreaktion

$$\text{ATP} + \text{H}_2\text{O} \Rightarrow \text{ADP} + P_i \quad \Delta G' = -33,5 \text{ kJ} \times \text{mol}^{-1} \quad (3.5)$$

mit der die endergone Reaktion (Gleichung 3.3) gekoppelt wurde. Voraussetzung hierfür ist allerdings, daß es einen Mechanismus für diese Kopplung gibt. Im betrachteten Fall leistet diesen Dienst das Enzym Hexokinase. Sämtliche energiebedürftigen Reaktionen in den Stoffwechselnetzen von Zellen verlaufen nach diesem Muster, wodurch das Zusammenspiel zwischen exergonen abbauenden und endergonen aufbauenden Reaktionen (zum Beispiel zwischen den gegenläufigen Prozessen *Glykolyse* und *Gluconeogenese*) ohne den Aufwand großer Konzentrationsveränderungen und Massenverschiebungen möglich wird. Die Aktivierung von Substraten erfolgt nicht nur durch den direkten Einsatz des ATP-ADP-Systems, sondern auch durch Vermittlung anderer sogenannter energiereicher Verbindungen. Dabei ist zu betonen, daß nicht die *Verbindungen* über ein besonders hohes Maß an *Energie* verfügen, sondern daß die in Frage kommenden *Reaktionen* stark *exergon* sind. Dies wiederum folgt daraus, daß das jeweilige Reaktionssystem in der Zelle in großem Abstand von seinem thermodynamischen Gleichgewicht gehalten wird, das ATP-ADP-System zum Beispiel um einen Faktor von 10^8 bis 10^{10}. Man kann sich die Systeme des Zellstoffwechsels, an denen Energie übertragen wird, auch als gespannte Federn vorstellen, die entweder einen Teil ihrer Spannungsenergie auf endergone Reaktionen übertragen und diese damit in exergone Reaktionen verwandeln oder – wenn sie abgearbeitet sind – durch

Kopplung mit anderen exergonen Reaktionen selbst wieder gespannt werden können.

Sämtliche Verbindungen, die im Zellstoffwechsel freie Energie liefern, beziehen diese letztlich aus der Kopplung des Elektronenflusses mit dem ADP-ATP-System. Dies ist in Abbildung 3.12 schematisch dargestellt, wobei auch angedeutet ist, daß der Fluß der Elektronen einen *Kreisprozeß* aufrechterhält. ATP wird aus ADP und P_i aufgebaut, das heißt, die Feder wird gespannt und gibt einen Teil der gespeicherten Energie wieder ab, um Funktionen der Erhaltung, Aktivität und Produktion anzutreiben. Dabei wird ATP zu ADP und P_i hydrolysiert, die als Substrate neuerlich in den Kreisprozeß eintreten. In eukaryoten Zellen ist die primäre Kopplungsmaschinerie in eigenen „Kraftwerken", den *Mitochondrien*, untergebracht (Abschnitt 3.2).

3.6.2 Funktionelle Architektur des Stoffwechsels

Zellen sind im allgemeinen so klein, daß sich ihre Struktur erst im Mikroskop erhellt. Der Durchmesser prokaryoter Zellen (*Protocyten*) liegt zwischen 0,3 und 2,5 Mikrometern, der eukaryoter Zellen (*Eucyten*) zwischen zwei und 20 Mikrometern (in Ausnahmefällen auch weit darüber). Die mittleren Volumina dieser beiden Zelltypen unterscheiden sich somit um einen Faktor von rund 1 000. Eine Zelle des Darmbakteriums *Escherichia coli* besteht zu zwei Dritteln aus Wasser und nimmt ein Volumen von etwa 10^{-15} Litern (einem Femtoliter) ein. Die Dynamik des Stoffwechselgeschehens in diesem Miniatursystem läßt sich daran ermessen, daß in einer wachsenden Bakterienzelle pro Sekunde mehr als 1 000 Proteinmoleküle und rund 10 000 Lipidmoleküle synthetisiert werden können, was den Umsatz von zwei Millionen ATP-Molekülen impliziert. In den größeren und komplexeren Eucyten laufen die Lebensprozesse um etwa eine Größenordnung langsamer ab.

Die Zellmembran kontrolliert den Zu- und Abfluß von Stoffen zwischen dem Zellinneren und dem äußeren Milieu. So sehr die Zelle auch ein *thermodynamisch offenes* System darstellt, so sehr repräsentiert sie organisatorisch eine Einheit und muß daher als *abgeschlossen* bezeichnet werden – etwa in dem Sinne, daß den meisten Stoffen der Zutritt in das Innere entweder überhaupt verwehrt oder nur mit Hilfe eines Schlüssels möglich ist. In einem solchen abgeschlossenen Raum finden Hunderte bis Tausende chemische Reaktionen statt. Die Konzentrationen der verschiedenen Reaktionspartner und Zwischenprodukte des Stoffwechsels sind dementsprechend gering, sie liegen meist im mikro- bis millimolaren Bereich (10^{-6} bis 10^{-3} Mol pro Liter). Unter solchen Bedingungen sind die beobachteten hohen Umsätze im Zellstoffwechsel nur unter Mitwirkung besonders leistungsfähiger Enzyme möglich, die zudem in erstaunlich hohen Konzentrationen vorliegen. Tatsächlich weiß man heute, daß sich die Konzentrationen der meisten Enzyme von denen ihrer Substrate nicht wesentlich unterscheiden. Dies steht in deutlichem Gegensatz zu den Gepflogenheiten der Biochemiker, die bei ihren Untersuchungen im Reagenzglas meist mit stark verdünnten Enzymlösungen arbeiten.

Unser Verstand, der gelernt hat, sich in makroskopischen Dimensionen zurechtzufinden, vermag sich nur schwer ein Bild von einem System zu machen, in dem, komprimiert auf ein Volumen von 10^{-15} (Protocyten) bis 10^{-12} (Eucyten) Liter, Hunderte bis Tausende verschiedene Verbindungen gleichzeitig oder in geordneter Reihenfolge umgesetzt werden. An jedem Knotenpunkt des Stoffwechselnetzes befinden sich molekulare Katalysatoren, die aus den Lösungsräumen der Zelle jeweils spezifische Substrate herausgreifen, in ihren aktiven Zentren verdichten und in spezifische Produkte verwandeln. Wie werden solche Systeme gesteuert und kontrolliert? Abbildung 3.13 repräsentiert das aus rund 500 Einzelreaktionen zusammengesetzte Netz des Energiestoffwechsels aerober Zellen, das sich um die zentralen (durch stärkere Linien hervorgehobenen) Prozesse der *Glykolyse* und des *Citratzyklus* anordnet. Zu den Rahmenbedingungen des Systems, in dem dieses Netz funktioniert, gehören vor allem:

– Gleichzeitigkeit vieler Reaktionsverläufe, das heißt, die Konzentrationen einzelner Reaktionspartner müssen niedrig gehalten werden;

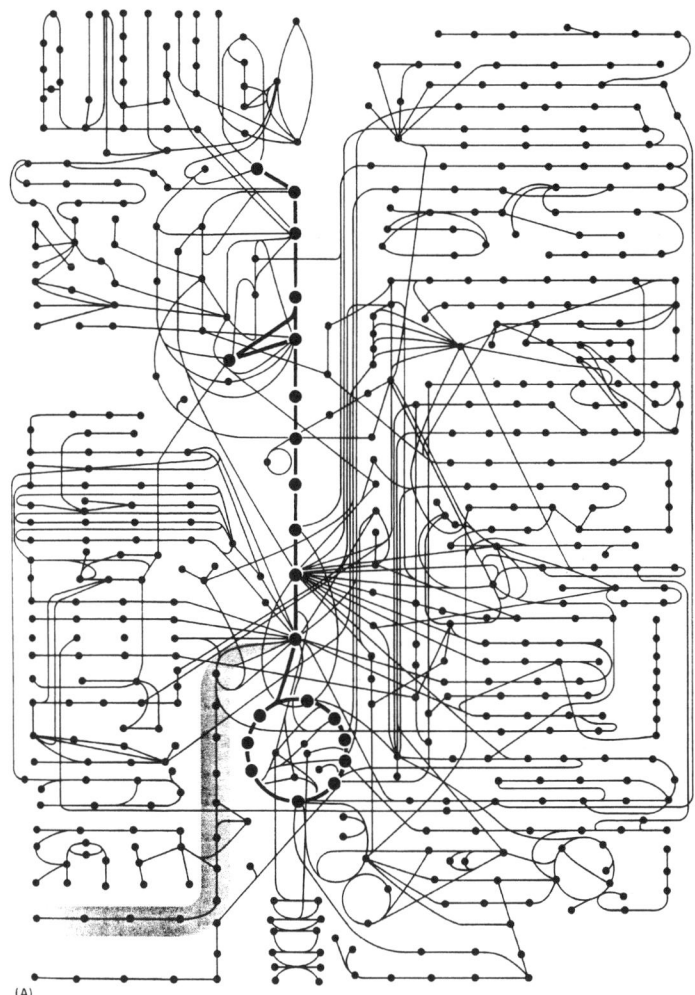

(A)

3.13 Schematische Darstellung des zentralen Reaktionsnetzes im Energiestoffwechsel eukaryoter aerober Zellen. Das Geflecht setzt sich aus Reaktionswegen (Linien) und Enzymen (volle Kreise) zusammen. Von der Glykolyse und dem Citratzyklus (dickere Linien) ausstrahlend, umfaßt dieses zentrale Netz etwa 500 chemische Reaktionen. (Aus Alberts et al. 1983.)

- Begrenztheit sowohl des Volumens der Zelle wie der Lösungskapazität des Cytosols;
- geringe Löslichkeit der meisten Proteine, so daß deren Konzentration insgesamt nicht viel mehr als fünf Prozent des zur Verfügung stehenden Zellvolumens ausmachen kann (Atkinson 1977; Brown 1991);
- Bewahrung der Konstanz wichtiger Eigenschaften des inneren Milieus der Zelle, wie Ladungsverteilung, pH-Wert und osmotische Konzentration.

Aus diesen Rahmenbedingungen sowie aus dem Zwang zur Optimierung der Leistungen des Systems lassen sich Kriterien für die Funktions- und Anpassungsfähigkeit des Zellstoffwechsels ableiten. Seit etwa 20 Jahren wird eine Diskussion zu diesem Thema geführt (Cornish-Bowden 1976; Atkinson 1977; Kacser und Beeby 1984; Heinrich und Hoffmann 1991; Meléndez-Hevia et al. 1994), aus der ich folgende Forderungen aufgreife:

1. Maximierung der Stoffflüsse in Richtung auf essentielle Endprodukte,
2. kurze Reaktions- und Wiederherstellungzeiten,
3. ökonomischer Umgang mit der Menge der gleichzeitig in einer Zelle operierenden Enzyme,
4. stöchiometrische Einfachheit, das heißt Minimierung der Zahl der Nebenreaktionen und Cofaktoren,
5. Optimierung der Kontrollfunktionen.

Auf welche Weise können Zellen derartigen Anforderungen gerecht werden? In den letzten drei Jahrzehnten haben neue Konzepte und Methoden unsere Vorstellungen von der Struktur, Dynamik und Kontrolle des Zellstoffwechsels einschneidend verändert.

Mikromilieus und Mikrokompartimente

Die wichtigsten Funktionen des Stoffwechsels eukaryoter Zellen spielen sich in membranumschlossenen Kompartimenten oder an Enzymkomplexen, wie zum Beispiel Ribosomen, ab (Abschnitt 3.2.2 und Abschnitt „Die Genauigkeit der Translation", S. 148). Bis in die sechziger Jahre dieses Jahrhunderts herrschte die Meinung vor, außerhalb dieser Kompartimente sei das Stoffwechselnetz zwischen im *Cytosol* gelösten freien Enzymen ausgespannt. Rückblickend erscheint die geforderte Maximierung von Stoffflüssen in Richtung auf essentielle Endprodukte unter solchen Bedingungen wohl kaum verwirklichbar, denn aufgrund der skalaren (richtungsfreien) Natur der Diffusion ist beim Transfer von Metaboliten zwischen den aktiven Zentren aufeinanderfolgender Enzyme mit gravierenden Verzögerungen zu rechnen.

Vor etwa 30 Jahren tauchten erste Hinweise darauf auf, daß einige der angeblich im Cytosol gelösten Enzyme mit strukturellen Elementen des Cytoskeletts assoziiert sind (Amberson et al. 1965; Volker et al. 1995). Dadurch wird in das skalare Gefüge einer chemischen Reaktion (wie sie etwa im Reagenzglas abläuft) eine Richtung – ein *Vektor* – eingeführt, was zu einer deutlichen Beschleunigung des Massenflusses führen könnte. Schon früher hatten Bücher und Mitarbeiter (Vogell et al. 1959; Pette 1965) festgestellt, daß sich die Enzyme des Zellstoffwechsels zu *proportionskonstanten Gruppen* zusammenschließen. Das bedeutet, daß bei verschiedenen Organismen, in verschiedenen Geweben oder in ein und demselben Gewebe unter verschiedenen Bedingungen die Aktivitäten der Enzyme eines funktionell zusammengehörigen Stoffwechselweges aufeinander abgestimmt sind, und zwar unabhängig vom *absoluten* Ausmaß ihrer Aktivität. Dies deutet darauf hin, daß funktionell miteinander verknüpfte Proteine auch auf koordinierte Weise exprimiert werden und sich damit als steuerbare genetische Einheiten erweisen.

Diese und einige weitere Beobachtungen mündeten schließlich in der Annahme, daß dem zellulären Stoffwechsel eine grundsätzliche Mikrostruktur zukommt, die sich nicht bloß in der Existenz von Zellorga-

nellen manifestiert, sondern auch in der funktionell definierten Struktu-
riertheit des gesamten Stoffwechselnetzes. Dies gilt sowohl für das
Cytoplasma wie für die inneren Räume der Zellorganellen, etwa die
Matrix von Mitochondrien (Beeckmans et al. 1990). Am deutlichsten
kommt diese Entwicklung in Paul Sreres *Metabolon*-Konzept zum Ausdruck (Srere 1993). Das Metabolon repräsentiert eine genetisch, strukturell und funktionell definierte Einheit der wesentlichen Komponenten
eines Stoffwechselweges. Beweise für verschiedene Aspekte einer derartigen Einheitlichkeit liegen bisher für Glykolyse, Citratzyklus,
Fettsäuresynthese, Harnstoffsynthese, Photosynthese, Nucleotidsynthe-
sen und Aminosäuresynthesen vor. Die enzymatischen Komponenten
eines Metabolons werden nicht nur gemeinsam induziert und durch
Elemente des Cytoskeletts stabilisiert, sie sind auch durch schwache
Bindungen miteinander verknüpft. Solche Bindungen können Konformationsänderungen bei Enzymen bewirken und so deren katalytische
Aktivität beeinflussen. Dementsprechend wird angenommen, daß diesen labilen assoziativen Komplexen aus strukturellen und katalytischen
Proteinen steuernde Funktionen im Stoffwechselnetz zukommen
(Ovadi 1988; Srere und Ovadi 1990). Die Konfiguration eines der am
besten bekannten derartigen Komplexe im Cytosol, des Enzymkomplexes der *Glykolyse*, ist in Abbildung 3.14 dargestellt. Man sieht, wie ein
Substrat (Glucose) sowie Energieäquivalente (ATP) in den Komplex
eintreten, ein Endprodukt (Milchsäure) sowie andere Energieäquivalente austreten und das Redoxpotential des Prozesses durch Elektronenflüsse zwischen den beiden koordinierten Coenzymen NAD^+ und
NADH aufrechterhalten wird. Als zentraler Stabilisator fungiert
F-Actin – ein auch aus Muskeln wohlbekanntes Protein –, an das die
verschiedenen Enzyme der Glykolyse mit unterschiedlicher Stärke binden.

Durch die Assoziation der katalytischen Komponenten eines Stoffwechselweges wird folgendes erreicht: Die Substrate und Produkte des
jeweiligen Prozesses werden direkt von einer Station zur nächsten weitergereicht. Gegenüber einem skalaren Vorgang wie dem der Diffusion
ist mit einer Beschleunigung des Reaktionsverlaufs zu rechnen. Außer-

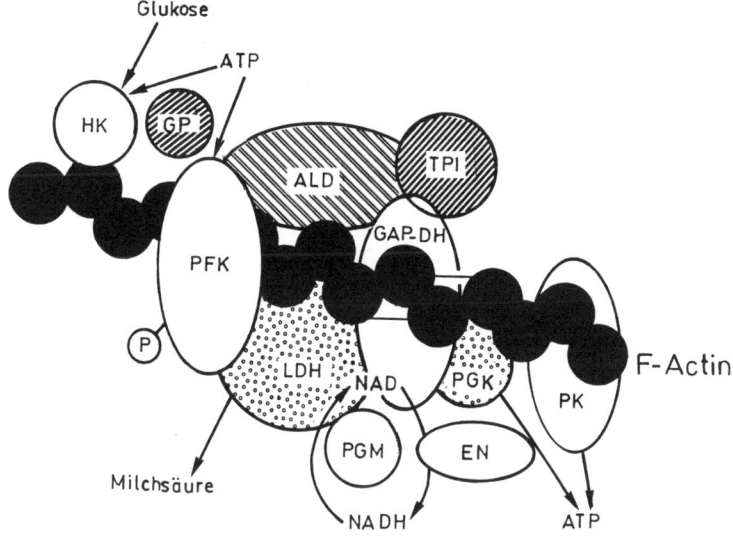

3.14 Modell der Wechselwirkungen zwischen den Enzymen der Glykolyse sowie zwischen diesen und einer F-Actinkette als stabilisierendem Element. Jede schraffierte Struktur repräsentiert eines der elf Enzyme der Glykolyse; der gesamte Komplex wird manchmal als „Glykosom" bezeichnet. Das Redoxpaar NAD$^+$/NADH besorgt den Elektronentransport zwischen den von GAP-DH und LDH katalysierten Reaktionen und hält so den Fluß des Prozesses von der Glucose zur Milchsäure in Gang. (Nach Bereiter-Hahn et al. 1997.)

dem entsteht ein *Mikromilieu*, in dem Reaktionspartner in höheren Konzentrationen vorliegen, als aufgrund chemischer Messungen in Zellhomogenaten zu erwarten war, und in dem sich in Hinblick auf pH-Werte, Ionenzusammensetzung, Wassergehalt und andere Parameter spezifische Bedingungen einstellen können. Schließlich ermöglichen die Wechselwirkungen zwischen den Enzymen sehr rasche und koordinierte Reaktionen des im Metabolon zusammengefaßten Stoffwechselprozesses auf Veränderungen im Milieu der Zelle.

Ein bevorzugter Zustand der Materie

Wie schon zu Beginn dieses Buches angedeutet (Abschnitt 1.1), werden an die Strukturen biologischer Systeme widersprüchliche Anforderungen gestellt. Zum einen müssen sie ausreichend stabil (konservativ) sein, um den Einbruch des Chaos in das System zu verhindern, zum anderen ausreichend labil (flexibel), um an der Dynamik von Lebensprozessen teilhaben zu können. Zellmembranen müssen Druck- und Volumenänderungen in der Zelle widerstehen, dürfen aber zum Beispiel die Mobilität der in sie eingelagerten Proteine nicht beinträchtigen. Die Elemente des Cytoskeletts (Abschnitt 3.2.2 und Abbildung 3.2) stabilisieren einerseits die dreidimensionale Struktur von Zellen, steuern andererseits aber auch die Motilität eben dieser Zellen sowie den Transport von Zellbestandteilen. Proteine, vor allem Enzyme, müssen eine jeweils genau spezifizierte dreidimensionale Struktur bewahren, durch die ihre Affinität zu bestimmten Substraten und Cofaktoren definiert ist. Andererseits verlangt katalytische Aktivität ein hohes Maß an struktureller Flexibilität, die in manchmal dramatischen Konformationsänderungen der beteiligten Moleküle zum Ausdruck kommt.

Um zwischen den im Prinzip gegensätzlichen Forderungen nach Flexibilität und Formkonstanz Kompromisse schließen zu können, müssen wichtige Strukturelemente von Zellen, insbesondere Proteine und aus Lipiden zusammengesetzte Membranen, intermediäre Stabilitätszustände einnehmen. Diese Aufgabe wird durch ein weiteres Problem kompliziert. Die Bindungskräfte zwischen Molekülen sowie zwischen diesen und dem Medium werden sehr stark von der Temperatur beeinflußt. Von den biologisch relevanten chemischen Bindungen werden Kovalenzbindungen, Wasserstoffbrücken und elektrostatische Wechselwirkungen mit zunehmender Temperatur schwächer, apolare und hydrophobe Bindungen (also im wesentlichen Wechselwirkungen zwischen Kohlenwasserstoffen und Wassermolekülen) dagegen stärker. Was die Stabilität molekularer Strukturen in Zellen betrifft, lassen sich somit die Umrisse einer faszinierenden Optimierungsaufgabe erkennen. Auf einer Skala, die von absoluter Rigidität zu chaotischer Plastizität reicht, müssen Proteine und Lipidmembranen schon aus funktionellen Gründen imstande sein, das Kriterium der intermediären Stabilität zu erfüllen. Da der jeweils zu findende kritische Wert (ein *Sollwert!*) außerdem von der Temperatur abhängt, muß es Möglichkeiten geben, ihn zu verstellen.

Dank methodischer Fortschritte in den letzten Jahren wissen wir heute im Prinzip, auf welche Weise Zellen diese komplizierten Optimierungsaufgaben lösen. Zellmembranen erhalten sich in einem Zustand der optimalen „Fluidität", indem das Spektrum ihrer wichtigsten Bausteine, der Fettsäuren, je nach Funktion und Umgebungstemperatur verändert wird. Der entscheidende Zusammenhang zwischen Struktur, Fluidität und Funktion besteht darin, daß die Einführung *ungesättigter* Fettsäuren eine Erhöhung der Fluidität der Membran zur Folge hat. Der Einbau ungesättigter Fettsäuren (den die Membran mittels spezifischer Enzyme selbst besorgt) führt zum Absinken der „Schmelztemperatur" und macht es möglich, daß Membranen auch bei tiefer Umgebungstemperatur einen Zustand „intermediärer Stabilität" – hier in Gestalt der optimalen Fluidität – aufrechterhalten (Hazel 1995).

Proteine sind mit demselben Problem konfrontiert. Der jeweils optimale Zustand auf der Skala vom Chaos zur Erstarrung wird jedoch nicht durch die *Fluidität* der Makromoleküle, sondern durch die *freie Energie ihrer Stabilisierung* definiert. Diese wird bei allen funktionell bedeutsamen Proteinen in einem ziemlich niedrigen Bereich, nämlich zwischen 25 und 60 Kilojoule pro Mol, gehalten. Dadurch können normale Änderungen der Temperatur, aber auch Änderungen des pH-Wertes und der Ionenzusammensetzung bewirken, daß sich Proteine spontan partiell entfalten und wieder zusammenfalten. Man hat in diesem Zusammenhang vom „Atmen" der Proteinmoleküle gesprochen (Somero 1995). Die freie Stabilisierungsenergie eines Proteins kann durch den Austausch von Aminosäuren verstellt werden. Der Austausch einer einzigen Base im entsprechenden Gen und der dadurch bewirkte Ersatz einer einzigen Aminosäure durch eine andere kann zu einer dramatischen Veränderung der Stabilität sowie der Affinität des jeweiligen Proteins für sein Substrat führen. Dies scheint die entscheidende Methode gewesen zu sein, mittels derer sich Proteine an den von Lebewesen bewohnten Temperaturbereich auf dieser Erde angepaßt haben (Somero 1995): von −1,7 °C (polares Meerwasser) bis +113 °C (heiße Quellen) – der wahrscheinlich absolut höchsten Temperatur, bei der Leben möglich ist.

Alles in allem läßt sich behaupten, daß eine mittlere Fluidität von Membranen und eine mittlere Stabilisierungsenergie von Proteinen einen „bevorzugten Zustand" der (biologischen) Materie charakterisieren – bevorzugt in dem Sinne, daß dieser Zustand sich auf der Stabilitätsskala zwischen Chaos und Kristall in einem Bereich befindet, der optimierte Kompromisse zwischen Labilität und Stabilität, zwischen Reaktionsfreudigkeit und Formkonstanz zuläßt. Seine Aufrechterhaltung im Angesicht einer sich ständig verändernden Umwelt ist freilich mit Kosten verbunden. Diese werden zum Beispiel im erzwungenen Umbau von Membranen und Proteinmolekülen sichtbar: in der Einführung von Doppelbindungen in das Kohlenwasserstoffgerüst von Membranen oder im Austausch von Aminosäuren bei Proteinen. Beide Maßnahmen haben zur Folge, daß in einer spezifischen Situation weniger gut angepaßte Moleküle durch besser angepaßte Moleküle ersetzt werden.

Kontrolle und molekulare Demokratie

Ein zentrales Problem des Zellstoffwechsels – wie aller komplexen dynamischen Systeme – ist das der *Kontrolle*. Dieser Begriff ist nicht immer klar definiert, umfaßt aber zwei Unterbegriffe, zwischen denen auch hier zu unterscheiden ist: *Regelung* ist jenes Verhalten eines dynamischen Systems, das die Konstanthaltung (Homöostase) einer bestimmten Eigenschaft oder eines bestimmten Systemzustands zum Ziel hat, wobei dem Prinzip der Rückkopplung große Bedeutung zukommt. Unter *Steuerung* wird demgegenüber die rückkopplungsfreie einsinnige Signalübertragung von einem Systemglied auf ein anderes verstanden. Veränderungen von Systemzuständen unter dem Einfluß äußerer Signale werden so unter der Rubrik „gesteuerte Vorgänge" behandelt.

Der englische Begriff *control* wird meist im Sinne von „Regelung" verwendet, während dem deutschen „Kontrolle" eher – wie erwähnt – der Charakter eines Oberbegriffs für Regelung plus Steuerung zukommt.

Die Diskussion um die Prinzipien und Mechanismen der Kontrolle des Zellstoffwechsels wurde zunächst von der Idee beherrscht, Richtung und Intensität von Stoffflüssen würden von einigen wenigen geschwindigkeitsbestimmenden (genauer: fluxbestimmenden) Enzymen kontrolliert, während die meisten Enzyme die Rolle von Relais und Verteilern spielten. Diese Idee geht auf Blackman (1905) zurück, aber es war vor allem Hans Krebs (1957, 1969), der sie in die Sprache der Biochemie übersetzt hat (Newsholme und Start 1973). Danach wird im Netz des Stoffwechsels zwischen *Ungleichgewichtsenzymen* und *Gleichgewichtsenzymen* unterschieden. Erstere katalysieren Reaktionen, die in der Zelle weit vom thermodynamischen Gleichgewicht entfernt sind, was nur möglich ist, wenn die verantwortlichen Enzyme als enge Schleusen fungieren, die die schnelle Einstellung eines Reaktionsgleichgewichts verhindern. Demgegenüber katalysieren Gleichgewichtsenzyme Reaktionen, die sich stets in der Nähe ihres thermodynamischen Gleichgewichts befinden, was als Hinweis auf hohe katalytische Kapazität (das Produkt aus Enzymmenge und katalytischer Effizienz) angesehen wird.

Ein Mangel der strikten Unterscheidung zwischen fluxbestimmenden Ungleichgewichtsenzymen und passiv reagierenden Gleichgewichtsenzymen besteht darin, daß sie von einem hierarchischen Konzept der Kontrolle in komplexen Netzen ausgeht. Es wird ja angenommen, die Kontrolle sei auf einige wenige Punkte im Netz konzentriert, während die – im Überschuß vorhandenen – übrigen Enzyme auf die von jenen Punkten ausgehenden Kommandos passiv reagierten. Bei genauerer Betrachtung erwies sich diese hierarchische Konstruktion als sowohl unökonomisch wie wenig flexibel. Auf der Suche nach Alternativen stießen Kacser und Burns (1973) sowie Heinrich und Rapoport (1974) fast gleichzeitig, aber unabhängig voneinander auf ein Modell, das in der Folgezeit begrifflich vereinheitlicht und als *Kontrolltheorie des Zellstoffwechsels* bekannt geworden ist. Der vom evolutionären Standpunkt wichtigste Unterschied zum klassischen Modell ist, daß die Kontrolltheorie ohne die strikte Dichotomie zwischen Ungleichgewichts- und Gleichgewichtsenzymen und ohne die Annahme eines verschwenderischen Überschusses an Gleichgewichtsenzymen auszukommen glaubt. Vielmehr wird angenommen, daß so gut wie alle Enzyme auf Schwankungen der Konzentrationen von Substraten und Cofaktoren durch induzierbare Modulationen ihrer katalytischen Aktivität reagieren können, daß somit bei Veränderungen von Systemzuständen viele, vielleicht sogar alle Enzyme des Netzes an der Kontrolle des Stoffflusses teilhaben. Kacser und Burns (1979) prägten den Begriff der *molekularen Demokratie*, um diese Art der Entscheidungsfindung in Stoffwechselnetzen zu charakterisieren. Von Leigh (1971) stammt der gleichwertige Ausdruck *Parlament der Gene*, um das Finden von Kompromissen zwischen altruistischen und egoistischen Tendenzen im Genom bildhaft zu machen (Abschnitt „Vom 'Kampf der Theile im Organismus' zu 'genetischen Konflikten'", S. 349). Im Begriff der molekularen Demokratie treffen sich die Ideen der Kontrolltheorie mit dem oben skizzierten Metabolon-Konzept. In beiden Fällen wird angenommen, daß die Enzyme eines Stoffwechselweges eine funktionelle Einheit bilden und daß innerhalb solcher Einheiten benachbarte Proteine miteinander kommunizieren. Die Kommunikation kann als Induktion von Konformationsänderungen durch Protein-Protein-Wechselwirkungen oder durch die direkt übertragenen Zwischenprodukte des Stoffwechsels verstanden werden. So können die Aktivitäten und Affinitäten der Enzyme eines Stoffwechselweges kontinuierlich verändert und an die variablen Flüsse von Metaboliten und Cofaktoren angepaßt werden.

Nun dominiert zwar im Metabolon-Konzept und in der Kontrolltheorie die Idee der Wechselwirkung und molekularen Demokratie, aber es muß dennoch ein Kompromiß zwischen dieser Idee und der weiterhin unbezweifelbaren Existenz von Ungleichgewichtsenzymen mit herausragenden Funktionen im Stoffwechselgeschehen gefunden werden. So besteht wohl kaum ein Zweifel daran, daß das Ein- und Ausschalten von Genen und Stoffwechselwegen ein essentielles Element aller lebenden Systeme ist. Derartige Schwellenvorgänge spielen sich nicht nur an gesteuerten Genen ab (Abschnitte 3.3.1 und 3.5), sondern auch an Enzymen, die auf chemische Signale aus ihrer unmittelbaren Umgebung reagieren und Stoffwechselwege ein- oder ausschalten können. Das charakteristische Merkmal derartiger „Steuerenzyme" ist ihre nichtlineare Kinetik, die anzeigt, daß oft minimale Veränderungen von Substratkonzentrationen zu drastischen Veränderungen in der Geschwindigkeit der katalysierten Reaktion führen können. Für extrem nichtlinear reagierende Enzyme hat Koshland (1987) den Begriff *Ultrasensitivität* geprägt. Ultrasensitive Enzyme erfüllen die Doppelfunktion von Sensoren und Schaltern, das heißt, sie verändern Flüsse durch das Stoffwechselnetz in Beantwortung von Signalen aus dem zellulären Milieu. Als Beispiel mögen die schon in Abschnitt 3.5.2 erwähnten Phosphorylierungskaskaden dienen, über die ein Großteil des Nachrichtenverkehrs in Zellen gesteuert wird.

Um das von der Kontrolltheorie geforderte Prinzip der demokratischen Partizipation mit dem Signal- und Schalterprinzip in Übereinstimmung zu bringen, haben Fell und Thomas (1995) auf die zu Beginn dieses Abschnitts erwähnten beiden zentralen Aspekte der Kontrolle in kybernetischen Systemen zurückgegriffen: Regelung und Steuerung. Unter *Regelung* wird die Aufrechterhaltung eines spezifischen Systemzustands trotz äußerer Störungen verstanden. *Steuerung* kommt vor allem beim koordinierten Übergang von einem Systemzustand in einen anderen Zustand ins Spiel, etwa beim Übergang eines Tieres von der Ruhe zur Aktivität, vom Hunger zur Sattheit. Im Zusammenhang mit homöostatischen Funktionen spielen Ungleichgewichtsenzyme jene Rolle, die ihnen auch von der klassischen Theorie zugeschrieben wurde: Sie reagieren auf Signale aus der näheren und weiteren Umgebung und erfüllen so die Aufgabe eines Regelzentrums, das mit Hilfe von Rückkopplungsprozessen dazu beiträgt, einen bestimmten Systemzustand zu stabilisieren (Krebs 1957). Bei Übergängen zwischen verschiedenen Aktivitätsniveaus tritt demgegenüber die von der Kontrolltheorie betonte Eigenschaft hervor: die Verteilung der Kontrolle über das gesamte Stoffwechselnetz. In diesem Fall ist das Resultat aller

Wechselwirkungen die Bewahrung des Systems vor möglicherweise chaotischen Fluktuationen.

Speicherung

Über weite Strecken funktioniert der Zellstoffwechsel nach dem schon einmal erwähnten Just-in-time-Prinzip. Das heißt, es sind gerade so viele Metaboliten unterwegs, wie für den geordneten Ablauf des jeweiligen Geschehens benötigt werden. Die Zwischenlagerung von Substraten oder Produkten des Stoffwechsels ist aus osmotischen und kinetischen Gründen nur begrenzt möglich. Zum einen würden auch nur geringfügige Veränderungen der Konzentrationen niedermolekularer Verbindungen die sorgsam gehütete osmotische Ordnung von Zellen durcheinander bringen, zum anderen würde ein Überschuß an *per definitionem* reaktionsfreudigen („kinetisch labilen") Molekülen die Gefahr unerwünschter Nebenreaktionen im Netz des Zellstoffwechsels erhöhen.

Da jedoch bei den meisten Organismen die Energiezufuhr diskontinuierlich erfolgt (der Hunger somit eine weitverbreitete Begleiterscheinung des Lebens darstellt), ist der Aufbau von Energie- und Stoffspeichern unvermeidlich. Derartige Speicher sollen imstande sein, möglichst hochwertige Energie möglichst effizient und sicher zu speichern. Unter *Sicherheit* ist zu verstehen, daß kinetisch labile Energieträger stabilisiert werden müssen; unter *Effizienz*, daß die Energiekosten der Speicherung und Mobilisierung zu minimieren sind. Diesen Ansprüchen genügt in vielen Zellen die Verwandlung reaktionsfreudiger kleiner Moleküle in reaktionsträge Makromoleküle und deren Ablagerung in Speicherorganellen oder – bei Vielzellern – speziellen Geweben. Dies trifft auf die Konversion von Zuckern in Glykogen oder Stärke zu sowie auf die Umwandlung von Fettsäuren und Glycerin in Neutralfette (vor allem *Tripalmitin*). Eigene Speicher für Aminosäuren gibt es kaum, aber die aus diesen aufgebauten Proteine können in Zeiten des Mangels – selbst wenn sie anderen Funktionen dienen – durchaus auch zur Energieversorgung herangezogen werden, wie wir dies zum Beispiel von Muskelproteinen kennen.

Die Effizienz der Speicherung läßt sich abschätzen, indem die ATP-Kosten der Synthese mit der Menge an ATP in Beziehung gesetzt werden, die aus dem Abbau der jeweiligen Makromoleküle zu den ursprünglichen Bausteinen gewonnen werden kann. So kostet etwa die Synthese eines Moleküls Tripalmitin aus den Zwischenprodukten des Stoffwechsels den Betrag von 500 ATP, während der Katabolismus des Tripalmitins im aeroben Energiestoffwechsel nicht mehr als 409 ATP bringt. Die Differenz von rund 20 Prozent ist somit der Preis, der zu zahlen ist, um Energie in der Form eines Produkts mit hoher thermodynamischer Labilität, aber kinetischer Stabilität speichern zu können (Atkinson 1977).

3.6.3 Kompromisse zwischen Effizienz und Leistung: Die Optimierung des Energie- und Stoffhaushalts durch die Evolution

Die entscheidenden Aspekte des Energie- und Stoffhaushalts von Zellen sind das Ergebnis evolutionärer Optimierungsprozesse und stellen daher evolutionäre *Kompromisse* dar (Wieser 1995c). Sowohl die Struktur von Stoffwechselnetzen als auch der Energiehaushalt offener, sich selbst erhaltender Systeme wird durch zwei scheinbar im Widerstreit stehende Prinzipien beherrscht. Einerseits muß das System im thermodynamischen Ungleichgewicht verharren, denn nur so können aus spontan ablaufenden Reaktionen jene Energiebeträge gewonnen werden, die für die Erhaltungsarbeit benötigt werden. Andererseits wird in einem gekoppelten System die auf der *exergonen* Schiene freiwerdende Energie ($-\Delta G$ in Abbildung 3.12) um so vollständiger auf die *endergone* Schiene ($+\Delta G$) übertragen, je näher am thermodynamischen Gleichgewicht der gesamte Prozeß verharrt. Das bedeutet, daß in jedem Prozeßverlauf ein Kompromiß zwischen Gleichgewicht und Ungleichgewicht gefunden werden muß. Gemäß der Logik der irreversiblen

Thermodynamik sind gleichgewichts*ferne* Zustände verknüpft mit den Begriffen Geschwindigkeit (hoher Flux) und Leistung, gleichgewichts-*nahe* Zustände hingegen mit den Begriffen Effizienz und Optimierung. Der jeweils gefundene Kompromiß ist das Ergebnis eines evolutionären Selektionsprozesses, er läßt sich nicht aus physikochemischen Axiomen ableiten. Atkinson (1977) hat dies am Beispiel der zentralen Energietransformation im Zellstoffwechsel deutlich gemacht. Die Stöchiometrie der Oxidation von Glucose ist durch chemische Prinzipien eindeutig definiert:

$$C_6H_{12}O_6 + 6\,O_2 \Rightarrow 6\,CO_2 + 6\,H_2O \quad \Delta G \approx -2\,900\;kJ \times mol^{-1} \qquad (3.6)$$

Durch keinerlei biologische oder sonstige Intervention könnten die Mengenverhältnisse dieser Reaktion verändert werden. In Zellen verläuft die Oxidation der Glucose jedoch auf einem anderen (hier vereinfacht dargestellten) Weg:

$$C_6H_{12}O_6 + 6\,O_2 + 38\,ADP + 38\,P_i \Rightarrow 6\,CO_2 + 44\,H_2O + 38\,ATP$$
$$\Delta G \approx -810\;kJ \times mol^{-1} \qquad (3.7)$$

Der in Gleichung 3.7 angegebene ΔG-Wert von −810 Kilojoule pro Mol ergibt sich daraus, daß das Verhältnis von ATP zu ADP und anorganischem Phosphat (P_i) in lebenden Zellen viel weiter vom Gleichgewicht entfernt ist als unter den Standardbedingungen (ΔG'), auf die sich Gleichung 3.5 bezieht. Während unter diesen die freie Energie der Hydrolyse von ATP zu ADP und P_i rund 33,5 kJ $\times$ mol^{-1} beträgt, errechnen sich aus den tatsächlichen Konzentrationen der Reaktionspartner ΔG-Werte zwischen 50 und 60 kJ $\times$ mol^{-1}. Die Synthese von 38 Mol ATP erfordert demgemäß den Einsatz von durchschnittlich 38 $\times$ 55 = 2 090 Kilojoule, so daß von den rund 2 900 Kilojoule Energie, die bei der Oxidation von einem Mol Glucose frei werden (Gleichung 3.6), ein Betrag von 810 kJ übrig bleibt. Daraus ergibt sich für die in Mitochondrien vollzogene Kopplung der Glucoseoxidation mit der ATP-Synthese eine Effizienz von etwa 72 Prozent, ein Wert, der ziemlich genau dem optimalen Kompromiß zwischen Leistung und Effizienz entspricht, wie er sich aus den Ansätzen der irreversiblen Thermodynamik ableiten läßt (Wieser 1986, S. 28; Gnaiger 1990).

Für unsere Überlegungen ist die Einsicht wichtig, daß die Stöchiometrie der Gleichung 3.7 von gänzlich anderer Art ist als die der Gleichung 3.6. Wie schon erwähnt, basiert letztere ausschließlich auf chemischen *Axiomen*, während erstere das Ergebnis eines evolutionären *Kompromisses* ist, denn nach thermodynamischen Prinzipien könnte die Oxidation von einem Mol Glucose mit der Synthese von sehr viel mehr oder sehr viel weniger als 38 Mol ATP gekoppelt sein. Aufgrund der Universalität der Kopplungsmaschinerie in der rezenten biologischen Welt kommt diesem Kompromiß allerdings nun der Rang eines biologischen *Gesetzes* zu. Es ist dies eines der besten Beispiele dafür, daß Lebensprozesse zwar auf physikochemischen Prinzipien aufbauen, daß für sie aber auch strukturelle und funktionelle Gesetze gelten, die sich aus jenen nicht ableiten lassen.

Um zu einer adäquaten Vorstellung von der Natur des Fließgleichgewichtszustands zu kommen, muß das Verhältnis zwischen Gleichgewicht und Ungleichgewicht in Zellen allerdings noch differenzierter gesehen werden. Im Gefüge des Zellstoffwechsels werden an spezifischen molekularen Strukturen durch den Einsatz von freier Energie stoffliche und energetische Ungleichgewichte aufgebaut. Das gilt für das erwähnte ATP-ADP-System, das um acht bis zehn Größenordnungen von seinem thermodynamischen Gleichgewicht entfernt gehalten wird, für die elektrische Spannung von etwa 100 Millivolt zwischen der Innenseite und Außenseite von Zellmembranen sowie für den Protonengradienten (Δp) von etwa 200 Millivolt, der sich über der inneren Mitochondrienmembran aufbaut (Nicholls und Ferguson 1992). Die angeführten Zahlenwerte deuten an, wie enorm groß die Potentiale (das heißt die *Ungleichgewichte*) sind, die sich auf diese Weise im Fließgleichgewicht von Zellen stabilisieren.

Das ist die eine Seite. Andererseits sind überall dort, wo es um die Konversion *einer* Form von Energie in eine *andere* Form von Energie geht, entgegengesetzt gerichtete Potentiale so genau aufeinander abgestimmt und so reibungsfrei gekoppelt, daß sich die Konversion ganz in der Nähe des thermodynamischen Gleichgewichts abspielt. Unter solchen Bedingungen wird also die auf der exergonen Schiene freiwerdende Energie fast zur Gänze von der endergonen Schiene absorbiert, die Entropieproduktion ist dementsprechend minimal. Die Effizienz der Übertragung muß natürlich geringer als 100 Prozent sein, da ja sonst beide Richtungen gleich wahrscheinlich wären, aber sie ist doch deutlich höher als die rund 72 Prozent, die sich für die gesamte Spanne der gekoppelten Oxidation von Glucose in aeroben Zellen errechnen lassen.

Für die außerordentlich hohe Effizienz der Verwandlung verschiedener Energieformen ineinander seien folgende biologische Beispiele genannt:

- die Verwandlung von elektromagnetischer Energie in ein Redoxpotential im aktiven Zentrum des Chlorophyllmoleküls (Hoffmann 1990);
- die Verwandlung der protonenmotorischen Kraft (Δp) über der inneren mitochondrienmembran in das Phosphatübertragungspotential (ΔG_p) des ATP-ADP-Systems (Nicholls und Ferguson 1992; Kramer und Knaff 1989);
- die Verwandlung der freien chemischen Energie des ATP-ADP-Systems in die mechanische Energie der Muskelkontraktion (Becker 1991);
- die Verwandlung der chemischen Energie des ATP-ADP-Systems in die Transportenergie der in Zellmembranen eingebauten Natriumpumpe (Natrium-Kalium-ATPase) (Daut 1987).

Es ist somit festzuhalten, daß zelluläre Fließgleichgewichte von zwei fundamentalen Prinzipien geprägt werden: 1) dem Aufbau hoher Energiepotentiale und 2) der effizienten Energiekonversion. Unter normalen Bedingungen scheinen Zellen der *ökonomischen* Maxime zu folgen, während die hohen Potentiale auf das Vorhandensein von Reserven weisen, aus denen bei Bedarf ein gewaltiger Zuwachs an *Leistung* – auf Kosten der Effizienz – gespeist werden kann. Wie in der realen Welt von Zellen Kompromisse und optimale Lösungen zwischen den Ansprüchen verschiedener Funktionen zustande kommen, wird an einem besonders instruktiven Beispiel im folgenden Exkurs geschildert.

EXKURS

Optimierung eines Transportprozesses

Wenden wir uns von der Betrachtung einzelner Reaktionen in Zellen ab und richten den Blick auf physiologische Zusammenhänge, in denen sich Flüsse, Widerstände, Transportvorgänge, katalytische Prozesse und Signaltransduktionen manifestieren, dann entdecken wir auch im Zusammenspiel der einzelnen Glieder solcher Ketten und Netze Kompromisse und optimale Lösungen. Richten wir den Blick über die Grenzen des offenen Systems hinaus, dann werden die ständig wechselnden Konstellationen der Beziehung zwischen Organismus und Umwelt sichtbar. Ein besonders instruktives Beispiel für die Dynamik, aber auch für die Zwänge solcher Auseinandersetzungen liefert eine Untersuchung über den Zuckertransport in das Darmbakterium *Escherichia coli.*

Das Darmbakterium lebt in einem Milieu, in dem Hunderte essentieller Nährstoffe mit ebenso vielen giftigen Substanzen um Zugang in das Innere der Zellen wetteifern. Dykhuizen und Dean (1990) haben sich mit der Aufnahme und Verarbeitung des Milchzuckers *Lactose* bei diesem Organismus beschäftigt, einer physiologischen Funktion, die sich aus drei gut definierten Gliedern zusammensetzt: der passiven Diffusion des Zuckers durch Poren („Porine") der Zellwand; der aktiven Aufnahme des Moleküls durch einen Transportmechanismus („Permease") in der Zellmembran; und schließlich der Zerlegung des Milchzuckers in seine beiden niedermolekularen Bestandteile mit Hilfe eines spezifischen Enzyms (Galactosidase). Die Grenze der Leistungsfähigkeit jedes dieser drei Glieder ist genetisch determiniert, kann aber durch Mutationen verändert werden. Setzt man in einem Chemostaten genetisch homogene Populationen von *E. coli* unterschiedlichen Nährstoffkonzentrationen aus, dann treten Mutanten auf, von denen sehr schnell jene selektiert werden, die unter den jeweils herrschenden Bedingungen den Nährstofffluß vom Medium in das zentrale Stoffwechselnetz des Bakteriums *maximieren*. Das heißt, im Chemostaten gewinnen jene Varianten die Oberhand, bei denen dieser Fluß größer ist als bei allen anderen Varianten, und das zeigt an, daß der Fluß der Lactose in die Zelle ein direktes Maß für die Wachstumsrate der Population und damit – definitionsgemäß – für deren *Fitneß* ist. Besonderes Interesse verdient die Entdeckung, daß die Aufnahme und Verwertung des Milchzuckers in sehr unterschiedlichem Maße durch Mutationsereignisse an den drei Gliedern des Transportweges beeinflußt werden kann. Bei Lactosemangel kommt zum Beispiel den *Porin*mutanten der höchste Selektionswert zu, bei Lactoseüberfluß hingegen den *Permease*mutanten. Unter sämtlichen Bedingungen des Milieus wird jeweils jene Kombination von Varianten selektiert, die im Vergleich zu allen anderen Varianten zur größten Beschleunigung des Stoffflusses führt.

Dies ist jedenfalls ein starker Hinweis darauf, daß sich auch komplexe Stoffwechselvorgänge durch die Wirksamkeit der Selektion an die herrschenden Umweltbedingungen anpassen, wobei im Falle des Darmbakteriums die Anpassung darin besteht, daß der Stofffluß und damit die Fitneß der Population maximiert wird. Die Versuche von Dykhuizen und Dean erbrachten jedoch ein weiteres Ergebnis, das den Prozeß der Anpassung von Organismen an die Komplexität der Umwelt nochmals präzisiert und in einem neuen Licht erscheinen läßt.

Obwohl bei Nährstoffmangel dem Durchmesser der Porine in der Zellwand die größte Bedeutung zukommt und sich unter solchen Bedingungen Mutanten mit größerem Porendurchmesser besonders schnell durchsetzten, erreichte der Porendurchmesser der erfolgreichsten Varianten dennoch nicht den bei anderen, weniger erfolgreichen Varianten beobachteten Maximalwert. Dasselbe gilt für die Permeaseaktivität. Diese nahm zwar bei Nährstoffüberfluß zu, erreichte aber bei den erfolgreichsten Varianten nicht das Niveau einiger anderer, weniger erfolgreicher Varianten. Es hat also den Anschein, als würden sowohl Porindurchmesser wie Permeaseaktivität noch von anderen Selektionsfaktoren beeinflußt, die das Überschießen beider Größen über einen kritischen Wert hinaus verhinderten.

Zur Erklärung dieser nicht-maximalen Lösung formulierten die Autoren der Studie folgende Hypothese: Wird der Porendurchmesser zu groß, dann können außer Nährstoffen auch schädliche Stoffe in das Innere des Darmbakteriums gelangen, vor allem Gallensäuren, die ja im Milieu dieses Symbionten besonders reichlich vorkommen und membranauflösende Wirkungen haben. Umgekehrt könnte bei Lactoseüberfluß eine zu hohe Permeaseaktivität die Überschwemmung der Zelle mit Substrat zur Folge haben und dadurch den schon seit längerer Zeit bekannten *lactose-killing-effect* auslösen.

Dieses Beispiel lehrt mit besonderer Eindringlichkeit, daß in komplexen offenen Systemen, deren Überleben vom Zusammenspiel vieler Funktionen abhängt, das *Maximieren* einzelner Funktionen meist negative Folgen hat. Das Ziel des evolutionären Prozesses kann also nur das *Optimieren* des funktionellen Zusammenhangs sein, wobei der Erfolg daran gemessen wird, in welchem Ausmaß der jeweilige Organismus seinen unmittelbaren Konkurrenten überlegen ist. Maximiert wird somit die *relative* – nicht die *absolute* – Eignung des Systems.

3.6.4 Bilanzierung des Energiehaushalts

Die bisher in diesem Kapitel besprochenen Vorgänge – vektorielle Energie- und Stoffflüsse, Gleichgewichts- und Ungleichgewichtsreaktionen, Kopplung und Entkopplung, Energietransformationen, Aktivierung und Speicherung, Transportprozesse, Protein-Protein-Wechselwirkungen – bilden den Rahmen, in dem über den Energiehaushalt einer Zelle Bilanz gezogen wird. Die Verwendung des Begriffs Haushalt bringt zum Ausdruck, daß die zur Verfügung stehende freie Energie je nach Bedarf auf verschiedene Konsumenten aufgeteilt wird und daß – über einen gewissen Zeitraum gemittelt – Produktion und Verbrauch im Gleichgewicht sein müssen. Störungen von außen oder innen können zur Destabilisierung des *dynamischen Zustands* führen, auf die das System reagiert, indem es entweder den alten Gleichgewichtszustand wieder herbeizuführen oder Wege zu einem neuen Gleichgewichtszustand zu finden trachtet. Dies impliziert Veränderungen von Energieproduktion und Energieverbrauch, aber nicht bloß in quantitativer Hinsicht, sondern auch in qualitativer, indem zum Beispiel verschiedene Energiequellen mobilisiert werden (etwa beim Übergang vom aeroben zum anaeroben Energiestoffwechsel) oder der Verteilungsschlüssel für den ATP-Verbrauch in der Zelle geändert wird.

Eine seit Jahrzehnten immer wieder gestellte Frage ist die nach der Natur des „Basalstoffwechsels" oder Ruhezustands einer Zelle. Wofür verbraucht eine Zelle die von ihr in Form von ATP produzierte Energie, wenn sie nicht wächst und auch sonst keine speziellen Leistungen vollbringt? Antworten auf diese Frage liefern Untersuchungen an Zellsuspensionen oder -kulturen. Die ATP-*Produktion* läßt sich über die Messung des Sauerstoffverbrauchs, der CO_2- oder Wärmeproduktion oder der Anreicherung von Endprodukten des Stoffwechsels abschätzen, der ATP-*Verbrauch* der Konsumenten in der Zelle unter anderem durch den Einsatz spezifischer Hemmer.

Die für eine bestimmte Gruppe kernhaltiger Blutzellen des Menschen ermittelte Bilanz des ATP-Umsatzes kann als repräsentatives Beispiel für viele andere Zelltypen angesehen werden (Siems et al.

Tabelle 3.4: **Bilanz von ATP-Produktion und ATP-Verbrauch in menschlichen Blutzellen. (Verändert aus Siems et al. 1992.)**

Funktionen	relative Anteile (Prozent)
ATP-Produktion (aerob)	100
ATP-Verbrauch	
Proteinumsatz	34,7
Natriumpumpe	19,0
Calciumpumpen	27,8
RNA-Synthese	8,5
DNA-Synthese	7,6
Summe	97,6

1992). Setzt man die pro Zeiteinheit und Zellmasse produzierte ATP-Menge gleich 100, dann ergibt sich das in Tabelle 3.4 dargestellte Verteilungsbild.

Offenbar konnte bei dieser Untersuchung der Fließgleichgewichtszustand der Zelle hinreichend gut definiert werden, denn die gemessenen Produktions- und Verbrauchswerte stimmen weitgehend überein. Außerdem zeigt sich, daß mehr als 80 Prozent des Verbrauchs den Konten „Proteinumsatz" und „Ionenregulation" (Na^+- und Ca^{2+}-Pumpen) zuzurechnen sind. Dies gilt für die meisten Zellen. Einerseits müssen Zellen das erwähnte Ionenungleichgewicht und hohe Ruhepotential aufrechterhalten, indem Ionen von einer auf die andere Seite einer Membran gepumpt werden; andererseits müssen Proteine auf- und abgebaut sowie in ihrer Konformation verändert werden, zum Beispiel durch Phosphorylierung. Jeder dieser drei Schritte verbraucht freie Energie in Form von ATP. Die Kosten für die Ionenregulation enthalten die Kosten für einen Großteil der aktiven Transportvorgänge *in* und *an* Zellen. Zum Beispiel kann das von der Natriumpumpe aufgebaute Ionenpotential der Zelle genützt werden, um andere Stoffe gegen einen Konzentrationsgradienten zu transportieren, so etwa Glucose aus dem

Darmlumen in die Zellen der Darmschleimhaut. Die Kosten für den Proteinumsatz enthalten die Kosten für die Anpassung des Zellstoffwechsels an die sich ständig ändernden Lebensbedingungen. Dies geschieht, indem fehlerhafte und suboptimale Proteine abgebaut und entsorgt (Abschnitt „Ubiquitine und die geordnete Entsorgung von Proteinen", S. 257) und besser geeignete Proteine neu synthetisiert werden. Selbst in Hungerperioden muß die Zelle noch einen beträchtlichen Anteil ihrer spärlichen Energiereserven in den Proteinumsatz investieren. Der auf diese Weise für die Anpassung und Regulation des Zellstoffwechsels betriebene Energieaufwand wurde von einem der besten Kenner dieser Vorgänge auf bis zu 20 Prozent des gesamten Energieumsatzes einer Zelle geschätzt (Koshland 1987).

Zu Proteinumsatz und Ionenregulation, den beiden großen Posten des Energiehaushalts, gesellt sich der qualitativ zwar wichtige, quantitativ jedoch nicht ganz so bedeutsame Aufwand für die Synthese von Nucleinsäuremolekülen, der im zitierten Beispiel rund 15 Prozent des Gesamtumsatzes ausmacht. Zusätzlich sind die Kosten der Synthese anderer Stoffwechselprodukte, wie Fette, Aminosäuren und Kohlenhydrate, in Rechnung zu stellen. Diese sind jedoch im Fließgleichgewicht der ruhenden Zelle nur gering. Der größte Posten dieser Art, die Verwandlung von Kohlenhydraten in Fette, umgeht den normalen Weg über das ATP-ADP-System, indem die beim partiellen Abbau von Zucker anfallende Energie über ein elektronenübertragendes Coenzym, das NADP-NADPH-System, direkt für die Synthese von Fettsäuren eingesetzt wird. Dieser Posten des Energiehaushalts ähnelt somit dem geringfügigen Anteil direkter Tauschleistungen in einem ansonsten vom zentralen Geldverkehr beherrschten Markt (wobei im Zellstoffwechsel ATP die Rolle des Geldes spielt).

Die wichtigsten Komponenten und Hauptwege des Energiehaushalts einer ruhenden Zelle sind in Abbildung 3.15 schematisch dargestellt. Unter dem Druck von Spezialaufgaben kann so ein Haushalt tiefgreifenden qualitativen wie quantitativen Veränderungen unterworfen werden. In einer Muskelfaser (die sich aus vielen miteinander verschmolzenen Einzelzellen zusammensetzt) wird zum Beispiel bei maximaler

Aktivität der überwiegende Anteil des benötigten ATP auf dem Weg der Glykolyse durch die Hydrolyse des Energiespeichers Glykogen (Abschnitt „Speicherung", S. 218) gewonnen. Dabei kann der Energiefluß durch die *anaerobe* Glykolyse, gegenüber dem gemächlichen Fluß der *aeroben* Glykolyse in der ruhenden Zelle, kurzfristig bis zu *tausendfach* beschleunigt werden. Dieser Energieschub wird fast zur Gänze zur Deckung der mechanischen Leistung der sich kontrahierenden Fibrillen sowie der Transportleistung der Natriumpumpe eingesetzt. Letztere pumpt das im Kontraktionsrhythmus ausströmende Kalium wieder in die Muskelfaser zurück und das einströmende Natrium aus ihr hinaus.

In anderen Zelltypen schlagen die Energieströme des Aktivitätsstoffwechsels andere Wege ein. So fließt in sezernierenden Zellen das ATP vor allem zu den Ribosomen, in denen die Hauptbestandteile eiweißreicher Sekrete zusammengebaut werden. Dieser Prozeß ist äußerst energieaufwendig, denn um eine Peptidbindung (die Verbindung zwischen zwei Aminosäuren) zu stiften, werden mindestens vier Moleküle ATP verbraucht. Aber auch in diesem Fall spielt die Natriumpumpe eine entscheidende subsidiäre Rolle: Die für die Proteinsynthese benötigten Aminosäuren müssen gegen Konzentrationsgradienten – unter Ausnützung des von der Pumpe aufgebauten Potentials – in die Zelle transportiert werden (das „X" des Symports in Abbildung 3.15).

Nach diesem Szenario werden beim Übergang zum Hochleistungsstoffwechsel die Energiehaushalte von Zellen gehörig durcheinandergebracht. Dies geschieht entweder nur kurzfristig, oder es kommt zur Einstellung neuer Fließgleichgewichte mit anderen Systemwerten. Bei den Übergängen zwischen Stoffwechselzuständen sowie bei der Aufrechterhaltung alter und neuer Fließgleichgewichte spielen die weiter oben diskutierten Kontrollmechanismen und -prinzipien (Abschnitt 3.6.2) wichtige Rollen.

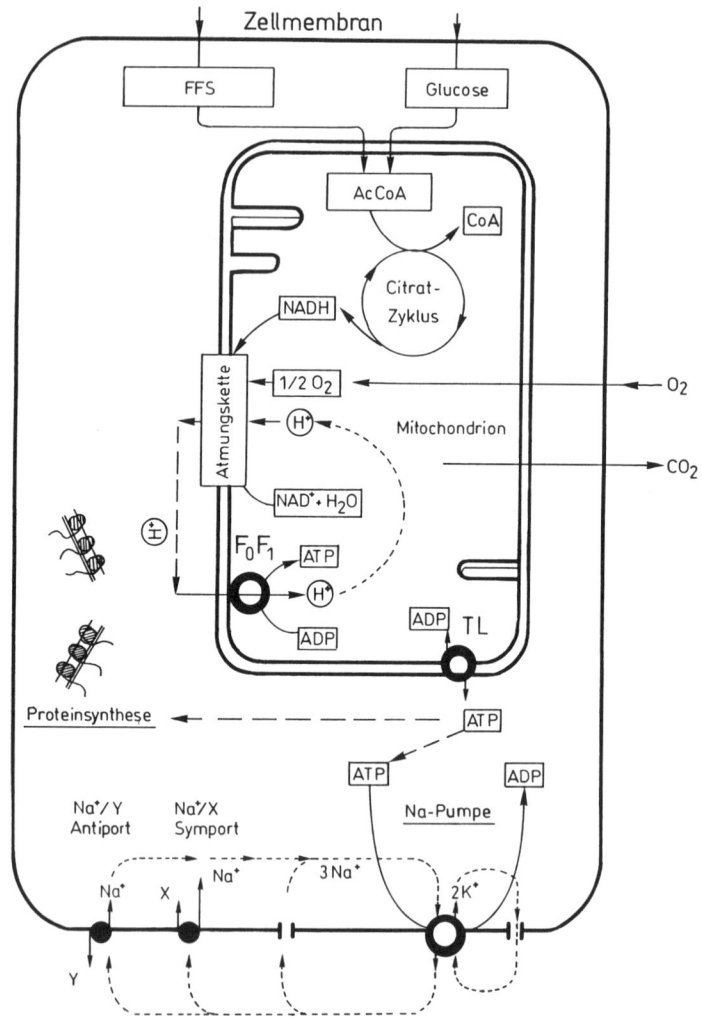

3.15 Komponenten und Hauptwege des Energiehaushalts einer eukaryoten Zelle. Fettsäuren (FFS) und Glucose liefern über die Drehscheibe ihres
Katabolismus, Acetyl-Coenzym A (AcCoA), Elektronen in die Mitochondrien,
wo sie im Citratzyklus auf das NAD-NADH-System übertragen werden. An
der Atmungskette baut das Redoxpotential der Elektronen einen Protonengradienten auf, der an der F_oF_1-ATPase die Bildung von ATP aus ADP und
Phosphat treibt. Dieses ATP wird über einen Antiport oder *Translokator* (TL)
in das Cytoplasma verfrachtet, wo es verschiedene Konsumenten versorgt,
vor allem die Natriumpumpe und die ribosomale Proteinsynthese. Produktion, Transport und Verbrauch von ATP sind durch die drei dickwandigen
Kreise angedeutet. Das Ionenpotential wird durch verschiedene Strukturen
sowohl ent- wie wieder aufgeladen, genützt wie wieder aufgebaut. Neben
der ubiquitären Natriumpumpe (an der zwei Kaliumionen gegen drei Natrium-
ionen ausgetauscht werden) sind an der Ionenregulation ionenspezifische
Kanäle (als Poren in der Zellmembran angedeutet) und weitere Transportmechanismen beteiligt, die, den Natriumgradienten nützend, andere Stoffe
(X, Y) entweder in die Zelle hinein (Symport) oder aus der Zelle hinaus (Antiport) verfrachten. (Verändert nach Daut 1987.)
◀

Angebot und Nachfrage: Leerlauf, Verschwendung und Lebensqualität

Um äußeren Reizen begegnen oder inneren Antrieben folgen zu können, müssen die Stoff- und Energieflüsse in den Zellen von Organismen
modulierbar sein. Bei Säugetieren und Vögeln führen maximale Dauerleistungen zu einer Beschleunigung der Energieflüsse um eine Größenordnung oder mehr. Der Übergang eines Schmetterlings vom Zustand
der Ruhe in den des Fluges wird sogar von einer *hundertfachen* Steigerung des Energieumsatzes begleitet. Noch größere Steigerungen sind
wahrscheinlich an Membranstrukturen nicht möglich. Der Übergang
vom Stand zum maximalen Sprint, etwa bei einem Geparden oder bei
Carl Lewis, impliziert zwar, wie schon erwähnt, eine tausendfache Beschleunigung von Stoffdurchsätzen, aber diese Steigerung ist nur kurzfristig möglich und auf die Reaktionssequenz der Glykolyse beschränkt, das heißt, sie bleibt außerhalb der membranösen Maschinerie
der Mitochondrien.

Aus derartigen Erfahrungswerten ist zu folgern, daß die zellulären Strukturen, an denen sich der Energiestoffwechsel abspielt, nicht bloß von den Bedingungen für den *Ruheumsatz* geprägt sind, sondern gleichermaßen auch von Zwängen, die sich aus den zu erwartenden maximalen *Belastungen* ergeben (siehe auch Abschnitt „Dynamische Bereiche", S. 335). Ganz allgemein gilt, daß zwischen der Ökonomie des Ruhezustands und dem von der Lebensweise der Art diktierten maximalen Leistungsbedarf ein optimaler Kompromiß gefunden werden muß.

Das vor rund 200 Millionen Jahren erfundene Prinzip der *Homoiothermie* gewährt faszinierende Einblicke in die Formulierung einer der Lösungen dieses Optimierungsproblems durch die biologische Evolution. Der Energieumsatz eines homoiothermen Tieres und seiner Zellen ist rund zehnmal so hoch wie der eines gleich großen poikilothermen Tieres. Der Erfolg dieses verschwenderischen Prinzips in der Natur korreliert mit der Fähigkeit einiger Gruppen von Wirbeltieren, die Körpertemperatur auf einen konstanten Wert im Bereich zwischen rund 36 und 41 °C einzustellen, also wesentlich höher als die mittlere Umgebungstemperatur in den meisten Lebensräumen der Erde. Da die Umsätze chemischer Reaktionen mit der Temperatur zunehmen (meist bedeutet eine Erwärmung um 10 °C eine Verdopplung der Reaktionsgeschwindigkeit), muß schon aus rein kinetischen Gründen der Energie-, Nährstoff- und Raumbedarf homoiothermer Tiere wesentlich höher sein als der gleichgroßer poikilothermer Tiere. Dieser quantitative Leistungssprung hatte weitreichende qualitative Folgen: Der neue Reichtum erlaubte eine wesentliche Erweiterung und Differenzierung des Verhaltensrepertoires der Tiere. Die Evolution sozialer Leistungen in ihrer ganzen Breite und Mannigfaltigkeit – der Brutpflege, Erziehung, Gruppendynamik, Kommunikationskultur und so weiter – fand ausschließlich im Rahmen und mit den Mitteln des homoiothermen Funktionsprinzips statt (wobei hinzugefügt werden kann, daß auch in den Gemeinschaften *sozialer Insekten* – also in Termitenbauten und Bienenstöcken – geregelte thermische Verhältnisse herrschen, die sich mit denen in einem homoiothermen Organismus durchaus vergleichen lassen).

Uns interessieren an dieser Stelle die Mechanismen, über die die Abstimmung von ATP-Produktion und ATP-Verbrauch in homoiothermen Zellen stattfindet. Wir wissen aus den bisherigen Ausführungen und aus Abbildung 3.15, daß die Kopplung des Redoxpotentials mit der ATP-Synthese in Mitochondrien in der Weise stattfindet, daß das Redoxpotential zunächst den Aufbau eines Protonengradienten über der inneren Mitochondrienmembran antreibt. Erst die Entladung dieses Gradienten ist mit der Synthese von ATP an der Innenseite der Membran gekoppelt. Dies ist der Kern der von Peter Mitchell (1961) formulierten *chemiosmotischen Theorie* der Energietransduktion in Mitochondrien und Chloroplasten (Nicholls und Ferguson 1992). Im voll gekoppelten Zustand wird die gesamte freie Energie des Protonengradienten in die Synthese von ATP investiert. Die Protonen müssen jedoch nicht unbedingt den Weg durch das für die Kopplung verantwortliche Enzym, die ATP-Synthetase, nehmen. Sie können, ihrem thermodynamischen Gefälle folgend, auch durch Membrankanäle („Protonenleck" in Abbildung 3.16) in das Innere der Mitochondrien zurückkehren, aus dem sie ursprünglich hinausgepumpt worden waren. Um den Gradienten aufrechtzuerhalten, müssen die eingeströmten Protonen dann unter dem neuerlichen Einsatz von Energie wieder hinausbefördert werden. Auf diese Weise entsteht ein Kreislauf, der Energie verbraucht, aber der Zelle keinen Nutzen zu bringen scheint, ein Leerlauf oder *futile cycle*. Es wird angenommen, daß die Energie eines Elektronenpaares ausreicht, um sechs Protonen über die innere Mitochondrienmembran zu pumpen. Fließen sechs Protonen durch die ATP-Synthetase wieder zurück, dann kann dieser Fluß mit der Bildung von drei ATP gekoppelt werden. Fließen sie jedoch *unter Umgehung* der Synthetase zurück, dann wird die äquivalente Energiemenge sofort und ausschließlich als Wärme abgegeben. Nach landläufiger Meinung wird diese Energiemenge also verschwendet. Das Prinzip der Homoiothermie deutet jedoch an, daß aus der „Verschwendung" ein Nutzen wird, wenn sie der Erwärmung des Organismus dient und damit dessen Lebensqualität erhöht. Ein zunächst vielleicht sinnloser Zirkelschluß entwickelte sich so zu einem Wärmegenerator, der Tiere in die Lage versetzte, ihre Körper-

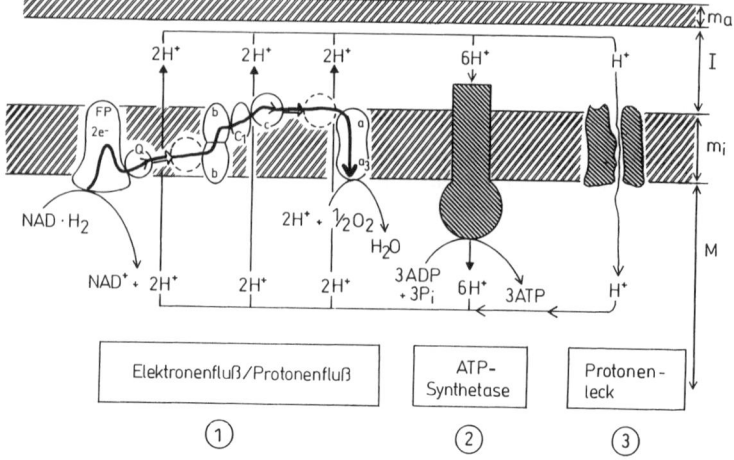

3.16 Die wichtigsten Komponenten des Energieflusses in Mitochondrien: 1) Kopplung von Elektronen- und Protonenfluß; 2) Kopplung von Protonenfluß und ATP-Bildung durch die ATP-Synthetase; 3) Protonenleck. Die Konturen in der inneren Mitochondrienmembran symbolisieren die Stationen der Elektronentransportkette, vom NADH-Dehydrogenase-Komplex (FP) bis zur Cytochromoxidase (a/a_3). m_a steht für äußere, m_i für innere Mitochondrienmembran, I für Intermembran und M für Matrix. (Verändert nach Wehner und Gehring 1990.)

temperatur auch in kühlen Nächten und kalten Jahreszeiten auf hohem Niveau zu halten. Der Preis hierfür war die Abnahme der Effizienz, mit der die ATP-Bildung an die Entladung von Protonengradienten gekoppelt ist. In Geweben von Säugetieren fallen, zumindest unter gewissen Bedingungen, bei der Oxidation von einem Mol Glucose weit weniger als die 38 Mol ATP an, die nach der Stöchiometrie von Gleichung 3.7 zu erwarten wären.

Der für die Konstanz der Körpertemperatur letztendlich verantwortliche Wärmegenerator homoiothermer Tiere basiert auf einem einfachen Prinzip: der Erhöhung des Anteils von kurzgeschlossenen Leckströmen und Leerläufen am Energiehaushalt von Zellen. Derartige Ströme und Kreisläufe erzeugen unter Umgehung der in streng gekoppelten Systemen obligaten „Arbeitsschleifen" ausschließlich Wärme, wodurch die Bildung schädlicher Endprodukte, wie sie bei chemischer oder mechanischer Arbeit üblicherweise anfallen – zum Beispiel Milchsäure beim Muskelzittern –, vermieden wird.

Die Möglichkeit, daß die Entstehung der Homoiothermie auf einer Erhöhung des Anteils von Leerläufen und Leckströmen im Energiehaushalt von Zellen beruht und diese auf einer Zunahme der Permeabilität von Zellmembranen für Ionen, wurde in Form eines konsequenten Konzepts von Else und Hulbert (1987) in die Physiologie eingeführt und in der Folgezeit durch ausgedehnte Untersuchungen über die Permeabilität der inneren Mitochondrienmembran weiter erhärtet (Brand et al. 1991, 1993). In allen bisherigen Untersuchungen hat sich gezeigt, daß die Membranen von Säugetieren drei- bis viermal durchlässiger für Ionen sind als die Membranen von gleich großen wechselwarmen Tieren, etwa Eidechsen. Damit beide Systeme im Gleichgewicht bleiben, müssen sich dementsprechend auch die Umsätze der zuständigen Ionenpumpen bei vergleichbarer Temperatur um denselben Faktor unterscheiden. Das Leerlaufprinzip vermeidet nicht nur die Anreicherung schädlicher Produkte beim Verrichten unnötiger Arbeit, es kommt auch ohne platzverbrauchende Speicher aus, wie sie in technischen Energiesystemen etwa die Staubecken von Wasserkraftwerken darstellen.

Um sie für den Energiehaushalt von Organismen nutzbar zu machen, müssen die Kreisströme allerdings in ein übergeordnetes Kontrollsystem eingegliedert werden. In Phasen der Ruhe bleiben die entsprechenden Kanäle in Zell- und Mitochondrienmembranen für Ionen relativ durchlässig, die leerlaufenden Kreisströme tragen dann wesentlich zur Effizienz des Wärmehaushalts bei (das heißt, Körperwärme wird mit einem Minimum an Verlusten und Nebeneffekten produziert). In anderen Phasen werden die Kanäle jedoch stufenweise geschlossen und der Protonenfluß streng an die ATP-liefernde Maschinerie der ATP-Synthetase in der inneren Mitochondrienmembran gekoppelt (Abbildung 3.16). Ebenso werden größere Anteile des in das Cytoplasma transportierten ATP von der Natriumpumpe in der Zellmembran zu anderen Verbrauchern umgeleitet, zum Beispiel zur Proteinsynthese (Abbildung 3.15) oder zur Muskelarbeit.

Die Erhöhung von Energieumsätzen durch ein simples mechanistisches Prinzip an den Zellmembranen homoiothermer Tiere mag mit der Erhöhung des *Angebots* auf einem freien Energiemarkt verglichen werden. Man mag spekulieren, daß dieses Angebot die Entwicklung neuer *nachfrage*orientierter Leistungen und energieaufwendiger Verhaltensweisen bei homoiothermen Tieren angetrieben hat. Charakteristischerweise war bei diesen Tieren die Erhöhung der *sozialen* Kosten (zum Beispiel für Brutpflege und Balzspiele) von einer Verminderung der Produktion von Nachkommen begleitet, also von einer Leistung mit *physiologischen* Kosten (Wieser 1985; siehe auch Abschnitt „Die Verteilung von Ressourcen im Organismus", S. 418).

4. Das mittlere Netz: Organismen

4.1 Vom Sein zum Werden, vom Werden zum Sein

In seinem Buch *Vom Sein zum Werden* beschreibt Ilya Prigogine (1979) die Entwicklung der Physik von einer Wissenschaft, in der die Zeit so gut wie keine oder eine nur eingeschränkte Rolle als „geometrischer Parameter" gespielt hat, zu einer Wissenschaft, in der die Zeit von zentraler Bedeutung ist. Dies hängt mit der Formulierung des zweiten Hauptsatzes der Thermodynamik im 19. Jahrhundert zusammen, wonach das gesamte Universum in einen Prozeß eingebettet ist, der sich als Zunahme der Entropie charakterisieren läßt. Während in der klassischen Physik alle Gleichungen als invariant gegenüber der Zeitumkehr t → –t angesehen wurden, wissen wir nun, daß der Zeit auch in der Physik eine *Richtung* zugeschrieben werden muß, daß Vergangenheit und Zukunft nicht austauschbar sind.

Prigogine macht auch die Bemerkung, daß die Idee der Evolution etwa um dieselbe Zeit im 19. Jahrhundert sowohl in der Physik als auch in der Biologie und in der Soziologie zum Durchbruch kam. Nun stimmt es zwar, daß auch die Prozesse der biologischen Evolution in den großen irreversiblen Strom der Entropiezunahme eingebettet sind, aber der Begriff der Evolution, wie er in der Biologie verwendet wird, hat mit dem Begriff der Evolution, wie ihn Prigogine für die Physik in Anspruch nimmt, nur wenig gemein. Walter Thirring (1995) hat zwar angedeutet, daß es auch in der von der Kosmologie beschriebenen Wirklichkeit so etwas wie eine echte Evolution gegeben haben mag, nämlich eine „Evolution der Naturgesetze", aber Prigogines Physik handelt lediglich von Kräften und Flüssen. In der Biologie geht es dagegen um die Evolution von *Systemen*, und zwar von thermodynamisch offenen, aber organisatorisch geschlossenen Systemen, die den Regeln der Thermodynamik folgen, sich aus diesen jedoch nicht ableiten lassen.

Dennoch trifft zu, daß das 19. Jahrhundert eine Wendezeit markiert, in der in allen Wissenschaften statisches durch dynamisches Denken abgelöst wurde und der Begriff des Werdens gegenüber dem des Seins an Bedeutung gewann. In der Biologie zeigt sich dies zum Beispiel in der Ablösung des von Carl von Linné propagierten statischen Artbegriffs durch Darwins evolutionäres Konzept. In diesem Konzept wird aber auch die Phänomenologie der Zeit neu definiert. Dies hängt mit einem Hauptthema dieses Buches zusammen, nämlich mit der Idee, daß durch die zunehmende Unabhängigkeit des Phänotyps vom Genotyp das *Individuum* in die Lage versetzt wurde, neben der Keimbahn ebenfalls eine tragende Rolle auf der Bühne der Evolution zu spielen. Während das Leben des Soma aufgrund von dessen Sterblichkeit gewissermaßen in eine Sackgasse der Zeit mündet, hat die Evolution neuronaler Netzwerke und des Bewußtseins Wege in eine virtuelle Form der Zeit eröffnet, in der es möglich ist, über Unsterblichkeit zu *denken*. Mit Hilfe von Ideen, die die Lebenszeit des Individuums überdauern, ist es sogar möglich, mehr oder minder dauerhafte Spuren in diese virtuelle Dimension zu zeichnen. Diesen Schritt der Evolution, der ab einer kritischen Phase der Individualisierung des Phänotyps möglich geworden ist, möchte ich als die Umkehrung der für die Physik in Anspruch genommenen Richtung der Evolution verstanden wissen: als eine Evolution „vom Werden zum Sein" oder genauer vom Werden zu einem „neuen" Sein.

4.1.1 Von den Problemen, aus vielen Zellen einen vielzelligen Organismus zu konstruieren

Die in Abschnitt 3.2 skizzierte Evolution der eukaryoten Zelle ist unter anderem Ausdruck der Tatsache, daß sich Größe manchmal bezahlt macht. Die kleinen prokaryoten Zellen vermehren sich zwar schneller als die großen eukaryoten und sind so imstande, günstige Umweltbedingungen explosionsartig zu nützen. Aber die hohe Vermehrungsrate ist, bezogen auf die Einheit der Körpermasse, energetisch teuer, und Perioden des Nahrungsmangels können nur durch Sistieren der wichtigsten Lebensfunktionen überdauert werden. Große Zellen setzen pro Masseneinheit weniger Energie um als kleine und können dementsprechend Hungerperioden länger überdauern (Abschnitt „Energetische und ökologische Konsequenzen der Körpergröße", S. 384). Hinzu kommt, daß die relativ langsame Vermehrungsrate der großen Eukaryotenzellen ein Wegbereiter der geschlechtlichen Fortpflanzungsweise war, von deren Ursachen und Folgen bereits in Abschnitt 2.5 die Rede war. Der Schritt von der Procyte zur Eucyte korreliert mit einer Massenzunahme des Cytoplasmas. Ein weiterer Quantensprung dieser Art scheint im Rahmen des Bauplans der Einzelzelle jedoch nicht (oder nur unter ganz besonderen Bedingungen) möglich gewesen zu sein. Zwischen dem *Kern* und dem *Cytoplasma* besteht ein charakteristisches Massenverhältnis, das auf Dauer nicht wesentlich unterschritten werden kann. Die Massenzunahme um einen Faktor von etwa 10^3, die den Schritt von der prokaryoten zur eukaryoten Zelle kennzeichnet, war von der Entwicklung neuer leistungsfähiger Energiezentren im Cytoplasma begleitet, was damit zu tun haben mag, daß die Versorgung der Zelle mit Nährstoffen über die Zellmembran erfolgt und deren Gesamtoberfläche bloß mit der Zweidrittelpotenz des Zellvolumens zunimmt. Die Erzeugung noch größerer, noch differenzierterer biologischer Systeme erfordert den Zusammenschluß vieler Einzelzellen zu einem vielzelligen Gebilde, wobei jede einzelne Zelle im Hinblick auf gewisse grundsätzliche Bedürfnisse zwar autonom bleibt, sich in ihrem Verhalten und ihren Leistungen jedoch in ein übergeordnetes Regelsystem einordnet.

Im Laufe der Evolution muß es zahlreiche Versuche von Einzellern gegeben haben, ihre physiologischen Beschränkungen zu überwinden und durch Zusammenschlüsse Selektionsvorteile gegenüber autonom gebliebenen Konkurrenten zu gewinnen. Bonner (1998) hat uns eine instruktive Übersicht über verschiedene Lösungen dieses biologischen Problems gegeben, die bis in die Gegenwart überdauert haben. Dabei ist vor allem das Beispiel der Cyanobakterien – einer prokaryoten Lebensform – bemerkenswert, die fadenförmige Kolonien bilden können, in denen es zur Differenzierung zwischen photosynthetisch aktiven und Stickstoff fixierenden Zellen gekommen ist. Die Verteilung dieser beiden lebenswichtigen Funktionen auf benachbarten aber voneinander deutlich getrennte Zellen muß als eine besonders trickreiche evolutionäre Erfindung bezeichnet werden, denn während bei der Photosynthese Sauerstoff in großen Mengen anfällt, sind für den Prozeß der Stickstoffixierung selbst geringste Mengen dieses Stoffes extrem giftig. In den fadenförmigen Kolonien der Cyanobakterien werden die Produkte der beiden inkompatiblen Prozesse – Kohlenhydrate in dem einen, Stickstoffverbindungen in dem anderen Fall – über Zellwandporen mit regulierbarer Durchlässigkeit ausgetauscht.

Abgesehen von solchen Kolonien mit begrenzter Arbeitsteilung sind komplexe, hochintegrierte Organismen ausschließlich auf der Basis des eukaryoten Zelltyps mit seinem inneren Cytoskelett, seinen Organellen und Transportsystemen (Abschnitt 3.2.2) entstanden. Auch hier mag es zahlreiche Versuche zur Überwindung der funktionellen Grenzen zwischen Einzelzellen gegeben haben, aber nur drei haben sich letztendlich durchgesetzt:

- *Pilze* sind aus oft weitverzweigten, durch Chitin verfestigten Syncytien aufgebaut, die miteinander verschmelzen können. Das ungeteilte Cytoplasma enthält meist haploide Kerne in großer Zahl, doch können durch das Einziehen von Septen sekundär zelluläre Strukturen entstehen.
- *Pflanzen* setzen sich aus unbeweglichen, von starren Cellulosewänden umschlossenen Einzelzellen zusammen.

- *Tiere* bestehen aus Zellen, die beweglich geblieben sind und miteinander kommunizieren, aber auch konkurrieren können. Neue ontogenetische Strategien waren erforderlich, um die auseinanderstrebenden Teile zu gemeinsam agierenden Organismen zusammenzuschließen.

Den frühen Evolutionstheoretikern erschien der Zusammenschluß von Einzelzellen zu Kolonien und Organismen als eine logische Sequenz, die Entstehung vielzelliger Lebewesen somit als ein nicht allzu schwer vorstellbarer Schritt im Verlauf der Evolution. Beflügelt wurde diese Vorstellung durch die von August Weismann (1892) aufgegriffene Entdeckung, daß sich innerhalb der Grünalgenfamilie *Volvocales* alle Übergänge zwischen Einzelzellen und Zellkolonien mit und ohne Differenzierung von Körper- und Keimzellen finden lassen. Vor allem in der Gattung *Volvox* kommen aus Tausenden von Einzelzellen bestehende Kolonien vor, in denen sich die Fähigkeit zur Hervorbringung neuer Tochterkolonien nur in einigen wenigen Zellen erhalten hat. Die meisten Zellen bleiben begeißelt und haben das Merkmal der Teilungsfähigkeit verloren. Dieses Beispiel illustriert somit einen möglichen Übergang vom einzelligen zum vielzelligen Organismus, es identifiziert aber auch die Hypothek, mit der dieser so folgenreiche Schritt der Evolution von Anfang an belastet war. Die Entstehung dauerhafter Zellkolonien setzt ja voraus, daß die Produkte von Zellteilungen nicht ihre eigenen Wege gehen (beziehungsweise schwimmen), sondern miteinander in Kontakt bleiben. Die so zumindest äußerlich vereinigten Zellen stellen sich aber zunächst als völlig gleichwertig dar, das heißt, sie ernähren und vermehren sich nicht anders, als sie es als freischwimmende Einzelzellen getan hätten. Nach allem, was wir über die Strategien der Evolution wissen, werden unter diesen Umständen jedoch zwangsläufig in einigen Zellen Mutationen auftreten, die es ihren Besitzern erlauben, die vorhandenen Ressourcen jeweils etwas schneller oder effizienter zu nützen, als es die anderen Zellen des Klons können. Der daraus resultierende Verdrängungswettbewerb hätte unweigerlich den Zerfall der Kolonie zur Folge. Dieses Schicksal kann nur vermieden werden, wenn es einen Selektionsdruck in Richtung auf die Bildung von Zellkolonien gibt, der stark genug ist, um die Vorteile der Einzelzelle bei der Umsetzung von Nahrung in Biomasse wettzumachen. Unter solchen Bedingungen könnten zelluläre Varianten erfolgreich sein, die zum Beispiel durch die Expression cytoplasmatischer Faktoren die Teilungsfähigkeit anderer Zellen unterdrücken, dafür aber deren Ausstattung mit Geißeln und anderen Lokomotionsapparaten sicherstellen. Die im differenzierten Zustand fixierten Zellen würden damit als Konkurrenten jener Zellen ausfallen, die den cytoplasmatischen Faktor *nicht* enthalten und daher teilungsfähig geblieben sind. Andererseits trügen sie als effektive Fortbewegungsorgane zur Überlebens- und Leistungsfähigkeit der Kolonie bei.

Der Übergang von einem Zellhaufen zu einem im Ansatz kooperativen System, in dem eine Arbeitsteilung zwischen lokomotorischen und generativen Zellen stattgefunden hat, scheint durch eine einzige Mutation in Gang gesetzt werden zu können, denn auch bei rezenten *Volvox*-Kolonien kommt es vor, daß sie ihren differenzierten Zustand spontan wieder verlieren und sich in undifferenzierte Zellhaufen zurückverwandeln (Buss 1987). Dieser Sachverhalt machte es möglich, die Leistungsfähigkeit autonomer Einzelzellen und arbeitsteilig organisierter Kolonien miteinander zu vergleichen. Dabei stellte sich heraus, daß – auf lange Sicht – die Wachstumsraten von *Volvox-Kolonien* stets höher sind als die einzelner *Volvox-Zellen* von vergleichbarer Masse (Maynard Smith und Szathmáry 1996, S. 215). Der geforderte positive Selektionswert des kooperativen Zustands läßt sich also bereits in einer Frühphase des Übergangs vom Einzeller zum Vielzeller sichtbar machen und sogar quantifizieren. Auch die Durchsetzung der Erbfolge der Kolonie mit Hilfe des erwähnten „Teilungsverbots" für somatische Zellen scheint keines besonderen genetischen Aufwands zu bedürfen. Teile der molekularen Maschinerie für eine solche Operation sind zum Beispiel bei *Volvox carteri* bereits vor einigen Jahren beschrieben worden: Ein Protein wirkt als negativer Regulator, der in somatischen Zellen sämtliche Aspekte der Reproduktion hemmt. In Keimzellen hingegen ist das für die Expression dieses Proteins zuständige Gen blockiert, so daß die zur Zellteilung führenden Prozesse ungestört ablaufen können (Kirk 1988).

In dem Maße, in dem zentrifugale, autonome Tendenzen von Einzelzellen mit zentripetalen, kooperativen Tendenzen eines Organismus in Konflikt geraten, bieten sich auch der *Selektion* verschiedene Angriffspunkte. Je unabhängiger einzelne Zellen agieren, desto stärker ist ihr Verhalten den Zwängen der äußeren Selektion unterworfen. Je stärker ausgeprägt die wechselseitigen Abhängigkeiten der Zellen sind, desto deutlicher ist es das System, ist es der *Organismus*, an dem die Selektion Angriffspunkte findet. Die scheinbar so chaotisch komplexen Vorgänge in der tierischen Embryonalentwicklung, die Furchungen, Einfaltungen und Verschiebungen von Zellmassen, lassen die Probleme des Übergangs von der zellulären zur organismischen Ebene der biologischen Organisation auch jetzt noch bruchstückhaft erahnen. Eines der charakteristischsten Manöver dieser gezielten Massenbewegungen in tierischen Keimen ist die Trennung der *Keimbahn* von den Bahnen der somatischen Zellen. Da es der Keimbahn obliegt, die Grundzüge des genetischen Programms möglichst fehlerfrei in die nächste Generation zu transportieren, sollten ihre Zellen vor Störungen (wie sie zum Beispiel durch die Invasion somatischer Mutationen zustande kommen können) so weit wie möglich geschützt werden. Eine weitere Quelle von Störungen sind Replikationsfehler. Im Hinblick auf die Unversehrtheit des genetischen Programms wäre es somit günstig, die Zahl der Zellteilungen in der Keimbahn einzuschränken.

Wie Buss (1987) auseinandersetzt, läßt sich eine derartige Tendenz in der Metazoenevolution tatsächlich feststellen (siehe auch Abschnitt 6.1). Bei einem hochentwickelten Insekt, der Taufliege *Drosophila melanogaster*, macht zum Beispiel der Kern der Eizelle nach der Befruchtung in schneller Folge mehrere Teilungen durch, die nicht von Zellteilungen begleitet sind. Diese setzen erst nach der 13. Kernteilung ein, und von da an ist das Schicksal sämtlicher Zellen eindeutig festgelegt. Eine kleine Gruppe von Polzellen bildet die Keimbahn, aus den übrigen 6000 Zellen des Blastoderms gehen die somatischen Gewebe und Organe hervor. Beim Menschen ist das Schicksal der weiblichen Keimbahnzellen bereits nach 56 Tagen im Embryo festgelegt; sie teilen sich nicht mehr und nehmen diese Tätigkeit erst wieder nach einer Pause auf, die zehn bis 40 Jahre währen kann. Demgegenüber gibt es Tiere, bei denen die Determination der Keimbahn erst nach einer großen Zahl von Teilungszyklen erfolgt, so etwa beim Süßwasserpolypen *Hydra viridis*. Aber auch Heuschrecken und Molche (jeweils relativ ursprüngliche Vertreter ihres Stammes) sind in dieser Hinsicht flexibler und weniger stark determiniert als Taufliege und Mensch.

Während die möglichst frühzeitige Fixierung der Keimbahn und die Verringerung der Häufigkeit von Zellzyklen in den Keimbahnzellen den Genotyp vor Störungen und Veränderungen bewahren, werden durch die frühe Festlegung der Schicksale somatischer Zellen diese als mögliche Konkurrenten der Keimbahnzellen ausgeschaltet. Allerdings können derartige Kontrollen niemals perfekt sein, um so weniger, je größer die Zahl der beteiligten Zellen ist. Solange die Replikationsfähigkeit von Zellen (oder anderen replikationsfähigen Einheiten) erhalten bleibt, kann niemals ausgeschlossen werden, daß diese ihre Fähigkeiten nützen werden, um die Schranken systemarer Kontrollen zu durchbrechen und sich, dem Prinzip der Energiemaximierung folgend, Zugang zu einem größeren Anteil der Ressourcen ihres unmittelbaren Milieus zu verschaffen. Das gilt ganz gewiß für Gene, von denen sich nach unserer heutigen Kenntnis ein hoher Prozentsatz rein egoistisch verhält, sich auf Kosten der Leistungsreserven der Zelle vermehrt und nichts zur Funktionsfähigkeit des gesamten Organismus beiträgt (Abschnitt „Vom 'Kampf der Theile im Organismus' zu 'genetischen Konflikten'", S. 349). Auch die somatischen Zellen vielzelliger Organismen vermögen ihre Teilungsfähigkeit zu nützen, um den Fesseln des differenzierten Zustands zu entrinnen und sich auf Kosten der Ressourcen des Organismus zu vermehren. Im malignen Krebswachstum somatischer Zellen wird die für sämtliche Lebensprozesse so charakteristische Spannung zwischen der *Konkurrenzfähigkeit der Teile* und der *Kontrollfähigkeit des Systems* am Mißlingen eines Kompromisses zwischen diesen beiden Interessen sichtbar.

Im erfolgreichen System, das heißt im lebensfähigen Organismus, lassen sich zwei – durch zahlreiche Übergänge und Varianten miteinander verbundene – Hauptstrategien der Entwicklung unterscheiden.

1. Bei vielen Insekten und allen zellkonstanten wirbellosen Tieren wird die Konkurrenzfähigkeit der Zellen vom Beginn der Eientwicklung an durch ein streng determiniertes ontogenetisches Programm in Schranken gehalten. Im Rahmen dieser Strategie wird das Schicksal jeder Zellinie frühzeitig festgelegt. Die Zahl der Zellteilungen ist beschränkt und ebenfalls determiniert. Der einmal eingeschlagene Differenzierungsweg ist praktisch unumkehrbar, selbst wenn dies – etwa nach einer Verletzung – für den Organismus günstig wäre. *Innerhalb* der sich schnell differenzierenden Zellinien werden spezifische Signale in Form cytoplasmatischer Faktoren von Zellgeneration an Zellgeneration übertragen, während der Austausch von Signalen *zwischen* den Zellinien gering ist. Bei dieser Strategie ist die Kontrolle durch das System maximal – für die einzelne Zelle ist die Wiedergewinnung des unbeschränkt teilungsfähigen, undifferenzierten und daher totipotenten Zustands so gut wie unmöglich. Dem Gewinn an systemarer *Sicherheit* steht der Verlust an individueller *Anpassungsfähigkeit* gegenüber.

2. Bei Wirbeltieren und anderen Gruppen wirbelloser Tiere (vor allem Echinodermen sind in dieser Hinsicht gut untersucht worden) erfolgt die Einschränkung der Konkurrenzfähigkeit der Zellen nicht ausschließlich durch das ontogenetische Programm, sondern auch durch ein Netz interzellulärer Wechselwirkungen. Im Rahmen dieser Strategie wird das Schicksal einzelner Zellinien somit nicht schon zu Beginn der Keimentwicklung festgelegt. Der Signalaustausch zwischen verschiedenen Zellinien ist vielschichtig und für den Erhalt des Gesamtsystems essentiell. Die dieser (regulativen) Strategie folgenden Lebewesen sind in ihrer Entwicklung anpassungsfähiger, „innovativer" als jene, die der „deterministischen" Entwicklungsstrategie auf kompromißlose Weise folgen. Dafür sind die Zellen regulativer Keime eher imstande, die Schranken systemarer Kontrollen zu über-

winden, sich der Ressourcen des Organismus zu bemächtigen und diese in die Proliferation einer einzigen Zellinie zu investieren.

Obwohl ich im Kapitel über „Organismen" fast ausschließlich *tierische* Organismen im Auge habe, sei an dieser Stelle ein Wort über *Pflanzen* verloren. Bei diesen verhindert die Existenz einer starren Zellwand die für tierische Gewebe so charakteristische morphogenetische Dynamik und schränkt den Signalaustausch zwischen Zellen ein. Dementsprechend wird die Entwicklung einer Pflanze in hohem Maße vom *ontogenetischen Programm* in den Zellen bestimmt. Wachstum findet in spezialisierten Geweben (den *Meristemen*) an den Spitzen von Sprossen und Wurzeln statt. Soma und Keimbahn trennen sich nicht schon in einer frühen Entwicklungsphase, sondern erst sehr viel später und an verschiedenen Stellen der wachsenden Pflanze. Das heißt, es gibt nicht bloß eine einzige zentrale Keimbahn wie bei Tieren, sondern zahlreiche periphere Keimlinien, von denen jede kurz vor Beginn der Fortpflanzungsperiode aus einem Meristem abzweigt und – zum Beispiel – zu einer Blüte führt.

4.1.2 Zellinien, Zelltode, Überlebenssignale

Jeder vielzellige Organismus mit geschlechtlicher Fortpflanzungsweise beginnt sein Leben als befruchtete Eizelle mit einem spezifischen genetischen Programm im Kern und einer asymmetrischen cytoplasmatischen Struktur, die im wesentlichen aus dem Cytoskelett und dem inneren Membransystem besteht (Abschnitt 3.2.2). Die asymmetrische Architektur des Cytoplasmas wird durch die Eizelle bestimmt, die nicht nur die Mitochondrien und die Erstausstattung von mRNA-Molekülen beisteuert, sondern auch für das Verteilungsmuster zahlreicher anderer Stoffe verantwortlich ist. Den Rahmen für die Abfolge der Differenzierungsprozesse, deren Ziel das adulte Individuum ist, legt somit die *Mutter* fest. Im Prinzip könnten die Wege, die zum voll ausdifferenzierten Organismus führen, in groben Zügen in der asymmetrischen Struktur der Eizelle vorgezeichnet sein. In einem solchen Fall würden sich mit jeder Zellteilung neue Beziehungsmuster zwischen dem cytoplasmatischen Milieu und dem zugehörigen Genom eröffnen, die ihrerseits das Schicksal der folgenden Teilungsschritte bestimmen. Die Entwicklung eines Organismus nach diesem Schema wäre dann einem präzise gesteuerten Verteilungs- und Sortierungsprozeß vergleichbar, in dessen Verlauf cytoplasmatische Signale genetische Kommandos abrufen, die ihrerseits wieder neue Signale stimulieren und so weiter, bis sämtliche Botschaften übermittelt und sämtliche Differenzierungsprozesse abgeschlossen sind.

Das exemplarische Beispiel dieser Art von deterministischer Expression eines genetischen Programms liefert *Caenorhabditis elegans*, ein mikroskopischer, hermaphroditischer Fadenwurm, der nach mehreren Häutungen aus genau 1 090 Zellen besteht und dessen Entwicklungsprogramm ebenso genau 131 Zelltode beinhaltet. In äußerst mühsamer mikroskopischer Kleinarbeit ist es John Sulston und seinen Mitarbeitern gelungen, die Linien, die jede der 1 090 lebenden und 131 programmgemäß gestorbenen Zellen des Wurmes mit der Eizelle verbinden, aufzuklären und nachzuzeichnen. Das Verzweigungsmuster dieser 1 221 Zellinien – von dem Abbildung 4.1 einen kleinen Ausschnitt zeigt – ist die zweidimensionale Projektion eines vierdimensionalen Ereignisses: der Entfaltung einer dynamischen Struktur in der Zeit und in den drei Dimensionen des Raumes aus dem linearen genetischen Programm einer einzigen Zelle. Im Verlauf dieses Differenzierungsprozesses kommt es mehrfach zu inäqualen Zellteilungen, bei denen eine Mutterzelle zwei sehr verschiedene Tochterzellen produziert. Da diese über identische genetische Programme verfügen, können die Unterschiede zwischen ihnen nur durch die *Expression verschiedener Genmuster* unter dem Einfluß der asymmetrischen Struktur des mütterlichen Cytoplasmas zustandekommen. Was bestimmt den genauen Fahrplan dieser Verzweigungsmuster in der Entwicklungsgeschichte des Wurmes? Folgt jede Zelle einem mit der Präzision eines Uhrwerkes ablaufenden Teilungs- und Differenzierungsprogramm, oder gibt es doch auch Anstöße zur Teilung und Differenzierung aus dem unmittel-

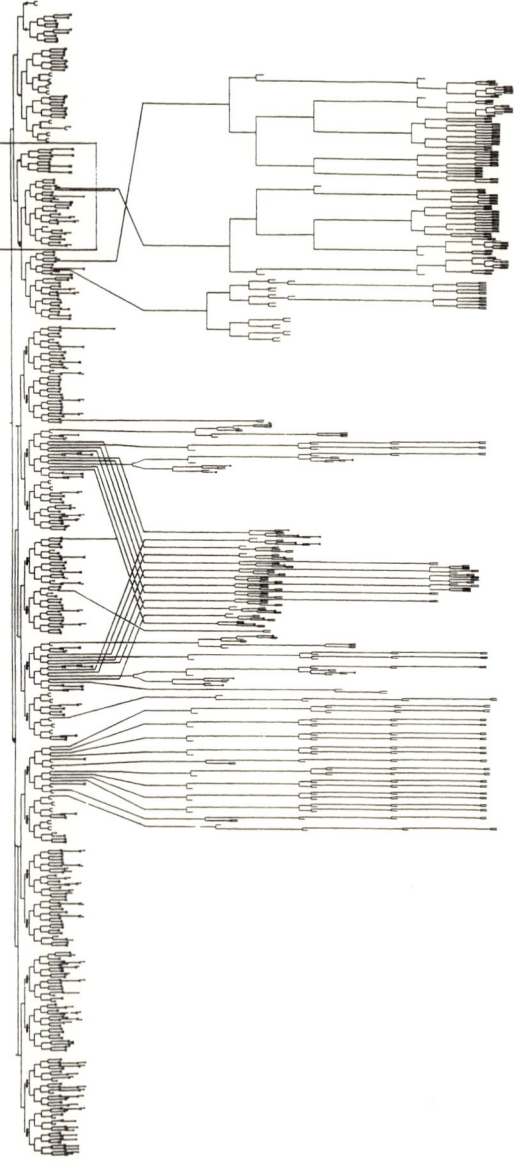

4.1 Ausschnitt aus dem Muster der embryonalen Zellinien von *Caenorhabditis elegans* (aus Kenyon 1983). Jeder Verzweigungspunkt repräsentiert eine Zelle, die sich in zwei Tochterzellen teilt. Aus den so entstehenden Zellinien gehen entweder teilungsunfähige, voll ausdifferenzierte Körperzellen oder potentiell unsterbliche Keimzellen hervor; manche Linien enden auch mit dem Tod einer der Zellen, noch ehe deren Differenzierung abgeschlossen ist.

baren Milieu, ausgelöst durch Wechselwirkungen mit benachbarten Zellen? Die gelegentliche Aktivierung mesodermaler Programmelemente in einer bereits ektodermal festgelegten Zellinie deutet darauf hin, daß letzteres der Fall ist. Ausschaltungsexperimente mit Laserstrahlen beweisen jedoch, daß das Schicksal der meisten Zellen durch das Teilungsmuster der Linie, der sie angehören, eindeutig determiniert ist. Die Identität dieser Zellen wurzelt in ihrer *Herkunft*.

Die Tatsache, daß den 1 090 überlebenden Zellen jedes Wurmes genau 131 Zelltode gegenüberstehen, weist darauf hin, daß auch diese Todesfälle (von Kerr et al. (1972) als *Apoptosen* bezeichnet) fix programmiert sind. Manchmal werden solche Zellen zum vorbestimmten Zeitpunkt von benachbarten Zellen gefressen (Sulston 1988); die meisten begehen jedoch einen von spezifischen Genen gesteuerten, von zahlreichen Signalfaktoren zusätzlich kontrollierten Selbstmord (Kroemer et al. 1995). Das Phänomen der Apoptose ist, wie wir jetzt wissen, bei allen Tieren anzutreffen (Raff 1992; Sen 1992). Bei höheren Tieren, deren Entwicklung sehr viel stärker als die von *C. elegans* durch Wechselwirkungen zwischen Zellen bestimmt wird, hängt deren Überleben vom Signalverkehr innerhalb des jeweiligen Gewebeverbands ab. Trotz dieses Unterschieds scheinen sich die Selbstmordprogramme in den Zellen sämtlicher Tiere aus ähnlichen Gengruppen zusammenzusetzen; ja, selbst bei so weit voneinander entfernten Arten wie *C. elegans* und dem Menschen dürfte das gesamte Programm in seinen wesentlichen Zügen konserviert, also – im morphologischen Sinne – *homolog* (Hengartner 1995) oder *homodynam* (Abschnitt „Homologie, Homodynamie, Analogie", S. 27) sein.

Manchmal werden Apoptosen durch spezifische Signale aus der zellulären Umwelt induziert, mitunter wird aber auch umgekehrt das *Überleben* der Zelle durch spezifische Signale garantiert. Wird dieser Nachrichtenverkehr gestört oder werden bestimmte Signale nicht verstanden, dann kommt es in den betroffenen Zellen zur Expression von „Selbstmordproteinen", die oft als proteinspaltende Enzyme auftreten und die Auflösung der Zelle in Gang setzen (Raff 1992). Überlebenssignale aus der unmittelbaren Nachbarschaft dürften in vielen Fällen auch dazu beitragen, die Integrität und Funktionsfähigkeit von Geweben zu erhalten, indem jene Zellen eliminiert werden, die an die falsche Stelle im Körper geraten sind und aus diesem Grund lokale Signale (den lokalen „Dialekt") nicht verstehen. Zudem mögen lokale Signalmuster eine Rolle spielen, wenn es darum geht, die quantitativen Anteile verschiedener Zelltypen in einem Gewebe aufeinander abzustimmen (Steller 1995).

Zellinien, die sich nicht in den Verband eines Gewebes oder Organs integrieren lassen oder die der Kontrolle dieses Verbands durch Mutationen entschlüpfen, neigen zur ungehemmten Proliferation. Apoptosen können als Manifestationen einer systemaren Strategie gelten, durch die gefährdete Zellen entweder getötet oder zur Selbstauflösung veranlaßt werden. Im Falle von *C. elegans*, dessen Entwicklung sich fast ohne wechselseitige Beeinflussung der nebeneinander heranreifenden Zellinien vollzieht, genügt der Ablauf des genetischen Programms, um einer bestimmten Zelle zu einem bestimmten Zeitpunkt unwiderruflich das Ende ihres Lebens zu signalisieren. Bei komplexeren Tieren mit ihrem reicheren Inventar an interzellulären Wechselwirkungen wird das Thema des Zelltodes in vielen Varianten gespielt. Hormone der Schilddrüse lösen in den Schwanzzellen einer sich zur Metamorphose anschickenden Kaulquappe Selbstmordprogramme aus; Hormone der Nebenniere induzieren den Zerfall von Lymphocyten in der Thymusdrüse von Säugetieren. Aber auch dieses Wechselspiel von Leben und Tod kann nochmals umgekehrt und um eine weitere Facette bereichert werden: Im Immunsystem von Säugetieren treten Mutationen auf, die programmierte Selbstmorde von Lymphocyten verhindern. Die am

Leben erhaltenen Zellen nützen die wiedergegebene Freiheit der Teilungsfähigkeit manchmal im Übermaß, sie wuchern und entarten zu bösartigen Lymphomen.

In einer pointierten Formulierung sprach Raff (1992) von *sozialen Kontrollen*, die bei vielzelligen Organismen über Leben oder Tod einer Zelle und damit über das Gleichgewicht zwischen Zellproliferationen und Zelltoden entscheiden. Eine Störung dieses Gleichgewichts kann zur Pathogenese von Krankheiten wie Krebs, Autoimmunstörungen oder Aids beitragen (Thompson 1995).

4.1.3 Der Zellzyklus

Der am besten bekannte tierische Organismus, der Fadenwurm *Caenorhabditis elegans*, besteht, wie soeben erwähnt, aus rund 1 200 Zellen, ein Mensch dagegen aus etwa hundert Billionen (10^{14}) Zellen. Beide beginnen ihr Leben als Einzelzelle und erreichen den ausgewachsenen Zustand durch Serien aufeinanderfolgender Teilungszyklen, deren Zahl beim Menschen zum Beispiel auf insgesamt 10^{16} geschätzt wird. Das bedeutet, daß im Körper eines Menschen in jeder Sekunde eines langen Lebens durchschnittlich rund vier Millionen Zellteilungen stattfinden. So wie die *Zelle* die kleinste Konstruktionseinheit des *Organismus* darstellt, ist der *Zellzyklus* die kleinste funktionelle Einheit der *Entwicklung* eines Organismus.

Die Einzelzelle hat zwei Hauptaufgaben: Sie muß sich teilen, um die Kontinuität der Zellinie aufrechtzuerhalten, und sie muß nach der Teilung wieder jenen Zustand erreichen, der die nächste Teilungsrunde möglich macht. Zu diesem Zweck muß vor allem die bei der Zellteilung halbierte Erbsubstanz wieder auf den ursprünglichen Stand gebracht, das heißt, die DNA im Zellkern verdoppelt werden. Der Lebenslauf einer Zelle wird dementsprechend durch eine Teilungsphase (**M** von Mitose) und eine Synthesephase (**S**) markiert, die durch zwei weitere, als $\mathbf{G_1}$ und $\mathbf{G_2}$ (von englisch *gap*, Lücke) bezeichnete Entwicklungsphasen miteinander verknüpft werden. In den G-Phasen wächst die Zelle und nimmt eine Reihe weiterer, von ihrer Lebensweise bestimmte Funktionen wahr. Es ergibt sich somit ein Zyklus: **M → G₁ → S → G₂ → M,** den jede Einzelzelle durchläuft. Die Sequenz $G_1 \rightarrow S \rightarrow G_2$ wird auch als *Interphase* bezeichnet, in der sich sämtliche nicht mit dem Teilungsprozeß unmittelbar zusammenhängenden Lebensprozesse abspielen (Abbildung 4.2).

Um den Ablauf und die innere Ordnung dieses biologischen Fundamentalprozesses zu verstehen, muß zunächst die Frage beantwortet werden, ob der Zyklus wie ein Uhrwerk automatisch abläuft oder ob –

a

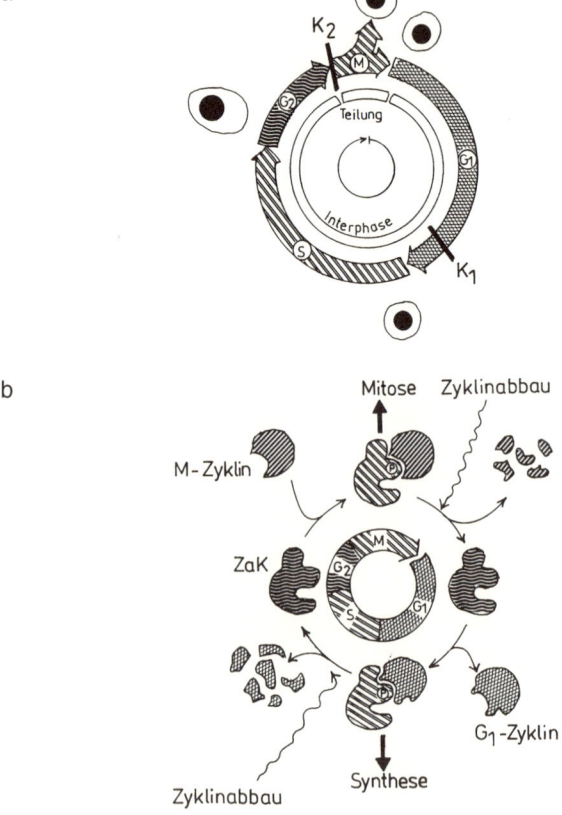

b

und wenn ja in welchem Ausmaß – er durch periphere oder zentrale Faktoren gesteuert wird. Es ist leicht vorherzusagen, daß zum Beispiel die Koordination eines so komplizierten Vorgangs wie der Mitose (Abschnitt 2.4.1) ein hohes Maß an Synchronisation und gegenseitiger Abstimmung von Einzelprozessen verlangt. Ohne ausgedehnte molekulare Kontrollen und Steuerungsmechanismen kann man sich eine derartige Abstimmung nicht vorstellen. Die Untersuchungen der letzten Jahre haben denn auch gezeigt, daß die Lebenszyklen sämtlicher Zellen durch einen zentralen Mechanismus gesteuert werden, der dafür sorgt, daß die einzelnen Phasen der Sequenz Mitose $\rightarrow$ Wachstum und Differenzierung $\rightarrow$ DNA-Synthese $\rightarrow$ Mitose in geordneter Weise aufeinanderfolgen. Dies impliziert Rückkopplungsmechanismen, die den Beginn einer dieser Phasen davon abhängig machen, ob die vorhergehende Phase planmäßig zum Abschluß gebracht wurde (Hartwell und Weinert 1989). So kann zum Beispiel ein neuer Teilungsprozeß nicht beginnen, ehe nicht die junge Zelle zu einer bestimmten Größe herangewachsen ist und die DNA ordnungsgemäß verdoppelt wurde (Murray 1992). Vor jeder der beiden Hauptfunktionen des Zyklus, M und S, befindet sich dementsprechend ein *Kontrollpunkt* – K_1 vor der DNA-

◀

4.2 Die Phasen und wichtigsten Komponenten des eukaryoten Zellzyklus. a) Phasen des Zyklus: G_1 steht für Gap 1, S für Synthese der Chromatiden, G_2 für Gap 2 und M für Mitose. Die Phasen G_1 bis G_2 werden auch als *Interphase* zusammengefaßt. K_1 und K_2 bezeichnen die beiden wichtigsten Kontrollpunkte des Zyklus. An K_1 entscheidet sich, ob die Zelle in die Synthesephase eintreten kann, an K_2, ob sie zur Zellteilung zugelassen wird. Außerhalb des Zyklusschemas ist das Wachstum und die Teilung einer Zelle angedeutet. b) Die wichtigsten Bestandteile des molekularen Steuerapparats der Hefezelle, eines der am besten untersuchten eukaryoten Systeme. Der rhythmische Auf- und Abbau einer Klasse von Signalproteinen, der *Zykline*, steuert den Eintritt der Zelle in die S- beziehungsweise M-Phase, indem jeweils eines der beiden Zykline (G_1 und M) mit der komplementären *zyklinabhängigen Proteinkinase (ZaK)* einen Komplex bildet. Dieser steuert über die Aktivierung von Transkriptionsfaktoren die Transkription phasenspezifischer Gene. (Nach Alberts et al. 1994.)

Synthese, K_2 vor der Mitose –, der von der Zelle passiert werden muß, um die folgenden Schritte in Angriff nehmen zu können. Ist diese Bedingung nicht erfüllt, hat die Zelle zum Beispiel die kritische Größe noch nicht erreicht, dann wird der Zyklus am Kontrollpunkt gestoppt; die Zelle verweilt dann so lange in der vorhergehenden Phase, bis der programmierte Sollwert erreicht ist. Die Existenz von Kontrollpunkten eröffnet die zusätzliche Möglichkeit, daß Signale aus der Umwelt registriert werden und auf den weiteren Verlauf des Zyklus Einfluß nehmen können.

Diese funktionelle Struktur des zyklischen Prozesses ähnelt also weniger einem Uhrwerk als vielmehr einer vollautomatischen Waschmaschine, in der einzelne Schritte des Programms an den ordnungsgemäßen Verlauf des jeweils vorhergegangenen Schrittes gekoppelt sind. So messen Sensoren den Wasserstand und aktivieren die nächste Funktion des Programms erst dann, wenn jener ein bestimmtes Niveau erreicht hat (Alberts et al. 1994, S. 867).

Die Dauer eines Zellzyklus variiert enorm. Der kürzeste bisher bei Tieren bekanntgewordene Zyklus (in den Embryonalzellen von Fliegen) ist bereits nach acht Minuten abgeschlossen, während gewisse Zellen in der menschlichen Leber für diesen Prozeß ein Jahr benötigen können. Als typischer Mittelwert für teilungsfähige Zellen von Säugetieren wird meist eine Zyklusdauer von 24 Stunden angenommen. Die extrem kurze Zyklusdauer von Embryonalzellen führt uns vor Augen, daß in kritischen Lebensphasen das Teilungsprogramm von Zellen auch auf grundsätzliche Weise modifiziert werden kann. So kommt es in der Frühphase der Keimentwicklung entscheidend auf den schnellen Aufbau einer kritischen Masse von genetischem Material an, was durch die Aufeinanderfolge von Zellteilungen ohne Massenzuwachs der neugebildeten Tochterzellen gelingt. Diese werden also mit jeder Teilungsrunde kleiner. Der Zyklus funktioniert ohne die zeitraubenden Zwischenphasen G_1 und G_2, was zwar die Durchlaufzeit verkürzt, dafür aber auch die Kontrollfähigkeit des Zyklus vermindert, weil ja die entscheidenden Kontrollpunkte an den Phasenübergängen G_1/S und G_2/M lokalisiert sind. Es läßt sich also schon an dieser Stelle die Hypothese formulieren, daß auch für den erwachsenen Organismus die Option offenstehen sollte, immer dann, wenn es um die rasche Vermehrung von Zellen und genetischem Material geht (zum Beispiel bei Reparatur- und Regenerationsprozessen), die Laufzeit von Zellzyklen zu verkürzen – allerdings um den Preis der Abkopplung des individuellen Zyklus von den Geschehnissen in seiner unmittelbaren Umwelt.

Molekulare Steuerung

Der Ablauf eines Zellzyklus hängt ab von Wechselwirkungen zwischen Vertretern mehrerer Proteinfamilien sowie von der Aktivierung spezifischer Gene. Ein Kernstück des Steuermechanismus sind die *Zykline* (Z), eine Gruppe von Proteinen, die nur im Verlauf eines Zellzyklus exprimiert werden und deren Rolle darin besteht, an besondere Proteinkinasen zu binden und diese zu aktivieren. Proteinkinasen haben wir bereits als Schlüsselenzyme von Signalübertragungsketten in Zellen kennengelernt (Abschnitt 3.5.2). Ihre Funktion ist die Phosphorylierung anderer Proteine, darunter auch von Transkriptionsfaktoren. Die im Zyklusgeschehen aktiven Kinasen erwerben diese Fähigkeit erst durch ihre Verbindung mit einem Zyklin, was ihnen die Bezeichnung *zyklinabhängige Kinasen* (ZaK; oft auch abgekürzt als cdk von *cyclin-dependent kinases*) eingetragen hat. Substrate der ZaK sind *Transkriptionsfaktoren* (TF), die für die phasenspezifische Aktivierung von Genen im genetischen Programm der Zellen verantwortlich sind. Der Verlauf eines Zellzyklus wird somit gesteuert durch das Ineinandergreifen kürzerer molekularer Steuerkreise mit der Grundstruktur:

$$\Downarrow \qquad\qquad\qquad \Downarrow \qquad\qquad\qquad \Downarrow$$
$$Gen_1 \Rightarrow Z_1 \Rightarrow ZaK_1 \Rightarrow TF_1 \Rightarrow Gen_2 \Rightarrow Z_2 \Rightarrow ZaK_2 \Rightarrow TF_2 \Rightarrow Gen_1 \tag{4.1}$$

Die senkrechten Pfeile deuten an, daß die für die Expression der Zykline zuständigen Gene auch noch durch andere, endogene und exogene Faktoren ansteuerbar sind. Auf diese Weise werden die aus molekularen Steuerelementen zusammengesetzten Zellzyklen ihrerseits zu

Teilen einer komplexeren Organisation, die uns als der Lebenslauf einer Zellinie entgegentritt.

In Hefezellen, die zu den einfachsten eukaryoten Zellen gehören und an denen ein Großteil der hier geschilderten molekularen Mechanismen aufgeklärt wurde, lassen sich zwei phasenspezifische Steuerkreise mit jeweils spezifischen Zyklinen, zyklinabhängigen Kinasen und Transkriptionsfaktoren unterscheiden: einer, der die M-Phase in Gang setzt und deren Verlauf bis in die G_1-Phase begleitet, und ein zweiter, der die S-Phase einleitet und die Zelle durch G_2 hindurch an die Schwelle der nächsten M-Phase heranführt (Abbildung 4.2). Am ersten Steuerkreis beteiligt sind M-Zykline, am zweiten G_1-Zykline, deren Komplexierung mit jeweils spezifischen ZaK die Phosphorylierung der entscheidenden Transkriptionsfaktoren zur Folge hat. Die Zeitpunkte, zu denen die Synthesen der beiden Zykline freigegeben werden, markieren auch die beiden Kontrollpunkte im Zyklus von Hefezellen. An diesen Punkten kann der weitere Verlauf des Geschehens durch zusätzliche Faktoren beeinflußt werden; der Beginn der S-Phase (K_1) zum Beispiel durch Signale, die den Massenzuwachs der jungen Zelle registrieren, der Beginn der M-Phase (K_2) durch Signale, die den Abschluß der DNA-Synthese anzeigen. Umgekehrt scheinen die bereits replizierten DNA-Bereiche durch molekulare Markierungen gekennzeichnet zu werden, wodurch eine neuerliche Vermehrung dieser Abschnitte verhindert wird.

Die Wechselwirkungen zwischen Zyklinen, Proteinkinasen und Transkriptionsfaktoren repräsentieren das funktionelle Gerüst des Zellzyklus. In seinem Zeitverlauf und seiner Intensität kann der zentrale Mechanismus jedoch moduliert werden, zum Beispiel durch ein Prinzip, das essentieller Bestandteil sämtlicher Phosphorylierungskaskaden ist, nämlich durch das Zusammenspiel von phosphat*bindenden* und phosphat*abspaltenden* Enzymen (Abschnitt „Intrazelluläre Kummunikation: Vernetzung und Modulation", S. 182). Vom Verhältnis zwischen den Aktivitäten dieser beiden Enzymformen hängt es ab, ob in einer Signalkette hemmende oder aktivierende Einflüsse überwiegen. Durch Bindung eines Zyklins an eine zyklinabhängige Kinase entsteht ein Komplex mit Steuereigenschaften, dessen Funktionsfähigkeit jedoch zusätzlich von der Phosphorylierung und Dephosphorylierung bestimmter Teile der Proteinmoleküle beeinflußt wird. Die zyklinabhängige Kinase kann selbst an zwei Stellen phosphoryliert werden, wofür zwei weitere Kinasen erforderlich sind. Eine dieser Phosphorylierungen hat aktivierende, die andere hemmende Wirkung. Erst wenn das hemmende Phosphat durch eine Phosphatase wieder entfernt wird, ist die ZaK voll aktiv. Hier eröffnet sich ein ebenso weites Feld der Einflußnahme zusätzlicher Faktoren auf die Funktion eines molekularen Schlüsselmechanismus, wie wir es am Beispiel der Phosphorylasekinase in Muskeln kennengelernt haben (Abschnitt „Intrazelluläre Kummunikation: Vernetzung und Modulation", S. 182).

Die Beobachtung, daß sich Zykline, ihrem Namen entsprechend, im Verlauf eines Zellzyklus tatsächlich *zyklisch* verhalten, also je nach Phasenzugehörigkeit zu verschiedenen Zeitpunkten auftauchen und wieder verschwinden, wirft ein weiteres grundsätzliches Problem auf: Wie wird der periodische Auf- und Abbau der Zykline gesteuert?

Ubiquitine und die geordnete Entsorgung von Proteinen

Wären wir mit ultramikroskopischen Augen ausgestattet, dann würde uns die Dynamik des zellulären Geschehens kurzfristig am Fluß der Metaboliten und längerfristig am Wechsel der Proteinpopulationen auffallen. Eine Leberzelle enthält in ihrem Genom die Instruktionen für die Synthese von etwa 10 000 verschiedenen Proteinen. Von diesen sind zu einem gegebenen Zeitpunkt maximal vielleicht zehn Prozent exprimiert. Das folgt schon aus der Beschränktheit des zur Verfügung stehenden Lösungsraums (Abschnitt 3.6.2), beruht aber auch darauf, daß in den verschiedenen Stadien des Lebenszyklus einer Zelle sowie in Abhängigkeit von den jeweils herrschenden Milieubedingungen verschiedene Gruppen oder Varianten katalytischer und struktureller Proteine aktiv sein müssen. Das bedeutet, daß Populationen verschiedener Proteine einander mit oft nur kurzen Halbwertszeiten ersetzen müssen, was seinerseits den ständigen Auf- und Abbau von Proteinmolekülen verlangt. Die für die *Synthese* von Proteinen zuständige Zellmaschine-

rie ist seit langer Zeit bekannt (Abschnitte 3.3.1 und 3.3.2), aber daß
sich auch der *Abbau* von Proteinen als ein komplizierter, geregelter und
energieverbrauchender Prozeß darstellt, ist eine jüngere Erkenntnis.
Für die am Abbau und der Entsorgung von Proteinmolekülen beteiligten Komponenten des Stoffwechsels gibt es in einer aktiven Zelle viel
zu tun. Nicht nur verlangt der soeben erwähnte Wechsel in der Zusammensetzung der Populationen von Enzymen, Kontroll- und Strukturproteinen die Entfernung der gerade nicht benötigten Varianten, sondern bei der Synthese und beim Transport von Proteinen fallen auch
fehlerhaft zusammengebaute, unrichtig gefaltete und denaturierte Ei-
weißstoffe an, also molekularer Ausschuß, der zu entsorgen ist. Die
Grobarbeit dabei leisten proteinabbauende Enzyme, die entweder in
den Verdauungsorganellen der Zelle, den *Lysosomen*, verpackt sind
oder in Gestalt großer Proteinkomplexe, der *Proteasomen*, vorliegen.
Die „Feinarbeit" besteht in der Identifizierung und Markierung der für
den Abbau vorgesehenen Proteinmoleküle. Hier spielen kleine, der Familie der *Ubiquitine* angehörende Proteine die entscheidende Rolle.
Ubiquitine kommen, wie der Name schon andeutet, „überall" vor, das
heißt in jeder Zelle. Im Zusammenhang damit ist auch die Tatsache zu
sehen, daß sie zu den in ihrer Struktur am besten konservierten und
daher wohl auch ältesten Molekülen der biologischen Welt gehören.

Mit Hilfe spezieller Enzyme werden entsorgungspflichtige Proteine
in der Zelle durch Ubiquitine markiert. Dabei wird die eigentliche Iden-
tifikationsarbeit von den *Konjugationsenzymen* geleistet, die zum
Abbau vorgesehene Proteine an bestimmten Aminosäuresequenzen erkennen. Die Einzelheiten dieses Identifikationsprozesses liegen im
Dunkeln. Es ist denkbar, daß spezifische Aminosäuresequenzen, die
normalerweise im Inneren des dreidimensional gefalteten Proteinmoleküls verborgen sind, mit der Zeit oder als Folge von Schäden am
Molekül nach außen driften und dann vom Enzym erkannt und erfaßt
werden. Dabei finden die Konjugationsenzyme auch Ankerplätze für
Ubiquitine. An jedes angedockte Ubiquitin werden weitere Ubiquitin-
moleküle angehängt, so daß Ketten entstehen, durch die das jeweilige
Zielprotein als ein zum Abbau vorgesehener Zellbaustein gekennzeich-

net ist. Die markierten Proteine gelangen in Proteasomen, werden dort an ihren Ubiquitinketten erkannt und hydrolytisch gespalten. Tatsächlich erweisen sich Proteasomen als die eigentlichen Zentren der Entsorgungsmaschinerie für Proteine. Mehr noch, aufgrund ihrer zentralen Rolle beim Abbau nicht nur denaturierter und fehlerhafter, sondern auch normaler, aber gerade nicht benötigter Proteine kontrollieren diese Multienzymkomplexe sämtliche Vorgänge in Zellen, bei denen Proteine schnell umgesetzt werden müssen, wie zum Beispiel beim Zellzyklus und bei biologischen Uhren (Abschnitt „Biologische Uhren", S. 188; Hilt und Wolf 1995).

Das Ende der Unsterblichkeit

Die bisherige Schilderung mag den Eindruck erweckt haben, beim Zellzyklus handle es sich um einen Mechanismus, der – zumindest im Prinzip – die unbegrenzte Aufeinanderfolge von Zellteilungen garantiere. Tatsächlich gibt es bei sich vegetativ durch Mitosen fortpflanzenden Einzellern keine prinzipielle Grenze der Teilungsfähigkeit. Diese Organismen sind also potentiell unsterblich. Ähnliches gilt für die Keimbahn vielzelliger Tiere, auch wenn wir in diesem Fall nicht von einer unsterblichen Zell-*Linie* sprechen können, denn bei der geschlechtlichen Vermehrung werden ja die Genome zweier Individuen neu verteilt und in verschiedenen Kombinationen an die nächste Generation weitergegeben. Jedes lebende Tier ist demnach das Ergebnis einer ununterbrochenen Serie von Teilungs- und Rekombinationsereignissen, die zum Zeitpunkt der Erfindung des sexuellen Fortpflanzungsmodus vor vielleicht zwei Miliarden Jahren ihren Anfang genommen hat und sich – im Prinzip – bis an das Ende des Lebens auf der Erde fortsetzen wird. (Das adäquate Bild für diese Art von Unsterblichkeit ist also eher die Seelenwanderung als die phänotypische Ewigkeit des Paradieses.) Andererseits sind die somatischen Zellen vielzelliger Lebewesen zweifellos sterblich. Sowohl die durchschnittliche wie die maximale Lebenserwartung ist für jede Art charakteristisch (siehe Exkurs „Lebensuhren", S. 194). Das läßt die Existenz eines Mechanis-

mus vermuten, der nicht nur wie das soeben besprochene Selbstmordprogramm die Lebenslinien einzelner unbotmäßiger Zellen, sondern die
Lebensläufe *aller* somatischen Zellen zu beenden vermag.

Die amerikanischen Zellbiologen Hayflick und Moorhead haben
tatsächlich schon im Jahre 1961 gezeigt, daß sich menschliche Bindegewebszellen nur über eine begrenzte Zeit in Kultur halten lassen. Sie
teilen sich im Durchschnitt etwa 50mal – die Zellen junger Menschen
häufiger als die alter – und degenerieren dann unaufhaltsam. Wie sich
herausstellte, gilt das Merkmal der begrenzten Teilungsfähigkeit auch
für in Kultur gehaltene Zellen anderer vielzelliger Organismen. Es hat
den Anschein, als ob eine „Lebensuhr" (Exkurs „Lebensuhren", S. 194)
den Lebenstakt somatischer Zellen bestimmen würde. Zwölf Jahre
nach der Entdeckung von Hayflick und Moorhead wurde eine weitere
Eigenheit des Replikationsgeschehens bei somatischen Zellen bekannt
(Olovnikov 1973), die die Idee der Lebensuhr molekulargenetisch definiert und auf eine empirische Grundlage stellt. Wie wir wissen, kommt
es in der S-Phase des Zellzyklus zur Verdopplung der DNA, indem die
vorhandenen DNA-Stränge als Matrizen fungieren und mit Hilfe von
Polymerasen kopiert werden (Abschnitt 2.4.1; Abbildung 2.2). Dabei
wird die Kopie zunächst durch einen aus RNA-Stücken zusammengesetzten „Primer" an die Matrize angeheftet und von diesem Startpunkt
an von der Polymerase Schritt um Schritt verlängert. Nach Beendigung
des Replikationsvorgangs wird der Primer wieder abgetrennt, was allerdings zur Folge hat, daß der kopierte Strang nun etwas kürzer ist als die
Matrize, und diese Verkürzung setzt sich bei den folgenden Teilungen
der Zelle fort. Die immer kürzer werdenden Enden – die *Telomere* – der
neusynthetisierten DNA-Stränge bestehen aus charakteristischen, tausendfach wiederholten Nucleotidsequenzen (zum Beispiel AGGGTT in
menschlichen Zellen), die jedoch keine lebenswichtige Information zu
enthalten scheinen, denn die Verkürzungen des Telomers haben
zunächst keine nachteiligen Folgen für die Zelle. Irgendwann wird aber
ein Zustand erreicht – die sogenannte *Hayflick-Schwelle* –, an dem
nicht nur sinnlose Wiederholungs-, sondern auch essentielle Nucleotidsequenzen verlorengehen, was dem Leben der Zellinie bald ein Ende

setzt. Die schrittweise Verkürzung des Telomers beim Kopieren von DNA-Strängen könnte somit das Zählwerk darstellen, das die Lebensdauer somatischer Zelllinien bestimmt. Auf dieser Annahme gründet die *Telomertheorie des Alterns* (Harley et al. 1992; Osiewacz 1995; Wright und Shay 1995; Ricklefs und Finch 1995).

Der Prozeß der Chromosomenverkürzung reicht für eine adäquate Theorie des *Alterns* sicherlich nicht aus, daß er jedoch für das Ereignis des somatischen *Todes* wichtig ist, legt folgender Sachverhalt nahe: Bei keiner der prinzipiell unsterblichen Zelllinien läßt sich der Prozeß der Chromosomenverkürzung nachweisen. Das gilt nicht nur für einzellige Lebewesen, sondern auch für die beiden Zellinien vielzelliger Organismen, auf die das Merkmal der prinzipiellen Unsterblichkeit zutrifft: *Keimzellen* und *Krebszellen*. In beiden Fällen wird der Verlust der Wiederholungssequenzen des Telomers bei der DNA-Replikation durch ein ganz ungewöhnliches Enzym, die *Telomerase*, ausgeglichen. Dieses Enzym ist ein Ribonucleinprotein, wobei der RNA-Anteil als komplementäre Matrize fungiert, an der verlorengegangene Telomerabschnitte neu synthetisiert werden können, während der Proteinanteil den Wiederherstellungsprozeß katalysiert. Wird in einer Linie von Krebszellen die Telomerase durch gentechnische Tricks ausgeschaltet, dann werden auch die replizierten DNA-Stränge zunehmend kürzer, und die Zellen sterben nach 23 bis 26 Replikationsrunden (Feng et al. 1995). Umgekehrt ist es kürzlich gelungen, durch ebensolche Tricks in normalerweise telomeraselose, also sterbliche, menschliche Körperzellen ein Telomerasegen einzuschleusen, worauf diese Zellen eine scheinbar unbegrenzte Teilungsfähigkeit erwarben (Bodnar et al. 1998). Mit anderen Worten: Bei vielzelligen Organismen wird die Zahl aufeinanderfolgender Zellteilungen durch eine im Mechanismus der DNA-Replikation wurzelnde Strategie begrenzt. Diese Strategie kann durch eine Gegenstrategie außer Kraft gesetzt werden, womit die betroffene Zellinie fakultative Unsterblichkeit erlangt. Die Hoffnung, auf diese Weise der Verwirklichung eines uralten Traumes der Menschheit um einen kleinen Schritt näher gekommen zu sein, muß allerdings sofort gedämpft werden: Die fakultative Unsterblichkeit der manipulierten

Körperzellen mag die Unsterblichkeit von Krebszellen sein, deren Erfolg ja der Tod des Organismus ist.

Die Entdeckung, daß es eine Alternative zwischen somatischer
Sterblichkeit und genetischer Unsterblichkeit gibt und daß hinter dieser
Alternative ein wohldefinierter molekularer Mechanismus steht, wirft
im Zusammenhang mit der Evolution des vielzelligen Lebens auf der
Erde eine weitere Frage auf. Wenn für die Evolution tierischer Baupläne die Arbeitsteilung zwischen spezialisierten Körperzellen und
einer totipotenten Keimbahn von selektivem Vorteil war und diese
Arbeitsteilung wiederum durch eine begrenzte Teilungsfähigkeit der
Körperzellen begünstigt wurde, dann ist anzunehmen, daß es zwischen
der Lebensdauer dieser Zellen, dem Ausmaß und der Geschwindigkeit
ihrer Differenzierung sowie den wechselnden Anforderungen der
Umwelt zu vielfachen Problemen der Abstimmung und Koordination
gekommen sein muß. Die ersten Metazoen bestanden wohl nur aus
einigen hundert bis wenigen tausend Zellen, von denen einige für die
Weitergabe der genetischen Information sorgten, andere für die speziellen Aufgaben, die sich aus der Auseinandersetzung des kleinen Phänotyps mit seiner jeweiligen Umwelt ergaben. Davidson et al. (1995) haben kürzlich die Vermutung geäußert, daß es für diese frühen Metazoen
– von denen wohl kaum fossilisierte Reste zu erwarten sind – günstig
gewesen sein mag, im somatischen Teilungsprozeß gewissermaßen
kleine Reserven totipotenter Zellgruppen anzulegen. Aus diesen hätten
alternative Entwicklungswege gespeist werden können, falls der vom
bestehenden Soma eingeschlagene Differenzierungsprozeß sich als
ungünstig erweisen sollte oder falls sich für den heranwachsenden Organismus neue Lebensbedingungen und ökologische Nischen eröffnet
hätten. Diese Idee ist deshalb so attraktiv, weil sie uns hilft, den für die
meisten erdgeschichtlich alten Gruppen wirbelloser Tiere so charakteristischen indirekten Entwicklungsweg – die Aufeinanderfolge einer larvalen und einer adulten Lebensphase – zu verstehen (Rieger 1994).
Tatsächlich könnte das Anlegen eines Vorrats ungeteilter, undifferen-
zierter Körperzellen ganz allgemein zur Lösung von Problemen beitragen, die sich aus einem konservativen Teilungs- und Differenzierungs-

programm des Somas ergeben. So durchlaufen auch die Embryonalzellen vieler rezenter mariner Evertebraten ein Teilungsprogramm mit
ziemlich genau eingehaltenen 10 ± 2 Teilungsrunden (Davidson et al.
1995; Peterson et al. 1997). Auf diese Weise entsteht eine Larve, die
sich aus etwa 1 000 ausdifferenzierten Zellen zusammensetzt. Wollte
ein solches Tier weiterwachsen, um zu einer neuen Lebensweise über-
zugehen (zum Beispiel von einer planktisch frei beweglichen zu einer
kriechenden), dann könnte diese Lebensphase nur unter der Bedingung
an die larvale Phase anschließen, daß das Spiel gewissermaßen von
einem auf seinen Einsatz wartenden neuen Team von Zellen (neuen
Schauspielern, die auf das richtige Stichwort des Souffleurs warten:
siehe Exkurs „Souffleur und Schauspieler", S. 108) übernommen wird.
In gewisser Hinsicht könnte also die *larvale Ökologie* ein Motor sein,
der die Entwicklung dieser primitiven Tiere treibt und der damit natürlich auch ein Faktor von enormer Bedeutung für die Evolution des Tierreichs wäre (Wray 1995).

Das Prinzip der teilungsfähigen Reservezellen dürfte Bestandteil
einer allgemeinen Lebensstrategie sein. Es wird ja auch zur Erklärung
von Regenerations- und Reparaturprozessen in den Körpern höherent-
wickelter Tiere herangezogen. Innerhalb der sterblichen Somazellen
muß also zwischen Zellpopulationen unterschiedlicher Potenz und Teilungsfähigkeit unterschieden werden. Veränderungen im Fahrplan der
Mobilisierung verschiedener Zellpopulationen lassen dramatische ontogenetische Verschiebungen mit entsprechenden evolutionären Konsequenzen als möglich erscheinen.

4.1.4 Differenzierung und Arbeitsteilung erfordern ein zelluläres Gedächtnis

Eines der Wesensmerkmale des sich aus dem Ei entwickelnden vielzelligen Organismus ist die Differenzierung von Geweben und Organen
und deren Spezialisierung auf verschiedene physiologische Funktionen.
Muskelfasern erfüllen mechanische Funktionen, Drüsen sekretorische,

das Nervensystem ist für die Verarbeitung und Speicherung von Information zuständig und so weiter. Das Doppelphänomen von Differenzierung und Arbeitsteilung verlangt Eingriffe in das genetische Programm von Zellen, die im Vergleich zu den Lebensläufen von Einzellern in neuartigen Beziehungen zwischen Cytoplasma und Zellkern, Exekutive und Legislative, wurzeln. Dies ist möglicherweise mit ein Grund, warum auf der Basis des prokaryoten Bauplans mit seiner bloß unvollkommenen Trennung dieser beiden Instanzen keine Evolution integrierter vielzelliger Organisationsformen stattgefunden hat.

Im Verlauf der Entwicklung einer Eizelle zu einem adulten Organismus wird vor allem in den früheren Teilungszyklen in das genetische Programm der Zellen eingegriffen, und zwar durch Blockierung von Programmelementen. Stillgelegte Gene werden nicht mehr exprimiert, obwohl das vollständige Genom der Eizelle mit all seinen Möglichkeiten bei jeder Teilungsrunde von der Mutterzelle an die beiden Tochterzellen weitergegeben wird. Die Stillegung genetischer Elemente kann durch chemische Veränderungen von Basen, zum Beispiel durch das Anfügen einer Methylgruppe an Cytosinreste, erfolgen, ein Verfahren, das vor allem in prokaryoten Zellen weit verbreitet ist. In eukaryoten Zellen kommt es jedoch meist zum Aufbau stabiler Komplexe zwischen regulatorischen Proteinen und DNA-Sequenzen, was zu ausgedehnten Strukturveränderungen in den Chromosomen führt. An der Stillegung eines einzigen Gens im Genom von *Drosophila* ist zum Beispiel eine 20 000 Basenpaare lange DNA-Region mit Bindungsstellen für mehr als 20 regulatorische Proteine beteiligt.

Die Summe aller Eingriffe in das Genom hat den Charakter eines *zellulären Gedächtnisses* und ist Voraussetzung für die selektive Weitergabe gespeicherter Information. Im Rahmen eines individuellen Lebenszyklus haben somatische Zellen also keinerlei Schwierigkeiten mit dem, was Evolutionsbiologen seit August Weismann kaum zu denken wagen, nämlich mit der „Vererbung erworbener Eigenschaften". Die von Nachbarzellen in der Form spezifischer Markierungen übermittelte Nachricht zur Stillegung bestimmter Gene wird von einer auf dem Differenzierungsgleis bereitgestellten Zelle getreulich an ihre Tochterzellen und über diese an eine jeweils neu initiierte Zellinie weitergegeben, also von Zellgeneration an Zellgeneration vererbt (Maynard Smith 1990; Jablonka 1994).

Die Zellzyklen derartiger Entwicklungslinien zeichnen sich im Vergleich zu den Zyklen einzelliger Lebewesen durch eine Besonderheit aus: Neben dem *Wachstum* gibt es auch einen *Differenzierungsprozeß*, der die Glieder einer Zellinie immer weiter vom totipotenten Verhaltensrepertoire der Stammzelle entfernt. Das kann so weit gehen, daß ab einem bestimmten Stadium der Zyklus unterbrochen wird und die Zelle ihre Teilungsfähigkeit verliert, wie es zum Beispiel bei Nervenzellen und manchen Typen von Muskelzellen der Fall ist. Im Rahmen des Zellzyklus drückt sich die Differenzierungsvariante dergestalt aus, daß in die G_1-Phase eine Weiche eingebaut wird: Die Zelle kann sich entweder in der gewohnten Richtung weiterbewegen und eine neuerliche Teilungsrunde durchlaufen (Abbildung 4.2), oder sie kann den Weg in eine als G_0 bezeichnete Differenzierungsphase einschlagen. Über den Kontrollpunkt K_1 führt der Weg wieder zurück in den normalen Teilungszyklus, aber auch das endgültige Verharren im voll ausdifferenzierten Zustand ist möglich.

Orts- und herkunftsgemäßes Verhalten von Zellen

Ein Schlüssel zur Beantwortung der Frage, wie sich denn ein komplexer vielzelliger Organismus aus dem genetischen Programm einer einzigen Zelle entfalten könne, liegt im Verlauf der ersten Zellteilungsschritte, nämlich in der Art und Weise, wie die Weichen gestellt werden, die die Wege der totipotenten Eizelle in Richtung auf ein vorgegebenes Ziel bestimmen. (Aus einem Froschei wird – wenn nichts Unvorhergesehenes passiert – immer nur ein Frosch, aus einem Fliegenei immer nur eine Fliege hervorgehen.)

Zum besseren Verständnis der zeitlichen Ordnung dieses Entfaltungsprozesses sind zwei Überlegungen relevant: *Erstens* müssen die in den aufeinanderfolgenden Teilungsschritten gebildeten Zellen im großen und ganzen über ihre jeweilige Position im Keim informiert sein, und *zweitens* müssen die positionsregistrierenden Elemente auf irgendeine Weise steuernd in die Transkriptionsmaschinerie im Zellkern eingreifen können.

Die bereits von den Pionieren der Entwicklungsforschung im vorigen Jahrhundert konstatierte asymmetrische Verteilung cytoplasmatischer Komponenten in der befruchteten Eizelle kündigt die erste Weichenstellung für die Differenzierung des künftigen Embryos an. Hinter dieser Asymmetrie verbirgt sich die ungleiche Ausstattung der beiden Produkte der ersten Zellteilung mit Signalfaktoren. Es ist sogar denkbar, daß die Lage der ersten Furchungsebene bereits ein Teil jenes Koordinatensystems ist, durch das die Lage der dorsoventralen Symmetrieebene und damit ein wesentliches Merkmal der räumlichen Organisation des Embryos festgelegt wird. Signalproteine, die sich entlang der ersten Furchungsebene anordnen, setzen möglicherweise in den beiden neuentstandenen Zellen Differenzierungsprozesse in Gang, die unter anderem auch die Unterscheidung zwischen „links" und „rechts" enthalten – eine für bilateralsymmetrische Tiere (und damit für die Mehrzahl aller Tiergruppen) fundamentale Unterscheidung. Dies wäre analog einem kürzlich bei Bakterien entdeckten Mechanismus, bei dem ein einziges membranständiges Protein dafür verantwortlich ist, daß sich die beiden Produkte einer Zellteilung unterschiedlich entwickeln: Eine Zelle reift wieder zu einem normalen Bakterium heran, während sich die andere Zelle in eine Dauerspore verwandelt (Arigoni et al. 1995). Trennt man die beiden Partner eines tierischen Keimes im Zweizellenstadium, dann wird in den meisten Fällen die Positionsentscheidung rückgängig gemacht. Jeder der beiden Zwillinge findet den Weg zurück zum naiven Ausgangsstadium und entwickelt sich zu einem intakten Organismus weiter.

Die mit der ersten Zellteilung in Gang gesetzte asymmetrische Verteilung cytoplasmatischer Faktoren kann in divergierenden Zellinien rasch zur Expression einer großen Zahl unterschiedlicher Proteinmuster führen. Jedes dieser Muster mag an einem größeren Kommunikationsnetz partizipieren, das in Abhängigkeit von der Lage und Nachbarschaft der beteiligten Zellen entweder die Hemmung spezifischer

Transkriptionsvorgänge oder die Expression spezifischer Proteine bewirkt. Ein zelluläres Gedächtnis baut sich auf, das in zunehmendem Maße ortsspezifische Information enthält, also ein *Ortsgedächtnis*, das den Differenzierungsprozeß steuert (Wolpert 1969, 1989). Dieser vielschichtige Prozeß repräsentiert ein zentrales Motiv, das in mehreren Varianten vorkommt. Vier der wichtigsten seien hier kurz kommentiert.

1. Im Zeitplan der Keimentwicklung setzt die vom zellulären Gedächtnis kontrollierte Einschränkung der primären genetischen Information früher oder später ein und wird schneller oder langsamer wirksam. Demgemäß wird zwischen Entwicklungsverläufen unterschieden, bei denen die Schicksale von Zellinien von Anfang an festgelegt sind, und solchen, bei denen diese Festlegung erst allmählich erfolgt. In letzterem Fall können auch Zellen späterer Entwicklungsstadien, wenn man sie aus dem Keim isoliert, zu intakten Organismen heranwachsen, in ersterem Fall wäre dies nicht möglich. Im Tierreich gibt es zahlreiche Beispiele für beide Fälle: Arten mit extrem früh determinierter Entwicklung (zum Beispiel Insekten und der bereits erwähnte Fadenwurm *Caenorhabditis elegans*) und solche, bei denen die Determination so spät erfolgt, daß ihre Entwicklung als „regulatorisch" bezeichnet wird (zum Beispiel Seeigel und Amphibien) (siehe auch Abschnitt 4.1.1). Die Extreme dieser Serie sind jedoch durch zahlreiche Übergänge miteinander verbunden.
2. Die von cytoplasmatischen Signalfaktoren bewirkte Transkriptionshemmung spezifischer Gene kann endgültig sein oder auch nicht. Das heißt, es mag weitere Faktoren geben, die solche Hemmungen wieder aufheben können, oder die Aufhebung ist prinzipiell nicht mehr möglich (so wie es Gedächtnisinhalte gibt, die wieder vergessen werden, und solche, die das gesamte weitere Leben eines Individuums prägen). Diese Polarisierung wird im Vergleich zwischen Zellen aus differenzierten tierischen Geweben und Pflanzenzellen am deutlichsten sichtbar. Das Schicksal von Zellen aus den somatischen Geweben vieler Tiere ist unter normalen Bedingungen ein für alle

Male fixiert, während sich Pflanzenzellen im allgemeinen wieder zu ganzen Pflanzen heranziehen lassen.

3. Die Einschränkung der genomischen Information kann stufenweise erfolgen. Zunächst wird die allgemeine Richtung des Schicksals einer Zellinie festgelegt, und erst in weiteren Schritten erfolgt die Spezialisierung, also gewissermaßen der Übergang von einer „Breitband-" zu einer „Engband"-Differenzierung. So gibt es *Stammzellen*, in denen noch das Potential zur Bildung einer ganzen Klasse von Zelltypen lebendig ist, zum Beispiel in blutbildenden Organen für die Bildung sämtlicher Blutzellen. Erst allmählich wird dieses Potential auf die Bildung bloß eines einzigen Repräsentanten der jeweiligen Klasse, beispielsweise von Lymphocyten, eingeengt.

4. Die alternativen Schritte von Teilung, Wachstum und Differenzierung erfordern Entscheidungen, die im Zusammenspiel molekularer Faktoren wurzeln. Bei vielzelligen Tieren müssen irgendwo und irgendwann zwischen den G_1- und G_2-Phasen von Zellzyklen Weichen gestellt werden, die zwischen Teilung und Differenzierung entscheiden. Es ist leicht vorstellbar, daß bei diesen Entscheidungen etwas schiefgehen kann. Die Weichenstellung in Richtung auf G_0 mag zum Beispiel nicht plangemäß funktionieren, so daß Wege in unvorgesehene Teilungsrunden eingeschlagen werden. Oder in einer bereits ausdifferenzierten und unteilbaren Zelle führt ein falsches Signal zur Aufhebung einer Transkriptionsblockade und bewirkt, daß sich die Zelle neuerlich auf den Vermehrungsweg begibt. Sie verliert dabei Schritt um Schritt ihr Gedächtnis, entdifferenziert sich und setzt damit eine Wachstumskatastrophe in Gang, die letzten Endes nicht nur sie selbst, sondern auch den Organismus, der sie und ihre Nachkommen mit Nahrung versorgt, das Leben kostet.

Wachstumsfaktoren

Bei einzelligen Organismen besteht das Wachstum einer Population aus einer Aufeinanderfolge von Teilungszyklen, deren Frequenz im wesentlichen durch das Nahrungsangebot gesteuert wird. Solange dieses reichlich ist, teilen sich die Zellen, wachsen heran, teilen sich wieder und so weiter. Fällt das Nahrungsangebot unter eine kritische Schwelle, dann stellen die Mitglieder der betrachteten Population allmählich den Teilungsvorgang ein. Im vielzelligen Organismus hingegen herrschen andere Regeln. In differenzierten Geweben werden Teilungszyklen unabhängig vom Nährstoffangebot gestoppt, und neue Teilungsrunden können wieder in Gang gesetzt werden, wenn der Zustand des Systems dies erfordert, zum Beispiel bei Verletzungen oder beim Eintritt des Organismus in eine neue Lebensphase. Das Prinzip, das dieser Art der Kontrolle von Zellzyklen zugrundeliegt, unterscheidet sich wesentlich von dem, das die Lebenszyklen einzelliger Organismen steuert. Während die Abfolge von Zellzyklen bei Einzellern grundsätzlich „gestattet" ist und erst durch negative Signale gestoppt wird, ist sie bei Mehrzellern grundsätzlich „verboten" und kann erst durch Intervention positiver Signale wieder in Gang gesetzt werden. Diese positiven Signale setzen sogenannte *Wachstumsfaktoren*: Proteine, die in der bereits (Abschnitt 3.5.2) diskutierten Weise über spezifische Rezeptoren an den Membranen von Zellen Phosphokinasen im Cytosol aktivieren, die ihrerseits – entweder direkt oder auf Umwegen – Transkriptionsfaktoren im Zellkern aktivieren und somit die Expression spezifischer Gene steuern. Oft dienen die Transkriptionsprodukte der zuerst angeregten Gene nur zur Anregung weiterer Gene, so daß ein einziger Typ von Wachstumsfaktor ganze Transkriptionssequenzen und damit die Bildung komplexer Merkmalsstrukturen zu kontrollieren vermag. Da auch die Wachstumsfaktoren ihrerseits die Expressionsprodukte anderer Gene sind, wird der Eindruck komplexer Kommunikationsnetze vermittelt, über die das Leben einzelner Zellen an die Bedürfnisse des übergeordneten Systems angepaßt ist und in seiner jeweiligen Ausprägung von diesen kontrolliert wird.

Wir stoßen hier auf einen weiteren Aspekt der schon in Abschnitt 2.1 kommentierten evolutionären Perspektive der biologischen Organisation, die sich auf den Übergang zwischen verschiedenen Einheiten der Selektion bezieht. Das Überlebensprinzip autonomer Einzelzellen ist die Maximierung der Reproduktionsleistung, und dieser dient die ungehemmte Aufeinanderfolge von Teilungszyklen, die nur durch Nahrungsmangel beendet werden kann. Die Selektion „sieht" hier gewissermaßen eine ganz andere Konstellation von Merkmalen als auf der Ebene des vielzelligen Organismus, dessen Erfolg vom Zusammenspiel seiner Teile abhängt und durch die ungehemmte Abfolge von Zellzyklen gefährdet wäre.

4.1.5 Morphogenese

Die Eizellen von Tieren teilen sich und geben das Programm sowohl für das Werden wie für das Sein des zukünftigen Organismus an Zellinien weiter. Es entsteht ein *Klon* von Zellen mit identischen Erbanlagen, jedoch mit unterschiedlichen Schicksalen. Die kleinste Einheit dieser Entwicklung ist der Zellzyklus, dessen Verlauf entweder zur Vermehrung oder zur Differenzierung eines bestimmten Zelltyps führt. Um das Entwicklungsziel, die Expression des Phänotyps durch den Genotyp, zu erreichen, müssen einerseits Zellmassen bewegt und koordiniert werden, andererseits die Funktionen des werdenden Organismus auf auseinanderstrebende Zellinien aufgeteilt und räumlich strukturiert werden. Dies führt zur Bildung von Geweben mit jeweils spezifischen Aufgaben. In diesem komplexen *morphogenetischen* Geschehen werden entscheidende konstruktive Aufgaben durch verschiedene Informationssysteme koordiniert:

1. durch eines, mit dessen Hilfe sich die Zellen einer Linie gegenseitig erkennen, wodurch die Entstehung *histologischer Identitäten* gefördert wird;
2. ein weiteres Informationssystem, mit dessen Hilfe *Nachbarschaftsbeziehungen* zwischen unterschiedlichen, aber funktionell und strukturell zusammengehörigen Gewebetypen aufgebaut werden;
3. schließlich ein System, das für die Anlage des allgemeinen *Bauplans* sowie für großräumige *Gestaltungsvorgänge* verantwortlich ist.

Diese Aufzählung ist nicht so zu verstehen, als werde die Entwicklung tierischer Organismen durch drei unabhängige Informationssysteme gesteuert oder als kämen diese drei Systeme nacheinander oder aufgrund eines hierarchischen Prinzips zum Einsatz. Am Informationsaustausch zwischen Zellen, Geweben und Organen nehmen stets dieselben, uns nun schon vertrauten molekularen Komponenten teil: genetische Elemente, Transkriptionsfaktoren, Rezeptoren, Signalproteine, bindungsstiftende Enzyme und Transporteinrichtungen, die sich allerdings zu unterschiedlichen taktischen Konzepten formieren. So verlangt die Entstehung der oben unter Punkt 1 genannten histologischen Identität den direkten Kontakt von Zellen. Beim Aufbau von Nachbarschaftsbeziehungen zwischen kooperierenden Geweben (2) sind Induktoren über geringe Entfernungen wirksam, und die Festlegung allgemeiner Entwicklungskoordinaten und Bauplanmerkmale (3) erfolgt über Signalgradienten von relativ großer Reichweite.

Nachbarschaftsbeziehungen: Adhäsionsmoleküle und Organisatoren

Zu Beginn dieses Jahrhunderts zerlegte der amerikanische Biologe H. V. Wilson (1907) zwei marine Schwammarten in ihre zellulären Bestandteile und beobachtete, daß die voneinander getrennten Zellen wieder artgerecht zueinander fanden. Aus dem Zellengemisch formierten sich allmählich wieder zwei intakte, aber unterscheidbare Organismen. Dieses Schlüsselexperiment war der erste Hinweis darauf, daß sich Zellen ihre Nachbarn aussuchen und mit ihnen spezifische Bindungen eingehen können. Wie wir heute wissen, hängt diese Fähigkeit von der Existenz charakteristischer Glykoproteine an der Außenseite der Zellmembran ab, sogenannte *Zelladhäsionsmoleküle* (CAM, von *cell adhesion molecules*), die einander mit Hilfe eines flexiblen Schloß-Schlüssel-Prinzips erkennen und das Zusammenfinden gleichartiger Zellen ermöglichen. Derartige Moleküle sind nicht nur für die Spezifität von Arten verantwortlich, sondern auch für die Spezifität verschiedener Gewebe in ein und demselben Individuum. In Analogie zu dem Versuch mit den beiden Schwämmen finden auch die experimentell voneinander getrennten Zellen eines Froschembryos wieder zusammen und stellen die verlorengegangene Organisation einigermaßen wieder her. Dissoziierte Epidermiszellen rekonstituieren eine Epidermis, Nervenzellen fügen sich zu einem Neuralrohr zusammen, und Mesenchymzellen bilden die Anlagen von Muskulatur, Skelett und Bindegewebe (Townes und Holtfreter 1955). Es scheint also eine abgestufte Mannigfaltigkeit von CAM zu geben, auf deren Basis sich benachbarte Individuen gewisser Tierarten, aber auch Gewebe innerhalb eines Individuums erkennen können. Es ist dementsprechend nicht allzu überraschend, daß sich die CAM der von Wilson untersuchten Schwämme als die molekularen Vorstufen des Immunsystems von Wirbeltieren herausgestellt haben, zu dessen erstaunlichen Leistungen ja die Unterscheidung von „Selbst" und „Nichtselbst" gehört, das heißt die Identifikation des Individuums als einer einmaligen Erscheinung des Universums. Mehr als die Hälfte aller auf Blutzellen gefundenen CAM gehört der großen Familie der Immunglobuline an (Simmons 1993).

Die Klasse der Zelladhäsionsmoleküle umfaßt mehrere Familien verwandter Glykoproteine, die jeweils mit gewissen Teilen ihrer Struktur die Außenseiten von Zellmembranen besetzen, mit anderen Domänen jedoch die Membran durchdringen und sich an deren Innenseite mit dem Cytoskelett verbinden (Abbildung 3.9). Aufgrund dieser Verbindung können Konformationsänderungen der äußeren Domänen in das Zellinnere geleitet werden und dort Signale aufrufen, die im Genom Transkriptionsvorgänge aktivieren und steuern. Durch das Signalnetz, in dem CAM Schlüsselstellen einnehmen, werden Zellen einerseits spezifische *Rollen* im ontogenetischen Prozeß, andererseits (als Bestandteilen eines Gewebeverbandes) auch spezifische *Positionen* im Organismus zugewiesen.

Die Lageverschiebungen von Organanlagen im tierischen Keim schaffen Voraussetzungen für einen weiteren Aspekt des morphogenetischen Geschehens: die Synchronisation von Differenzierungsprozessen und die Bildung von Gewebe- und Organverbänden durch Induktion. In historischer Sicht ist die Erforschung dieser Phase der tierischen Entwicklung mit dem Namen Hans Spemann (1869–1941) verknüpft, der durch subtile Transplantations- und Markierungsexperimente den Boden bereitete, auf dem später die Idee der Steuerung von Entwicklung und Differenzierung durch „Signalfaktoren" gedeihen konnte. Spemann hat letzteren, aus der Nachrichtentechnik stammenden Begriff nicht verwendet; er sprach vielmehr von „Organisatoren", die in benachbarten Geweben morphogenetische Prozesse auslösen und vielleicht sogar „organisieren" können. Im Hinblick auf den Wirkungsmechanismus dieser Faktoren hat sich Spemann jedoch stets sehr vorsichtig ausgedrückt. Aus der Art seiner Formulierung (Spemann 1936) wird deutlich, daß er die Organisatoren sehr wohl als „Signale" verstand, die nicht selber gestaltbildend wirken, sondern gestaltbildende Vorgänge im jeweiligen Zielgewebe induzieren. Größte Beachtung fand in den zwanziger Jahren dieses Jahrhunderts seine Entdeckung (an der seine begabteste Mitarbeiterin, Hilde Mangold, maßgeblich beteiligt war), daß eine umgrenzte Region der frühen Gastrula eines Froschkeimes, die Urmundlippe, bei Verpflanzung in die späte Gastrula eines zweiten Keimes dort nicht, wie andere Keimbezirke, einfach integriert wird, sondern die Differenzierung einer sekundären Embryonalanlage bewirkt. Aus heutiger Sicht würden man sagen, daß die Spenderregion Signalfaktoren aussendet, die in den umliegenden Empfängerzellen Transkriptionsblockaden gewisser Gene aufheben und somit im primären Keim einen nicht geplanten Seitenweg der Entwicklung eröffnen.

Die Entdeckungen von Spemann und Mangold erregten deshalb so große Aufmerksamkeit (Hans Spemann erhielt 1935 als erster Zoologe den Nobelpreis für Medizin), weil sich aus ihnen einige für das Verständnis des Entwicklungsgeschehens fundamentale Einsichten ableiten ließen.

1. Gestaltbildende Induktionen werden durch Stoffe vermittelt, die kurze Entfernungen zwischen Zellen überwinden können, sich also vermutlich durch Diffusion ausbreiten. Werden durch äußere oder innere Einwirkungen benachbarte Keimbezirke getrennt oder von-

einander abgeschirmt oder entfernte Keimbezirke einander angenähert, dann kann es zur Unterbrechung alter oder umgekehrt zum Aufbau neuer induktiver Wechselwirkungen zwischen Keimregionen kommen.

2. Für den geordneten Ablauf gewisser morphogenetischer Prozesse kann auch das Zusammenwirken *mehrerer* induktiver Faktoren erforderlich sein. So wurde zum Beispiel erkannt, daß an der Bildung des Mesoderms im frühen Froschembryo zumindest drei verschiedene Signalproteine aus umliegenden Zellbereichen beteiligt sind. Aus funktionell und räumlich zusammengehörigen Geweben entstehen auf diese Weise *Nachbarschaftskomplexe*, wie zum Beispiel Muskel und Skelett, Epidermis und Bindegewebe oder, in einer späteren Phase dieser Entfaltung, Augenbecher, Linse und Glaskörper des Wirbeltierauges.

3. Im Wechselspiel der Keimbezirke und Gewebeanlagen gibt es „Sender" („Quellen") und „Empfänger" („Senken"). Der Sender ist der Ursprung induzierender Faktoren, der Empfänger muß demgegenüber zum richtigen Zeitpunkt „empfangsbereit" sein. Dies drückt der bereits von den frühen Entwicklungsmechanikern geprägte Begriff der *Kompetenz* aus. Die Zellen einer Keimregion müssen *kompetent* sein, das heißt fähig, auf ein spezifisches Signal funktionsgerecht zu antworten. Diese Fähigkeit gleicht dem Öffnen und Schließen eines Fensters. Über den Zeitpunkt und die Dauer der Öffnung entscheidet ein im Genom der Zellen verankertes Zeitprogramm, von dessen materieller Basis wir kaum etwas wissen.

In den letzten Abschnitten sind drei kommunikative Netzwerke angesprochen worden, die etwas mit dem Herstellen einer jeweils spezifischen räumlichen Organisation von Zellen und Geweben zu tun haben: 1) asymmetrisch im Cytoplasma verteilte Signalfaktoren, 2) Kontaktmoleküle und 3) Induktoren. Sie alle sind über Vorwärts- und Rückkopplungen mit den genetischen Apparaten der betroffenen Zellen verbunden. Bei der Übersetzung der „inneren Beschreibung" des Organismus (des genetischen Programms) in die „äußere Beschreibung" (den

Phänotyp) scheint also die Vernetzung von Informationssystemen eine zentrale Rolle zu spielen, durch die die Positionen, Identitäten und Nachbarschaftsbeziehungen – und mit diesen die Schicksale von Zellen und Zellinien – festgelegt werden. Gerald Edelman, Nobelpreisträger und Pionier der Immunforschung, war zwar nicht der erste, der auf die Bedeutung dreidimensional operierender Informationssysteme in Organismen hingewiesen hat (siehe zum Beispiel Wolpert 1969, 1989), aber er hat die Verwandtschaft zwischen dem universellen topologischen Systeme der Adhäsionsmoleküle und dem Immunsystem der höheren Wirbeltiere erkannt und der Wissenschaft, die sich mit dem Zustandekommen von räumlicher Organisation in biologischen Systemen beschäftigt, einen eigenen Namen – *Topobiologie* – gegeben (Edelman 1988, 1989).

Gewebespezifische Integration: Die extrazelluläre Matrix

Die genaue Analyse von Zellfunktionen hat in den letzten Jahren unter anderem auch zu der Erkenntnis geführt, daß sich diese Funktionen an und in einem zwar plastischen, aber doch spezifisch strukturierten, reichverzweigten molekularen Gerüst vollziehen. Einige Forscher gehen sogar so weit zu fordern, daß es einer neuen Art von Biochemie, einer „Festkörperbiochemie", bedarf, um das Leben von Zellen wirklich zu verstehen (Ingber 1993). Wie bereits Abbildung 3.1 andeutete, sind sämtliche Kompartimente einer Zelle – Zellmembran, Organellen, Kern und Chromosomen – durch ein als „Cytoskelett" bezeichnetes Netzwerk verknüpft, das sowohl als Transportsystem wie als Leitungssystem für den Signalverkehr fungiert. Das Thema dieses Abschnitts, die extrazelluläre Matrix, liefert der Idee von der Zelle als einem Festkörper neue Argumente, indem es dieses Konzept auf Zellverbände und Gewebe ausdehnt. In noch stärkerem Maße als die Proteine im Cytoplasma sind die Zellen in den Geweben vielzelliger Organismen Teile einer komplexen architektonischen Struktur, eingebettet in ein Medium, das unter dem Namen *extrazelluläre Matrix* (EZM) seit langem bekannt ist. Während man jedoch früher in diesem Medium bloß eine

Kittsubstanz sah, die die Zellen irgendwie zusammenhält, entpuppt es sich nun als ein weiteres dynamisches System, über das die Zellen eines Gewebeverbands miteinander kommunizieren sowie zu integriertem gewebespezifischem Verhalten organisiert werden. In manchen Geweben, zum Beispiel in Knochen und Knorpel, nimmt die EZM mehr Raum ein als die Masse der Zellen. Sie besteht aus einer an Proteinen und Kohlenhydraten reichen Grundsubstanz, in die eine Reihe spezifischer, meist faden- oder spindelförmiger Proteine eingelagert sind. Diese beeinflussen nicht nur die Form, Orientierung und Polarität, sondern auch die Bewegungen, den Stoffwechsel und den Differenzierungsverlauf der Zellen des Gewebes (Strange 1997). Ihre Festigkeit und Elastizität verdankt die EZM dem *Kollagen*, dem häufigsten Protein im Tierreich, von dem bereits an die 20 verschiedene Typen bekannt sind. Diese Besonderheit, in mehreren Varianten („Isoformen") aufzutreten, teilt das Kollagen mit vielen Stütz- und Signalproteinen, worin sich die Fähigkeit zur Anpassung eines funktionsspezifischen Motivs an variable Milieubedingungen manifestiert.

Die EZM wird in den Zellen produziert. Man unterscheidet zwei Hauptkomponenten: die *interstitielle Matrix*, ein dreidimensionales Gel, das die Zellen umgibt, sowie eine *Basalmembran*, die keine Membran im klassischen Sinne ist, sondern ein faseriges extrazelluläres Netz an der Basis epithelialer Gewebe. Die Basalmembran spielt eine entscheidende Rolle bei der Differenzierung der Zellen, mit denen sie in Kontakt ist. Ihr häufigstes Protein ist *Laminin*; wenn dieses fehlt (was in Zellkulturen mittels gentechnischer Methoden bewerkstelligt werden kann), sitzen die Zellen als undifferenzierte Schicht der Basalmembran auf. Wird der Kultur Laminin hinzugefügt, dann beginnen sich die Zellen zu teilen und in Gefäßzellen, Nervenzellen, Drüsenzellen und so weiter zu differenzieren, je nachdem, welches Entwicklungsprogramm bei ihnen eingeschaltet ist (Abschnitt 4.1.4). Die Fähigkeit zur Teilung und Differenzierung hängt also wesentlich von der Verankerung der Zellen in der EZM ab, und diese Verankerung ist wiederum von der Affinität zwischen dem Protein Laminin und spezifischen Rezeptoren an der Außenseite der Zellmembranen abhängig.

Dementsprechend wird im Verlust der spezifischen Verankerung ein Wesensmerkmal von Krebszellen gesehen.

Die interstitielle Matrix hinwiederum enthält Proteine, die mechanische Reize und chemische Signale an Zellen vermitteln. Das wichtigste dieser Proteine ist *Fibronektin*, das einerseits an andere Strukturelemente der EZM wie Kollagen, Heparin und Fibrin bindet, andererseits aber an Membranrezeptoren wie *Integrin*, ein aus zwei Untereinheiten bestehendes integrales Protein, das die Zellmembran durchsetzt und an Strukturelemente des intrazellulären Cytoskeletts bindet (Abbildung 3.1).

So konstituiert sich das Bild eines Kommunikationsnetzes, das die Geschehnisse im Inneren von Zellen auf die im jeweiligen Gewebeverband herrschenden Verhältnisse abstimmt. Das Eigentümliche an diesem Netz ist die besondere Bedeutung, die seinen *mechanischen* Eigenschaften zukommt. Die Filamente in der EZM stehen – wie die Streben in Buckminster Fullers geodätischen Domen – unter Spannung und prägen somit die Architektur des Gewebeverbands. Ingber (1993) sprach in diesem Zusammenhang von der *tensintegrity* sowohl der Matrix wie des gesamten Verbands. Ändert sich dessen Form, etwa durch Verletzung, Streß oder die ganz normale Belastung im Rahmen von Aktivitäten des Organismus, dann übertragen sich diese Veränderungen über die EZM auf die Zellen. Deren Formveränderungen wirken nun als mechanische Reize, die über das Cytoskelett sowohl im Cytosol als auch im Zellkern und in den Chromosomen spezifische Reaktionen induzieren können (Ingber 1993; Clark und Brugge 1995; Chen et al. 1997; Maniotis et al. 1997). Gene werden aktiviert, Enzyme exprimiert, und das bereits angesprochene Gleichgewicht zwischen Zellteilungen und Zelltoden kann durch Beschleunigung oder Verzögerung einer der beiden Variablen verstellt werden (Weaver und Roskelley 1997). Die extrazelluläre Matrix ist somit ebenso ein Organ der Homöostase von Gewebeverbänden, wie das Blut ein Organ der Homöostase des tierischen Körpers darstellt (Abschnitt „Funktionen", S. 325), wobei die Sollwerte des einen überwiegend mechanischer, die des anderen überwiegend chemischer Natur sind.

Morphogenetische Koordinaten: Raumplanung

Wir haben uns bisher auf die Schilderung des eher kleinräumigen Informationsverkehrs in Zellen oder zwischen benachbarten Zellen und Geweben beschränkt. Für den Aufbau eines Organismus muß es jedoch auch einen *Gesamtplan* geben. Die durch Wechselwirkungen zwischen cytoplasmatischen und genomischen Elementen in Gang gebrachten Ansätze zur morphologischen und funktionellen Differenzierung müssen in ein übergeordnetes Koordinatensystem eingebettet sein, das zunächst im Aufbau der dorsoventralen und anterioposterioren Körperachsen sowie in der Anlage der bilateralen Symmetrie des Organismus sichtbar wird. Zu den großen Entdeckungen der Biologie in den vergangenen Jahrzehnten gehört die Entschlüsselung der molekularen Signalketten, die die Entfaltung der *dreidimensionalen* Organisation eines *bilateralen* Tieres aus dem *linearen* Programm seines Genoms steuern. Entscheidenden Anteil an diesen Entdeckungen hatte die Taufliege *Drosophila*, die schon um die Jahrhundertwende den Anstoß zur Entwicklung der modernen Genetik gegeben hatte. In beiden Fällen war und ist das wichtigste Werkzeug der Forschung der gezielte Einsatz natürlicher und künstlich induzierter Mutationen, der es möglich macht, phänotypische, makroskopische Ereignisse in Organismen auf genotypische, mikroskopische Vorgänge im Genom zurückzuführen (Lawrence 1992; Nüsslein-Volhard 1994). Als Beispiel für diesen morphogenetischen Prozeß sei die Entfaltung eines der ordnenden Vektoren aus dem Keim der Taufliege skizziert.

Bei *Drosophila* entwickeln sich *Oocyten*, die Stammzellen von Eizellen, jeweils im Inneren eines Bläschens, eines Follikels, in dem die große Mutterzelle sowohl von Nährzellen als auch von Follikelzellen umgeben ist. Erstere liefern der Oocyte über Plasmabrücken Nährstoffe, letztere verleihen ihr die erste und entscheidende topologische Signatur (Gutzeit 1990). Im Innenraum des Follikelbläschens werden die für den künftigen Embryo gültigen Richtungen der Körperachsen „vorne/hinten" und „oben/unten" festgelegt. Dies geschieht mit Hilfe von Signalfaktoren aus den umliegenden Follikelzellen, die von Rezeptoren an der Außenseite der Oocytenmembran erkannt und gebunden werden und so der Zelle Informationen über generelle Raumparameter ihrer unmittelbaren Umgebung vermitteln. Indem die membranständigen Rezeptoren die Bildung cytoplasmatischer Signalfaktoren stimulieren und diese mit Hilfe von Transkriptionsfaktoren Sequenzen mütterlicher Gene aktivieren, wird räumliche Information in die zeitliche Abfolge von Genaktivitäten übersetzt. Die Expressionsprodukte der ersten aktivierten Gene bauen Konzentrationsgradienten im Cytoplasma auf, die einen Teil jenes Koordinatensystems repräsentieren, in dessen räumlicher Ordnung sich die zukünftige Entwicklung des Fliegenembryos vollziehen wird.

Das Kernstück dieses Entfaltungsprozesses ist die geordnete Abfolge von Wechselwirkungen zwischen Genen und Proteinen. Das Transkriptionsprodukt eines ersten Schlüsselgens aktiviert ein zweites Gen, dessen Transkriptionsprodukt ein drittes Gen und so weiter. Die beiden Signalsysteme kommunizieren miteinander, indem die lokale Konzentration einer sich im Ei oder im Keim ausbreitenden Proteinpopulation die Aktivierung spezifischer Transkriptionsfaktoren und damit das Einschalten eines bestimmten Gens oder auch einer Gruppe von Genen veranlaßt. Im Sinne der schon in Abschnitt 3.5.1 diskutierten Klassifikation haben wir es hier also mit der Übersetzung von *analoger Information* (Konzentrationsgradient) in ein *digitales Ereignis* (Genschaltung) zu tun. Die Güte des Übersetzungsvorgangs hängt von der Genauigkeit ab, mit der Transkriptionsfaktoren zwischen verschiedenen Konzentrationsstufen von Signalproteinen unterscheiden können. Dieses Unterscheidungsverfahren mag zunächst nur zu einem groben räumlichen Raster von Transkriptionsvorgängen führen, wie dies in Abbildung 4.3a links oben gezeigt ist. Eine Erhöhung der Abbildungsgenauigkeit und eine Verfeinerung des Transkriptionsrasters läßt sich durch das Kombinieren mehrerer Konzentrationsgradienten erreichen. Die entsprechenden Transkriptionsfaktoren messen dann nicht mehr bloß lokale *Konzentrationen*, sondern Konzentrations-*verhältnisse* zwischen mehreren Gradienten. Wie in Abbildung 4.3a rechts unten angedeutet ist, erlaubt dieses kombinatorische Verfahren eine feinere Abstufung der Übersetzung analoger Größen in diskrete Ereignisse.

Daß die lokale Konzentration eines Signalproteins tatsächlich die entscheidende Größe im Informationstransfer zwischen Genen darstellt, ist durch viele elegante Experimente bewiesen worden. Durch den Einsatz von Mutanten mit Mehrfachkopien des jeweiligen Gens oder durch die direkte Injektion des gereinigten Signalproteins beziehungsweise seiner mRNA in den Keim läßt sich in einzelnen Zellen oder Gewebeabschnitten die Steilheit des Gradienten verstellen. Je

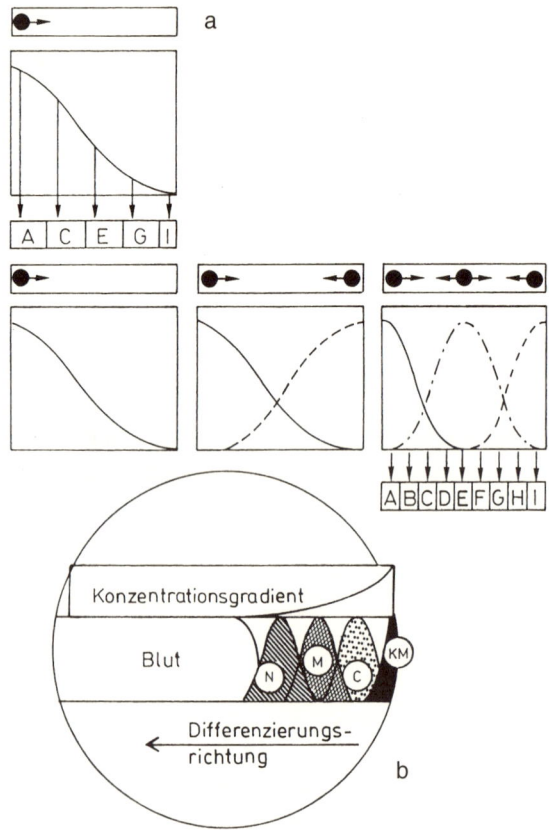

nachdem ob die Konzentration eines Signalproteins erhöht oder vermindert wird, können die Positionen von Schwellenwerten im Keim verschoben werden.

Bei Insekten beginnt die Keimentwicklung, indem in der befruchteten Eizelle zunächst eine Serie von Kernteilungen abläuft, ohne daß diese von Zellteilungen begleitet wären. Mehrere tausend Kerne können so in kurzer Zeit entstehen, die alle an den Rand des Keimes wandern, in dessen Innerem sich nun Konzentrationsgradienten aufbauen und ungehindert durch Zellgrenzen ausbreiten können. Erst in einer späteren Phase verwandelt sich der syncytiale Keim durch das Einziehen von Zellmembranen in eine echte vielzellige Konstruktion.

Bei vielen anderen Tieren bleibt die zelluläre Struktur des Keimes jedoch von der ersten Teilung der Eizelle an erhalten. Wie sich in einem solchen kompartimentierten System Stoffe ausbreiten und einen kontinuierlichen Gradienten aufbauen können, ist bis heute nicht ganz geklärt, doch besteht kein Zweifel mehr daran, daß es solche Gradienten zum Beispiel auch im Wirbeltierkeim gibt und daß sie dort, wie im Insektenkeim, die zeitliche Ordnung von Entwicklungsabläufen steuern. So konnte gezeigt werden, daß in der frühen Gastrula des Krallen-

◄

4.3 Modellhafte Darstellung verschiedener Möglichkeiten, wie Konzentrationsgradienten von Signalproteinen in verschiedenen Regionen eines Keimes die Transkription spezifischer Gene und damit die Expression spezifischer Merkmale induzieren können. a) Links oben ist angedeutet, wie der Konzentrationsgradient eines sich in Pfeilrichtung ausbreitenden Faktors zur Expression einer Merkmalsserie A, C, E, G, I führt. Durch das Zusammenwirken mehrerer Signalfaktoren, die sich in verschiedene Richtungen ausbreiten, kann das räumliche Auflösungsvermögen des Induktionsprozesses erhöht werden, so daß es (rechts unten) zur Expression einer abgestuften Merkmalsserie A bis I kommt. (Verändert nach Alberts et al. 1994.) b) Experimentelle Verifikation des Gradientenmodells. Verschiedene Konzentrationen der gereinigten mRNA eines bestimmten Signalproteins bewirken in der Gastrula des Krallenfrosches die serielle Differenzierung des Mesoderms in der durch den Pfeil angedeuteten Richtung. KM steht für Kopfmesoderm, C für Chorda, M für Muskel und N für Niere. (Nach Niehrs et al. 1994.)

frosches *Xenopus laevis* die Differenzierung des Mesoderms durch die lokale Konzentration eines Proteins – des Expressionsprodukts eines regulatorischen Gens mit der abgekürzten Bezeichnung *gsc* – gesteuert wird. Durch Mikroinjektion verschiedener Mengen der gereinigten mRNA des gsc-Proteins ließ sich der Verlauf der Differenzierung in der Gastrula beeinflussen. In Abhängigkeit von der jeweiligen Konzentration des Signalfaktors wurden in verschiedenen Abschnitten der mesodermalen Anlage die Programme für die Differenzierung von (in dieser Reihenfolge) Chorda, Muskel, Niere und Blut aktiviert. Am Punkt der höchsten Konzentration, also dort, wo im normalen Keim das Gen *gsc* aktiviert worden wäre, bildete sich Kopfmesoderm aus, während es am Ende des Gradienten, wo die Konzentration bereits auf Null abgesunken war, zur Differenzierung von Blutzellen kam. Dazwischen induzierten mittlere Konzentrationen in abgestufter Reihenfolge die Ausbildung von Chorda, Muskel und Niere (Niehrs et al. 1994; siehe Abbildung 4.3b.)

Möglicherweise wird in zellulären Keimen die extrazelluläre Matrix (Abschnitt „Gewebespezifische Integration: Die extrazelluläre Matrix", S. 275) als Ausbreitungsmedium für Signalproteine genützt, oder aber deren Ausbreitung erfolgt über einen aktiven Transportmechanismus, wie wir ihn vom allgemeinen Stofftransport in Zellen kennen (Abschnitt „Export- und Importsysteme", S. 158, und Abschnitt 3.4; Neumann und Cohen 1997).

Die Idee vom morphogenetischen Gradienten als einem Instrument der tierischen Entwicklung geht auf Thomas Hunt Morgan (1866–1945) zurück. (Der Bergiff *Morphogen* wurde allerdings von Alan Turing (1952), dem Pionier der Computerwissenschaften, in einem auch für die Entwicklungsbiologie richtungweisenden Aufsatz eingeführt.) Morgan hatte noch vor der Jahrhundertwende Regenerationsexperimente an marinen Würmern durchgeführt, wobei ihm aufgefallen war, daß die Geschwindigkeit, mit der abgeschnittene Körpersegmente wieder ersetzt wurden, vom Ort der Schnittführung abhing. Aus dieser Beobachtung schloß er auf die Existenz eines physiologischen Gradienten, den er für den Verlauf des Regenerationsprozesses verantwortlich machte (Lawrence 1992, S. 204). Daß in einem Embryo Stoffgradienten durch Diffusion zwischen einer lokalisierten Quelle und einer lokalisierten Senke zustande kommen können, hat Francis Crick (1970) erstmals durch Modellrechnungen wahrscheinlich gemacht. Der experimentelle Nachweis ihrer Existenz sowie die Aufklärung ihrer molekularen Basis gelang dann in den folgenden zwei Jahrzehnten (Sander 1975; Slack 1987; Driever und Nüsslein-Volhard 1988).

Nun hatte bereits Morgan darauf hingewiesen, daß der von ihm postulierte Gradient entlang der Längsachse des Wurmkörpers als ein *latentes* Merkmal vorliegen müsse, das durch Verletzungen oder andere Eingriffe aktiviert werden könne. Im Lichte der späteren Entdeckung, daß derartige Gradienten von löslichen Proteinen aufgebaut werden, die sich durch Diffusion oder auf anderen Wegen ausbreiten, wirft das Postulat von der Stabilität eines morphogenetischen Gradienten neue Probleme auf. Bedenken wir doch, daß jene Gradienten, die die Hauptachsen eines Insektenkörpers definieren, in der unbefruchteten Oocyte angelegt werden, das Schicksal des Keimes jedoch erst *nach* der Befruchtung der Eizelle bestimmen. Daraus folgt, daß die Struktur eines solchen Gradienten gravierende Störungen, wie sie zweifellos durch den Befruchtungsvorgang und die anschließende Folge von Kernteilungen ausgelöst werden, mehr oder minder unbeschädigt übersteht. Auch an transgenen Mäusen konnte gezeigt werden, daß die sich entwickelnde Muskulatur einen Expressionsgradienten enthält, der in der Abstufung von Genaktivitäten entlang der anterioposterioren Körperachse des Embryos sichtbar wird. Werden Myoblasten, die Bildungszellen von Muskeln, aus unterschiedlichen Regionen des Embryos in einer Nährlösung weitergezüchtet, dann verhalten sie sich herkunftsgemäß. Das deutet darauf hin, daß der primäre Konzentrationsgradient einen – sekundären – Expressionsgradienten induziert hatte, dessen lokale Werte getreulich von einer Kerngeneration an die nächste weitergegeben wurden (Donoghue et al. 1992; Blau 1992). Am gestaltbildenden Entwicklungsprozeß dürften also nicht bloß „morphogenetische Wellen", sondern auch Stafetten spezifischer Genaktivierungen beteiligt sein (Maynard Smith und Szathmáry 1996, S. 239–240).

Modulare Konstruktionen

Die von polaritätsbestimmenden Signalproteinen wie „Bicoid" aufgebauten Konzentrationsgradienten erzeugen im Insektenkeim charakteristische Differenzierungsmuster, die mit Hilfe von Antikörpern gegen
spezifische Proteine sichtbar gemacht werden können. Die auf so spektakuläre Weise zutage tretende morphologische Gliederung des Insektenkörpers dokumentiert ein konstruktives Prinzip, von dem wir heute
wissen, daß es nicht nur den Bauplan der Gliedertiere (der zahlenmäßig
bei weitem erfolgreichsten Tiergruppe der Erde), sondern auch den
anderer systematischer Gruppen, vor allem der Wirbeltiere, charakterisiert. Wir sprechen von einem „modularen Prinzip" und meinen damit
den Aufbau eines Organismus aus *Modulen*, Konstruktionseinheiten
von mittlerer Komplexität, die einerseits nach demselben Schema gebaut sind, andererseits aber durch Abwandlung an lokale Bedingungen
angepaßt werden können. Auch in der Technik hat sich das modulare
Prinzip bewährt, weil es Ökonomie und Flexibilität auf optimale Weise
vereint.

Die Anlage der Segmente im Insektenembryo wird durch die geschilderten Konzentrationsgradienten von Signalproteinen gesteuert,
die entlang der Längsachse des Keimes Sequenzen von sogenannten
Segmentierungsgenen aktivieren. Diese bilden gemeinsam mit ihren
Expressionsprodukten funktionelle Einheiten, durch die das artspezifische Grundschema des Segments mit seiner Ausstattung an Organteilen
(wie zum Beispiel Muskulatur und Nervensystem) und Körperstruktu-
ren (wie zum Beispiel Extremitäten) festgelegt wird. In ihrer Gesamtheit bilden die Segmentierungsgene ein abgestuftes Steuersystem, das
den Insektenkörper Schritt um Schritt, vom Allgemeinen zum Besonderen voranschreitend, in immer spezifischer ausgestattete Regionen entlang seiner Längsachse unterteilt. Die Verbindung zwischen den verschiedenen Ebenen in diesem zeitlich strukturierten Komplex wird
durch Expressionsprodukte hergestellt, die sich, von den Zentren der
Proteinsynthese ausgehend, in eng umschriebene Räume ausbreiten
und die jeweils nächste Station in der Gensequenz aktivieren. Die mei-

sten Segmentierungsgene sind auch kloniert und in fremden Zellen zur Expression gebracht worden. Durch Injektion der Expressionsprodukte in defekte Keime gelang schließlich die genaue Definition der Funktion jedes dieser Gene.

Im segmentalen Aufbau von Gliedertieren (Anneliden, Krebsen, Insekten) und Wirbeltieren, aber auch von Weichtieren, also den größten und vielseitigsten tierischen Gruppen, wird der *morphologische* Aspekt des modularen Konstruktionsprinzips sichtbar, im Zusammenspiel der Segmentierungsgene sein *funktioneller*. Dieser läßt sich derart beschreiben, daß gewisse Abschnitte des Entwicklungsvorgangs von Gengruppen gesteuert werden, in denen einzelnen Genen eine übergeordnete Koordinierungsfunktion zukommt. Einige dieser Steuergene enthalten eine Sequenz, die als eine der Hauptakteurinnen des Entwicklungsvorgangs unter dem Namen *Homöobox* bekannt geworden ist (siehe den Exkurs „Die Homöobox" auf Seite 286).

4.1.6 Epigenesis: Eine Zusammenschau

Die Vorgänge bei der Entwicklung und Metamorphose von Insekten, das heißt die Entfaltung eines differenzierten Organismus mit spezifischen Fähigkeiten aus einem undifferenzierten Klumpen Plasma oder gestaltlosen Kokon, müssen Menschen, seitdem sie diesen Vorgängen überhaupt Beachtung schenken, sicherlich als eines der größten Wunder der Natur erschienen sein. In der Alternative *Präformation* oder *Epigenese*, Anlage oder Neuschöpfung, klingt noch immer der zunächst vergebliche Versuch an, für das Entstehen einer Gestalt aus dem scheinbaren Nichts eine rationale Erklärung zu finden. Die Suche nach dem Konstrukteur, der so etwas zuwege bringt, der den Lehm formt oder ihm Leben einhaucht, folgte zwingend aus dem Mangel an Vorstellungen, wie derlei Geschehnisse in einem sich selbst organisierenden Substrat ablaufen könnten. Den Wendepunkt brachte die Formulierung und Anwendung des Prinzips der *Information*. Es ist bemerkenswert, daß dieses Prinzip in den vierziger Jahren des 20. Jahrhunderts

┌─ **EXKURS** ──────────────────────────────────

Die Homöobox

Schon im Jahre 1915 hatte Calvin Bridges, einer der ersten Mitarbeiter im berühmten Fliegenlabor von T. H. Morgan, beobachtet, daß bei *Drosophila* Mutationen auftreten, die nicht bloß einzelne Merkmale verändern, sondern die Transformation oder Umlagerung ganzer Körperteile bewirken können. So läßt die Mutation *bithorax* am hinteren Thoraxsegment Flügel wachsen, wo eigentlich die als Flugstabilisatoren wirkenden Schwingkölbchen (Halteren) hingehören. Noch bekannter wurde die später entdeckte *Antennapedia*-Mutation, deren Name andeutet, daß sich an Körpersegmenten, die normalerweise eine Antenne oder ein Bein tragen, gelegentlich auch ein komplettes Exemplar des jeweils anderen Körperanhangs entwickeln kann. Im Lichte der hier geschilderten Erkenntnisse über funktionelle Genkomplexe bietet sich für dieses gestaltverändernde Ereignis eine relativ einfache Erklärung an: Die Mutation betrifft eines jener übergeordneten Steuergene, deren Veränderung das Ein- oder Ausschalten eines kompletten genetischen Netzwerks zur Folge hat (siehe auch Abschnitt „Homologie, Homodynamie, Analogie", S. 27). Es ist also zum Beispiel so, als wäre in einer bestimmten Region des Keimes anstelle des Netzwerks für „Bein" jenes für „Antenne" eingeschaltet worden. Da derartige Mutationen den Austausch verschiedener, aber doch ähnlicher Körperteile zu bewirken schienen, wurde der von William Bateson (1894) geprägte Begriff der *homöotischen Mutation* übernommen, der zum Ausdruck bringen soll, daß es homöotische, also „ähnlichmachende" Gene und deren Expressionsprodukte, homöotische Proteine, gibt, die Teile gestaltbestimmender Entwicklungsprogramme sind. Schon im Jahre 1978, also noch vor der Periode der großen molekularen Entdeckungen auf diesem Gebiet, postulierte der amerikanische Entwicklungsbiologe E. B. Lewis (der dann 1995 gemeinsam mit C. Nüsslein-Volhard und E. Wieschaus den Nobelpreis erhielt) die Existenz von Entwicklungsprogrammen, die durch das Zusammenwirken mehrerer homöotischer Gene zustande kommen und für den Aufbau der Seg-

mente von Insekten verantwortlich sein könnten. Aus der Beobachtung einer Kuriosität, der zufälligen Verwechslung von
Antenne und Bein, Haltere und Flügel, entwickelte sich so das
Konzept eines Konstruktions- und Entwicklungsprinzips von
weitreichender biologischer Bedeutung.

Eine weitere Aufwertung homöotischer Mutationen erfolgte
dann unter dem Eindruck der molekularbiologischen Entdeckung, daß bestimmte, an der Steuerung von Entwicklungsprozessen beteiligte Gene und deren Expressionsprodukte
durch ähnliche, über weite Strecken sogar identische Basen-
beziehungsweise Aminosäuresequenzen ausgezeichnet sind.
Die am weitesten verbreitete dieser Basensequenzen, die sogenannte *Homöobox*, codiert eine aus etwa 60 Aminosäuren
zusammengesetzte, als *Homöodomäne* bezeichnete Sequenz,
durch deren Vermittlung die entsprechenden Proteine an DNA-
Moleküle binden und sich damit als transkriptionssteuernde Re-
gulatoren ausweisen (Gehring 1992). Im weiteren Verlauf der
Erforschung wurde diese charakteristische Sequenz in vielen
Proteinen gefunden, die sich später als regulatorische Transkriptionsfaktoren herausstellten. Mehr als 100 derartige Proteine
kennt man heute aus *Drosophila*, und noch viel mehr sind inzwischen in all jenen Organismen gefunden worden, in denen danach gesucht wurde. Die Homöodomäne des Antennapedia-
Proteins von *Drosophila* stimmt in 59 von 60 Aminosäuren mit
der entsprechenden Domäne eines regulatorischen Proteins der
Maus überein, das von einem sogenannten *Hox-Gen* codiert
wird.

Ein eleganter Hinweis auf die Funktion dieser regulatorischen
Gene gelang durch den experimentellen Trick, die Mutante eines
homöotischen Gens mit dem Promotor eines hitzeempfindlichen
Gens zu koppeln und diese molekulare Konstruktion in die
Keimbahn transgener Fliegen einzuschleusen. Durch Hitzebe-
handlung in einer frühen Embryonalphase konnte tatsächlich im
zweiten Kopfsegment dieser Fliegen die Transformation der Antennen in ein Beinpaar bewirkt werden (Gehring 1992).

fast gleichzeitig in der vom Menschen geschaffenen technischen Wirklichkeit *erfunden* und – völlig unabhängig davon – in der biologischen Wirklichkeit *entdeckt* wurde.

Mit einem Mal erschien es gar nicht mehr so rätselhaft, jedenfalls nicht prinzipiell undenkbar, daß mit Hilfe eines gespeicherten Programms mit hohem Informationsgehalt und unter Nutzung einer Energiequelle aus einzelnen Bausteinen eine beliebig komplexe Organisation erzeugt, das heißt formloser Materie eine Form gegeben werden könne. In der biologischen Welt werden verschiedene Arten von Information als abrufbare Programme oder Texte gespeichert: als genotypisch-molekulare Information in den Genomen von Lebewesen; als neurale Information in den Gehirnen von Tieren und als phänotypisch-molekulare Information im Immunsystem höherer Tiere. In allen Fällen kann eine Beziehung zwischen dem Informationsgehalt des jeweiligen Systems und der Entstehung einer spezifischen biologischen Organisation hergestellt werden.

In der Welt der Kunst wird die Verwirklichung einer *Idee* meist als ein schöpferischer *Akt*, oft als ein blitzhaftes Ereignis, eine Erleuchtung, gedeutet. Der Begriff Fulguration (von lateinisch *fulgur*, der Blitz) wurde von Konrad Lorenz verwendet, um die Entstehung (die „Emergenz") von Neuem auch im Bereich der Biologie zu charakterisieren. Die Entwicklung der Biologie seit der Formulierung der Evolutionstheorie, also seit etwa 140 Jahren, hat dieser Dichotomie von „Idee" und „Werk" Vorschub geleistet. Fast ein Jahrhundert lang stand entweder der Phänotyp des angepaßten Individuums oder das steuernde Gen im Mittelpunkt des Interesses, verknüpft durch einen Entwicklungsprozeß, dessen Erforschung zwar als spannend erachtet wurde, der jedoch keine einsichtige Brücke zwischen der „Idee" des Genotyps und dem „Werk" des Phänotyps zu schlagen schien. Noch im Jahre 1978 konnte der führende Verfechter einer genorientierten Evolutionstheorie die Meinung vertreten, daß »die Einzelheiten des embryonalen Entwicklungsvorganges, so interessant sie auch sein mögen, für evolutionäre Überlegungen nicht relevant« seien (Dawkins 1978, S. 74).

Die hier zusammengetragenen Befunde und skizzierten Modelle sind unter anderem auch Hinweise darauf, daß diese Interpretation irreführend ist. Im Lichte der Entdeckungen der letzten Jahrzehnte ist es vielmehr unausweichlich geworden, den Entwicklungsprozeß als die Bühne anzusehen, auf der sich die Transformation des Genotyps in den Phänotyp, der genetisch-molekularen in die morphologische Evolution vollzieht. Durch den ontogenetischen Prozeß wird festgelegt, auf welche Art und Weise und in welcher Form die im genetischen Programm enthaltenen Möglichkeiten verwirklicht werden.

In der Evolution sowohl von Wirbellosen wie von Wirbelteren haben sich epigenetische Schlüsselphasen herauskristallisiert, die als Drehscheiben für alternative Expressionsmöglichkeiten fungieren. So etwa die Gastrula, die späte Neurula, die Phase der Anlage von Neuralleisten und Extremitätenknospen bei Wirbeltieren sowie des Keimstreifens bei Insekten (Kirschner 1990). Ein besonders instruktives Beispiel liefert die Entwicklung der *Neuralleisten* von Wirbeltieren, jener beiden Gewebestreifen, die aus dem Neuralrohr seitlich durch Abfaltung entstehen und aufgrund der Proliferationsfähigkeit und Plastizität ihrer Zellen die weitere Entwicklung des Vorderendes des Tieres, also von Kopf und Gehirn, entscheidend geprägt haben (Gans und Northcutt 1983). Es hat den Anschein, als sei nach dem Abschluß der Neurulation am Vorderende des Wirbeltierkeimes ein (inneres) Milieu mit regionalem Differenzierungsklima entstanden, in dem sich die Zellen der Neuralleisten ein hohes Maß an Mobilität und Differenzierungsfähigkeit bewahrten und so den Zwängen der ektodermalen Gewebebildung, wie sie für den Rest des Körpers typisch sind, zu entgehen vermochten. Die Differenzierung von Knochen, Muskeln, Bindegewebe und Gefäßen, die im Wirbeltierkörper im allgemeinen ihren Ursprung in *mesodermalen* Keimblattelementen hat, läßt sich in der Kopfregion auf die Zellen der *ektodermalen* Neuralleisten zurückführen. Auch in den späteren Phasen der Entwicklung ist die Kopfregion der Wirbeltiere sehr wandlungsfähig geblieben. Dies dokumentiert etwa die Reorganisation der Kiemenbögen zum Kieferapparat und dessen Transformation in Gehörknöchelchen (Langille und Hall 1989; Kirschner 1990; siehe auch Abbildung 1.5).

Von Wichtigkeit ist in diesem Zusammenhang die Überlegung, daß diese phänotypische Plastizität nur im Hinblick auf die *Potenz* und *Kompetenz* der beteiligten Zellen im genotypischen Programm wurzelt. Was wirklich entsteht, also die *phänotypische Realität*, ist das Ergebnis von Interaktionen zwischen Zellen und Geweben sowie von Rückmeldungen an genetische Netzwerke, durch die festgelegt wird, wie Zellen auf bestimmte lokale Bedingungen reagieren. Müller (1994, S. 162) charakterisiert eine konkrete Situation folgendermaßen: »So existiert zum Beispiel kein Gen für den dritten Finger einer Hand, sondern eine Vielzahl von Genen wird von einer Vielzahl verschiedener Zellen im Rahmen der sich etablierenden lokalen Kontexte der Extremitätenanlage exprimiert. In der zur Verfügung stehenden Zeit und dem zur Verfügung stehenden Raum bilden sich fünf Zellakkumulationen als Vorläufer für die fünf Fingerstrahlen – von denen einer eben der dritte ist. Verändert man die zeitlichen und räumlichen Bedingungen der Extremitätenausbildung, dann läßt sich mit dem gleichen Genom eine größere oder kleinere Anzahl von Fingern erzeugen.« Vieles spricht dafür, daß einige der folgenreichsten Innovationen der tierischen Evolution, wie das Chitin der Arthropoden, das Myelin der Wirbeltiere sowie die Federn und Haare von Vögeln beziehungsweise Säugetieren, ihre Wirkungen nicht dem Auftreten neue Gene und Genprodukte verdankten, sondern der Integration bereits vorhandener Gene in einen jeweils neuen Kontext (Kirschner 1990).

Die moderne Kommunikationstechnologie liefert die adäquaten Begriffe für diesen Sachverhalt: Es ist nicht die genetische „Hardware", sondern die „Software", die auf Veränderungen im epigenetischen Milieu reagiert und zu neuen phänotypischen Konstellationen führen kann. Die partielle Abkopplung der Strukturen vom Programm liefert eine Erklärung für den bereits erwähnten Befund, daß das Tempo der morphologischen Evolution ein ganz anderes ist als das der molekularen. Vor allem bei Säugetieren ist die morphologische Evolution in den vergangenen 200 Millionen Jahren wesentlich schneller verlaufen als die molekulare Evolution (A. C. Wilson 1985). Deren gleichbleibender, vielleicht sogar langsamer werdender Takt dokumentiert die Veränderungen der „Hardware", des genetischen Materials, während die Entstehung der morphologischen Mannigfaltigkeit in dieser Zeit – von Fledermäusen zu Walen – unter anderem Ausdruck der Plastizität der „Software", nämlich der Fähigkeit zur Umprogrammierung des vorhandenen Materials im Säugergenom, ist.

Wir haben in den letzten Abschnitten Mechanismen kennengelernt, die für derartige Umsteuerungen genetischer Programme verantwortlich sein können. Die Veränderungen von Lagebeziehungen zwischen benachbarten Zellen können zur Aufgabe alter oder zur Etablierung neuer Zellkontakte und Induktionspfade führen; neue intrazelluläre Signalmuster mögen aktiviert, neue Transkriptionsmuster in Gang gesetzt werden; unterschiedliche Kombinationen genetischer Netzwerke mögen am Aufbau homologer oder homodynamer morphologischer Strukturen oder, umgekehrt, homologe genetische Elemente am Aufbau analoger morphologischer Strukturen teilhaben. Das im ersten Kapitel dieses Buches diskutierte faszinierende Beispiel vom homologen Supergen, das die Entwicklung unterschiedlich gebauter, nichthomologer Augentypen – Facettenaugen von Insekten einerseits, Linsenaugen von Wirbeltieren andererseits – steuert (Abschnitt „Homologie, Homodynamie, Analogie", S. 27) dokumentiert auf eindrucksvolle Weise die Bedeutung des epigenetischen Milieus für den Verlauf der morphologischen Evolution sowie das Prinzip der Kombinatorik genetischer Netzwerkelemente als einen der wichtigsten Antriebe dieser Evolution.

In welchem Ausmaß die von Nachbarschaftsbeziehungen und Induktionsmustern geprägten epigenetischen Prozesse den Gang der morphologischen Evolution beeinflussen können, wird besser verständlich, wenn wir die Wirkungen zweier Störungsquellen, einer inneren und einer äußeren, auf die Koordination epigenetischer Vorgänge ins Auge fassen.

Heterochronie

Alte Vorstellungen über das harmonische Zusammenspiel der Teile des Organismus verleiteten zu der Anschauung, daß auch *Entwicklungs*prozesse harmonisch ablaufen müßten, so wie sich die Gestalt eines Orchesterwerkes im perfekten Zusammenspiel von Musikern entfaltet. Die Geschichte dieser Anschauung läßt sich bis zu Aristoteles zurückverfolgen; ihre Widerlegung ist ein faszinierendes Kapitel der Biologie des 20. Jahrhunderts (Needham 1933; de Beer 1958; Bonner 1965; Gould 1977; Raff und Kaufman 1983; Raff und Wray 1989). Die Kritik an der Vorstellung vom harmonischen Verlauf der Ontogenese von Tieren läßt sich folgendermaßen zusammenfassen.

Die Differenzierungslinien einzelner Funktionen und Organe im sich entwickelnden Keim sind im großen und ganzen gut aufeinander abgestimmt und – wie in diesem Kapitel mehrfach belegt – durch den Austausch molekularer Signale miteinander gekoppelt. Dennoch, Entkopplungen sind jederzeit möglich, ja, die Verlangsamung oder Beschleunigung der Differenzierung einzelner Funktionen im Vergleich zu anderen mag einer der entscheidenden Motoren (nach Ansicht vieler sogar *der* entscheidende Motor) der morphologischen Evolution des Tierreichs gewesen sein. Schon Richard Goldschmidt (1918), ein Pionier und Außenseiter in der Geschichte der Genetik, hatte von *rate genes* gesprochen, deren Mutationen den Fahrplan von Differenzierungsprozessen verändern und damit den Verlauf der Entwicklung eines Individuums sowie die Evolution von dessen Nachkommen auf drastische Weise beeinflussen können. Alle derartigen Fahrplanänderungen der Entwicklung sind unter dem Begriff *Heterochronie* zusammengefaßt und seit Joseph Needhams hellsichtiger Analyse (1933) immer wieder diskutiert und klassifiziert worden (Gould 1977; Raff und Wray 1989). Die wahrscheinlich bekannteste Variante dieser evolutionären Strategie ist die *Neotänie*, das Verlangsamen von Reifungsprozessen, das dazu führt, daß auch im erwachsenen Individuum juvenile Merkmale früher Vorfahren erhalten bleiben. Beispielsweise kann das Verlangsamen des larvalen Wachstums zur Entwicklung geschlechtsreifer Larven führen.

Die dramatische Verzögerung des Reifungsprozesses beim Menschen (Abbildung 4.19) wird als der entscheidende Faktor für dessen Lern-fähigkeit und Sozialisation und damit als die wichtigste Determinante der Humanevolution angesehen (Gould 1977). Dabei muß man sich vor Augen halten, daß eine derart entscheidende Determinante der Evolu-tion möglicherweise auf die Mutation eines einzigen Gens und die dadurch bewirkte Dissoziation von Entwicklungsprozessen zurückgeht (Ambros 1988; Müller 1994).

Phänokopien und Baldwin-Effekt

Das Phänomen der Heterochronie legt nahe, daß durch die Mutation eines „Zeitgens" der epigenetische Fahrplan der Keimentwicklung durcheinandergebracht werden kann und daß die Erstellung eines neuen, modifizierten Fahrplans (unter der Voraussetzung, daß die korri-gierte Version überhaupt lebensfähig ist) die Dissoziation von Differen-zierungslinien im sich entwickelnden Keim bewirken und somit einen modifizierten Phänotyp zur Folge haben kann. Wenn das stimmt, dann muß in Betracht gezogen werden, daß auch Einflüsse aus der *äußeren* Umwelt den Verlauf der Ontogenese verändern und zu modifizierten Phänotypen führen können. Sollte die Wirkung einer bestimmten Um-weltänderung auf den Entwicklungsprozeß von ähnlicher Art sein wie die Expression einer bestimmten Mutation, dann könnte der Eindruck entstehen, eine umweltbedingte Modifikation „kopiere" eine im Geno-typ wurzelnde Gestaltänderung. Derartige Parallelevolutionen sind seit langer Zeit bekannt und unter dem Namen Phänokopien beschrieben worden. Richard Goldschmidt (1935) war sogar der Meinung, die Wir-kung *jeder* genomischen Veränderung auf den Phänotyp könne durch eine rein phänotypische Modifikation kopiert werden, würde man sich nur die Mühe machen, eine geeignete experimentelle Methode zu ent-wickeln. Die Dissoziation von Wachstum und Entwicklung durch Um-welteinflüsse wie zum Beispiel Temperaturänderungen wurde bereits von Needham (1933) beschrieben (siehe auch Abschnitt 3.1).

Wir erkennen hier die Spuren einer evolutionären Strategie von möglicherweise weitreichender Bedeutung. Geriete zum Beispiel eine Gruppe von Individuen einer Population durch Migration oder sonstige Zufälle in den Einflußbereich neuer Umweltbedingungen (die Besiedlung eines neuen Wirtes durch herbivore oder parasitierende Tiere ist ein sicherlich häufig verwirklichter Fall), dann mag sich dies in charakteristischen Modifikationen der Immigranten niederschlagen. Wäre eine solche Modifikation von selektivem Vorteil, dann würden in der neuen Umwelt auch jene genotypischen Varianten bevorzugt werden, die zum selben Phänotyp führen. Auf diese Weise könnte der Eindruck einer „Vererbung erworbener Eigenschaften" entstehen – und so manche ältere Behauptung, Beweise für einen derartigen Vorgang gefunden zu haben, läßt sich auf das Auftreten von Phänokopien zurückführen.

Durch diese Betrachtungsweise wird die *Umwelt* in einem neuen Sinn in den Verlauf der Evolution miteinbezogen. In einer tierischen Population mag zum Beispiel eine Mutation zu einer spezifischen Verhaltensänderung und diese zur Bevorzugung einer bestimmten Nische im Lebensraum der Art führen. In weiterer Folge verändern die neuen Milieubedingungen die „epigenetische Landschaft" (Waddington 1956, 1962) der betroffenen Individuen derart, daß deren Genome nun in zweifacher Weise neuen Selektionsbedingungen ausgesetzt sind: einerseits einer veränderten *inneren* Selektion, da sich die Bedingungen für die Expression des genetischen Programms verändert haben; andererseits einer veränderten *äußeren* Selektion, da in der neuen Nische eine andere Kombination von Umweltfaktoren wirksam ist und andere genetische Varianten erfolgreich sein werden. Hier verschränken sich also die drei Netze der biologischen Organisation, an denen sich der Aufbau dieses Buches orientiert. Dementsprechend muß auch das auf den Wechselwirkungen zwischen Phänotyp und Genotyp basierende Evolutionsmodell (Abbildung 1.4) durch eine zusätzliche Rückkopplungsschleife erweitert werden, die zum Ausdruck bringt, daß Milieubedingungen die Expressionsmöglichkeiten des Genoms beeinflussen und dessen Evolution in eine neue Richtung lenken können (Abbildung 4.4).

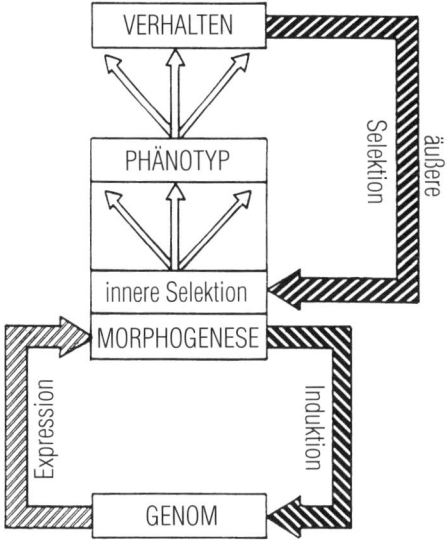

4.4 Weiterentwicklung des Evolutionsmodells aus Abbildung 1.4, indem die entscheidende Rolle des Verhaltens bei der Umsetzung genotypischer Programme in die Realität des Phänotyps explizit berücksichtigt wird. Die Rückkopplungsfunktion des Verhaltens ist so zu verstehen, daß durch die aktive Auswahl (beziehungsweise Vermeidung!) von Milieufaktoren die für den jeweiligen Phänotyp und seine Nachkommen geltenden *äußeren* Selektionsbedingungen verändert werden.

Dieses Rückkopplungsmodell beleuchtet auch ein Problem, das Evolutionsbiologen schon vor mehr als 100 Jahren beschäftigt hat. Ist es denkbar, so fragte sich etwa J. M. Baldwin (1896), daß die phänotypischen Leistungen einzelner Individuen die weitere Evolution ihrer Art beeinflussen können? Baldwin dachte vor allem an herausragende kognitive Leistungen, die seiner Meinung nach imstande sein sollten, auf kreative Weise in den Verlauf der Evolution der Art einzugreifen. Bedenken wir nun, daß die individuellen Schaltmuster eines Gehirns nur in groben Umrissen genetisch programmiert sein können, dann läßt sich Abbildung 4.4 natürlich auch so lesen, daß die Rückkopplungsschleife der äußeren Selektion in Verhaltensweisen eines Individuums ihren Ausgang nimmt, die ihre jeweils spezifische Form nicht ausschließlich genetischen Instruktionen, sondern auch epigenetischen Zwängen und Lernprozessen verdankt. In all jenen Fällen, in denen ein Individuum aufgrund seines Verhaltens oder seiner Leistungsfähigkeit imstande ist, die Beziehungen zwischen Organismen und ihrer Umwelt zu manipulieren, greift dieses Individuum – *per definitionem* – in den weiteren Verlauf der Evolution ein. Es ändert nämlich die Selektionsbedingungen, unter denen es selbst und ein Teil der Population steht und unter deren Einfluß sich die Nachkommen dieser Individuen entwickeln werden. Aber auch all jene Lebewesen und deren Nachkommen könnten betroffen sein, die von den ursprünglich manipulierten Individuen abhängig waren. In dieser Form ist die in Abbildung 4.4 angedeutete Rückkopplungsschleife unter dem Namen *Baldwin-Effekt* bekannt geworden, der im gegenwärtigen Jahrhundert aus demselben Grund ignoriert wurde wie die verwandten Phänokopien, nämlich wegen seines angeblich lamarckistischen Stallgeruchs. In letzter Zeit hat sich jedoch die Unhaltbarkeit (oder Irrelevanz) dieses Verdachts erwiesen, und so wird der Baldwin-Effekt nunmehr als eine Variante des klassischen Selektionsprinzips angesehen, dessen Besonderheit eben darin liegt, daß die Beziehungen zwischen Organismen und ihrer Umwelt auch von den Organismen selbst manipuliert werden können und daß hierzu individuelle Tiere gleichsam von selbst, »by dint of their own clever activities in the world«, imstande sein sollten (Dennett 1997, S. 77f).

4.2 Die prekäre Harmonie des Organismus

In den bisherigen Kapiteln wurde die Grundlage für eine Diskussion der Leistungen des ausgewachsenen, vielzelligen Organismus gelegt. Werden und Sein eines solchen Organismus hängen von den Strukturen und vom ordnungsgemäßen Verlauf der Funktionen des inneren und des mittleren Netzes von Zellen ab, wie sie in den vorangegangenen Abschnitten geschildert und interpretiert wurden, kurz zusammengefaßt also

- von der Erhaltung und Replikation des Genoms,
- von der Expression der genetischen Information,
- von der Übertragung und Verarbeitung von Information innerhalb von Zellen sowie zwischen diesen und der Umwelt,
- vom Energiehaushalt und Stoffwechsel der Zellen,
- vom Zellzyklus und von morphogenetischen Prozessen, die zur arbeitsteiligen Differenzierung von Geweben und Organen aus einer befruchteten Eizelle führen.

Auf dieser Grundlage aufbauend, wollen wir uns nun mit den Leistungen und Besonderheiten tierischer Organismen beschäftigen, wobei ich mich erstens, wie schon in der bisherigen Darstellung, auf allgemeine Organisationsprinzipien beschränke und zweitens trotz aller vergleichenden Betrachtungen bevorzugt am menschlichen Organismus orientieren werde.

Zunächst einige Worte zu der in der Überschrift dieses Abschnitts verwendeten Bezeichnung des vielzelligen Organismus als ein „prekär harmonisches" Gebilde – wobei das Adjektiv den instabilen und gefährdeten Charakter des in anderer Hinsicht doch unbezweifelbar harmonischen Zustands des Organismus zum Ausdruck bringen soll. Tierische Organismen, der Mensch mit eingeschlossen, wurden schon oft mit Maschinen verglichen, und zwar nach dem jeweiligen Stand der Kenntnisse entweder mit mechanischen (Borelli, Descartes, de La Mettrie) oder mit chemischen (Cannon 1932). Daraus läßt sich folgern, daß Organismen in mancher Hinsicht jene Grade der Zweckmäßigkeit und Perfektion erreicht haben, wie wir sie von gut durchdachten technischen Konstruktionen erwarten. Tatsächlich gilt dies für eine Vielzahl biologischer Funktionskreise mit jeweils wohldefinierter Spezifikation. Warum sollten zum Beispiel Ribosomen nicht als molekulare Maschinen bezeichnet werden, in denen mit Hilfe chemischer Energie (ATP) nach einem genauen Konstruktionsplan aus Aminosäuren Proteine hergestellt werden (Kŕemen 1994)? Um das in der mRNA enthaltene genetische Programm ablesen und in Konstruktionsanweisungen zum korrekten Zusammenbau von Aminosäuren übersetzen zu können (Abschnitt 3.3.2), müssen molekulare Strukturen und Prozesse mit ausreichender Präzision aufeinander abgestimmt und auf das jeweilige Funktionsziel ausgerichtet sein. Das bedeutet Zweckmäßigkeit und Perfektion in demselben Maße, in dem wir es von technischen Artefakten im Dienste einer bestimmten Funktion verlangen. Andererseits wissen wir aber auch, wie fehlerhaft Organismen und ihre Teile sein können. Mit dem Schlagwort vom Menschen als einem „Mängelwesen" wird gerne argumentiert (Abschnitt 5.2), und Fehlkonstruktionen lassen sich am Organismus, betrachtet man ihn mit den Augen des Ingenieurs, in beliebiger Zahl nachweisen. Zwei Quellen der sogenannten Mangelhaftigkeit von Organismen sind leicht zu identifizieren.

1. *Die Bürde der Tradition.* Im Verlauf der Evolution sind neue Merkmale stets auf dem Boden schon vorhandener Strukturen zustande gekommen. Alte Merkmale werden transformiert oder zu neuen Merkmalen zusammengesetzt. Um strukturelle Änderungen durchführen zu können, müssen konstruktive Umwege eingeschlagen und Kompromisse eingegangen werden. Vom Standpunkt der Ingenieurwissenschaften erscheinen die auf solche Weise gefundenen Lösungen morphologischer Probleme dann oft unpraktisch oder unökonomisch. Nesse und Williams (1995) haben Beispiele für die oft bizarren Konstruktionsfehler der menschlichen Maschine zusammengestellt: Luft- und Speiseröhre kreuzen sich völlig unmotiviert, was zu Erstickungsanfällen führen kann. Die Netzhaut des Wirbeltierauges ist invers, das heißt, die Lichtsinneszellen werden vom Inneren des Auges her mit Nerven und Gefäßen versorgt, was bedingt, daß der *Nervus opticus* das Auge durchdringen muß, um zum Gehirn zu gelangen. An dieser zentralen Stelle des Sehorgans haben Wirbeltiere somit einen blinden Fleck. Die Tatsache, daß der Geburtskanal

der Frau durch den massiven und relativ kleinen Knochenring des Beckens führt, hat den Geburtsvorgang zu einer schwierigen und gefährlichen Angelegenheit gemacht. Ähnliche Beispiele ließen sich in großer Zahl anführen.

2. *Der Zwang zu Kompromissen.* Unter Maschinen versteht man Artefakte mit genau spezifizierten Aufgaben. Das Ausmaß ihrer Leistungsfähigkeit und Effizienz läßt sich durch Vergleiche mit theoretischen Modellen angeben. Der tierische Organismus hat demgegenüber viele Aufgaben zu erfüllen. Will er eine perfektionieren, dann muß er es an anderer Stelle »fehlen lassen« – wie es Goethe bereits vor mehr als 200 Jahren (Goethe 1795 [1954]) in einem Kommentar zum „Bildungstrieb“, der vermeintlichen Antriebskraft des biologischen Geschehens, zum Ausdruck brachte: »Der Bildungstrieb ist hier in einem zwar beschränkten, aber doch wohleingerichteten Reich zum Beherrscher gesetzt. Die Rubriken seines Etats, in welche sein Aufwand zu verteilen ist, sind ihm vorgeschrieben, was er auf jedes wenden will, steht ihm, bis zu einem gewissen Grad, frei. Will er der einen mehr zuwenden, so ist er nicht ganz gehindert, allein er ist genötigt, an einer anderen sogleich etwas fehlen zu lassen«. Mit anderen Worten: Der Organismus kann seinen Aufwand für den Betrieb einer bestimmten Funktion nur so lange erhöhen, wie nicht andere Funktionen beeinträchtigt werden. Dieser Zwang zum Kompromiß ist zwar Ausdruck der Harmonie des Ganzen, kann aber vom Standpunkt jeweils einer der Funktionen als „Mangel“ angesehen werden. Versuche, einen derartigen Mangel zu beheben, etwa durch Züchtung in Richtung auf Maximierung einer einzigen Leistung, wie Wachstumsrate oder Schnelligkeit, gehen jedoch unweigerlich auf Kosten anderer Funktionen.

Man könnte also sagen, Organismen seien keine Maschinen im üblichen Sinn dieses Begriffs, sondern durchkonstruierte *adaptive Systeme*, denen es – trotz historischer Hypotheken und systembedingter Auflagen – immer wieder gelungen ist, dauerhafte Lösungen für das Überlebensproblem zu finden.

Richard Dawkins, der bekannteste Befürworter eines genzentrierten Neodarwinismus (Dawkins 1976), würde diese Feststellung wohl so kommentieren, daß die dauerhaften Lösungen nicht vom jeweiligen *Organismus*, sondern von dessen *Genen* gefunden wurden, denn »the body is the gene's way of making more genes«. Was immer der Organismus an adaptiven Leistungen vollbringt, wäre nach dieser Formulierung das Ergebnis der adaptiven Leistungen seiner Gene, woraus folgt, daß es die *Gene* und nicht – wie Darwin und die Neodarwinisten meinten – die individuellen *Organismen* sind, an denen die Selektion angreift. Nun kann es keinen Zweifel daran geben, daß die Merkmale von Organismen in Genen wurzeln und daß, soweit wir bisher wissen, nur die Gene zur Replikation und damit zur getreuen Weitergabe der Erbinformation (inklusive der Information zur Herstellung adaptiver Merkmale) imstande sind. Definitionsprobleme treten auf, wenn wir berücksichtigen, daß die meisten Merkmale von Organismen von *vielen* Genen bestimmt werden und die meisten Gene an der Expression *vieler* Merkmale teilnehmen – also *pleiotrop* sind. Man kann sich zwar, wie dies Dawkins tut, die Formulierung erlauben, Gene seien prinzipiell egoistisch, und ihr einziges „Interesse" bestehe darin, in größtmöglicher Zahl an die nächste Generation weitervererbt zu werden; aber dann muß man sich auch der Frage stellen, wie denn die Interessen von hunderttausend egoistischen Genen derart aufeinander abgestimmt werden könnten, daß letztendlich der größtmögliche Anteil *sämtlicher* Gene seinen Weg in die nächste Generation findet. Die Antwort darauf kann nur lauten: mit Hilfe eines integrierenden Systems, das zwischen den egoistischen Interessen der Gene Kompromisse herstellt und die Summe dieser Kompromisse gegenüber der Umwelt vertritt. Es ist der individuelle Phänotyp, der die Wechselwirkungen zwischen Umwelt und Genotyp integriert und damit als die zwar nicht einzige, aber wichtigste *Einheit der Selektion* fungiert. Die Formulierung von Dawkins: »The body is the gene's way of making more genes« ließe sich dementsprechend wie folgt ergänzen: »but it is also evolution's way of representing the many genes' conflicting interests.« Diese Formulierung ist gleichzeitig das Rezept, nach dem egoistische Gene altruistische Individuen herstellen können.

4.2.1 Mannigfaltigkeit und Ordnung im Reich der Tiere

Betrachtungen über den tierischen Organismus sollten zu Beginn wohl auch eine Vorstellung von der größten Gruppe eukaryoter Lebewesen, des Reiches der Tiere, vermitteln. Dabei trifft es sich gut, daß gerade in den letzten Jahren durch die Kombination molekularbiologischer und paläontologischer Entdeckungen unsere Kenntnisse über die Phylogenie und die Verwandtschaftsverhältnisse der rezenten und ausgestorbenen Tierstämme derart zugenommen haben, daß wir uns nun ein ausgewogenes Bild von der Mannigfaltigkeit und Ordnung dieses Reiches machen können (dessen Ausdehnung uns allerdings noch nicht wirklich bekannt ist: Die Schätzungen, wie viele Tierarten tatsächlich auf der Erde leben, schwanken zwischen etwa drei und 30 Millionen).

Der „Bauplan", ein allgemeines Konstruktionsprinzip des Tierreichs, wurde bereits in Abschnitt 1.2.3 diskutiert. Richten wir unseren Blick auf essentielle Bauplanmerkmale, dann lassen sich die phylogenetischen Zusammenhänge auf ziemlich einfache Schemata reduzieren, von denen eines in Abbildung 4.5 dargestellt ist. Dazu ist folgendes anzumerken:

– Es ist ziemlich sicher, daß das Reich der Tiere monophyletischen Ursprungs ist, das heißt, daß sich rund 25 rezente und ein paar Dutzend ausgestorbene Stämme auf eine einzige Wurzel zurückverfolgen lassen, wobei begeißelte, zur Koloniebildung befähigte Einzeller, ähnlich den geschilderten *Volvox*-Arten (Abschnit 4.1.1), ein gutes Modell abgeben.
– Beginnend mit einer solchen Kolonie, läßt sich eine Evolution konstruieren, die durch eine relativ geringe Zahl markanter Weichenstellungen charakterisiert werden kann. An der Basis jeder dieser

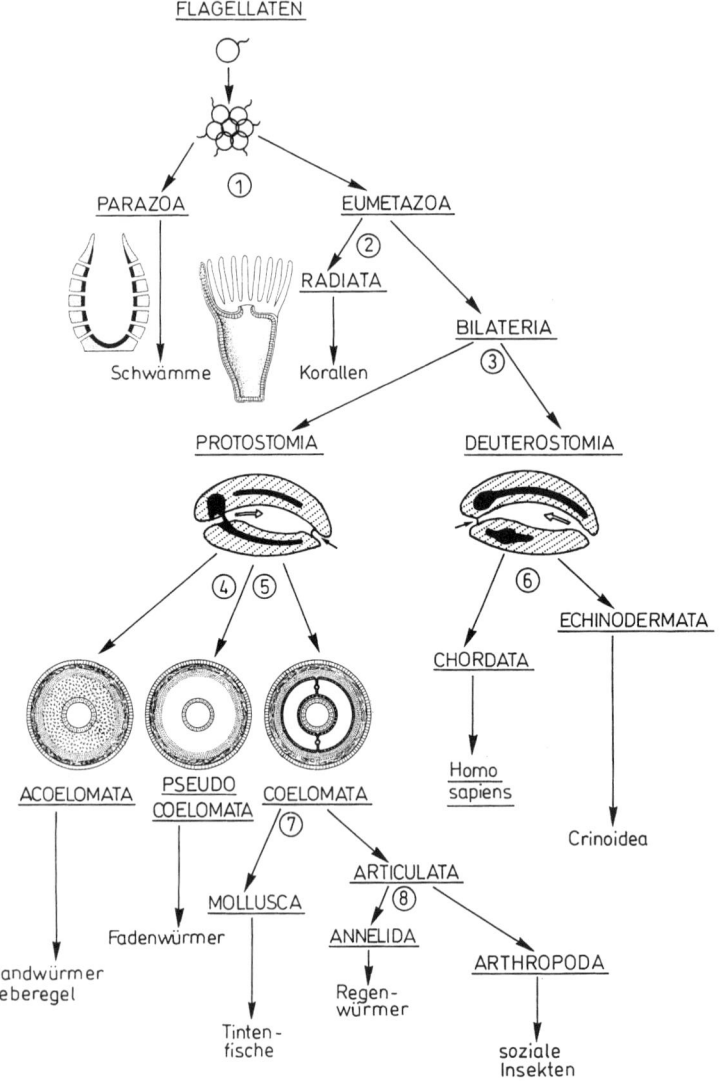

FLAGELLATEN

PARAZOA ① EUMETAZOA

Schwämme ② RADIATA

Korallen BILATERIA ③

PROTOSTOMIA   DEUTEROSTOMIA

④ ⑤   ⑥ ECHINODERMATA

CHORDATA

ACOELOMATA   PSEUDO COELOMATA   COELOMATA ⑦

Homo sapiens

Crinoidea

Fadenwürmer   MOLLUSCA   ARTICULATA ⑧

Bandwürmer Leberegel   ANNELIDA   ARTHROPODA

Tinten- fische   Regen- würmer   soziale Insekten

Weichenstellungen findet sich ein zunächst vielleicht unbedeutend erscheinendes epigenetisches Ereignis (Abschnitt 4.1.6), das jedoch zum Ausgangspunkt der Evolution zweier auseinanderstrebender Bauplanlinien wird, deren Vertreter sich schließlich in zahlreichen Merkmalen oft grundsätzlich voneinander unterscheiden.

– In Abbildung 4.5 sind acht jener Weichenstellungen miteinander verknüpft, die in besonderem Maße zur Einsicht in die innere Ordnung des Systems der Tiere beitragen. Diese Weichenstellungen seien hier kurz charakterisiert, und zwar so, als hätte es sich dabei von Anfang an um alternative Entscheidungen zwischen unterschiedlichen ontogenetischen Strategien gehandelt (Numerierung wie in Abbildung 4.5).

1. Entscheidung zwischen den echten Gewebetieren (Eumetazoa) und Tieren, bei denen noch keine Integration der Zellen zu Geweben stattgefunden hat (Parazoa).

2. Entscheidung zwischen radiärsymmetrischen, *diploblastischen*, das heißt aus bloß zwei Keimblättern (Ektoderm und Entoderm) aufgebauten Tieren und bilateralsymmetrischen, *triploblastischen* Tieren mit Ekto-, Meso- und Entoderm.

3. Entscheidung zwischen „Vordermündern" (*Protostomia*) und „Hintermündern" (*Deuterostomia*). Dies ist die Weichenstellung von wahrscheinlich größter evolutionärer Bedeutung im Tierreich. Sie wurzelt in einem nicht ganz verstandenen embryologischen Ereignis, nämlich der Umkehrung der anterioposterioren

◀

4.5 Die Evolution der wichtigsten Bauplanmerkmale von Tieren läßt sich als eine Serie aufeinanderfolgender Weichenstellungen zwischen alternativen ontogenetischen Strategien darstellen. In diesem Fall wurde zwischen acht fundamentalen Weichenstellungen unterschieden. Die Verzweigungspunkte sind durch abstrakte taxonomische („Eumetazoa") oder morphologische („Coelomata") Begriffe charakterisiert, denen natürlich keine konkreten Organismen entsprechen. Die evolutionären Möglichkeiten der einzelnen Bauplantypen sind beispielhaft durch die Namen einiger bekannter und aus verschiedenen Gründen bemerkenswerter Tiergruppen angedeutet.

Polarität des Keimes, so daß in einem Fall der „Urmund" (der durch die Einstülpung der Keimwand bei der Gastrulation entsteht) zum definitiven Mund, im anderen Fall zum definitiven Anus wird (helle Pfeile in Abbildung 4.5), während die zweite Körperöffnung jeweils am entgegengesetzten Körperende neu durchbricht (dunkle Pfeile). Als unmittelbare Konsequenz dieser Umkehrung der Körperachse kommt bei Protostomiern das Herz dorsal, das Nervensystem ventral zu liegen, während bei Deuterostomiern die Lage dieser beiden Organe im Körper vertauscht ist. Auf der Basis dieses entwicklungsgeschichtlichen Unterschieds hat die Evolution der beiden Tiergruppen zu Bauplänen mit völlig unterschiedlichen Konstruktionsmerkmalen geführt.

4. und 5. Entscheidungen zwischen verschiedenen Ausprägungen der sekundären Leibeshöhle (*Coelom*). Diese kann fehlen, unvollständig ausgebildet oder durch eine deutliche Wand vom Rest des Körpers abgegrenzt sein.

6. Entscheidung zwischen sekundärer Radiärsymmetrie und äußerem Kalkpanzer einerseits (Echinodermata), beibehaltener Bilateralsymmetrie und Innenskelett andererseits (Chordata).

7. Entscheidung zwischen Segmentierung (Articulata) und deren Rückbildung bei gleichzeitiger Ausbildung eines komplexen Coelomsystems und eines Kalkgehäuses (Mollusca).

8. Entscheidung zwischen einem weichhäutigen Körper (Annelida) und einem aus Chitin aufgebauten Außenskelett (Arthropoda). Letzteres Merkmal hat Vertreter der Arthropoden zum Landleben und zur Luftatmung prädestiniert.

Mollusken, Arthropoden und Chordaten, die am höchsten entwickelten und am stärksten differenzierten taxonomischen Gruppen, sind echte Coelomtiere, bei denen zudem skelettartige Konstruktionen eine große Rolle spielen. Arthropoden besitzen ein Außenskelett, Wirbeltiere ein Innenskelett, Mollusken ein Kalkgehäuse (das allerdings bei den schnell schwimmenden Tintenfischen stark reduziert ist). Das modulare

Konstruktionsprinzip der Segmentierung (Abschnitt „Modulare Konstruktion", S. 284) prägt den Bauplan sowohl der Insekten wie der Wirbeltiere und in geringerem Maße auch den der Mollusken. Vertreter dieser drei Gruppen dokumentieren ihre Dominanz in den Lebensräumen der Erde durch unterschiedliche Merkmale und Leistungen. Die den Mollusken zugeordneten Tintenfische sind die schnellsten Schwimmer und haben die größten Gehirne unter den wirbellosen Tieren; die zu den Arthropoden zählenden Insekten sind die mit Abstand artenreichste Gruppe des Tierreichs, und soziale Insekten (Bienen, Ameisen, Termiten) bilden die am stärksten integrierten sozialen Systeme der Biosphäre; schließlich hat der Mensch, *Homo sapiens*, mit Hilfe eines völlig neuen Mediums der Informationsübermittlung, der Sprache, eine zweite – die kulturelle – Evolution in Gang gesetzt und sich zum Herrscher über die Natur aufgeschwungen.

Das evolutionäre Verzweigungsschema der Abbildung 4.5 basiert auf morphologischen Daten, die im großen und ganzen schon vor 100 Jahren vorlagen. Mit einer gewissen Erleichterung kann festgestellt werden, daß die in den letzten Jahrzehnten erhobenen molekularen Daten zu einer sehr ähnlichen Großgliederung des Tierreichs führen. Valentine (1995) hat ein auf den Sequenzähnlichkeiten von 16S- und 18S-rRNA-Molekülen beruhendes Verwandtschaftsschema der Stämme des Tierreichs entworfen (Abbildung 4.6), das dem morphologischen Schema der Abbildung 4.5 weitgehend entspricht. Auch Valentine hat die Verzweigungsstellen dieses Schemas durch markante Merkmale charakterisiert, die meine Liste ergänzen (siehe Legende zu Abbildung 4.6).

Die in den Abbildungen 4.5 und 4.6 vermittelte Grobstruktur des phylogenetischen Systems der rezenten Tierwelt repräsentiert eine enorme *morphologische Mannigfaltigkeit*. Könnten wir die rund eine Milliarde Jahre umspannende Evolution der Metazoen zeitrafferartig komprimieren, dann würde uns die Dynamik der Furchungen, Faltungen, Hohlraumbildungen, Umlagerungen, Sprossungen und so weiter beeindrucken. Wir würden sehen, wie Symmetrien gebildet und wieder aufgegeben werden; Gewebe sich zu Organen differenzieren, neue Or-

gane entstehen, alte aber auch wieder verschwinden; Segmente angelegt werden und wieder verschmelzen, Extremitäten aus Segmenten
hervorwachsen und sich in Ruder, Beine oder Flügel verwandeln;
Skelettkonstruktionen, Körperproportionen und Körpergrößen ausprobiert werden; und vieles mehr.

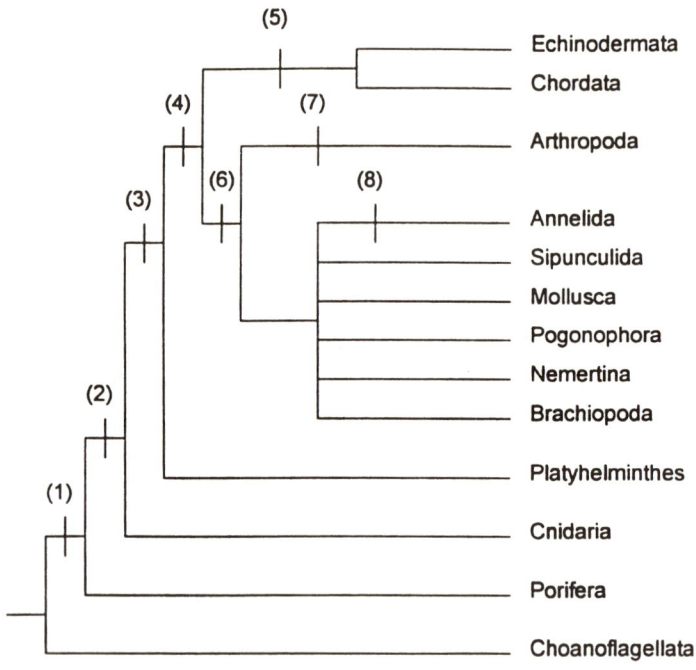

4.6 Auf den Sequenzähnlichkeiten von 16S- und 18S-rRNA-Molekülen
basierendes Verwandtschaftsschema der wichtigsten rezenten Tierstämme.
Die Ziffern beziehen sich auf charakteristische Bauplanmerkmale, durch die
sich zwei aus einer Verzweigung hervorgehende taxonomische Einheiten
(„Geschwistergruppen") voneinander unterscheiden. 1) Kollagen, Gewebe;
2) Gastrulation, Darm; 3) Mesoderm; 4) Blutgefäßsystem; 5) oligomeres
(das heißt aus mehreren Segmenten aufgebautes) Coelom; 6) Haemocoel;
7) Arthropodensegmentierung; 8) Annelidensegmentierung (nach neueren
Erkenntnissen sind die Segmentierungen von Arthropoden und Anneliden
unabhängig voneinander entstanden). (Aus Valentine 1995.)

Als Antithese zur Spannweite dieser Mannigfaltigkeit, von Schwämmen bis zu sozialen Insekten und Primaten, kann jedoch die alte Frage aufgeworfen werden, ob sich dahinter nicht vielleicht doch so etwas wie ein *Typus* des (vielzelligen) Tieres erkennen läßt; eine ideelle Konstruktion, die „das Tier" exemplarisch vertritt und von allen anderen Lebensformen unterscheidet. Bereits Geoffroy St. Hilaire (1805–1861) hatte über einen solchen „Archetypus" aller Tiere spekuliert, ohne diesen auf substantielle Weise definieren zu können. Das damalige Wissen gestattete ja nicht einmal die Entscheidung, ob Seeanemonen Pflanzen oder Tiere seien.

Ein Typus des vielzelligen Tieres, des Metazoons, kann nicht vom Organisationsniveau der Zelle her definiert werden, da sich die eukaryote tierische Zelle zwar von der pflanzlichen Zelle durch grundsätzliche Merkmale unterscheidet – vor allem durch das Fehlen von Chloroplasten und einer Zellwand aus Zellulose –, nicht aber von heterotrophen Einzellern. Vor einigen Jahren haben die schnell zunehmenden Einsichten der Molekularbiologie jedoch folgende Möglichkeit eröffnet: Vielzellige Tiere unterscheiden sich von allen anderen Lebewesen durch einige besondere *molekulare* Merkmale, die es erlauben, einen auf Bausteinmerkmalen gründenden *Zootyp* (wie ihn Slack et al. 1993 bezeichneten) zu definieren. Diese Idee des Zootyps ruht auf folgenden zentralen Begriffen:

1. *Nachbarschaftsbeziehungen*. Wie schon weiter oben auseinandergesetzt (Abschnitt „Nachbarschaftsbeziehungen: Adhäsionsmoleküle und Organisatoren", S. 271, und Abschnitt „Gewebespezifische Integration: Die Extrazelluläre Matrix", S. 275), hängt die Integration vieler Zellen zu einem vielzelligen Organismus zuallererst von der Anwesenheit membranständiger Rezeptoren, Erkennungs- und Adhäsionsmoleküle ab (Edelman 1988). Derartige Moleküle, darunter eine ubiquitäre Protein-Tyrosin-Kinase, wurden kürzlich auch in Schwämmen nachgewiesen (Müller et al. 1995), so daß wir nunmehr von einem für sämtliche Tierstämme typischen Baumerkmal sprechen können. Die bereits erwähnte enge Verwandtschaft zwischen

einigen der ältesten Adhäsionsmoleküle und dem Immunsystem der
Wirbeltiere läßt ahnen, daß sich auf dem Boden des für alle Metazoen geltenden Prinzips der Nachbarschaftsbeziehungen zwischen
Zellen eine Evolution vollzogen hat, die in der Unterscheidung zwischen Selbst und Nichtselbst, letztlich also in der Singularität der
individuellen menschlichen Erfahrung, mündet (Wieser 1995a).

2. *Positionale Kontrolle der Genexpression.* Sämtliche Metazoen entwickeln sich aus einer Keim- oder Eizelle, und der Verlauf dieses
ontogenetischen Prozesses scheint grundsätzlich durch eine Klasse
von Genen gesteuert zu werden, die die sequentielle Expression von
Strukturgenen entlang einer der Körperachsen kontrolliert. Diese
Klasse von Genen – meist verkürzt als Homöobox-Gene oder
HOM/HOX-Gene bezeichnet (Abschnitt „Modulare Konstruktion",
S. 284) – kommt in sämtlichen Stämmen des Tierreichs vor (Slack et
al. 1993; Shenk und Steele 1993), sogar in Schwämmen, in deren
Ontogenese sich bereits eine Achse erkennen läßt, die die Basis mit
der „Mundöffnung" (*Osculum*) verbindet (Gamulin et al. 1994;
Müller et al. 1995). Ganz deutlich ist dies bei den einfachsten Vertre-
tern der Radiata, den Süßwasserpolypen der Gattung *Hydra*, deren
HOM/HOX-Gene derselben Familie angehören, die auch in anderen
Tierstämmen die homologen Gene stellt (Murtha et al. 1991).

3. *Interzelluläre Kommunikation.* Neben den ubiquitären *intra*zellulären Signalfaktoren gibt es bei allen Metazoen mit Nervensystem
eine Klasse von Neuropeptiden, die als die primitivsten *inter*zellulären Signalfaktoren angesehen werden (Spencer 1989). Sogar
bei den Placozoa, einer kleinen primitiven Metazoengruppe ohne
Nervensystem, konnte ein solches Peptid nachgewiesen werden
(Schuchert 1993).

4. *Kontrolle des inneren Milieus.* Sämtliche Zellen sind im Besitz einer
molekularen Maschinerie zur Aufrechterhaltung des intrazellulären
Ionenmilieus. In tierischen Geweben wurde darüber hinaus ein
Transportprotein für Ionen gefunden – die Natrium-Kalium-ATPase
– das nichttierischen Zellen fehlt (Shenk und Steele 1993; Stein
1995). Dieser Transportmechanismus ist in tierischen Zellen haupt-

verantwortlich für die Ungleichverteilung von Natrium und Kalium zwischen dem Zellinneren und den extrazellulären Flüssigkeiten. Nichttierische Zellen kontrollieren natürlich ebenfalls ihr intrazelluläres Ionenmilieu, verwenden hierfür jedoch andere Kombinationen von Transportenzymen, was mit dem unterschiedlichen Bau ihrer Zellwände zusammenhängt. Sowohl die Beweglichkeit der tierischen Zelle mit ihrer permeablen Membran als auch der Aufbau von Coelomen und anderen neuen Flüssigkeitsräumen scheinen die Kontrolle von osmotischen Drücken und elektrischen Ladungen im vielzelligen Organismus vor neue Probleme gestellt zu haben. Exemplarisch für diese typisch tierische Situation ist die Funktion des Blutes, das ja für einen der Begründer der modernen Physiologie, Claude Bernard (1813–1878), das *innere Milieu* schlechthin bedeutete: Transportmedium, Stabilisator und Puffer zwischen der Innenwelt der Zellen und der Außenwelt, für das es in den anderen Organismenreichen keine Entsprechung gibt.

4.2.2 Herkunft und Ziele

Die morphologische Distanz zwischen Schwamm und Wirbeltier oder Koralle und Insekt erscheint enorm und die Zeit, in der diese Distanz überwunden wurde, relativ kurz. Spuren der ersten Vielzeller finden sich in Ablagerungen, die nicht viel älter als eine Milliarde Jahre sind, und zur Zeit der sogenannten Burgess-Fauna (Gould 1989), die sich auf ziemlich genau 533 Millionen Jahre vor unserer Zeit datieren läßt (Bowring et al. 1993), waren praktisch alle rezenten sowie ein Dutzend seither ausgestorbene Tierstämme vorhanden. Etwa 15 Prozent der Dauer der biologischen Evolution reichten somit aus, um den größten Teil der Mannigfaltigkeit tierischer Baupläne hervorzubringen: von undifferenzierten Zellkolonien über wurmartige Formen, die kaum fossile Spuren hinterließen (Abschnitt 3.2), bis hin zur durchkonstruierten Form eines primitiven Fisches oder Krebses. Nur bis zum Auftreten der homoiothermen Wirbeltiere wie auch der Insekten vergingen weitere

300 Millionen Jahre. Schließlich mußte zunächst das Festland erobert werden und eine Evolution des Lebens in einem gasförmigen Medium mit hochtoxischen Konzentrationen von Sauerstoff in Gang kommen. Der Siegeszug der homoiothermen Säuger und Vögel sowie der sozialen Insekten begann also vor rund 200 Millionen Jahren. Der sprachbegabte Mensch der Art *Homo sapiens* betrat nach Ansicht einiger Anthropologen und Biologen (Diamond 1991) erst vor rund 50 000 Jahren die Bühne des Weltgeschehens (siehe Tabelle 3.1).

Es läßt sich also nicht leugnen (und die Abbildungen 4.5 und 4.6 zeigen dies auch ganz deutlich), daß in der rund eine Milliarde Jahre währenden Evolution des Reiches der Tiere nicht nur *Mannigfaltigkeiten*, sondern auch *Richtungen* produziert wurden. Im Nachhinein, also von der Warte unseres gegenwärtigen Wissens betrachtet, lassen sich jedenfalls eine ganze Reihe von Stammeslinien unterscheiden, deren Vertreter miteinander verwandt sind und phänotypische Reihen bilden, deren Anfangs- und Endglieder sehr verschieden sein können. In vielen Fällen läßt sich entlang solcher Reihen eine Zunahme von *Komplexität* konstatieren. Daß es unter Evolutionsbiologen dennoch immer wieder zu Richtungsstreitigkeiten – im wahrsten Sinne des Wortes – gekommen ist, also zu Auseinandersetzungen darüber, was man unter der „Gerichtetheit" evolutionärer Vorgänge verstehen soll, hat unter anderem folgenden trivialen Grund: Die bereits von den ersten Popularisatoren der Evolutionstheorie gewählte Darstellung der Verwandtschaftsverhältnisse von Lebewesen in Form von *Stammbäumen* hat dazu geführt, daß zwischen dem Stamm und dem Wipfel, zwischen „oben" und „unten" und damit auch zwischen „höheren" und „niederen" Lebensformen unterschieden wurde. Darstellungen wie etwa die von Ernst Haeckel (1924; Abbildung 4.7) unterstellen denn auch, daß innerhalb der Pflanzen die Blütenpflanzen, innerhalb der Tiere die Wirbeltiere, innerhalb dieser der Mensch und innerhalb der indogermanischen Rasse die Angelsachsen und Hochdeutschen die jeweils höchstentwickelte Lebensform repräsentieren. Von dieser Art der Polarisierung ist es nur mehr ein kleiner Schritt zu noch eindeutiger wertenden Adjektiven, wie „hochstehend" und „minderwertig". Hinzu kommt,

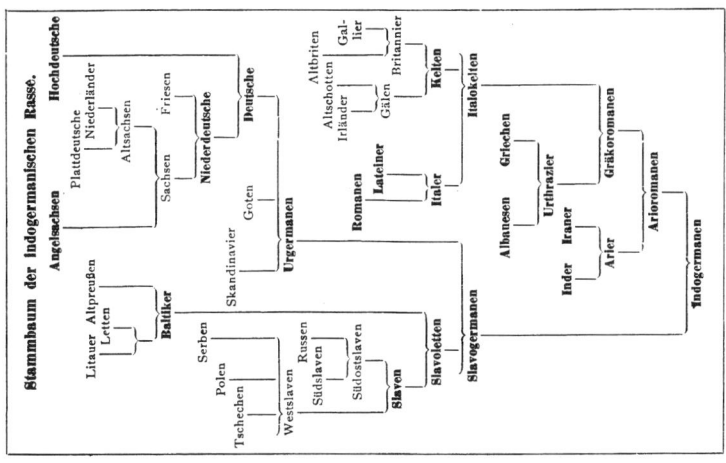

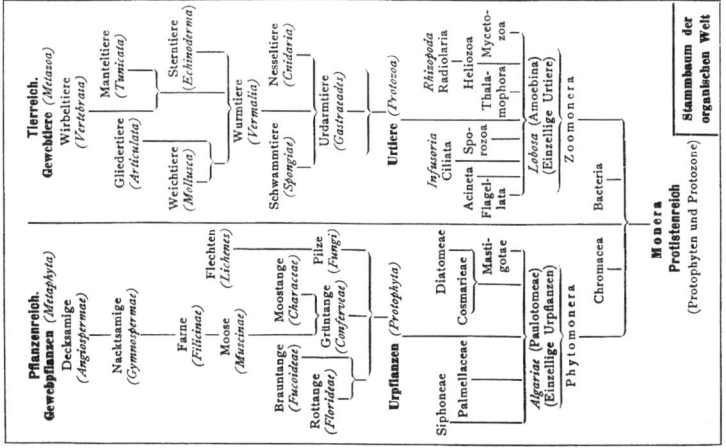

4.7 Zwei historische Beispiele für den klassischen Stammbaum, der den sogenannten Fortschritt der Evolution von „unten" nach „oben" abbildet – von
primitiven zu hochentwickelten Organisationsformen des Pflanzen- und Tierreichs beziehungsweise der indogermanischen „Rassen". (Aus Haeckel 1924.)

daß das sowohl von Adam Smith wie von Charles Darwin so entschieden betonte Prinzip der intraspezifischen Konkurrenz Menschen für die
Vermutung aufnahmebereit machte, die Position im Stammbaum sage

irgend etwas über die „Tauglichkeit" der betroffenen Lebensform aus, etwa in dem Sinne, daß jene, die sich „unten" befinden, auch tatsächlich die im Lebenskampf „Unterlegenen" seien. Obwohl diese Interpretation barer Unsinn ist – denn sämtliche im Stammbaum genannten rezenten Arten haben ja nachweislich die Wirrnisse der Evolution erfolgreich überstanden und müssen dementsprechend jederzeit an die in ihren Lebensräumen herrschenden Umweltbedingungen angepaßt gewesen sein –, hat sie doch so etwas wie ein atmosphärisches Umfeld erzeugt, in dem zum Beispiel der in Abbildung 4.7 dargestellte Stammbaum der indogermanischen Rasse auch als ein Abbild menschlicher Tugenden angesehen wurde. Der am Zeichentisch entworfene Stammbaum schien auf wundersame Weise die Überzeugung zu festigen, daß die Hochdeutschen eben „über" den Slaven, Italern und Albanesen stünden.

Andererseits hat die Entlarvung dieser Deutung als wissenschaftlicher Unsinn in Verbindung mit der reellen Erfahrung des Horrors einer politisch uminterpretierten Stammbaumtheorie dazu beigetragen, jeden Hinweis auf die „Gerichtetheit" evolutionärer Prozesse und schon gar die Verwendung des Begriffs „Fortschritt" als politisch inkorrekt, rassistisch oder gar faschistoid zu bezeichnen. Die Soziobiologiedebatte in den Vereinigten Staaten hat erstaunliche Beispiele für diese nun auf das entgegengesetzte Extrem zielende Begriffsverwirrung geliefert. Dabei dürfte es doch in dem einen wie in dem anderen Falle klar sein, daß die Antwort auf die Frage, ob es „Fortschritt" in der Evolution gebe, entscheidend davon abhängt, wie dieser Begriff definiert ist. Betrachtet man Überlebensfähigkeit als das einzig relevante Kriterium für evolutionären Erfolg, dann sind Archaebakterien und andere prokaryote Zellen die bei weitem erfolgreichsten Lebewesen, denn sie hatten Gelegenheit, ihre Erfolge auf dieser Erde zumindest zwei Milliarden Jahre länger unter Beweis zu stellen als eukaryote Zellen, Pilze, Pflanzen oder Tiere. Tatsächlich hat S. J. Gould in seinen Auseinandersetzungen mit E. O. Wilson, dem Begründer der Soziobiologie, diese Argumentationslinie mehrmals verfolgt (Gould 1996). Betrachtet man jedoch eine spezifische biologische *Funktion*, dann ist es sehr wohl zulässig, von einer zunehmenden Perfektionierung von Leistungskriterien (also von „Fortschritt", wenn wir diesen so definieren) zu sprechen. So gibt es evolutionäre Sequenzen von langsam und unbeholfen zu pfeilschnell und ausdauernd schwimmenden Fischen, von Insektenarten mit loser Sozialstruktur zu solchen, die in perfekt organisierten Sozialstaaten leben, und es gibt eine Serie von Primatengehirnen, in denen die Fähigkeit, Information zu verarbeiten und zu produzieren, progressiv zunahm. Entlang dieser Wege des Fortschritts sind jedoch alte Nischen erhalten geblieben und haben sich neue eröffnet, in denen andere Lebensformen ihre Tauglichkeit beweisen und separate Evolutionen in Gang setzen konnten. In den fraktalen Räumen der Biosphäre gibt es ausreichend Lebensraum für träge Schwimmer, solitäre Insekten und dumme Primaten. Es gibt keine der Evolution inhärente *Bestimmung* zum Fortschritt.

Vor jeder Diskussion über das Thema „Richtung und Fortschritt in der biologischen Evolution" sollten also vielleicht folgende Sprachregeln beachtet werden:

1. Das Perfektionieren gewisser Leistungskriterien (etwa für schnelles Schwimmen, Sehschärfe oder Intelligenz) ist unter gewissen Umständen und in gewissen Lebensräumen mit Selektionsvorteilen verbunden.
2. Unter anderen Umständen und in anderen Lebensräumen mögen andere Erfolgskriterien gelten.
3. Der Prozeß des Maximierens einer Leistung oder des Perfektionierens von Leistungskriterien kann als ein von der Selektion gesteuerter „Fortschritt" in Richtung auf ein imaginäres Ziel gedeutet werden.
4. Der Fortschritt in Richtung auf irgendein Leistungsmaximum hängt auch davon ab, ob und in welchem Ausmaß hierdurch andere Leistungen des Organismus beeinträchtigt werden.

Um diese Zusammenhänge richtig interpretieren zu können, müssen evolutionäre Verläufe in ein neues Koordinatensystem transponiert werden – wir haben die *ökologische Dimension* der Evolution zu berücksichtigen. In allen Erdzeitaltern ist ja vor allem die fraktale Entfaltung und funktionelle Diversifizierung der Biosphäre zu beobachten. Durch die Evolution eukaryoter Zellen entstand nicht nur ein größerer Zelltyp, sondern – wie schon in Abschnitt 3.2 betont – eine neue Stufe der Nahrungspyramide, denn diese größeren Zellen begannen sich von den kleineren prokaryoten Zellen zu ernähren. Vielzellige Organismen fressen einzellige, bieten ihnen aber gleichzeitig auch neue Lebensräume als Parasiten, Kommensalen und Symbionten. Mit der Zunahme der Körpergröße konnten Metazoen das Reich hoher Reynoldszahlen erobern, mit der Entwicklung neuer Körperhüllen, Stütz- und Atmungsorgane das Festland und mit der Entwicklung von Flügeln die Luft. In diesem wachsenden Netz ökologischer Beziehungen etablierten sich ständig neue Abhängigkeiten. Nachdem eukaryote Zellen gelernt hatten, sich von prokaryoten Zellen zu ernähren, waren sie auf diese angewiesen; große Tiere wurden von kleinen Tieren abhängig, die ihnen als Beute dienten, und kleine Organismen von großen, in denen sie als Parasiten oder Symbionten Zuflucht fanden. Zwischen Pflanzen, Pilzen und Tieren entstanden wechselseitige Abhängigkeiten, und durch die Umgestaltung weiter Bereiche der Erde schufen Lebewesen neue Lebensräume für andere Lebewesen. Ohne Berücksichtigung dieser *ökologischen Dimension* wäre jede Theorie der biologischen Evolution unvollständig, und die *ökologische Reichweite* ist ein Maß für die Wirkungen, die Lebewesen im Netz ökologischer Beziehungen entfalten. Der Begriff der ökologischen Reichweite sollte den der Höherentwicklung ersetzen, wenn es darum geht, eine der Evolution zugrundeliegende *allgemeine* Tendenz zu definieren. Die Zunahme der Leistungsfähigkeit von Organismen kann nicht als das Vehikel einer Aufwärtsbewegung in Richtung auf ein globales Ziel verstanden werden, sondern höchstens als eines der Eroberung neuer fraktaler und funktioneller Bereiche, als eine Demonstration der Erweiterung der ökologischen Potentiale von Lebewesen. Im Rahmen einer solchen Betrachtungsweise könnte die Zwiebel mit ihren konzentrischen Hüllen ein besseres Abbild des evolutionären Prozesses abgeben als der Baum mit seinen

vielen sich vom Stamm entfernenden Zweigen und dem nach oben stre-
benden Wipfel (und Peer Gynt vielleicht ein geeigneterer Repräsentant
der *conditio humana* als der stets nach oben strebende Tatmensch
Dr. Faust). Die weitere Entwicklung dieses Modells ist ein besonderes
Anliegen dieses Buches (Kapitel 6; Abbildung 6.1).

Komplexität

Hinter der in viele Richtungen zielenden ökologischen Evolution der
Biosphäre läßt sich ein weiteres vereinheitlichendes Prinzip erkennen:
das schon angedeutete Prinzip der zunehmenden Komplexität. Nun
wird ja auch dieser zentrale Begriff unserer Zeit auf sehr unterschiedliche Weise definiert (und mißverstanden). Biologisch sinnvoll ist nur
jene Definition, die unter zunehmender Komplexität eine Zunahme der
Vernetzung zwischen den Teilen und Schichten eines dynamischen
Systems versteht. Ich halte es hier mit den Soziologen, die unter Komplexität »den Grad der Vielschichtigkeit (und) Vernetzung eines
Systems« verstehen und unter Vernetzung »Art und Grad wechselseitiger Abhängigkeit zwischen Teilen sowie zwischen Teil und Ganzem«
(Willke 1993, S. 24). Wichtig ist, daß diese Definition auf Systeme
zielt, die sich aus Organisationsebenen (Schichten) aufbauen, und daß
nicht nur die Teile jeder Schicht, sondern auch die Schichten untereinander vernetzt sind (siehe Abbildung 1.3). Für die Behandlung biologischer Themen unbrauchbar ist hingegen die auf den Begründer der Informationstheorie, Claude Shannon, zurückgehende Definition, die sich
nicht auf Systeme, sondern auf Zeichensequenzen bezieht und jene
Sequenz als maximal komplex bezeichnet, deren Informationsgehalt
sich nicht auf weniger komplexe Sequenzen reduzieren läßt. Dies trifft
auf reine Zufallsfolgen zu, die dadurch charakterisiert sind, daß in der
Sequenz keinerlei Redundanz existiert und zwischen den einzelnen
Zeichen dementsprechend keinerlei Beziehungen bestehen (Küppers
1987).

   Die Zunahme an Komplexität im Tierreich zeigt sich unter anderem
darin, daß die Zahl der Zelltypen im Organismus von den einfachsten

Metazoen an kontinuierlich – wenn auch unregelmäßig – zugenommen
hat, nämlich von etwa vier bei *Trichoplax*, der einzigen Gattung der
Placozoa, auf etwa 200 im menschlichen Organismus – und dies, wie
von Valentine et al. (1994) angenommen, in einem Zeitraum von rund
600 Millionen Jahren (Abbildung 4.8). Dem sich entfaltenden Reich
der Tiere wurde demnach im Durchschnitt alle drei Millionen Jahre ein
neuer Zelltyp hinzugefügt. Betrachtet man die Kurve in Abbildung 4.8,
dann ist allerdings erkennbar, daß die Komplexität in den ersten 200
Millionen Jahren der Metazoenevolution schneller zunahm als in den
folgenden 400 Millionen Jahren. Am vorläufigen Endpunkt dieser
Reihe, den homoiothermen Säugetieren, finden sich Vertreter, bei denen die Diversifizierung von Bauplanmerkmalen ein kaum vorstell-
bares quantitatives Ausmaß erreicht hat. Man halte sich zum Beispiel
die folgenden, für den Menschen geltenden Zahlen vor Augen:

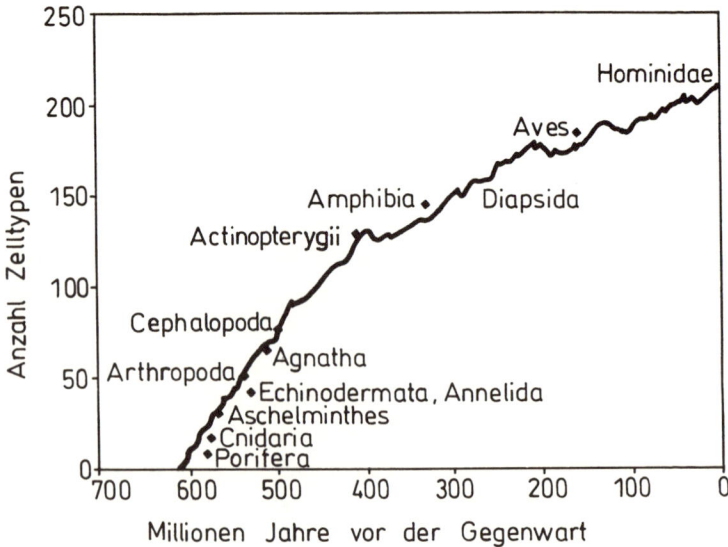

4.8 Die Anzahl der Zelltypen bei Vertretern verschiedener Tiergruppen,
aufgetragen gegen deren erdgeschichtliches Alter. (Nach Valentine et al.
1994.)

– *Bauelemente.* Die Zahl der Zellen, aus denen sich ein menschlicher Organismus zusammensetzt, wird auf 10^{14} (100 Billionen) geschätzt, die Zahl der Zellteilungen im Laufe eines Lebens auf 10^{16}. In Katastrophenfällen, zum Beispiel im Kampf gegen das Aids-Virus, vermag das Immunsystem mehrere Milliarden Lymphocyten *täglich* zu produzieren, und das über viele Jahre.

– *Genetische Steuerung.* Das haploide Genom setzt sich aus 3×10^9 Basenpaaren pro Zelle zusammen, was für den gesamten Organismus eine Zahl von 3×10^{23} Basenpaaren ergibt. Sämtliche Nucleotide einer Zelle aneinandergereiht würden eine Kette von zwei Metern Länge bilden, die des gesamten Organismus also eine von etwa 10^{12} Kilometern, was der Entfernung der Erde vom Planeten Pluto entspricht.

– *Integration.* Das Nervensystem des Menschen besteht aus rund 10^{10} Neuronen, die über 10^{12} Synapsen miteinander verknüpft sind, sowie aus etwa 10^{12} Glia- und sonstigen Hilfszellen. Würde man sämtliche Nervenfasern aneinanderreihen, ergäbe dies einen Faden von rund einer Million Kilometern Länge – das 25fache des Erdumfangs am Äquator.

– *Kontakte mit der Umwelt.* Der *Stoffaustausch* zwischen Organismus und Umwelt erfolgt hauptsächlich über das Lungenepithel sowie über die Schleimhäute des Gastrointestinal- und des Urogenitaltrakts, die sich insgesamt über eine Fläche von 500 bis 550 Quadratmetern ausbreiten ließen. Der *Informationsaustausch* erfolgt über die Rezeptorzellen der Sinnesorgane, von denen es 10^8 Sehzellen, je 10^7 Geschmacks- und Geruchszellen, 4×10^6 Druck-, Schmerz- und Temperaturzellen und 3×10^4 Hörzellen gibt. Die Informationskapazität des gesamten Sensoriums beträgt 10^9 Bit pro Sekunde, während motorische Nervenfasern mit einer Informationskapazität von 10^7 Bit pro Sekunde das Zentralnervensystem mit den Effektoren, vor allem Muskeln und Drüsen, verbinden.

Die Zunahme der Komplexität von Organismen im Verlauf der biologischen Evolution hat zwei Komponenten, eine quantitative und eine qualitative. Erstere beruht darauf, daß bereits die Erhöhung der *Anzahl* von Zellen zu einer Erweiterung des Repertoires von Wechselwirkungen zwischen den Zellen führen kann. Man denke zum Beispiel daran, daß die Genauigkeit des Abbildes der Umwelt, das in den Projektionszentren eines Gehirns entsteht, wesentlich von der Zahl der Rezeptorzellen in den peripheren Sinnesorganen abhängt. Die zweite Komponente der Komplexität beruht auf der *Diversifizierung* der miteinander in Wechselwirkung tretenden Zellen. So führt – um beim Beispiel der Sinnesleistungen zu bleiben – eine biochemisch gesteuerte Diversifizierung der Sehzellen höherer Tiere zu einer qualitativen Erweiterung des Sehvermögens, nämlich zur Fähigkeit, die Umwelt in Farben abzubilden. Die neue Bildqualität hängt allerdings nicht bloß von der Verteilung verschiedener Sehpigmente auf die Sehzellen ab, sondern vor allem von deren *Verschaltung* in der Retina und im Sehzentrum des Gehirns (Hassenstein 1968).

Der in Abbildung 4.8 sichtbar gemachte Trend dokumentiert die qualitative Seite der Komplexität tierischer Organismen. Es wird angedeutet, daß die Kommunikation zwischen einer zunehmenden Zahl von Zellen mit unterschiedlicher Spezialisierung zu einer Erhöhung des Repertoires von Leistungen und Verhaltensweisen geführt hat. So verbirgt sich zum Beispiel hinter der Evolution des Stammes der Wirbeltiere (hier von der frühen Fischgruppe der Actinopterygii, der Strahlenflosser, bis zu den Hominiden) unter anderem auch die Evolution dreier Kommunikationssysteme, nämlich von Nervensystem, Hormonsystem und Immunsystem, deren so unterschiedlich ausgestattete Zellen nicht nur auf äußere Reize antworten, sondern auch imstande sind, *miteinander* zu kommunizieren (Ader et al. 1991; Miketta 1991; Zänker 1991; siehe auch Abschnitt „Supernetz", S. 375). Diese Fähigkeit erweist sich als ein wesentlicher Faktor in der Entfaltung einer neuen Dimension von Verhaltensweisen und Zuständen im Spannungsfeld zwischen Individualität und Sozialisierung.

Eine weitere Facette der Evolution der Komplexität wird sichtbar, wenn wir Abbildung 4.8 mit Abbildung 2.3 vergleichen. Letztere ist eine Demonstration des sogenannten *C-Wert-Paradoxons*, das besagt, daß die phänotypische Komplexität aller Lebewesen nur sehr eingeschränkt mit der Größe des Genoms korreliert. Genauer gesagt: Von den kleinsten einzelligen Organismen bis zu Algen, Pilzen und niederen Evertebraten verläuft die Zunahme an phänotypischer Komplexität in etwa proportional zur Genomgröße. Die weitere Evolution der Lebewesen, also die der Tiere und höheren Pflanzen, vollzog sich jedoch ohne nennenswerte Veränderung der mittleren Genomgröße von etwa 3×10^9 Basenpaaren, dem auch für Menschen charakteristischen Wert. Gleichzeitig läßt sich bei den Vertretern der verschiedenen systematischen Gruppen aber auch eine Zunahme der *Variabilität* des DNA-Gehalts konstatieren – am deutlichsten allerdings nicht bei den konventionellen Stammbäumen ganz oben stehenden homoiothermen Wirbeltieren, sondern bei den wechselwarmen Amphibien einerseits und den Blütenpflanzen andererseits.

Nun ist es mit Hilfe molekularbiologischer Methoden möglich, noch einen Schritt tiefer in das Dickicht der großen, vernetzten, variablen Genome vielzelliger Organismen einzudringen und eine Strukturschicht freizulegen, auf der ein weiteres Organisationsprinzip sichtbar wird. Ein Großteil der Zunahme der Genomgröße bei Vielzellern geht auf das Konto repetitiver, unorganisierter Mengen von DNA-Sequenzen und nicht auf das identifizierbarer Gene. Aber auch das Konto der echten Gene besteht aus mehreren Subkonten. Die dicht gepackten Genome der prokaryoten Zellen setzen sich aus einigen tausend (durchschnittlich rund 2 500) Genen zu je etwa 1 000 Basenpaaren zusammen. Der Übergang vom prokaryoten zum eukaryoten Zelltyp ist von einer beträchtlichen Zunahme der Zahl der Gene begleitet, und zwar bei den meisten Organismen dieses Typs auf einen mittleren Wert von etwa 15 000 pro Genom. Auf Wirbeltiere scheint diese Verallgemeinerung jedoch nicht zuzutreffen, denn bei den bisher untersuchten Fischen und Säugetieren finden sich im Genom einer Zelle bis zu 100 000 und im Mittel rund 80 000 Gene (Bird und Tweedie 1995). Eine genauere Analyse dieser Zahlenverhältnisse führte zu einer weiteren Überraschung. Es gibt Gene, deren Botschaft in mRNA und Proteine übersetzt wird, aber auch solche, für die keine (oder fast keine) Expressionsfähigkeit

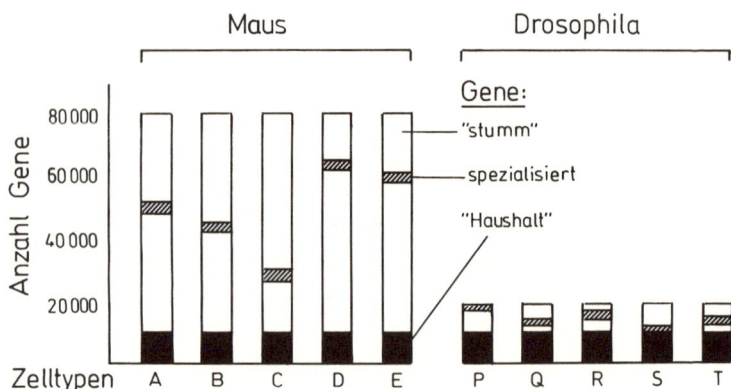

4.9 Ungefähre Anteile aktiver und stummer Gene in verschiedenen Zelltypen der Maus und der Taufliege *Drosophila*. Innerhalb der aktiven Gene
kann zwischen den in sämtlichen Zellen operierenden „Haushaltsgenen" sowie den für die Leistungen spezialisierter Zellen und Gewebe zuständigen
Genen unterschieden werden. Wie man sieht, ist die Zahl der aktiven Gene
in den Geweben von Maus und Taufliege etwa gleich groß, während sich die
Gesamtzahl der Gene in den Zellen der Taufliege auf nur 14 000 beläuft, in
den Zellen der Maus hingegen auf rund 80 000. (Nach Bird und Tweedie
1995.)

nachweisbar ist. Letztere werden als stumme Gene bezeichnet. Uner-
warteterweise ist der sprunghafte Anstieg der Genzahl von Protisten
und Wirbellosen zu Wirbeltieren um einen Faktor von rund fünf so gut
wie ausschließlich diesen stummen Genen zuzuschreiben. Die Zahl der
aktiven, expressionsfähigen Gene läßt sich aus der Anzahl unterschiedlicher Sorten von mRNA-Molekülen ableiten, und diese Zahl ist in den
Zellen hochentwickelter wirbelloser Tiere in etwa ebenso groß wie in
den Zellen von Wirbeltieren. Sowohl bei der Taufliege *Drosophila* wie
bei der Hausmaus (*Mus musculus*) lassen sich rund 13 000 verschiedene mRNA-Sorten nachweisen, denen ebenso viele Gene entsprechen.
Von diesen 13 000 Genen kommen etwa zwei Drittel in *sämtlichen* Zellen vor. Sie sind für die Aufrechterhaltung der normalen Stoffwechsel-
aktivität eukaryoter Zellen verantwortlich und werden dementspre-

chend als „Haushaltsgene" bezeichnet. Ein weiteres Drittel der aktiven
Gene ist für die spezifischen Leistungen differenzierter Zelltypen zuständig, also für die Synthese und Erhaltung von Sehpigmenten, Mus-
kelfilamenten, Drüsensekreten und so weiter. Mit anderen Worten: Die
Zellen der Wirbeltiere unterscheiden sich von den Zellen sämtlicher anderen eukaryoten Lebewesen durch die Zahl und den Anteil an *stummen* Genen. Aufgrund der bisher vorliegenden Informationen scheint es
sich hier tatsächlich um ein *Klassen*merkmal zu handeln, das den
Stamm der Wirbeltiere vom Rest der belebten Welt unterscheidet (Bird
und Tweedie 1995; Abbildung 4.9). Dementsprechend korreliert dieses
Merkmal nur schwach mit der Zahl der Zelltypen, die ja, wie Abbildung 4.8 andeutet, von den Einzellern zu den Säugetieren ziemlich
stetig zuzunehmen scheint.

Bis zu diesem Punkt der Darstellung haben wir also zwischen den
folgenden vier Ebenen der genomischen und zellulären Organisation
von Lebewesen unterschieden, die sich auch als Projektionsebenen der
Komplexität biologischer Systeme verstehen lassen:

1. Die *absolute Genomgröße* (Basenpaare pro Zelle) nimmt von prokaryoten zu eukaryoten Zellen von rund 10^6 auf 10^9 zu und pendelt
   sich bei einem Mittelwert von etwa 3×10^9 ein. Gleichzeitig wächst
   auch die interspezifische Variabilität dieser Größe.
2. Die *Zahl identifizierbarer Gene* im Genom nimmt von einem Mittelwert von 2 500 in prokaryoten auf 15 000 in den meisten eukaryoten
   Organismen zu, steigt in den Zellen von Wirbeltieren aber nochmals
   auf etwa 80 000 an.
3. Für die *Zahl der aktiven Gene* läßt sich bis jetzt nur eine einzige evolutionäre Diskontinuität eindeutig nachweisen, nämlich zwischen
   dem prokaryoten Zelltyp mit rund 2 500 (identisch mit der Gesamtzahl der Gene) und dem eukaryoten Zelltyp mit rund 12 000 Genen.
   Daraus und aus 2) und 3) folgt, daß der Unterschied zwischen den
   Zellen von Vertebraten und Evertebraten auf die Zahl der *stummen*
   Gene zurückgeht.

4. Die *Zahl der Zelltypen* hat bei vielzelligen eukaryoten Organismen im Laufe der Evolution von vier bei *Trichoplax* auf etwa 200 bei höheren Wirbeltieren zugenommen.

Aber damit ist die Geschichte der Komplexität noch nicht zu Ende erzählt. Die Entwicklung eines phänotypischen Steuerzentrums, des *Gehirns* (im Gegensatz zum genotypischen Steuerzentrum, dem *Genom*), bei Wirbeltieren und den höchstentwickelten wirbellosen Tieren hat zu einer neuen Kategorie von Vernetzungsmöglichkeiten der morphologischen und funktionellen Elemente des Organismus geführt. Dies kommt vor allem in der enormen Entfaltung eines Repertoires von *Verhaltensweisen* zum Ausdruck, das unter der Rubrik „soziales Verhalten" zusammengefaßt wird. Diese neue Dimension der Komplexität hat den Verlauf der Evolution nachhaltig beeinflußt, vor allem deshalb, weil ein erweitertes Repertoire phänotypischer Leistungen Organismen in die Lage versetzt, selbst entscheidend in die Gestaltung jener Umwelt einzugreifen, unter deren Selektionsdruck sie stehen (Wcislo 1989). Der Aufbau neuer Beziehungen und Rückkopplungsschleifen zwischen Individuum und Umwelt führte zur Beschleunigung der phänotypischen Evolution der Landtiere, vor allem der Säugetiere. Bereits A. C. Wilson (1985) hat darauf aufmerksam gemacht, daß das Ausmaß dieser Beschleunigung ganz ausgezeichnet mit der relativen Gehirngröße der Tiere korreliert.

Eine der interessantesten Spekulationen, zu denen die neuen Einsichten in die Evolution der biologischen Komplexität herausfordern, ist, daß sich in einer solchen Evolution ganz allgemein zwei Phasen unterscheiden lassen: eine quantitativ-deterministische, in der die Zahl der Teile eines Systems sowie die Vielfalt der funktionellen Beziehungen zwischen den Teilen bis zu einem kritischen Wert anwachsen, sowie eine qualitativ-stochastische Phase, in der Innovationen eher durch die Differenzierung und Vernetzung der schon vorhandenen Teile als durch das Hinzufügen neuer Teile zustande kommen. So haben wir gerade erfahren, daß die Größe des Genoms von Zellen zunächst um zwei bis drei Größenordnungen zunahm. Nach dem Erreichen eines Wertes zwischen 10^8 und 10^9 Basenpaaren setzte eine weitere Phase der Evolution von Komplexität ein: die Diversifizierung von Genomen mit Hilfe der in Abschnitt 4.1.4 geschilderten Mechanismen zur Steuerung der genetischen Aktivität sowie der Erfindung eines zellulären Gedächtnisses. Die Folge war die Differenzierung von Zellinien und die Entstehung spezialisierter *Zelltypen* im Verband eines vielzelligen Organismus. Dieser Differenzierungsprozeß war zunächst von einer Größenzunahme von Genpopulationen begleitet, wobei ein häufig begangener Weg die Herstellung oft vielfacher Kopien vorhandener Gene war. Mit dem Wachstum von Genpopulationen wurde die Entfaltung einer auch qualitativ neuen Dimension der Komplexität möglich, indem sich unter dem Einfluß regulatorischer Gene (deren Expressionskapazität so gering ist, daß sie zu den stummen Genen gerechnet werden) operative Gene zu variablen, flexiblen genomischen Netzwerken zusammenschlossen. Die enorme Proliferation eines speziellen Zelltyps, der Nervenzelle mit der Fähigkeit zur Informationsverarbeitung, führte zum Aufbau phänotypischer Kommunikationsnetze, der schließlich in der Mannigfaltigkeit des Verhaltens der höheren Wirbeltiere mündete. Daraus läßt sich folgern, daß im Verlauf der biologischen Evolution verschiedene Wege zur Erzeugung von Komplexität und Mannigfaltigkeit begangen wurden, wobei jeweils das Ende der „Innovationskapazität" eines bestimmten Weges die Aussicht auf den Beginn eines weiteren Weges freigab, so daß die Gesamtkomplexität der Biosphäre in den beinahe vier Milliarden Jahren ihrer Geschichte stetig zunahm. Abbildung 4.10 zeigt beispielhaft die Sequenz komplexitätserzeugender Strategien der Evolution auf den drei Schichten unseres Schichtenmodells der biologischen Organisation: Genom – Organismus – Verhalten (Abbildung 1.3).

Es gibt Hinweise darauf, daß innerhalb des Stammes der Säugetiere die Häufigkeit von Mutationen in dem Maße *abnahm*, in dem die kombinatorischen Möglichkeiten des Gehirns *zunahmen*. Während die Zahl der Veränderungen pro Nucleotid bei Ratten 4,8 pro 10^9 Jahre beträgt, soll die entsprechende Zahl bei den Affen der alten Welt um 1,8 und beim Menschen um 1,2 pro 10^9 Jahre liegen (Gibbons 1995). Falls sich

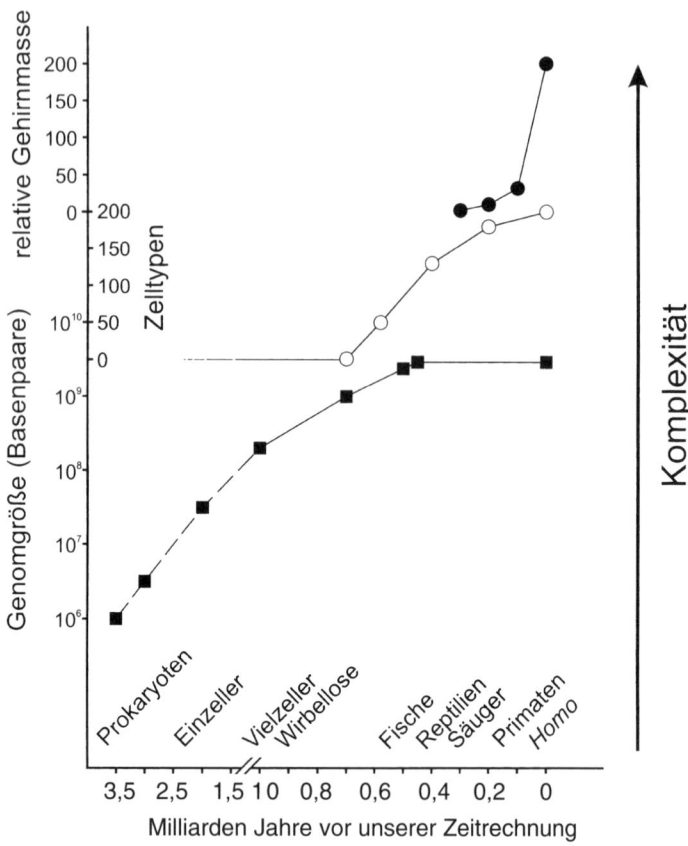

diese Beobachtung bestätigt, dürfte die Verlangsamung des Taktes der molekularen Uhr mit der Zunahme von Körpergröße und Lebensdauer entlang der Entwicklungslinie von Nagetieren zu Menschenaffen und Hominiden zusammenhängen. Es läßt sich allerdings argumentieren, daß diese Größenzunahme einen Bestandteil jener konstruktiven Bedingungen ausmacht, in deren Rahmen die Entfaltung großer Gehirne möglich wurde.

4.10 Die Zunahme der Komplexität ist ein wesentlicher Aspekt der biologischen Evolution, wobei höhere Komplexität sowohl durch Vergrößerung der Zahl von miteinander in Wechselwirkung stehenden Elementen als auch durch Differenzierung der Funktionen dieser Elemente entstehen kann. In dieser Abbildung wird zwischen drei Phasen oder Strategien der Evolution von Komplexität unterschieden. *Untere Kurve*: Zunahme der Genomgröße; logarithmische Auftragung der Zahl der Basenpaare im Genom von Zellen seit Beginn der biologischen Evolution (Daten aus Abbildung 2.3). *Mittlere Kurve*: Zunahme der Zahl der Zelltypen in der Evolution der Metazoa (Daten aus Abbildung 4.8). *Obere Kurve*: Zunahme des relativen Gehirngewichts (bezogen auf die Körperoberfläche) bei Säugetieren (Daten aus Wilson 1985). Für die Abszisse wurden zwei Skaleneinteilungen verwendet, eine für den Zeitraum >10^9 Jahre, eine andere für den Zeitraum <10^9 Jahre vor der Gegenwart. Oberhalb der Abszisse sind die Namen einiger wichtiger taxonomischer Einheiten angeführt, deren Evolution in etwa beim jeweiligen Wortbeginn einsetzt.

4.2.3 Die Erhaltung des Systems

Funktionen

Der adulte Organismus ist das Produkt eines ontogenetischen Prozesses, in dessen Verlauf die Totipotenz der Eizelle Schritt um Schritt zerlegt und auf Zellinien aufgeteilt wird, die sich in weiterer Folge zu Geweben formieren. Am Ende des Prozesses steht das Individuum, ausgestattet mit auf verschiedene Leistungen spezialisierten Organen. Die Beschreibung dieser Leistungen sowie der Strukturen, an denen sie sich vollziehen, ist Gegenstand der *Physiologie*, deren Aufstieg mit der Einführung der experimentellen Methode in den Naturwissenschaften durch Galilei (1564–1642) einsetzte und mit Namen wie William Harvey (1578–1657: Kreislauf des Blutes), Giovanni Borelli (1608–1679: Mechanik der Bewegung) und René Descartes (1598–1650) assoziiert ist. Letzterer hat die Physiologie weniger dadurch gefördert, daß er die Funktionsweise von Nerven durch hydraulische Modelle zu erklären versuchte, als vielmehr durch einen philosophischen Kunstgriff. Er formulierte ein dualistisches Prinzip, wonach die Funktionen des Körpers durchaus als die Funktionen einer selbständigen Maschine angesehen und mit reduktionistischen Methoden untersucht werden könnten, auch wenn ihre letzte Ursache ein unerforschliches nicht-materielles Prinzip, eine *anima* oder Seele sei. Was den Menschen betrifft, so lokalisierte Descartes den Sitz der Seele in der Zirbeldrüse, an deren Oberfläche die materiellen Prozesse Figuren hervorriefen, die von der Seele unmittelbar wahrgenommen werden könnten. Die Idee, daß das dem forschenden Auge Unzugängliche dennoch eine Heimstatt im Körper hat und diesen steuert, mag geholfen haben, die Bedenken von Kirche und Theologie zu zerstreuen, wenn es darum ging, Eingriffe in eben diesen Körper – aus welchen Gründen auch immer – zu rechtfertigen.

In der klassischen Periode der Physiologie, etwa zwischen 1830 und 1930, ist immer wieder versucht worden, den Zustand des Lebendigseins durch spezielle Funktionen des Organismus zu definieren, nach einer Aufzählung von Wilhelm Roux (1915) beispielsweise durch 1) Stoffwechsel, 2) Wachstum, 3) Bewegung, 4) Vermehrung, 5) Vererbung, 6) Entwicklung und 7) Regulationsfähigkeit.

Jede dieser Funktionen läßt sich beschreiben und mittels reduktionistischer Methoden so weit analysieren, daß der Forscher meint, die Logik der zugrundeliegenden Prozesse verstanden zu haben. Daraufhin kann die untersuchte Funktion durch ein Modell abgebildet werden. Dieses wird damit zum Bestandteil eines größeren Bildes, von dem erwartet wird, daß es mit der Zunahme unserer Kenntnisse und Fertigkeiten irgendwann einmal in seiner Vollständigkeit enthüllt werden könne: das Bild des in all seinen Einzelheiten verstandenen lebenden Organismus.

Die ersten optimistischen Modelle dieser Art waren die von Borelli und anderen Renaissancekünstlern entworfenen Konstruktionen zur Erklärung der Statik und Dynamik des Wirbeltierkörpers. Aus Rädern, Zahnstangen, Flaschenzügen, Hebeln, Gelenken, Pumpen und Schrauben zusammengesetzte Gebilde sollten die Bewegungen der Gliedmaßen und des Körpers auf physikalische Prinzipien zurückführen und damit erklären. Tatsächlich hat diese physikalische Betrachtungsweise von Lebensprozessen einen Weg eröffnet, der auch heute noch unter dem Etikett „Biomechanik" oder „Biophysik" zu neuen Einsichten in die konstruktiven Bedingungen des Verhaltens von Tieren führen kann. So haben die technischen Wissenschaftszweige der Aerodynamik und Hydrodynamik unser Wissen vom Fliegen der Vögel und Schwimmen der Fische entscheidend gefördert. Umgekehrt hat aber auch die Analyse von Vogelflug und Fischschwimmen die Konstruktion von Flugzeugen und Schiffen beeinflußt. Letztere Querverbindung ist unter dem Namen *Bionik* zu einer erfolgreichen Strategie des Brückenschlags zwischen Technik und Biologie geworden (Zerbst 1987; Rechenberg 1994).

Zu den *physikalischen* gesellten sich im Laufe des 19. Jahrhunderts *chemische* Lebensmodelle. Als Beginn dieser Entwicklung kann man vielleicht die erste Synthese einer biogenen Substanz, des Harnstoffs, durch Friedrich Wöhler (1828) identifizieren, als Ausdruck ihres Erfolgs die große Resonanz der im Jahre 1877 von Friedrich Hoppe-Seyler (1825–1895) begründeten *Zeitschrift für physiologische Chemie*. Im Verlauf dieser Entwicklung entstand das Konzept der *chemischen Maschine*, illustriert etwa durch das Beispiel des Muskels, von dem Wissenschaftler nun gegen Ende des 20. Jahrhunderts annehmen, daß die Grundlagen seiner Funktion auf molekularer Ebene fast vollständig verstanden seien.

Der für die westliche Welt so charakteristische Zuwachs an physikalischen, chemischen und anatomischen Kenntnissen über die Funktionen des tierischen Organismus seit der Renaissance hat dazu geführt, daß die oben angeführte Liste zwar noch viele Kenntnislücken, aber – im großen und ganzen – keine prinzipiellen Geheimnisse mehr zu bergen scheint. Die von den Biologen des 19. und frühen 20. Jahrhunderts noch so lebhaft empfundenen Rätsel der Vermehrung, Vererbung und Entwicklung sind durch die Entdeckungen der Molekularbiologie und molekularen Genetik der letzten 50 Jahre zwar noch nicht gelöst, die Wege zu befriedigenden Lösungen sind aber bereits klar erkennbar (Abschnitte 2.4, 2.5, 3.3 und 4.1). In noch stärkerem Maße gilt dies für das Stoffwechselgeschehen, das in der 150jährigen Geschichte der physiologischen Chemie, Biochemie und Zellbiologie seine Geheimnisse im wesentlichen preisgegeben hat (Abschnitte 3.5 und 3.6). Schließlich haben die physiologischen Wissenschaften seit William Harvey das Wissen um die Leistungen des vielzelligen Organismus, sowohl des pflanzlichen wie des tierischen, in einem Maße vermehrt, daß wir meinen, den Fluß und die Verteilung von Energie und Stoffen im Organismus, die Aufnahme von Umweltreizen und deren Verwandlung in biologische Information sowie die Mechanik und Motorik von Effektorsystemen in ihren wesentlichen Zügen zu verstehen. Sechs der sieben von Roux angeführten Lebensfunktionen scheinen damit so hinreichend auf ihre mechanistischen Elemente und Beziehungen reduziert worden zu sein, daß sie quantitativ definiert und im Prinzip durch „Hardware"- oder „Software"-Modelle simuliert werden können.

Was offen und weiterhin rätselhaft blieb, war der siebente Punkt, die *Regulationsfähigkeit* des Organismus, von der auch Roux meinte, sie sei das wichtigste Charakteristikum des lebenden Organismus (vor allem, wenn man sie als *Selbst*regulation verstehe) und damit das entscheidende Kriterium des Lebens. Gegen Ende des 19. Jahrhunderts begann sich die Neugier der funktionell arbeitenden Physiologen auf diesen Punkt zu konzentrieren. Wie läßt sich mit den zum Rüstzeug der neuzeitlichen Physiologie gewordenen reduktionistischen Methoden die außerordentliche Fähigkeit des Organismus zur Selbstregulation erforschen, und wie läßt sie sich modellhaft abbilden?

Selbstregulation Die Fähigkeit des lebendigen Organismus, sich gegen Störungen zu behaupten, Schäden zu reparieren und seine Identität in einem langen Entwicklungsprozeß aufrechtzuerhalten, ist seit langem bekannt. In der naturwissenschaftlichen Periode, von der hier die Rede ist, gab es mehrere Ansätze, diese Fähigkeit zu einem Gegenstand der analytischen Forschung zu machen, von denen zwei besonders wichtig und folgenreich waren.

1. Die Beobachtung von Entwicklungsbiologen, daß sich einzelne Zellen tierischer Keime, löst man sie aus dem Gesamtverband heraus, dennoch zu normalen adulten Individuen entwickeln können, provozierte einerseits die Auffassung, man habe es hier mit einem für Lebewesen typischen Phänomen, dem Ausdruck einer „Lebenskraft", zu tun (Driesch 1921); andererseits stimulierte sie aber auch die experimentell orientierte Suche nach Mechanismen, die für derartige regulative Leistungen verantwortlich sein könnten (Spemann 1936). Diese Suche mündete schließlich in der Einsicht, daß jede Zelle eines vielzelligen Lebewesens die Information zur Bildung des ganzen Organismus enthält und daß diese Information in Abhängigkeit vom jeweiligen Umfeld der Zelle in unterschiedlichem Ausmaß exprimiert, das heißt in sichtbare Strukturen und meßbare Leistungen übersetzt werden kann. In vielen Fällen kann durch die Entnahme einer Zelle aus dem Keimverband der totipotente Informationszustand der Eizelle wiederhergestellt und so der Entwicklungsvorgang wiederholt werden. Diese Einsicht, die in den ersten beiden Jahrzehnten des 20. Jahrhunderts Gestalt annahm, ist eine der Wurzeln der Anschauung, daß die Regulationsfähigkeit biologischer Systeme irgend etwas mit der Übertragung von Signalen sowie mit der Erzeugung und Übersetzung von *Information* zu tun hat.

2. Der französische Physiologe Claude Bernard (1813–1878) postulierte, daß die Körpersäfte tierischer Gewebe ein „inneres Milieu" darstellten, dessen Eigenschaften – wie Wassergehalt, Temperatur, pH-Wert, Ionenkonzentrationen, Blutdruck, Zucker- und Proteingehalt – gegen innere und äußere Störungen verteidigt und auf diese Weise konstant gehalten würden. Die Aufrechterhaltung der Konstanz des inneren Milieus erfordere, so meinte Bernard, den Einsatz regulativer Mechanismen und mache den Organismus von den Schwankungen des äußeren Milieus unabhängig. Diese Unabhängigkeit sei als die wichtigste Voraussetzung für die Freiheit des Organismus anzusehen, denn „Freiheit" sei in erster Linie *Befreiung vom Diktat der Umwelt.*

Das unter Punkt 1 erwähnte Thema der Entwicklung wurde bereits in Abschnitt 4.1 behandelt. Wenden wir uns daher dem zweiten Thema zu, der *physiologischen Regulation*, also der Gesamtheit jener Konzepte, die aus vielen Einzelfunktionen einen integrierten Organismus machen, zu dessen Merkmalen Individualität und Identität – Unteilbarkeit und Unverwechselbarkeit – gehören.

Als Claude Bernard den Begriff des *milieu interne* prägte, steckte die Physiologie noch in den Kinderschuhen. Es bedurfte zahlreicher weiterer experimenteller Befunde, um aus diesem Begriff und der beobachteten Konstanz gewisser Eigenschaften des Blutes von Säugetieren ein für Organismen allgemeingültiges Konzept zu entwickeln. Größten Anteil an der Formulierung eines solchen Konzepts hatte der amerikanische Physiologe Walter Bradford Cannon (1871–1945). Sein erfolgreiches Buch *The Wisdom of the Body* (1932, 1939, 1960) und der von ihm eingeführte Begriff der Homöostase markieren den Abschluß einer Phase, in der die physiologischen Grundlagen zur Erklärung der Regulationsfähigkeit von Organismen gelegt wurden.

Auf den physiologischen Erfahrungen der fünf Jahrzehnte nach Bernards Tod aufbauend, faßte Cannon eine Reihe von Argumenten zusammen, die davon überzeugen sollten, in der Fähigkeit zur Selbstregulation nicht eine pseudomythische Besonderheit von Lebewesen, sondern nichts anderes als eine besondere Form des Zusammenspiels von physikalisch-chemischen Prozessen in vernetzten offenen Systemen zu sehen. Cannon schuf den begrifflichen Rahmen, in dem derartige Leistungen von Organismen rational zu diskutieren sind. Seinen auch jetzt noch gültigen Schliff erhielt dieser Rahmen allerdings etwa ein Jahrzehnt später, als sich Mathematiker und Techniker des Problems annahmen und eine generelle Theorie der „Steuerung und Regelung von Lebewesen und Maschinen" entwickelten, die in den Jahrzehnten nach dem zweiten Weltkrieg unter dem Namen *Kybernetik* zu einem heiß diskutierten Modethema wurde (Rosenblueth, Wiener und Bigelow 1943; Wiener 1948; Wagner 1954; Wieser 1959; Hassenstein 1965).

Die Regelungstheorie hat entscheidend zur Versachlichung der Diskussion jener Leistungen und Fähigkeiten von Lebewesen beigetragen, die in der Rouxschen Diktion noch als Beweise für die Sonderstellung des Lebens in der Natur angesehen wurden. Dies hängt vor allem damit zusammen, daß es durch die Analyse der Funktionsweisen kybernetischer Maschinen notwendig geworden war, die Logik von Begriffen wie Zweck, Zweckmäßigkeit, Ziel und Zielgerichtetheit zu überdenken. Ein Thermostat hat zum Beispiel die Aufgabe, die Temperatur eines Raumes oder Körpers auf einen programmierten Sollwert einzustellen und diesen gegen Störungen zu verteidigen. Dies und nur dies ist der „Zweck" des Schaltwerkes (wobei es für unsere Argumentation zunächst unerheblich ist, ob das System seine Programmierung der Evolution oder dem Gehirn eines Konstrukteurs verdankt). Dementsprechend kann die Fähigkeit, den Sollwert zu halten, als das „Ziel" der thermostatischen Funktion angesehen werden, die Geschwindigkeit und Ökonomie, mit der das Ziel erreicht wird, als ein Maß für die „Zielgerichtetheit" des Systems. Als Folge dieser logischen Entwicklung – einer Konsequenz der Erfindung selbstregelnder Maschinen – erschien es nicht mehr so ohne weiteres möglich, gewisse Begriffe nur deshalb für die Charakterisierung des Verhaltens von Lebewesen zu reservieren, weil sie bisher unter der Rubrik „teleologisch" eingeordnet worden waren. Dieser Entwicklung wurde Rechnung getragen und dem Begriff teleo*logisch* der neue Begriff teleo*nomisch* gegenübergesetzt. Während ersterer *bewußt* zweckmäßiges – also menschliches – Handeln meint, impliziert letzterer, daß es zweckmäßiges Handeln (von Tieren oder Maschinen) auch *ohne* Bewußtsein gibt (Pittendrigh 1958).

Im Mittelpunkt von Cannons Sicht des Körpers steht das Phänomen der Konstanz (Homöostase), also eines trotz Instabilitäten und Störungen invarianten Systemzustands. Das Phänomen der Homöostase zwingt uns, so meinte Cannon, das Wirken regulativer Mechanismen anzuerkennen, wobei das wirksame Prinzip darin besteht, daß jede Veränderung des Systemzustands Faktoren aktiviert, die dieser Tendenz *gegensteuern*. Die regulativen Systeme des Körpers setzen sich aus miteinander verknüpften Steuergliedern zusammen. Der Nachweis eines beschleunigenden Prinzips, etwa der Wirkung des sympathischen Nervensystems auf den Blutkreislauf, fordert zur Suche nach einem

Gegenspieler, also nach einem verzögernden Prinzip, heraus. Im Falle des Blutkreislaufs spielt diese Rolle zum Beispiel der Parasympathicus.

Dieses Grundschema aller Regelungssysteme wurde von der Kybernetik formalisiert und – da es sich als identisch mit ähnlichen technischen Systemen entpuppte – standardisiert. Im deutschen Sprach-

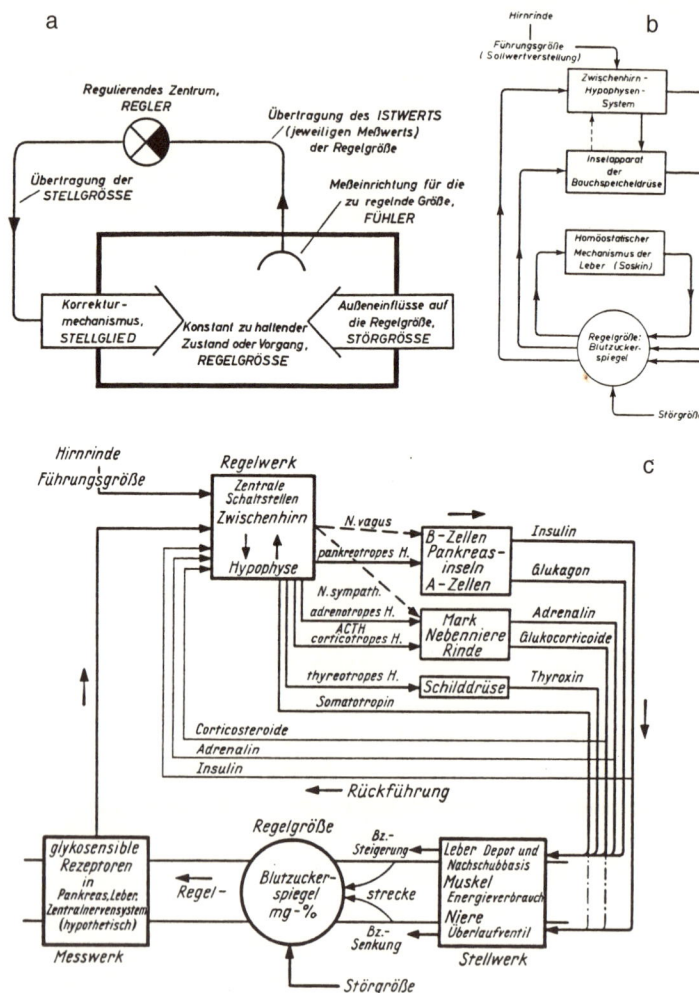

bereich war es vor allem Bernhard Hassenstein (1965), der das Standardmodell mit seinen normierten Begriffen wie Sollwert, Istwert, Regelgröße, Stellglied, Meßfühler und Führungsgröße sowie mit den beiden zentralen Schaltprinzipien Rückkopplung und Maschenschaltung für die Biologie aufbereitet und populär gemacht hat. Drei Varianten des klassischen Modells, vom allgemeinen (a) zum besonderen (c) voranschreitend, vermittelt Abbildung 4.11. Hier handelt es sich um Schaltbilder, in denen Linien und Pfeile die Wege und Richtungen von Signalflüssen symbolisieren, Kästchen stehen für Steuerkörper, in denen Signale verarbeitet und übersetzt werden. So werden im Regler Istwert und Sollwert miteinander verrechnet, während im Stellglied die Übersetzung von Kommandos in Effektorleistungen stattfindet. Jede Strecke im Schaltbild entspricht einer *Steuerung*, und diese Strecken setzen sich insgesamt zu Kreisschaltungen zusammen, in denen *negative Rückkopplungen* für die Aufrechterhaltung des jeweiligen Sollwertes sorgen und damit den Kern des homöostatischen Prinzips repräsentieren.

In dieser Darstellung reduziert sich also ein soeben noch als Charakteristikum des Lebens bezeichnetes Merkmal, die Regulationsfähigkeit des Organismus, auf die dynamische Struktur eines Schaltnetzes. Wie Abbildung 4.11c deutlich macht, spielen in diesem Modell die Kompo-

◄

4.11 Drei historische Darstellungen des Regelungsprinzips in der Biologie. a) Standardisierte Darstellung eines Regelkreises, dessen Funktion die Konstanthaltung einer Regelgröße ist, indem die Abweichung des Istwertes von einem programmierten Sollwert im Regler gemessen wird (die Verrechnung von Ist- und Sollwert ist durch die Schwarzfärbung eines der Quadranten angedeutet). Ergibt sich eine Differenz zwischen Ist- und Sollwert, dann wird ein Stellglied aktiviert, das die Abweichung der Regelgröße kompensiert. (Aus Hassenstein 1965.) b) und c) Zwei Schaltmodelle mit unterschiedlichen Details zur Darstellung der Blutzuckerregelung beim Menschen. (Aus Drischel 1956.) In Teilabbildung b ist angedeutet, daß die Regulation des Blutzuckerspiegels die Zusammenschaltung mehrerer Organisationsebenen zwischen Regelzentrum (Zwischenhirn) und Peripherie (Blut) durch Rückkopplungskreise verlangt.

nenten der traditionellen biologischen Kommunikationssysteme die Rollen von Verbindungsgliedern zwischen Steuerkörpern, in denen Signale (in diesem Fall die chemischen und elektrochemischen Signale des neuroendokrinen Systems) transformiert und verarbeitet werden. Bei der hier dargestellten Blutzuckerregelung ist das Zwischenhirn mit der Hypophyse ein zentrales Schaltwerk, von dem Hormone an das Blut abgegeben werden, etwa das adrenocorticotrope Hormon (ACTH), dessen Botschaft von den Zellen der Nebennierenrinde empfangen wird, was zur Ausschüttung weiterer chemischer Signale, zum Beispiel von Cortisol, führt. In den Zellen von Leber und Muskel (aber nicht in den Zellen anderer Organe) aktiviert Cortisol Enzyme und Transportmechanismen, die ihrerseits die Ausschüttung von Zucker in das Blut fördern. Zuckerempfindliche Rezeptoren im Zwischenhirn melden die Schwankungen des Blutzuckerspiegels an die zuständigen Nervenzellen, die auf derartige Nachrichten mit der Freisetzung hemmender oder aktivierender Neurosekrete reagieren, welche dann in der Hypophyse – in Abhängigkeit vom jeweiligen Bedarf – die weitere Ausschüttung von ACTH in das Blut steuern. Damit schließt sich eine von mehreren Rückkopplungsschleifen in diesem vernetzten System.

Die Tatsache, daß gewisse Verhaltensweisen von Tieren sowie physiologische Leistungen von Organismen kybernetischen Prinzipien folgen und dementsprechend durch Modelle (sogar in Gestalt technischer Spielzeuge) simuliert werden können, hat auf dem Höhepunkt der Popularität der Kybernetik in Europa, in den fünfziger und sechziger Jahren, die optimistische Erwartung beflügelt, nun werde man nach diesem Muster bald sämtliche Lebensprozesse verstehen und abbilden können. Da zur selben Zeit auch die Informationstheorie Einzug in die Biologie hielt und die Morgenröte einer neuen Ära, des Computerzeitalters, sichtbar wurde, paarte sich der kybernetische Optimismus mit der bereits in Abschnitt 3.5.1 erwähnten, noch optimistischeren Annahme, das Gehirn funktioniere wie ein digitaler Computer und werde dementsprechend seine Geheimnisse wohl bald preisgeben.

Es gibt mehrere Gründe, warum in der heutigen Zeit von diesem naiven Optimismus nur mehr wenig zu spüren ist. Zum einen stellte sich bald heraus, daß das Gehirn eben *nicht* wie ein digitaler Computer funktioniert; zum anderen wuchsen – genährt von Kurt Gödels (1931) Entdeckung, daß ein logisches System mit den Begriffen dieses Systems nicht widerspruchsfrei definiert werden kann – die Zweifel, ob das Gehirn jemals imstande sein werde, sich selber vollständig zu durchschauen, das heißt zu beschreiben. Für unsere gegenwärtige Diskussion ist jedoch die Einsicht wichtiger, daß die Regulationsfähigkeit eines Organismus weit über das Phänomen der „Konstanz" und „Konstanthaltung" von physiologischen Variablen hinausgeht. Etwas überspitzt formuliert, könnte man sagen, daß es eine „homöostatische Phase" der integrativen Physiologie gab, die mit Claude Bernard im letzten Drittel des vorigen Jahrhunderts begann und mit der Etablierung des kybernetischen Formalismus etwa zwischen 1950 und 1960 beendet wurde. Seit dieser Zeit ist die integrative Physiologie auf der Suche nach Definitionen und Aspekten der Regulationsfähigkeit des Organismus, die von den Begriffen Homöostase und Regelung nicht oder unvollkommen oder bloß in einem trivialen Sinne erfaßt werden. Einige dieser Aspekte lassen sich ohne Schwierigkeit aus dem begrifflichen Rahmen der Kybernetik heraus entwickeln, andere verlangen jedoch nach alternativen Konzepten.

Dynamische Bereiche Wie schon bei der Besprechung des Energiehaushalts von Zellen angedeutet (Abschnitt 3.6.4), besitzen biologische Systeme nicht nur die Fähigkeit zur Aufrechterhaltung eines stabilen Fließgleichgewichtszustands, also zur *Homöostase*, sondern sie können unter bestimmten Bedingungen auch den geregelten Zustand aufgeben und sich *verändern*. Viele dieser Veränderungen und Bedingungen folgen zwanglos der Logik kybernetischer Modelle, indem Störungen und Belastungen systemare Reaktionen zur Folge haben, die sich als Bestandteile längerfristiger Strategien zur Wiederherstellung kurzfristig aufgegebener Gleichgewichtszustände entpuppen. Andere Veränderungen ergeben sich aus der Umprogrammierung von *Sollwerten*, wodurch geregelte Systeme nun tatsächlich in neue stabile Zustände überführt werden. Ein instruktives Beispiel bietet etwa der Winterschlaf homoiothermer Wirbeltiere, bei dem der Sollwert für die Körpertemperatur vom hohen Normalwert auf einen sehr viel niedrigeren Wert, zum Beispiel auf etwa 5 °C beim Murmeltier, gesenkt wird. Auf diesem niedrigeren Niveau wird der neue Sollwert jedoch genau so gegen Störungen verteidigt wie auf dem höheren Niveau der alte. Die Sollwertverstellung kann an einen endogenen Mechanismus, eine „innere Uhr", gekoppelt sein (Abschnitt „Biologische Uhren", S. 188), wie dies beim jahreszeitenabhängigen Winterschlaf der Fall ist, oder sie wird durch die Störung selbst ausgelöst, wie beim Fieber, von dem angenommen wird, daß es eine gezielte und geregelte Maßnahme des Organismus zur Bekämpfung bakterieller Infektionen ist.

Neben der Verstellung von Sollwerten kann auch die Vernetzung von Regelkreisen zur Entwicklung adaptiver Strategien in einer komplexen Umwelt beitragen. Ein dynamisches System, in dem adaptives Verhalten durch das Zusammenwirken nichtlinear miteinander gekoppelter Teilsysteme zustande kommt, wurde schon von Ashby (1953, 1960) formalisiert und als *ultrastabil* bezeichnet. Technischen *Servosystemen* und *adaptiven Kontrollsystemen* kommt in diesem Sinne die Eigenschaft der Ultrastabilität zu.

Für jedes derartig konstruierte kybernetische System gilt jedenfalls, daß sich sein Verhalten, mag dieses nun rein reaktiv oder endogen gesteuert sein, durch einen *dynamischen Bereich* charakterisieren läßt. Diesen Bereich kann man zum Beispiel energetisch definieren, etwa als die Spanne zwischen einem Ruhezustand mit minimalem Energieumsatz und einem Zustand maximaler Aktivität, wobei die beiden Extremzustände im allgemeinen sehr unterschiedliche Anforderungen an das Gesamtsystem stellen.

Seit mehr als einem Jahrhundert bemüht sich die Physiologie, die Beschreibung der Leistungen von Organismen durch die Definition von Randbedingungen zu standardisieren. So spricht man vom „Basal-", „Erhaltungs-" und „Aktivitätsumsatz" oder von der „anaeroben Schwelle" des Energiestoffwechsels und verlangt für die Bestimmung jedes dieser Umsatzniveaus die Einhaltung von Regeln. Viele Aussagen über die Eigenschaften und Leistungen eines tierischen Organismus sind davon abhängig, ob dessen energetischer Zustand zum Zeitpunkt der Untersuchung genau bekannt war. Die Grenzen des homöostatischen Prinzips werden jedoch offenbar, wenn sich die Frage nach der Organisation, Erhaltung und Nutzung des jeweiligen dynamischen Bereichs stellt. So wird die funktionelle Struktur des Grundumsatzes eines Tieres von Bedingungen und Zwängen beeinflußt, die erst im Zustand der maximalen Aktivität oder langfristigen Belastung sichtbar werden, also das Resultat einer spezifischen, von Ökologie und Phylogenie diktierten Lebensweise sind. Zwischen den basalen und maximalen Leistungsniveaus homoiothermer Tiere besteht zum Beispiel eine ziemlich konstante, vom Absolutwert des Grundumsatzes weitgehend unabhängige Beziehung. Der aerobe dynamische Bereich verschieden großer Säugetierarten, von der Spitzmaus bis zum Pferd, beträgt in etwa das Zehnfache des Grundumsatzes (Taylor 1982; Taylor und Heglund 1982). Die mit der Energieversorgung befaßte Maschinerie, von den Mitochondrien (Abbildung 3.15) bis zum Kreislaufsystem und den Muskeln, muß derart konstruiert sein, daß Stoffflüsse und Energieumsätze um diesen Faktor variieren können, ohne dabei die Funktionsfähigkeit des Systems zu gefährden. *Wie* dynamisch dieser Bereich ist, zeigt zum Beispiel die Tatsache, daß humorale Faktoren und Botenstoffe den Stoffdurchsatz durch die Glykolyse bis auf das Tausendfache, den Blutfluß durch die Kapillaren der Haut um das Hundertfache (Krogh 1929) beschleunigen können. Dies ist eine *System*eigenschaft, denn die Kapazität des Organismus ist von der Leistung, durch die sie entladen wird, unabhängig: Kleine Säugetiere erreichen die Grenzen ihrer Leistungskapazität durch zitterfreie Wärmebildung in einer kalten Umgebung, große Säugetiere hingegen durch maximale lokomotorische Aktivität. Derartige Aspekte der biologischen Realität lassen sich nicht unmittelbar aus kybernetischen Theorien ableiten und nicht am Begriff der Homöostase festmachen. Sie vermitteln vielmehr die Vorstellung von adaptiven Systemen, die sich gewissermaßen jene Zustände und Leistungsniveaus aussuchen, die den jeweils herrschenden ökologischen Bedingungen und phylogenetischen Zwängen am angemessensten sind.

Leistungsmaximierung, Entropieminimierung, Optimierung   Aus den soeben diskutierten Befunden ist zu folgern, daß die Regulationsfähigkeit von Organismen durch die Anwendung bloß mechanistischer Kriterien nicht vollständig erschlossen werden kann. Wir sind vielmehr aufgerufen, sowohl die Herkunft wie die Lebensweise des jeweiligen Organismus in Betracht zu ziehen. Damit erhält die kybernetische Analyse biologischer Systeme eine evolutionäre Dimension. Der folgende Gedankengang mag dies nochmals deutlich machen.

– Um im „Lebenskampf" bestehen zu können, müssen Organismen ihre Reproduktionsleistung maximieren. Dies impliziert die Maximierung der Nahrungsaufnahme und Nahrungsverwertung über die Bedürfnisse der reinen System*erhaltung* hinaus. Einer der ersten, die dieses Prinzip zu formulieren versuchten, war der amerikanische Physiker und spätere Populationsforscher A. J. Lotka, der sich in seinem bahnbrechenden Buch *Elements of Physical Biology* (1925) folgendermaßen ausdrückte: »Natural selection tends to make the energy flux through the system a maximum, so far as compatible with the constraints to which the system is subject.«

– Der Hinweis auf die Einschränkungen und Zwänge (*constraints*), denen das System unterworfen ist, macht deutlich, daß der Begriff der *Maximierung* in diesem Zusammenhang nur als *relative* Maximierung aufgefaßt werden kann, also etwa im Sinne von „so viel wie möglich". Der Teufel der eindeutigen Definition steckt allerdings im Detail dieser Möglichkeiten (deren eine ich bereits bei der Analyse der Optimierung des Energiehaushalts von Zellen (Abschnitt 3.6.3) besprochen habe).

– Dem Zwang zur Maximierung der Reproduktionsleistung steht ein alternatives Prinzip gegenüber: die aufgrund der Konkurrenz um begrenzte Ressourcen notwendige *Effizienz der Energienutzung*. In Analogie zu dem von Glansdorff und Prigogine (1971) eingeführten thermodynamischen Begriff (Abschnitt 1.1) kann auch vom Prinzip der *Entropieminimierung* (eigentlich Minimierung der Entropie*produktion*) in biologischen Systemen gesprochen werden.

– Die Alternative von Leistungsmaximierung und Entropieminimierung erklärt, warum wir in Lebensprozessen sowohl das Prinzip der *Verschwendung* wie das der *Ökonomie* wiederzufinden meinen.

– Da in einem dynamischen offenen System Leistung und Effizienz nicht gleichzeitig beliebig gesteigert werden können (beziehungsweise die Entropieproduktion nicht beliebig gesenkt werden kann), muß es in Organismen zwischen diesen beiden Tendenzen zu Kompromissen kommen. Jener Kompromiß, der die Überlebensfähigkeit und Fitneß eines Individuums am ehesten garantiert, kann als das *evolutionäre* oder *globale Optimum* bezeichnet werden.

– Organismen haben jedoch sehr unterschiedliche Funktionen zu erfüllen. Dynamische Gleichgewichte sind zu verteidigen, man muß sich entwickeln und wachsen, man muß fressen, atmen, jagen, sich vor Feinden schützen und so weiter. Jede dieser Funktionen ist mit Kosten und Nutzen verknüpft. Ressourcenverbrauch wird als *Kosten* definiert, Erhöhung der Überlebenswahrscheinlichkeit sowie der Reproduktionsleistung (Fitneß) als *Nutzen*. Da jedoch für die Kosten-Nutzen-Rechnung jeder einzelnen Funktion unterschiedliche Kriterien gelten, muß es auch zwischen den Leistungen eines Organismus – soweit sie um eine gemeinsame Größe (meist Energie oder Zeit) konkurrieren – zu lokalen Kompromissen kommen, die wir als *lokale Optima* bezeichnen.

Die Definition und Analyse lokaler Optima in Organismen ist ein Anliegen von Physiologie und Verhaltensforschung. Mit der Feststellung der Beziehungen zwischen lokalen Optima sowie zwischen diesen und dem globalen Optimum (der maximal möglichen Fitneß) eines Individuums leisten Physiologie und Verhaltensforschung wichtige Beiträge zur Evolutionsbiologie. Allerdings ist der Zusammenhang zwischen dem Nutzen oder Erfolg einer spezifischen physiologischen Leistung und dem Fitneßgewinn des jeweiligen Individuums sehr lose, seine Signifikanz schwer abzuschätzen. Dementsprechend sind lokale funktionelle oder strukturelle Optima gewissermaßen als *Wechsel* auf die Zukunft anzusehen, die dem Individuum von einer evolutionären

Instanz ausgestellt werden. Je häufiger ein Individuum im Laufe seines Lebens erfolgreich ist, desto größer ist die Wahrscheinlichkeit, daß seine Wechsel einmal zur Auszahlung kommen werden.

Die Ansichten über die Natur der Beziehung zwischen den vielen lokalen Optima und dem globalen Optimum der Fortpflanzungsleistung haben sich im Laufe dieses Jahrhunderts stark gewandelt. Zu dessen Beginn formulierte Meltzer (1907) die damals vorherrschende Meinung, die strukturellen und funktionellen Sicherheitsfaktoren von Lebewesen seien vom Prinzip des Überflusses geprägt. So erwähnte Meltzer das Beispiel der inneren Organe, von denen – wie er meinte – ein Bruchteil der Gesamtmasse für die Erhaltung der Lebensfunktionen ausreiche: Ein Säugetier könne mit zehn Prozent der beiden Nebennierenrinden leben, mit 20 Prozent der Schilddrüse oder der Bauchspeicheldrüse, mit nur einer Niere und so weiter. Cannon (1932, 1960) schloß sich dieser Interpretation mit weiteren Beispielen an. So wies er auf die hohen Reserve- und Sicherheitskapazitäten beim Blutdruck, beim Zucker- und Calciumgehalt des Blutes sowie beim Glykogengehalt der Leber und der Muskeln hin.

Sowohl Meltzer wie Cannon begingen allerdings den Fehler, die Reservekapazitäten von Lebewesen an deren *Grundumsatz* zu messen. Tatsächlich muß sich ein dynamisches System jedoch auf die *maximale Belastung* einstellen. Vergleichen wir die Leistungskapazität eines Organismus mit der im normalen Lebenslauf zu erwartenden maximalen Belastung, dann tritt ein Prinzip in den Vordergrund, das Weibel und Taylor (1981) *Symmorphose* genannt haben, worunter das Gegenteil von Verschwendung und Überfluß, nämlich die grundsätzliche Ökonomie biologischer Konstruktionen gemeint ist. Nach diesem Prinzip sind die strukturellen und funktionellen Merkmale einer physiologischen Prozeßkette so aufeinander abgestimmt, daß bei maximaler Belastung die beanspruchten Gewebe gerade ausreichend mit der benötigten Energie und den benötigten Stoffmengen versorgt werden können, also ohne daß es zu Engpässen kommt, aber auch ohne die Aufrechterhaltung nicht ausgeschöpfter und daher überflüssiger und teurer Kapazitäten (Diamond und Hammond 1992). Weibel, Taylor und Hoppeler

(1991) haben die Realisierung des Prinzips der Symmorphose am Beispiel der Atmungskette bei verschieden großen und verschieden leistungsfähigen Säugetieren – von der Spitzmaus bis zum Stier – untersucht. Dabei stellte sich heraus, daß die Ventilationskapazität der Lunge, die Diffusionskapazität der Alveolen, die Transportkapazität des Blutes, die Pumpkapazität des Herzens und die Leistungskapazität der Mitochondrien in den Muskeln tatsächlich so aufeinander abgestimmt sind, daß die Extremitätenmuskeln bei der für das jeweilige Tier registrierten maximalen Dauerleistung ohne Defizite, aber auch ohne Staus mit Sauerstoff versorgt werden können. Ist die maximale mechanische Leistungsfähigkeit eines Tieres doppelt so hoch wie die eines anderen von gleicher Größe (wie zum Beispiel beim Hund im Vergleich zur Ziege), dann erweist sich auch die Kapazität der Atmungskaskade als rund doppelt so groß. Dabei ist allerdings zu beachten, daß die Änderung der Gesamtkapazität des Systems durch Verstellung unterschiedlicher System*parameter* erreicht werden kann, die Änderung der Transportkapazität des Blutes zum Beispiel durch Verstellung des Hämatokrit (der Menge der Erythrocyten im Blut) *oder* durch Erhöhung der Herzschlagfrequenz *oder* durch Erhöhung des relativen Herzvolumens. Verschiedene Tierarten erreichen dasselbe Ziel, indem sie gewissermaßen an verschiedenen Schrauben der Anpassungsmaschinerie drehen. Ehe das Prinzip der Symmorphose als verifiziert oder falsifiziert angekündigt werden kann, müssen also sämtliche in Frage kommenden Systemparameter bekannt und quantitativ definiert sein, und das ist eine meist gar nicht oder nur näherungsweise erfüllbare Bedingung.

Die Abstimmung einzelner Systemparameter auf eine zu erwartende Maximalbelastung kann entweder konstitutiv sein, das heißt in den jeweiligen Phänotyp fest eingebaut, oder aber genetisch programmiert, also als latente Möglichkeit, die erst durch die tatsächliche Belastung aktiviert wird. Ersteres gilt für viele morphologische Merkmale, wie für die oft zitierten statischen Eigenschaften des Wirbeltierskeletts (Alexander 1982), letzteres zum Beispiel für die Leistungen des Nahrungsaufnahme- und -verwertungsapparats. Bei weiblichen Mäusen kann es unter dem Druck der kombinierten Belastung von Trächtigkeit, Kälte und Streß zu einem weitreichenden Umbau der Darmschleimhaut, der Leber und sogar des Nierengewebes und damit zu einer phantastisch anmutenden Erhöhung der Fähigkeit zur Stoffverwertung kommen (Hammond et al. 1994).

Die schon von Goethe implizierten (Abschnitt 4.2) und von Lotka (1925) explizit gemachten Zwänge und Einschränkungen, denen dynamische Systeme unterworfen sind, umfassen auch den Zwang zur wechselseitigen Abstimmung sämtlicher energieverbrauchenden Prozesse. Keiner dieser Prozesse läßt sich beliebig beschleunigen, auch wenn es vordergründig so aussehen mag, als wäre dies ein für die Reproduktionsleistung wünschenswertes Ergebnis. Aber Reproduktions- und Wachstumsleistungen geraten an Grenzen, wenn eine weitere Beschleunigung nur durch den Abzug von Mitteln aus anderen lebenswichtigen Posten des Energiebudgets zustande kommen kann. Wir sind heutzutage in der Lage, diese Behauptung kurzfristig testen zu können, da mittels gentechnischer Methoden entweder durch gezielte Mutationen oder durch Einführung fremder Gene einzelne Leistungen von Zelllinien und Generationsfolgen massiv gesteigert werden können. So sind überproportional schnell wachsende „Supermäuse" (Kajiura und Rollo 1994) und „Superlachse" (Farrell et al. 1996) konstruiert worden, und bei einer hermaphroditischen Nematodenart konnte die Spermienproduktion im Vergleich zur Wildform um 50 Prozent erhöht werden (Hodgkin und Barnes 1991). In allen derartigen Fällen gelang dieser Maximierungsschub jedoch nur um den Preis einer verminderten Energiezuteilung an andere Leistungen der Tiere, was unter natürlichen Bedingungen wohl zu einer verminderten Gesamtfitneß der genetisch manipulierten Form geführt hätte. Im Falle der Nematoden ließ sich letztere Annahme sogar beweisen: Beim direkten Wettbewerb zwischen der Wildform, die im Durchschnitt pro Individuum 327 Nachkommen produzierte, und der Mutante, die es auf rund 500 Nachkommen brachte, blieb die genügsame Wildform eindeutig Sieger, sie verdrängte die rekordverdächtige Mutante aus dem experimentellen Lebensraum. Die Zahl von durchschnittlich 330 Nachkommen, wie sie auch bei direkt im Freiland gesammelten Individuen beobachtet wurde, erweist sich demnach als das „globale" Fertilitätsoptimum der Art. In diesem Sinne war auch die Optimierung eines Transportprozesses in Zellen interpretiert worden (Exkurs „Optimierung eines Transportprozesses", S. 223).

Woran „erkennt" nun ein Organismus, wo die Optima seiner Leistungen liegen? Von Versuchen mit nesthockenden Vögeln (Lack 1947, 1954) wissen wir, daß deren Bruterfolg einerseits vom Nahrungsangebot, andererseits von der Fähigkeit der Eltern, dieses Angebot für die Aufzucht der Jungen zu nützen, abhängt. Die Meßgröße, die die in Frage kommenden Variablen Nahrungsreichtum, Leistungsfähigkeit der Eltern sowie Zahl und Wachstumsrate der Jungen miteinander verknüpft, ist Energie pro Zeit, also eine *Leistung*. Dabei zeigt sich, daß (in Übereinstimmung mit Lotkas Postulat) die Tendenz besteht, die Gelegegröße in Abhängigkeit von den jeweils herrschenden Umweltbedingungen zu *maximieren*, also jene Zahl von Nachkommen anzustreben, die von den Eltern gerade noch zu flüggen Jungen herangezogen werden können. Was David Lack noch nicht wußte, ist die Tatsache, daß die Vögel bei ihren Entscheidungen nicht nur die aktuellen Umweltbedingungen, sondern auch die zukünftiger Jahre in Betracht zu ziehen scheinen. Sie erbrüten nämlich etwas *weniger* als die jeweils maximal mögliche Eizahl, als würden sie in Erwartung schlechter künftiger Jahre mehr Bedacht auf das Anlegen eigener Körperreserven legen.

Umgekehrt gilt für physiologische Leistungen die Tendenz, eine bestimmte Tätigkeit mit einem *Minimum* an Energieaufwand – also mit höchster Effizienz und minimaler Entropieproduktion – auszuführen. Ein elegante Demonstration dieses Zusammenhangs bietet die energetische Analyse der Lokomotion von Wirbeltieren. Hoyt und Taylor (1981) haben den Energieumsatz von Pferden beim Gehen, Traben und Galoppieren gemessen und festgestellt, daß sich für jede dieser drei Bewegungsarten eine U-förmige Beziehung zwischen Energieaufwand und Geschwindigkeit nachweisen läßt. In allen drei Fällen gibt es eine mittlere Geschwindigkeit, bei der der Energieaufwand minimal ist. Beobachtet man Pferde in freier Wildbahn, dann zeigt sich, daß sie sowohl beim Gehen wie beim Traben und Galoppieren mit hoher Signifikanz

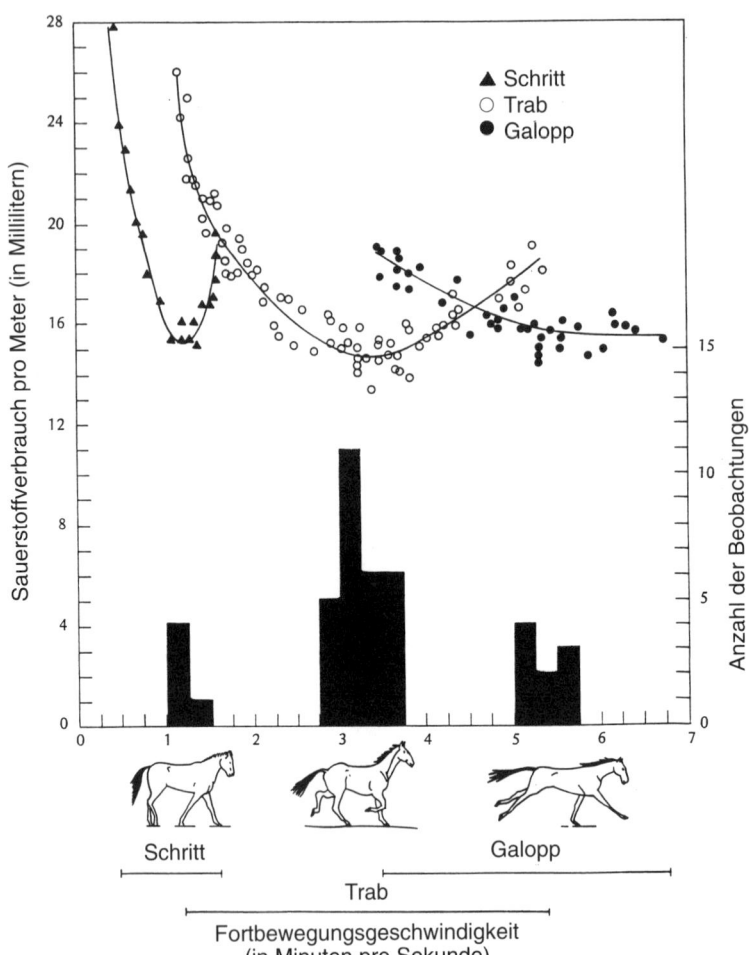

4.12 Demonstration des energetischen Prinzips der Kostenminimierung am Beispiel der Lokomotion von Pferden (nach Hoyt und Taylor 1981). Die drei Kurven repräsentieren die mittleren Kosten der Fortbewegung (in Milliliter Sauerstoff pro Meter) als Funktion der Geschwindigkeit im Schritt, Trab oder Galopp. Die schwarzen Säulen zeigen, welche Geschwindigkeiten Pferde in freier Wildbahn wählten.

jene Geschwindigkeit bevorzugen, bei der die Kosten der Fortbewegung am geringsten sind (Abbildung 4.12).

Der Schluß erscheint gerechtfertigt, daß die Einstellung sowohl des „globalen" Reproduktionsoptimums wie der „lokalen" physiologischen Optima irgend etwas mit dem Messen und Vergleichen von Energieumsätzen zu tun hat, wobei entweder die maximal möglichen *Investitionen* oder die gerade noch tragbaren *Kosten* Richtmaß sein können. Stimmt diese Hypothese, dann sind lokale Optima nur dort zu erwarten, wo die Beziehung zwischen der jeweiligen Leistung und der Gesamtfitneß der Population mehr oder minder deutlich hergestellt werden kann – also wenn die oben erwähnten Wechsel tatsächlich zur Auszahlung kommen. Ist dies nicht möglich, dann reichen auch lange Evolutionszeiten nicht aus, um Sicherheitsfaktoren und Kapazitäten genau auf eine zu erwartende Belastung abzustimmen. In solchen Fällen mag dann durchaus der Eindruck entstehen, die Evolution folge dem Prinzip des Überflusses, während in all jenen Fällen, in denen der zum Erreichen eines bestimmten Zieles notwendige Leistungsverbrauch gemessen werden kann, das Prinzip der Ökonomie zu dominieren scheint.

Die Spannung zwischen Überfluß und Ökonomie mag als ein weiteres Merkmal der *belebten* im Vergleich zur *unbelebten* Natur gelten, denn von letzterer meinte Newton (im Vorwort zur *Principia*), daß sie ausschließlich dem Prinzip der Einfachheit und Ökonomie folge (»*Natura enim simplex est, et rerum causis superfluis non luxuriat*«).

Phänotypische innere Selektion: Eine nichtkybernetische Organismustheorie

Zu Beginn dieses Abschnitts werfen wir nochmals einen kurzen Blick zurück in die Geschichte der Physiologie, um einen Faden des Geflechts organismischer Theorien aufzugreifen, der bei der Besprechung der Entwicklung kybernetischer Ideen, von Claude Bernard bis Norbert Wiener, liegengeblieben war. Auf der Suche nach den für die Steuerung tierischen Verhaltens verantwortlichen Mechanismen repräsentierten kybernetische Modelle einen Fortschritt gegenüber den Bemühungen, physiologische Leistungen und Verhaltensweisen ausschließlich als Projektionen von Reflexketten zu sehen. Letzteres war im Gefolge der bahnbrechenden Entdeckungen von Iwan Pawlow (1849–1936) und Charles Sherrington (1857–1952) immer wieder versucht worden. Obwohl also kybernetische Modelle mit ihren mechanistischen Prinzipien, wie Homöostase, Regelung, Sollwertverstellung, Ultrastabilität und so weiter, das ältere Reflexmodell ersetzt und auf grundsätzliche Weise erweitert hatten, erschienen sie vielen Praktikern und Theoretikern noch immer als völlig unzureichend, um einer adäquaten Theorie vom Organismus dienen zu können. Ein eloquenter und seinerzeit vielbeachteter Ausdruck der Unzufriedenheit mit herrschenden Organismustheorien ist das Buch *The Organism* des Neurologen und Psychiaters Kurt Goldstein (1871–1965). Dieser war bei der Behandlung gehirngeschädigter Opfer des ersten Weltkrieges mit den erstaunlichen Fähigkeiten des Gehirns zur Wiederherstellung beeinträchtigter Funktionen konfrontiert worden und dabei zu der Überzeugung gelangt, daß keine auf Schaltnetzen (von Reflexen ganz zu schweigen) und digitaler Logik beruhende Theorie imstande sei, die grenzenlose Anpassungsfähigkeit, Variabilität und Flexibilität organismischen Verhaltens zu erklären. Niemals könne man, so betonte er, den Organismus aus seinen Einzelteilen zusammensetzen, man müsse vielmehr immer den ganzen Organismus im Auge behalten, denn alles hänge mit allem zusammen. Aus heutiger Sicht ließe sich freilich argumentieren, daß auch logische Regelsysteme in hohem Maße adaptives und flexibles Verhalten zeigen können, solange sie nur ausreichend komplex gebaut und mit ausreichender Informationskapazität ausgestattet sind. Diese Argumentation schließt jedoch nicht aus, daß für das adaptive Verhalten von Organismen tatsächlich auch Prinzipien verantwortlich sind, die sich der konventionellen Schaltnetzlogik einer aristotelischen Denkweise entziehen.

Kurt Goldstein war nicht in der Lage, eine alternative Organismustheorie zu entwerfen; ihm fehlte ein klares begriffliches Konzept zur Integration des großen Reichtums seiner Erfahrungen mit den adaptiven Leistungen des menschlichen Organismus. Heute, 60 Jahre später, läßt sich ein derartiges Konzept zumindest ansatzweise formulieren, indem der Organismus nicht bloß als ein durch Evolution *entstandenes*, sondern auch als ein in Evolution *begriffenes* System verstanden wird. Es gibt gute Gründe anzunehmen, daß das Verhalten des Organismus nicht nur in ein phylogenetisch programmiertes Regelwerk eingebettet ist, sondern auch von lösungssuchenden Strategien seiner Teile bestimmt wird, die gemäß dem Selektionsprinzip der biologischen Evolution operieren. Nach diesem Prinzip gehört die Suche nach der *bestmöglichen Abstimmung zwischen den Interessen der Teile und den Bedingungen und Zwängen des Systems und der Umwelt* zum erweiterten homöostatischen Rüstzeug des Organismus. Unvorhersagbare Veränderungen der Umwelt können so zu Bestandteilen phänotypischer Lösungswege werden, und die Versuche des Organismus, diese Wege zu optimieren, enthalten eine prinzipiell indeterminierte Komponente.

Goldstein sah diese Auseinandersetzung nicht bloß als eine zwischen dem Organismus und seiner Umgebung, sondern auch als die zwischen dem gestörten oder gereizten Teil des Organismus (den Goldstein als Vordergrund bezeichnete) und dem Rest des Organismus (dem Hintergrund). Voraussetzung für die Einstellung eines adaptiv-harmonischen Verhältnisses zwischen Organismus und Umwelt wäre somit auch die Abstimmung zwischen den Vorgängen im jeweiligen Zentrum einer Störung und sämtlichen peripheren Systemzuständen (»... a reaction at one point of the organism is the more accurate the more precise the relation is between the near process ('the foreground process') and the process in the rest of the system ('the background process')«; Goldstein 1995, S. 100). So vage dieses Konzept zunächst erscheinen mag, liefert es doch konkrete Ansatzpunkte für weitere Untersuchungen.

– Experimentelle Befunde haben zum Beispiel in den letzten Jahren zu der Entdeckung geführt, daß Nervensystem, Hormonsystem und Immunsystem auf unerwartet intensive Weise miteinander zu kommunizieren vermögen (Abschnitt „Supernetz“, S. 375).
– Kommt es an irgendeinem Punkt zu einer Veränderung im dynamischen Zustand des Organismus – als Folge eines äußeren Reizes oder einer inneren Störung –, dann werden weite Bereiche des Kom-

munikationsnetzwerkes durch chemische und elektrochemische
Signale über Ausmaß und Form dieser Veränderung informiert. Auch
diese Ausbreitung von Signalen und Erregungsfeldern ist, zumindest
im Prinzip, der Beobachtung zugänglich.

– An vielen Punkten des Netzwerkes induzieren Erregungsfelder
lokale Reaktionen sehr unterschiedlicher Art und Stärke. Aus diesem
Spektrum lokaler Antworten wird dann diejenige selektiert, die am
ehesten geeignet erscheint, den ursprünglichen oder einen anderen
harmonischen Zustand des Organismus herzustellen – also etwa im
Sinne des oben angedeuteten Auswahlverfahrens, das zur Einstellung des Systems auf Zustände entweder mit minimaler Entropieproduktion oder mit maximaler Leistungsfähigkeit führt.

– An diesem Selektionsprozeß sind weite Bereiche des kommunikati-
ven Netzwerkes beteiligt. Entscheidungen werden durch „Vergleiche" und nicht durch „Dekrete" von irgendwelchen Zentralen getroffen – obwohl es natürlich Stellen im System gibt, die bei der Integration von Signalen sowie als Kommandozentren für ausführende
Organe Schlüsselrollen spielen.

Angelpunkt dieser Betrachtungsweise ist, daß mit ihr das Begriffs-
schema der Evolutionstheorie auch auf das individuelle Leben des Organismus selbst übertragen wird. Unter diesem Blickwinkel wird der
Organismus nicht nur als eine besonders komplizierte Maschine angesehen, sondern auch als eine besonders große Population von Zellen,
die allerdings auf viel intensivere und spezifischere Weise miteinander
kommunizieren als die Individuen tierischer Sozietäten. Das bedingt
wiederum, daß das intakte System sowohl deterministischen wie probabilistischen Regeln folgt. Überall dort, wo Teile durch Strukturen fest
miteinander verknüpft sind (die Beziehungen also gewissermaßen zur
„Hardware" des Systems gehören), stehen deterministische Regeln im
Vordergrund, während überall dort, wo die Beziehungen locker genug
sind, um eine unbestimmte Zahl struktureller Konstellationen zuzulas-
sen, die getroffenen Entscheidungen von probabilistischen Elementen
durchsetzt sind. Das erklärt, warum der Organismus sowohl den Ein-

druck einer kybernetischen Regeln folgende Maschine machen kann als
auch den eines Systems, dessen Verhalten sich bevorzugt mit spieltheo-
retischen und populationsbiologischen Begriffen beschreiben läßt.
Diese Betrachtungsweise des Organismus hat eine lange Geschichte
und ruht auf einer großen Zahl von Indizien, die gerade in den letzten
Jahrzehnten in verschiedenen Bereichen der Biologie sichtbar geworden sind und sich mancherorts bereits zu lokalen Theorien verdichtet
haben. Beim Erzählen dieser Geschichte sollte allerdings nicht übersehen werden, daß sich ihre Anfänge bis zu Wilhelm Roux (1850–1924),
einem der Begründer der Entwicklungsphysiologie, zurückverfolgen
lassen.

**Vom »Kampf der Theile im Organismus« zu „genetischen Kon-
flikten"** Die Ordnungsbegriffe sowohl der klassischen Morphologie
wie die der klassischen Physiologie basierten auf der Vorstellung einer
prästabilisierten Harmonie, der Harmonie einer *Gestalt* (»deren Teile in
allem Wechsel doch immer wieder in derselben Anordnung wiederkeh-
ren«, wie es Hans Spemann (1915, S. 66) ausdrückte). Demgegenüber
betonte W. Roux in einem im Jahre 1881 erschienenen aufsehenerre-
genden Buch, daß sich der Zusammenschluß von Zellen zu einem vielzelligen Organismus niemals ohne Reibungen und Konflikte, sondern
vielmehr im »Kampf der Theile« vollziehe. Welche Bedingungen müssen erfüllt sein, so fragte er, damit sich Zellen, deren relative Selbstän-
digkeit und Regulationsfähigkeit er bei seinen embryologischen Experimenten beobachten konnte, in die Abhängigkeit eines Gewebeverbandes oder Organismus begeben? Im Gegensatz zu den bis dahin
gebräuchlichen Betrachtungsweisen war für Wilhelm Roux und die
junge Schule der Entwicklungsmechaniker das Hauptproblem der Biologie nicht die Ergründung des „Wesens" des Organismus, nicht einmal
so sehr die seines Funktionierens, sondern die seiner *Entstehung*; und
zwar sowohl im Sinne der Evolution „höherer" aus „niederen" Formen
(*Phylogenese*) als auch im Sinne der Entstehung eines vielzelligen Organismus aus einer Eizelle (*Ontogenese*).

Indem Roux die von Darwin auf Populationen von Individuen angewandten Begriffe und Argumente auf den Organismus übertrug, erschien die Entstehung biologischer Organisation ebenso als das Ergebnis der Auseinandersetzung zwischen Teilen (Molekülen, Zellen, Organen) um einen vom Organismus gestifteten Preis wie die Entstehung von Anpassung als das Ergebnis einer Auseinandersetzung zwischen Individuen um einen von der Umwelt gestifteten Preis. Roux postulierte, in einer Zelle kämpften die Moleküle und in einem Gewebeverband die Zellen um Vorherrschaft. Seine Beschreibungen klingen, dem Jargon der Zeit entsprechend, recht kriegerisch: »Ausser durch den Kampf der Theile um den Raum im Stoffwechsel, oder um die Nahrung bei Mangel derselben ... können neu auftretende Eigenschaften auf directem Wege, nämlich im directen Kampfe mit den alten siegen und sich ausbreiten, indem letztere entweder direct zerstört oder von den neuen verbraucht, assimiliert werden ...« (Roux 1881, S. 87).

Freilich reichte die damals zur Verfügung stehende Information nicht aus, um über die Waffen sowie über die Arena, auf der solche Kämpfe im Organismus ausgefochten werden könnten, Klarheit zu gewinnen. So war es sicherlich irreführend, die *Dynamik des Stoffwechsels* mit ihren zu- und abnehmenden Konzentrationen von Stoffen als den Ausdruck eines „Kampfes" zwischen Molekülen anzusehen. Roux führte etwa das Beispiel der stillenden Mutter an, bei der die erhöhte Abfuhr von Calciumsalzen mit der Milch zur Störung der Kalkeinlagerung in den Knochen führen kann. »Hier findet also« – so resümiert er – »der Kampf der Milchdrüse mit den Knochen dadurch statt, dass die Zellen der ersteren die Kalksalze stärker aus den Transsudaten anziehen als die Knochengrundsubstanz und sie der letzteren vorwegnehmen« (Roux 1881, S. 106). Nach heutiger Auffassung demonstriert dieses Beispiel jedoch eher die Fähigkeit des Organismus, den Fluß von Stoffen nach dem Prinzip der *Priorität des Bedarfs* zu steuern. In ihm kommt also die *Kontrollfunktion* des Systems zum Ausdruck und nicht ein internes Prinzip des „Kampfes" zwischen dessen Teilen.

Hinter dem, was Roux den »Kampf der Theile im Organismus« nannte, verbergen sich zwei evolutionäre Strategien, zwischen denen im Hinblick auf das Thema dieses Kapitels unterschieden werden muß.

1. *Konflikte.* Vom Standpunkt der klassischen Evolutionstheorie münden die Konkurrenzkämpfe zwischen Individuen in der Überlegenheit der am besten angepaßten Individuen und ihrer Nachkommen. Die Unterlegenen sterben aus oder werden in andere Nischen abgedrängt. Innerhalb von Zellen und Organismen kann es ebenfalls zu Auseinandersetzungen kommen, die sich jedoch von Konkurrenzkämpfen zwischen gleichrangigen Individuen unterscheiden. Es handelt sich dabei vielmehr um den Konflikt zwischen den Autonomietendenzen replikationsfähiger Teile – genetischen Elementen oder Zellen – und den Kontrollen des übergeordneten Systems: Genom oder Organismus (Leigh 1971). Während der Konflikt zwischen autonom wuchernden Krebszellen und den Kontrollmaßnahmen des Organismus die Menschheit seit Jahrhunderten beschäftigt, ist das Ausmaß *genetischer Konflikte* erst mit den Mitteln der molekularen Genetik in den letzten Jahrzehnten sichtbar gemacht worden. Die Vielfalt derartiger Konflikte ist erstaunlich, und ihre Entdeckung hat unsere Vorstellungen vom genetischen Fundament, auf dem die phänotypische Konstruktion des Organismus ruht, auf das nachhaltigste beeinflußt (Maynard Smith und Szathmáry 1995; Hurst et al. 1996). Wir kennen heute fast ein Dutzend verschiedener Fälle, in denen es zwischen den Autonomietendenzen genetischer Elemente und den Zwängen des Systems zu Konflikten kommt, die in Kompromissen münden. So können in Organismen mit geschlechtlicher Fortpflanzung genetische Elemente den geordneten Verlauf der meiotischen Zellteilung durchbrechen und ihre eigene Vermehrung (das heißt ihre Präsenz in der nächsten Generation) auf Kosten der Vermehrung anderer Elemente betreiben (*meiotic drive* oder „ungleichgewichtige Segregation"; Hurst et al. 1996; Maynard Smith und Szathmáry 1996). Andere Gene wiederum können das Geschlecht von Keimzellen beeinflussen, indem sie einem der beiden

Geschlechter überdurchschnittliche Repräsentation in der nächsten Generation verschaffen; bei Säugetieren können mütterliche Gene das Schicksal des Fetus beeinflussen, wie umgekehrt fetale Gene physiologische Vorgänge in der mütterlichen Plazenta zu steuern vermögen (Haig 1993), und so weiter. Für alle derartigen Konflikte gilt, daß sie nicht zur Zerstörung des Systems, des Genoms oder Organismus, geführt haben. In ihrer Sichtbarkeit dokumentiert sich vielmehr der Grad der Autonomie, der genetischen Elementen im Verband eines Organismus möglich ist, ohne dessen Fitneß gravierend zu beeinträchtigen. Sämtliche bekannt gewordenen Fälle können dementsprechend als Beweise für den Sieg des kooperativen Zwanges über die Autonomie angesehen werden.

2. *Phänotypische innere Selektion.* Den Konflikten zwischen quasi-autonomen Teilen und übergeordneten Systemen steht die hier als *phänotypische innere Selektion* bezeichnete Strategie gegenüber. Dabei handelt es sich um ein probabilistisches Verfahren, mit dessen Hilfe komplexe dynamische Systeme versuchen, adaptive Antworten auf von der Umwelt gestellte Fragen zu finden. Der Erfolg und die weite Verbreitung dieser Strategie in Organismen haben damit zu tun, daß es für dynamische Systeme ab einem bestimmten Grad der Komplexität unmöglich ist, Lösungen für sämtliche von einer chaotischen Umwelt gestellten Aufgaben gewissermaßen fertig verpackt bereitzustellen. Die einzig praktikable Strategie scheint die zu sein, einen gewissen Rahmen vorzugeben und dann das System in die Lage zu versetzen, sich innerhalb dieses Rahmens die jeweils optimale Lösung selbst zu suchen. Das bedeutet in der Praxis, daß aus einer großen Zahl angebotener Lösungsvarianten die geeignetste ausgewählt wird. Lokale Selektionsprozesse dieser Art scheinen für die Aufrechterhaltung des dynamischen Zustands von Organismen unentbehrlich zu sein; sie gehören dementsprechend zum inneren Kern einer evolutionären Organismustheorie.

Neuraler Darwinismus und andere lokalisierte Selektionsverfahren
Die Idee, daß in komplexen dynamischen Systemen die Lösungen vieler Probleme nicht von einer zentralen Instanz diktiert, sondern vom System selbst gefunden werden, daß die richtige Lösung also nicht durch *Instruktion* zustande kommt, sondern durch *Selektion* aus einem Repertoire angebotener Lösungsvarianten, hat sich in verschiedenen Bereichen der Biologie schon seit längerem angekündigt und in letzter Zeit weitgehend durchgesetzt (Plotkin 1994; Dennett 1995). Ich möchte die Diskussion dieser Entwicklung auf vier Beispiele konzentrieren.

1. *Zellstoffwechsel*. Die in Abschnitt 3.6.2 diskutierte Kontrolltheorie des Zellstoffwechsels wurde von Kacser und Burns (1979) als demokratische Alternative zu einer zentralistischen Theorie der Kontrolle des Stoffwechsels von Zellen verstanden. Danach sollen Antworten des Stoffwechselnetzes auf Störungen nicht von einzelnen Punkten – den regulatorischen Ungleichgewichtsenzymen – *diktiert*, sondern vom gesamten Netz oder zumindest von einem Teilbereich des Netzes *gefunden* werden. Lokalisierte Reaktionen des Netzes auf eine spezifische Störung werden miteinander verglichen, aufeinander abgestimmt und schließlich zu einer „globalen" Antwort verbunden.

2. *Immunsystem*. Die Strategien des Immunsystems der Wirbeltiere zur Bekämpfung von Krankheitserregern und anderen Fremdkörpern sind das nun schon klassische Beispiel eines somatischen Selektionsprozesses (Burnet 1959; Jerne 1971; Tonegawa 1983). Dieser Prozeß findet auf zwei Ebenen statt: zuerst im *Thymus* (innere Brustdrüse), in dem unter den hindurchströmenden Zellen des Immunsystems, den *Lymphocyten*, jene ausgewählt werden, die keine gegen körpereigene molekulare Strukturen gerichteten Rezeptoren tragen. Auf diese Weise werden nur solche Lymphocyten in den Blutkreislauf entlassen, deren Rezeptoren körper*fremde* Strukturen als *Antigene* erkennen. Dieses Auswahlverfahren im Thymus, die Grundlage der Unterscheidung zwischen *Selbst* und *Nichtselbst* im Organismus, ist von außerordentlicher Selektivität. Von den 5×10^7 Lymphocyten,

die täglich mit dem Blut in den Thymus einer jungen Maus einströmen, verlassen nur etwa 10^5, also nicht mehr als 0,2 Prozent, das Organ wieder. Der Rest wird vernichtet. Das zweite Selektionsverfahren des Immunsystems tritt in Funktion, wenn aus einer ebenfalls außerordentlich großen Zahl von *Antikörper*varianten diejenige ausgewählt wird, die gegenüber einem spezifischen Antigen die höchste Affinität aufweist, an dieses am effektivsten bindet und damit den zur Zerstörung des Antigens führenden Prozeß am schnellsten einleitet. Die Quelle der Antikörpervielfalt sind Neukombinationen und somatische Hypermutationen in den Genomen der Lymphocyten, in denen durch das Kombinieren einer relativ kleinen Zahl genetischer Elemente 10^8 bis 10^{10} Sequenzvarianten erzeugt werden können (Abschnitt „Immunnetz", S. 370).

3. *Entwicklungsprozesse.* Die Frühphasen der Embryonalentwicklung von Tieren scheinen nach einem von Tiergruppe zu Tiergruppe unterschiedlichen, aber ziemlich genau festgelegten Plan abzulaufen. Die Ebenen aufeinanderfolgender Zellteilungen stehen zum Beispiel in einem bestimmten Winkel zueinander, und ab einer bestimmten Größe des zunächst entstehenden ungeordneten Zellhaufens setzen gerichtete Bewegungen und Verschiebungen von Zellmassen ein. Bei vielen Tiergruppen führen diese Massenbewegungen zunächst zu einer Hohlkugel (*Blastula*) und in weiterer Folge zu einer primitiven Larve (*Gastrula*), die jenen Punkt im Entwicklungsprogramm markiert, an dem die Differenzierung der Zellmassen in spezifische Gewebe einsetzt. Im Verlauf der Differenzierung von Geweben und deren Integration zu Organen kommt es jedoch zum Einsatz alternativer Entwicklungsstrategien. In den Embryonen von Mäusen wurde zum Beispiel beobachtet, daß sehr viel mehr synaptische Verbindungen zwischen auswachsenden Nervenfasern und Muskelzellen hergestellt werden, als im weiteren Entwicklungsverlauf schließlich übrig bleiben. Die endgültige Zahl und Verteilung neuromuskulärer Kontakte kommt durch gezielte Reduktion der ursprünglich angelegten Kontakstellen zustande, wobei als Instrument der Selektion ein von den Muskelzellen produzierter neurotrophischer Faktor (GDNF)

eine entscheidende Rolle zu spielen scheint (Nguyen et al. 1998). Es wird angenommen, daß es sich bei dieser Selektion eines bevorzugten Musters aus einem viel größeren Angebot an neuromuskulären Kontakten um eine Strategie handelt, mittels der die endgültige Funktionsweise eines Organs oder Gewebes an die im Detail unvorhersehbare Dynamik des epigenetischen Prozesses (Abschnitt 4.1) angepaßt wird. Diese steht ihrerseits unter dem Einfluß der spezifischen Umweltbedingungen, unter denen sich die Entwicklung des jeweiligen Individuums vollzieht. Dies ist ein weiterer Aspekt, unter dem die Emanzipation des Phänotyps vom Genotyp, des Schauspielers vom Souffleur (Exkurs „Souffleur und Schauspieler", S. 108), gesehen werden kann.

4. *Neuraler Darwinismus.* Nach einer von Gerald Edelman (1987, 1992) entwickelten Theorie wird die Arbeitsweise des Gehirns wesentlich davon bestimmt, daß aus einer großen Zahl *möglicher* neuronaler Verschaltungsmuster in einem mehrstufigen Prozeß jenes Muster ausgewählt wird, dessen Expression (eine Verhaltensweise oder sonstige physiologische Funktion) am besten mit einem erwarteten Wert harmonisiert. Dabei unterscheidet Edelman zwischen drei (hier von mir etwas frei übersetzten) Hauptformen der Selektion: einer *epigenetischen,* einer auf der Verwertung von Erfahrung beruhenden *edukativen* und einem mittels Rückkopplung und Vergleich operierenden *Diskurs* zwischen neuronalen Projektionsfeldern (Abbildung 4.13). Durch das epigenetische Selektionsverfahren wird aus der astronomischen Zahl möglicher Verbindungen zwischen den Nervenzellen des Gehirns ein jeweils individuelles Verschaltungsmuster ausgewählt, wobei die endgültige Struktur durch die selektive Stimulierung von Zellteilungen und Zelltoden (Abschnitt 4.1.2), von Zellkontakten und anderen Nachbarschaftsbeziehungen (Abschnitt „Nachbarschaftsbeziehungen: Adhäsionsmoleküle und Organisatoren", S. 271) sowie durch die Beeinflussung der Wege und Verzweigungen auswachsender Nervenfasern zustande kommt. Nachdem der sich entwickelnde Keim das Stadium erreicht hat, in dem er mit der Umwelt in engeren Kontakt tritt, wird das Grund-

muster der nervösen Verschaltung unter dem Einfluß äußerer Reize verändert. Dies ist ein dynamischer Lern- und Erziehungsprozeß, der auf der selektiven Modulation synaptischer Verbindungen zwischen Neuronen beruht (Abbildung 4.13, 2. Reihe; siehe hierzu auch Roth 1997). Der Mensch verdankt seine besondere Stellung in der Natur in hohem Maße dem Umstand, daß sein Gehirn zum Zeitpunkt der Geburt erst etwa ein Drittel seiner endgültigen Größe erreicht hat. Die Differenzierung des Gehirns vollzieht sich somit beim Menschen in viel stärkerem Ausmaß als bei anderen Säugetieren im ständigen Informationsaustausch mit der Umwelt (Gould 1977; Wills 1996). Die von funktionell integrierten Teilbereichen des Netzes erzeugten Signalmuster werden entlang einer Signalkette auf neuronale Stationen projiziert, auf denen sie mit aus anderen Teilbereichen

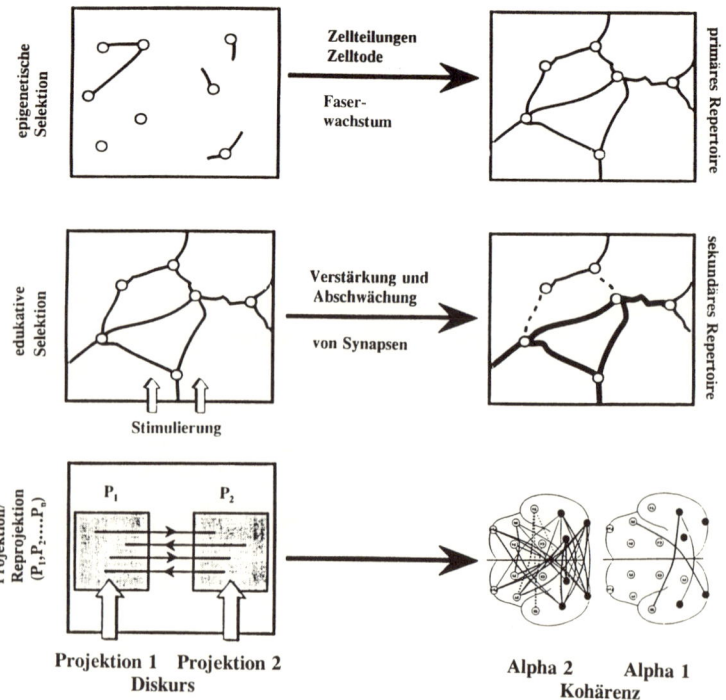

einströmenden Signalen integriert werden. Die erweiterten Signalrepertoires werden dann zwischen modularen Projektionsfeldern hin und her geschickt, sie werden projiziert, moduliert und reprojiziert, bis gewissermaßen aus kartographischen Skizzen eine neurale Landkarte entstanden ist – bis sich aus vorläufigen, labilen Hypothesen über den Zustand der Wirklichkeit eine zumindest vorübergehend stabile innere Theorie herauskristallisiert hat, von der sich das Indi-

4.13 Bausteine der von Gerald Edelman formulierten selektionistischen Theorie der Gehirnfunktion (nach Edelman 1992). *Obere Reihe*: Im Verlauf der embryonalen und frühen postembryonalen Entwicklung des Menschen wird das „primäre Repertoire" der nervösen Verschaltung im Gehirn aufgebaut. Aus der astronomischen Zahl möglicher Verbindungen zwischen den Neuronen entsteht durch selektive Stimulierung von Zellteilungen, Zelltoden und Zellkontakten sowie durch Beeinflussung der Wege und Verzweigungen auswachsender Nervenfasern ein individuell strukturiertes Verschaltungsmuster. *Mittlere Reihe*: Unter dem Einfluß einfacher äußerer Reize und komplexer Erfahrungen wird das primäre Repertoire moduliert, wobei das wichtigste Instrument hierfür die selektive Stärkung (dicke Linien), Schwächung (dünne Linien) oder Rückbildung (gestrichelte Linien) von Synapsen zwischen einzelnen Neuronen ist. Auf diese Weise kommt es zum Aufbau eines aus neuronalen Gruppen bestehenden „sekundären Repertoires". *Untere Reihe links*: Signalrepertoires werden zwischen Projektionsfeldern hin- und hergeschickt, moduliert und neubewertet, bis aus „kartographischen Skizzen" eine stabile neurale „Landkarte" entstanden ist, die unter den herrschenden Bedingungen ein Segment der Wirklichkeit am genauesten repräsentiert. Edelman nennt diese Phase der Informationsverarbeitung zwischen Projektionsfeldern *reentry*. Mir erscheint dieser Begriff zu passiv, daher möchte ich ihn durch den Begriff „Diskurs" ersetzen, der die Tatsache der Auseinandersetzungen zwischen neuralen Elementen stärker zum Ausdruck bringt. *Untere Reihe rechts*: Zwei Projektionen aus einer Serie von Ableitungen mit 19 Elektroden von der Kopfhaut einer Person beim Anhören von Musik (Petsche 1997). „Alpha 1" und „Alpha 2" bezeichnen zwei charakteristische Frequenzbereiche des EEG-Spektrums (7,5 bis 9 Hz beziehungsweise 9,5 bis 12,5 Hz). Die Art der Linien repräsentiert die Stärke der *Kohärenz*, das heißt die Signifikanz der Korrelation zwischen den elektrischen Aktivitäten der miteinander verbundenen Hirnregionen (durchgezogene Linien: $p \leq 0,01$; gestrichelt: $p \leq 0,05$).

◄

viduum bei seinen nächsten Entscheidungen zum Handeln leiten läßt. Ein derartiger Selektionsvorgang kann nur funktionieren, wenn es einen definierten *Wert* gibt, auf den der Prozeß konvergiert oder der diesen auf eindeutige Weise strukturiert. »No selectionally based system works value-free« lautet die kategorische Aussage von Edelman (1992, S. 163). Bei diesen Werten handelt es sind entweder um genetisch beziehungsweise physiologisch determinierte *Sollwerte* oder um *Normen*, die im Zuge früherer Auseinandersetzungen mit der Umwelt im Gehirn festgeschrieben wurden. Selektionsverfahren dieser Art gelten als vorläufig abgeschlossen, wenn das bestmögliche Abstimmungsergebnis zwischen einer genotypisch oder phänotypisch vorgegebenen Norm und einem neuen Systemzustand erreicht ist. Formal entspricht dies dem evolutionären Zustand der optimalen Anpassung einer Population an eine spezifische Kombination von Umweltfaktoren. Diese Interpretation der Entwicklung und der Arbeitsweise des Gehirns wird durch neue experimentelle Befunde gestützt.

Zum einen ist auf die oben (3) erwähnte Entdeckung zu verweisen, wonach bei der Entwicklung des peripheren Nervensystems von Wirbeltieren neuromuskuläre Verbindungen im Überschuß aufgebaut werden, die in einem zweiten Schritt auf ihre Funktionstüchtigkeit geprüft werden. Dabei kommt es zur Selektion jener Verbindungen, die den jeweiligen funktionalen Anforderungen am besten entsprechen (Nguyen et al. 1998; Bischof 1998). Changeux und Danchin (1976) nannten einen solchen Vorgang „selektive Stabilisierung".

Zum anderen haben sowohl tomographische Bildverfahren als auch die spektralanalytische Elektroenzephalographie (EEG) deutlich gemacht, daß jeder Denkvorgang von einem intensiven Signalverkehr zwischen verschiedenen Hirnregionen begleitet ist. Aufgrund der Möglichkeit, von mehreren Stellen der Kopfhaut gleichzeitig elektrische Ströme ableiten zu können, weiß man heute, daß – im Gegensatz zur vorherrschenden Auffassung des vergangenen Jahrhunderts – Hirnfunktionen nicht streng lokalisiert sind, sondern »daß bei der Durchführung höherer Hirnleistungen zahlreiche Hirnregionen verschieden stark miteinander kooperieren« (Petsche 1997, S. 329). Dabei fließen je nach Art des Denkprozesses Datenströme mit unterschiedlicher Intensität zwischen verschiedenen cortikalen Regionen hin und her. Durch Korrelationsanalysen läßt sich feststellen, welche Neuronengruppen der Hirnrinde besonders deutlich miteinander kommunizieren (was Petsche durch den Begriff „Kohärenz" umschreibt). Einen kleinen Ausschnitt aus einer derartigen spektralanalytischen Untersuchung einer Versuchsperson beim Anhören von Musik habe ich in Abbildung 4.13 (untere Reihe rechts) in das von Edelman entworfene hypothetische Schema der Hirnfunktionen hineinmontiert. Dabei zeigt sich, daß der von Edelman geforderte „Diskurs" zwischen spezifischen Hirnregionen durch die von EEG-Experten registrierten elektrischen Ströme zwischen Regionen mit hoher „Kohärenz" abgebildet wird.

Der vernetzte Organismus

Die Behandlung intrazellulärer (Abschnitte 3.3 und 3.5) und organismischer (Abschnitt „Selbstregulation", S. 329) Mechanismen der Signalübertragung und Steuerung in tierischen Organismen hat uns bereits mit der Idee vom „vernetzten Organismus" in groben Zügen vertraut gemacht. Das intrazelluläre („innere") Netz der Signalverarbeitung verknüpft Veränderungen im Organismus mit zwei zentralen Effektorsystemen: der Transkriptionsmaschinerie des Genoms und der enzymatischen Maschinerie des Stoffwechsels. Bei diesem Netz handelt es sich im wesentlichen um ein chemisches, das mit spezifischen Rezeptoren, Botenstoffen, Transducern, Katalysatoren, digitalen Schaltern und analogen Signalkaskaden sowie mit Stoffkonzentrationen und Gradienten operiert und sich dabei ausgiebigst der topologischen Eigenschaften von Proteinen bedient. Aber auch auf diesem Niveau finden sich bereits Hinweise, daß die allgegenwärtigen Kräfte elektrischer Potentiale für die Übermittlung von Signalen genutzt werden können. So gibt es Ionenkanäle, deren Öffnungszustand vom Wert des Membranpotentials der Zelle abhängt, wodurch all jene zellulären Prozesse, die das Membranpotential beeinflussen, digitale Entscheidungen (Kanal OFFEN oder GESCHLOSSEN) zur Folge haben können.

Das molekulare Signalsystem greift auf vielfache Weise in die Dynamik des zellulären Geschehens ein. Es kann Reaktionen ein- und ausschalten, beschleunigen und verzögern; Reaktionsverläufe dirigieren, modulieren und verknüpfen. Solche funktionellen Elemente sind das Material, aus dem sich in weiterer Folge komplexe zelluläre Prozesse zusammensetzen, etwa die Proteinsynthese oder der Zellzyklus.

Gehen wir einen Schritt weiter und richten unsere Aufmerksamkeit auf die Integration des tierischen Organismus, dann eröffnet sich eine neue Dimension der Vernetzung und des biologischen Nachrichtenverkehrs. Im vielzelligen Organismus müssen Funktionen aufeinander abgestimmt werden, die sich in weit auseinanderliegenden spezialisierten Geweben abspielen, oder Funktionen, die zwar ein bestimmtes Gewebe oder Organ betreffen, aber auch von der Unterstützung seitens des gesamten Organismus abhängen. So finden etwa während der Schwangerschaft in den Brustdrüsen weiblicher Säugetiere tiefgreifende morphologische und physiologische Veränderungen statt, um diese Organe auf die Anforderungen der Milchproduktion vorzubereiten. Gleichzeitig bahnen sich jedoch auch adaptive Veränderungen an ganz anderen Orten des Organismus an, nämlich in den Organen der Nahrungsaufnahme, Zirkulation und Exkretion, die während der Zeit der Laktation mit einem oft dramatisch höheren Energie- und Stoffdurchsatz fertigwerden müssen (Abschnitt „Die Verteilung von Ressourcen im Organismus: Adaptive Strategien, taktische Kompromisse", S. 418). Hinter jeder Leistung, jeder Verhaltensweise eines tierischen Organismus steht ein signalübermittelndes Netzwerk, das Funktionsabläufe in verschiedenen Körperregionen koordiniert und der Logistik einer zugrundeliegenden systemischen Prozeßplanung unterwirft.

Im tierischen Organismus gibt es drei aus Zellen aufgebaute Systeme, die integrative Funktionen erfüllen. Davon kommen zwei, *Nervensystem* und *Hormonsystem*, in sämtlichen Tiergruppen vor. Das dritte, das *Immunsystem*, ist in seiner differenziertesten Form nur bei Wirbeltieren anzutreffen, doch findet man bei allen anderen Metazoen

Vorstufen und Varianten dieses der Identifikation und Abwehr körperfremder Stoffe dienenden Erkennungssystems. Ganz allgemein läßt sich über die Wirkungsweise und das Zusammenspiel der drei integrativen Systeme folgendes sagen: 1) Jedes der drei Systeme ist durch spezifische Merkmale ausgezeichnet, jedem kommen demzufolge auch unterschiedliche Aufgaben im Rahmen des Gesamtprojekts der organismischen Integration und Regulationsfähigkeit zu. 2) Zur Signalvermittlung verwenden die drei Systeme eine einheitliche molekulare Sprache; darüber hinaus bedient sich das Nervensystem einer eigenen elektrochemischen Sprache, deren Zeichen jedoch in die der molekularen Sprache übersetzt werden können. 3) Alle drei Systeme kommunizieren miteinander sowie mit dem intrazellulären System zur Signalübertragung.

Endokrines Netz   Das endokrine, hormonale oder humorale Netz repräsentiert ein chemisches Signalsystem, das Vorgänge und Veränderungen auf der Organisationsebene des vielzelligen Organismus mit Vorgängen und Veränderungen auf der Organisationsebene der Zelle verknüpft. Benachbarte Zellen können über sogenannte *parakrine* Hormone miteinander kommunizieren, oder hormonproduzierende Zellen vereinigen sich zu *endokrinen Drüsen*, die ihre chemischen Signale in das Blut ausschütten, das diese im ganzen Körper verteilt. Spezifische Signale zielen auf genau definierte, lokalisierte Organe im Körper, sie können aber auch weit auseinanderliegende Zielgewebe zu synchronisierten Aktionen veranlassen. Das Bindeglied zwischen dem hormonalen und dem intrazellulären Signalsystem sind die schon mehrfach erwähnten Rezeptoren an den Außenflächen von Zellmembranen oder im Zellinneren (Abbildungen 3.9 und 3.10). Erstere sind die Adressen für kleine, gut wasserlösliche Moleküle, wie Katecholamine und Peptide; letztere spielen dieselbe Rolle für die weniger gut wasserlöslichen Steroidhormone, die aufgrund dieser Eigenschaft Zellmembranen leicht passieren und ihre Adressaten im Cytoplasma finden (Abschnitt „Intrazelluläre Kummunikation: Vernetzung und Modulation", S. 182). Die integrative Leistung des Hormonsystems ist über weite Strecken von

a

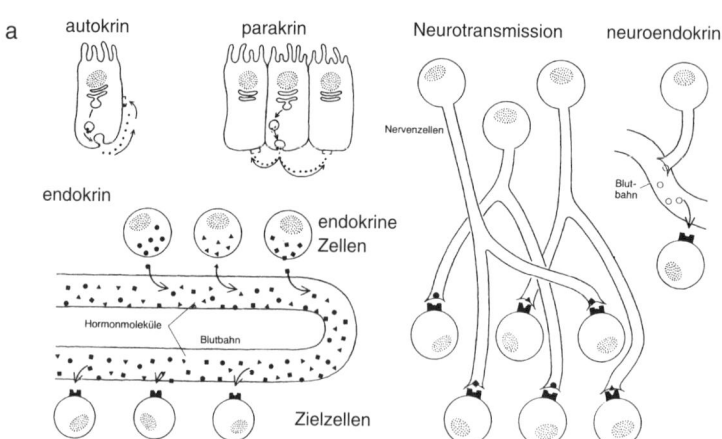

autokrin   parakrin   Neurotransmission   neuroendokrin

endokrin

endokrine Zellen

Hormonmoleküle   Blutbahn

Zielzellen

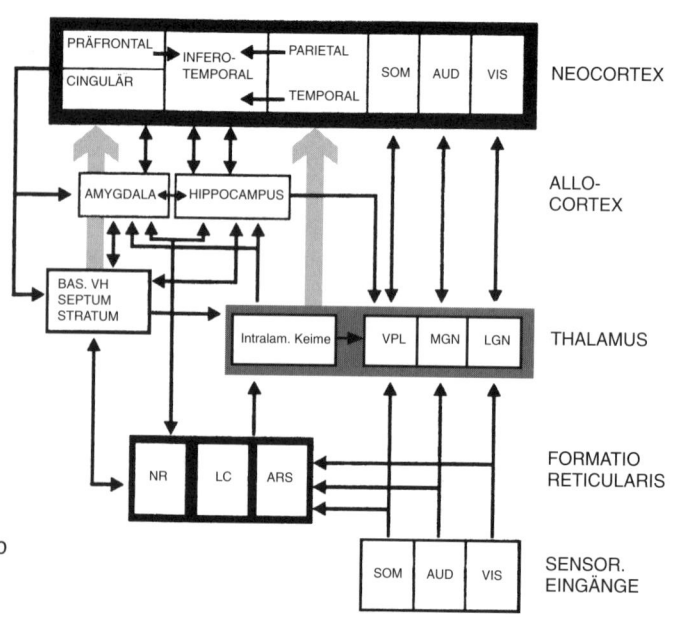

b

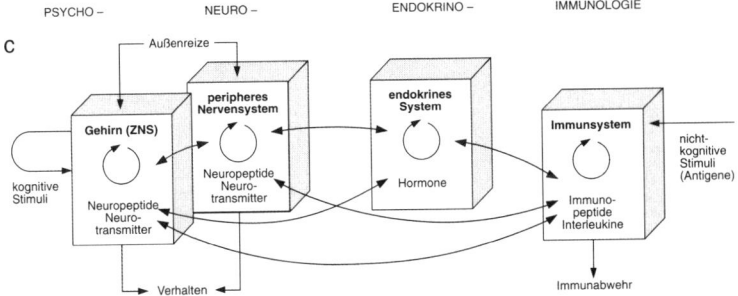

PSYCHO –   NEURO –   ENDOKRINO –   IMMUNOLOGIE

4.14 Zusammenstellung einiger charakteristischer Kommunikationsmechanismen im menschlichen Körper. a) Das endokrine System und einige seiner Beziehungen zum Nervensystem. Dargestellt sind verschiedene Wege der Beeinflussung von Zielzellen (mit angedeuteten Rezeptoren) durch endokrine Zellen und Nervenzellen. (Aus Snyder 1991.) b) Schematische Darstellung des *limbischen Systems* (des „zentralen Bewertungssystems des Gehirns") und seiner Verbindungen untereinander sowie zur Großhirnrinde. ARS – aufsteigendes retikuläres System; AUD – Hörbahn/Hirnrinde; BAS.VH – basales Vorderhirn; LC – Locus coeruleus; LGN – lateraler Kniehöcker; MGN – medialer Kniehöcker; NR – Raphe-Kerne; SOM – somatosensorische Bahn/Hirnrinde; VIS – Sehbahn/Hirnrinde; VPL – ventraler posterolateraler Kern des Thalamus. (Aus Roth 1997.) c) Stark vereinfachte Darstellung der Vernetzung von Immunsystem, Hormonsystem und Nervensystem, die Gegenstand des neuen Forschungsgebiets der *Psychoneuroimmunologie* ist. (Aus Zänker 1991.)

der Geschwindigkeit des Blutflusses abhängig und vollzieht sich dementsprechend ohne allzu große Hast. Allerdings steht das hormonale Signalsystem auch in enger Verbindung mit dem Nervensystem und nützt dessen Fähigkeit zur gezielteren und schnelleren Signalübermittlung. Die Übertragung nervöser Impulse zwischen erregungsleitenden Zellen erfolgt an spezialisierten Kontaktstellen, den *Synapsen*, und wird durch *Neurotransmitter* vermittelt. Diese Überträgerstoffe sind entweder selber Hormone, zum Beispiel das *Adrenalin* und die in den letzten Jahren so bekannt gewordenen *Enkephaline* mit ihren opiatähnlichen Wirkungen, oder es handelt sich um Aminosäuren, Aminosäurederivate und Peptide – Vertreter von Stoffklassen, denen auch viele Hormone angehören. Die Tätigkeit der wichtigsten endokrinen Drüse der Wirbeltiere, der *Hypophyse*, wird zum Beispiel von einer Gruppe kleiner Peptide, den sogenannten Releasing-Faktoren, gesteuert, die in neurosekretorischen Zellen des *Hypothalamus*, eines vegetativen Zentrums des Zwischenhirns, gebildet, an ein internes Kapillarsystem abgegeben und über dieses in den Vorderlappen der Hypophyse transportiert werden. Dort stimulieren sie die Bildung von größeren Peptiden sowie von Glykoproteinen (Proteinen mit Kohlenhydratanteilen), die in den allgemeinen Blutkreislauf gelangen und ihrerseits nun die Hormonproduktion untergeordneter Hormondrüsen, wie Schilddrüse, Gonaden und Nebennierenrinde, steuern. Die in den zuletzt genannten Drüsen erzeugten chemischen Signale, vom jodhaltigen Thyroxin bis zu den zahlreichen Formen von Steroidhormonen, setzen nicht nur in Zielgeweben jeweils spezifische Stoffwechsel- und gestaltbildende Prozesse in Gang, sie werden mit dem Blutstrom auch wieder dorthin transportiert, wo alle diese Kreisläufe begannen, nämlich in den Hypothalamus, wo sie auf die neurosekretorischen Initiatoren des Geschehens im Sinne einer negativen Rückkopplung regelnd einwirken. Man gewinnt den Eindruck eines großräumig agierenden chemischen Netzwerks, das weit auseinanderliegende Körperregionen miteinander verknüpft, zelluläre Prozesse systemischen Projekten dienstbar macht, physiologische Vorgänge stabilisiert und damit zur Aufrechterhaltung des dynamischen Gleichgewichts des Organismus beiträgt. In Abbildung 4.14a sind die wichtigsten Komponenten des endokrinen Signalsystems angedeutet: hormonproduzierende Zellen, Transportwege in Gestalt von Blutgefäßen und Nervenfasern sowie Zielzellen mit ihren spezifischen Rezeptoren.

Sensoneurales Netz   Unter diesem Begriff soll jenes ausgedehnte integrative Netzwerk verstanden werden, das den Organismus über Sinnesorgane mit der Umwelt verbindet und sein Verhalten koordiniert und steuert. Dabei bedient sich das System eigener Leitungsbahnen, der Nervenfasern, sowie eines eigenen elektrochemischen Signalsystems, das sich aus diskreten oder kontinuierlichen Veränderungen von Membranpotentialen zusammensetzt. Die Signalvermittlung erfolgt dementsprechend gezielter und wesentlich schneller als über das soeben besprochene endokrine System. Während bei diesem die Signalübermittlung einige Sekunden bis Minuten benötigt, geschieht das gleiche im Nervensystem in Bruchteilen von Sekunden. Neben der größeren Zielgenauigkeit und höheren Leitungsgeschwindigkeit (maximal etwa 200 Meter pro Sekunde) zeichnet sich das sensoneurale Kommunikationssystem durch weitere charakteristische Merkmale aus, die als Voraussetzungen für die Leistungen dieses einzigartigen Instruments der Informationsverarbeitung anzusehen sind:

1. Ausnützung der besonderen Eigenschaften von Zellmembranen, um selbst geringste Veränderungen physikalischer oder chemischer Größen in meßbare Änderungen des Membranpotentials mit Signalcharakter zu verwandeln. Die Empfindlichkeit von Sinneszellen ist auf diese Weise bis an die Grenzen des physikalisch Möglichen getrieben worden. Lichtsinneszellen reagieren auf einige wenige Photonen, Riechzellen auf einzelne Moleküle und die Haarsinneszellen im Innenohr der Säugetiere auf Schwingungen der Basilarmembran, deren Amplituden geringer sind als der Durchmesser eines Wasserstoffatoms.

2. Die Möglichkeit zur massiv parallelen Übertragung und Verarbeitung von Signalen. Signale aus dem Rezeptorfeld eines menschlichen Auges werden zum Beispiel über eine Million Nervenfasern an das Gehirn geleitet, wo sie in mehreren Relaisstationen von Zwischenneuronen parallel verarbeitet und auf Milliarden von Zellen in den Projektions- und Assoziationszentren des Gehirns verteilt werden.

3. Neuartige Möglichkeiten zur Kombination digitaler und analoger Prinzipien der Signalübermittlung (Abschnitt 3.5.1). Die Membraneigenschaften erregungsleitender Zellen lassen sich so einstellen, daß diese bei einer kritischen Potentialschwelle ein- oder ausgeschaltet werden, also als binäre Elemente funktionieren. Andererseits

kann die Signaldichte durch die Kombination von Frequenz- und Amplitudenmodulation fast unbegrenzt gesteigert werden. Sowohl die Frequenzen der für den Signalverkehr über weite Strecken erforderlichen *Aktionspotentiale* als auch die Amplituden der für den Signalverkehr im Gehirn verantwortlichen *Generatorpotentiale* sind gleitende Variable. Durch das Zusammenwirken dieser beiden analogen Größen mit den Schaltereigenschaften sowohl erregungsfördernder wie erregungshemmender Neuronen wird jene Informationskapazität bereitgestellt, die beim Menschen im Zentralorgan des sensoneuralen Systems nicht nur die Abbildung der realen Außenwelt, sondern auch die Erschaffung einer sich im Bewußtsein manifestierenden subjektiven Innenwelt ermöglicht hat.

Die Leistungen des menschlichen Gehirns repräsentieren für uns den derzeitigen Endpunkt einer speziellen Evolution, die wir als die Evolution der phänotypischen Informationsverarbeitung bezeichnen können. Die Möglichkeiten und Wege dieses evolutionären Prozesses wurzeln in den soeben beschriebenen fundamentalen Merkmalen, darüber hinaus aber auch in architektonischen Prinzipien, in denen sich sowohl die phylogenetische Herkunft wie die Lebensweise der betrachteten Art manifestiert. Einige der wichtigsten Aspekte der Leistungen des nervösen Zentralorgans, wie sie sich in der Sichtweise der modernen Gehirnforschung darstellen, seien hier – in Anlehnung an die exemplarische Darstellung von G. Roth (1997) – hervorgehoben.

1. Wie im gesamten Körper findet auch im Gehirn eine arbeitsteilige Differenzierung von Funktionen statt. Es gibt Projektionszentren für sensorische Funktionen, Steuerzentren für motorische Funktionen und Assoziationszentren mit übergeordneten integrativen Aufgaben. Des weiteren kann zwischen Steuerzentren für vegetative Körperfunktionen (Atmung, Kreislauf, Nahrungs- und Flüssigkeitshaushalt, Wärmehaushalt) und assoziativen Zentren unterschieden werden, die der Verknüpfung, Verarbeitung und Bewertung von aus der Umwelt und dem Körper eintreffenden Signalen dienen. Verschiedene

Abschnitte des Gehirns haben sich in verschiedenen Linien des Wirbeltierstammes unterschiedlich schnell entwickelt, woraus sich Schlüsse über das Verhaltensrepertoire sowie über die kognitiven Fähigkeiten einzelner Arten ableiten lassen. So hat etwa die Großhirnrinde mit ihren assoziativen Regionen beim Menschen und anderen Primaten sowie bei Walen und Delphinen eine überproportional schnelle Entwicklung durchgemacht, während der ventrale Teil des Gehirns (Medulla oblongata, Tegmentum, Hypothalamus, Basalkerne, Amygdala, Septum), in dem das »Überlebensprogramm der Wirbeltiere« lokalisiert ist, keine wesentlichen Veränderungen erfahren hat (Roth 1997, S. 65).

2. Die verschiedenen Abschnitte und Regionen des Gehirns sind jedoch durch horizontal verlaufende sowie durch auf- und absteigende Leitungsbahnen vielfach miteinander verknüpft (Abbildung 4.14b). Eine wesentliche Aufgabe dieses Verknüpfungsnetzes ist nicht nur der Vergleich von Signalen aus verschiedenen Bereichen, sondern auch die *Bewertung* solcher Signale sowie lokaler Entscheidungen im Hinblick auf den Gesamtzustand des Körpers (wie dies ja bereits Goldstein in seiner Organismustheorie gefordert hat; siehe Abschnitt „Phänotypische innere Selektion: Eine nichtkybernetische Organismustheorie", S. 345).

3. Das Gehirn erzeugt Abbilder der realen Außenwelt, wobei die Qualität der Abbildung auf die Lebensweise der jeweiligen Art abgestimmt ist. Das Abbild mag in diesem Sinne also ein „subjektives" Konstrukt sein, seine Qualität muß das Überleben des betroffenen Individuums jedoch auch „objektiv" ermöglichen, das heißt, es muß bis zu einem gewissen Punkt auch *richtig* sein.

4. Die Bilder von der Außenwelt entstehen nicht, indem von Sinneszellen gelieferte Signale Schritt um Schritt in einem hierarchischen Verfahren zu immer komplexeren Wahrnehmungsstrukturen zusammengesetzt werden, sondern indem verschiedene Aspekte eines Gegenstands oder Ereignisses gewissermaßen auseinandergenommen, in verschiedenen Abschnitten des Gehirns vorverarbeitet und danach in anderen Abschnitten wieder zusammengesetzt werden,

also durch »parallele, konvergente und divergente Erregungsverarbeitung« (Roth 1997). Verschiedene Merkmale eines Gegenstands oder Ereignisses, wie zum Beispiel Kontur, Kontrast, Farbe, Bewegungsmuster oder Rhythmus und Melodie, werden getrennt registriert und kategorisiert und erst in einer weiteren Projektion wieder zu einem einheitlichen Wahrnehmungsbild verschmolzen. Diese Interpretation der Informationsverarbeitung im Gehirn widerspricht sowohl dem *Detektorkonzept* wie dem Konzept der *hierarchischen Informationsverarbeitung* – Grundpfeilern der klassischen Wahrnehmungsphysiologie von Wilhelm Wundt (1832–1920) bis zu den bahnbrechenden neurophysiologischen Arbeiten von Hubel und Wiesel (1962). Sie kompliziert und modifiziert allerdings auch die Konzepte der Gestaltpsychologie (Metzger 1975) auf unerwartete Weise.

5. Das eigentlich Revolutionäre dieser neuen Betrachtungsweise ist, daß in ihrem Lichte die Informationsverarbeitung im Gehirn als ein Diskurs zwischen Populationen von Neuronen erscheint, wie dies im „neuralen Darwinismus" von Gerald Edelman gefordert wird und in den Ergebnissen elektrophysiologischer Untersuchungen zum Ausdruck kommt (Abbildung 4.13). Verschiedene, über das gesamte Gehirn verteilte Populationen von Neuronen befassen sich mit verschiedenen Aspekten der Außenwelt, verarbeiten diese und „diskutieren" ihre jeweilige Interpretation, um schließlich zu einer einheitlichen Bewertung des jeweils betrachteten Ausschnitts der Wirklichkeit zu gelangen; endgültige Problemlösungen kommen erst durch den Vergleich partieller Lösungsvorschläge zustande.

6. An der Rekonstruktion der äußeren Wirklichkeit in den assoziativen Zentren des Gehirns sind darüber hinaus sowohl die affektiven, emotionalen Zentren (die meist unter dem Begriff des *limbischen Systems* zusammengefaßt werden) als auch das *Gedächtnis* beteiligt. Aus dieser Tatsache erklärt sich das uns allen vertraute Phänomen, daß ein und dieselbe Wirklichkeit je nach Tagesverfassung und Stimmung zu sehr unterschiedlichen Interpretationen im Bewußtsein führen kann (Damasio 1995).

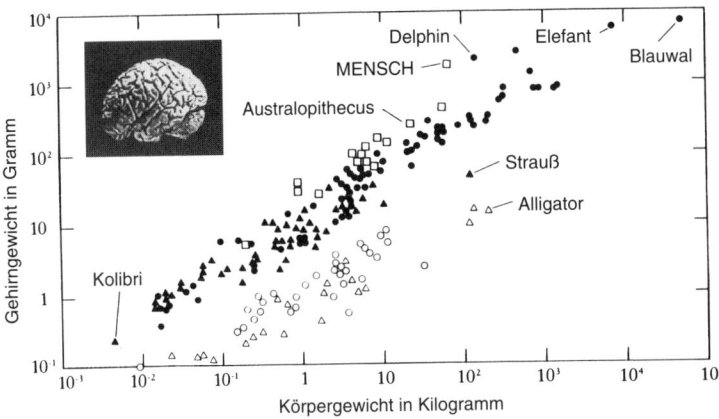

4.15 Doppelt logarithmische Auftragung der Beziehung zwischen Gehirngewicht und Körpergewicht bei 200 Wirbeltierarten. Offene Quadrate: Primaten (Affen und Hominiden). Volle Kreise: Säugetiere. Volle Dreiecke:
Vögel. Offene Kreise: Fische. Offene Dreiecke: Reptilien. (Verändert nach
McMahon und Bonner 1983 aus Wieser 1997b.)

Es ist nicht uninteressant, sich den phylogenetischen Stellenwert des
Organs, das all diese Leistungen vollbringt, des menschlichen Gehirns,
im Rahmen einer vergleichenden Darstellung der Gehirne verschiedener Wirbeltiere vor Augen zu führen. Diese Möglichkeit bietet Abbildung 4.15, wobei die Variable des Vergleichs das Gehirngewicht
im Verhältnis zum Körpergewicht der Tiere ist. Obwohl dies eine sehr
simple Variable zu sein scheint, gilt sie doch als repräsentativ für
gewisse Aspekte der Leistungsfähigkeit des Zentralorgans der phänotypischen Integration. Die relevanten Beziehungen lassen sich in
folgenden Schlußfolgerungen zusammenfassen:

1. Es besteht eine hochsignifikante Beziehung zwischen dem Gehirngewicht und dem Körpergewicht der Tiere.
2. Bei gleichem Körpergewicht haben wechselwarme Arten wesentlich
   kleinere Gehirne als gleichwarme Arten.

3. Innerhalb der homoiothermen Tiere gibt es unabhängig vom Körpergewicht enorme Unterschiede in der Größe des Organs, die eindeutig mit der Lebensweise und den kognitiven Fähigkeiten der Art korrelieren. Das Gehirn eines 100 Kilogramm schweren Delphins ist zum Beispiel rund 50mal schwerer als das eines gleichgroßen Straußes.

4. Innerhalb der homoiothermen Tiere liegen die Gehirne der Primaten im obersten Variationsbereich.

5. Innerhalb der Primaten ist das Gehirn des Menschen bei weitem das größte, es ist allerdings nur unwesentlich größer als das eines Delphins von gleichem Körpergewicht.

Alles in allem vermittelt dieser Vergleich zwei Einsichten von allgemeinerer Bedeutung: 1) Im Hinblick auf seine Größe fügt sich das Gehirn des Menschen problemlos in das für die Gesamtheit aller Wirbeltiere gültige Beziehungsschema. 2) Im Rahmen dieses Schemas repräsentiert das Gehirn des Menschen insofern einen Extremfall, als es im Vergleich zu seinen näheren Verwandten extrem groß ist. Es ist in dieser Hinsicht allerdings nicht der einzige Extremfall.

Immunnetz   Sämtliche Tiere haben Mechanismen und Maßnahmen entwickelt, um in den Körper eingedrungene Organismen (Parasiten, einzellige Krankheitserreger, Viren) zu bekämpfen. Bei wirbellosen Tieren sind an solchen Maßnahmen ausschließlich spezialisierte Zellen beteiligt, die Fremdkörper fressen (phagocytieren), verkleben (agglutinieren) oder sonstwie isolieren, deponieren oder ausscheiden. Das Erkennen fremder Lebewesen erfolgt durch direkte Zell-Zell-Kontakte (Abschnitt „Nachbarschaftsbeziehungen: Adhäsionsmoleküle und Organisatoren", S. 271). Bei Wirbeltieren findet sich hingegen ein Verteidigungssystem, das auf einem völlig anderen Prinzip aufgebaut ist: auf der Existenz hochvariabler Moleküle, die in den Körperflüssigkeiten zirkulieren, fremde Moleküle an deren Oberflächenstrukturen erkennen, an diese binden und damit Prozesse in Gang setzen, die zur Zerstörung des Fremdkörpers führen. (Es ist für den Verlauf der Evolution charakteristisch, daß die Funktionsweise des Immunsystems der Wirbeltiere zwar eine Innovation darstellt, daß sich dieses System jedoch hierfür phylogenetisch alter Bausteine bedient. Wie schon weiter oben (Abschnitt „Nachbarschaftsbeziehungen: Adhäsionsmoleküle und Organisatoren", S. 271) angedeutet, gehören die Immunglobuline der Wirbeltiere zur selben Familie von Molekülen wie die bereits bei Schwämmen nachgewiesenen Zelladhäsionsmoleküle.)

Zum Immunsystem gehören zwei Typen hochvariabler Moleküle, die Immunglobuline (Ig) und die T-Zell-Rezeptoren (TZR). Erstere werden von Plasmazellen, den Abkömmlingen von B-Zellen, produziert, letztere sind Bestandteile von T-Zellen. Beide Zelltypen repräsentieren spezialisierte Lymphocyten, die aus Stammzellen im Knochenmark hervorgehen und in der Lymphe sowie in lymphatischen Organen wie der Milz und der Thymusdrüse heranreifen. In der enormen Variabilität der Immunglobuline und T-Zell-Rezeptoren im Immunsystem der Wirbeltiere spiegelt sich die ganz ungewöhnliche Fähigkeit von Lymphocyten, gewisse Regionen ihrer Genome aufbrechen und neu kombinieren zu können. Der für die Bildung von Immunglobulinen verantwortliche genetische Komplex in den Lymphocyten von Menschen besteht zum Beispiel aus drei oder vier Regionen (als V-, D-, J- und C-Regionen bezeichnet), von denen sich jede wieder aus Genen und Gensegmenten zusammensetzt, die in einer bestimmten Phase der Entwicklung des Lymphocyten umgelagert, neu kombiniert und miteinander verknüpft werden können, ein Prozeß, der als Multiplikator der genomischen Vielfalt wirkt. Rund 200 Gene und Gensegmente erzeugen so an die zehn Millionen Varianten, die ihrerseits die im Blut zirkulierenden Proteinfaktoren, Immunglobuline und T-Zell-Rezeptoren exprimieren und damit auch *deren* Vielfalt multiplizieren. Zusätzlich sind einige der Gene auch in der Lage, ihre Mutationsraten dramatisch zu steigern (French et al. 1989), wodurch die Zahl der genomischen Varianten auf 10^8 bis 10^{10} anwachsen kann. Die freien Immunglobuline und die membrangebundenen T-Zell-Rezeptoren sind die uns wohlbekannten *Antikörper*, die körperfremde *Antigene* binden und damit deren Schicksal bestimmen. Aus zwei Gründen markiert dieses System einen Evolutionssprung: zum einen weil es das Dogma von der genotypi-

schen Konstanz aller Körperzellen durchbricht, zum anderen weil es
anzeigt, daß die Rekombinations- und Mutationsraten von Zellen unter
dem Einfluß lokaler Faktoren veränderbar sind.

Das Zirkulationssystem des Wirbeltierorganismus, das sich aus dem
lymphatischen Kreislauf und dem Blutkreislauf zusammensetzt, stellt
ein Wegesystem von etwa 100 000 Kilometern Länge dar, in dem Lymphocyten auf der Suche nach fremden Antigenen patrouillieren. Die
eigentlichen Erkennungsvorgänge zwischen Antigenen und Antikörpern sind nur die Knotenpunkte eines weitgespannten, bis in die ver-
borgensten Regionen des Körpers reichenden Netzes, das aufgrund seiner Totalität ein wesentlicher Bestandteil jener integrativen Prozesse
darstellt, deren Funktionsfähigkeit es selbst überwacht. Der besondere
Charakter dieses Netzes wird deutlich, wenn wir berücksichtigen, daß
die Reaktion zwischen Antikörper und Antigen der Ausgangspunkt
einer Reihe weiterer Vorgänge ist, durch die die Aktionen großer Mengen verschiedenartiger Zellen koordiniert werden, um das eigentliche
Ziel des Manövers zu erreichen: die Zerstörung jener Klasse von
Fremdkörpern, die Träger des jeweils erkannten Antigens ist. Zu den
aktivierten Zellen gehören vor allem: 1) eine mit CD8[+] bezeichnete
T-Zellform, deren Aufgabe die Auflösung (Lysis) fremder Zellen ist; 2)
eine weitere T-Zellform (CD4[+]), die als Helferzelle bezeichnet wird, da
sie die eigentlichen Angriffszellen des Immunsystems bei ihren verschiedenen Tätigkeiten unterstützt; 3) verschiedene Arten von Freßzel-
len (Makrophagen, Granulocyten); 4) Plasmazellen, die Produzenten
der löslichen Immunglobuline; 5) langlebige, auf spezielle Antigene
geprägte T- und B-Gedächtniszellen; 6) natürliche und cytotoxische
Killerzellen, die vor allem von Viren befallene Körperzellen sowie
Tumorzellen zerstören.

Die Koordination all dieser Zelltypen funktioniert über spezifische
chemische Signale, die von Lymphocyten ausgesandt und von Membranrezeptoren verstanden werden. Bei diesen Signalen handelt es sich
um eine große Gruppe von Peptiden, die unter dem Begriff *Lymphokine*
zusammengefaßt werden und die Zellen des Immunsystems – aber
nicht nur diese – zu einem dicht gesponnenen Informationsnetz ver-

knüpfen. Die Lymphokine sind in chemischer und funktioneller Hinsicht eng mit Hormonen verwandt. Sie induzieren in Zielzellen Wachstumsprozesse und Zellteilungen, sie beschleunigen die Synthese und Ausschüttung spezifischer Signalmoleküle und Stoffwechselprodukte, und sie lenken in Körpersäften zirkulierende Zellen auf bestimmte Ziele.

Um die Bedeutung dieses Netzes für die Integration und Integrität des Gesamtorganismus richtig beurteilen zu können, ist außerdem der folgende Aspekt zu berücksichtigen. Da das vom Immunsystem überwachte Territorium sehr ausgedehnt und heterogen ist, müssen sich Immunzellen auf ein breites Spektrum lokaler Milieubedingungen (wie pH-Wert, Ionenkonzentration, Ladungsverteilung, Präsenz verschiedenster anorganischer und organischer Moleküle) einstellen können. Das gilt vor allem für die beiden großen Kontaktflächen mit der Außenwelt: die Körperhaut und die Schleimhaut (Mucosa) des Darmes. Die Körperhaut ist von verzweigten (dendritischen) Zellen besiedelt, die sich zwischen Epithel- und Bindegewebszellen kriechend fortbewegen, Fremdkörper aufspüren, diese aufnehmen, im Zellinneren zerlegen und die so gewonnenen Bruchstücke als Antigene an der Zelloberfläche präsentieren, wo sie von T- und B-Lymphocyten erkannt werden. Zu diesem Zweck müssen die – hier als *Langerhanszellen* bezeichneten – dendritischen Zellen allerdings in die nächsten Lymphknoten einwandern (Zänker 1996). Daß derart semiautonome lokale Wechselwirkungen zwischen Lymphknoten, Lymphocyten und dem umliegenden Gewebe für die Funktionsfähigkeit des gesamten Systems von enormer Bedeutung sind, hat uns Caroline Ponds überraschende Entdeckung vor Augen geführt, daß bei Säugetieren viele – vielleicht alle – peripheren Lymphknoten von kleinen Gruppen spezialisierter Fettzellen umgeben sind, die die Lymphocyten mit Nährstoffen versorgen, insbesondere mit mehrfach ungesättigten Fettsäuren, den wichtigsten Bausteinen der Zellmembran (Vines 1995; Pond 1998). Für diese Bausteine besteht bei den teilungsfreudigen Lymphocyten naturgemäß ein besonderer Bedarf. Die Beziehung zwischen Fettzellen und Lymphocyten in den Lymphknoten ist ein weiterer Hinweis auf die funktionellen Ähnlichkeiten zwischen den beiden komplexesten Informationssystemen des Wirbeltierorganismus, denn im Gehirn besteht ein ähnliches Verhältnis zwischen *Gliazellen* und Nervenzellen.

Ebenso komplex sind die Wechselwirkungen zwischen den klassischen Elementen des Immunsystems und den Zellen des Darmes, in dem bloß eine einzige Zellschicht – das Schleimhautepithel – die Innenwelt des Organismus von der Außenwelt trennt (Shanahan 1997). Um das unkontrollierte Eindringen von Fremdkörpern in den Organismus zu verhindern, setzt sich das Schleimhautepithel überwiegend aus Zellen zusammen, die so eng aneinanderschließen, daß ihre Grenzflächen als beinahe unüberwindbare Sperren (*tight junctions*) fungieren. Das ist auch der Grund dafür, daß die orale Aufnahme so vieler Medikamente und Impfstoffe wirkungslos bleibt. Verstreut über das Schleimhautepithel finden sich jedoch Inseln besonderer Zellen (M-Zellen), die Antigenen Zugang zu einem darunterliegenden lymphoiden Gewebe (*Peyerschen Plaques*) mit immunologischen Funktionen gewähren. Dieser Mechanismus erhält die Wachsamkeit der Abwehrkräfte des Organismus gegenüber einer der Hauptquellen von Schadstoffen aus der Umwelt: dem Nahrungsbrei im Darmlumen. Aufgrund der großen Oberfläche der Darmschleimhaut (Abschnitt „Komplexität", S. 315) ist die Masse dieses immunkompetenten lymphoiden Gewebes so groß, daß es den bei weitem größten Anteil an der Gesamtmasse des Immunsystems im menschlichen Körper ausmacht. Von den Peyerschen Plaques ausgehend, besiedeln *intraepitheliale Lymphocyten* (*IEL*) aber auch die gesamte Darmschleimhaut (Wang et al. 1997), drängen sich zwischen die Epithelzellen (*Endocyten*) und tauschen mit diesen Signalstoffe aus. Das besondere an diesem System ist erstens, daß zu den Signalstoffen nicht nur traditionelle Lymphokine gehören, sondern auch Peptide, die mit den oben erwähnten Releasing-Faktoren des Hypothalamus identisch zu sein scheinen, und zweitens, daß die IEL mit Hilfe ihres Repertoires von Signalen auch die umliegenden Zellen des Darmepithels zu Wachstum und Differenzierung anregen können. Diese Beispiele legen nahe, daß in den Geweben des Wirbeltierkörpers ausgedehnte Zwiegespräche zwischen Immun- und Nichtimmunzellen stattfinden, deren Aufgabe die Anpassung des Systems an die jeweils herrschenden lokalen Bedingungen ist.

Über den Anlaß zur Evolution dieses besonderen Erkennungs- und Verteidigungssystems gibt es unterschiedliche Ansichten. Eine ist, daß das System von Anfang an etwas mit den Konflikten zwischen Zellinien und dem Organismus zu tun hatte (Stewart 1992; siehe auch Abschnitt 4.1.1); eine andere, daß die Fähigkeit zur raschen Erzeugung eines enormen Repertoires von Antikörpern die besonders effiziente Antwort des Wirbeltierorganismus auf schnellebige Parasiten, Bakterien und Viren darstellt, die ihr molekulares Erscheinungsbild durch Mutation und Rekombination ebenfalls sehr rasch verändern können (Langman 1989). Die beiden Hypothesen schließen einander nicht aus, aber keine von ihnen beantwortet die Frage, warum eine derartige Leistungssteigerung überhaupt notwendig war, da ja die überwiegende Mehrzahl aller Tierarten, nämlich alle Wirbellosen, nachweislich auch ohne so ein raffiniertes neues Erkennungs- und Verteidigungssystem auskommt.

Die *Konsequenz* der Evolution dieses Systems ist jedoch eindeutig. Was immer die Wurzeln seiner Entstehung gewesen sein mögen, seine jetzige Bedeutung ist die Verteidigung der Integrität des vielzelligen Organismus sowohl gegenüber den Autonomietendenzen von dessen Bausteinen als auch gegenüber körperfremden Stoffen. Diese Aufgabe erfordert die Unterscheidung zwischen dem Selbst des intaken Organismus und dem Nichtselbst des Restes der Welt. Die Unterscheidung zwischen Selbst und Nichtselbst bedingt, daß sich das Immunsystem ständig über den Zustand des Organismus informieren muß – irgendwo in einem der entferntesten Winkel des Körpers könnte ja eine Zelle den systemischen Kontrollen entschlüpft sein, irgendwo könnte ein Krankheitserreger eingedrungen sein und das Selbst bedrohen.

Supernetz   In mehreren Kapiteln dieses Buches gab es bereits Gelegenheit, auf die Bedeutung des Austauschs von Signalen zwischen den Teilen biologischer Systeme hinzuweisen. Signalsysteme koordinieren den Stoffwechsel von Zellen (Abschnitt 3.5.2) ebenso wie die

Nachbarschaftsbeziehungen zwischen Zellen und Geweben (Abschnitt 4.1.5), und die drei in den vorigen Abschnitten diskutierten Systeme sind für das verantwortlich, was man die Integrität des vielzelligen Organismus nennt. Es versteht sich von selbst, daß alle diese Systeme miteinander kommunizieren müssen. Grundlage der Verständigung ist ein einheitliches Repertoire molekularer Zeichen, das sich eines durch große Proteine und Glykoproteine repräsentierten räumlichen Codes sowie der Vermittlung kleiner löslicher Überträgermoleküle bedient. Nur das Nervensystem verwendet ein anderes Prinzip der Nachrichtenübertragung: elektrisch codierte Signale, die sich jedoch in die rein chemischen Signale des übrigen Kommunikationsnetzes übersetzen lassen – und umgekehrt. So wird die in Impulsfrequenzen und Amplitudenmustern von Generatorpotentialen enthaltene neurale Information in das Entladungmuster von Überträgerstoffen an den *Synapsen*, den Kontaktstellen zwischen Neuronen und anderen Zielzellen, übersetzt. Zu den chemischen Signalüberträgern gehören nicht nur konventionelle Transmitter, wie zum Beispiel Adrenalin und Acetylcholin, sondern auch spezielle Peptide und Proteine, die die Eigenschaften von Zielzellen verändern können. Es sei hier nur auf das Protein *Agrin* verwiesen, das von motorischen Endfasern abgegeben wird, an postsynaptische Rezeptoren bindet und die Differenzierung von Muskelfasern steuert (McMahan 1990; Wallace 1996). Umgekehrt können Neurohormone und andere Substanzen die Schwellenwerte von Synapsen verstellen und so die Eigenschaften von Nervennetzen modulieren (Böhm 1996). Die Modulationsfähigkeit von Synapsen und postsynaptischen Membranen wird auch als eine der Grundlagen für Lernen und Gedächtnisleistungen von Tieren und Menschen angesehen.

Die Erforschung des Nachrichtenverkehrs zwischen den Kommunikationssystemen des tierischen Organismus gehört nicht nur zu den faszinierendsten Bereichen der modernen Biologie, sie demonstriert auch, wie mittels reduktionistischer Methoden Einsichten in ganzheitliche Merkmale komplexer Systeme gewonnen werden können. Zwei Beispiele mögen dies illustrieren: zum einen die Verknüpfung zellulärer und organismischer Prozesse bei der Steuerung des Wachstums von

Säugetieren; zum anderen die Verknüpfung der drei integrativen Systeme des Wirbeltierkörpers.

1. Das adipose Fettgewebe von Säugetieren ist ein über den ganzen Körper verteiltes dynamisches Organ, dessen Masse in Abhängigkeit von der Verfügbarkeit von Stoffwechselenergie starken Fluktuationen unterworfen ist. Bei ausreichender Nahrungszufuhr kommt es zur Verwandlung von Bindegewebszellen in Fettzellen, die sich teilen und Fettgewebe aufbauen. Der Vorgang der *Adipogenese* wird durch eine Reihe von Transkriptionsfaktoren gesteuert, von denen zumindest einer die Konzentration von Lipiden im Blutserum mißt und in Wechselwirkung mit anderen Faktoren in Bindegewebszellen jene Gene aktiviert, die für die Expression lipidsynthesierender Enzyme zuständig sind (Yeh und McKnight 1995). Im reifen adiposen Fettgewebe wird ein weiteres Gen aktiviert, das ein kleines sekretorisches Protein, *Leptin*, codiert. Dessen Ziel ist das Sättigungszentrum im Hypothalamus des Zwischenhirns. Es bindet dort an membranständige Rezeptoren, wodurch das Tier veranlaßt wird, seine Nahrungsaufnahme einzustellen. Hinter der Kanalisierung von Überschußenergie in Körperwachstum und Fettspeicherung (Abschnitt 4.2.4) wird somit das Wirken eines aus Signalmolekülen aufgebauten Regelsystems sichtbar, das Gene, nervöse Zentren und periphere Zielgewebe zu einer funktionellen Einheit zusammenschließt. Eine medizinisch bedeutsame Konsequenz dieser Netzstruktur ist, daß der Ausfall bestimmter gewebespezifischer Gene zu dramatischen Störungen des integrierten Wachstumsprozesses, zu Freßsucht, Fettleibigkeit und Gewebehypertrophie bei Tieren und Menschen führen kann.

2. Wechselwirkungen zwischen Nervensystem und endokrinem System sind seit langem bekannt und wurden in einigen der vorangehenden Abschnitte bereits mehrfach kommentiert. Etwas überspitzt könnte man formulieren, daß Nervenfasern nicht nur Leitungen zur Übermittlung elektrischer Signale darstellen, sondern auch ein Verkehrssystem für den Transport kleiner Moleküle, die als chemische Signalträger fungieren. An erster Stelle ist hier die Stoffklasse der *Peptide*

zu nennen, von der immer neue Vertreter entdeckt werden, die vor allem im Gehirn maßgeblich am Signalaustausch zwischen Neuronen beteiligt sind. Dementsprechend ist es seit langem üblich, von der Einheit des *neuroendokrinen Systems* zu sprechen. Die Idee, daß es ebenso enge Beziehungen zwischen dem neuroendokrinen und dem Immunsystem gibt, hat eine kürzere Geschichte. Sie läßt sich im Prinzip auf das von Hans Selye in den fünfziger Jahren formulierte Konzept vom „Streß-Syndrom" zurückverfolgen (Selye 1956), wonach psychische Faktoren über die neuroendokrine Achse auch die Widerstandskraft von Menschen gegenüber Infektionen und anderen Erkrankungen beeinflussen. Das Verdienst, dieses zunächst rein phänomenologisch definierte Konzept in den Rahmen moderner molekularbiologischer Untersuchungsmethoden eingebaut zu haben, gebührt wohl dem amerikanischen Psychologen Robert Ader, der in Zusammenarbeit mit dem Biochemiker Nicholas Cohn in den siebziger Jahren in Experimenten an Ratten nachwies, daß eine durch Training erworbene Verhaltensreaktion (eine Geschmacksaversion gegen eine Übelkeit hervorrufende chemische Substanz) auch das Immunsystem beeinflußt, und zwar im Sinne einer Abschwächung der Fähigkeit zur Bildung von Antikörpern (Ader et al. 1991; Miketta 1991; Zänker 1991). Von noch größerer Aussagekraft erwies sich eine Zufallsbeobachtung im Verlauf eines weiteren Versuchs, bei dem Kaninchen Tumorzellen injiziert wurden, um das Tumorwachstum in Abhängigkeit von verschiedenen Faktoren zu studieren. Die Versuchstiere waren in gesonderten Käfigen in einem Tierstall untergebracht. Nach einiger Zeit fiel den Wissenschaftlern auf, daß die in der untersten Käfigreihe gehaltenen Kaninchen samt und sonders tumorfrei blieben, während bei den anderen Versuchstieren die injizierten Zellen anwuchsen und sich zu bösartigen Tumoren entwickelten. Als des Rätsels Lösung erwies sich das Verhalten der – kleingewachsenen – Tierpflegerin, die die Tiere in der untersten Käfigreihe mit besonderer Hingabe betreute, sich ihnen, wie es Zänker (1996) beschreibt, »schmusend zuwendete«. Weitere Untersuchungen machten deutlich, daß die Abwehrkräfte dieser Tiere tatsächlich im Vergleich zu denen der anderen Kaninchen wesentlich gestärkt waren; beispielsweise fand man in ihrem Blut eine gesteigerte Aktivität der natürlichen Killerzellen.

Derartige Versuche haben frühere Vermutungen bestätigt, daß die Anfälligkeit gegenüber Tumoren auch von der emotionalen Befindlichkeit und dem psychischen Habitus des Betroffenen abhängen könnte. Als diese bis dahin bloß vorwissenschaftlichen Vermutungen zu einem Gegenstand der experimentellen Forschung wurden, zeigte sich sehr schnell, daß es für die engen Beziehungen zwischen neuroendokrinem und Immunsystem bereits zahlreiche Hinweise gab. Ich habe soeben die enge Verwandtschaft zwischen den Signalfaktoren des Immunsystems und Peptidhormonen erwähnt. Zudem wissen wir, daß lymphatische Organe vom vegetativen Nervensystem versorgt werden und daß auf den Membranen von Lymphocyten praktisch sämtliche Rezeptoren für die Überträgerstoffe des Nervensystems zu finden sind. Es ist nun auch wissenschaftlich korrekt, von den Wechselwirkungen zwischen Psyche und Soma zu sprechen, vom »Irrtum des René Descartes«, der ja – in den Worten von Zänker (1996, S. 119) – die »bodenlos tiefe Trennung zwischen Körper einerseits und Seele, Denken und Gefühlen andererseits« behauptet (und sich damit wohl auch der kirchlichen Absolution für sonstige ketzerische Äußerungen versichert) hatte (siehe hierzu auch Damasio 1995). Wir wissen heute, daß die hinter solchen anthropologischen Kategorien stehenden mechanistischen Systeme ein und dieselbe Sprache sprechen und miteinander über ein einheitliches Netzwerk von Zeichen und Rezeptoren kommunizieren. Diese neuentdeckte integrative Ebene des Organismus wird nun auch durch ein neues Forschungskonzept, die *Psychoneuroimmunologie* (beziehungsweise „Psycho-neuro-endokrino-Immunologie"; Abbildung 4.14), vertreten.

4.2.4 Überschußleistungen: Wachstum und Vermehrung

Unter den vielen Trends, die im Gestrüpp der biologischen Evolution zu entdecken sind, erschließt sich einer – auch bei oberflächlicher Betrachtung – besonders schnell: die Größenzunahme der Lebewesen. Die in Abbildung 2.3 zusammengefaßte Evolution der Genomgröße von Zellen repräsentiert bis zu einem gewissen Punkt auch die Evolution der Körpergröße der Organismen: von den 10^{-13} bis 10^{-12} Gramm der kleinsten prokaryoten Zellen über die 10^{-4} Gramm von Amöben und anderen großen eukaryoten Zellen bis zu den ein paar Gramm wiegenden Vertretern vieler Gruppen wirbelloser Tiere. Innerhalb der Mollusken und Arthropoden, vor allem aber innerhalb des Stammes der Wirbeltiere setzt sich dieser Trend weiter fort – 10^6 bis 10^7 Gramm für Saurier und Elefanten, 10^8 Gramm für den Blauwal – allerdings ohne daß diese Phase von einer weiteren Zunahme der Genomgröße begleitet gewesen wäre. Der Verlauf der biologischen Evolution demonstriert somit, daß die Körpermasse von Lebewesen auf der Erde über mehr als 20 Größenordnungen variieren kann.

Da viele Darstellungen von Stammeslinien in der Literatur den vektoriellen Aspekt der Evolution betonen, konnte der Eindruck entstehen, hinter der beobachtbaren Größenzunahme von Lebewesen stehe so etwas wie ein der biologischen Evolution immanentes Prinzip, eine den Trieben von Individuen vergleichbare innere Tendenz zum Größerwerden. Genährt wurde dieser Eindruck zunächst durch die an fossilen Resten gemachte Beobachtung, daß in vielen Abstammungslinien von Wirbeltieren tatsächlich kleine Frühformen durch immer größere Spätformen abgelöst wurden. Paradebeispiel dieses paläontologischen Aspekts ist die Evolution der Pferde, deren Vertreter innerhalb von 60 Millionen Jahren vom Frühpferd (*Hyracotherium*) zum modernen Pferd (*Equus*) um mehr als zwei Größenordnungen an Masse zunahmen. Eine Fülle ähnlicher Beispiele veranlaßte den amerikanischen Paläontologen E. D. Cope (1885), einen gesetzmäßigen Zusammenhang zwischen Körpergröße und geologischer Zeit zu postulieren, der später zum „Copeschen Gesetz" hochstilisiert wurde. Da diese Beziehung nicht nur bei Wirbeltieren, sondern auch bei Wirbellosen festzustellen ist (Newell 1949), galt der Trend zum Größerwerden bis in die erste Hälfte dieses Jahrhunderts als Beweis für die Wirksamkeit eines von der Selektion unabhängigen, richtungweisenden *orthogenetischen Prinzips.*

Eine kurze Überlegung über die Mannigfaltigkeit der Biosphäre sollte jedoch deutlich machen, daß von einem *generellen* Trend zur Massenzunahme bei Lebewesen keine Rede sein kann. Sämtliche Lebensräume der Erde werden seit rund 3,5 Milliarden Jahren unverändert von den kleinsten aller Lebewesen, von prokaryoten Mikroorganismen, dominiert, und die Zunahme der Körpergröße entlang tierischer Stammeslinien hatte keineswegs die Verdrängung kleiner Lebensformen zur Folge. Legt die Evolution der Pferdelinie nahe, daß große Pferdearten erfolgreicher waren als kleine, so zeigt die Evolution anderer Linien, daß in sämtlichen Lebensräumen stets auch Nischen für kleine und kleinste Konsumenten zur Verfügung standen. Im Falle homoiothermer Wirbeltiere ist dies besonders deutlich, da von den heute lebenden kleinsten Säugetieren (Fledermäusen und Spitzmäusen) sowie kleinsten Vögeln (Kolibris) angenommen wird, sie seien auch die aus physiologischen Gründen kleinst*möglichen* Vertreter dieser Lebensformen. Wenn überhaupt, muß es also in der Evolution dieser beiden Tiergruppen auch Trends zum *Kleinerwerden* gegeben haben.

Kurz und gut, die biologische Evolution demonstriert keineswegs einen einsinnigen Trend vom Kleinen zum Großen. Was wir vielmehr beobachten, ist die gewaltige Zunahme des Größen*bereichs*, der Lebewesen zur Verfügung steht. Die relevante Frage ist also nicht, ob groß besser ist als klein, sondern unter welchen Bedingungen große Lebewesen kleinen überlegen sind und unter welchen Bedingungen es umgekehrt ist. Ein Teilaspekt dieser Frage beantwortet sich von selbst, denn große Organismen fressen kleine Organismen, bieten diesen aber als Symbionten oder Parasiten auch neue Lebensräume. Dieses Prinzip wurde ja bereits als eine der Triebkräfte für die Evolution großer eukaryoter Zellen erkannt, die auf dem Wege der Symbiose zwischen kleinen prokaryoten und größeren urkaryoten Zellen erfolgte (Abschnitt 2.2). Auf diese Weise haben Nahrungs- und andere Beziehungen im Verlauf der Evolution zu zahlreichen Abhängigkeiten geführt und damit zur Stabilisierung der Koexistenz von Organismen unterschiedlicher Größe beigetragen.

Darüber hinaus wird die Evolution des Größenspektrums von Lebewesen aber auch durch die Ausnützung verschiedener Bereiche physikalischer Dimensionen bestimmt, eine Evolution, die mit der Entstehung vielzelliger Organismen vor etwa 10^9 Jahren erst so richtig in Schwung kam. Der erste wichtige Schritt in diese Richtung spielte sich im Wasser ab, in dem die Fortbewegung von Körpern durch zwei verschiedene Kräfte bestimmt wird, die *Reibungs-* und die *Trägheitskraft.* Letztere dominiert bei großen und schnell schwimmenden Körpern, erstere bei kleinen und langsam schwimmenden – mit weitreichenden Konsequenzen für das Verhalten der betroffenen Körper. Für die kleinsten Schwimmer unter den Lebewesen (Bakterien, Spermien, Wimpertierchen, Larven wirbelloser Tiere) hat Wasser eine sehr zähe Konsistenz. Um voranzukommen, müssen Lebewesen ihre Lokomotionsorgane (Wimpern, Geißeln, Extremitäten) ständig in Bewegung halten. Hören sie damit auf, dann bleiben sie sofort im Medium stecken (ein zwei Mikrometer langes Bakterium innerhalb von 10^{-7} Mikrometern: McMahon und Bonner 1983). Große Schwimmer, wie Fische und Meeressäuger, können hingegen den Vorteil der Trägheit großer Massen nützen und relativ weite Strecken im Wasser ohne zusätzlichen Energieaufwand gleitend überwinden. Das Verhältnis zwischen Trägheits- und Reibungskraft wird durch eine dimensionslose Zahl, die *Reynoldszahl,* ausgedrückt, die bei Lebewesen um rund 14 Größenordnungen variieren kann. Bei einer Reynoldszahl zwischen etwa 10^{-6} (für Bakterien) und 10^{-2} wird die Fortbewegung überwiegend von der Reibung, zwischen etwa 10^2 und 10^8 (für Wale) überwiegend von der Trägheit bestimmt, mit einem Übergangsbereich zwischen 10^{-2} und 10^2. Kleine und große Lebewesen schwimmen also in unterschiedlichen Reynoldsbereichen und sind damit auch unterschiedlichen Selektionsdrücken ausgesetzt. Im hohen Reynoldsbereich gilt Größe bis zu einem gewissen Punkt als Erfolgsrezept, denn die Fähigkeit zur schnellen Ortsveränderung sowie der Impuls (mit der Dimension Masse mal Geschwindigkeit) nehmen mit der Körpergröße *zu*, während die Transportkosten (Energieaufwand pro Strecke und Zeit) *abnehmen*.

Im Hinblick auf die Fortbewegungsgeschwindigkeit sollte also zunehmende Körpergröße tatsächlich von der Selektion bevorzugt werden – und zwar sowohl im Wasser wie in der Luft. Daß es dennoch eine große Zahl höchst erfolgreicher kleiner Lebewesen gibt, ist zunächst darauf zurückzuführen, daß Geschwindigkeit nicht alles ist und daß ohne ausreichende Ernährungsbasis Größe schnell zur Belastung werden kann. Damit hängt unter anderem zusammen, daß die schnellsten Schwimmer, Läufer und Flieger nicht unter den *allergrößten* Tieren zu finden sind, sondern stets unter den mittelgroßen, mit Körperlängen von rund einem Meter (McMahon und Bonner 1983).

Freilich läßt sich die Existenz kleiner Organismen nicht damit begründen, daß große Organismen sie zum Überleben benötigen; vielmehr muß Kleinsein unter gewissen Bedingungen auch an und für sich von Vorteil sein. Um zu erklären, von welcher Art so ein Vorteil sein kann, bedarf es eines kurzen Ausflugs in die physiologische Energetik. Zuvor sei allerdings noch ein Blick auf die Evolution des Lebens auf dem *Festland* geworfen, auf dem eine physikalische Größe überragende Bedeutung gewonnen hat, die im Wasser beinahe vernachlässigbar ist: die *Schwerkraft*.

Die auf einen Körper einwirkende Schwerkraft ist proportional der Masse des Körpers mal der Beschleunigung g (auf der Erde 9,8 m sec^{-2}). Im Wasser wird diese Kraft durch die hohe Dichte und Viskosität des Mediums fast kompensiert, so daß wasserlebende Organismen von ihr kaum beeinflußt werden. In der Luft hingegen ist sie eine jener physikalischen Größen, der sich Organismen nicht entziehen können und die den Bau und die Leistungen von Tieren und Pflanzen wesentlich beeinflussen. Aus der Beziehung zwischen Schwerkraft und Masse eines Körpers folgt, daß die Kraft, mit der dieser Körper angezogen wird, proportional zu seinem Volumen zunimmt, also mit L^3 (wobei L die Länge des Körpers bedeutet). Um sich vor dem Kollaps zu bewahren, muß der Körper dieser nach unten gerichteten Kraft eine äquivalente nach oben gerichtete Kraft entgegensetzen, die im Falle von Wirbeltieren vom Skelett aufgebracht wird, beziehungsweise von den Muskeln, wenn es gilt, den Körper gegen die Schwerkraft zu bewegen. Nun nimmt sowohl die Belastbarkeit der Knochen wie die Muskelkraft mit dem Quadrat des Durchmessers (L) der jeweiligen Struktur zu. In einer Serie verschieden großer Tiere sollten sich demgemäß Masse und Impuls mit L^3, Kräfte mit L^2 und alle linearen Dimensionen (wie etwa die Durchmesser und Längen von Körperanhängen) mit L ändern. Alle Tiere der Serie, die dieser Forderung genügen, werden als „geometrisch ähnlich" bezeichnet. Mit der Theorie, die diese Beziehung sowie deren Konsequenzen untersucht, der sogenannten *Similaritätstheorie*, haben sich einige der größten Geister des Altertums und der Neuzeit, von Euklid bis Galilei und Newton, beschäftigt. Ihre Bedeutung für die Biologie wurde von d'Arcy Wentworth Thompson meisterhaft dargestellt (Thompson 1916, 1952; Günther 1971). So erkannte Galileo Galilei bereits vor mehr als 350 Jahren (Galilei 1638), daß ein Hund mit Leichtigkeit die Last eines weiteren Hundes, vielleicht sogar von deren zwei oder drei, tragen könne, während ein Pferd unter der Last eines zweiten Pferdes sofort zusammenbrechen würde – und zwar deshalb, weil die Massen dieser Tiere mit L^3, die Tragkräfte ihrer Knochen jedoch nur mit deren Querschnitten, also mit L^2, zunehmen. Diese Konsequenz der geometrischen Similarität spielt auch bei einem weiteren wohlbekannten Phänomen eine Rolle: Kleine Tiere, etwa Katzen, können fast ebenso schnell senkrecht in die Höhe laufen wie geradeaus, während wir und andere große Tiere hierzu nicht imstande sind. Ein volles Verständnis dieses Phänomens bedarf jedoch ebenfalls des angekündigten Exkurses über physiologische Energetik.

Energetische und ökologische Konsequenzen der Körpergröße

Alle heterotrophen Lebewesen, ob groß oder klein, einzellig oder vielzellig, nutzen die in Abschnitt 3.6 beschriebenen zellulären und molekularen Transformationsmechanismen, um sich im Zustand des dynamischen Fließgleichgewichts zu erhalten. Welchen Einfluß hat nun der Übergang von der Einzelligkeit zur Vielzelligkeit auf den Energieumsatz, und wie hängt dieser von der Körpergröße der Organismen ab? Lassen sich aus der Einsicht in solche Zusammenhänge allgemeine Schlüsse über die energetischen Konsequenzen von Größe und Wachstum ziehen?

Das Problem der Größenabhängigkeit des Energieumsatzes von Tieren beschäftigt Physiologen seit etwa 200 Jahren, die ersten Übersichten und klärenden Diskussionen verdanken wir Max Rubner (1883) und Max Kleiber (1932) (siehe hierzu auch Kleiber 1967; Calder 1884; Wieser 1986). An dieser Stelle seien die verschiedenen Aspekte des Problems zunächst auf die Frage reduziert, in welchem Verhältnis der Energieumsatz eines Tieres zu dem eines ungeordneten gleichgroßen Zellhaufens steht, denn eine Antwort auf diese Frage könnte zu einem besseren Verständnis der energetischen Konsequenzen der vielzelligen *Organisation* beitragen.

Die Energieumsätze von Lebewesen, von einzelnen Zellen bis zu den größten Tieren, sind im Laufe dieses Jahrhunderts mit verschiedenen Methoden bestimmt worden, meist indirekt durch Messung des Sauerstoffverbrauchs oder der CO_2-Produktion, seltener direkt durch Messung der Wärmeproduktion. Derartige Messungen haben zum Beispiel ergeben, daß ein aktiver eukaryoter Einzeller (Protist) mit einem Volumen von 10^{-6} Kubikmillimetern (10^{-6} μl, entsprechend 10^{-6} mg) den Betrag von 0,33 Nanowatt ($0,33 \times 10^{-9}$ Watt) an Stoffwechselleistung abgibt. Ein aus 10^{14} Zellen zusammengesetzter Zellhaufen würde rund 70 Kilogramm wiegen und 33 Kilowatt abgeben. Wieviel Energie setzt ein gleich großer tierischer Organismus um? Aufgrund von Messungen an einigen wenigen Säugetierarten wagte Max Rubner bereits im Jahre 1883 die Verallgemeinerung, der Grundumsatz verschieden großer Tiere sei nicht der Körpermasse, sondern der 2/3-Potenz der Körpermasse proportional, eine Beziehung, die als „Oberflächenregel" des Energieumsatzes von Tieren bekannt geworden ist. Die in den ersten Jahrzehnten des 20. Jahrhunderts erhobenen neuen Daten veranlaßten Max Kleiber (1932) allerdings, die 2/3-Regel durch eine 3/4-Regel zu ersetzen und den Grundumsatz (GU) von Säugetieren wie folgt zu standardisieren (dabei steht M für die Masse des Tieres):

$$GU = 3{,}34 \, M^{0{,}75}, \tag{4.2}$$

wobei der Grundumsatz in Watt und die Masse in Kilogramm angegeben wird. Ein 70 Kilogramm schwerer Mensch hätte demnach einen Grundumsatz von 81 Watt. Weiterhin stellte sich heraus, daß wechselwarme (poikilotherme) Wirbeltiere, aber auch verschiedene Gruppen wirbelloser Tiere bei ihrer jeweiligen Vorzugstemperatur (VT) bloß etwa zehn Prozent der Stoffwechselenergie (EU) eines gleich großen homoiothermen Tieres (bei 37°C) umsetzen, also

$$EU_{VT} = 0{,}33 \, M^{0{,}75}, \tag{4.3}$$

wobei EU ebenfalls in Watt angegeben wird. Ein 70 Kilogramm schweres homoiothermes Tier produziert also nur etwa 0,25 Prozent, ein ebenso schweres wechselwarmes Tier nur 0,025 Prozent der für einen ungeordneten Zellhaufen von 70 Kilogramm Gewicht geschätzten Stoffwechselleistung von 33 Kilowatt (Abbildung 4.16). Wird der Energieumsatz nicht auf das *Gesamtgewicht,* sondern auf die *Gewichtseinheit* bezogen, dann ergibt sich bei einem Wert von 0,75 für den Massenexponenten (siehe Legende zu Abbildung 4.16) folgende Funktion:

$$
\begin{aligned}
EU/M &= a \, M^{0{,}75-1{,}0} = a \, M^{-0{,}25}, \text{ also} \\
\log (EU/M) &= \log a - 0{,}25 \log M.
\end{aligned}
\tag{4.4}
$$

Das bedeutet, daß die Masseneinheit eines kleinen Tieres sehr viel mehr Energie umsetzt als die eines großen Tieres. So errechnet sich der massenspezifische Energieumsatz einer zwei Gramm schweren Maus zu rund 15,8 Watt pro Kilogramm, der eines 70 Kilogramm schweren Menschen hingegen zu bloß 1,1 Watt pro Kilogramm. Es ist signifikant,

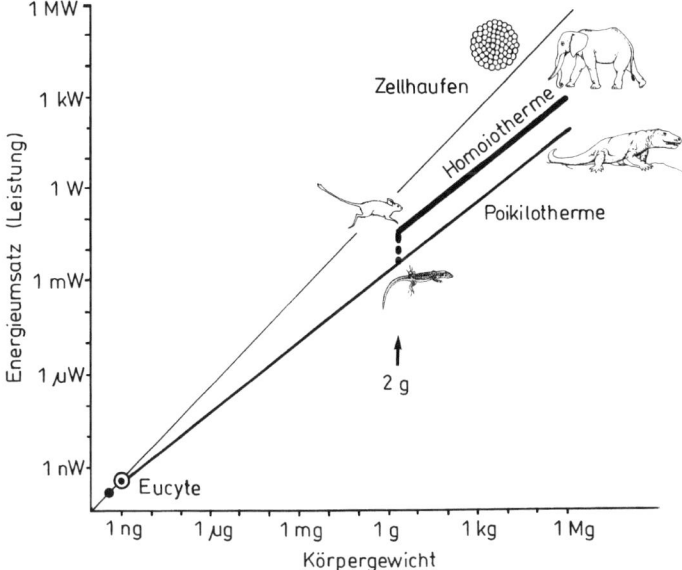

4.16 Doppelt logarithmische Auftragung der Beziehung zwischen Körpermasse und Energieumsatz (in Watt pro Organismus) unter der Annahme, es gäbe eine ungebrochene Größenserie von eukaryoten Einzellern zu den größten poikilothermen und homoiothermen Landtieren (Saurier beziehungsweise Elefant). Die Abbildung beruht auf folgenden weiteren Annahmen und Voraussetzungen: 1) Durch die doppelt logarithmische Auftragung werden die Potenzfunktionen der Gleichungen 4.2 und 4.3 linearisiert, und der Massenexponent b verwandelt sich in die Steigung einer Geraden. In allgemeiner Form:

$$EU = a \, M^b$$
$$\log EU = \log a + b \log M$$

2) Im Gegensatz zu früheren Befunden dürfte für aktive Einzeller die gleiche Massenbeziehung des Energieumsatzes gelten wie für poikilotherme Vielzeller (Fenchel und Finlay 1983). Dies berechtigt zur Annahme einer identischen Beziehung für sämtliche poikilothermen Tiere. 3) Die Erfindung der Homoiothermie vor 200 000 bis 250 000 Jahren hat zu einer Erhöhung des Energieumsatzes um einen Faktor von rund zehn geführt. Ein Körpergewicht von zwei Gramm wird als Untergrenze für die Aufrechterhaltung eines homoiothermen Stoffwechsels angesehen.

daß dieser Unterschied nicht bloß auf der Ebene des Organismus, sondern auch auf der Zellebene zum Ausdruck kommt. Mauszellen setzen pro Masseneinheit mehr Energie um als Menschenzellen (Porter und Brand 1993, 1995). Das bisher Gesagte läßt sich in der Form dreier Merksätze zusammenfassen:

1. Die Stoffwechselleistung poikilothermer beziehungsweise homoiothermer Tiere beträgt bloß 0,025 beziehungsweise 0,25 Prozent der Leistung eines ungeordneten Zellhaufens von gleicher Masse. Die Transformation eines solchen Zellhaufens in einen aus derselben Anzahl von Zellen bestehenden *Organismus* wäre somit von einer gewaltigen Reduktion des Erhaltungsaufwands begleitet.
2. Die Evolution der homoiothermen Lebensform (Säuger, Vögel) aus poikilothermen Vorfahren hatte eine Steigerung des Energieumsatzes etwa um den Faktor zehn zur Folge. Man könnte diese Erhöhung der Erhaltungskosten auch als den Preis für die Verbesserung der Lebensqualität ansehen.
3. Pro Masseneinheit setzen kleine Tiere wesentlich mehr Energie um als große, eine zwei Gramm schwere Maus zum Beispiel rund 15mal mehr als ein 70 Kilogramm schwerer Mensch. Daraus folgt, daß eine Population kleiner Pflanzenfresser eine gegebene Weidefläche in wesentlich kürzerer Zeit kahlfressen würde als die gleiche Biomasse einer Population großer Pflanzenfresser.

Gehen wir einen Schritt weiter und stellen die Frage nach den hinter diesen Beziehungen vermuteten Faktoren und Mechanismen, dann stoßen wir neuerlich auf das oben erwähnte Prinzip der geometrischen Ähnlichkeit, insbesondere auf das Verhältnis von Oberfläche zu Volumen bei verschieden großen Körpern. Da das Volumen (V) mit L^3, die Oberfläche (O) bloß mit L^2 anwächst, ändert sich das Verhältnis O/V mit der 2/3-Potenz der Körpermasse, also mit $M^{0,66}$. In dieser geometrischen Beziehung wurzelt die Rubnersche Oberflächenregel des Energieumsatzes. Für den Fall homoiothermer Tiere leuchtet die physiologische Bedeutung dieser Beziehung sofort ein, denn es ist klar, daß die

Wärme*produktion* in der Gesamtmasse der Gewebe, also proportional dem Körper*volumen*, stattfindet, der Wärme*abfluß* hingegen über die Körper*oberfläche* erfolgen muß. Kleine Tiere müssen ihren relativ höheren Wärmeverlust somit durch Beschleunigung ihres Energieumsatzes kompensieren. Die von Max Kleiber eingeführte sogenannte 3/4-Regel des Betriebsstoffwechsels wurde zunächst als eine durch zusätzliche Faktoren erzwungene Variante von Rubners Oberflächenregel angesehen, wobei unter Physiologen bis vor kurzem kein Konsens über die Gewichtung und das Zusammenspiel der für diese Variante in Frage kommenden Faktoren bestand. Da die 3/4-Regel auch für wechselwarme Tiere (Gleichung 4.4), ja sogar für Einzeller und Pflanzen (Nielsen et al. 1996) gilt, war allerdings auszuschließen, daß Aspekte des Wärmeaustauschs zwischen Organismus und Medium für die universelle Gültigkeit dieser Regel verantwortlich sein könnten. In einer eleganten Modellstudie haben nun West et al. (1997) gezeigt, daß sich sowohl die 3/4-Regel der Stoffwechselleistung als auch die ebenso universellen, durch einen massenspezifischen Exponenten von 1/4 ausgezeichneten allometrischen Beziehungen für Kreislaufgeschwindigkeit, Herzschlagfrequenz und Lebensdauer durch das Postulat von der Optimierung des *Stofftransports* in Organismen erklären lassen. Es wurde ein Optimierungsmodell vorgeschlagen, das sich auf folgende drei Hypothesen stützt: 1) Dreidimensionale Körper werden grundsätzlich durch lineare, verzweigte Netzwerke von Röhren versorgt, die jeden Teil des Körpers erreichen und für deren Konstruktion ein Minimum an Material aufgewendet wird. 2) Der Transport von Stoffen durch das flüssigkeitsgefüllte Röhrensystem wird mit dem geringstmöglichen Energieaufwand betrieben. 3) Da die Zellen in allen Organismen etwa gleich groß sind, sind auch die terminalen Abschnitte aller Transportsysteme in etwa gleich groß.

Computersimulationen zur Lösung der in diesen drei Hypothesen zum Ausdruck gebrachten Optimierungsaufgabe führten zu der Erkenntnis, daß der entscheidende Parameter das *Verzweigungsmuster* des Transportsystems ist und daß die Forderung nach Minimierung des Material- und Energieaufwands am besten erfüllt wird, wenn dieses Verzweigungsmuster dem Grundprinzip der fraktalen Geometrie, nämlich dem Prinzip der *Selbstähnlichkeit*, folgt. Darunter ist zu verstehen, daß die Geometrie der Verzweigung von Gefäßen in sämtlichen räumlichen Dimensionen, makroskopisch, mikroskopisch und submikroskopisch, denselben Regeln folgt. Wird dem Optimierungsmodell dieses Grundprinzip der fraktalen Geometrie unterlegt, dann enthalten die vom Computer berechneten Lösungen die empirisch ermittelten massenspezifischen Exponenten von 3/4 beziehungsweise 1/4 für eine Anzahl fundamentaler physiologischer und morphologischer Größen. So wurde zum Beispiel errechnet, daß das Gefäßsystem eines Wales, der um den Faktor 10^7 schwerer ist als eine Maus, nur etwa 70 Prozent mehr Verzweigungen benötigt als das Gefäßsystem der Maus, um den Körper mit Stoffen und Energie zu versorgen. Dieses rechnerische Ergebnis

4.17 Computersimulation eines nach den Regeln der fraktalen Geometrie konstruierten Gefäßsystems von Wirbeltieren. Das Modell mag symbolhaft für Maßnahmen stehen, die ergriffen werden müßten, um einen unorganisierten Zellhaufen in einen hochintegrierten, mit maximaler Ökonomie operierenden Organismus zu transformieren. (Nach Williams 1997.)

entspricht den empirisch ermittelten Verhältnissen. Eine der Computer-simulationen für das nach den Regeln der fraktalen Geometrie konstruierte Gefäßsystem eines Wirbeltieres ist in Abbildung 4.17 dargestellt.

Von welch außerordentlicher quantitativer Bedeutung die Optimierung des Stoff- und Energietransports im Organismus sein kann, läßt sich anhand des in Abbildung 4.16 angedeuteten Vergleichs zwischen einer unorganisierten und einer organisierten Masse von Zellen von identischem Gewicht illustrieren: Ein 70 Kilogramm schwerer Zellhaufen setzt sich aus 10^{14} Einzelzellen zusammen, die insgesamt – wären sie alle gleichermaßen aktiv – eine Stoffwechselleistung von 33 Kilowatt abgeben würden. Eine Einzelzelle von 10^{-6} Kubikmillimeter Volumen hat eine Oberfläche von 452 μm^2, woraus sich für die 10^{14} Zellen des Zellhaufens eine Fläche von 45 000 Quadratmetern errechnet. Um die hohe Stoffwechselleistung aufrechtzuerhalten, muß über diese gewaltige Fläche ein ständiger Austausch von Stoffen und Energie erfolgen. Wie verhält es sich da mit dem ebenfalls aus 10^{14} Zellen bestehenden menschlichen Organismus? Es wurde bereits erwähnt (Abschnitt „Komplexität", S. 315), daß das Magen-Darm-System eines Menschen über eine Austauschfläche von 500 bis 550 Quadratmetern verfügt, hinzu kommen die rund 90 Quadratmeter Austauschfläche der Lunge. Mit insgesamt etwa 600 Quadratmetern hat ein 70 Kilogramm schwerer Mensch also nur 1/75 (1,3 Prozent) der Austauschfläche eines gleich großen ungeordneten Zellhaufens. Noch viel dramatischer ist allerdings die Reduktion des Energieumsatzes von 33 000 Watt für den Zellhaufen auf 100 Watt für den Menschen, also um einen Faktor von 330 oder auf rund 0,3 Prozent. Nach dem Modell von West et al. (1997) geht diese Reduktion vor allem auf das Konto des optimierten Stoff- und Energietransports. Der Grund, warum gerade den Regeln der fraktalen Geometrie bei der Evolution eines solchen Transportsystems ein derart hoher Stellenwert zukommt, ist im Prinzip der „Selbstähnlichkeit" zu finden. Dahinter verbirgt sich nämlich die Möglichkeit, mit ein und demselben einfachen Konstruktionsprogramm die Entwicklung eines dreidimensionalen Transportsystems durch viele Größenordnungen geometrischer Dimensionen hindurch zu steuern.

Die *ökologische* Konsequenz der optimierten Beziehung zwischen Körpergröße, Transportleistung und Energieumsatz läßt sich an einem von Kleiber (1967) diskutierten Beispiel eindrucksvoll demonstrieren. Eine Tonne Heu soll von einem Ochsen (Körpergewicht 600 Kilogramm) oder von 300 Kaninchen (Gesamtgewicht ebenfalls 600 Kilogramm) verzehrt und in Körpersubstanz verwandelt werden. Wie unterschiedlich diese Nahrungsmenge durch die vielen kleinen Kaninchen und den einen großen Ochsen verwertet wird, zeigt Tabelle 4.1. Es ist ersichtlich, daß die verschieden großen Tiere die Tonne Heu mit gleicher Effizienz – nämlich zwölf Prozent – in Körpersubstanz verwandeln, die Kaninchen allerdings etwa viermal so schnell wie der Ochse. Das heißt, kleine Tiere unterscheiden sich von großen durch hohe Stoff- und Energieumsätze (Futterverzehr, Wärmeverlust) beziehungsweise Wachstumsraten, während – zumindest in diesem Beispiel – die Energie*nutzung* konstant bleibt. Damit haben wir aber bereits den entscheidenden Selektionsvorteil des Kleinseins definiert: Überall dort, wo in der Natur kleine und große Organismen um begrenzte Ressourcen

Tabelle 4.1: Die Beziehung zwischen Körpergröße und Energieumsatz ist von entscheidender Bedeutung für die zeitliche Dimension der Nahrungsverwertung bei Tieren. Dieser ökologisch so wichtige Zusammenhang wird hier anhand eines von Max Kleiber (1967) diskutierten Vergleichs der Verwertung einer gegebenen Nahrungsmenge durch einen Ochsen beziehunsweise durch 300 Kaninchen illustriert.

	1 Ochse	300 Kaninchen
Individualgewicht	600 kg	2 kg
Gesamtgewicht	600 kg	600 kg
Verzehr pro Tag	7,5 kg	30 kg
1 Tonne Heu reicht	130 Tage	33 Tage
Wärmeverlust	83,6 MJ	334 MJ
Gewichtszunahme/Tag	0,9 kg	3,6 kg
Gewichtszunahme/t Heu	120 kg	120 kg

konkurrieren, werden die kleinen zunächst gewinnen. Das gilt zum Beispiel für die Kolonisierung neuer Lebensräume oder ganz allgemein für die Nutzung von Ressourcen unter ökologisch instabilen Verhältnissen. Besonders ins Gewicht fällt der Umstand, daß kleine Organismen nicht nur schneller wachsen, sondern – was das obige Beispiel nicht zeigt – pro Zeiteinheit auch mehr Nachkommen in die Welt setzen, denn dies ist die für die Evolution entscheidende Variable.

An einer Nebenfront erklärt die Massenbeziehung des Energieumsatzes auch die oben erwähnte Fähigkeit kleiner Tiere, fast ebenso schnell bergauf wie geradeaus und bergab zu laufen. Der Grund hierfür ist, daß die für das Heben einer Last benötigte Arbeit unabhängig von der Körpergröße ist. Das heißt, um einen Höhenunterschied von einem Meter zu überwinden, muß eine zwei Gramm schwere Maus pro Gewichtseinheit ebensoviel Arbeit verrichten wie ein 70 Kilogramm schwerer Mensch. Da jedoch der massenspezifische *Grundumsatz* einer Maus rund 15mal höher ist als der eines Menschen, macht die zusätzliche Hebeleistung für die Maus nur etwa sieben Prozent der vom Menschen aufzubringenden zusätzlichen Hebeleistung aus.

Tabelle 4.2 sowie Abbildung 4.18 bieten eine Auswahl jener Eigenschaften von Organismen, auf die sich Körpergröße entweder steigernd oder vermindernd auswirkt. Bedenken wir, daß in der Natur die Einheit

Tabelle 4.2:   Der Einfluß der Körpergröße auf einige Eigenschaften von Tieren.

	kleine Tiere	große Tiere
Masse und Kapazität	⇓	⇑
Geschwindigkeit	⇓	⇑
Kraft	⇓	⇑
Impuls	⇓	⇑
Transporteffizienz	⇓	⇑
Energieumsatz	⇑	⇓
Produktionsleistung	⇑	⇓

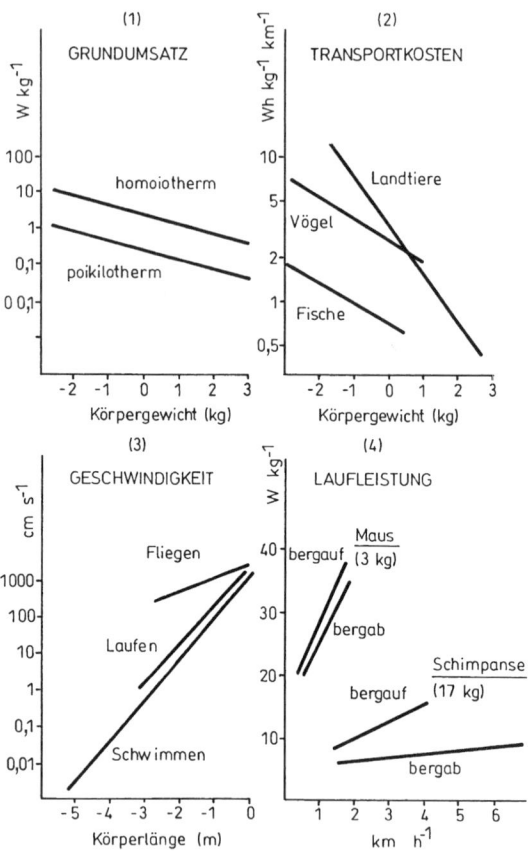

4.18 Schematische Darstellung der Wirkung der Körpergröße auf vier physiologische Variable: 1) massenspezifischer Grundumsatz (Watt pro Kilogramm) von poikilothermen und homoiothermen Wirbeltieren; 2) Transportkosten (Wattstunden pro Kilogramm und zurückgelegtem Kilometer) bei laufenden, fliegenden und schwimmenden Wirbeltieren; 3) maximale Geschwindigkeit beim Fliegen, Laufen und Schwimmen; 4) Unterschied des Energieumsatzes (Watt pro Kilogramm) zwischen Bergauf- und Bergablaufen bei einem großen und einem kleinen Säugetier.

Diagramm 1 repräsentiert die massenspezifische Version der Gleichungen 4.2 und 4.3; Diagramme 2 bis 4 stammen – in veränderter Form – aus McMahon und Bonner (1983).

der *Selektion* zwar das *Individuum* ist, die Einheit der *Evolution* jedoch die *Population*, dann folgt aus dieser Zusammenstellung, daß große Organismen im Hinblick auf Geschwindigkeit, Kraft und Ausdauer (Kapazität mal Effizienz) kleinen Organismen „überlegen" sind, während für Energieumsatz und Leistung das Gegenteil gilt. Das hat folgende Konsequenzen: Unter instabilen Umweltbedingungen werden zunächst jene Organismen im Vorteil sein, die die vorhandenen Ressourcen in möglichst kurzer Zeit zu nutzen vermögen, das heißt, deren Umsätze und Produktionsleistungen möglichst hoch sind – also große Populationen kleiner Organismen. Unter stabileren Verhältnissen werden allmählich kräftige und ausdauernde, also große Organismen an Überlegenheit gewinnen. Für eine Beschreibung der realen Welt wäre eine derartige Dichotomie allerdings zu simpel. Äußere Zwänge und die Dynamik ökologischer Wechselwirkungen führen zu zahllosen Komplikationen und verbieten die Betrachtung der Körpergröße als einzig entscheidenden Faktor für die Strukturierung von Ökosystemen.

Arbeitsteilung

Die soeben geschilderten Massenzunahmen im Verlauf der Evolution – von Protocyten zu Eucyten, von Einzellern zu Vielzellern sowie innerhalb der vielzelligen Organismen entlang phylogenetischer Pfade – sind eng verknüpft mit der Entwicklung von *Arbeitsteilung*, einem Phänomen, das ja auch die Entwicklung menschlicher Gesellschaften auf fundamentale Weise begleitet hat (Ferguson 1767; Adam Smith 1776; Durkheim 1902; Müller und Schmid 1992). Die Antriebskraft hinter dem Prozeß der Aufteilung systemarer Funktionen auf verschiedene Kompartimente („Berufe") ist der Druck in Richtung auf sowohl höhere Effizienz wie höhere Leistungsfähigkeit des Systems. Je vielfältiger das Repertoire an Funktionen, je komplexer die Reaktionsverläufe und je höher die Umsätze, desto mehr Reibungsverluste würden entstehen, fänden sämtliche Arbeitsvorgänge gleichzeitig in einem einzigen Kompartiment statt. Dementsprechend ist räumliche Diversifizierung ein Merkmal selbst der einfachsten prokaryoten Zellen: Die Steuerung zellulärer Funktionen geht von einem einzigen, an der Zellmembran befestigten ringförmigen Chromosom aus, Proteinsynthesen finden an den Ribosomen im Cytoplasma statt, und für die Aufrechterhaltung des thermodynamischen Ungleichgewichts der Zelle sorgen Pumpen und Kanäle in der Zellmembran. In dieser Membran finden sich aber auch die Elektronentransportketten für Energietransformationen (Photosynthese und oxidative Phosphorylierung) sowie das Zentrum der DNA-Replikation, biosynthetische Prozesse laufen in ihr ab, und die Fortbewegungsorgane der Bakterien, die Geißeln, haben dort ihre Ansatzpunkte.

Der evolutionäre Schritt von der prokaryoten zur eukaryoten Zelle läßt sich denn auch als ein Schritt in Richtung auf differenziertere Arbeitsteilung, insbesondere der membranständigen Funktionen, verstehen. Die Fließbänder der Photosynthese und ATP-Bildung stehen nun in eigenen „Kraftwerken", den Chloroplasten und Mitochondrien, und die Chromosomen sind im Zellkern lokalisiert, der ebenso wie andere Organellen durch eine Membran vom Cytoplasma abgegrenzt ist. Darüber hinaus sind eukaryote Zellen mit einem besonderen Transportsystem, dem endoplasmatischen Reticulum, ausgestattet sowie mit weiteren, auf verschiedene Aspekte des Zellstoffwechsels spezialisierten Organellen, wie Lysosomen und Golgi-Apparat (Abschnitte 3.2.2 und 4.6; Abbildungen 3.2 und 3.6).

Auch im Cytoplasma prokaryoter Zellen sorgen molekulare Strukturen für eine zusätzliche räumliche Sonderung zellulärer Funktionen. Dennoch scheint in diesem Zelltyp die Differenzierung des Stoffwechselgeschehens in viel stärkerem Maße als in eukaryoten Zellen durch *zeitliche Programmierung* anstatt durch *räumliche Kompartimentierung* zu erfolgen. Ein instruktives Beispiel hierfür ist das Verhältnis von Wachstum und Proteinumsatz. Bei Bakterien sind diese beiden energieaufwendigsten Sparten des Zellstoffwechsels zeitlich weitgehend voneinander getrennt. In der Phase des exponentiellen Wachstums werden so gut wie alle an den Ribosomen synthetisierten Proteine auch tatsächlich gespeichert, das heißt der Biomasse der Population zugeschlagen. Der für das Überleben der Zelle notwendige Protein*umsatz* kommt in dieser Phase zum Erliegen und wird während des Übergangs von der Wachstumsphase zur stationären Phase der Zellpopulation gewissermaßen nachgeholt (Koch 1991; Wieser 1994c). In eukaryoten Zellen hingegen scheint der Vorgang der Massenzunahme immer auch von Proteinumsätzen begleitet zu sein, selbst in Phasen intensiven Wachstums (Millward et al. 1975). Diese Gleichzeitigkeit dürfte erst durch die weiter fortgeschrittene Kompartimentierung des Stoffwechsels in eukaryoten Zellen möglich geworden sein.

In den Bauplänen der vielzelligen Tiere gewinnt das Merkmal der Arbeitsteilung eine neue Dimension. Zellgruppen formieren sich zu Geweben und Organen und übernehmen jeweils spezifische Aufgaben, wie Muskelleistungen, Verdauungsleistungen, Sinnesleistungen und so weiter. Diese Differenzierung beruht darauf, daß nur in den Zellen der spezialisierten Organe die für die jeweilige Funktion benötigten Abschnitte des genetischen Programms transkribiert (Abschnitt 3.3.1) und exprimiert (Abschnitt 3.3.2) werden. In Muskelzellen werden kontraktile Proteine aufgebaut, in den Zellen der Bauchspeicheldrüse Verdauungsenzyme und Hormone, in Sinneszellen die für Signaltransduktionen erforderlichen molekularen Strukturen. Aus der Universalbibliothek des Genoms wird in den Zellen der spezialisierten Gewebe jeweils nur eine Auswahl der vorhanden Bände (Gene) gelesen, und diese eingeschränkte Leseliste wird innerhalb des Organs von Zellgeneration an Zellgeneration über ein „zelluläres Gedächtnis" weitergegeben (Abschnitt 4.1.4). Von den 80 000 bis 100 000 Genen, über die das Genom des Menschen verfügt (Abschnitt „Komplexität", S. 315), werden zum Beispiel in Leberzellen nur an die 20 000 gelesen und exprimiert (Ricklefs und Finch 1995). Wie es dem Prinzip der Arbeitsteilung entspricht, garantiert diese Konzentration auf das Wesentliche (wozu einerseits die ubiquitären „Haushaltsgene", andererseits Spezialgene gehören; siehe Abbildung 4.9) die Reduktion von Reibungsverlusten und dadurch eine Erhöhung der Leistung und Effizienz beim Verrichten der jeweiligen Arbeit. Schon Darwin war sich über diesen Aspekt der Evolution im klaren: »Die größte Summe von Leben [wird] durch die größte Differenzierung der Struktur vermittelt« (Darwin 1876, Seite

Tabelle 4.3: Die relativen Anteile des Energieumsatzes der wichtigsten Organe am Grundumsatz des Gesamtorganismus beim Menschen und zwei weiteren Wirbeltieren.

	Mensch	Hund	Karpfen
Körpergewicht (kg)	70	20	0,13
Grundumsatz (W)	95	37	0,08
relative Anteile (%)			
Muskel	20	52 ⎫	
Haut	2	5 ⎭	66
Skelett	5	2	
Herz	10	2	0,2
Leber	20	12 ⎫	
Magen/Darm	5	8 ⎭	12
Lunge	4	5	–
Niere	7	5	3
Gehirn (ZNS)	20	2	1,5
Gonaden	2	2	1,5
Kiemen	–	–	3

135). Wie gut dieses arbeitsteilige Prinzip funktioniert, zeigt unter anderem der so außerordentlich geringe Erhaltungsumsatz von Lebewesen. Wie schon erwähnt, entspricht der Grundumsatz eines Menschen (circa 100 Watt) der Leistung einer mittleren Glühlampe. In welchem Ausmaß die verschiedenen Organe und Gewebe zu diesem Erhaltungsumsatz beitragen, illustriert Tabelle 4.3 am Beispiel des Menschen im Vergleich zu einem kleineren Säugetier, dem Hund, und einem noch viel kleineren poikilothermen Tier, dem Karpfen (Wieser 1986).

Diese Liste enthält einige interessante Details. So wird sowohl beim homoiothermen Hund wie beim poikilothermen Fisch das Energiebudget von der Muskulatur dominiert, die selbst im Ruhezustand mehr als 50 Prozent des insgesamt aufgenommenen Sauerstoffs verbraucht. Demgegenüber erweist sich der Mensch einmal mehr als „Gehirnwesen". Noch vor kurzer Zeit wäre der Schluß berechtigt gewesen, der hohe Energiebedarf des Gehirns (20 Prozent des Grundsatzes beim Erwachsenen, wesentlich mehr beim Kleinkind: Holliday 1986; Leonard und Robertson 1992) charakterisiere die Sonderstellung unserer Art im Stamm der Wirbeltiere. Bei fast allen Wirbeltierarten liegt der entsprechende Wert bei zwei bis acht Prozent, bei anderen Primaten um zwölf Prozent (Mink et al. 1981). Allerdings sind in letzter Zeit zwei Ausnahmen bekannt geworden. Das relative Gehirngewicht und damit auch dessen Anteil am Gesamtenergieumsatz von Delphinen steht dem des Menschen kaum nach, und kürzlich wurde ein kleiner Fisch entdeckt, dessen Gehirn sogar an die 60 Prozent des vom Organismus aufgenommenen Sauerstoffs verbraucht (Nilsson 1996). In beiden Fällen deutet die relative Größe und Leistungsfähigkeit des Gehirns jedoch nicht auf besonders hohe Intelligenz (Delphine sind nach herrschender Ansicht nicht wesentlich klüger als Hunde), sondern auf spezielle Sinnesleistungen, die ein hohes Maß an Signalverarbeitungskapazität verlangen. Delphine können sich mit Hilfe eines hochentwickelten Sonarsystems in ihrer Umwelt fast ebenso gut akustisch orientieren wie wir optisch; und bei dem Fisch *Gnathonemus petersii* steht das große Gehirn in Verbindung mit der Fähigkeit, sich mit Hilfe eines raffinierten elektrischen Peilsystems in trübem Wasser zurecht zu finden.

Die Zahl der Zelltypen ist, wie Abbildung 4.8 dokumentiert, im Verlauf der Evolution von Einzellern zu Wirbeltieren deutlich gestiegen, was wohl als Ausdruck der zunehmenden Arbeitsteilung im tierischen Organismus verstanden werden muß. In der Diskussion über Ursache und Entwicklung der Arbeitsteilung in menschlichen Gesellschaften, die in der westlichen Welt seit mindestens 200 Jahren intensiv geführt wird, spielte stets die Frage eine entscheidende Rolle, welche Kräfte und Prinzipien der drohenden Gefahr der Überspezialisierung und Zersplitterung des Systems entgegenwirken könnten. Adam Smith (1776) begegnete dem Problem relativ gelassen. Er war der Meinung, sämtliche Glieder der Gesellschaft hätten aus rein egoistischen Motiven das größte Interesse, die Funktionsfähigkeit des Systems zu erhalten, und würden dementsprechend die notwendigen Maßnahmen von selbst ergreifen. Kommunikation und vertragliche Absicherung zwischen freien Partnern seien hinreichende Bedingungen für die erfolgreiche Institutionalisierung eines arbeitsteiligen Systems. Mit anderen Worten, Adam Smith vertraute weitgehend den Prinzipien einer sozialen Selbstorgani-sation. Dem Franzosen Emile Durkheim (1858–1917) erschien das Pro-blem mehr als 100 Jahre später (1902) jedoch als wesentlich kompli-zierter. Er hielt es mit Thomas Hobbes und postulierte, daß eine arbeits-teilige Gesellschaft ohne den Zwang eines starken, wohlentwickelten Moral- oder sonstigen Kontrollsystems nicht überdauern könne.

Was den tierischen Organismus betrifft, so sind die Leistungen der spezialisierten Organe auf vielfache Weise in die Kontrollfunktionen des Gesamtsystems eingebettet. Hier seien nur zwei Aspekte heraus-gegriffen:

1. Über das Zirkulationssystem kann die Versorgung der Organe mit Nährstoffen und Energie den variablen Bedürfnissen des Organis-mus angepaßt werden. Bei hoher lokomotorischer Aktivität gelangen zum Beispiel 95 Prozent und mehr des in den roten Blutzellen trans-portierten Sauerstoffs in die Muskulatur, so daß die aeroben Stoff-wechselleistungen der übrigen Organe fast zum Erliegen kommen. Hier wird ein Prinzip sichtbar, das für die Feinabstimmung der Stoff- und Energieversorgung von Geweben wichtig ist: das *sequentielle Versorgungsprinzip*. Bei hoher Belastung ist es selbstverständlich, daß der Löwenanteil der mit dem Blut transportierten Stoffe zum Or-gan mit dem höchsten Bedarf gelenkt wird (im obigen Beispiel also zur Muskulatur), während die anderen Organe auf eine Warte- und Prioritätenliste gesetzt werden. Jedoch scheinen auch im Ruhezu-stand des Organismus nicht sämtliche Gewebe (sowie in Zellen nicht sämtliche Funktionen) kontinuierlich und anteilsmäßig mit Stoffen und Energie versorgt zu werden, sondern nach einem diskontinuier-lichen Zeitprogramm mit Versorgungsspitzen und Versorgungstälern.

2. In Hinblick auf ihren Stoffwechsel sind die meisten Organe von einem Zentralorgan – bei Wirbeltieren von der Leber – abhängig. Die Leber betreibt zum Beispiel Entgiftungsarbeit auch für andere Organe. Sie speichert den aus dem Blut aufgenommenen Blutzucker in Form von Glykogen und stellt anderen Geweben Glucose zur

Verfügung, indem sie Glykogenreserven mobilisiert. Ihren eigenen Energiebedarf deckt sie jedoch sehr oft nicht mit der wertvollen Glucose, sondern mit Ketosäuren, die beim Abbau von Fetten und organischen Säuren anfallen. Aus diesem Grund ist die Leber als ein „altruistisches" Organ bezeichnet worden, doch ist dieser sogenannte Altruismus natürlich auch die beste Methode, um durch den Aufbau wechselseitiger Abhängigkeiten ein System zu stabilisieren. Dieser Punkt wird uns bei der Besprechung sozialer Systeme noch mehrfach beschäftigen.

Wachstumsformen und Wachstumsgesetze

Das Heranwachsen eines tierischen Organismus von der befruchteten Eizelle zum vielzelligen, bis zu mehrere Tonnen schweren Adulten läßt sich mit der Massenzunahme einer Population von Individuen vergleichen. Für diese hat Thomas Malthus (1766–1834) vor 200 Jahren (1798) einen Teil jenes mathematischen Formalismus entwickelt, den wir auch heute noch für die Beschreibung von Wachstumsvorgängen in der Natur verwenden (Hutchinson 1978). Malthus formalisierte die auch damals schon bekannte Tatsache des geometrischen Wachstums von Populationen durch die (in heutiger Schreibweise wiedergegebene) Gleichung

$$dN/dt = rN, \qquad (4.5)$$

die aussagt, daß die Zunahme der Individuenzahl (N) mit der Zeit (t) eine Funktion der jeweiligen Populationsgröße ist, also den Charakter eines autokatalytischen Prozesses hat, wobei der Vermehrungskoeffizient r die Rolle eines Multiplikators der Populationsgröße spielt. Die integrierte Form dieser Gleichung,

$$N = e^{rt}, \qquad (4.6)$$

macht deutlich, daß eine solche Population exponentiell, also ohne obere Begrenzung wächst, was natürlich kein realistisches Konzept sein kann. Merkwürdigerweise fand Malthus aus diesem Dilemma keinen mathematischen, sondern nur einen theologischen Ausweg, indem er meinte, das geometrische Wachstum menschlicher Populationen könne nur durch »misery and vice«, Elend und Laster, gebremst werden, und – in Umkehrung dieser Argumentation – die Allgegenwart von Elend und Laster deute darauf hin, daß auch Gott das Problem des unbegrenzten Bevölkerungswachstums auf keine andere Weise zu lösen wußte. Und da dies so sei, folgerte Malthus weiter, seien »misery and vice« eben die von Gott gewollten Instrumente zur Lösung des Bevölkerungsproblems der Menschheit. Erst 40 Jahre später (1838) fand der belgische Mathematiker und Beamte Pierre-Francois Verhulst (1804–1849) eine weit weniger drastische Lösung (ohne hierfür Gott zitieren zu müssen). Er führte einfach in Gleichung 4.5 einen weiteren mathematischen Parameter ein, der zur Folge hat, daß die Exponentialkurve mit voranschreitender Zeit abflacht, um schließlich einen stabilen, das Ende des Populationswachstums signalisierenden Wert zu erreichen. In moderner Schreibweise sieht dies folgendermaßen aus:

$$dN/dt = r \, N \, [(K - N)/K], \qquad (4.7)$$

wobei K die in einem bestimmten Lebensraum maximal mögliche Populationsgröße (die Tragfähigkeit des Lebensraumes unter den jeweils herrschenden ökologischen Bedingungen) beziehungsweise das finale, adulte Gewicht eines individuellen Organismus repräsentiert. Erreicht die aktuelle Größe der Population (N) den oberen Grenzwert K, dann wird der Klammerausdruck und damit die rechte Seite der Gleichung auf null gesetzt, also $dN/dt = 0$. Diese von Verhulst angegebene Beziehung wird heute als *logistische* Gleichung bezeichnet, die in der Geschichte der Demographie, Populationsbiologie und Wachstumsforschung eine überragende Rolle gespielt hat. Sie bringt letzten Endes zum Ausdruck, daß das Wachstum einer Population oder eines Organismus nicht bloß von „unten" durch das Produktionspotential der Zellen oder Individuen angetrieben, sondern auch vom erreichbaren Endwert, der Tragfähigkeit oder Maximalgröße, also gewissermaßen von „oben", gezogen wird. Die Differenz K–N ist die Differenz zwischen der potentiellen und der realisierten Größe eines Systems und entspricht daher auch dem Verhältnis zwischen Angebot und Nachfrage in ökonomischen Systemen. Je größer die Differenz, desto größer der Angebotsdruck in der Form von dN/dt; je geringer die Differenz, desto deutlicher macht sich die Sättigung der Nachfrage bemerkbar: Der Wert von dN/dt nimmt ab.

Die sigmoide Wachstumskurve kann auch als Modell zur Beschreibung des Wachstums einzelner Organismen angesehen werden. Dies wird deutlich, wenn das Gewicht eines Tieres relativ zum Endgewicht des Adulten aufgetragen sowie die Entwicklungsdauer zwischen Befruchtung und Reifezustand auf die mittlere Lebenszeit der Art bezogen wird. Bereits Samuel Brody (1945) versuchte dies in einer klassischen Monographie, wobei sich zeigte, daß die so normierte Kurve das Wachstum fast aller Wirbeltiere ausgezeichnet beschreibt – mit Ausnahme der Primaten! Abbildung 4.19 illustriert die in dieser Tiergruppe sichtbar werdende Verlangsamung des frühen Wachstums, die bei Rhesus- und Menschenaffen eine starke, beim Menschen eine wahrhaft dramatische Linksverschiebung der Standardkurve zur Folge hat. Höchstwahrscheinlich steht diese Verlangsamung mit der Größe des Gehirns in Beziehung (Abschnitt „Neuraler Darwinismus und andere lokalisierte Selektionsverfahren", S. 353; Tabelle 4.3), dessen Entwicklung beim Menschen zu zwei Dritteln erst nach der Geburt und damit in engster Beziehung zur Umwelt stattfindet. Unter allen morphologischen und entwicklungsbiologischen Merkmalen dürfte dieses am deutlichsten die Sonderstellung des Menschen in der Natur dokumentieren (Gould 1977) und wahrscheinlich sogar entscheidend für diese Sonderstellung verantwortlich sein.

Die in Abbildung 4.19 dargestellten Kurven haben den Charakter von Modellen. Das reale Wachstum in der Natur spielt sich weit weniger geglättet ab, vor allem in Abhängigkeit von den Unregelmäßigkeiten des Nahrungsangebots sowie der Periodik von Tages- und Jahreszeiten. Aber auch ohne diese Einflußnahme von außen wachsen Tiere sowie der Mensch (Lampl et al.1992) schubweise. Das dürfte mit den oben erwähnten Zeitprogrammen für die Verteilung der Stoffwechsel-

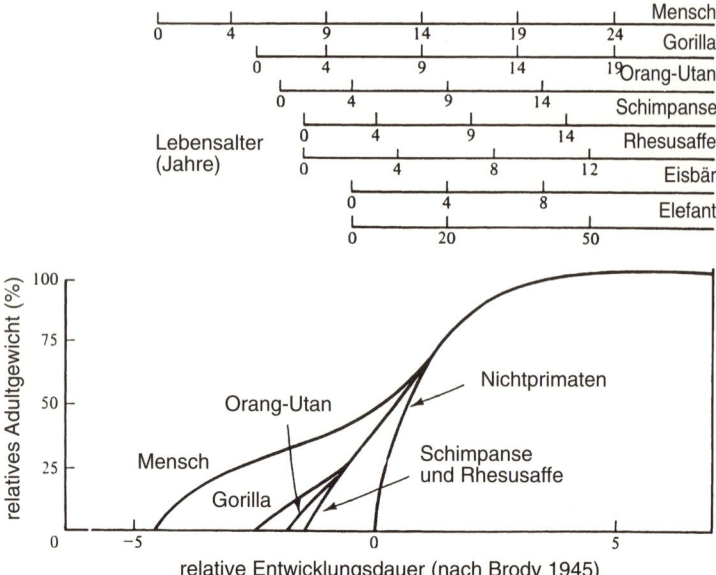

4.19 Normierte Wachstumskurven von Primaten und anderen Wirbeltieren. Die Ordinate repräsentiert das Körpergewicht in Prozent des Adultgewichts, die Abszisse die relativierte Entwicklungsdauer. Die Skalierung der Lebensalter der zur Erstellung der Kurven herangezogenen Tierarten ist im oberen Abschnitt der Abbildung angegeben. (Aus Blaxter 1989, verändert nach Brody 1945.)

energie im Körper in Zusammenhang stehen. Auf zwei weitere formgebende Aspekte des Wachstums von Tieren sei noch hingewiesen.

1. Die in Abbildung 4.15 skizzierten Kurven täuschen nicht nur eine geglättete, sondern auch eine einheitliche Form des Wachstums für tierische Organismen vor. Blickt man jedoch gewissermaßen hinter die Kulisse der logistischen Kurve, dann entdeckt man, daß sich das Wachstum einzelner Bestandteile des Organismus, also von Organen und Körperanhängen, in einem charakteristischen Verhältnis zum Wachstum des gesamten Organismus vollzieht. Folgt die Massenzu-

nahme eines Organs derselben Progression wie die des Körpers, dann spricht man von *isometrischem Wachstum*, das heißt, die Gewichtsänderungen von Organ (x) und Körper (y) entsprechen einander, so daß gilt:

$$dx/x = dy/y. \tag{4.8}$$

Häufig tritt allerdings der Fall ein, daß sich die Gewichtsänderungen von Organ und Körper durch einen Faktor (a) unterscheiden: Der Körperteil kann schneller oder langsamer an Masse zunehmen (eventuell sogar abnehmen) als der ganze Körper, also

$$dx/x = a \, dy/y. \tag{4.9}$$

Dieses *allometrische* Wachstum hat seit Huxley (1932) immer wieder die Aufmerksamkeit von Biologen auf sich gezogen. Zum einen weil es andeutet, daß die Massenzunahme von Körperteilen durch lokale Faktoren gesteuert werden kann, die untereinander irgendwie in Verbindung stehen müssen; zum anderen weil es die Möglichkeit eröffnet, die zahlreichen Beispiele exzessiv beschleunigten Wachstums im Tierreich (etwa Geweih des Riesenhirschs, Zähne von Mammut und Säbelzahntiger) auf die Expression lokaler Faktoren zurückzuführen, die nach der Art von Multiplikatoren operieren und an denen die Selektion anzugreifen vermag. Es spricht viel dafür, daß die unverhältnismäßige Größenzunahme gewisser Körperteile männlicher Tiere, wie eben des Hirschgeweihs oder des Pfauenschwanzes, unter dem Druck der sexuellen Selektion zustande gekommen ist (Abschnitt 5.1), daß sich diese also mit großem Erfolg der multiplikativen Wirkung allometrischer Faktoren bedient.

2. Albrecht Dürer beschrieb in seinen *Vier Büchern von menschlicher Proportion* (1528), daß sich die unterschiedlichen Proportionen menschlicher Gestalten auf gesetzmäßige Weise mit Hilfe eines Systems von Verhältniszahlen ineinander überführen lassen (Bertalanffy 1942). Vierhundert Jahre später hat d'Arcy Thompson (1916) diese Methode weiterentwickelt und gezeigt, daß morphologische Unterschiede zwischen verwandten Tieren durch die stufen-

weise Transformation eines Cartesischen Koordinatensystems simuliert werden können, in das die Umrisse der Stammform eingezeichnet sind. Auf diese Weise ließ sich zum Beispiel die Körperform einer bestimmten Fischgattung in die einer anderen überführen (Abbildung 4.20) oder die Schädelstruktur des rezenten Pferdes aus der des vor 60 Millionen Jahren ausgestorbenen *Hyracotherium* ableiten. Die von Thompson entworfenen Koordinatentransformationen sind weit mehr als bloße Spielereien; sie legen vielmehr nahe, daß auch ein so komplexes Geschehen wie das des Gestaltwandels von Lebewesen in der koordinierten Aktivität einiger weniger genetischer Faktoren wurzeln mag. Es ist anzunehmen, daß die vom Beobachter durch das Transformieren von Koordinaten bewirkten Veränderungen eines geometrischen Modells die tatsächlichen, von Wachstumsfaktoren angetriebenen Verschiebungen im Fahrplan epigenetischer Prozesse abbilden. Hier wird eine Brücke zu der soeben (Abschnitt „Energetische und ökologische Konsequenzen der Körpergröße", S. 384) diskutierten Optimierung von Transportsystemen nach den Regeln der fraktalen Geometrie geschlagen. Auch in diesem Fall wird ein komplizierter ontogenetischer Prozeß auf die Wirksamkeit eines einfachen Konstruktionsprinzips zurückgeführt. Ja, in dieser Reduktion scheint der evolutionäre Erfolg der zustande gekommenen Lösung des Konstruktionsproblems begründet zu sein.

„Ursachen" des Wachstums   Die in Abbildung 4.19 dargestellten Kurven sind mathematische Abstraktionen. Welche biologischen Vorgänge verbergen sich dahinter? Die exponentielle Phase einer S-förmigen Kurve ist leicht zu erklären, es genügt, sich die konstante Leistungsfähigkeit eines spezifischen Produktionsmechanismus vorzustellen. Aber wodurch kommt es zum Einschwenken der Kurve auf einen Plateauwert? Wie schon erwähnt, hatte Malthus für das Ende der exponentiellen Phase eine einfache Erklärung: den durch das geometrische Wachstum der Population bewirkten Nahrungsmangel. Der anglikanische Gottesdiener stellte sich diesen Punkt jedoch als den Eintritt einer Katastrophe vor, als den Sturz einer geometrischen Progression in den

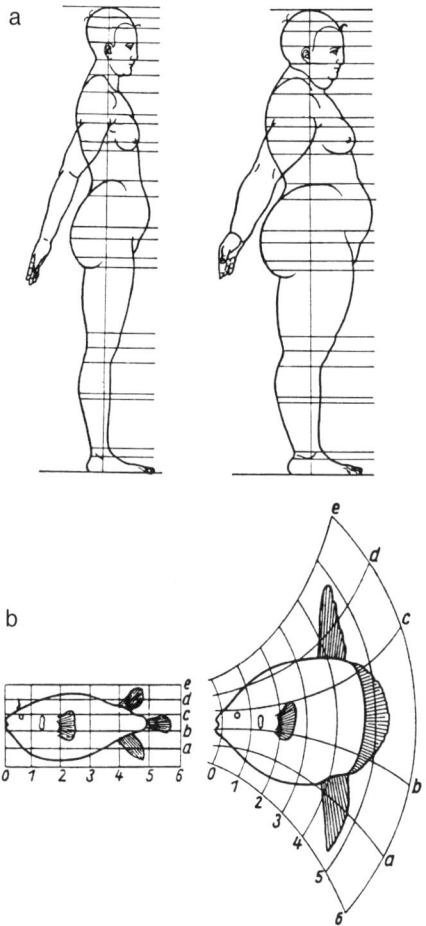

4.20 Auf der Suche nach den Gesetzen der organischen Form. a) Albrecht Dürers Versuch, verschiedene Typen des menschlichen Ausdrucks und der menschlichen Gestalt durch ihre morphologischen Proportionen zu definieren. Dürer hoffte, auf diese Weise »ein Mittel in die Hand zu bekommen, aus eigener Kraft Kreaturen aller Art zu erschaffen, 'die noch niemand vorher gesehen oder geahnt hatte'« (Bertalanffy 1942, S. 293). b) Umformung des Körperumrisses des Igelfisches (*Diodon*) in den des Mondfisches (*Orthagoriscus*) durch Koordinatentransformation. (Nach d'Arcy Thompson 1916.)

Abgrund. Demgegenüber beschreibt die logistische Kurve einen gänzlich anderen Vorgang: die allmähliche Verlangsamung der Progression sowie das Erreichen und Halten eines konstanten Endwertes. Des weiteren ist zu beobachten, daß unter den variablen Bedingungen der natürlichen Umwelt das Wachstum eines Organismus von der erwarteten Idealkurve gelegentlich stark abweicht, dennoch aber zu dieser wieder zurückfindet – so als wäre Wachstum ein geregelter Prozeß mit Sollwerten und Stellgrößen, wie dies für die Selbstregulation physiologischer Funktionen gilt (Abschnitt „Selbstregulation", S. 328). Hinter solchen Merkmalen von Wachstumskurven müssen also physiologische Mechanismen wirksam sein, die es zu entdecken gilt.

Am einfachsten scheint das Wachstum einer *Bakterienpopulation* zu interpretieren zu sein. Ohne Nahrung befinden sich die Zellen im Ruhezustand mit drastisch reduzierten Energie- und Stoffumsätzen. Wird Nahrung verfügbar – wie etwa im Darm eines Säugetiers nach einer Mahlzeit –, dann reagieren die Bakterien mit einer explosiven Beschleunigung sowohl des Stoffwechsels wie der Teilungsrate. Die Population nimmt an Masse zu, zunächst exponentiell und dann – wenn der Nahrungsschub von ausreichender Dauer ist – abflachend bis zu einem konstanten Wert, dessen Niveau von den herrschenden ökologischen Bedingungen abhängt. Je größer die Dichte der heranwachsenden Population, desto weniger Nahrung steht der einzelnen Zelle zur Verfügung; je verdünnter das Nahrungsmedium, desto seltener teilen sich die Zellen und desto langsamer wächst die Population, bis nach Erschöpfung des Angebots sämtliche Syntheseprozesse zum Stillstand kommen.

Aber reicht ein solches Modell auch aus, um das Wachstum komplexerer Systeme, etwa vielzelliger Organismen, zu erklären? Die Antwort lautet, daß es nicht einmal zur Erklärung des Wachstums von Bakterienpopulationen ausreicht. Es hat sich nämlich herausgestellt, daß Bakterien Signalstoffe in das Medium abgeben und einander auf diese Weise über die jeweilige Populationsdichte informieren (Kaiser 1996). Diese Signalstoffe induzieren in der Zelle spezifische Prozesse, wie zum Beispiel die Expression von „Hungerproteinen" oder die Differenzierung von Dauersporen. Die Dichte einer Population signalisiert also nicht nur einen quantitativen Zustand, sie ruft in den Einheiten der Population auch qualitativ unterschiedliche Reaktionen hervor, die der Vorbereitung auf einen neuen Systemzustand dienen.

Betrachten wir das Wachstum eines vielzelligen Organismus, etwa eines Säugetiers, dann läßt es sich in erster Annäherung durch denselben Formalismus beschreiben wie das Wachstum einer Bakterienpopulation. Dahinter stehen jedoch ganz andere Mechanismen und Abhängigkeiten. So hat die sigmoide Form der Wachstumskurve eines Tieres nichts mit der Variabilität des Nahrungsangebots zu tun (obwohl Wachstum an sich natürlich nur möglich ist, wenn ausreichend Nahrung zur Verfügung steht), sondern sie ist das Ergebnis eines „inneren Gesetzes", das den Individuen einer Art eine maximale Wachstumsrate sowie ein charakteristisches, stabiles Adultgewicht zuordnet. (Dabei sei hier ignoriert, daß viele Tiere, etwa Fische, kein stabiles Adultgewicht erreichen, sondern während ihres ganzen Lebens stetig, wenn auch langsam weiterwachsen können.)

Eine mechanistische Deutung der Wachstumskurven von Tieren hat erstmals der Physiologe August Pütter (1920) versucht. Bertalanffy (1942) hat den Pütterschen Ansatz modifiziert und in zahlreichen Schriften so populär gemacht, daß man heutzutage fast überall vom „Bertalanffyschen Wachstumsgesetz" spricht. Der Grundgedanke Pütters war, daß die Aufnahme von Nahrung und Energie in den tierischen Körper über verschiedene Oberflächen (Lunge, Kiemen, Darm) erfolgt, während sich Stoffwechsel und Stoffumsätze in der Masse der Gewebe vollziehen. Dementsprechend sollen aufbauende Prozesse im Organismus in etwa der Oberfläche, also der 2/3-Potenz der Körpermasse (M) proportional sein, während abbauende Prozesse in etwa den Stoffumsätzen und damit der Körpermasse direkt proportional sind (siehe hierzu Abschnitt „Energetische und ökologische Konsequenzen der Körpergröße", S. 384). Da mit zunehmendem Körpergewicht das Verhältnis zwischen Oberfläche und Volumen und damit das Verhältnis zwischen aufbauenden und abbauenden Prozessen immer kleiner wird, muß auch die Wachstumsrate abnehmen, um schließlich, wenn sich

Aufbau und Abbau die Waage halten, auf null zu fallen. Durch die Wahl geeigneter Koeffizienten lassen sich mit dieser Beziehung beliebig viele Varianten sigmoider Wachstumskurven, mit hohen Wachstumsraten in der Jugend und einem definierten Adultgewicht, konstruieren. Die Flächen resorbierender und respiratorischer Epithelien müssen allerdings nicht unbedingt der Körperoberfläche, die Massen der stoffwechselaktiven Gewebe nicht unbedingt der Masse des Gesamtkörpers proportional sein. Auf der Grundlage dieser Einsicht hat Bertalanffy zwischen verschiedenen Wachstumstypen im Tierreich unterschieden. Das ändert jedoch nichts an der grundsätzlichen Plausibilität des Pütterschen Ansatzes.

Die Hoffnung, aus diesem plausiblen Ansatz eine generelle Wachstumstheorie konstruieren zu können, hat sich jedoch nicht erfüllt. Einerseits sind die Bedürfnisse des Organismus mit seinen verschiedenen Organen und Funktionen zu differenziert, andererseits die vom äußeren und inneren Milieu geschaffenen Bedingungen zu variabel und komplex, als daß sie im Rahmen eines so einfachen Prinzips wie dem des Verhältnisses zwischen Oberfläche und Volumen untergebracht werden könnten. Schon die modifizierten Wachstumskurven der Primaten (Abbildung 4.19) machen deutlich, daß es auch noch andere Wachstumsprinzipien geben muß als jenes, das auf der summarischen Energiebilanz des Individuums beruht. Von welcher Art solche Prinzipien sein können, wird indirekt durch das Phänomen des allometrischen Wachstums angedeutet (Gleichung 4.9): Es muß genetische Faktoren geben, die *lokales Wachstum* unabhängig von der Energiebilanz des Gesamtorganismus steuern. Im Hinblick auf das verzögerte Jugendwachstum der Primaten läßt sich diese Schlußfolgerung erweitern: Es muß genetische Faktoren geben, die den *Zeitverlauf* des Wachstums unabhängig vom Zwang des Oberflächen-Volumen-Verhältnisses steuern. Die weiter oben (Abschnitt „Leistungsmaximierung, Entropieminimierung, Optimierung", S. 338) im Zusammenhang mit dem Optimierungsproblem diskutierten Befunde, wonach durch Gentransfer überproportional schnell wachsende Tiere erzeugt werden können, implizieren ja, daß sowohl totale wie lokale Wachstumsraten unter genetischer Kontrolle stehen. Oder anders ausgedrückt: Die Koeffizienten von Wachstumsgesetzen, wie etwa die des oben erwähnten Pütterschen Ansatzes, müssen unabhängig voneinander steuerbar sein.

Die Frage, auf welche Weise denn der „Sättigungswert" der logistischen Kurve, also der K-Wert in Gleichung 4.7, im Organismus festgestellt und gehalten werden könnte, läßt sich jedoch auf noch ganz andere Weise beantworten als durch einen energetischen Formalismus. Der Püttersche Formalismus impliziert zum Beispiel, daß das individuelle Adultgewicht mit dem Erreichen eines endgültigen Fließgleichgewichtzustands zusammenfällt, in dem sich aufbauende und abbauende Prozesse im Körper die Waage halten. Demgegenüber haben Jahrzehnte physiologischer Untersuchungen gezeigt, daß das adulte Körpergewicht durch ein komplexes kybernetisches Regelsystem aufrechterhalten wird, also nicht bloß ein Fließgleichgewicht, sondern ein *geregeltes* Fließgleichgewicht darstellt. Um dessen Zustandekommen erklären zu können, genügt es nicht, die Koeffizienten und Exponenten einer Wachstumsgleichung zu kennen, sondern es sind Meßfühler, Signalfaktoren, Regler mit Sollwerten, Stellgrößen und Stellglieder in Betracht zu ziehen, die für die Funktionsfähigkeit eines solchen Regelsystems notwendig sind (Abbildung 4.11). Nach herrschender Meinung (Harris 1990) ist es völlig unrealistisch zu glauben, die Stabilität des adulten Körpergewichts könne aus einigen wenigen Parametern der Energiebilanz des Organismus abgeleitet werden. An dieser Aufgabe sind vielmehr molekulare Faktoren, Neurotransmitter, Hormone und nervöse Signale beteiligt, die die wichtigsten Schritte der Nahrungsaufnahme, des Umsatzes und der Speicherung von Proteinen und Fetten sowie des Energiestoffwechsels steuern und regeln. Dazu muß das endgültige oder approximative Adultgewicht eines Individuums in diesem als Sollwert gespeichert sein, und Abweichungen von diesem Sollwert müssen einem Regelzentrum signalisiert werden. Als Signalfaktoren kommen die Konzentrationen von im Blut oder in Gewebeflüssigkeiten zirkulierenden Stoffen in Frage, die über Massengleichgewichte mit den wichtigsten Stoffdepots in Verbindung stehen. So zeigen zirkulierende Aminosäuren die Größe von Proteindepots, Fettsäuren die von

Fettdepots in den Geweben an. Abweichungen von den jeweiligen Sollwerten werden über Zentren korrigiert, die die Nahrungsaufnahme
regeln. Wie solche komplexen Regelwerke im einzelnen funktionieren,
wie zum Beispiel Konzentrationsänderungen von Metaboliten, die
durch lokale Störungen des Stoffwechsels zustande gekommen sind,
von solchen unterschieden werden, die echte Massenveränderungen
anzeigen, ist weitgehend unklar. Es ist jedoch sicher, daß dahinter ein
Stoffwechselnetz von der Art stehen muß, wie es weiter oben im Zusammenhang mit der *Erhaltung* des Organismus (Abschnitt 4.2.3) skizziert wurde. In solchen Netzen werden molekulare und physiologische
Funktionen durch chemische Signale zu einem sich einheitlich und
zielgerichtet verhaltenden System verknüpft.

Die bisherigen Erkenntnisse über Mechanismen des Wachstums
lehren uns das folgende: Die energetischen Bedingungen der Umwelt
und des Systems schaffen den jeweiligen Rahmen, in dem sich der
Wachstumsprozeß vollzieht. Dieser Rahmen besteht im wesentlichen
aus den Raten der zu- und abfließenden Stoff- und Energieströme sowie
aus flußlimitierenden morphologischen Größen, wie den Oberflächen
und Volumina von Zellen, Organen und anderen modularen Einheiten.
Innerhalb dieses Rahmens übernimmt aber gewissermaßen der Organismus die Regie und konstruiert sich ein System von Regeln, das die
Aufrechterhaltung eines Fließgleichgewichtszustands, einer dynamischen Organisation, im Angesicht der größtenteils unvorhersagbaren,
auf jeden Fall aber variablen Umwelt ermöglicht. Sowohl genotypische
wie phänotypische Faktoren wirken zusammen, um eine wachsende
Population oder einen wachsenden Organismus auf künftige Veränderungen der Lebensbedingungen vorzubereiten. Im Falle eines tierischen
Organismus impliziert dies oft weitreichende Umstellungen des Stoffwechsels, was die Komplexität der involvierten Regelsysteme – die Be-
teiligung zahlreicher Faktoren von Enzymen bis hin zu Hormonen und
nervösen Zentren – verständlich macht.

Wachstumskosten: Theorie und Praxis

Die Tendenz zur Maximierung beziehungsweise Optimierung von Produktionsprozessen im Verlauf evolutionärer Auseinandersetzungen zwischen Organismen und Umwelt läßt uns die Frage nach den *Kosten* solcher Prozesse stellen. Wir wollen wissen, was biologische Produktion „kostet" und ob nicht vielleicht – wie in den ökonomischen Systemen der Menschheit – der Schritt von der Maximierung zur Optimierung dadurch diktiert wird, daß auch biologische Produkte zu teuer werden können.

Mit Hilfe des so enorm angewachsenen Wissens über die biochemischen Grundlagen des Energie- und Stoffhaushalts von Zellen (Abschnitt 3.6) können auf diese zentrale Frage des Energiestoffwechsels eindeutige Teilantworten geben werden. So kennen wir die *Währung* des biologischen Energiehaushalts, das Adenosintriphosphat (ATP), das in Zellen im Verlauf oxidativer (Atmung) oder anoxischer (Gärungen) Stoffwechselprozesse erzeugt – genauer: aus seiner Vorstufe Adenosindiphosphat (ADP) regeneriert – wird. Wir kennen weiterhin so gut wie sämtliche biochemischen Reaktionen für die Synthese von Kohlenhydraten, Lipiden, Nucleinsäuren und Proteinen aus den jeweiligen Vorstufen, können also die Mengen von ATP berechnen, die für das Wachstum von Organismen mit bekannter chemischer Zusammensetzung erforderlich sind. Die ersten summarischen Berechnungen dieser Art wurden in den siebziger Jahren dieses Jahrhunderts durchgeführt (Milligan 1971; Stouthamer 1973; Millward et al. 1976) und lassen sich zu einer groben Bilanz zusammenfassen:

Eine Bakterienzelle, deren Trockenmasse aus 73 Prozent Proteinen, 16 Prozent Polysacchariden, neun Prozent Nucleinsäuren und zwei Prozent Lipiden besteht und die diese Makromoleküle zur Gänze aus Glucose und Ammonium (NH_4^+) aufbaut, benötigt für die Synthese und den Transport der Baustoffe aus dem Milieu in die Zelle zumindest die in Tabelle 4.4 zusammengestellten Mengen an ATP. Diese auf biochemischen Regeln basierende ATP-Bilanz für die Produktion von Biomasse gilt im Prinzip für alle Zelltypen, sie muß nur in Hinblick auf de-

Tabelle 4.4: Spezifische Synthesekosten (in Millimol ATP pro Gramm Trockenmasse) für die Makromoleküle einer Bakterienzelle, wenn diese aus Glucose und Ammonium aufgebaut werden, inklusive der Kosten des Transports dieser Bausteine aus dem Medium in die Zelle. (Berechnet aus den Daten von Stouthamer 1973.)

	mmol ATP/g	Anteil (%)
Proteine	20,5	59
Nucleinsäuren	6,8	20
Polysaccharide	2,1	6
Lipide	0,2	0,5
Transport der Bausteine	5,2	15
Summe	34,8	100,5

ren jeweilige Zusammensetzung sowie die zur Verfügung stehenden Bausteine modifiziert werden. In den Zellen von Tieren ist zum Beispiel der Anteil der teuren Proteine und Nucleinsäuren geringer als in Bakterienzellen, derjenige der billigen Polysaccharide und Lipide dagegen größer. Außerdem stehen für die Synthese der Makromoleküle nicht bloß Glucose und Ammonium, sondern auch Aminosäuren, Fettsäuren, Alkohole, Nucleotide und andere Verbindungen zur Verfügung, was eine Verringerung der biochemisch begründbaren Produktionskosten in den Zellen von Tieren zur Folge hat. Man geht nicht weit fehl, wenn man die theoretischen Produktionskosten bei den meisten Organismen mit 30 bis 35 Millimol ATP pro Gramm Trockenmasse annimmt.

Allerdings verlangt dieses Bild von den Wachstumskosten insofern sofort eine Korrektur, als in der biologischen Wirklichkeit die Stoffwechselkosten des Wachstums meist beträchtlich höher sind, als aus biochemischen Prinzipien abgeleitet werden kann. Bei Tieren ist Wachstum immer auch mit zusätzlichen Vorgängen und Maßnahmen in den Geweben sowie im Körper verknüpft: mit Umwegtransport, Speicherung von Zwischenprodukten und strukturellen Veränderungen. Vor allem aber hat sich herausgestellt, daß bei vielzelligen Organismen die Proteine vieler Gewebe während des Wachstums weiterhin umgesetzt, die Populationen gewisser Enzyme, Signalfaktoren und Strukturproteine bevorzugt abgebaut, die anderer bevorzugt aufgebaut werden. Die Verschiebungen der Proteinspektren in den Zellen eines Organismus sind als dessen Antwort auf die geänderten Bedingungen des inneren Milieus während einer Wachstumsphase anzusehen. Da die Proteinsynthese der teuerste Posten im ATP-Budget von Zellen ist, kommt diesem Umstand bei der Beurteilung des Wachstumsgeschäfts besondere Bedeutung zu.

Üblicherweise wird davon ausgegangen, daß das Energiebudget von Tieren einen Posten „Erhaltungskosten" enthält, der mehr oder minder unabhängig davon ist, was das Tier sonst noch treibt. Zu den Erhaltungskosten mögen sich also noch Aktivitätskosten oder eben Produktionskosten gesellen, wobei das Problem der Bilanzierung des Gesamtumsatzes zunächst als ein rein additives gesehen wird: Die zusätzlichen Leistungen (soweit sie meßbar sind) werden dem Erhaltungsumsatz Posten für Posten hinzugefügt. Wird der Gesamtenergieumsatz über den Sauerstoffverbrauch (R_t) ermittelt, dann gilt für einen wachsenden Organismus also zunächst folgende Beziehung:

$$R_t = R_m + c\, P_s. \qquad (4.10)$$

R_m steht für den Erhaltungsaufwand (in Energie- oder Leistungseinheiten oder auch in ATP-Äquivalenten), P_s für die Wachstumsrate (somatische Produktion, ebenfalls in Energie- oder Leistungseinheiten), und c ist ein Koeffizient, der die metabolischen Kosten pro Einheit zugewachsener Körpermasse zum Ausdruck bringt. Wird der Energieumsatz von unterschiedlich schnell wachsenden Tieren gemessen und gegen die Wachstumsrate aufgetragen, dann sollte sich nach Gleichung 4.10 eine Gerade ergeben, deren Steigung den Koeffizienten c und damit die Nettokosten der somatischen Produktion angibt und deren Schnittpunkt mit der Y-Achse den Erhaltungsumsatz R_m liefert. Dies scheint eine simple Methode zu sein, um ein so komplexes Ereignis wie die Energetik des Wachstums quantitativ zu erfassen. Aber der Schein trügt: Die Wirklichkeit ist komplizierter, als ein solches additives Modell zum Ausdruck bringen kann.

Die Bestimmung der zur Lösung von Gleichung 4.10 benötigten Werte führt zu einer für viele Einzeller und Tiere gültigen empirischen Regel: Wird der Zuwachs an Körpersubstanz (P_s) in Gramm Trockengewicht ausgedrückt, dann kommt dem Koeffizienten c ein Wert von rund 16 Millimol O_2 zu (Wieser 1994c). Dies sind die Nettokosten des Wachstums einer großen Gruppe von Lebewesen unter normalen Ernährungsbedingungen. Da sich aus biochemischen Prinzipien ableiten läßt, daß der Verbrauch von 16 Millimol Sauerstoff (meist) mit der Bildung von rund 95 Millimol ATP gekoppelt ist, ergibt sich als weitere Schlußfolgerung, daß die physiologischen Nettokosten des Körperwachstums von Tieren etwa dreimal höher sind als die theoretisch ermittelten Kosten der Synthese von Gewebebestandteilen, die – wie Tabelle 4.4 zeigt – 30 bis 35 Millimol ATP pro Gramm Trockenmasse betragen. Diese Steigerung muß Ausdruck der Nebenkosten und Strukturfaktoren sein, die mit der eigentlichen „Fertigung" des Produkts nicht direkt zu tun haben, für den Ablauf des gesamten Verfahrens jedoch unentbehrlich zu sein scheinen.

Bei kleinen, aktiven und schnell wachsenden Tieren, wie zum Beispiel Fischlarven, den kleinsten Wirbeltieren, die nach dem Schlüpfen nur ein paar Milligramm wiegen und bei guter Ernährung täglich bis zu 30 Prozent an Gewicht zunehmen können, machen diese Nettokosten des Wachstums einen beträchtlichen Teil des Gesamtenergieumsatzes aus: im Extremfall mehr als die Hälfte. Demgegenüber wächst ein Kind – wie die Wachstumskurve des Menschen in Abbildung 4.19 anzeigt – nur langsam, von der Geburt bis zu einem Alter von 18 Monaten bloß um etwa 0,3 Prozent pro Tag, wofür kaum ein Prozent der insgesamt umgesetzten Stoffwechselenergie aufzuwenden ist. Diese Reduktion der Wachstumskosten stellt einen wesentlichen Aspekt der menschlichen Entwicklung dar, denn die – im Vergleich zu anderen Wirbeltieren – „eingesparten" Produktionskosten stehen zur Deckung der Kosten anderer Funktionen zur Verfügung, so zum Beispiel für die Entwicklung des Gehirns und seiner Leistungen.

Ein weiterer Aspekt der in Gleichung 4.10 ausgedrückten Beziehung ist, daß sowohl vom energetischen wie vom praktischen Standpunkt (etwa des Tierzüchters) nicht nur die *Netto*kosten des Wachstums von Interesse sind, sondern auch die *Brutto*kosten. Diese beinhalten neben den Stoffwechselkosten für die Erhaltung des Organismus (R_m) auch jene Anteile der Nahrung, die vom Organismus aufgenommen (und damit „bezahlt"), aber nicht verwertet werden, wie Faeces und energiereiche Exkretionsprodukte, zum Beispiel Harnstoff. Wird der Energiegehalt der aufgenommenen Nahrung mit I(cal), der der somatischen Produktion mit P_s(cal) bezeichnet, dann ist P_s(cal)/I(cal) $\times$ 100 der Bruttoverwertungsquotient der Nahrung (oder Wirkungsgrad der Nahrungsverwertung), während der Kehrwert für die Brutto*kosten* des Wachstums steht. Da in beiden Quotienten sowohl die Energieverluste wie die Nebenkosten des wachsenden Organismus stecken, müssen die entsprechenden Wirkungsgrade natürlich geringer und die Kosten höher sein als die der zugeordneten Nettoquotienten. Dieser Unterschied ist für die energetische Betrachtung von Wachstum und Produktion von großer Bedeutung – nicht nur bei Lebewesen, sondern bei allen Produktionssystemen. Der entscheidende Begriff in diesem Zusammenhang ist die Produktions*rate*. Der Formalismus von Gleichung 4.10 macht deutlich, daß die Nettokosten der Produktion (c) unabhängig von der Produktionsrate sind, während der metabolische Gesamtaufwand ($R_t = R_m + c\, P_s$) sehr wohl von dieser abhängt. Dies ist der entscheidende Grund für die – zumindest temporäre – Überlegenheit des Maximierungsprinzips in der Produktion: Je eher ein bestimmtes Produktionsziel erreicht wird, desto weniger Nebenkosten und Energieverluste fallen an und desto billiger ist das Produkt, dessen Preis sich ja auf den Gesamtaufwand des Systems bezieht.

Ein instruktives biologisches Beispiel für dieses Prinzip findet sich bereits in der Monographie von Brody (1945). Die Bruttoenergiekosten der Eiproduktion sind für einen Vogel etwa doppelt so hoch wie die Bruttoenergiekosten der Milchproduktion für ein Säugetier, obwohl der Energiegehalt der beiden Produkte sowie die Nettokosten für deren Herstellung in etwa gleich groß sind. Der *Netto*wirkungsgrad der Verwandlung von Nahrungsenergie in Produktenergie liegt in beiden Fällen zwischen 60 und 70 Prozent. Der auf den Energiegehalt der

aufgenommenen Nahrung bezogene *Brutto*wirkungsgrad beträgt demgegenüber für die Milchproduktion etwa 30 Prozent (bei hochgezüchte-
ten Kühen auch mehr), für die Eiproduktion aber kaum 15 Prozent. Das
hängt damit zusammen, daß erstere wesentlich schneller abläuft als
letztere, was wiederum die Folge der größeren strukturellen Komplexität des Eies verglichen mit der der Milch ist. Darüber hinaus
wissen wir seit Needham (1931), daß sich auch die Umsetzung der im
Dotter tierischer Eier gespeicherten Energie in die chemische Energie
des heranwachsenden Embryos mit dem hohen Nettowirkungsgrad von
60 bis 70 Prozent vollzieht. Das heißt, rund zwei Drittel der Dotterener-
gie finden sich im geschlüpften Embryo wieder, während mit dem restlichen Drittel die notwendige Entwicklungsarbeit geleistet wird. Dies
gilt für die Eier von Hühnern ebenso wie für die von Fröschen, Seiden-
spinnern, Seeigeln und Schnecken. Es ist also anzunehmen, daß eine
Effizienz von 60 bis 70 Prozent den maximal erreichbaren Wert für die
Verwandlung eines begrenzten Energievorrats (hier der Dottermenge)
in ein komplexes Produkt darstellt.

Die Verteilung von Ressourcen im Organismus: Adaptive Strategien, taktische Kompromisse

Der Reproduktionserfolg ist ein direktes Maß für die *Fitneß* eines
Lebewesens. Das Diktum von Lotka (1925), Leistungsmaximierung sei
das Hauptanliegen evolvierender Systeme, zielt dementsprechend in
erster Linie auf eben diese der Fortpflanzung des Individuums dienende
Leistung. Freilich kann es – und das war Lotka nicht entgangen – dabei
nur um Maximierung im Rahmen des jeweils Möglichen, also im Sinne
von *Optimierung*, gehen (Abschnitt „Leistungsmaximierung, Entropieminimierung, Optimierung", S. 338). Nun ist die *somatische Produktion* (das Körperwachstum) eng mit dem Reproduktionserfolg verknüpft, so daß das Prinzip der Leistungsmaximierung auch für diese
Sparte der biologischen Produktivität zu gelten hat. Um dem Rechnung
zu tragen, meinte Ware (1982), das evolutionäre Ziel biologischer
Systeme sei ganz allgemein die Maximierung von »surplus power«,

also von über die reine Erhaltung des Systems hinausgehender *Über-schußleistung*. Die enge Kopplung zwischen Reproduktion und Wachstum ist uns schon bei der Besprechung des Zellzyklus aufgefallen (Abschnitt 4.1.3), dessen beide Entwicklungsphasen, Zellteilung (M) und Zellwachstum (G_1 und G_2), über ein molekulares Regelsystem miteinander verknüpft sind (siehe Abbildung 4.2). Der Teilungsprozeß wird erst initiiert, wenn die Zelle ausreichend an Masse zugenommen hat, und die Massenzunahme setzt erst ein, wenn die Zellteilung abgeschlossen ist. Das impliziert, daß die Zelle ihre jeweilige Position im Entwicklungszyklus kennt und imstande ist, diese Information den molekularen Schaltern im zellulären Regelwerk zu übermitteln. Aber auch für den elementaren Vorgang des Zellzyklus gilt, daß eine scheinbar so logische und prinzipielle Kopplung wie die zwischen Reproduktion und Wachstum unter gewissen Umständen aufgehoben und der eine Aspekt zugunsten des anderen unterdrückt werden kann. Das ist in frühen Entwicklungsphasen von Tieren der Fall, in denen genetisches Material möglichst rasch für die folgenden Differenzierungsschritte bereitgestellt werden muß. Dazu folgen unter Umgehung der Wachstumsphasen mehrere Runden von Zellteilungen aufeinander, so daß ein Zyklus in bloß zehn Minuten abgeschlossen sein kann, während er ansonsten etwa 24 Stunden in Anspruch nimmt. Dafür werden die neuen Zellen mit jeder Vermehrungsrunde kleiner.

Auch bei vielzelligen Tieren sind Körperwachstum und Reproduktion miteinander gekoppelt, aber diese Verbindung ist im Organismus noch wesentlich lockerer als im Zellzyklus und deshalb auch stärker durch steuernde Faktoren aus der Umwelt oder dem System selbst beinflußbar. Die Flexibilität und Modulierbarkeit von Produktionsprozessen ist unentbehrlich für die Anpassung von Organismen an das breite Spektrum biologischer Möglichkeiten und ökologischer Bedingungen, das der Evolutionsprozeß bietet. Dementsprechend ist die Kombination von Regelhaftigkeit und Flexibilität auch der Rahmen, in dem Produktionsprozesse in ihrem biologischen und ökologischen Kontext diskutiert werden müssen.

Die Flexibilität und adaptive Dynamik der Verteilung biologischer Ressourcen auf die verschiedenen Posten des Energiebudgets und die Kompromisse, die eingegangen werden müssen, um das entscheidende Ziel – die relative Maximierung der Reproduktionsleistung – nicht aus den Augen zu verlieren, seien durch folgende Beispiele illustriert:

1. *Erweiterte Leistungskapazität.* Es wurde bereits darauf hingewiesen, daß es unter dem Druck äußerer und innerer Belastungen (Trächtigkeit, Brutpflege, ungünstige Umweltbedingungen, sozialer Streß) bei Säugetieren zum Umbau der Darmschleimhaut, der Leber und des Nierengewebes und damit zu einer drastischen Erhöhung der Fähigkeit zur Aufnahme und Verwertung von Nahrungsenergie kommen kann. Nach Speakman und McQueenie (1996) beträgt die maximale Energieaufnahme nichtträchtiger Mäuse rund 100 Kilojoule pro Tag, die von Mäusen zur Zeit der maximalen Milchproduktion jedoch das Vierfache davon. Da die Energieversorgung der (nunmehr vergrößerten) Organe der Nahrungsaufnahme und -verwertung definitionsgemäß dem Posten „Erhaltung" zuzuschlagen ist, bedeutet dies, daß weder der Posten R_m in Gleichung 4.10 noch die Leistungskapazität eines Individuums als Konstanten gelten können.

2. *Budgetäre Flexibilität.* Nicht immer ist eine signifikante Erhöhung der Leistungskapazität möglich. In solchen Fällen können überdurchschnittliche Produktionsleistungen nur durch Umschichtungen innerhalb des normalen Energiebudgets erreicht werden. Das gilt zum Beispiel für die erwähnten „Supermäuse" und „Superlachse" (Abschnitt „Leistungsmaximierung, Entropieminimierung, Optimierung", S. 338), bei denen Einsparungen im Erhaltungsbudget die hohen Kosten des beschleunigten Wachstums kompensieren. Es dürfte aber auch die ganz normale Strategie kleiner poikilothermer Tiere sein, zum Beispiel von Fischlarven, deren Wachstumsschübe durch kurzfristige Unterdrückung von Erhaltungsfunktionen finanziert werden (Wieser 1995b). Umgekehrt gibt es Situationen, in denen die *Erhaltungskosten* gesteigert werden müssen, so daß – im Vergleich zu den normalen Lebensbedingungen – weniger Energie für die Pro-

duktion von Biomasse, also für Wachstum und Reproduktion, zur Verfügung steht. Ein für die heutige Zeit charakteristisches Beispiel liefert eine Untersuchung über die Wirkung von Schadstoffen auf die Energiebilanz in Populationen der Miesmuschel (*Mytilus edulis*) in britischen Küstengewässern (Widdows et al. 1995), die ergab, daß in direkter Abhängigkeit von der gemessenen Schadstoffmenge die Investitionen der Muscheln in „Erhaltung" auf Kosten der Investitionen in „Produktion" zunahmen. Offenbar müssen die in belasteten Gewässern lebenden Tiere einen größeren Teil der aufgenommenen Nahrungsenergie in den Betriebsstoffwechsel investieren, vor allem in die Reparatur geschädigter Moleküle und Gewebe.

3. *Produktionsprogramme und taktische Kompromisse.* Das Körperwachstum und die Reproduktionsleistungen von Lebewesen sind durch jeweils spezifische Lebensgeschichten miteinander verknüpft. Um zu einer optimalen Nutzung und Verteilung der verfügbaren Ressourcen zu gelangen, muß ein Organismus, vereinfacht ausgedrückt, in der ersten Lebenshälfte mehr in sein eigenes Wachstum und in der zweiten mehr in die Produktion von Nachkommen investieren, wobei der Investitionsfahrplan zwar genetisch programmiert ist, durch die herrschenden Lebensbedingungen jedoch stark modifiziert werden kann. Es gibt kaum ein faszinierenderes Beispiel zur Illustration der Zusammenhänge zwischen Wachstum, Lebenserwartung, Reproduktionsleistung und Umweltbedingungen als die Lebensgeschichte des Hausschweins. P. Wirtz (1991) faßt diese Geschichte folgendermaßen zusammen: »Die mittlere Wurfgröße des Hausschweins beträgt acht Junge. Würfe, die kleiner als fünf Junge sind, werden am 12. Schwangerschaftstag abortiert. Hier ist sogar der Mechanismus bekannt, wie das im Inneren des Schweines ausgerechnet wird: Der Teil der Uteruswand, an dem sich Junge entwickeln, erzeugt ein Schwangerschaftshormon; der Teil, an dem sich keine Jungen entwickeln, bildet das Antihormon. Über Abort „ja oder nein" entscheidet das Mengenverhältnis der beiden Hormone. Diejenigen Schweine, die abnorm kleine Würfe gar nicht erst austragen, haben einen höheren Gesamtfortpflanzungserfolg als die, die es

tun. Das ist eine ziemlich komplizierte Grenzwertberechnung, die da stattfindet. Der Wert, ab dem es sich „nicht mehr lohnt", einen Wurf auszutragen, ist sogar noch altersabhängig. Für ältere Schweine lohnt es sich wegen ihrer geringeren Rest-Lebenserwartung, Würfe aufzuziehen, die für jüngere Schweine schon zu klein wären. Natürlich wird diese komplexe Grenzwertberechnung nicht bewußt durchgeführt, sondern im Laufe der Evolution bekommen einfach diejenigen Tiere mehr Nachkommen, die – auf welchem Weg auch immer – dem richtigen Wert am nächsten kommen.« Diese Geschichte enthält alle Elemente einer spannenden Optimierungsaufgabe: das Abwägen zwischen verschiedenen Lösungen; die Mechanismen und Strukturen, die es gestatten, zwischen den verschiedenen Möglichkeiten eine taktische Entscheidung zu treffen; sowie die Auszahlung eines Gewinns, dessen Höhe davon abhängt, wie nahe ein Spieler der optimalen Lösung gekommen ist.

4. *Homoiothermie: Umschichtung von Produktivität zu Sozialleistungen.* Das Phänomen der Homoiothermie im Tierreich wurde im Zusammenhang mit dem Energiehaushalt von Zellen schon angesprochen (Abschnitt „Angebot und Nachfrage: Leerlauf, Verschwendung und Lebensqualität", S. 231). Die Quintessenz dieser Diskussion war, daß die Erhöhung des Energieumsatzes um einen Faktor von rund zehn als eine Voraussetzung zur Erhöhung der Lebensqualität von Tieren gesehen werden kann – wenn man bereit ist, eine konstant hohe Körpertemperatur in diesem Sinne zu deuten. Jedenfalls sind homoiotherme Tiere auf diese Weise in die Lage versetzt worden, ökologische Nischen zu besiedeln, die poikilothermen Lebewesen gar nicht oder nur in beschränktem Maße zugänglich sind. An dieser Stelle interessiert uns die Tatsache, daß die Erfindung der Homoiothermie sich außerdem als sehr bedeutsam für die Verteilung der Stoffwechselenergie – besonders zwischen Produktion und Verhalten – und damit auch für die Lebensweise der betroffenen Tiere herausstellte. Ermittelt man Produktions- und Erhaltungskosten nicht für ein einzelnes Tier, sondern für eine ganze Population (auf die es ja im Evolutionsspiel ankommt), dann ergibt sich ein charakteristi-

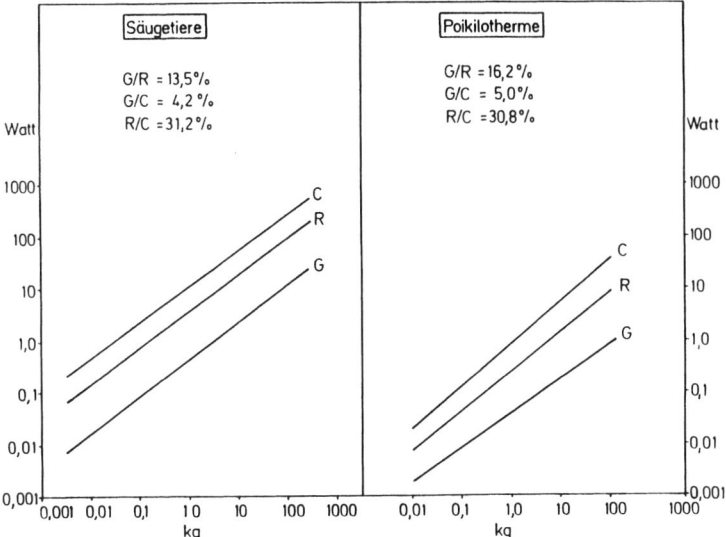

4.21 Doppelt logarithmische Darstellung der Abhängigkeit dreier wichtiger Komponenten des Energiebudgets von der Körpermasse bei homoiothermen und poikilothermen Wirbeltieren. Die Daten wurden verschiedenen zusammenfassenden Arbeiten entnommen, aber auf die einheitlichen Dimensionen Watt und Kilogramm umgerechnet. Die Regressionsgeraden repräsentieren folgende Leistungen: maximale Nahrungsaufnahme (C); Erhaltungsumsatz (R); Wachstum (G). Die drei Quotienten sollen die ähnliche Verteilung der Nahrungsenergie in den beiden Tiergruppen deutlich machen. (Aus Wieser 1986.)

scher Unterschied zwischen wechselwarmen und gleichwarmen Tierarten. Einer von Humphreys (1979) durchgeführten gründlichen Durchsicht der Literatur ist zu entnehmen, daß bei 134 Populationen poikilothermer Wirbelloser 20 bis 40 Prozent der absorbierten Nahrungsenergie in die Produktion von Biomasse (Summe aus Körperwachstum und Nachkommen) investiert wurden, bei 71 Populationen homoiothermer Wirbeltiere jedoch nur ein bis drei Prozent. Der Rest repräsentiert jeweils die Energiekosten für die *Erhaltung* der

Population. Aus der Diskrepanz der Energieverteilung zwischen den Populationen verschiedener Tiergruppen haben manche Autoren gefolgert, homoiotherme Tiere würden nur deshalb einen so geringen Anteil der Nahrungsenergie in die Produktion von Biomasse investieren, weil die Kosten für die Aufrechterhaltung ihrer luxuriösen Körpertemperatur so hoch seien. Das kann nicht stimmen, denn die *relativen* Wachstumsleistungen homoiothermer Tiere sind um nichts geringer als die gleich großer poikilothermer Tiere. Warmblüter setzen zwar rund zehnmal mehr Energie um als Wechselwarme, sie wachsen aber auch zehnmal schneller. Dementsprechend unterscheiden sich die Verhältniszahlen der verschiedenen Posten des Energiebudgets bei poikilo- und homoiothermen Tieren nicht wesentlich voneinander (Case 1978). Wie Abbildung 4.21 illustriert, werden von Säugetieren im Durchschnitt 4,2 Prozent der mit der Nahrung aufgenommenen Energie in Körperwachstum investiert, von poikilothermen Wirbeltieren etwa gleich viel, nämlich fünf Prozent (wobei sich die Wachstumsraten auf junge Tiere beziehen, die circa 25 Prozent des adulten Körpergewichts erreicht haben).

Wie läßt sich also die Diskrepanz in der Nutzung der Nahrungsenergie zwischen poikilo- und homoiothermen *Populationen* erklären? Die Antwort kann nur sein, daß der Unterschied in den *Reproduktionsleistungen* liegen muß. Homoiotherme Tiere produzieren – im Durchschnitt – wesentlich weniger Nachkommen als vergleichbare poikilotherme Tiere, und zwar nicht weil physiologische Einschränkungen höhere Produktionsleistungen prinzipiell verhindern, sondern weil sie – salopp ausgedrückt – es nicht *nötig* haben, mehr Nachkommen zu produzieren. Der Grund hierfür liegt darin, daß bei homoiothermen Tieren die konstante Körpertemperatur, gepaart mit hohen Energieumsätzen, die Evolution sozialer Beziehungen möglich gemacht hat, die weit über das hinausgehen, wozu poikilotherme Tiere imstande sind (mit Ausnahme des Sonderfalls der sozialen Insekten, siehe Abschnitt 5.3.2). Vor allem haben die verschiedenen Strategien der Brutpflege bei Vögeln und Säugetieren eine drastische Reduktion der Nachkommenzahl zugelassen, ohne die Gesamtfitneß der jeweiligen Art zu vermindern. Da jedoch Brutpflege und sonstige soziale Leistungen kostspielig sind (die Milchproduktion bei Säugetieren erfordert zum Beispiel eine bis zu fünffache Steigerung des Grundumsatzes!), kann man sagen, daß bei homoiothermen Tieren der Anteil der Gesamtkosten des Fortpflanzungsgeschäfts am Energieumsatz etwa gleich groß ist wie bei poikilothermen Tieren, daß es jedoch zu einer beträchtlichen *Umschichtung* von rein biochemisch-physiologischen zu sozialen Kosten gekommen ist (Wieser 1986). Bei Säugetieren und Vögeln sind es die Beziehungen zwischen den Geschlechtspartnern sowie zwischen Eltern und Jungen, die einen Großteil der Reproduktionskosten absorbieren.

Versteht man die Erfindung der Homoiothermie als eine Verbesserung der Lebensqualität, dann entspricht die Evolution kostspieliger sozialer Beziehungen bei Säugetieren und Vögeln in etwa dem, was in heutigen Zivilisationen unter *qualitativem Wachstum* verstanden wird. Diese Form des Wachstums setzt allerdings eine vorhergegangene Phase *quantitativen* Wachstums voraus, in biologischen Systemen ebenso wie in ökonomischen.

5. Das äußere Netz

5.1 Natürliche und sexuelle Selektion: eine Frage der Logik

Das entscheidende Motiv in Darwins Evolutionstheorie war die Annahme, die Komplementarität zwischen den Anforderungen der Umwelt und den Reaktionen der Organismen, also das, was den Anpassungsprozeß ausmacht, komme durch *Selektion* und nicht durch umweltgesteuerte *Instruktion* zustande. Das Begriffspaar Selektion und Instruktion charakterisiert zwei unterschiedliche Strategien zur Herstellung zweckmäßiger biologischer Strukturen, denen wir in diesem Buch schon einmal, im Zusammenhang mit der Diskussion von Organismustheorien, begegnet sind (Abschnitt „Funktionen", S. 325, und Abschnitt „Phänotypische innere Selektion: Eine nichtkybernetische Organismustheorie", S. 345). Während bei überwiegend deterministischen Funktionsabläufen Organismusteile durch andere Teile instruiert werden, spielt bei Vorgängen mit einem hohen Anteil unvorhersagbarer Beziehungen die Auswahl der jeweils *geeignetsten* Lösung aus einem reichen Angebot *möglicher* Lösungen die entscheidende Rolle. Daß diese Strategie nicht nur in der biologischen Evolution dominiert (worauf ja die Bezeichnung „Selektionstheorie" aufmerksam macht), sondern daß auch Immunsystem und Gehirn, die komplexesten phänotypischen Systeme zur Verarbeitung von Information, nach diesem Prinzip funktionieren, gehört zu den großen Entdeckungen der organismischen Biologie dieses Jahrhunderts (Abschnitt „Phänotypische innere Selektion: Eine nichtkybernetische Organismustheorie", S. 345). Der hier verwendete Begriff der Informationsverarbeitung ist allerdings mehrdeutig, so daß seine Verwendung leicht zu Mißverständnissen führen kann. Versuchen wir also für den soeben geschilderten Fall folgende Präzisierung:

Die jeweils spezifische Form und das jeweils spezifische Verhalten eines Individuums können als Ergebnis einer Kette von Selektionsvorgängen angesehen werden. Bei jeder Auseinandersetzung mit der Umwelt präsentieren Organismen und Populationen gleichsam unterschiedliche Lösungsvorschläge, aus denen dann von der Umwelt ein bestimmter Vorschlag oder eine Gruppe nahe verwandter Vorschläge ausgewählt wird. Das heißt, die tauglichsten Individuen einer Population produzieren die meisten Nachkommen, und die am besten den Anforderungen der Umwelt entsprechenden Verhaltensweisen setzen sich am entschiedensten durch. Dieser Vorgang läßt sich auch so verstehen, daß ein gelungener Anpassungsprozeß die Zahl der möglichen Beziehungen zwischen Umwelt und Organismen reduziert und damit auch das Ausmaß von Unsicherheit über den Zustand eines Individuums oder über die Zusammensetzung einer Population verringert. Die Idee der Reduktion oder Beseitigung von Unsicherheit ist nun aber eines der Fundamente, auf denen die Informationstheorie ruht (Zemanek 1959).

Mit den Begriffen Signalverkehr und Informationsaustausch ist das Spektrum der Wechselwirkungen zwischen Organismen und Umwelt aber noch nicht ausreichend charakterisiert. Was und wer gehört zur Umwelt eines Organismus? Zunächst einmal die Gesamtheit jener ökologischen Faktoren, innerhalb deren Grenzen die Individuen einer Art überleben und sich fortpflanzen. Dieser Teil der Umwelt gleicht einer stummen Instanz, die Forderungen stellt, aber nicht mit sich handeln läßt. *Individuen* zeigen auf die in Gestalt von Reizen auftretenden Forderungen spezifische phänotypische Reaktionen. Diese werden als Anpassungen bezeichnet, wenn sich nachweisen läßt, daß sie die Überlebenswahrscheinlichkeit der Individuen erhöhen. *Populationen* reagieren auf die Forderungen der Umwelt, indem die jeweils am besten angepaßten genetischen Varianten die größte Zahl von Nachkommen produzieren. Als Überlebensstrategien setzen Lebewesen also den Ansprüchen der Umwelt einerseits die *Flexibilität* des phänotypischen Repertoires von Individuen und andererseits die *Variabilität* der genotypischen Zusammensetzung von Populationen entgegen.

Zur Umwelt eines Lebewesens gehören aber auch andere Lebewesen, und zwar als Beute, Räuber, Krankheitserreger, Parasiten, Kommensalen, Rivalen oder Partner. Die Auseinandersetzungen zwischen Lebewesen folgen einer anderen Logik als die Auseinandersetzungen zwischen Lebewesen und der abiotischen Umwelt. Während diese, wie gesagt, für Organismen eine stumme Instanz darstellt, die »Forderungen stellt, aber nicht mit sich handeln läßt«, gleichen die Auseinandersetzungen zwischen autonomen Organismen Spielen, bei denen einerseits zwischen den Teilnehmern Abmachungen getroffen und Kompromisse eingegangen werden, andererseits aber auch miteinander im Wettstreit stehende Spieler sich gegenseitig bis zum äußersten antreiben können (siehe Abschnitt 1.3). Das kann zur dramatischen Beschleunigung lokaler evolutionärer Prozesse führen. Begriffe, die diesem Sachverhalt Rechnung tragen, wie *arms race*, Wettrüsten, Wettlauf und Koevolution, gehören zu den populärsten der modernen Evolutionstheorie. Das älteste Beispiel für Selektion zwischen und durch autonome Organismen ist die von Charles Darwin definierte „sexuelle Selektion", die er der „natürlichen Selektion" gegenübersetzte. Ihre Besonderheit wurzelt in der Asymmetrie der evolutionären Ansprüche des weiblichen und des männlichen Partners beim Fortpflanzungsgeschäft, was wiederum zu Konflikten zwischen der sexuellen und der natürlichen Selektion führen kann. Während erstere die Tauglichkeit der Vertreter nur *eines der beiden Geschlechter* miteinander vergleicht, wägt letztere die Tauglichkeit *sämtlicher Individuen* einer Population gegeneinander ab. So spektakuläre Entwicklungen wie das Geweih des Riesenhirsches oder der Schwanz des Pfaues sind die Resultate von Auseinandersetzungen ausschließlich zwischen Männchen – gewissermaßen um einen von Weibchen gestifteten Preis –, während bei der natürlichen Selektion sämtliche Individuen einer Population um den von der Umwelt gestifteten Preis der höchstmöglichen Fitneß konkurrieren. Hier liegt die Wurzel der erwähnten Konflikte, denn der Wettkampf um den Titel des stärksten oder schönsten Männchens kann durchaus in Widerspruch geraten zum erklärten Ziel der natürlichen Selektion, unter den jeweils herrschenden Bedingungen die größtmögliche Anzahl überlebensfähiger Nachkommen zu erzeugen. Die Bandbreite möglicher Kompromisse ist allerdings groß. Den Pfau gibt es noch immer – vielleicht weil ihn die Scheinaugen auf seinem monströsen Gefieder auf besonders wirkungsvolle Weise vor Feinden schützen –, während der Riesenhirsch mit seiner Demonstration männlicher Pracht nur Hirschkühe zu beeindrucken vermochte und so – unter aktiver Beihilfe der beeindruckten Weibchen – die Art ins Abseits manövrierte (zumindest lassen sich die paläontologischen Fakten auf diese Weise interpretieren).

Die evolutionäre Besonderheit der Beziehung zwischen Geschlechtspartnern erklärt sich daraus, daß Männchen und Weibchen einerseits als Mitglieder derselben Population miteinander *konkurrieren*, andererseits aber auch als Partner zu *kooperieren* haben. Sie müssen ja einen Akt gemeinsam beginnen und erfolgreich abschließen. Bei der Durchführung kooperativer Akte zwischen egoistischen Individuen, die zerstreut in weitläufigen oder schwer überschaubaren Biotopen leben, ist mit zahlreichen Schwierigkeiten zu rechnen. Es ist also verständlich, daß die Evolution der sexuellen Fortpflanzungsweise bei eukaryoten Organismen tiefe Spuren in fast allen Lebensäußerungen hinterlassen hat. Um das Zusammenfinden der Geschlechter zu ermöglichen und den erfolgreichen Verlauf von Paarungsakt und Zeugung zu garantieren, ist ein breites Spektrum sensorischer und motorischer, funktioneller und struktureller Anpassungen notwendig:

- Männliche und weibliche Individuen müssen einander als Mitglieder einer Population und Art *erkennen*, was die Entwicklung artspezifischer Signalsysteme erfordert.
- Da die Übermittlung relevanter Signale oft über weite Strecken erfolgt und jede derartige Übermittlung prinzipiell Störungen unterliegt, ist ein starker Selektionsdruck in Richtung auf Übertragungsgenauigkeit beim Sender und Empfindlichkeit beim Empfänger zu erwarten. Man denke etwa an die Duftsignale von Schmetterlingsweibchen, die von den Männchen in einigen Kilometern Entfernung mit Hilfe riesiger, in den Nachtwind aufgespannter Antennen emp-

fangen werden; an die Balztänze von Taufliegen, die in Rhythmus und Form so präzise und artspezifisch sind, daß zusammengehörige Weibchen und Männchen unfehlbar zueinander finden, obwohl sich auf ein und demselben Baum die Vertreter einer Hundertschaft von Arten aufhalten mögen; an die Begattungsorgane von Spinnen, die trotz ihrer komplizierten dreidimensionalen Geometrie wie Schloß und Schlüssel ineinander passen, so daß Fehlpaarungen auch in artenreichen Lebensräumen so gut wie ausgeschlossen sind.

– Um den Paarungsakt überhaupt durchführen zu können, muß die als intraspezifische Aggressivität zutage tretende natürliche Konkurrenzbereitschaft von Individuen durch ethologische und physiologische Maßnahmen zumindest kurzfristig überspielt oder verdrängt werden. Dabei kommt wohl der Erzeugung dessen, was beim Menschen als das stärkste aller Lustgefühle empfunden wird, eine entscheidende Rolle zu.

Der logistische und energetische Aufwand, den eukaryote Organismen betreiben (müssen), um den sexuellen Fortpflanzungsmodus aufrechtzuerhalten, erhält eine weitere Facette, wenn man bedenkt, daß diese Form der Fortpflanzung vom evolutionären Standpunkt nur halb so effektiv ist wie die asexuelle, vegetative Fortpflanzung. Es bedarf eben *zweier* sexueller Individuen, um das zustande zu bringen, was *ein einziges* asexuelles Individuum leistet. Immer wieder haben Theoretiker darüber gerätselt, wie man sich angesichts ihrer Nachteile und Kosten den enormen Erfolg der sexuellen Fortpflanzungsweise in der Evolution erklären könne (Maynard Smith 1978; Bell 1982; Hurst und Peck 1996). Im Tierreich ist ihre Vorherrschaft fast absolut. Parthenogenetische Fortpflanzung („Jungfernzeugung" ohne Beihilfe von Männchen) kommt zwar in vielen Tiergruppen vor, sogar bei poikilothermen Wirbeltieren, aber fast immer nur in Verbindung mit zusätzlichen Phasen der geschlechtlichen Vermehrung (oder – wie das berühmte Schaf Dolly dokumentiert – durch aktive Beihilfe des Menschen). Als Ursache für den Erfolg werden von den meisten Evolutionsbiologen zwei Aspekte des sexuellen Mechanismus hervorgehoben, die beide etwas mit dem Prinzip der *Kombinatorik* zu tun haben (Abschnitt 2.5): Durch die Kombination genetischer Elemente bei der Reifeteilung (Meiose) sowie bei der Verschmelzung der haploiden Kerne von Keimzellen (Karyogamie) können zum einen neue günstige Merkmalskombinationen entstehen, zum anderen schädliche Merkmalskombinationen eliminiert werden. Obwohl quantitative Modellrechnungen plausibel machen, daß durch das Einschieben einiger weniger Runden sexueller Kombinatorik asexuell entstandene Zellpopulationen von einem Großteil der angehäuften schädlichen Mutationen befreit werden können (Abschnitt 2.6), sind nicht alle Theoretiker überzeugt, daß dieser Vorteil ausreicht, um die Dominanz des vom Standpunkt des Maximierungsprinzips (Abschnitt 4.2.4) so deutlich unterlegenen sexuellen Fortpflanzungsmodus zu erklären. Zur weiteren Erhellung mögen zwei Argumente beitragen, die sich beide auf die Positionen von Lebewesen im äußeren Netz der biologischen Organisation beziehen.

1. Sämtliche eukaryoten Zellen und Organismen (mit ihren plastischen, aufnahmebereiten äußeren Membranen) haben mit der Invasion von fremden Organismen zu rechnen, die die Ressourcen eines gut funktionierenden dynamischen Systems zu nützen trachten, um ihre eigene Vermehrung zu fördern. Das Prinzip „Stehlen ist billiger als Produzieren" beziehungsweise „Alle erfolgreichen Systeme haben Parasiten" gehört zu den wenigen wirklich universellen Regeln biologischer Systeme. Nun sind Parasiten fast immer kleiner als ihre Wirte, das heißt, sie haben einen höheren massenspezifischen Energieumsatz, und sie können sich schneller vermehren (Abschnitt „Energetische und ökologische Konsequenzen der Körpergröße", S. 384). Dementsprechend können sich die Invasoren in einem Wirtsorganismus auch schneller an dessen Abwehrmaßnahmen anpassen als der Wirtsorganismus an die Angriffsstrategien der Parasiten. Daraus wurde der Schluß gezogen, nur die Erfindung einer neuen Methode zur schnellen Erzeugung genetischer Varianten könne zwischen Wirt und Parasit Waffengleichheit herbeiführen. Als eine solche Erfindung gilt der sexuelle Fortpflanzungsmodus, der mit

den bereits geschilderten Rekombinationsverfahren der Meiose und Karyogamie neben dem konventionellen Mechanismus der Mutation neue biologische Wege zur Erzeugung von genetischer Vielfalt und Innovation eröffnet hat. Danach wäre also Sexualität, das »Meisterstück der Natur« (Bell 1982), eine Folge der Konflikte zwischen Wirtsorganismen und Parasiten; von Konflikten, die sich dadurch auszeichnen, daß sie niemals zu Ende gebracht werden und den Protagonisten alles abverlangen. »Here, you see, it takes all the running you can do to keep in the same place« (Dodgson 1872), sagt die Rote Königin (Red Queen), als sie Alice eine der Regeln ihres Reiches erklärt. Van Valen (1973) hat diese Regel in ein fundamentales Prinzip des evolutionären Prozesses umgemünzt: Selbst dort, wo wir mit unseren Sinnen keine auffälligen Veränderungen wahrnehmen können, findet in der Biosphäre dennoch ununterbrochen Evolution statt; angetrieben durch den kurzfristigen Selektionsvorteil, der entsteht, wenn durch die Erzeugung seltener Genotypen in der Population Feinden oder Konkurrenten „bewegliche Ziele" geboten und damit Zyklen häufigkeitsabhängiger Selektion in Gang gesetzt werden. Ob sich dieser Prozeß in der Natur tatsächlich abspielt, kann heutzutage mit Hilfe molekulargenetischer und anderer Methoden getestet werden. So erwiesen sich zum Beispiel die häufigsten Genotpypen in Populationen einer Fischart als am stärksten von Parasiten befallen, und ein Vergleich zwischen parthenogenetischen und geschlechtlichen Linien innerhalb einer tropischen Eidechsenart zeigte, daß die parthenogenetischen Eidechsen wesentlich mehr ektoparasitische Milben beherbergten als ihre sexuellen Verwandten (Endler 1986; Moritz et al. 1991).

Auch wenn die Methode der geschlechtlichen Fortpflanzung eine Konsequenz der Auseinandersetzungen zwischen Wirten und Parasiten sein mag, können die in diesem Zusammenhang entwickelten Mechanismen und Verfahren natürlich auch für andere Formen der Auseinandersetzung zwischen Organismen und ihren Umwelten eingesetzt werden. Genetische Rekombinationsverfahren (Abschnitt 2.5) mögen also durchaus auch bei der Anpassung von Populationen an schnelle Veränderungen ihrer abiotischen Umwelt eine Rolle spielen; man denke etwa an die außerordentlich rasche Ausbreitung insektizidresistenter Schädlinge in landwirtschaftlich genutzten Regionen.

2. Die Evolution der Sexualität läßt sich auch von einer anderen Seite betrachten, nämlich nicht als die *Antwort* biologischer Systeme auf Herausforderungen aus der Umwelt, sondern umgekehrt als die *Quelle neuer Fragen.* Oder anders ausgedrückt: Bedenkt man den soeben erwähnten Umstand, daß die Evolution der sexuellen Fortpflanzungsweise bei eukaryoten Organismen »tiefe Spuren in fast allen Lebensäußerungen hinterlassen hat«, dann wird klar, daß die Summe dieser Spuren auch als ein Komplex von morphologischen, physiologischen, embryologischen und ethologischen Eigenschaften von Organismen angesehen werden kann, der den weiteren Verlauf der Evolution wesentlich mitbestimmt hat. Beispielsweise kann ein einmal evolvierter Komplex struktureller und funktioneller Abhängigkeiten nicht mehr so leicht und nicht beliebig umgebaut werden. Eine der Antworten auf die Frage nach den Gründen des Erfolgs der sexuellen Fortpflanzungsweise, trotz deren augenscheinlicher Nachteile im Vergleich zur asexuellen Vermehrung, könnte also sein, daß die Summe der mit der Sexualität entstandenen neuen Möglichkeiten und Zwänge die Rückkehr zum alternativen Weg unmöglich macht oder zumindest entscheidend erschwert.

5.2 Konkurrenz und private Kompromisse

Der vorhergehende Abschnitt weist darauf hin, daß die größten Rätsel der biologischen Evolution weniger in den Antworten von Organismen auf Veränderungen der abiotischen Umwelt als vielmehr in den Strategien der Beziehungen und Auseinandersetzungen *zwischen* Organismen wurzeln dürften. Bei diesen kann es sich sowohl um nahe Verwandte als auch um Vertreter weit voneinander entfernter Stammeslinien handeln. In der biologischen Fachsprache hat sich ein Katalog von Begriffen zur Bezeichnung der Wechselwirkungen zwischen Organismen etabliert. Dazu zählen, neben „Konkurrenz" und „Kompromiß", mit denen dieser Abschnitt überschrieben ist, beispielsweise „Konflikt", „Kooperation", „Konformismus", „Koevolution", „Koexistenz" und „Kontrolle". Alle diese Begriffe beziehen sich auf Vorgänge, an denen zwei oder mehr Partner teilhaben und bei denen Entscheidungen über das Lösen von Beziehungsproblemen gemeinsam getragen werden. Jedes dieser Beziehungsprobleme läßt sich als die Suche nach einem – zumindest zeitweilig – stabilen Zustand in einer Landschaft dynamischer Wechselbeziehungen definieren.

Um dem Leser die Vielfalt der Wechselbeziehungen zwischen biologischen Einheiten vor Augen zu führen, beginne ich mit der Schilderung einer Beziehung, die zwar unter den Begriff Konkurrenz in der Darwinschen Terminologie fällt, in der sich aber bereits die Elemente komplexerer sozialer Beziehungen entdecken lassen. Eine ebenso witzige wie scharfsinnige Definition der Konkurrenz zwischen Individuen lautet folgendermaßen: Zwei Wanderer in der Wüste merken, daß ihnen ein Löwe auf der Spur ist. Der eine Wanderer bleibt stehen und zieht seine schweren Schuhe aus. »Warum tust du das«, fragt der andere Wanderer, »glaubst du wirklich, du kannst jetzt schneller laufen als der Löwe?« »Nein«, antwortet der erste, »aber ich muß ja nur schneller laufen als du.« Man stelle sich also einen schnellfüßigen Räuber, etwa einen Geparden, vor und ein Beutetier, etwa eine Antilope, die zwar auch schnellfüßig ist, deren Lebensweise sie jedoch eher zu Dauerleistungen befähigt und die keine Chance hat, mit dem gewaltigen Spurt des Geparden mitzuhalten. Ist eine solche Antilope jedoch mit Artgenossen unterwegs, dann hat sie eine Chance. Sie muß nur um ein geringes schneller laufen oder raffiniertere Manöver ausführen als die übrigen Tiere der Herde. Das ist letztlich der Grund, warum Mutationen mit minimalen phänotypischen Wirkungen erfolgreich sein können. Das Überlebenskonzept der Antilope enthält also die Forderung, die Leistungen ihrer Artgenossen abzuschätzen und sich diesen Kenntnissen entsprechend zu verhalten. Dasselbe gilt natürlich auch für den Räuber. Er wird um so erfolgreicher sein, je genauer er einerseits die Leistungen seiner Konkurrenten und Partner und andererseits die Verhaltensweisen seiner potentiellen Beuteobjekte einzuschätzen vermag. Wir können uns also den Aufbau von Signalnetzen vorstellen, durch die – in Lebensräumen mit langfristig stabilen Verhältnissen – Räuber- und Beutepopulationen miteinander verknüpft sind. Während bei Tieren mit weniger leistungsfähigen Systemen zur Signalerkennung und Signalverarbeitung (also vor allem bei verschiedenen Gruppen wirbelloser Tiere) solche Netze bevorzugt zwischen *Arten* ausgespannt sind, zeigen Untersuchungen an Wirbeltieren, daß mit der Evolution des Gehirns die Möglichkeit der Unterscheidung von *Individuen* mit jeweils spezifischen Eigenschaften und Fähigkeiten zunehmend an Bedeutung gewinnt. Übergänge vom artspezifischen zum individualspezifischen Erkennungssystem finden sich allerdings sowohl bei Wirbellosen wie bei Wirbeltieren. Eine so unscheinbare Tierart wie die Wüstenassel *Hemilepistus reaumuri* besitzt zum Beispiel eine in Familien gegliederte Sozialstruktur, die darauf basiert, daß sich die Mitglieder jeder Familie (wobei viele hundert in einem begrenzten Gebiet vorkommen mögen) durch chemische Signale erkennen und von den Mitgliedern anderer Familien unterscheiden können. Die monogam miteinander lebenden Gründer jeder dieser Familien erkennen sich außerdem auch als Individuen (Linsenmair 1984).

Aus dem bisher über interorganismische Wechselwirkungen Gesagten lassen sich zwei Folgerungen ableiten und anhand von Beispielen dokumentieren.

1. Die Individuen einer Population stehen unter dem Einfluß unterschiedlicher Selektionsregimes, die sich in der Form ihrer Einflußnahme sowie in ihrer Effektivität stark voneinander unterscheiden können. Von den beiden in diesem Abschnitt genannten Regimes ist die sexuelle Selektion in den meisten Fällen nur während einer beschränkten Zeit des Jahres und nur bei geschlechtsreifen Individuen wirksam. Der Räuberdruck hingegen wirkt auf sämtliche Individuen

einer Population und je nach den herrschenden Bedingungen mit unterschiedlicher Selektivität und Stärke. Es zeichnet sich ab, daß die unterschiedlichen Bedingungen solcher Selektionsregimes die Individuen einer Population zu strategischen Kompromissen zwingen und daß die Form solcher Kompromisse auch das Konkurrenzverhalten der Individuen beeinflußt. Die erwähnten Beispiele zeigen dies sehr deutlich: Sexuelle Selektion wirkt in vielen Fällen über zeitaufwendige Rivalenkämpfe und Balzrituale, bei denen die Partner der gemeinsamen Aktionen gut sichtbar und demgemäß besonders gefährdet sind. Es ist also zu erwarten, daß die geschlechtsreifen Individuen einer Population ihr Verhalten auf die in ihrem Lebensraum herrschenden Bedingungen abstimmen und einen Kompromiß zwischen sexueller Demonstration einerseits und Schutz vor Räubern und anderen Gefahren andererseits finden müssen.

In letzter Zeit wurde begonnen, die Strukturen solcher Kompromisse auch unter natürlichen oder fast natürlichen Bedingungen zu analysieren. So kommen in einigen Flußsystemen Mittelamerikas mehrere Arten von Guppys vor. In der Balzzeit setzen die Männchen ihr buntes Farbkleid auf sehr auffällige Weise ein, um das Interesse der Weibchen auf sich zu lenken. In einer groß angelegten Untersuchung fanden Endler und Mitarbeiter heraus (Endler 1986), daß die Guppys in jenen Flüssen, in denen Raubfische vorkommen, weit weniger bunt waren als die Guppys in räuberlosen Flüssen – sie hatten sich deutlich an die Farbmuster des Untergrunds aus Sediment und Vegetation angeglichen. Den Beweis, daß es sich hier um eine durch den Räuberdruck erzwungene Anpassung handelt, lieferte ein elegantes Experiment. Eine große Population einer der Guppyarten wurde eingesammelt und auf mehrere kleine Flüsse der Gegend verteilt, die entweder von Raubfischen besiedelt oder räuberfrei waren. Innerhalb von fünf Monaten – was bei dieser kurzlebigen Art neun bis zehn Generationen entspricht – hatten sich die Nachkommen der Gründerpopulation an die jeweilige Situation angepaßt: Die Bewohner der sicheren Flüsse waren bunt und frönten ihren Balzspielen ohne Hemmung; die Bewohner der gefährlichen Flüsse verhielten sich vorsichtiger und hatten ihr Farbenkleid auf die Tönung der Umgebung abgestimmt. So schnell war durch „natürliche Zuchtwahl" ein Kompromiß zwischen den Zwängen der sexuellen Fortpflanzung und den Zwängen des Milieus zustande gekommen.

2. Selbst unter günstigsten Umständen ist die genetische Anpassung einer Population ein langwieriger, sich über viele Generationen erstreckender Prozeß. Die Entwicklung von Mechanismen, die die Individuen einer Population befähigen, auf Veränderungen in der Umwelt unmittelbar (also gewissermaßen ohne auf die Entscheidung des Genoms warten zu müssen) mit adaptiven Reaktionen zu antworten, muß dementsprechend von großer evolutionärer Bedeutung gewesen sein. Die Möglichkeit der *phänotypischen* Anpassung des einzelnen Organismus kommt bereits bei den einfachsten biologischen Systemen vor, sogar bei Bakterien, bei denen die unglaubliche motorische Leistungsfähigkeit des Geißelapparats ein breites Spektrum individueller Bewegungsformen zuläßt – zur allgemeinen Überraschung sogar bei den Zellen genetisch identischer Klone (Spudich und Koshland 1976). Aber erst die Entwicklung des Zentralnervensystems hat die Evolution adaptiver phänotypischer Reaktionen und Verhaltensweisen in großem Umfang möglich gemacht. Das oben geschilderte Beispiel, wonach das Wirken der natürlichen Selektion durch Signalaustausch zwischen potentiellen Konkurrenten beeinflußt werden kann, bezieht sich denn auch auf Lebewesen mit hochentwickelten Sinnesorganen und Gehirnen. Es trifft sich gut, daß es zu dem zitierten Fall der Evolution eines genotypischen Kompromisses zwischen sexueller Demonstration und Schutz vor Räubern bei tropischen Guppys ein phänotypisches Pendant gibt. Bei einer anderen Gruppe von Fischen, den in Nordamerika weit verbreiteten Sonnenbarschen, konnten ähnliche Kompromisse zwischen demonstrativem und schutzsuchendem Verhalten in Abhängigkeit vom Gefahrenpotential des Lebensraumes nachgewiesen werden (Werner und Hall 1988). Allerdings gewannen in diesem Fall die Fische ihr Bild vom Grad der Gefährlichkeit des Lebensraumes durch Beobachtung und Erfahrungsauswertung, und es waren die

Individuen selbst, die je nach den herrschenden Umweltbedingungen – also etwa in Abhängigkeit von Häufigkeit und Größe der Räuber – ihr Verhalten auf einen risikominimierenden Kompromiß einstellten.

Der Vergleich zwischen den exemplarischen Fällen der Guppys und Sonnenbarsche ist von fundamentaler Bedeutung für unser Verständnis der Evolution. Wir erkennen, daß es zwei Wege zum Ziel der Fitneßmaximierung gibt. Der *genotypische* Weg ist langwieriger als der *phänotypische*, hat aber den Vorteil – mit dem uns auch die Computerentwicklung der letzten Jahrzehnte vertraut gemacht hat –, fest programmiert und daher von den Zufälligkeiten des Augenblicks unabhängig zu sein. Eine der Königsfragen ist die nach dem Verhältnis zwischen den beiden Anpassungsstrategien. Ergänzen sie einander, oder macht die Evolution der schnellen, auf direkter Signalverarbeitung basierenden phänotypischen Strategie die langsamere genotypische Strategie obsolet? Sicherlich ist das Ergänzungsprinzip das wahrscheinlichere: Die Kombination zweier Anpassungsstrategien mit unterschiedlichen Zeitkonstanten hat vermutlich einen so hohen Selektionswert, daß sie, einmal etabliert, alle Umwege der Evolution mitgemacht haben dürfte. Andererseits weist die – von Johann Gottfried Herder (in den *Ideen zur Geschichte der Menschheit*) erstmals ins Spiel gebrachte, von Gehlen (1942) und Portmann (1970) fast zwei Jahrhunderte später wieder aufgegriffene – Hypothese vom Menschen als einem Mängelwesen auf die zweite der erwähnten Möglichkeiten hin. Die unerhörte Entfaltung des Repertoires individueller phänotypischer Verhaltensweisen beim Menschen mag zur Reduktion der Bedeutung genotypischer Anpassungsstrategien geführt haben. Stimmt dies, dann wäre das Resultat allerdings nicht Ausdruck eines „Mangels", sondern vielmehr des Reichtums jener neuen – kognitiven – Fähigkeiten, mit dem die Evolution den Menschen ausgestattet hat.

Um die Geschichte von den Auseinandersetzungen zwischen Lebewesen und ihrer Umwelt richtig einschätzen zu können, muß hier noch eine Bemerkung angefügt werden: Die in diesem Abschnitt besprochenen *Kompromisse* sind solche des Verhaltens einzelner *Individuen*, um auf divergierende Ansprüche der Umwelt die bestmögliche Antwort zu finden. Dies wurde durch das Adjektiv „privat" in der Überschrift dieses Abschnitts angedeutet. „Private Kompromisse" gehören somit zum Repertoire der Konkurrenz- und Überlebensstrategien der Individuen einer Population. Sie sind – im Sinne der in Abschnitt 1.3 diskutierten „Spiele des Lebens" – Bestandteile von *Nullsummenspielen*, deren Ziel die Maximierung der Überlebenswahrscheinlichkeit eines Individuums auf Kosten der jeweiligen Konkurrenten ist. In diesem Fall werden denjenigen Individuen die größten Gewinnchancen zugesprochen, die sich – auf genotypischem oder phänotypischem Weg – am schnellsten und erfolgreichsten auch auf solche Kombinationen von Umweltfaktoren im Lebensraum einzustellen vermögen, die von den Bewohnern sehr unterschiedliche, manchmal sogar einander widersprechende Antworten verlangen. In solchen Lebensräumen werden jedoch auch noch ganz andere Spiele gespielt, und zwar immer dann, wenn sich die Lebensweisen und Schicksale verschiedener Organismen in zunehmendem Maße miteinander verflechten.

5.3 Konflikte und gemeinsame Interessen

Die bisher besprochenen interorganismischen Beziehungen zwischen Rivalen und Konkurrenten einerseits, zwischen Räuber und Beute andererseits haben zwar insofern den Charakter von Nullsummenspielen, als es eine Tendenz zum „winner takes all" gibt, aber je länger eine solche Beziehung währt, desto eher sickern strategische Elemente in sie ein, die der jeweiligen Beziehung Nachhaltigkeit verleihen. Es gibt eine Reihe von Gründen, warum sich im Verlauf der Evolution immer wieder Systeme formiert und durchgesetzt haben, die auf einem als Kooperation getarnten Interessenausgleich zwischen verschiedenen Organismen aufgebaut sind. Für unsere Zwecke mag es zunächst genügen festzustellen, daß es in der Natur unter gewissen Bedingungen vorteilhaft ist, *Nahrungsbeziehungen* zu stabilisieren, unter anderen Bedingungen, die *Beziehungen zwischen den Individuen einer Population* zu stabilisieren. Diese Formulierung läuft auf die Annahme hinaus, daß es kooperative und nichtkooperative Ansammlungen von Individuen gibt und daß in vielen (aber nicht allen) Fällen die kooperativen gegenüber den nichtkooperativen Ansammlungen im Vorteil sind und sich zu echten *Gruppen* formieren. Damit wird aber auch impliziert, daß derartige Gruppen, Systeme im *status nascendi*, miteinander konkurrieren, daß es also so etwas wie *Gruppenselektion* geben muß. Dies erscheint als eine unabweisbare Schlußfolgerung, die gerade im Falle von kleinen, bloß aus einigen wenigen unterschiedlichen Komponenten zusammengesetzten Systemen unschwer nachvollziehbar ist (Abschnitte 5.3.3 und 5.4).

Das Spektrum funktioneller Abhängigkeiten zwischen Organismen ist weitgespannt und vielfältig: Abhängigkeiten zwischen Geschlechtspartnern, zwischen Pflanzen und ihren Bestäubern, zwischen den Gliedern von Nahrungsketten, zwischen Wirten und Parasiten, Wirten und Pathogenen, zwischen den Partnern symbiontischer oder mutualistischer Assoziationen und so weiter. Man gewinnt zunächst den Eindruck einer schier unüberschaubaren Vielfalt von Möglichkeiten. Aus etwas größerer Entfernung betrachtet, enthüllt sich jedoch ein relativ einfaches Schema. Die Vielfalt der Möglichkeiten reduziert sich auf zwei Hauptwege der Evolution von Populationen in Richtung auf zunehmend integrierte Systeme. Zum einen gab es Versuche zur Stabilisierung von Nahrungsbeziehungen und eine Evolution *trophischer Systeme*, an der Vertreter aus den verschiedensten Reichen und Klassen der biologischen Mannigfaltigkeit teilgenommen haben. Zum anderen gab es Versuche zur Stabilisierung der Beziehungen zwischen den Individuen von Populationen und eine Evolution *sozialer Systeme*, an der stets mehr oder minder nahe miteinander verwandte Genotypen beteiligt waren.

5.3.1 Trophische Systeme: Parasitismus, Symbiose und Domestikation

Wahrscheinlich enthalten sämtliche Nahrungsbeziehungen zwischen Organismen Elemente der Spezialisierung und damit den entscheidenden Ansatzpunkt für wechselseitige Abhängigkeiten. Am deutlichsten kommen solche Abhängigkeiten in jenen Fällen zum Ausdruck, in denen der Räuber und seine Beute Teile eines mehr oder minder integrierten Systems geworden sind: Organismen, in denen sich Parasitenpopulationen eingerichtet haben, und solche, die mit irgendwelchen Spezialisten lebensnotwendige Assoziationen eingegangen sind. Unter der Überschrift „trophische Systeme" möchte ich Prinzipien und Strategien der Evolution und Dynamik derartiger integrierter Systeme skizzieren. Deren entscheidendes Charakteristikum – im Vergleich zu den zahllosen Beispielen lockerer Nahrungsbeziehungen zwischen autonomen Individuen – ist, daß sämtliche Partner an einem einzigen Stoffwechsel partizipieren, auch wenn ihre Ansprüche an diesen von sehr unterschiedlicher Natur sein mögen. Innerhalb dieses Schemas erweist sich folgende weitere Unterteilung als sinnvoll:

1. Sämtliche Fälle von Infektionen und Parasitismus können als spezielle Varianten von Räuber-Beute-Beziehungen gedeutet werden, deren Besonderheit darin liegt, daß kleine Räuber in die Beute eindringen und sich von deren Stoffwechsel ernähren. Pathogene Mikroorganismen (Viren, Bakterien, Protozoen) können als *Mikroparasiten* von *Makroparasiten* unterschieden werden, die sich aus den Vertretern verschiedener Gruppen wirbelloser Tiere rekrutieren (May und Anderson 1979; Begon et al. 1986). Ein weiteres Differenzierungsmerkmal ist, daß sich Mikroparasiten in den Zellen ihrer Beute (des „Wirtes") vermehren, während die meisten Makroparasiten im oder auf dem Wirt zwar wachsen, sich jedoch über Larvenstadien vermehren, die den ersten Wirt verlassen, in einen oder mehrere Zwischenwirte eindringen und diese als Verbreitungsvehikel benutzen.

2. Die zweite grundsätzliche Möglichkeit zum Aufbau eines trophischen Systems besteht darin, daß zwei Organismen mit unterschiedlichen Nahrungsansprüchen eine enge Beziehung eingehen, so daß der eine in die Lage versetzt wird, gewisse Stoffwechselleistungen des anderen zur Befriedigung eigener Bedürfnisse zu nützen. Hierher gehören jene Beziehungen, die üblicherweise als *Symbiose* oder *Mutualismus* bezeichnet werden; Klassifizierungen, die davon ausgehen, daß es möglich ist, die Vor- und Nachteile zu definieren, die die Partner solcher Beziehungen genießen beziehungsweise erdulden. Eine derartige Entscheidung hängt jedoch einerseits von den aktuellen Umweltbedingungen ab, unter denen eine solche Assoziation gerade studiert wird, andererseits vom Ausmaß unseres Wissens über deren funktionelle und strukturelle Besonderheiten. In vielen Fällen dürfte es unverfänglicher sein, Beziehungen dieser Art durch den Begriff der *Domestikation* zu charakterisieren. Das Verhältnis zwischen dem Wirt und seinen Symbionten ähnelt ja tatsächlich in vielen Fällen dem zwischen dem Menschen und seinen Haustieren. Jener nutzt deren Produkte und Leistungen, und diese sind von jenem so vollständig abhängig, daß ihnen nichts anderes übrig bleibt, als ihrem Versklaver zu Diensten zu sein.

Trophische Systeme gehören zu den erfolgreichsten interspezifischen Konstruktionen der biologischen Welt. Das zeigt nicht nur der Umstand, daß es keine Lebewesen ohne Parasiten gibt, sondern auch die Tatsache, daß der am vollkommensten gelungene Domestizierungsversuch, jene Symbiose zwischen prokaryoten und urkaryoten Zellen, die zur Evolution der Mitochondrien und Plastiden der eukaryoten Zelle geführt hat (Abschnitt 3.2), ein Bauplanmerkmal sämtlicher vielzelliger Lebewesen darstellt. Daraus folgt zum Beispiel, daß die gesamte Primärproduktion des Festlandes von symbiontischen Systemen getragen wird (während im Wasser ein gewisser Teil dieser Produktion auf das Konto nichtsymbiontischer Cyanobakterien zu schreiben ist; Douglas 1994, S. 114). Trotz dieses globalen Erfolgs bieten trophische Systeme natürlich in keiner Weise ein einheitliches Bild. Wie immer wir sie bezeichnen mögen, sie demonstrieren die enorme Spannweite ihrer Herkunft und Evolution. Da gibt es Systeme, in denen das ursprüngliche Räuber-Beute-Verhältnis zwischen den Partnern dominiert, wie zum Beispiel bei mikroparasitischen Infektionen; und es gibt Systeme, die die Harmonie eines reibungslosen, auf Symmetrie und Gegenseitigkeit beruhenden Zustands zu verkörpern scheinen, wie das soeben erwähnte System der eukaryoten Zelle mit ihren zu Organellen domestizierten prokaryoten Immigranten. Aus der Vielfalt solcher Möglichkeiten lassen sich einige generelle Merkmale evolutionärer Strategien im äußeren Netz ableiten.

Zuvor aber noch einige Worte zu den in der Überschrift dieses Abschnitts verwendeten Begriffen „Konflikt" und „allgemeine Interessen". Räuber und Beute stehen miteinander in einem sehr spezifischen Verhältnis, das manchmal in einem als *Rüstungswettlauf* (*arms race*) beschriebenen Vorgang mündet. Der eine Partner setzt alles daran, seinem Feind zu entfliehen, der andere bemüht sich nach Kräften, seine Beute zu fangen. So formuliert, ist diese Beziehung asymmetrisch, denn während die Beute um ihr *Leben* rennt, geht es dem Räuber zunächst nur um eine *Mahlzeit*. Die Stärke und Selektivität der Beziehung wird durch die Evolution von spezifischen Angriffswaffen und -leistungen des einen und von entsprechenden Verteidigungswaffen und -leistungen des anderen beeinflußt. Dabei kann die Evolution eines neuen Merkmals der einen Seite den Selektionsdruck in Richtung auf die Evolution eines neuen Merkmals der anderen Seite ganz wesentlich steigern. Diese wechselseitige Bedingung ist das, was unter dem Begriff Rüstungswettlauf verstanden wird, einem für die Evolution trophischer Systeme charakteristischen Mechanismus (Dawkins und Krebs 1979). Ganz allgemein kann ein solcher Wettlauf zwischen Angreifer und Verteidiger in einen lang andauernden, möglicherweise sogar endlosen Prozeß münden, der den Charakter einer *gemeinsamen* Evolution, einer *Koevolution*, hat. Als „Konflikte" möchte ich die Auseinandersetzungen zwischen Angreifer und Verteidiger jedoch nicht bezeichnen, sondern diesen Begriff für das zwischen unterschiedlichen Einheiten der Selektion existierende Spannungsverhältnis reservieren. Wie wir gleich hören werden, können koevolutionäre Prozesse zu Systemzuständen führen, die sich durchaus mit Phasen des Waffenstillstands in kriegerischen Auseinandersetzungen vergleichen lassen. In der Terminologie der Spieltheorie sind dies Phasen, in denen es für Kontrahenten günstiger ist zu kooperieren, als bedingungslos anzugreifen. Solche Phasen sind jedoch labil, da eine Veränderung der Randbedingungen meist auch zu einer Veränderung des Auszahlungsmodus im jeweiligen Spiel führt (Abschnitt 1.3). Jeder Spieler (oder Partner einer trophischen Beziehung) wird sich also gewissermaßen immer wieder entscheiden müssen, ob er vertragstreu bleiben oder vertragsbrüchig werden soll. Diese Spannung zwischen Kooperationsbereitschaft und Egoismus, zwischen systemaren und partikulären Interessen, ist die Quelle dessen, was ich unter *Konflikten* verstehen möchte. Dabei ist das *gemeinsame Interesse*, das sämtliche Partner verbindet, das Überleben des intakten Systems, während die Alternative hierzu die partikulären Interessen der einzelnen Partner als autonome Lebewesen sind. Was hier Interessen genannt wird, sind in der Sprache der Evolutionstheorie jeweils *Angriffspunkte der Selektion*. Das heißt, die Selektion kann, je nach den Umständen, sowohl an den systemaren wie an den partikulären Interessen ansetzen und entweder diese oder jene fördern. In Abschnitt 6 werden wir auf dieses Thema zurückkommen.

Koevolution und Koexistenz in parasitischen Systemen

Auf mikroskopischer Ebene liefern mikroparasitische Systeme phantastische Demonstrationen der Koevolution von Angriff und Verteidigung. Die Vermehrungsfähigkeit von Viren ist millionenfach größer als die ihrer Wirte, so daß deren Verteidigung entweder die Einschränkung dieser exorbitanten Fähigkeit oder die Entwicklung eines Mechanismus erfordert, der mit der Vermehrungsrate des Angreifers Schritt zu halten vermag. Bei Wirbeltieren dominiert letztere Strategie, denn mit dem Immunsystem ist ein Abwehrmechanismus entstanden, der den neugebildeten Generationen von Mikroparasiten ebenso zahlreiche neue Generationen von antikörperproduzierenden Lymphocyten entgegen setzt. Erst die in den letzten Jahren gewonnenen Erfahrungen mit der Immunkrankheit Aids haben uns die quantitativen Aspekte dieser Auseinandersetzung drastisch vor Augen geführt. Den rund 10^8 Viren, die in den lymphoreticulären Geweben eines infizierten Menschen täglich produziert und wieder vernichtet werden, steht im gleichen Zeitraum die Produktion von 2×10^9 CD4+-Lymphocyten (dem wichtigsten Typ von antikörperproduzierenden Blutzellen, siehe Abschnitt „Immunnetz", S. 370) gegenüber (Ho et al. 1995; Wei et al. 1995; Mittler et al. 1995). Die Konfrontation von Viren und Lymphocyten scheint sich mehrere Jahre lang mit unverminderter Intensität hinziehen zu können, das heißt, der Körper eines mit HIV infizierten Menschen vermag jahrelang täglich rund zwei Milliarden einer bestimmten Sorte von Blutzellen zu bilden, fast eine Billion pro Jahr. Das beleuchtet die unglaub-

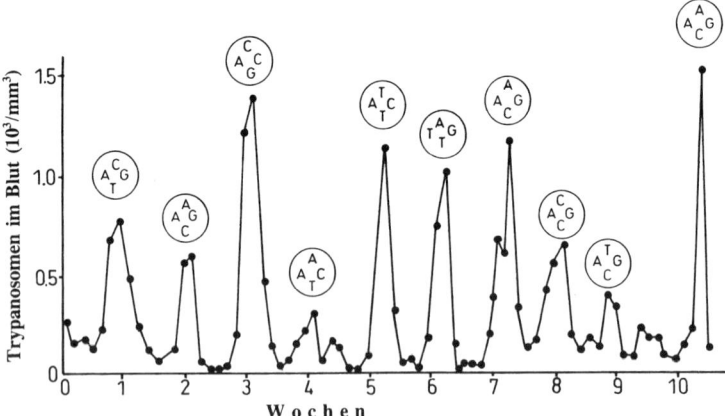

5.1 Fluktuation der Trypanosomendichte im Blut eines an Trypanosomiase (Schlafkrankheit) leidenden Patienten. Jedes Häufigkeitsmaximum unterscheidet sich vom vorhergehenden und nachfolgenden Maximum dadurch, daß es von einem anderen Antigentyp getragen wird. Dies ist durch die unterschiedlichen Kombinationen von Buchstaben (die für die vier Nucleotide der DNA stehen, siehe Abschnitt 2.1) über den Kurvenmaxima angedeutet. Die Buchstabenkombinationen dienen nur der Illustration des Prinzips und entsprechen keiner realen Situation. (Verändert nach Begon et al. 1986.)

liche Dynamik, die in diesem Fall erforderlich ist, um den Anschein des Gleichgewichts, den das betroffene System weiterhin nach außen vermittelt, aufrechtzuerhalten.

Die Auseinandersetzung zwischen Mikroparasiten und ihrer Beute hat neben der quantitativen aber auch eine qualitative Dimension. Zu den entscheidenden Waffen der Agressoren gehört nicht nur ihre enorme Zahl, sondern auch ihre Fähigkeit, das Waffenarsenal auf subtile Weise zu variieren. Die Populationen vieler Mikroparasiten, von Viren bis Protozoen, setzen sich aus zahlreichen verschiedenen *Antigen*typen zusammen, die fortlaufend durch neue Mutationen ergänzt werden. Dem entspricht die Fähigkeit des Immunsystems der Wirbeltiere, mit Hilfe somatischer Mutationen und kombinatorischer Tricks ebenfalls große Mengen genetisch unterscheidbarer *Antikörper* in die Schlacht zu schicken. Eine Demonstration dieser fluktuierenden Dynamik vermittelt Abbildung 5.1, die darstellt, wie in einem an Schlafkrankheit leidenden Patienten neue Antigentypen von Trypanosomen in Wochenabständen das Blut überschwemmen – als Antwort auf die ebenso ausgeprägte Fähigkeit des Immunsystems, auf jede Welle von Antigenen mit einer Welle spezifisch angepaßter Antikörper zu reagieren.

Um die Evolution integrierter Systeme aus dem Motiv des Wettkampfes zwischen autonomen Organismen ableiten zu können, muß allerdings das von der Red Queen verwendete Bild vom Stillstand trotz Bewegung (S. 433) durch die Metapher von der „Zähmung des Chaos" ergänzt werden, der wir schon einmal in anderem Zusammenhang begegnet sind (Abschnitt 2.7). Virologen weisen zum Beispiel darauf hin, daß trotz der sagenhaften Innovations- und Kombinationsfähigkeit vieler Virusstämme die Symptome viraler Krankheiten, wie etwa Mumps, Pocken und Poliomyelitis, seit Jahrtausenden unverändert geblieben sind. Die genannten drei Krankheiten wurden von Hippokrates beschrieben, und das pathologische Erscheinungsbild von Polio läßt sich sogar altägyptischen Zeichnungen entnehmen (Kilbourne 1991). Auch die in Abschnitt 2.5 angestellte Rechnung über die Veränderlichkeit des Darmbakteriums *E. coli* lieferte das scheinbare paradoxe Ergebnis, daß im Durchschnitt jedes Gen dieser Bakterienart in den Därmen der

Menschheit zwar rund 10^{13}mal täglich mutiert, daß sich jedoch die symbiontischen Funktionen der Art in der Geschichte der Säugetiere seit 100 Millionen Jahren nicht wesentlich verändert haben dürften. Dieser Sachverhalt deutet darauf hin, daß die Expression der enormen genetischen Variabilität von Mikroparasiten durch die vom Wirt ausgeübte Zensur höchst wirkungsvoll eingeschränkt wird. Das heißt, von den zahllosen Mutationen, die das Erscheinungsbild von Virus-, Bakterien- oder Protistenpopulationen verändern könnten, setzen sich im hochspezialisierten Milieu des Wirtes letztendlich nur jene durch, die sich nicht allzu weit vom Phänotyp der ursprünglichen Lebensform, Art oder Quasispezies (Abschnitt 2.6.1) entfernt haben. Dies ist das Prinzip der stabilisierenden Selektion. Wenn Kilbourne (1991) aufgrund der unveränderten Krankheitsbilder folgert, daß die Virusstämme, die im Menschen Mumps, Pocken oder Polio hervorrufen, seit Jahrtausenden unverändert geblieben sind, dann wird damit auch die Existenz starker Wechselwirkungen zwischen Parasit und Wirt impliziert. Jener manipuliert diesen, indem er ihn zu seinem „verlängerten Arm“, zum *erweiterten Phänotyp* im Sinne von Richard Dawkins (1982) macht. Andererseits schränkt der Wirt die Variabilität des Parasiten ein und zwingt diesem eine spezifische Lebensform auf. Die Evolution eines trophischen Systems spielt sich also zwischen Manipulation und Zwang ab; ein Wechselspiel, das die Möglichkeit eröffnet, daß sich zwischen der Manipulation durch den Parasiten und der Kontrolle durch den Wirt ein bis zur nachhaltigen Koexistenz führendes dynamisches Gleichgewicht einstellt. Dies ist zweifellos oft geschehen, und es gibt Hinweise darauf, daß viele rezente, mutualistisch gutartige Beziehungen ihre Wurzeln in aggressiven Räuber-Beute-Beziehungen haben, die sich allmählich einer systemaren Kontrolle fügten und dabei an Virulenz verloren. Um diesen möglichen Weg der Evolution beurteilen zu können, müssen wir unseren Blickwinkel allerdings nochmals erweitern; wir haben nicht nur das Beziehungsgeflecht zwischen Räuber und Beute beziehungsweise Parasit und Wirt in Betracht zu ziehen, sondern auch den Mechanismus der *Übertragung* des Parasiten von einem Wirt auf den nächsten (siehe Exkurs „Viren, Moskitos und Kaninchen“).

EXKURS

Viren, Moskitos und Kaninchen

Bis vor kurzem herrschte die Meinung vor, alle Parasiten würden sich im Laufe der Evolution zu mehr oder minder gutartigen Kommensalen entwickeln. Das intuitive Argument hinter dieser Anschauung war, daß es wohl nicht im Sinne der Parasiten sein könne, »die Gans zu schlachten, die die goldenen Eier legt«. Dies erwies sich jedoch als viel zu simpel gedacht. Das evolutionäre Interesse eines Parasiten kann nur sein, die Ressourcen des Wirtes möglichst effizient in eigene Nachkommen zu verwandeln. Welche Strategie am ehesten zu diesem Ziele führt, hängt allerdings wesentlich davon ab, auf welche Weise der Parasit von Wirt zu Wirt übertragen wird. Mit diesem evolutionären Problem fand sich vor etwa 50 Jahren die australische Regierung konfrontiert, als sie es unternahm, der Kaninchenplage auf ihrem Kontinent durch die Einführung eines Virus Herr zu werden.

Das Kaninchen (*Oryctolagus cuniculus*) war im vorigen Jahrhundert nach Australien eingeführt worden, wo es sich explosionsartig vermehrte und der Landwirtschaft enormen Schaden zufügte (Fenner 1965). Dem Kaninchen wurde von England ein spezifischer Krankheitserreger, das Myxoma-Virus, nachgeschickt, der sich in der Kaninchenpopulation rasant ausbreitete und dem in der ersten Phase rund 99 Prozent der infizierten Tiere erlagen. Innerhalb der folgenden Jahre wurden die Krankheitssymptome immer schwächer, und immer weniger Kaninchen starben an Myxomatose. Laborversuche zeigten, daß die Kaninchen gegen den Krankheitserreger resistent geworden waren, was sich ganz einfach als Folge der Individualselektion erklären ließ. Die empfindlichen Individuen waren gestorben, und es hatten nur jene überlebt, denen es gelungen war, einen Abwehrmechanismus gegen das Virus zu entwickeln. Als man die im Freiland gesammelten Viren an gesunden, unter kontrollierten Bedingungen gehaltenen Kaninchen testete, stellte sich allerdings heraus, daß auch die Viren eine Evolution durchgemacht hatten: Sie waren weniger virulent geworden. Dieses Phänomen ließ sich nun aber *nicht* durch den Mechanismus der Individualselektion erklären, denn für das Virus sollte die Umsetzung von Wirtsgewebe in möglichst viele Genomkopien, also höchstmögliche Virulenz, die optimale evolutionäre Strategie sein.

Ein Weg zum Verständnis dieser Evolution des Myxoma-Virus eröffnete sich erst, als das gesamte Infektionssystem in Betracht gezogen wurde (Lewontin 1970). Das Virus wird durch Moskitos übertragen. Stirbt ein Kaninchen, dann ist es so, als wäre eine Viruspopulation ausgestorben, da die Erreger im toten Wirt nicht überleben und die Moskitos nur lebende Kaninchen stechen. In der virulenten Anfangsphase der Myxomatose mußte dementsprechend eine enorme Zahl von Viruspopulationen ausgestorben sein. Übrig blieben Populationen, die durch Mutationen weniger virulent geworden waren, wodurch sie die Ressourcen des Wirtes nutzen konnten, ohne diesen zu zerstören. Die resistenten Kaninchen wurden weiterhin von Moskitos gestochen, die auf diese Weise Viren auf andere Kaninchen in der Nachbarschaft übertrugen. Indem die infizierten Kaninchen am Leben blieben, konnte das Beziehungssystem Virus/Kaninchen weiter evolvieren. Wie Abbildung 5.2 zeigt, nahm diese Evolution sowohl in den australischen wie in gleichzeitig ausgesetzten britischen Populationen des Myxoma-Virus den gleichen Verlauf. Innerhalb von ein paar Jahren hatten sich die ausgesetzten Stämme von der höchsten Virulenzkategorie (I) zu Stämmen von mittlerer Virulenz (Kategorie III) entwickelt – ein Weg der Evolution, der auch aus theoretischen Modellen abgeleitet werden kann (Lenski und May 1994). Ganz allgemein ist eine Entwicklung in Richtung auf verminderte Virulenz zu erwarten, wenn die Viren von *einem* lebenden Wirt auf einen *anderen* lebenden Wirt übertragen werden können. Das ist der Fall bei der „vertikalen" Übertragung über die Nachkommen eines infizierten Wirtes. Aber auch das Myxoma-Virus befand sich in dieser Situation, da ja die Übertragung über Moskitos erfolgt, die – wie

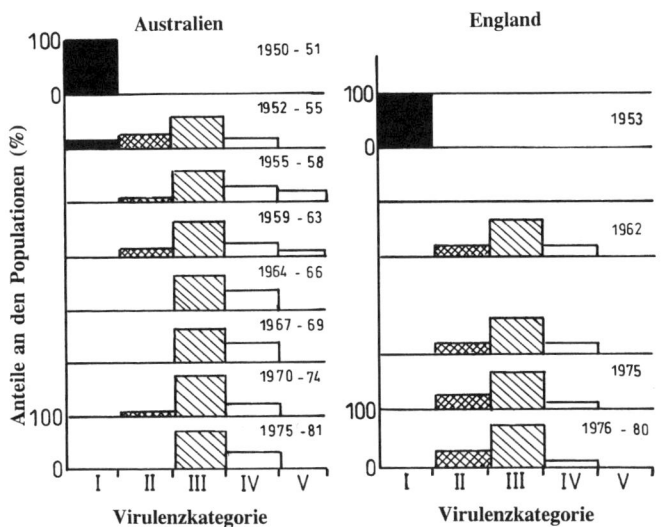

5.2 Die Anteile von Myxomatoseviren unterschiedlicher Virulenz im Blut freilebender Kaninchenpopulationen in Australien und Großbritannien im Zeitraum zwischen 1950 und 1981. Die Virulenz der Viren ist am höchsten in Kategorie I, am geringsten in Kategorie V. (Nach May und Anderson 1983, verändert aus Begon et al. 1986.)

erwähnt – nur lebende Wirte stechen. Wären die Viren hingegen auch durch Aasfresser übertragen worden, dann hätte es für sie – so müssen wir wohl annehmen – keinen Grund zur Verminderung ihrer Virulenz gegeben. Die Theorie der Abhängigkeit des Virulenzgrades vom Übetragungsmechanismus konnte auch experimentell bewiesen werden, und zwar erstmals an einem aus Bakterien und Bakteriophagen bestehenden trophischen System, bei dem durch Manipulation der experimentellen Bedingungen den Viren (Phagen) entweder ein Übetragungsweg von lebenden zu lebenden oder einer von toten zu lebenden Bakterien angeboten wurde (Bull et al. 1991). Erwartungsgemäß verminderte sich die Virulenz der Phagen entlang des ersten Weges, nicht jedoch entlang des zweiten. Die wahre Natur interspezifischer Beziehungen erschließt sich eben erst, wenn sowohl die Lebensläufe der Partner als auch die jeweils herrschenden ökologischen Bedingungen berücksichtigt werden (Frank 1996).

Der erweiterte Stoffwechsel

Innerhalb des breiten Spektrums von Parasit-Wirt-Beziehungen gibt es also zwei grundsätzliche Schienen der Evolution: eine in Richtung auf maximale Virulenz und eine in Richtung auf Gutartigkeit und Koexistenz. Überblickt man die in der Natur verwirklichten Fälle, dann wird deutlich, daß die erste Schiene in dünnbesiedeltes Gebiet führt. Nur eine verschwindende Minorität aller mikro- und makroparasitischen Infektionen hat tatsächlich den schnellen Tod des Wirtes zur Folge, und diese seltenen Beispiele betreffen fast immer frühe Stadien von Infektionen, wie etwa das in Abbildung 5.2 illustrierte erste Stadium der Myxomatose von Kaninchen. Dieser Sachverhalt dokumentiert, daß in der Natur Parasiten fast immer Verbindungen zwischen lebenden Wirten herstellen und daß gutartige Varianten auf diese Weise Gelegenheit bekommen, sich in Populationen durchzusetzen. Der große Erfolg kooperativer Beziehungen zwischen Vertretern der verschiedensten Klassen von Organismen, die wir hier als *Symbiosen* oder *Domestikationen* bezeichnen, rückt ein weiteres Szenario trophischer Beziehungen in den Vordergrund. Im Gegensatz zur aggressiven Nutzung der Ressourcen des Wirtes durch Parasiten eröffnen Symbiosen die Möglichkeit zur *Erweiterung des Stoffwechsels* der Partner trophischer Beziehungen (Douglas 1994). Hinter dieser Möglichkeit verbirgt sich eine Strategie von noch grundsätzlicherer Bedeutung: Durch das Kombinieren ihrer speziellen Fähigkeiten können Organismen unterschiedlicher systematischer Zugehörigkeit ihre Leistungskapazität derart vergrößern, daß ihnen ein Selektionsvorteil erwächst und sie gemeinsam neue ökologische Nischen zu erobern vermögen. Viele biologische Systeme demonstrieren den evolutionären Erfolg solcher Zusammenschlüsse. Man denke etwa an folgende Beispiele:

1. Die schon mehrfach erwähnten Assoziationen zwischen aeroben prokaryoten und anaeroben urkaryoten Zellen, aus denen vor rund zwei Milliarden Jahren der Typus der modernen eukaryoten Zelle hervorgegangen ist (Abschnitt 3.2.2), begründeten die Evolution der drei Reiche vielzelliger Organismen: Pflanzen, Pilze und Tiere (Abschnitt 4.1.1). Die zu Organellen (Mitochondrien und Plastiden) domestizierten prokaryoten Immigranten spielten bei dieser Evolution die Rolle von Energietransformatoren oder Kraftwerken, ohne die die optimale Nutzung des Angebots an chemischer und elektromagnetischer Energie (Abschnitt 3.6.4) durch große vielzellige Organismen wohl nicht möglich gewesen wäre.

2. Bei den meisten Landpflanzen haben sich enge Assoziationen zwischen Wurzeln und Pilzen etabliert. Derartige als *Mykorrhiza* bezeichnete Systeme gehören zu den besten Beispielen für mutualistische, also auf Gegenseitigkeit beruhende Beziehungen zwischen Organismen. Die Pflanze liefert dem Partner die kohlenstoffhaltigen Produkte ihrer photosynthetischen Aktivitität, während der Pilz die Pflanze mit anorganischen Rohstoffen aus dem Boden versorgt. Wahrscheinlich wäre die Besiedlung des Festlandes durch Pflanzen ohne die Mithilfe symbiontischer Pilze unmöglich gewesen oder zumindest sehr viel langsamer vonstatten gegangen (Douglas 1994).

3. Durch die Assoziation heterotropher Pilze mit autotrophen Algen ist eine neue Lebensform, die *Flechte*, entstanden, der die Besiedlung vieler extremer, vor allem extrem trockener und nährstoffarmer Lebensräume gelungen ist.

4. Die Assoziation großer homoiothermer Tiere mit anaeroben Mikroorganismen, die in den Gedärmen der Tiere ein temperiertes, geschütztes Biotop gefunden haben, hat die Erschließung der größten

Biorohstoffquelle der Erde, der Cellulose von Pflanzenzellwänden, in terrestrischen Ökosystemen ermöglicht.

Einige dieser symbiontischen Assoziationen kann man sich als die Endpunkte von Auseinandersetzungen zwischen echten Parasiten und Wirten vorstellen. So wird angenommen, daß die celluloseverdauenden Mikroorganismen in den Mägen von Wiederkäuern ursprünglich Pflanzenparasiten waren, die von den herbivoren Wirbeltieren mitsamt der Nahrung aufgenommen und anschließend im Verdauungssystem domestiziert wurden. In anderen Fällen mag der Druck zur Stabilisierung trophischer Beziehungen vom Selektionsvorteil ausgegangen sein, den der Austausch essentieller Nährstoffe und anderer Ressourcen zwischen fremden Organismen eröffnet. Die Tatsache, daß viele potentielle Nahrungsquellen der Biosphäre arm an Vitaminen, Sterol, Aminosäuren und anderen Stickstoffverbindungen sind, brachte jenen Konsumenten Vorteile, die mit Produzenten solcher Stoffe dauerhafte Verbindungen einzugehen vermochten. Die Evolution derartiger Assoziationen muß von Anfang an von der Notwendigkeit beherrscht gewesen sein, den Ausbruch eines der Partner aus den auf Gegenseitigkeit beruhenden Bindungen zu verhindern. Wie wir aufgrund spieltheoretischer Überlegen bereits wissen, gibt es bei Auseinandersetzungen zwischen autonomen, zur Verwertung von Information befähigten Organismen auch die Option, daß einer der Partner von den Vorteilen einer Beziehung zu profitieren versucht, ohne sich an deren Kosten zu beteiligen. Diese Diskussion läuft auf die Erkenntnis hinaus, daß in der Natur der Zusammenschluß autonomer Partner zu kooperativen Systemen offenbar nicht ohne massive *Kontrollen* zur Einschränkung unkooperativen Verhaltens möglich war. Im Vergleich zur Suche nach den *Mechanismen* solcher Kontrollen ist die Frage, welche Vor- oder Nachteile Organismen aus einer trophischen Partnerschaft wohl erwachsen könnten, von untergeordneter Bedeutung.

Systemare Kontrollen

Das Beispiel der Zähmung und Nutzung ursprünglich freilebender Tiere durch den Menschen illustriert auf hervorragende Weise den allgemeineren Fall der Kontrolle von Parasiten und Symbionten durch den Wirt. Ausmaß und Richtung systemarer Kontrollen in biologischen Systemen werden von den Kosten-Nutzen-Rechnungen für sämtliche Beteiligten bestimmt, und die Ergebnisse dieser Rechnungen sind in hohem Maße von den herrschenden Bedingungen abhängig. Das läßt sich gut am Fall der Symbiose zwischen dem Süßwasserpolypen *Hydra* und der einzelligen Grünalge *Chlorella* demonstrieren (Douglas und Smith 1983; Muscatine und McNeill 1989). Bei Tageslicht profitiert der Polyp von der Anwesenheit des Symbionten in seinen Geweben, denn die Alge produziert Kohlenhydrate, von denen sie einen Teil in Form von Maltose an den Polypen weitergibt. Andererseits ist die Beherbergung und Kontrolle der Algenpopulation mit Kosten verbunden, die sich bei Dunkelheit in einer reduzierten Wachstums- und Teilungsrate des Polypen niederschlagen. Unter diesen Bedingungen beginnt der Polyp denn auch, sich der Algenzellen in seinen Geweben zu entledigen.

Trotz dieser Dynamik und der Abhängigkeit der *Hydra-Chlorella*-Symbiose von Außenfaktoren lassen sich Symbiosen zwischen Coelenteraten und einzelligen Algen bis in das Kambrium zurückverfolgen. Gewisse Formen von *Mykorrhiza* gibt es seit dem Devon vor rund 400 Millionen Jahren, Flechten seit etwa 250 Millionen Jahren, und die Verwandlung von Bakterien in Mitochondrien spielte sich vor 1,5 bis zwei Milliarden Jahren ab. Hinter dieser langfristigen Stabilität mag sich die Dynamik von Koevolutionen und Rüstungswettläufen verbergen, wie sie gerade für mikroparasitische Systeme skizziert wurden. In anderen Fällen entspricht die äußere Stabilität aber tatsächlich einem inneren Gleichgewicht, das entweder auf der absoluten Kontrolle des domestizierten Partners durch den Wirt oder auf der völligen Unempfindlichkeit des Partners gegenüber allfälligen Verteidigungsmaßnahmen des Wirtes beruht. Von den zahlreichen Problemen, die die Evolution stabiler trophischer Systeme begleitet haben und die im Verlauf solcher Evolutionen – auf unterschiedlichste Weise – gelöst wurden, seien einige stichwortartig angeführt.

1. *Vermehrungskontrolle.* Wie schon erwähnt, ist die normale Vermehrungsrate der meist kleinen Parasiten und Symbionten viel höher als die der großen Wirte. Unter optimalen Kulturbedingungen verdoppeln sich zum Beispiel *Chlorella*-Populationen etwa alle zehn Stunden, *Hydra*-Populationen hingegen bloß alle acht bis zehn Tage. In Symbiose paßt sich die Teilungsrate der Alge jedoch der des Wirtes an, das heißt sie verläuft um mehr als eine Größenordnung langsamer als in freilebenden Populationen. Ein Bakterium (*Buchnera*), das symbiontisch in Blattläusen lebt, kann sich in Kultur etwa alle 20 Minuten teilen (vergleichbar der Teilungsrate des Darmbakteriums *Escherichia coli*). In Symbiose sind die Teilungsschritte jedoch mit denen des Wirtes synchronisiert, mit einer Verdopplungszeit von drei bis vier Tagen. Es gibt Hinweise darauf, daß der Wirt die Teilungsraten seiner Symbionten durch Manipulation der Zufuhr essentieller Nährstoffe kontrolliert (Douglas 1994).

2. *Strukturelle Kontrollen.* In trophischen Systemen lassen sich eine Reihe struktureller Maßnahmen zur Verminderung der Mobilität parasitärer und symbiontischer Einheiten nachweisen. Eine der grundlegendsten und ältesten Maßnahmen stellt, in der Interpretation von Maynard Smith und Szathmáry (1993), die Entstehung von Chromosomen dar. In Protozellen wurden demnach ursprünglich freie, mobile Gene miteinander gekoppelt und so in einen restriktiven Ordnungszustand überführt. Nach Meinung der Autoren war dies notwendig, um die Verteilung der Gene eines Genoms auf die Tochterzellen zu regeln sowie die intragenomische Konkurrenz zwischen freien Genen (die sich unterschiedlich schnell vermehren können) zu unterbinden oder einzuschränken (Frank 1996). Auf einer anderen Organisationsebene ist das Prinzip der Kompartimentierung und Ausgrenzung von Symbionten in Zellen und Organismen weit verbreitet, wahrscheinlich sogar universell. Symbionten nehmen

stets einen definierten Anteil des Systemvolumens ein, und ihr Vorkommen ist auf besondere Körperregionen oder Zellbestandteile beschränkt. Sehr oft beteiligt sich der Wirt an der Konstruktion spezieller Organellen für seine Symbionten, die als *Symbiosome* bezeichnet werden. *Chlorella*-Zellen besiedeln ausschließlich die Verdauungszellen einer *Hydra* und nehmen dort etwa zehn Prozent des Zellvolumens ein. Für die bakteriellen Symbionten von Blattläusen stehen eigene Kompartimente, sogenannte *Mycetocyten*, zur Verfügung. Derartige Kompartimente und Barrieren dienen der Einschränkung der Mobilität von Symbionten, sie verhindern einerseits den Rückfall bereits gezähmter Immigranten in einen parasitischen Lebensstil, andererseits die aggressive Konkurrenz zwischen verschiedenen Genotypen und damit eine neuerliche Evolution in Richtung auf höhere Virulenz.

3. *Monopolisierung der Information.* Die älteste und fundamentalste der uns bekannt gewordenen, üblicherweise als „Symbiose" bezeichneten Assoziationen zwischen nicht näher miteinander verwandten Organismen, nämlich die zwischen Mitochondrien und Plastiden einerseits, urkaryoten Zellen andererseits, ist auch die stabilste. Jedenfalls kennt man keine dem Krebswachstum von Zellen analogen Ausbrüche dieser Organellen aus zellulären Systemen. Diese Demonstration einer perfekten systemaren Kontrolle läßt sich auf die Übertragung eines Großteils der Gene der prokaryoten Invasoren in das Genom des Wirtes zurückführen. 85 bis 95 Prozent der für Mitochondrien und Plastiden spezifischen Proteine werden nicht mehr im kleinen, ringförmigen Genom dieser Organellen codiert, sondern im großen Genom der eukaryoten Zelle. Dementsprechend müssen Mitochondrien und Plastiden die meisten der für sie lebensnotwendigen Proteine auf komplizierten Transportwegen importieren (Abschnitt „Proteinkinesis", S. 151). Besonders merkwürdig ist, daß von den Untereinheiten mancher komplexen Proteine einige im Genom des Organells und einige andere im Genom des Zellkerns transkribiert werden. Beispielsweise sind von den acht Untereinheiten der Cytochromoxidase, des terminalen Elektronenakzeptors der At-

mungskette (siehe Abbildung 3.15), drei im Genom der Mitochondrien und fünf im Zellkern codiert. Der Endpunkt dieser Entwicklung – gewissermaßen die absolute Kontrolle durch Monopolisierung der Information – wäre erreicht, wenn sämtliche Gene eines domestizierten Symbionten in den Wirtskern transferiert wurden. Das ist bei ATP-erzeugenden Organellen gewisser anaerober Protisten tatsächlich geschehen. Diese sogenannten *Hydrogenosomen* wurden kürzlich als ihrer Gene verlustig gegangene reduzierte Mitochondrien erkannt (Palmer 1997).

5.3.2 Soziale Systeme

Die bisher besprochenen *trophischen Systeme* demonstrieren das Prinzip der Erweiterung des ökologischen Repertoires durch die Stabilisierung von Nahrungsbeziehungen. Bestimmte Lebewesen gehen mit anderen, nicht näher verwandten Lebewesen engere Beziehungen ein und eröffnen sich so Möglichkeiten zur Nutzung neuer Nahrungs- und Energiequellen. Dem steht eine alternative Strategie zur Erweiterung des ökologischen Repertoires biologischer Systeme zur Seite: die Kooperation zwischen Individuen einer Nachkommengemeinschaft. Der Vorteil eines kooperativen Lebensstils im Vergleich zum Verhalten nichtsozialer, solitärer Lebewesen liegt ebenfalls in der besseren Nutzung von Ressourcen, aber mit der zusätzlichen Spezifikation, durch bessere Ressourcennutzung vor allem die Lebenserwartung der Nachkommen zu erhöhen. Dies hat in sozialen Systemen zu den verschiedensten Formen der Brutpflege und Nachkommenbetreuung geführt, darunter auch – bei sozialen Insekten – zur Konstruktion klimatisierter Großbauten, die im Hinblick auf die Regelung von Temperatur, Feuchtigkeit und CO_2-Konzentration den Vergleich mit von Menschen errichteten Bauwerken nicht zu scheuen brauchen.

Ganz allgemein gilt, daß sich die *soziale* gegenüber der *nichtsozialen* Lebensform nur durchsetzen kann, wenn sie auch den jeweiligen Einheiten des Systems, den Genen, Zellen oder Individuen, nützt; das heißt, wenn deren Gesamtreproduktionserfolg im Sozialverband auf lange Sicht größer ist, als er bei nichtsozialer Lebensweise wäre. Dabei hängt das Ausmaß der Bindung, also der Grad der Geschlossenheit (*Kohäsion*) des sozialen Systems, von der Stärke der Konkurrenz zwischen ähnlichen Systemen ab. Die Annahme, daß *Gruppenselektion* oder – um diesen belasteten Begriff zu vermeiden – *intersystemare Selektion* einen wirksamen Evolutionsfaktor darstellt, ist unverzichtbar, um den großen Erfolg sozialer Systeme in der Natur erklären zu können. Ein wesentliches Element dieses Erfolgs ist das Ausmaß der *Arbeitsteilung* zwischen den Einheiten beziehungsweise der Grad der *Diversität* des jeweiligen Systems (siehe auch Abschnitt „Arbeitsteilung", S. 395).

Die Tendenz zum Zusammenschluß biologischer Einheiten und zum Aufbau arbeitsteiliger, kooperativer Systeme läßt sich entlang sämtlicher Linien der Evolution beobachten. Mit einem historisch bedeutsamen Repräsentanten dieser Entwicklung, der *Volvox*-Kolonie, haben wir uns anläßlich der Schilderung der ersten Schritte zur Vielzelligkeit bereits befaßt (Abschnitt 4.1.1). Der Übergang von der freilebenden Grünalgenzelle zur Algenkolonie korreliert mit der Aufteilung generativer und lokomotorischer Funktionen auf zwei spezialisierte Zelltypen: Keimzellen und Geißelzellen. Dabei wird angenommen, daß die Übertragung der Fähigkeit zur Zellteilung und zur Ortsveränderung auf spezialisierte Zellen den Reproduktionserfolg der gesamten Kolonie, zumindest unter den herrschenden Lebensbedingungen, erhöht. Vom Erfolg dieses Schrittes ausgehend, möchte ich in den folgenden Anmerkungen zwischen zwei Strategien unterscheiden, die den Selektionsdruck in Richtung auf die Evolution sozialer, arbeitsteiliger Systeme im Tierreich beeinflußt haben. Die eine ist die Absicherung und Erweiterung von Territorien, die andere die Erweiterung und Diversifizierung der Ernährungsbasis. Erstere Strategie läßt sich an klonalen Tierkolonien im Meer studieren, letztere an den sozialen Gemeinschaften hochentwickelter Landtiere.

Sessile Klone

Im Meer gibt es zwei nur sehr entfernt miteinander verwandte Tiergruppen, die sich durch eine seßhafte, koloniale Lebensweise auszeichnen: *Cnidaria* (Nesseltiere, vor allem Korallen) und *Bryozoa* (Moos-
tierchen). Die Angehörigen beider Gruppen können sich sowohl ge-
schlechtlich wie ungeschlechtlich vermehren. Durch vegetative Zellteilungen und Sprossung werden räumliche (*Cnidaria*) oder flächen-
hafte (*Bryozoa*) Kolonien aufgebaut, die somit *Klone* darstellen. Die
Einheiten dieser Kolonien sind durch Leitungsbahnen und Plasmabrücken miteinander verbunden. Die als *Zooide* bezeichneten Einzel-
tiere können autonom auf Außenreize reagieren, sind aber auch in gestaltbildende Vorgänge und Verhaltensmuster der gesamten Kolonie
integriert. Als sessile Gebilde sind diese Kolonien von den im Wasser
herangebrachten Nährstoffen abhängig. Dementsprechend ist die
Sicherung des jeweiligen Territoriums, die Abgrenzung von benachbarten Kolonien, ein fundamentales Lebensinteresse. Jeder Klon wird danach trachten, das in der Reichweite seiner Tentakel liegende Einzugs-
gebiet zu erweitern, wodurch er natürlich mit benachbarten Klonen in
Konflikt gerät. Als Folge der Auseinandersetzungen zwischen benachbarten Kolonien ist bei allen bisher untersuchten Vertretern kolonial
lebender sessiler Tiere eine Differenzierung der Zooide zu konstatieren. An der Peripherie beziehungsweise an den Außenflächen von
Kolonien finden sich Zooide mit speziellen Verteidigungseinrichtun-
gen, zum Beispiel Stacheln, oder mit Angriffswaffen, zum Beispiel besonders kräftigen Tentakeln oder toxinproduzierenden Zellen. Erstere
Variante wurde bei Bryozoen analysiert (Harvell 1991), letztere
bei Seeanemonen (Francis 1973; Ayre und Grosberg 1995). Mit der
Einrichtung spezialisierter Verteidigungs- und Angriffsstrukturen sind
auch spezielle Verhaltensweisen verknüpft. So kommt es zum Beispiel
bei der Seeanemone *Anthopleura elegantissima* zur Ausbildung von
Zooiden mit unterschiedlich aggressivem Verhalten, das sich auch in
Laborversuchen testen läßt (Knowlton 1996). Da das Ausmaß der
Aggressivität der äußeren Zooide vom Verhalten der benachbarten

Kolonien abhängt, steht auch hier die Bühne für eines der uns nun schon wohlbekannten Evolutionsspiele zwischen „Tauben" und „Falken" (Abschnitt 1.3) bereit. Der arbeitsteilige *Polymorphismus* genetisch identischer Zooide ist einerseits eine Funktion von deren Alter – es sind die jüngsten Zooide an der Peripherie, die für die territoriale Verteidigung der Kolonie verantwortlich sind –, andererseits wird die Differenzierung der peripheren Zooide auch von chemischen Signalen aus dem Medium beeinflußt. Auf der Basis dieser kolonialen Konstruktion sind Lebensformen entstanden, die als evolutionär besonders erfolgreich gelten müssen, denn Korallenriffe gehören zu den bestimmenden Strukturen warmer Meere.

Superorganismen

Wesentlich eindrucksvoller demonstrieren Bienen, Wespen, Ameisen und Termiten den Erfolg der sozialen Lebensweise. In tropischen und subtropischen Lebensräumen finden sich Nester von Ameisen und Termiten mit bis zu 20 Millionen Individuen, die insgesamt einen großen Teil des Bodens und der Biomasse der Lokalität bewegen und umsetzen. Für die Bauten einer Art der Termitengattung *Macrotermes* in der afrikanischen Savanne werden bis zu 3 000 Tonnen Erde pro Hektar bewegt, und die kleinen Insekten setzen eine etwa ebenso große Menge an organischer Substanz um wie die Herden der großen pflanzenfressenden Säugetiere. Wilson (1990) veranschaulicht die Leistungen einer Bienenkolonie folgendermaßen: Eine solche Kolonie wiegt etwa fünf Kilogramm, enthält 150 000 Bienen und verbraucht pro Jahr 20 Kilogramm Pollen und 60 Kilogramm Nektar. Um diese Nahrungsmenge zu sammeln, unternehmen die Arbeiterbienen mehrere Millionen Flüge und legen dabei etwa 20 Millionen Kilometer zurück. Hätte eine Biene die Körpergröße eines Menschen, dann entspräche die Größe der Kolonie der einer Stadt wie Heidelberg, und die Sammlerbienen würden an einem guten Tag eine Fläche patrouillieren, die der von ganz Deutschland gleichkäme. Pro Jahr würden sie 3,5 Milliarden Kilometer zurücklegen und dabei ständig miteinander kommunizieren,

um die Flugrouten auf das wechselnde Muster der günstigsten Nektar-
quellen abzustimmen.

Die sozial lebenden Insekten (circa 8 000 Ameisenarten, 1 000 Bie-
nen-, 800 Wespen- und 2 200 Termitenarten) repräsentieren nur knapp
zwei Prozent aller beschriebenen Insektenarten, stellen jedoch etwa 50
Prozent der Insektenbiomasse der Erde. Noch deutlicher spricht für den
evolutionären Erfolg dieser Lebensform, daß in den rund 100 Millionen
Jahren ihres Vorkommens auf der Erde noch keine einzige Familie oder
höhere taxonomische Einheit sozialer Insekten ausgestorben zu sein
scheint, während seit der Kreidezeit etwa 50 Prozent der beschriebenen
Familien solitär lebender Hymenopteren (Bienen, Wespen, Ameisen)
bereits wieder verschwunden sind.

Das Ausmaß ihrer ökologischen Dominanz verdanken die rund
13 000 Arten sozialer Insekten der Fähigkeit ihrer Gemeinschaften, sich
ein enorm erweitertes Ressourcenangebot zu erschließen und es über-
aus effizient zu nützen. Während die meisten solitär lebenden Insekten
sich auf einige wenige Nahrungsquellen spezialisiert haben, steht
Ameisen und Termiten ein breites, heterogenes Spektrum an geformter
Nahrung zur Verfügung, von Blättern, Samen und Zweigen bis zu
lebenden und toten Tieren. Bienen und Wespen sind imstande, Pollen
und Nährstofflösungen aus den verschiedensten Quellen eines – wie
der obige Vergleich zeigt – riesigen Einzugsgebiets zu verwerten.

Die Flexibilität und Leistungsfähigkeit eines Insektenstaates wird
von drei Hauptmerkmalen bestimmt: 1) aufwendiger Brutpflege; 2)
gleichzeitiger Präsenz mehrerer Generationen, was den Aufbau eines
sozialen Gedächtnisses ermöglicht, und 3) Arbeitsteilung, zunächst
zwischen Reproduktion und sozialer Arbeit, in weiterer Folge zwischen
verschiedenen Arbeitsformen, wie Brutpflege, Nestbau, Futtersuche
und Verteidigung. In mancher Hinsicht läßt sich der Organisationsgrad
eines solchen Systems mit dem eines tierischen Organismus vergleichen. Überzeugt von dieser Idee, haben seinerzeit zwei enthusiastische
Hobbyentomologen, Eugène Marais (1871–1936), ein südafrikanischer
Journalist, und Maurice Maeterlinck (1862–1949), der Literaturnobel-
preisträger von 1911, den Begriff *Superorganismus* eingeführt. Wäh-

rend auch einige professionelle Insektenforscher mit dieser Analogie einverstanden waren (Wheeler 1923), hielten viele andere Biologen den Begriff für eine romantisierende Übertreibung. Später wurde die Bezeichnung „Superorganismus" aber auch abgelehnt, weil sie nahelegte, die „Gruppe" könne als Einheit der Selektion angesehen werden, was dem herrschenden Dogma nicht entsprach. In letzter Zeit hat sich allerdings der Wind der wissenschaftlichen Mode in diesem Bereich gedreht, und die Idee vom Sozialstaat der Insekten als einem Überorganismus wird nun als sinnvolle und heuristisch wertvolle Analogie gedeutet (Wilson und Sober 1989; Wilson 1990; Moritz und Southwick 1992). Wie es dem Wesen einer Analogie entspricht, zeichnen sich Superorganismen und tierische Organismen durch eine Reihe gemeinsamer Merkmale aus, doch gibt es auch Unterschiede zwischen ihnen. Dies illustriert folgende Aufzählung:

1. Die Integration der Individuen unter dem Einfluß eines umfassenden Kommunikationssystems ist so weitreichend, daß nicht das einzelne *Individuum*, sondern die *Kolonie* die Einheit der Selektion darstellt. Das bedeutet unter anderem, daß sich eine Tendenz beobachten läßt, die Anzahl der Kolonien im Verbreitungsgebiet und nicht die Anzahl der Individuen in einer Kolonie zu maximieren.

2. Im Gegensatz zum individuellen Organismus setzt sich der Superorganismus aus funktionsfähigen Einheiten zusammen.

3. Sämtliche Einheiten einer Kolonie sind miteinander eng verwandt, auch wenn diese keinen Klon repräsentiert, da die Königin befruchtet wird, noch dazu meist von mehreren Männchen, und viele Kolonien mehr als eine Königin enthalten.

4. Die Trennung zwischen der eierlegenden Königin und den sterilen Arbeiterinnen ähnelt der zwischen Keimbahn und Soma, und die Aufteilung der sozialen Arbeit auf verschiedene Kasten von Arbeiterinnen ähnelt dem Vorgang der Differenzierung von Geweben bei der Entwicklung des tierischen Organismus.

5. Während die Autonomie der Einheiten des vielzelligen Organismus, der Zellen, durch *genotypische* Kontrollen eingeschränkt wird

(Abschnitt 4.1.4), sind es im Superorganismus zusätzlich auch *phänotypische*, überwiegend chemische Kontrollen, die die Autonomie der Individuen beschränken.

Greift die Selektion am *System* und nicht an den *Einheiten* an, dann muß jenes mit Eigenschaften ausgestattet sein, die diesen nicht zukommen. In solchen Fällen spricht man von Innovationen, Systemeigenschaften oder *emergent properties*. Im Falle des vielzelligen Organismus gelten das integrierte *Verhalten* und der Vorgang der *Ontogenese*, also der Verwandlung einer totipotenten Eizelle in einen differenzierten Organismus, als Systemeigenschaften. Die Superorganismen der Insektenwelt zeichnen sich durch analoge Eigenschaften aus: in der Terminologie von E. O. Wilson (1990) durch 1) *Massenkommunikation* und 2) *adaptive Populationsstruktur* (wie ich den etwas unklaren Begriff „adaptive demography" übersetzen möchte).

1. *Massenkommunikation* bedeutet, daß der physiologische Zustand einer Insektenkolonie durch den Austausch von Information zwischen Gruppen von Individuen geregelt wird. Als die wichtigsten Informationskanäle hierfür dienen bei Ameisen und Termiten der Austausch von Nahrung und anderen chemischen Signalen zwischen sämtlichen Mitgliedern der Kolonie sowie von Sammlerinnen angelegte Duftpfade zwischen dem Stock und den Nahrungsquellen. Bei Honigbienen kommt noch die bekannte „Tanzsprache" hinzu (K. v. Frisch 1965), durch die die Mitglieder des Stockes über die Vorgänge in der Außenwelt auf dem laufenden gehalten werden. Die Intensität, mit der kohlenhydrat-, lipid- beziehungsweise proteinreiche Nahrung von den Nestgefährtinnen übernommen wird, erlaubt es Sammlerinnen, den physiologischen Zustand der Kolonie abzuschätzen. Durch ausgedehnte Versuche mit der aggressiven Feuerameise (*Solenopsis invicta*) weiß man (Wilson 1962; Sorenson et al. 1985), daß adulte Arbeiterinnen Zucker bevorzugen, jüngere Arbeiterinnen (zum Beispiel Ammen) und ältere Larven Lipide, junge Larven und die eierlegende Königin vor allem Proteine. Aufgrund

der Geschwindigkeit, mit der ihnen die verschiedenen Nahrungskomponenten abgenommen werden, gewinnen die Sammlerinnen
ein Bild vom Gesamtbedarf der Kolonie und richten ihre Sammelak-
tivität dementsprechend ein. Über die Ergiebigkeit verschiedener
Nahrungsquellen werden sie durch die Intensität der Duftspuren informiert. Allzugroße Diskrepanzen zwischen dem Angebot und der
Nachfrage aus der Kolonie werden durch Vergrößerung oder Verklei-
nerung der Bataillone nahrungssuchender Sammlerinnen ausgeglichen. So ruht das physiologische Gleichgewicht eines aus Millionen von Individuen zusammengesetzten sozialen Systems auf einem
Netzwerk von Einzelentscheidungen, die von Arbeiterinnen getroffen werden und über die das System mit der Umwelt verknüpft wird.
Die von Sammlerinnen zu treffenden Entscheidungen wurzeln in
einfachen Direktiven, etwa von folgender Art: 1) Stimme die Intensität der Nahrungssuche auf die Geschwindigkeit ab, mit der die ein-
getragene Futtertracht an verschiedenen Stellen des Nestes abgenommen wird; 2) sammle jene Nahrungskomponenten mit größtem
Eifer, die im Nest am stärksten verlangt werden; 3) folge einer Duft-
spur, wenn diese stark genug ist. Auch die Reaktionen auf eventuelle
Feinde in der Nachbarschaft können in dieses Informationssystem
integriert werden, etwa indem Sammlerinnen ihre Suchstrategie auch
davon abhängig machen, wie vielen feindlichen Individuen sie pro
Zeiteinheit begegnen.

2. *Adaptive Populationsstruktur*: Die Reaktionen der Kolonie auf das
von den Sammlerinnen gesponnene chemische Informationsnetz
werden entscheidend von demographischen Faktoren bestimmt.
Hierzu zählt die statistische Verteilung der Alters- und Größenklas-
sen sowie der Kasten und der sozialen Tätigkeiten der Arbeiterinnen
in der Kolonie. Alle diese Größen lassen sich unter dem Begriff
Populationsstruktur zusammenfassen. Für Insektenstaaten kenn-
zeichnend ist, daß verschiedene soziale Tätigkeiten entweder von
den Vertretern morphologisch unterscheidbarer Kasten oder von verschiedenen Altersgruppen ein und derselben Kaste („Subkasten") er-
bracht werden. In ersterem Fall spricht man vom *Polymorphismus*

(Gestaltenvielfalt), in letzterem vom *Polyethismus* (Verhaltensviel-falt) der Insektenkolonie. Die Häufigkeitsverteilung der Kasten und Verhaltensweisen (insgesamt also der verschiedenen „Berufe") hängt sehr stark von den Bedürfnissen der Kolonie ab. Bereits die Königin kann über das interne Kommunikationsnetz der Kolonie veranlaßt werden, die Verteilung der aus ihren Eiern schlüpfenden Kastenver-treter auf das Alter und den physiologischen Zustand der Kolonie ab-zustimmen. Ein faszinierendes Beispiel präsentiert etwa die Blatt-schneiderameise *Atta cephalotes* (E. O. Wilson 1983). Die Brut einer jungen Kolonie dieser Art muß Arbeiterinnen in ausreichender Zahl enthalten, um die feinen Hyphen der in den Gärten dieser Ameisen wachsenden Pilze behandeln zu können. Dafür sind die Arbeiterin-nen mit der geringsten Kopfbreite (0,8 Millimeter) geeignet. Die-selbe Brut muß aber auch größere Arbeiterinnen liefern (Kopfbreite über 1,6 Millimeter), um die für das Anlegen der Pilzgärten benötig-ten Blätter zu schneiden. In älteren, größeren Kolonien verschiebt sich das Spektrum der aus den Eiern schlüpfenden Arbeiterinnen in Richtung auf Individuen mit immer breiteren Köpfen und stärkeren Mandibeln. Wird jedoch die Kolonie künstlich verkleinert, dann stellt die Königin ihr Brutverhalten radikal um und erzeugt wieder Arbeiterinnen mit kleineren Köpfen. Wie diese Rückkopplung funk-tioniert, ist unbekannt.

Während die Steuerung des Polymorphismus also durch Beein-flussung der von der Königin produzierten Brut erfolgt, wird das Verhaltensmuster der Kolonie zusätzlich noch durch direkte Wech-selwirkungen zwischen erwachsenen Arbeiterinnen beeinflußt. In Bienenstöcken werden zum Beispiel neue Sammlerinnen rekrutiert, wenn die Zahl der verfügbaren Spezialistinnen durch natürliche Um-stände oder durch künstliche Eingriffe des Menschen reduziert ist (Huang und Robinson 1992). Diese Steuerung erfolgt über hormo-nale Faktoren, die die Entwicklung und damit die Abfolge der sozia-len Tätigkeiten von Arbeiterinnen beschleunigen können. Verstärkt wird dieser adaptive Prozeß durch Gruppen unspezialisierter Arbei-terinnen, die besonders rasch auf lokale und kurzfristige Änderungen

HONIGBIENE

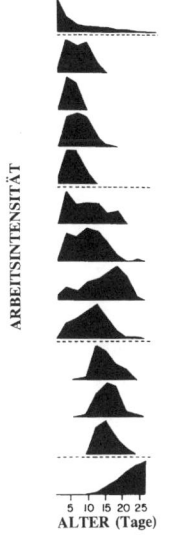

ARBEITSINTENSITÄT

Reinigen der Zellen

Füttern der Brut

Abdeckeln der Zelle

Deckel stutzen

Betreuen der Königin

Putzen von Nestgenossen

Füttern von Nestgenossen

Ventilieren

Formen der Wabe

Aufnahme von Nektar

Pollen stopfen

Speichern von Nektar

Futtersuche

5 10 15 20 25
ALTER (Tage)

5.3 Die als „temporaler Poly-ethismus" bezeichnete Abfolge verschiedener sozialer Tätigkeiten der Arbeiterinnen im Stock der Honigbiene, *Apis mellifera* (oben), und in der Kolonie der Ameisenart *Pheidole dentatum* (unten). Die Arbeiterinnen ändern die Schwerpunkte ihrer Tätigkeiten in Abhängigkeit von ihrem Alter, sie bewegen sich dabei aber auch zentrifugal vom Kern (in dem die Brutkammer liegt) zur Peripherie des jeweiligen Stockes beziehungsweise Nestes. (Nach Wilson 1990.)

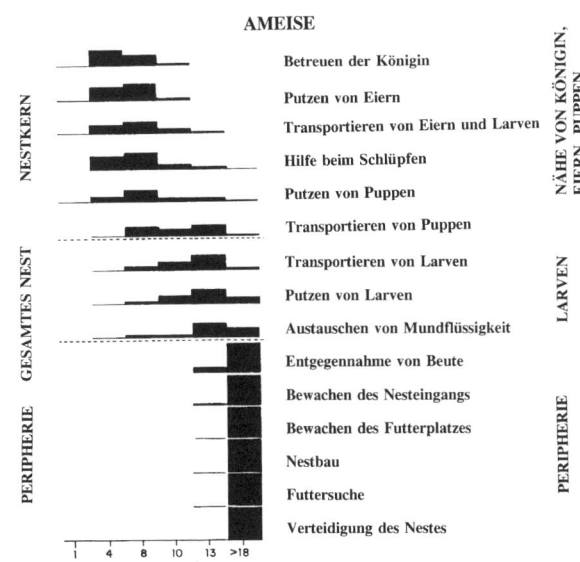

AMEISE

NESTKERN

GESAMTES NEST

PERIPHERIE

Betreuen der Königin

Putzen von Eiern

Transportieren von Eiern und Larven

Hilfe beim Schlüpfen

Putzen von Puppen

Transportieren von Puppen

Transportieren von Larven

Putzen von Larven

Austauschen von Mundflüssigkeit

Entgegennahme von Beute

Bewachen des Nesteingangs

Bewachen des Futterplatzes

Nestbau

Futtersuche

Verteidigung des Nestes

NÄHE VON KÖNIGIN, EIERN, PUPPEN

LARVEN

PERIPHERIE

1 4 8 10 13 >18
ALTER (Tage)

des Systemzustands zu reagieren vermögen (Tofts und Franks 1992). Auffallend ist, daß die zeitliche Abfolge der sozialen Tätigkeiten innerhalb einer Arbeiterkaste sowohl in Bienenstöcken (Seeley 1982) wie in Ameisenkolonien dem gleichen Fahrplan zu folgen scheint (Abbildung 5.3), obwohl Honigbienen und Ameisen zwei Stammeslinien von Hymenopteren repräsentieren, die bereits seit etwa 100 Millionen Jahren getrennt und aus verschiedenen Vertretern stachelloser Wespen hervorgegangen sind. Der „temporale Polyethismus" dürfte also das Systemmerkmal einer bestimmten Form von sozialer Organisation sein.

Eines der Hauptanliegen dieses Buches ist die funktionelle Analyse der Evolution von Komplexität in biologischen Systemen. Zum Verständnis dieses zentralen Themas tragen die Superorganismen der Insekten in hohem Maße bei. Zum einen lassen sich aufgrund der paläontologischen Befunde sowie durch den Vergleich rezenter Lebensformen die Pfade der Evolution von solitären in Richtung auf eusoziale Insektenarten hypothetisch rekonstruieren. Zum anderen demonstriert die rezente Fauna die enorme ökologische Wirksamkeit einer sozialen Konstruktion vom Typ des Superorganismus. Allen eusozialen Insektenarten ist die Eroberung von ökologischen Bereichen und Lebensräumen gelungen, die ihre solitären Verwandten nicht besiedeln konnten. Honigbienen sind, wie bereits erwähnt, in der Lage, riesige geographische Gebiete gleichzeitig auf die besten Nektarspender abzusuchen; Blattschneiderameisen und Termiten legen Pilzgärten an, mit deren Hilfe frisches Laub beziehungsweise Holz zu verwertbaren Nährstoffen verarbeitet wird; Wanderameisen fangen und verarbeiten ungewöhnlich große und vielgestaltige Beuteobjekte; und Weberameisen besiedeln die Baumwipfelregionen tropischer Regenwälder durch die Konstruktion hängender Gärten und Nester aus zusammengewobenen Blättern.

Als Basis für einen Vergleich mit anderen sozialen Systemen des Tierreichs seien die allgemeinen Organisationsprinzipien des Superorganismus der Insekten nochmals zusammengefaßt.

1. Die Einheiten des Superorganismus sind Individuen, die zwar sehr nahe miteinander verwandt sind, aber keinen Klon darstellen.
2. Die Größenzunahme und Entwicklung des Superorganismus basiert auf einem Prozeß, der in den meisten Fällen auf einen einzigen Punkt im Stock oder der Kolonie konzentriert ist, nämlich auf die herrschende Königin mit ihrer unermüdlichen Eiproduktion.
3. Die Trennung zwischen „Keimbahn" (der Königin) und „Soma" (den Arbeiterinnen) sowie die Arbeitsteilung bei den Arbeiterinnen erfolgt durch phänotypische Kontrollen, vermittelt durch den chemischen Signalverkehr innerhalb des Stockes oder Nestes.
4. Es gibt keinerlei Hinweis darauf, daß die sozialen Systeme der Insekten einer zentralen Kontrollinstanz bedürften, um funktionieren zu können. Wie immer sie in der Vorzeit *entstanden* sein mögen, die so ausgeprägte Kohäsion des modernen Superorganismus basiert ausschließlich auf dem Prinzip der *Selbstorganisation*. Die Zahl der an diesem Vorgang beteiligten Individuen muß allerdings größer sein als ein kritischer Wert, der irgendwo bei 100 000 liegen dürfte.

Schließlich ist noch die Frage zu stellen, warum es angesichts des so erschöpfend dokumentierten ökologischen und evolutionären Erfolgs der sozialen Organisation überhaupt noch solitäre Insekten gibt. Spuren der ersten Insekten lassen sich im Devon vor etwa 400 Millionen Jahren nachweisen. Die ersten Termiten traten vor etwa 200 Millionen Jahren auf, Ameisen, soziale Bienen und Wespen vor circa 100 Millionen Jahren. Die Dominanz der sozialen Lebensform bei Insekten wird etwa ab der Kreidezeit, vor circa 65 Millionen Jahren, in den fossilen Spuren unübersehbar. Solitäre Ameisen existieren in der rezenten Fauna nur mehr in Form von Arten, die die Kolonien eusozialer Ameisenarten parasitieren; wohl aber gibt es zahlreiche Arten solitärer Bienen und Wespen sowie viele Übergangsformen zwischen solitärer und eusozialer Lebensweise. Die einzig stichhaltige Erklärung für die Existenz solitärer Insekten ist der Verweis auf die vielen Nahrungsnischen, die wie Ritzen in dem von sozialen Formen besetzten ökologischen Gefüge ausgespart bleiben (Wilson 1990). Für die Besiedlung solcher oft nur

lokal und kurzfristig auftretenden Nischen sind solitäre Formen besonders geeignet, da sie rascher als ihre sozialen Verwandten auf plötzliche
Veränderungen von Lebensbedingungen reagieren können.

Individualisierte Gemeinschaften

Die soeben diskutierten Insektenarten haben eine bestimmte Form
der tierischen Sozialität perfektioniert. Diese von Michener (1969) als
Eusozialität bezeichnete Organisationsform läßt sich charakterisieren
als die gemeinschaftliche Lebensweise mehrerer Generationen einer
Art, deren Fortpflanzung von bloß einem einzigen Individuum oder von
einigen wenigen Individuen besorgt wird, während alle übrigen Mitglieder funktional steril bleiben. Diese sind für die Aufzucht der Jungen
sowie für die Erhaltung der Kolonie verantwortlich. Arbeitsteilung innerhalb der sterilen Helferkasten (Ammen, Arbeiter, Soldaten), ein eng-
maschiges, die gesamte Kolonie umspannendes Kommunikationsnetz
sowie Anonymität der Individuen sind weitere Charakteristika dieser
evolutionär so ungemein erfolgreichen Organisationsform. Übrigens tat
sich Charles Darwin mit diesem Erfolg zunächst sehr schwer, da er auf
einer Eigenschaft basiert, die seiner Theorie zu widersprechen schien:
der Sterilität fast sämtlicher Mitglieder des Systems. Die von Darwin
schließlich vorgeschlagene Auflösung dieses Widerspruchs entspricht
ziemlich genau dem von Hamilton (1964) rund 100 Jahre später gewählten quantitativen Formalismus. Die Quintessenz dieser Lösung
läßt sich folgendermaßen zusammenfassen: Auch wenn sich ein Großteil der Individuen einer Gemeinschaft nicht fortpflanzt, sind Fortbestand und Evolution der Gemeinschaft gesichert, wenn das Merkmal
der Sterilität von denjenigen Individuen, bei denen es nicht zur Expression kommt, vererbt wird und wenn die Vermehrungskapazität einiger
weniger Individuen ausreicht, um die Sterilität der Mehrheit zu kompensieren. Diese Formulierung kann als Erklärung für die Entstehung
altruistischen Verhaltens gelesen werden (denn die sterilen Arbeiter lassen sich als Opfer interpretieren, die ihr Recht auf Fortpflanzung aufgegeben haben, um die eierlegende Königin bei der Monopolisierung die-

ses Rechts zu unterstützen); sie läßt sich aber auch als ein Dokument des Zwanges und der Kontrolle lesen, da das soziale System nur bestehen kann, solange die Fortpflanzungsfähigkeit der Mehrheit der Individuen unterdrückt wird. Beide Leserichtungen setzen voraus, daß der Genpool der Gemeinschaft hinreichend homogen ist, um die Repräsentation und Verbreitung von Anlagen zu garantieren, deren Expression zwar für einzelne Individuen mit Nachteilen verbunden, für den Fortbestand der Gemeinschaft jedoch vorteilhaft ist.

Nun ist Eusozialität eine zwar erfolgreiche, aber seltene Organisationsform im Tierreich. Eusoziale Gemeinschaften sind wahrscheinlich unabhängig voneinander bloß in zwölf oder 13 Linien innerhalb der Hymenopteren (Hautflügler) und in ein bis drei Linien innerhalb anderer Insektengruppen entstanden, vor allem bei den urtümlichen Isopteren, zu denen die rund 2 000 rezenten Termitenarten gehören. Bis in die siebziger Jahre dachte man dementsprechend, die eusoziale Organisationsform sei eine Besonderheit von Insekten. Der amerikanische Verhaltensforscher R. D. Alexander war mit dieser Verallgemeinerung jedoch nicht einverstanden und sagte voraus, es müsse auch eusoziale Säugetierarten geben. Er skizzierte sogar die Lebensbedingungen und adaptiven Merkmale einer derartigen hypothetischen Art in ziemlich detaillierter Form. Als er dies einmal im Laufe eines Vortrags tat, informierte ihn ein Zuhörer, daß die von ihm geschilderte Lebensform ziemlich genau auf den in Afrika beheimateten Nacktmull (*Heterocephalus glaber*) zutreffe. Diese Begegnung markierte den Beginn einer intensiven Forschungskooperation, der wir nun eine eingehende Kenntnis der erstaunlichen Lebensweise dieses subterranen Nagetiers verdanken (Sherman et al. 1991).

Der Nacktmull bildet Kolonien von durchschnittlich 80 Mitgliedern, die meist zwei bis drei Generationen repräsentieren. Für die Fortpflanzung der Kolonie sorgt ein einziges Weibchen, das von einem bis drei Männchen befruchtet werden kann. Alle anderen Mitglieder der Kolonie sind steril und mit Bauarbeiten, Brutpflege und Nestverteidigung beschäftigt. Dabei läßt sich auch eine altersabhängige Arbeitsteilung (also „Polyethismus") beobachten, doch ist diese niemals so markant ausgeprägt wie bei den eusozialen Insekten. In mancher Hinsicht ähnelt eine Kolonie des Nacktmulls einer Termitenkolonie, es gibt aber auch signifikante Unterschiede. So besteht die Säugerkolonie aus sehr viel weniger Individuen, und die Sterilität der Arbeiterinnen scheint eher im inzestvermeidenden Verhalten der Männchen zu wurzeln als in aktiven Unterdrückungsmaßnahmen der Königin. Vor allem aber erkennen sich die Mitglieder einer Kolonie auch individuell, zumindest zeitweise (Burda 1995).

Ich weise auf diese Unterschiede hin, weil sich in ihnen die Signatur der typischen Gemeinschaften homoiothermer Wirbeltiere ankündigt. Während die perfekt organisierten Insektenstaaten in gewisser Hinsicht den Eindruck von chemischen Systemen machen, die aus anonymen und austauschbaren Elementen aufgebaut sind, bleibt die Eigenständigkeit und Unverwechselbarkeit der „Elemente" der strukturierten Sozietäten von Säugetieren und Vögeln im Prinzip bewahrt, auch wenn sie nur selten in die Lage kommen mögen, sich zu manifestieren.

Wir haben uns also zu fragen, in welchem Ausmaß die Voraussetzungen, unter denen im Tierreich soziale Systeme entstehen, davon beeinflußt werden, daß die beteiligten Tiere ihre Autonomie nur zum Teil und nur zeitweise aufgeben, und inwieweit sich die individualisierten Systeme der Wirbeltiere in ihrem Charakter und ihren Funktionen von den anonymen Systemen eusozialer Insekten unterscheiden.

Zunächst ist jedenfalls festzustellen, daß es wie bei den Insekten auch bei Vögeln und Säugetieren sowohl solitär als auch sozial lebende Arten gibt, daß entlang des sozialen Gradienten zahlreiche Übergangsformen und Varianten verwirklicht sind und daß bei ökologisch besonders erfolgreichen Arten die soziale Lebensform vorherrscht. Allerdings ist es – vor der Entfaltung der menschlichen Gesellschaften – weder bei Vögeln noch bei Säugetieren zu jener ökologischen Dominanz einzelner Arten gekommen, wie sie für die eusozialen Insektenarten so charakteristisch ist. Am ehesten könnte man überproportionalen ökologischen Erfolg den gut organisierten Gruppen der Haus- und der Wanderratte zuschreiben, denn wohin immer sie gelangten (und das sind inzwischen sämtliche Kontinente der Erde), haben Ratten den terrestrischen Ökosystemen den Stempel ihrer Aggressivität aufgedrückt. Sucht man nach den ethologischen und soziologischen Wurzeln für diesen Erfolg, dann stößt man auf die typischen Merkmale einer individualisierten, strukturierten Wirbeltiergemeinschaft, ergänzt durch die Anspruchslosigkeit und den Mangel an Spezialisierung, was die Nahrungsbedürfnisse betrifft, sowie – und das mag ein entscheidender Punkt sein – auf die besondere Gruppenloyalität, deren Kehrbild die zwischen benachbarten Gruppen herrschende enorme Aggressivität ist. Der Zustand der „Fremdheit", der diese Aggressivität auslöst, wird durch den Gruppengeruch definiert.

Der Selektionswert der individualisierten Gemeinschaft wurzelt zunächst in denselben Merkmalen, wie sie auch für andere soziale Systeme gelten: 1) bessere Nutzung von Nahrung, vor allem wenn diese unregelmäßig verteilt ist; 2) günstigere Verteidigungsmöglichkeiten gegen Feinde und erhöhter Schutz vor abiotischen Gefahren durch Manipulation der Umwelt sowie 3) verbesserte Vorsorge für die Tauglichkeit der Nachkommen. Diese Ziele werden jedoch mit zum Teil anderen Methoden erreicht als in anonymen Sozialsystemen, und aufgrund des höheren Stellenwertes individueller Verhaltensweisen eröffnen sich neue Überlebensstrategien – aber auch neue soziale Probleme.

Individualität und Dominanzsysteme Die organisatorische Stabilität sowohl des Superorganismus als auch des vielzelligen Organismus (Abschnitt „Der vernetzte Organismus", S. 359) wird durch massive Kontrollen mittels überwiegend chemischer Signale aufrechterhalten. Hauptziel dieser Kontrollen ist es, die Vermehrung eines Großteils der im Prinzip autonomen Teile – Insektenindividuen beziehungsweise Zellen – zu unterdrücken. Dieser Unterdrückungsmechanismus funktioniert nicht mit absoluter Perfektion. Scheinbar sterile Bienenarbeiterinnen werden gelegentlich wieder fruchtbar, und Krebszellen durchbrechen die vom epigenetischen System (Abschnitt 4.1.4) und vom Immunsystem (Abschnitt „Immunnetz", S. 370) aufgebauten organismischen Schranken. Der Mechanismus funktioniert aber doch so gut, daß er als ein konstitutives Merkmal dieser Form von sozialer Organisation angesehen wird.

Demgegenüber repräsentieren die auf dem Prinzip der Rangordnung und Dominanz aufbauenden artspezifischen Sozietäten von Wirbeltieren Varianten eines mehr oder minder ausgewogenen Kompromisses zwischen individueller Autonomie und sozialer Stabilität. Die Stabilität wurzelt in linearen oder netzartigen Dominanzstrukturen, die in individuellen Auseinandersetzungen erstritten und immer wieder neu definiert werden. Vom evolutionären Standpunkt entscheidend ist, daß durch diese Strukturen der Zugang der Männchen zu den Weibchen geregelt wird. Die dominanten Männchen beherrschen das Fortpflanzungsgeschäft und können sich große Harems zulegen, wie dies zum Beispiel Paviankolonien vorführen (Abbildung 5.4). Aber auch die untergeordneten Männchen haben – in eingeschränktem Ausmaß – Zugang zu rangniedrigeren Weibchen, was die Schlußfolgerung erhärtet, daß die evolutionären Vorteile der Gruppenzugehörigkeit größer sein müssen als die Nachteile eines rangniedrigen Status. Neben dem Zugang zu den Weibchen wird durch das Dominanzsystem auch die Ver-

5.4 Die Marschordnung einer Paviangruppe. Voran marschiert das Alpha-Männchen, subdominante Männchen begleiten Weibchen und Kinder im Zentrum und am Schluß der Gruppe. (Nach DeVore 1965 aus Eibl-Eibesfeldt 1967.)

teilung der Nahrung und die Aufteilung des Raumes gesteuert, so daß letzten Endes auf diesen Wegen die Größe der Gruppe an die zur Verfügung stehenden Ressourcen angepaßt werden kann. Da die Kontrollstärke des Dominanzsystems indirekt proportional mit dem Nahrungsreichtum des Lebensraums variiert, enthält ein flexibles Dominanzsystem somit auch Elemente eines homöostatischen Mechanismus: je spärlicher die Nahrung, desto rigider die sozialen Kontrollen, desto größer aber auch die Wahrscheinlichkeit, durch gemeinsame Aktionen die Nahrungssituation für die Gruppe wieder verbessern zu können.

Auch in den individualisierten Gemeinschaften der Wirbeltiere spielen chemische Signale bei der Unterdrückung der Fruchtbarkeit sowie bei der Steuerung von Fruchtbarkeitszyklen eine Rolle. Da aber die vollständige Unterdrückung der Fruchtbarkeitsautonomie mit dem Prinzip der Individualisierung unvereinbar wäre, ist dieser Mechanismus kein konstitutives Merkmal von Wirbeltiergemeinschaften. Andererseits steht die unkontrollierte Fortpflanzung sämtlicher Individuen im Widerspruch zur Existenz eines evolutionär stabilen Sozialsystems. Es stellt sich also die Frage, welche Kompromisse zwischen individueller Autonomie und sozialer Stabilität möglich sind. In erster Annäherung könnte man auf diese Frage antworten, daß die Zahl der möglichen Kompromisse davon abhängt, in welchem Ausmaß die beiden Komponenten der evolutionären Gleichung:

individuelle Autonomie + soziale Stabilität =
individualisierte Gemeinschaft

variieren können. Würde eine Art sozusagen nur die erste Komponente betonen, die zweiten hingegen ignorieren, dann müßten ihre Populationen die endlose Aufeinanderfolge von Bevölkerungsexplosion, Bevölkerungszusammenbruch, Bevölkerungsexplosion und so weiter in Kauf nehmen. Lemminge scheinen dieser Strategie zu folgen, und Thomas Malthus (Abschnitt „Wachstumsformen und Wachstumsgesetze", S. 401) meinte, Gott habe der Menschheit eben dieses Rezept verschrieben. In einem solchen oszillierenden System könnten sich jedoch gewisse für hochorganisierte Wirbeltiergemeinschaften charakteristische Eigenschaften nicht durchsetzen, zum Beispiel die überragend wichtige Eigenschaft des sozialen Gedächtnisses. Dementsprechend impliziert evolutionäre Stabilität in individualisierten Gemeinschaften die Einschränkung der Fortpflanzungsautonomie von Individuen, allerdings ohne daß es zum grundsätzlichen Verlust von deren Autonomie kommen darf. Sogar die sterilen subdominanten Weibchen des eusozialen Nacktmulls gewinnen ihre Fertilität wieder, wenn sich die Dominanzverhältnisse der Gruppe ändern.

Das Dominanzkonzept ist, Wilson (1975) zufolge, fast 200 Jahre alt. Es wurde überraschenderweise erstmals von einem Entomologen, dem Schweizer Pierre Huber, im Jahre 1802 für eine Hummelart postuliert. Tatsächlich gibt es bei Insekten im Übergangsfeld zwischen der solitären und der eusozialen Lebensform eine Reihe von Hummel- und Feldwespenarten, deren soziale Organisationen sich als einfache Varianten eines Dominanzsystems darstellen. Zunächst wurden derartige Systeme auch bei Wirbeltieren als nicht nur artspezifisch, sondern auch als weitgehend unflexibel angesehen. Das soeben erwähnte Beispiel von der Beziehung zwischen Kontrollstärke und Nahrungsangebot im Lebensraum weist aber bereits auf die prinzipielle Flexibilität und Anpassungsfähigkeit tierischer Dominanzsysteme hin. Selbst die scheinbar stabilsten Beziehungsverhältnisse zwischen den Individuen einer Gruppe werden durch Auseinandersetzungen immer wieder getestet und in Frage gestellt. Die Struktur des Dominanzsystems entwickelt sich in Abhängigkeit von den herrschenden Bedingungen, und sehr oft durchläuft es dabei eine Sequenz von netzartigen in Richtung auf lineare Strukturen. Einer der Pioniere der Wirbeltiersoziologie, der Norweger Thorleif Schjelderup-Ebbe, hat bereits in den zwanziger Jahren die Entwicklung von Dominanzsystemen am Beispiel von Hühnervölkern analysiert. Im Laufe einer solchen Entwicklung kann sich – wie in Abbildung 5.5 schematisch dargestellt – die Position einer Henne gegenüber anderen Hennen mehrmals ändern. Das in diesem Fallbeispiel nach 32 bis 36 Wochen erreichte Stadium der linearen Hierarchie mag unter geänderten Bedingungen durchaus wieder zu einer netzartigen Struktur zurückkehren. In dem von Wilson (1975) aba)

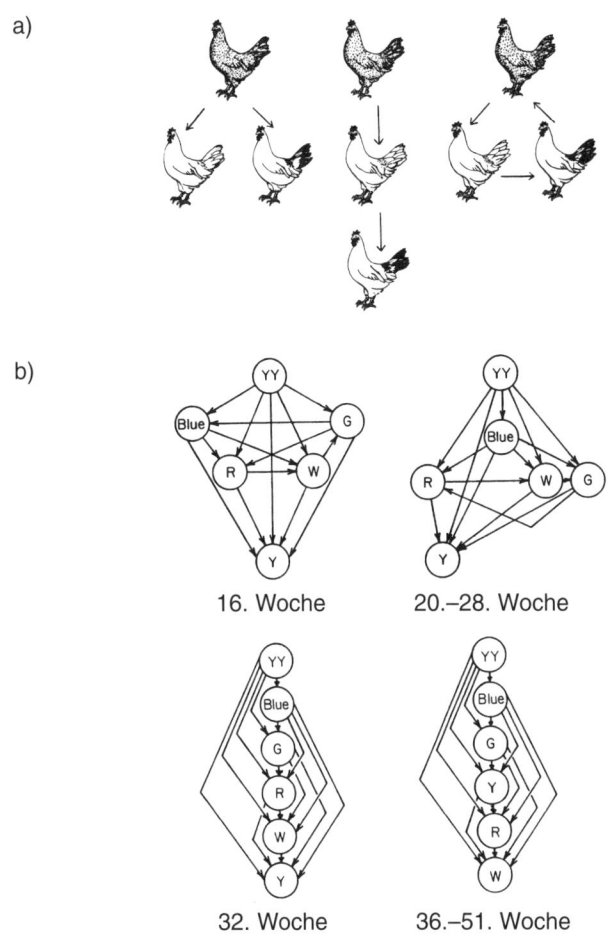

b)

16. Woche   20.–28. Woche

32. Woche   36.–51. Woche

5.5 Die Entwickung eines Dominanzsystems am Beispiel der Verhältnisse in einer Hühnerschar. a) Drei elementare Beziehungen zwischen jeweils drei Hühnern, aus denen sich die komplexeren Beziehungsnetze der ganzen Schar zusammensetzen. b) Veränderungen in den Dominanzbeziehungen zwischen sechs Hühnern im Zeitraum eines Jahres. Die eher netzartigen Beziehungen in der ersten Jahreshälfte gehen allmählich in eine stabilere, linear hierarchisch gegliederte Dominanzstruktur über. (Nach Murchison 1935 aus E. O. Wilson 1975.)

gebildeten Schema der Entwicklung einer Dominanzhierarchie ist die mit „Blue" bezeichnete Henne eine Schlüsselfigur, mit deren Position im Netz der Beziehungen gewissermaßen experimentiert wird. Man kann sich gut vorstellen, daß es in solchen Gruppen fast ebenbürtige Individuen gibt, deren relative Beziehungen zueinander nicht leicht zu definieren sind und daher in einer Reihe von Auseinandersetzungen so lange getestet werden, bis sich eine stabile Konstellation ergibt. Im vorliegenden Fall landete „Blue" schließlich nach 32 Wochen konkurrenzlos auf Platz 2 eines linearen Beziehungsschemas.

Noch wesentlich dramatischer sichtbar wird die Rolle des Individuums in den scheinbar so straff organisierten Dominanzsystemen von Säugergemeinschaften. Über diese Rolle haben uns erst die langfristigen Untersuchungen im Freiland und in Großgehegen aufgeklärt, wie sie in den letzten Jahrzehnten vor allem an den Gemeinschaften von Primatenarten durchgeführt wurden (Goodall 1986; de Waal 1997). Frans de Waal erzählt die Geschichte vom ranghöchsten Weibchen einer Rhesusaffengruppe, das plötzlich zum rangniedrigsten Weibchen der Gruppe marschierte und dieses zum Kraulen aufforderte – ein unerhörter Vorgang. Nach einigem Zögern wurde die Einladung angenommen. Die beiden Weibchen widmeten sich intensiv der gegenseitigen Körperpflege und schlummerten schließlich in friedlicher Umarmung ein, umgeben von den Angehörigen des rangniedrigen Weibchens. Kündigte sich in dieser Mesalliance eine Neuordnung der Gruppenhierarchie an?

Eine noch eindrucksvollere Demonstration des Prinzips der Individualität in den Dominanzsystemen von Säugetieren lieferte die im Exkurs „Herby, der empfindsame Affe" beschriebene experimentelle Studie an einer Gruppe von Rhesusaffen, deren Verhalten durch Eingriffe in das Gehirn manipuliert wurde (Pribram 1954).

Emanzipation des sozialen Phänotyps   Auf das spannungsreiche Verhältnis zwischen Genotyp und Phänotyp wurde schon zu Beginn dieses Buches aufmerksam gemacht (Abschnitt 3.1). Die programmatischen Anlagen des Genotyps können sich nur in dem Maße bewähren

EXKURS

Herby, der empfindsame Affe

Rhesusaffen leben in streng hierarchisch gegliederten Gemeinschaften, und der geduldige Beobachter vermag die Rangordnung der Männchen, vom führenden Alpha- zum Omega-Individuum als Schlußlicht, aus dem Verhalten der einzelnen Tiere ohne weiteres zu erschließen. Der amerikanische Neurobiologe und Psychologe Karl Pribram untersuchte in einem Freigehege eine aus acht Männchen bestehende gut etablierte Gruppe. Jeweils nach einer längeren Beobachtungsperiode nahm er am aktuellen Alpha-Tier eine Gehirnoperation vor, durch die sich die emotionale Struktur des Tieres ebenso veränderte, wie dies auch bei Menschen als Folge eines Gehirntraumas der Fall sein kann. Zwei der Versuche brachten gleichwertige Ergebnisse: Das operierte Alpha-Männchen verlor sofort seine Stellung in der Rangordnung und rutschte auf die unterste Stufe der Hierarchie ab, wo es dann von allen anderen Männchen der Kolonie kujoniert wurde. Der dritte Versuch hingegen hatte ein unerwartetes Ergebnis. Das neue Alpha-Männchen, Riva, behielt auch nach der Operation seine dominante Position, obwohl es zu einem unleidlichen und hinterhältigen Zeitgenossen geworden war. Eine Erklärung für die Ergebnisse der drei Versuche liefert der Charakter des jeweiligen „Kronprinzen". Bei den ersten beiden Versuchen war dieser ebenso ehrgeizig wie der bisherige Herrscher und nahm nach dessen Entthronung und Sturz die Alpha-Position mit sichtlicher Genugtuung ein. Ganz anders im dritten Versuch. Der durch die vorhergehenden Versuche zum Kronprinzen avancierte Herby wird von Pribram als ausgeglichen, intelligent und wenig aggressiv geschildert und schien keine besondere Lust zu verspüren, die plötzlich erreichbar gewordene Alpha-Position in der Kolonie einzunehmen. Andererseits waren die Zwänge der hierarchischen Struktur stark genug, um zu verhindern, daß das nächste Männchen in der Rangordnung, der eifrige, extrovertierte Benny, über den Kopf von Herby hinweg die Herrscherposition hätte erklimmen können. So mußte denn die

Kolonie mit dem hysterischen Riva auskommen. Man darf spekulieren, daß in freier Wildbahn diese Regentschaft (oder die Existenz der Kolonie) bloß von kurzer Dauer gewesen wäre.

Dieses Beispiel illustriert die Rolle, die ein Individuum in den Dominanzsystemen von Wirbeltieren spielen kann. Gleichzeitig dokumentiert es auch die zunehmende Bedeutung der *phänotypischen Expression* im Vergleich zur *genotypischen Anlage* bei der Strukturierung tierischer Sozietäten. So sehr die Disposition von Herby auch in dessen Genen wurzelte, die besondere Konstellation, die sich in dieser Rhesusaffengruppe entwickelte, hing ebensosehr vom Verhalten der anderen Gruppenmitglieder wie von den zwischen diesen aufgebauten Beziehungen ab. Sie hätte niemals aus einer auch noch so kompletten Kenntnis des Genoms von Herby vorhergesagt werden können.

und durchsetzen, in dem der Phänotyp die Herausforderungen des Milieus zu testen vermag. Die durch die Erfindung der Sexualität in Gang gebrachte Trennung zwischen fakultativ unsterblicher Keimbahn und obligat sterblichem Soma hat zu einer Neudefinition des Verhältnisses zwischen Genotyp und Phänotyp geführt. Denn mit dieser Trennung war der Grundstein für die zunehmende Emanzipation des einen von den Zwängen des anderen – des Schauspielers vom Souffleur – gelegt. In weiterer Folge entwickelte sich bei Tieren das *Gehirn* zu einem Organ der Signalaufnahme und Informationsverarbeitung, das mit dem *Genom* um die Position der zentralen Kontrollinstanz für die Leistungen des Organismus konkurriert.

Diese Evolution des Phänotyps spiegelt sich nicht nur im Verhalten von Individuen, sondern auch in der Organisation und Dynamik von Gemeinschaften. Die Fähigkeit, Signale aus der Umwelt aufzunehmen und zu speichern, sowie die Fähigkeit, auf im Gehirn erarbeitete Interpretationen der Wirklichkeit mit adaptiven Verhaltensweisen zu reagieren, hat entscheidende Beiträge zur sozialen Lebensform geleistet. Alle diese Beiträge haben etwas mit der *Lernfähigkeit* von Individuen zu tun, einem komplexen Merkmal, das im Tierreich in mehreren Varianten realisiert wird, von denen im folgenden drei besonders bemerkenswerte näher betrachtet werden:

Tradition. Sowohl bei Vögeln wie bei Säugetieren gibt es zahlreiche Beispiele dafür, daß die Erfahrungen und Entdeckungen einzelner Individuen von der Gruppe übernommen und an die nächsten Generationen weitergegeben werden. So breitete sich das Öffnen der Verschlußkappen von Milchflaschen und der damit erworbene Zugang zu einer neuen Nahrungsquelle unter britischen Meisenpopulationen von einem bestimmten Punkt im Londoner Stadtgebiet über ganz England aus. Während in diesem Fall die Initiatorin dieses Verhaltens unbekannt ist, kennt man die Erfinderin der ebenso innovativen Methode des Kartoffelwaschens in einer Gruppe von Rotgesichtsmakaken (*Macaca fuscata*): Es handelte sich um ein zweijähriges Weibchen namens *Imo*. Der Leiter des Japan Monkey Center, M. Kawai, hat die Genealogie dieser Innovation detailliert geschildert (Kawai 1965). Im Jahre 1952 hatten japanische Forscher begonnen, die ursprünglich im Wald lebenden Affen an den Meeresstrand zu locken, indem sie am Strand Süßkartoffeln deponierten. Dann geschah (in den Worten von H. Kummer 1975, S. 119f) folgendes: Die Affen »gewöhnten sich bald daran, den Wald zu verlassen und die Kartoffeln zu verzehren, und zwar, soweit dies möglich war, ohne allzuviel daranhängenden Sand. Der Strand wurde nicht nur zu einer neuen Futterstelle, sondern auch zur Brutstätte eines Phänomens, das die japanischen Forscher „Präkultur" nennen. Ein Jahr nach der Einführung dieser Fütterung wurde ein nicht ganz zweijähriges Weibchen namens Imo dabei beobachtet, wie es eine Kartoffel zum Ufer eines Baches trug. Imo tauchte die Kartoffel mit einer Hand ins Wasser, während sie mit der anderen Hand den Sand abrieb. In den darauffolgenden Jahren breitete sich diese neue Technik langsam in der ganzen Gruppe aus. Außerdem wurde das Waschen allmählich von dem Bach ins Meer verlagert. Heute ist das Kartoffelwaschen im Salzwasser ein etablierte Tradition. Die Kinder lernen sie von ihren Müttern als einen selbstverständlichen Bestandteil des Kartoffelverzehrens.«

In beiden Fällen geht es um die Entstehung einer Tradition mit dem
Charakter eines multiplikativen Effekts: Die Entdeckung eines Individuums breitet sich durch Vermittlung eines gut funktionierenden Kommunikationsnetzes vergleichsweise rasch innerhalb einer Population
oder einer Gemeinschaft aus. Das Erschließen einer neuen Nahrungsquelle hat zweifellos positiven Selektionswert. Dementsprechend kann
angenommen werden, daß in solchen Fällen die Gruppe von den Leistungen des Individuums profitiert, und zwar nicht nur aufgrund der
Entdeckung an sich (die auch von anderen Gruppen abgeschaut und
übernommen werden kann), sondern auch aufgrund der Tatsache, daß
die Präsenz eines besonders begabten – oder mit besonderen Führungs-
qualitäten ausgestatteten – Individuums dazu angetan sein mag, den
Zusammenhalt der Gruppe zu stärken.

Prägung. Diese besondere Form des Lernens ist für homoiotherme
Wirbeltiere charakteristisch. Sie wurde bereits vor mehr als 100 Jahren
entdeckt (Spalding 1873), aber erst von Konrad Lorenz (1935) bei
Vögeln genauer analysiert. Ihr Beitrag zur Stabilisierung von Gruppen-
organisationen kann kaum überschätzt werden. Der innovative Aspekt
der Prägung – gegenüber anderen Lernvorgängen – ist, daß gewisse Erfahrungen nur während einer meist sehr kurzen sensiblen Periode in der
frühen Jugend verarbeitet werden können und daß sie, einmal verarbeitet, dauerhaft und irreversibel im Gedächtnis des Individuums gespeichert bleiben und dessen Verhalten bestimmen (Bischof 1997). Das
Individuum ist dann eben auf ein Objekt „geprägt", wie etwa die
berühmten Graugansküken auf Konrad Lorenz, den sie als Mutterersatz
adoptierten, weil er das erste Wesen war, das sie nach dem Schlüpfen
zu Gesicht bekamen und das auf ihre Rufe mit den richtigen Lauten zu
antworten wußte. Es leuchtet ein, daß durch einen derartigen Mechanismus die Bindung der Jungen an die verwandtschaftliche Gruppe enorm
gestärkt wird, denn die ersten Erfahrungen mit den Mitgliedern der
Gruppe werden im Weltbild der Jungen mit wesentlich höherer Affinität verankert sein als Begegnungen und Eindrücke, die erst nach Beendigung der sensiblen Entwicklungsphase stattfinden oder gewonnen
werden.

Arbeitsteilung und reziproker Altruismus. Während im vielzelligen Organismus oder im Superorganismus der Insektenstaaten die obligate Arbeitsteilung zwischen spezialisierten Organen beziehungsweise spezialisierten Individuen Teil eines genetisch determinierten (wenn auch mit phänotypischen Auslösern operierenden) Entwicklungsprogramms ist, ist die Arbeitsteilung in der individualisierten Gemeinschaft nicht nur flexibler, sondern sie basiert auch in viel stärkerem Maße auf Lernprozessen und sozialen Interaktionen. So wird die Rolle der *Helfer* bei der Jungenaufzucht oder beim Anlegen von Nahrungsdepots von rangniederen Mitgliedern gespielt, und zwar erst nach dem Absolvieren einer „Lehrzeit", in der die Tätigkeiten älterer Gruppenmitglieder genauestens beobachtet werden. Das Verarbeiten von Erfahrungen mit anderen Gruppenmitgliedern liegt auch einem Verhaltensmuster zugrunde, das seit der wegweisenden Arbeit von Trivers (1971) zu einem Kernstück der Soziologie individualisierter Gemeinschaften geworden ist: dem *reziproken Altruismus.* Unter Altruismus wird eine Verhaltensweise verstanden, die dem betreffenden Individuum Nachteile bringt, die sich aber dennoch in Sozietäten erhält und sogar ausbreiten kann. Wie mit der Sterilität der Arbeiterinnen in Insektenstaaten – die ja als eine Art von Altruismus gedeutet werden kann – hatte Charles Darwin große Probleme mit dem unter diesem Namen figurierenden soziobiologischen Phänomen. Die von ihm versuchte Erklärung ist, wie bereits erwähnt, rund 100 Jahre später von Hamilton (1964) in ein genzentriertes Modell umgegossen worden, das davon ausgeht, daß sich „altruistische Gene" – das heißt Anlagen für altruistisches Verhalten – in einer Gruppe ausbreiten können, wenn das Verhalten der Gruppe nützt und wenn enge Verwandtschaftsbeziehungen zwischen den Gruppenmitgliedern dafür sorgen, daß die Anlagen (die Gene) für dieses Verhalten in der Gruppe häufig vertreten sind (Abschnitt 5.3.3). Nun verfügen individualisierte Gemeinschaften neben dem genetischen über ein weiteres Kommunikationsmittel, nämlich über ein auf den Leistungen des Zentralnervensystems aufbauendes Repertoire von Signalen und Verhaltensweisen, die zwischen Individuen ausgetauscht und deren Bedeutungen im Gehirn gespeichert werden können. Dementsprechend ist zu

erwarten, daß Signale und Informationen, die geeignet sind, den Zusammenhalt der Gruppe zu fördern, auch über dieses Medium vermittelt werden. Da ein solcher Informationsaustausch innerhalb der
Gruppe wesentlich rascher erfolgen kann als der über Mutation und
Selektion gesteuerte vertikale Informationstransfer entlang von Gene-
rationenfolgen, ist weiterhin zu erwarten, daß sich *gruppen*spezifisches
Verhalten zunehmend des phänotypisch-sozialen Mediums der Kommunikation bedienen wird, während *art*spezifisches Verhalten weiterhin im Substrat des genetischen Informationstransfers verankert bleibt.

Damit sich zwischen den Mitgliedern einer Gruppe auf Gegenseitigkeit beruhendes kooperatives Verhalten durchsetzen kann, müssen bei
sämtlichen Individuen kognitive Fähigkeiten vorausgesetzt werden, mit
einem hohen Maß an zentralnervöser Verarbeitungsleistung. Es ist zu
erwarten, daß

1. die Mitglieder einander als Individuen erkennen;
2. jedes Individuum seinen Platz im Dominanzsystem der Gruppe
   kennt und imstande ist, das Verhalten der Individuen zueinander zu
   registrieren und sich gewisse Aspekte solcher Verhaltensweisen zu
   merken (was der Gruppengröße eine obere Grenze setzt);
3. altruistisches Verhalten von Gruppenmitgliedern (wie etwa das Teilen von Nahrung) besonders aufmerksam registriert und durch ent-
   sprechendes Verhalten beantwortet wird.

Unter solchen Voraussetzungen wird sich in individualisierten Gemeinschaften ein Codex von Verhaltensweisen herauskristallisieren, der mit
den Moralsystemen menschlicher Gesellschaften vergleichbar ist. Als
(variable) Grundregel gilt dabei „Wie du mir, so ich dir" (*tit for tat*),
wobei das hinter solchem Tun stehende Ausleseprinzip Konfliktvermei-
dung innerhalb der Gruppe und damit deren Stabilisierung ist. In Analogie zum *modus operandi* der genzentrierten Verwandtschaftsselektion
ist zu vermuten, daß dieses Ziel nur erreicht, dem Ausleseprinzip nur
gefolgt werden kann, wenn die entsprechende Verhaltensweise dem
ausführenden Individuum und dessen Nachkommen nützt. Nur so können sich soziale Normen in einer Gruppe durchsetzen. Diese Deutung

sieht jedoch nur eine der beiden Seiten der Münze. In dem Maße, in dem die Gruppe das Individuum als Einheit der Selektion ersetzt (beziehungsweise dessen Selektionsfähigkeit komplettiert), müssen auch die Regeln für kooperatives Verhalten als Merkmal der Gruppe und nicht als das einzelner Individuen angesehen werden. Das kommt im Negativbild dieses Verhaltens deutlich zum Ausdruck: im weitverbreiteten Einsatz von Sanktionen gegenüber Individuen, die sich demonstrativ unkooperativ verhalten oder durch gruppenfremde Merkmale auffallen. Fremdenfeindlichkeit ist ebensosehr ein Gruppenmerkmal, wie sich der Begriff „Temperatur" nur auf ein großes Ensemble von Molekülen mit charakteristischer Energieverteilung anwenden läßt. Bei einem solitären Individuum von fremdenfeindlichem Verhalten zu sprechen, wäre ebenso sinnlos, wie einem einzelnen Molekül eine bestimmte Temperatur zumessen zu wollen.

Die in den letzten Jahrzehnten durchgeführten Studien an sozialen Wirbeltierarten haben jedenfalls gezeigt, daß sich in den am deutlichsten individualisierten Gemeinschaften, also vor allem bei Primaten, die Wurzeln sämtlicher Regeln für moralisches (und unmoralisches!) Verhalten entdecken lassen, die auch in menschlichen Gesellschaften Geltung haben (Trivers 1985; Alexander 1987; de Waal 1983, 1997; Harcourt und de Waal 1992; Ridley 1996).

Im Vergleich zum Mechanismus der Verwandtschaftsselektion (Hamilton 1964; West Eberhard 1975; Williams 1996) hat das Prinzip des „reziproken Altruismus" den Kreis der Teilnehmer am sozialen Spiel wesentlich erweitert. In dem Maße, in dem die kognitiven Fähigkeiten der Gruppenmitglieder zunehmen, wächst auch die Zahl der Variationen kooperativen Verhaltens und vermag dieses Verhalten auch nicht miteinander verwandte Gruppenmitglieder miteinzubeziehen (Wilson und Dugatkin 1997). Von Makaken und Schimpansen wissen wir zum Beispiel, daß die Reziprozität von Hilfeleistungen zwischen Individuen ziemlich genau eingehalten wird, unabhängig vom Verwandtschaftsgrad der Partner und oft auch über lange Zeiträume hinweg, so als ob Individuen darüber Buch führten, wer innerhalb der Gruppe ihnen wie oft Gutes getan hat (Harcourt und de Waal 1992, S. 498). Auch bei

Vögeln hängt es nicht vom Grad der Verwandtschaft ab, ob Individuen die Rolle eines Helfers übernehmen oder nicht.

5.3.3 Gruppenkohäsion

Nachdem ich im vorhergehenden Abschnitt mehrfach auf die Bedeutung der Weitergabe von genetischer oder sozialer Information für die Entstehung kooperativen Verhaltens in sozialen Systemen hingewiesen habe, muß jetzt nochmals gezielt auf die „andere Seite der Münze" eingegangen werden. Die Ausbreitung kooperativer Eigenschaften in einem biologischen System setzt ja bis zu einem gewissen Grad das voraus, was diese Eigenschaften erst erzeugen soll: ein integriertes System, in dem sich Verwandtschaftsverhältnisse oder traditionelle Strukturen etablieren und erhalten können. Als Ausdruck für den Grad der Integration eines sozialen Systems verwende ich hier den bereits früher eingeführten Begriff der *Kohäsion*. Um die Evolution sozialer Systeme verstehen zu können, ist also die Frage nach kohäsionsfördernden Maßnahmen innerhalb solcher Systeme ebenso wichtig wie die nach dem Selektionswert einzelner Gene. Die beiden Fragen hängen so eng zusammen, wie dies eben von den zwei Seiten einer Münze zu erwarten ist, ihre Beantwortung erfordert aber etwas unterschiedliche Sichtweisen.

Kehren wir nochmals zu den Wurzeln der Diskussion über die klassische, genzentrierte Verwandtschaftsselektion zurück. In der von Hamilton (1964) gewählten Formulierung hängt die Ausbreitung eines Gens in einer Population erstens vom Selektionswert des von diesem Gen gesteuerten Merkmals ab, zweitens von der Repräsentanz des Gens und damit vom Verwandtschaftsgrad der Mitglieder der sich zu einem System formierenden Population. Dieses als *Hamiltons Regel* in die Literatur eingegangene Prinzip läßt sich in symbolischer Form folgendermaßen ausdrücken:

$$r\,b > c, \qquad\qquad (5.1)$$

wobei b für den Nutzen (*benefit*) und c für die Kosten (*costs*) steht, die einem bestimmten Gen in einer Population erwachsen; r ist ein Faktor, der den Verwandtschaftsgrad zwischen den Teilen definiert. Als Nutzen wird bezeichnet, wenn ein bestimmtes Merkmal die Fitneß des Gens in der Population *erhöht*, als Kosten, wenn die Fitneß *vermindert* wird, wobei unter Fitneß zunächst nichts anderes als die Zahl der Kopien des jeweiligen Gens in der Population zu verstehen ist. Je häufiger ein Gen in der Population vertreten ist, als desto fitter und besser angepaßt an die herrschenden Umstände wird es bezeichnet. Die Aussagekraft dieses axiomatischen Ansatzes läßt sich am Beispiel einer zunächst rätselhaft erscheinenden Verhaltensweise sozialer Insekten eindrucksvoll demonstrieren.

Im Staat der Honigbiene fressen Arbeiterinnen die meisten der von ihren Schwestern gelegten Eier, fördern jedoch durch ihre Pflege die Eiproduktion der Königin. Analysiert man dieses merkwürdige Verhalten (Seeley 1985; Ratnieks und Visscher 1989; Leigh 1991), dann stößt man auf eine Erklärungsmöglichkeit, die in den Verwandtschaftsbeziehungen der Angehörigen des Bienenstaates wurzelt. Die diploiden Arbeiterinnen paaren sich im allgemeinen nicht, doch produzieren sie haploide Keimzellen, aus denen ohne Befruchtung haploide Männchen hervorgehen können. Der Verwandtschaftskoeffizient (r in Gleichung 5.1) zwischen den Arbeiterbienen und ihren Söhnen beträgt 0,5 (das heißt, die Söhne enthalten die Hälfte des Erbmaterials ihrer Mütter) und ist damit doppelt so groß wie der zwischen den Arbeiterinnen und ihren Brüdern, die aus den unbefruchteten Eizellen der Königin hervorgehen. Auch mit ihren Neffen wäre eine Arbeiterin unter diesen Bedingungen näher verwandt als mit ihren Brüdern (0,375 gegenüber 0,25). Vom Standpunkt der Verwandtschaftsselektion würde es also dem genetischen Interesse der Arbeiterinnen entsprechen, das Heranwachsen ihrer eigenen männlichen Brut und der ihrer Schwestern, nicht aber der der Königin zu fördern. Ein ganz anderes Interesse entsteht jedoch, wenn sich die Königin mit *mehreren* Männchen paart, ihre Töchter also verschiedene Väter haben können. Bei mehr als zwei nicht miteinander verwandten männlichen Partnern der Königin ist das durchschnittliche

Verwandtschaftsverhältnis einer Arbeiterbiene zu ihren Neffen geringer (<0,2) als zu ihren Brüdern (0,25); im Hinblick auf die Kontinuität der Keimbahn würde es sich dann also auszahlen, bevorzugt die Produktion der Eier der Königin und nicht die ihrer Schwestern zu fördern. Genau dies trifft auf die Art *Apis mellifica* zu, deren Königinnen sich mit zehn bis 20 Männchen paaren. Ratnieks und Visscher (1989) haben experimentell nachgewiesen, daß Arbeiterbienen zwischen den Eiern ihrer Schwestern und den Eiern der Königin unterscheiden können und erstere bevorzugt fressen. Daß dieses Verhalten auf die im Bienenstaat herrschenden Verwandtschaftsverhältnisse zurückzuführen ist, darauf deutet die Tatsache, daß in monogamen Insektenkolonien, zum Beispiel von Hummeln und stachellosen Bienen, Arbeiterinnen die Eier ihrer Schwestern nicht kannibalisieren (Ratnieks 1988).

Diese Facette der Verwandtschaftsselektion betrifft nur die Produktion der für die Gruppenkohäsion unbedeutenden Männchen. Bienen- und Ameisenvölker bestehen jedoch überwiegend aus Arbeiterinnen, und deren Produktion ist ausschließlich Sache der Königin. Da das Verwandtschaftsverhältnis der von der Königin produzierten sterilen Weibchen untereinander im Durchschnitt 0,75 beträgt, während jede Arbeiterin mit ihren eigenen Töchtern (hätte sie solche) nur die Hälfte der Erbanlagen teilen würde (r = 0,5), muß es im genetischen Interesse der Arbeiterinnen liegen, unter allen Umständen die Eiproduktion der Königin und nicht ihre eigene zu fördern, was sie in unermüdlichem Einsatz ja tatsächlich tun.

Im Lichte solcher Beispiele erwecken die Gruppierungen sozialer Insekten zunächst den Eindruck perfekt auf ihre jeweiligen Bedürfnisse abgestimmter Systeme, in denen die Beziehungen zwischen den Teilen durch präzise operierende genetische Mechanismen geregelt sind. Blickt man jedoch genauer hin, dann erweisen sich die Arbeiterinnen in Insektenkolonien nicht immer als treulich ihren genetischen Anweisungen folgende Untertanen, sondern manchmal auch als „aufrührerische Banden" (Crozier und Pamilo 1996). In Bienenkolonien schieben Arbeiterinnen gelegentlich auch ihre eigenen Eier dem Gelege der Königin unter, oder sie fressen sogar deren Eier. Man könnte vermuten, daß

selbst die so maschinenhaft funktionierenden Insekten Schwierigkeiten
haben, zwischen Verwandtschaftsverhältnissen von r < 0,2 und r = 0,25
zu unterscheiden.

Nun sind die sozialen Systeme der Insekten die derzeitigen Endpunkte einer zumindest 100 Millionen Jahre währenden Evolution, in
deren Anfangsphasen vermutlich eine große Anzahl individueller Verhaltensweisen und Überlebensstrategien ausprobiert worden sind. Dabei standen wohl auch höchst unterschiedliche, ja einander widersprechende Lösungsvarianten für soziale Organisationen zur Disposition.
Die im Sinne der soziobiologischen Interpretation „altruistische" Lösung, wonach individuelle Bienen oder Ameisen auf ihre eigene Vermehrung *verzichten* (Trivers 1985, S. 169: »... an individual foregoes
personal reproduction ...«), damit ihre eigenen Gene dann um so erfolgreicher durch die von ihrer Mutter, der Königin, produzierten Eier verbreitet werden können, setzt einerseits das Ereignis einer Sterilität erzeugenden Mutation oder sonstigen genetischen Veränderung voraus,
andererseits aber auch das auf Verwandtschaft beruhende Gruppenszen-
ario zur Verbreitung dieser Veränderung.

Eine alternative Lösung könnte darin bestehen, daß innerhalb einer
Gruppe gewisse Individuen die Vermehrungsfähigkeit anderer Individuen aktiv unterdrücken. Auf diese Weise würde das Fortpflanzungsgeschäft in der sich anbahnenden sozialen Organisation sehr rasch auf
jene Individuen beschränkt werden, die gegenüber diesem Unterdrückungsmechanismus immun bleiben. In Abschnit 4.1.1 haben wir
erfahren, daß in einem sehr viel einfacheren System, nämlich den Zellkolonien der Algengattung *Volvox*, die Teilungsfähigkeit von Zellen
durch eine einzige Genmutation blockiert werden kann. Weitere Versuche mit der Art *V. carteri* haben gezeigt, daß Differenzierungs-
programme der teilungsfähigen und der teilungsunfähigen Zellinien
durch aufeinanderfolgende Genveränderungen ein- und wieder ausgeschaltet werden können (Tam und Kirk 1991). Die Blockierung eines
für die Teilungsfähigkeit von Zellen essentiellen Gens würde die zentrifugalen Tendenzen innerhalb der Gruppe mindern und damit deren
Zusammenhalt fördern. Die Beziehung zwischen Kosten und Nutzen

eines solchen Schrittes ergäbe sich dann aus der Umkehrung von Gleichung 5.1:

$$r \, c < b. \tag{5.2}$$

Als Nutznießer dieser Beziehung wäre allerdings die Gruppe und nicht ein einzelnes Gen anzusehen, denn es ist die durch den Akt der Teilungshemmung gestärkte Kohäsion der Gruppe, die den Nachteil der Teilungshemmung bei einem ihrer Mitglieder mehr als wettmacht.

Ließe sich dieses Entwicklungsmodell auf Insektenkolonien übertragen? In Analogie zu den Geschehnissen bei der Entwicklung vielzelliger Tiere könnten zum Beispiel chemische Faktoren, die von gewissen Individuen produziert werden, die Fortpflanzungsfähigkeit anderer Individuen hemmen. Derartige Mechanismen spielen ja tatsächlich bei der Modulation der genetisch vorprogrammierten Arbeitsteilung in den Systemen rezenter Sozialinsekten eine überragende Rolle. Ein Gen A könnte etwa in gewissen Individuen ein nach außen abgegebenes Hormon (ein *Pheromon*) exprimieren, das in anderen Individuen die Transkription eines für den Fortpflanzungsprozeß essentiellen Gens B hemmt. Das Resultat dieser Interaktion wäre die Konzentration der Fortpflanzungsleistung der Population auf einige wenige – dem Hormon gegenüber immune – Individuen, im Endstadium auf ein einziges immunes Individuum, die Königin, während sämtliche anderen Individuen verschiedene Funktionen zur Erhaltung der Kolonie übernehmen, darunter auch die Pflege der königlichen Brut. Einen derartigen Mechanismus zur Kontrolle der Fortpflanzungsleistung von Individuen könnte man sich als eine Art Schalter vorstellen, der durch das Expressionsprodukt eines einzigen Gens bewegt wird.

Im Unterschied zum Modell des „reproduktiven Altruismus" wäre die Unterdrückung der Transkription von Gen B als ein durchaus „egoistischer" Akt von seiten des Gens A zu interpretieren, der sich wesentlich schneller im System ausbreiten würde als eine altruistische Aktion. Diese hängt nämlich in sehr viel stärkerem Maße von einer bereits bestehenden Verwandtschaftsstruktur sowie von indirekten Maßnahmen zur Förderung der Fitneß anderer Gene ab. In der Wechselwirkung zwischen Gen A und Gen B kommt auch der *systemare* Charakter der sozialen Evolution zum Ausdruck, denn da Gen A Bestandteil des werdenden Systems und nicht Bestandteil von dessen Umwelt ist, läßt sich sagen, daß ein Teil des auf Gen B wirkenden Selektionsdrucks vom System selbst ausgeht.

Nochmals zusammengefaßt: Die Entstehung strukturierter sozialer Systeme wurzelt möglicherweise weniger in altruistischen Akten einzelner Gene oder Individuen als vielmehr in der Kontrolle von Genen oder Individuen durch das sich selbst organisierende System (so wie die Differenzierung der Gewebe in einem vielzelligen Organismus das Resultat induktiver Wechselwirkungen zwischen den Zellen des Organismus ist). Diese Argumentationslinie baut auf zwei weiteren – eng miteinander verknüpften – Voraussetzungen auf: 1) Der evolutionäre Erfolg einer bestimmten Systemstruktur steht mit dem Grad der *Kohäsion* des Systems in Beziehung, und dieser ist 2) entscheidend von dem Selektionsdruck abhängig, den äußere Bedingungen auf das System ausüben.

Die Kohäsion der Insektenkolonie wird in hohem Maße durch ein differenziertes chemisches Kommunikationssystem gesteuert, das sich mit dem endokrinen System des vielzelligen tierischen Organismus vergleichen läßt. Im Superorganismus der Honigbiene sorgt ein „Bukett" von mehr als 30 verschiedenen Botenstoffen für die Koordination der verschiedensten Funktionen (Moritz und Southwick 1992). Darüber hinaus definiert die spezifische Zusammensetzung des chemischen Buketts den „Stockgeruch" und damit die Zugehörigkeit jeder Biene oder jeder Ameise zu einem bestimmten Superorganismus. Dieser erhält so eine spezifische Identität, die ihn von anderen Superorganismen unterscheidet. Dementsprechend sind es die sozialen Systeme und nicht deren Teile, die Individuen, die miteinander um Ressourcen konkurrieren. Auf dramatische Weise wird die Konkurrenz zwischen Systemen in den Kriegen sichtbar, die Ameisenkolonien gegen die Kolonien anderer Arten und gelegentlich auch gegen andere Kolonien derselben Art führen, Kriegen von manchmal gewaltigem Ausmaß, mit Millionen von Opfern auf beiden Seiten (Hölldobler und Wilson 1990).

Daß in solchen Auseinandersetzungen die Einheit der Selektion nicht das Individuum, sondern die Gruppe ist, zeigt der Umstand, daß die Erfolge von Kontrahenten nicht in einer höheren Anzahl von Individuen pro Kolonie, sondern in einer höheren Anzahl von Kolonien pro Verbreitungsgebiet zum Ausdruck kommen (siehe auch Abschnitt „Superorganismen", S. 461, sowie Wilson und Sober 1994). Dabei ist in hohem Grade wahrscheinlich, daß sich besser organisierte, kohärentere Kolonien gegenüber weniger straff organisierten, weniger kohärenten Kolonien durchsetzen.

Dieses Bild der Gruppenkohäsion, das ich hier gegen den Hintergrund der sozialen Organisation anonymer Insektenstaaten entworfen habe, wirkt aufgrund der starken genetischen Bande zwischen den Teilen der Systeme trotz gelegentlicher Meutereien in hohem Maße geschlossen und harmonisch. Demgegenüber sind die individualisierten Gemeinschaften der Wirbeltiere sowohl offener als auch konfliktreicher. Wie tiefgreifend, wie endgültig ist der Unterschied zwischen diesen beiden Formen von sozialen Systemen?

Es leuchtet ein, daß in den individualisierten Gemeinschaften der Wirbeltiere das Konfliktpotential zwischen den Interessen der Teile und denen des Systems um vieles größer sein muß als in den anonymen Staaten von Insekten. Da sich in der stärker ausgeprägten Autonomie und Individualität der Mitglieder von Wirbeltiersozietäten die höheren Leistungen des Zentralnervensystems spiegeln, ist weiterhin anzunehmen, daß diesem auch eine besondere Rolle beim Umgang mit dem erhöhten Konfliktpotential innerhalb der Gruppe zukommt. Dies bedeutet nicht, daß die durch Verwandtschaft gestifteten kohäsionsfördernden genetischen Mechanismen in Wirbeltiergemeinschaften außer Kraft gesetzt wären – im Gegenteil. Auch die Verbreitung von Normen des Verhaltens und der Tradition in sozialen Systemen profitiert von genetischer Verwandtschaft und unterliegt demgemäß – unter anderem – den Regeln der Verwandtschaftsselektion, wie sie Gleichung 5.1 zum Ausdruck bringt. So korreliert zum Beispiel auch in Schimpansengruppen kooperatives Verhalten mit dem Grad der Verwandtschaft der Gruppenmitglieder (Morin et al. 1994). Die Leistungsfähigkeit des Zentralnervensystems erlaubt jedoch die Erweiterung des Verwandtschaftsprinzips in zwei Richtungen.

1. Durch kohäsionsfördernde Verhaltensweisen, Indoktrination und andere soziale Strategien kann der Kreis kooperierender Individuen auch auf familienfremde Individuen ausgedehnt werden.

2. Die kurzfristige – das heißt innerhalb der Lebensdauer von Individuen der Gruppe vollzogene – Anpassung der Struktur eines sozialen Systems an variable Bedingungen ist um vieles facettenreicher als vergleichbare Mechanismen in Insektenkolonien. In dieser Möglichkeit wurzelt zum Beispiel die Bildung flüchtiger Koalitionen und Allianzen zwischen Individuen innerhalb eines Dominanzsystems, wie sie für Primatengemeinschaften so charakteristisch sind (Harcourt und de Waal 1992).

Dank ihres hochentwickelten Gehirns vermögen Primaten rasch auf Veränderungen in den sozialen Strukturen ihrer Gemeinschaften zu reagieren. Das von de Waal (1983, 1997) so eindrucksvoll geschilderte Repertoire politischen Verhaltens, das Schimpansen und anderen Primatenarten zur Verfügung steht, deutet auf die Flexibilität und Labilität der für sie charakteristischen sozialen Systeme. Daß sich bei diesen Arten dennoch identifizierbare Gemeinschaftstrukturen über weite Zeiträume erhalten haben, ist nur möglich, weil die oben erwähnten zentripetalen, stabilisierenden Maßnahmen und Kräfte ausreichen, um die von autonomen Individuen ausgehenden zentrifugalen und destabilisierenden Tendenzen zu kompensieren.

Konflikte, Konfliktbeilegung und systemare Stabilität

Wir haben soeben den Schluß gezogen, daß die systemaren Kontrollen in Insektenstaaten trotz gelegentlicher Meutereien der Untertanen so gut funktionieren, daß für die Autonomietendenzen der individuellen Ameisen, Bienen oder Termiten kaum Spielräume bleiben. Für die individualisierten Gemeinschaften der Wirbeltiere gilt diese Einschränkung im allgemeinen nicht. Während bei gewissen Säugetierarten, vor allem unter den Nagetieren, das Dominanzprinzip in Verbindung mit dem Austausch von Botenstoffen und dem Aufbau einer chemisch definierten Gruppenidentität auszureichen scheint, um Autonomiebestrebungen von Gruppenmitgliedern in Schranken zu halten, wird die Gemeinschaftsstruktur bei den größeren unter den sozialen Säugetierarten, vor allem den Primaten, in hohem Maße von den Autonomiebestrebungen der Gruppenmitglieder bestimmt. Eine hierarchisch gegliederte Dominanzstruktur schafft wohl den Rahmen, in dem sich Familiengemeinschaften als artspezifisch identifizierbare Organisationen erhalten; innerhalb dieses Rahmens kommt es jedoch ständig zu Konflikten zwischen den rasch wechselnden Interessen einzelner Gruppenmitglieder und dem auf Stabilität und Zusammenhalt abzielenden Interesse der Gruppe. Ein Ausdruck dieses Gruppeninteresses ist das erwähnte Faktum, daß die Sozialstruktur von Säugetiergemeinschaften trotz vieler Ähnlichkeiten von Art zu Art verschieden ist. Die *Form* des Gruppeninteresses hat also genetische Wurzeln.

Auf die Frage, welche Mechanismen trotz der latenten und immer wieder aufbrechenden Interessenkonflikte am entschiedensten zur Erhaltung artspezifischer Gruppenstrukturen beitragen, können keine allgemein befriedigenden Antworten gegeben werden. Es besteht kein Zweifel, daß genetisch verankerte kooperative Verhaltensweisen und das Prinzip der Verwandtschaftsselektion an der Stabilisierung von Gruppeninteressen einen großen Anteil haben. Wie uns jedoch die Spieltheorie lehrt, sind kooperative Strategien um so schwieriger zu definieren (und wohl auch um so schwieriger genetisch zu programmieren), je mehr Partner an einem Spiel beteiligt sind. Die Alternative ist, Entscheidungen durch Machtausübung zu *erzwingen*. Das stärkt die Rolle des Dominanzprinzips als des zentralen strukturerhaltenden Mechanismus in den individualisierten Gemeinschaften von Säugetieren.

Ein außerordentlich wichtiger, aber bei Diskussionen über systemare Stabilität oft übersehener Aspekt ist die Allgegenwart von Parasiten. »Alle erfolgreichen Systeme haben Parasiten«, ist eine für biologische Systeme gültige Regel, die zu zitieren es schon einmal einen Anlaß gab

(Abschnitt 5.1). Wie wir wissen, ist die Erzeugung genetischer Vielfalt eine entscheidende Waffe des Wirtes im Kampf gegen Parasiten – freilich eine Waffe, der sich die Eindringlinge durch den Einsatz anderer vielfalterzeugender Mittel zu erwehren verstehen (Abschnitt 5.3.1). Als die effektivste und verbreitetste unter den Vielfalt erzeugenden Strategien biologischer Systeme gilt die für Eukaryoten charakteristische sexuelle Fortpflanzungsweise. Aufgrund des mehrstufigen Austauschs und der Kombination von Erbanlagen bei dieser Fortpflanzungsweise (Abschnitt 2.5) werden die in den Wirt eingedrungenen Parasiten und Erreger ständig mit neuen Merkmalskombinationen konfrontiert, so daß ihnen – zumindest theoretisch – keine Zeit bleibt, sich auf eine bestimmte Kombination zu spezialisieren und diese maximal auszunützen. Als *Sozialparasiten* („Schmarotzer") kann man jene Parasiten bezeichnen, die die Vorteile sozialer Systeme als solche nützen und solitäre Individuen ihrer Wirtsart oder verwandter Arten nicht oder so gut wie nicht befallen. Moritz und Southwick (1992) haben 15 Parasiten, von Viren bis Insekten, sowie neun räuberische Insekten- und Säugerarten identifiziert, die nur die Kolonien der Honigbiene, nicht aber solitäre Bienen befallen oder attackieren. Der Superorganismus der Honigbienenkolonie wehrt sich gegen derartige Eindringlinge vor allem mit den Mitteln seiner sozialen Lebensweise. Arbeiterinnen verteidigen die Kolonie gegen größere Eindringlinge, und sämtliche Mitglieder der Gruppe imponieren durch ihr hygienisches Verhalten: Fremdkörper und Nahrungsreste werden aus der Kolonie geschafft, die Arbeiterinnen putzen sich ständig und entfernen Ektoparasiten von ihren Körpern. Das kann natürlich den Befall der Kolonie mit Krankheitserregern und Parasiten nicht völlig verhindern, so daß die *Polyandrie* der Königin (also die Tatsache, daß sich diese mit mehreren Männchen paart) als eine zusätzliche Strategie zur Erhöhung der genetischen Vielfalt der Kolonie anzusehen ist (Schmid-Hempel 1997).

Wie verhält es sich in dieser Hinsicht mit den individualisierten Gemeinschaften der Wirbeltiere? Über die Auseinandersetzungen individueller Wirbeltiere mit Parasiten haben wir ja schon einiges gehört (Abschnitt 5.3.1). Auf der Ebene des sozialen Systems fallen unter den

Begriff Parasiten außerdem jene Gruppenmitglieder, die die Vorteile des Systems zu nützen versuchen, ohne die damit verbundenen Kosten zu tragen. Gegen diese Form von Sozialparasitismus böte eine weitere Erhöhung der genetischen Vielfalt natürlich keinen Schutz, sondern es sind die üblichen kohäsionsfördernden und ordnungserhaltenden Maßnahmen der Gruppe, durch die potentielle Schmarotzer entweder zu Außenseitern gestempelt und in weiterer Folge eliminiert oder wieder in das Dominanzsystem der Gruppe integriert werden. Das Phänomen des intraspezifischen Sozialparasitismus impliziert, daß in den individualisierten Gemeinschaften der Wirbeltiere die Idee des „stabilen Systemzustands" eine Illusion ist; daß statt dessen Interessenkonflikte zwischen den Teilen des Systems sowie zwischen diesen und dem Gesamtsystem eine grundsätzliche Dynamik erzeugen und daß diese durch Kontrollmaßnahmen in ein labiles Gleichgewicht gezwungen werden kann, in dem sich zentrifugale und zentripetale Kräfte vorübergehend die Waage halten.

„Gruppismus"

Bei einigen Primatenarten, möglicherweise aber auch bei anderen Säugetieren findet sich die erwähnte Neigung, innerhalb einer sozialen Organisation wechselnde Koalitionen und Allianzen zu bilden (Harcourt und de Waal 1992). Darin drückt sich eine Tendenz aus, die zum Verständnis der Evolution sozialer Systeme im Tierreich beiträgt. In der englischsprachigen Literatur wird diese Tendenz mit *groupishness* bezeichnet (Ridley 1996), was ich hier mit „Gruppismus" übersetzen möchte. Es ist dies ein weiterer Aspekt dessen, was ich die „Emanzipation des Phänotyps" genannt habe (Abschnitt „Emanzipation des sozialen Phänotyps", S. 478): die von der zunehmenden Leistungsfähigkeit des Zentralnervensystems in Gang gesetzte Evolution von Verhaltensweisen, in denen die Manifestation individueller Interessen gegenüber genetischen Zwängen sichtbar wird. Wie die Untersuchungen vor allem von Jane Goodall und Frans de Waal im Freiland und in großen Gehegen gezeigt haben, ist die Tendenz zur Bildung von Koalitionen und

Allianzen innerhalb der großen Menschenaffen die artspezifische Spezialität von *Pan troglodytes*, dem Schimpansen. Mit dieser Tendenz setzt gewissermaßen eine neue Runde von Sozialisierungsprozessen ein, in der durch Fragmentierung eines größeren Systems mehrere kleine Systeme entstehen können, für deren Beschreibung all die für jenes gültigen Begriffe der sozialen Evolution, wie kohäsionsfördernde Maßnahmen und intersystemare Konkurrenz, in verkleinertem Maßstab ebenfalls Anwendung finden. Tatsächlich konnte die Abspaltung kleiner Gruppen junger Schimpansen von größeren Kolonien immer wieder beobachtet werden. In seinem Buch *The Origins of Virtue* macht Matt Ridley (1996) darauf aufmerksam, daß die Art *Homo sapiens* innerhalb der Primaten nur mit *Pan troglodytes* das Merkmal des „Gruppismus" teilt und daß die Kenntnis dieses Merkmals ganz wesentlich dazu beiträgt, das Verhalten von Menschen und die Geschichte der menschlichen Zivilisation zu verstehen. Die Neigung zur Gruppenbildung ist beim Menschen stärker ausgeprägt als bei sämtlichen anderen sozialen Lebewesen, und sie läßt sich in allen Kulturen feststellen. Nichtige Anlässe können innerhalb größerer sozialer Systeme zur Gründung von Parteien, Sekten, Koalitionen und Bewegungen führen, und unscheinbare Merkmale, wie Farben, Begriffe, Zeichen, Hymnen oder Fahnen, reichen aus, um die Loyalität zur eigenen Gruppe und die Feindschaft gegenüber allen anderen Gruppen zu motivieren und – „für ewige Zeiten!" – festzuschreiben.

Mitgefühl, Konformismus, Patriotismus

Die erwähnte Erweiterung sozialer Systeme, von den Klonen vielzelliger Organismen über Verwandtschaftsgruppen zu jenen offenen Gemeinschaften, in die auch nicht zur Verwandtschaft zählende Individuen aufgenommen werden, mündet in einem offensichtlichen Dilemma. Je größer und heterogener die Gruppe, je geringer der Verwandtschaftsgrad zwischen ihren Mitgliedern, desto weniger Ansatzpunkte finden die Hebel der Verwandtschaftsselektion und desto unwahrscheinlicher ist es, daß sich Kooperationsbereitschaft und Gruppenloyalität allein durch die Fixierung homologer Gene in der Gemeinschaft etablieren könnten. Zu groß müßte der Nutzen (b in Gleichung 5.1) sein, um in Anbetracht des niedrigen Verwandtschaftskoeffizienten (r) die hohen Kosten (c) einer altruistischen Aktion zu kompensieren. Eine Antwort auf dieses genetische Dilemma ist der oben diskutierte reziproke Altruismus, dessen Wirksamkeit darauf beruht, daß auch phänotypische Signale und kognitive Leistungen des Zentralnervensystems rationale Wege zur Etablierung moralischer Normen in individualisierten Gemeinschaften eröffnen. Möglicherweise liegt aber gerade in der Rationalität dieses Mechanismus auch dessen Beschränkung. Der Mechanismus funktioniert ja nur zwischen Individuen, die einander kennen und sich wiederholt begegnen, und nur dort, wo definierbare Handlungen beobachtet, interpretiert und gegeneinander aufgerechnet werden können. Das mag die Zahl der Situationen, in denen reziproker Altruismus zu kooperativen Verhaltensmustern innerhalb der Gruppe führen kann, beträchtlich einschränken. Falls Gruppenkohäsion ein Merkmal mit hohem Selektionswert ist (und darauf dürften wir uns wohl schon geeinigt haben), wäre eigentlich zu erwarten, daß dieses Merkmal auf breiterer Basis ruht und umfassender in der Gruppe verankert ist, als sich in einigen wenigen logischen Operationen von Gruppenmitgliedern spiegelt. In den letzten Jahren haben Verhaltensforscher die von Adam Smith vor mehr als 200 Jahren gestellte Frage nach den Wurzeln der »ethischen Gefühle« (*moral sentiments*; A. Smith 1759) wieder aufgegriffen und sich überlegt, ob nicht das, worüber gerade in der modernen Verhaltensforschung nicht oder nur hinter vorgehaltener Hand gesprochen wird, nämlich jenes irrationale Substrat des Verhaltens, das mit Begriffen wie Gefühl, Leidenschaft, Stimmung oder Emotionalität umschrieben werden kann, ein Instrument zur Erzeugung und Stärkung von Gemeinschaftssinn und Gruppenloyalität auch bei sozial lebenden Tierarten sein könnte. Emotionen sind wie ein Medium, das mit großer Leichtigkeit durch Phasengrenzen und Barrieren diffundiert und sich ebenso leicht in einen flächendeckenden Strom verwandeln kann. De Waal (1996) beschreibt das „Mitgefühl" bei Delphinen, das sichtbar wird, wenn Individuen einem in Not geratenen Gruppenmitglied zu Hilfe kommen. In Rattenkolonien können sich Stimmungen, von einzelnen Individuen ausgehend, wellenförmig über die gesamte Gruppe ausbreiten, wobei als Übertragungsmedium Geruchsstoffe identifiziert wurden (Motluk 1997). Boyd und Richerson (1990) sehen im Nachahmungstrieb die Wurzel einer Eigenschaft, die in menschlichen Gemeinschaften unter dem Namen *Konformismus* wohlbekannt ist und die auch bei anderen Primaten die Rolle eines starken Antriebs für gemeinschaftliches Handeln spielen dürfte. Der Begründer der Massenpsychologie, Gustave LeBon (1841–1931), hat die Macht der Bilder klar erkannt, durch die sich Menschenmassen zu den abstrusesten Aktionen verleiten lassen (LeBon 1982). Moderne Biologen, wie Frank (1988) und Ridley (1997), sind einen Schritt weiter gegangen und interpretieren derartige Aktionen als kohäsionsfördernde Instrumente großer individualisierter, aber nicht durch Verwandtschaftsbeziehungen besonders eng miteinander verbundener Gruppen. Man denke an jenes Massenphänomen, das *Patriotismus* genannt wird und das in friedlichen Zeiten stets etwas lächerlich wirkt. In Zeiten der Not und Gefahr spielt es jedoch die Rolle einer Droge, die in den Mitgliedern einer Gemeinschaft unstillbare Gefühle von Loyalität und Opferbereitschaft hervorruft. Umgekehrt sind Religionen von den Anhängern konkurrierender Lebensphilosophien als spirituelle Drogen gebrandmarkt worden. Aus jenen Zeiten, in denen es an starken, definierbaren Bedrohungen von außen – durch Feinde oder Katastrophen – mangelt oder in denen umgekehrt die Bedrohung zwar als riesengroß, aber als derart undefiniert empfunden wird, daß rationale Abwehrmaßnahmen aussichtslos erscheinen, sind hysterische Massenbewegungen bekannt, die sich epidemieartig über große Gebiete der Erde verbreiten. Man ist versucht, die hysterischen Epidemien der Postmoderne als Instrumente zur Strukturierung von Menschenmassen angesichts irrationaler, undefinierbarer Gefahren und Ängste (Treibhauseffekt, Ozonloch, Bevölkerungsexplosion, das Ende des Milleniums) zu interpretieren. Möglicherweise spielt dabei eine Rolle, daß uns die letzte der archaischen Mustern entsprechenden Bedrohungen, der kalte Krieg, abhanden gekommen ist und daß sich gleichzeitig in Gestalt des Internet ein perfek-

tes Medium zur globalen Verbreitung spiritueller Epidemien zu entwickeln beginnt.

6. Selektionseinheiten und Systemübergänge

In diesem Buch ist viel von den Strukturen und Funktionen biologischer Systeme die Rede gewesen; von genomischen Netzen, Zellen, Organismen und tierischen Gemeinschaften. An dieser Stelle möchte ich die Evolution biologischer Systeme nochmals unter einem Gesichtspunkt diskutieren, der die bisherige Darstellung unterschwellig bereits über weite Strecken begleitet hat, der aber nun aus vielen Details herausgelöst und in den Mittelpunkt des Bildes, das hier von der modernen Biologie entworfen wird, gerückt werden soll. Zu diesem Zweck möchte ich eine Bemerkung aufgreifen, die ich in Abschnitt 5.1 anläßlich der Gegenüberstellung von natürlicher und sexueller Selektion gemacht habe. Ich sagte dort sinngemäß, daß es im Rahmen des evolutionären Prozesses zwei Formen von Auseinandersetzungen zwischen Lebewesen und ihrer Umwelt gibt, die einer unterschiedlichen Logik folgen. Grundsätzlich konkurrieren Individuen um den von der Umwelt gestifteten Preis der höchstmöglichen Tauglichkeit. Da sich aber die Umwelt von zwei unterschiedlichen Seiten präsentiert, haben sich Individuen ebenso grundsätzlich zwei ganz verschiedenen Herausforderungen zu stellen. Einerseits ist die Umwelt wie eine stumme Instanz, die fordert, aber nicht mit sich handeln läßt. Repräsentiert wird diese Instanz durch die Summe der ökologischen Faktoren, die die Verteilung von Arten und anderen taxonomischen Kategorien auf die Lebensräume der Erde bestimmt: vom Klima bis zur Qualität der Nahrung. Jeder derartige Faktor setzt Rahmenbedingungen für das Überleben von Individuen. Durch Konkurrenz wird entschieden, welche Individuen in welchen Abschnitten eines breiten Spektrums ökologischer Möglichkeiten am besten zurechtkommen, das heißt mit höchster Wahrscheinlichkeit überleben und die meisten Nachkommen produzieren. Genetische Entwürfe werden von der Selektion kanalisiert, so daß der gesamte zur Verfügung stehende Bereich in ein Mosaik von Nischen zerlegt wird. In jeder dieser Nischen finden charakteristische Lebensformen die Zentren ihrer Verbreitung, woraus geschlossen wird, daß dies die jeweils am besten angepaßten Lebensformen sein müssen.

Andererseits gehören zur Umwelt eines Lebewesens auch gleichberechtigte andere Lebewesen. Die Auseinandersetzungen mit diesen, also zwischen autonomen, anpassungs- und vermehrungsfähigen Organismen, gleichen Spielen, bei denen (Abschnitt 5.1) »zwischen den Teilnehmern Abmachungen getroffen und Kompromisse eingegangen werden«, sich die Teilnehmer als Kontrahenten aber auch »gegenseitig bis zum äußersten antreiben können«. Auf diese Weise manövrieren sich Individuen manchmal in Lösungsräume, die mit den im Wettstreit um den Preis der höchstmöglichen Tauglichkeit gefundenen Lösungen in Kollision geraten.

Die Spuren dieser beiden Formen von Auseinandersetzungen und die Konsequenzen der jeweils zustande gekommenen Lösungen lassen sich in der Geschichte des Lebens auf der Erde überall entdecken und verfolgen. Wären wir imstande, einen bestimmten Abschnitt im Fluß der Evolution ins Auge zu fassen, dann würden wir sehen, daß für den zukünftigen Verlauf dieses Flusses entscheidend ist, an welchen Punkten die Selektion angreift. Die Frage nach den *Einheiten der Selektion* ist eine Königsfrage. Für Charles Darwin repräsentierte das *Individuum* diese Einheit, denn, so meinte er, unter den vielen Individuen einer Population kommt denen die größte Überlebenswahrscheinlichkeit zu und produzieren diejenigen die meisten Nachkommen, die mit den herrschenden Bedingungen am besten zurechtkommen – die eben „am besten angepaßt" sind. Im klassischen Darwinismus dominierte denn auch die Anschauung, daß durch ständige Auslese in einer langen Serie von Generationen schließlich – soweit es die Bürde der Geschichte und die Zwänge des Materials zulassen – lauter perfekt angepaßte Individuen die Ökosysteme der Erde bevölkern würden. Wie sich in der Zeit nach Darwin herausstellte, sind die Regeln der Evolution jedoch wesentlich komplizierter und vielschichtiger. Das hat mehrere Gründe.

Zunächst einmal würde perfekte Anpassung eine stabile Umwelt erfordern, und die ist eine Fiktion. Was heute eine perfekte Anpassung sein mag, braucht dies morgen nicht mehr zu sein. Des weiteren sind die Auseinandersetzungen zwischen Partnern oder zwischen Kontrahenten in Evolutionsspielen, die ihre jeweils spezifischen Interessen an die nächste Generation weiterzugeben trachten, derart dynamisch und von unsicherem Ausgang, daß Gleichgewichte prinzipiell labil und von vielen Bedingungen abhängig sind. Jede Anpassung des einen kann gewissermaßen als Herausforderung an den anderen interpretiert werden, seine soeben getroffene Entscheidung nochmals zu überdenken – eine Schraube, an der potentiell *ad infinitum* gedreht werden kann. Schließlich ist zu berücksichtigen, daß ein System von spezifischer Komplexität und Leistungsfähigkeit selbst in einer veränderlichen Umwelt den Punkt erreichen kann, an dem die Variabilität für anpassungsfähige Strukturen und Funktionen im wesentlichen ausgeschöpft ist. Die Selektion würde dann nur mehr geringfügige Variationen bestimmter Themen zulassen, die Evolution sich gewissermaßen im Kreise drehen. Man bedenke zum Beispiel, daß es ein paar hunderttausend Käferarten gibt, von denen die meisten ganz verschiedene Nischen besiedeln und eine ganz eigene Lebensweise haben, die alle jedoch nach demselben morphologischen Plan gebaut sind.

Um aus solchen konservativen Mustern ausbrechen zu können, reicht es nicht aus, weiter an den Schrauben der individuellen Anpassung zu drehen, sondern es bedarf radikalerer Innovationen. Es hat den Anschein, als ob der direkteste Weg zu solchen Innovationen über die soeben erwähnten Auseinandersetzungen zwischen autonomen, anpassungs- und vermehrungsfähigen Organismen führte – und zwar in dem Sinne, daß sich einige dieser Auseinandersetzungen zu stabilen Beziehungssystemen entwickeln können, von deren Stabilität die Kontrahenten profitieren. So kommt es – wie in Abschnitt 5.3 geschildert – zur Bildung von *trophischen Systemen*, wenn sich die Auseinandersetzungen zwischen Räubern und Beuteorganismen oder zwischen Wirten und Parasiten stabilisieren, und es entstehen *soziale Systeme*, wenn sich die Auseinandersetzungen zwischen potentiellen Konkurrenten stabili-

EXKURS

Lebenszyklus eines Schleimpilzes

Die Schleimpilzart *Dictyostelium discoideum* kommt sowohl als amöboide Einzelzelle wie als mehrzelliges Aggregat vor, das wir hier als Organismus bezeichnen wollen. Die Einzelzellen vermehren sich durch Teilung, sie können sich aber auch zu einem Fruchtkörper mit Stiel und Sporangium vereinigen. Aus letzterem gehen Sporen hervor, die vom Wind verfrachtet werden und somit als Verbreitungsstadium der Pilzart dienen. In der organismischen Phase dieses Lebenszyklus kommt es zur Differenzierung in somatische und generative Zellen, die beim Aufbau des Fruchtkörpers kooperieren müssen und deren Merkmale der Selektion unterliegen.

Die einzellige und die mehrzellige Phase im Lebenszyklus dieser Pilzart haben somit unterschiedliche Aufgaben. Die einzelnen Zellen nehmen Nahrung auf und vermehren sich. Der mehrzellige Organismus baut eine morphologische Struktur auf, die der Verbreitung des Genotyps dient. Durch die Selektion werden dementsprechend Merkmale gefördert, die zwar für den Lebenszyklus insgesamt von Vorteil sind, die sich auf den beiden Organisationsniveaus aber auch widersprechen können. Während auf dem Niveau der Einzelzelle die Kombination von Mobilität und Vermehrungsfähigkeit Trumpf ist, sind auf der Ebene des Organismus Kooperativität und Arbeitsteilung gefragt. Verknüpft werden diese beiden Phasen durch die Fähigkeit der Zellen, auf einen in das Medium abgegebenen Botenstoff zu reagieren, der die Bildung von Zellaggregaten fördert (wobei es sich interessanterweise um das zyklische Monophosphat, cAMP, handelt, dem wir bereits in Abschnitt 3.5.2 als intrazellulärem Signalfaktor in den Zellen vielzelliger Organismen begegnet sind).

Der Lebenszyklus von *Dictyostelium discoideum* repräsentiert somit einen Kompromiß zwischen den in den beiden Phasen jeweils vorteilhaftesten Merkmalen. Das gesamte Repertoire an Verhaltensweisen muß im Genom der Zellen verankert sein und

von den äußeren Bedingungen abgerufen werden können (indem zum Beispiel enger Kontakt zwischen Zellen den Prozeß
der Zellteilung hemmt). Für die Einzelzelle ist die Einschränkung
ihrer Vermehrungsfähigkeit im Stadium des vielzelligen Organismus zunächst ein Nachteil, der jedoch durch den auf der Kooperation der Einzelzellen gründenden langfristigen Vorteil eines leistungsfähigen Verbreitungsmechanismus aufgewogen wird. Die
Form des Kompromisses zwischen den Vor- und Nachteilen der
beiden Lebensphasen hängt sowohl von äußeren wie von inneren Umständen ab und ist deshalb variabel. Beispielsweise gibt
es Mutanten von *Dictyostelium*, deren Zellen unfähig sind, einen
Stiel zu bilden, so daß sich ihre Fruchtkörper nur geringfügig
über den Boden erheben können. Es ist unbekannt, ob sich bei
dieser Variante die freilebenden Zellen durch andere vorteilhafte
Eigenschaften auszeichnen, aber in ihrer Verbreitungsfähigkeit
ist die Variante dem Wildtyp mit seinen normal ausgeformten
Stielen entschieden unterlegen. Man hat allerdings herausgefunden (Filosa 1962), daß sich die Zellen der Mutante mit den
Zellen der Wildform zu *Chimären* vereinigen können, in denen
ausschließlich letztere am Aufbau des Stieles beteiligt sind. Das
heißt, die Mutante nützt die Vorteile eines wohlausgebildeten
Stieles, trägt jedoch zu den Kosten seiner Konstruktion nichts
bei.

Als Grenzgänger zwischen zwei Organisationsniveaus führt
uns der Schleimpilz *D. discoideum* die Möglichkeiten und Probleme vor, die bei ähnlichen Übergängen von einem einfacheren
zu einem komplexeren Zustand der biologischen Organisation
zu erwarten sind.

sieren. Die evolutionäre Bedeutung derartiger durch die Stabilisierung
inter- oder intraspezifischer Auseinandersetzungen zustande gekommenen Systeme hat zwei Wurzeln. Einerseits steckt in der Phase der
aggressiven Auseinandersetzung zwischen vermehrungs- und wand-
lungsfähigen Organismen ein enormes evolutionäres Potential – worauf

der in Abschnitt 5.3.1 diskutierte Begriff des Rüstungswettlaufs anspielt. Kommt es andererseits zur Stabilisierung einer solchen Beziehung, dann kann sich daraus durch Kooperation zwischen den neuen Partnern ein biologisches System mit neuen Merkmalen und auf einer höheren Ebene der Komplexität entwickeln. Es muß also Entwicklungswege von miteinander kämpfenden oder konkurrierenden Egoisten zu kooperativen Systemen geben, in denen die ehemaligen Kontrahenten ihre Autonomie zur Gänze oder partiell aufgegeben haben, dafür aber von den Vorteilen der höheren Komplexität des Systems profitieren. Entlang solcher Wege müssen Wechsel im bevorzugten Angriffspunkt der Selektion stattgefunden haben. Zunächst sind es die autonomen Organismen, an denen die Selektion angreift. Je stärker voneinander abhängig die Organismen jedoch werden, desto entschiedener wird das aus den Teilen zusammengesetzte System zur dominierenden Einheit der Selektion. Dieser Übergang zwischen verschiedenen Einheiten der Selektion läßt sich an einem ebenso bekannten wie instruktiven Beispiel, dem Lebenszyklus des Schleimpilzes *Dictyostelium*, erläutern (Buss und Dick 1992; siehe Exkurs „Lebenszyklus eines Schleimpilzes", S. 504).

Im Verlauf der Evolution ist es mehrmals zu derartigen Übergängen zwischen verschiedenen Ebenen der biologischen Organisation und Komplexität gekommen (Abschnitt „Komplexität", S. 315). In einigen Fällen handelt es sich dabei nicht bloß um verschiedene Phasen im Lebenszyklus einer Art, sondern um die Entstehung neuer Lebensformen mit grundsätzlich neuen Eigenschaften. Für den heutigen Betrachter markieren diese Übergänge (die ich ganz allgemein als *Systemübergänge* bezeichne) echte Stufen oder Zäsuren der biologischen Evolution. An keiner der in diesem Jahrhundert durch das Studium biologischer Phänomene gewonnenen Einsichten läßt sich der Wandel im Denken über Evolution überzeugender demonstrieren als an der Erkenntnis, daß die Mechanismen und Prozesse, die hinter diesen Übergängen stehen, von mindestens ebenso großer Bedeutung für das Verständnis der biologischen Evolution sind wie jene Mechanismen und Prozesse, die für Charles Darwin und seine unmittelbaren Nachfolger

das Wesen der Evolution ausmachten: die Entstehung optimal angepaßter Arten durch genetische Veränderungen und unter dem steuernden
Einfluß der Selektion. Die von John Maynard Smith und Eörs Szathmáry (1995, 1996) vorgestellte Theorie der »major transitions in evolution« markiert meines Erachtens eine wesentlich folgenreichere Neuorientierung unseres Denkens über biologische Evolution als etwa die
Theorie vom egoistischen Gen (Dawkins 1976). Der Grund für diese
Einschätzung ist, daß letztere den klassischen Darwinismus bloß um
einen neuen Begriff erweitert: Nicht das *Individuum*, sondern das *Gen*
wird als die ultimative Einheit der Selektion angesehen, als der ultimative *Replikator* im Sinne von Hull (1980). Demgegenüber beruht die
Theorie der *Systemübergänge* auf einem neuen Konzept. Sie operiert
mit jenen Begriffen, die nach Ansicht vieler Kritiker im ursprünglichen
Konzept Darwins gar nicht vorhanden waren, wie Kooperation, Kom-
promißfähigkeit und – unter Bedacht auf die korrekte Definition
des Begriffs – Gruppenselektion (Wieser 1997a; Michod 1997a). Die
Quintessenz dieser Theorie ist simpel und naheliegend: Natürliche Selektion kann auf sämtlichen integrierten Ebenen der biologischen Organisation wirksam sein. Der Terminus *multilevel selection theory* (D. S.
Wilson 1997) charakterisiert eine wichtige Strömung der modernen
Evolutionstheorie. Sogar von den Erfindern künstlichen Lebens (die in
der Zeitschrift *Artificial Life* publizieren) werden heutzutage Systemübergänge als ein entscheidendes Merkmal des echten Lebens angesehen, das es zu simulieren gilt (Stewart 1997).

   In der Geschichte des echten Lebens auf der Erde haben fünf
bis sechs große Systemübergänge stattgefunden, in deren Umfeld
sich jeweils miteinander in Beziehung geratene Replikationseinheiten
und Organismen zu komplexeren Systemen formierten und von denen
jeder den Eindruck einer Zäsur in der biologischen Evolution vermittelt.

1. Aus der Theorie vom Hyperzyklus (Eigen 1971; Eigen und Schuster
   1977, 1979) läßt sich die Forderung nach dem Zusammenschluß
   replikationsfähiger und katalytischer Moleküle (Nucleinsäuren, Pro-

teine) zu zyklisch strukturierten, autokatalytischen Vermehrungseinheiten ableiten.

2. Nach Maynard Smith und Eörs Szathmáry (1993) müssen Chromosomen durch den Zusammenschluß einzelner Gene gebildet worden
   sein, denn nur auf diese Weise war die koordinierte Replikation
   eines aus vielen Genen bestehenden integrierten Genoms möglich,
   das wiederum die Voraussetzung für die Evolution von Zellen mit
   einem Stoffwechsel und einem Zellzyklus ist.

3. Verschiedene Formen ur- und prokaryoter Zellen integrierten sich zu
   einem neuen Zelltyp mit enorm erweitertem Repertoire physiologischer Leistungen (Abschnitt 3.2).

4. Die Teilungsprodukte der so entstandenen eukaryoten Zelle bildeten
   einen integrierten *Klon*, aus dem durch Differenzierung und Arbeitsteilung ein vielzelliger Organismus entstand (Abschnitt 4.1.1).

5. Individuen einer Art formierten sich zu Familiengruppen und komplexeren sozialen Gebilden (Abschnitt 5.3.2).

6. Die Erfindung eines neuen Kommunikationsmediums, der Sprache,
   führte innerhalb der Stammeslinie der Primaten zu einer zweiten
   Evolution, die die biologische Welt der Art *Homo sapiens* auf
   grundsätzliche Weise von der der anderen Primaten unterscheidet.

Neben diesen sechs „Megaschritten" der Evolution lassen sich noch
eine Reihe weiterer Systemübergänge von geringerer Reichweite feststellen. So werden zum Beispiel die modularen Einheiten, aus denen
sich koloniale Tierformen zusammensetzen, als relativ selbständige
Funktionseinheiten auf dem Wege vom einzelligen zum individuellen
Organisationsniveau interpretiert (Buss und Dick 1992). Auf der Basis
symbiontischer Beziehungen haben sich Vertreter verschiedener Stammeslinien zu neuen integrierten Organismen zusammengeschlossen, so
zum Beispiel Algen und Pilze zur Organisationsform der Flechte (Abschnitt „Der erweiterte Stoffwechsel", S. 452).

Die für uns aufschlußreichsten Systemübergänge sind die oben unter
den Nummern 3 bis 5 aufgeführten, für die jeweils gilt, daß sich autonome Organismen zu komplexeren Gebilden zusammengeschlossen

haben: einfache Zellen zu komplexeren Zellen, komplexe Zellen zu vielzelligen Organismen, Individuen zu Sozietäten. Zur Zeit des Übergangs müssen die jeweiligen *partikulären* und *systemaren* Lebensformen gleichberechtigt nebeneinander existiert haben. In weiterer Folge verschob sich dann das Gleichgewicht zunehmend in Richtung auf die systemare Lebensform, was zu folgenden Überlegungen Anlaß gibt:

– Der Übergang von der partikulären zur systemaren Lebensform unter dem Druck der Selektion kann nur gelingen, wenn daraus auch den in das System eingebundenen Teilen – im Vergleich zum permanent solitären Zustand – Vorteile erwachsen. Das heißt, die vom System gebotenen Vorteile des Zusammenlebens müssen *größer* sein als die Vorteile, die den Teilen durch Systemflucht und Rückkehr zum solitären Zustand entstehen würden (Michod 1997a, b).

– Wenn auf den beiden Organisationsniveaus, dem partikulären und dem systemaren, unterschiedliche Merkmale optimiert werden, dann weist dies darauf hin, daß die Selektion weiterhin auf beiden Ebenen wirksam ist und daß das Konfliktpotential zwischen „Teil" und „Ganzem" niemals völlig aufgehoben wird. Dieses Konfliktpotential läßt sich auch in energetischen Begriffen, etwa in Form von Kosten-Nutzen-Rechnungen, ausdrücken.

– Welche der Selektionseinheiten jeweils im Vorteil ist, das heißt welche der Merkmale von der Selektion besonders deutlich gesehen und geformt werden, das hängt in hohem Maße von den herrschenden Bedingungen und Zwängen ab. Dabei gehört zu den entscheidendsten Bedingungen die Stärke der Konkurrenz *zwischen* den Systemen. In dem Maße, in dem diese stärker ist als die Konkurrenz zwischen den Teilen *innerhalb* der beteiligten Systeme, wird deren Kohäsion gefördert werden (Boehm 1997; Michod 1997a).

– Systeme zeichnen sich durch unterschiedliche Grade von Kohäsion aus. Die Spanne reicht von absoluter Aufgabe der Autonomie der Teile (der partikulären Lebensform) bis zu einem labilen Gleichgewicht zwischen der Autonomie der Teile und den Zwängen des Systems. Ersteres gilt etwa für die zu Organellen des eukaryoten

Zelltyps transformierten prokaryoten Zellen, letzteres für die individualisierten Gemeinschaften von Wirbeltieren.

– Der Übergang von der prähominiden zur hominiden Stufe der Organisation ist von grundsätzlicherer Natur als der aller anderen Übergänge, da er gleichbedeutend ist mit dem Übergang zwischen unterschiedlichen Formen der Evolution, nämlich von der biologischen zur kulturellen Evolution. Im Gegensatz zu den anderen Übergängen kam er außerdem nicht durch eine *Vereinigung* (von autonomen Teilen zu einem integrierten System), sondern durch eine *Trennung* zustande, nämlich durch die Etablierung des *Gehirns* neben dem *Genom* als einem zweiten, mehr oder minder gleichberechtigten Zentrum zur Steuerung der Funktionen eines einzigen Systems, des menschlichen Organismus.

Die evolutionäre Bedeutung der großen Übergänge zeigt vor allem die Tatsache, daß diese stets zu Innovationen und radikal neuen Eigenschaften in den jeweils gebildeten Systemen führten. In Tabelle 6.1 sind einige der Innovationen aufgelistet, die im Gefolge der vier für uns einsichtigsten unter den großen Übergängen auftraten. Die Liste dieser Innovationen bedarf einiger Anmerkungen:

– Eine entscheidende Konsequenz der sexuellen Fortpflanzungsweise, des »masterpiece of nature« (Bell 1982), sind jene Erkennungssysteme, die das Zusammenfinden der Geschlechtspartner ermöglichen. Dieser Mechanismus stellt sich in heutiger Sicht als eine der ersten und wichtigsten Bedingungen für die Entwicklung kooperativer Systeme in der Biosphäre dar (Abschnitt 5.1).

– Mit der Trennung von Soma und Keimbahn bei vielzelligen Organismen betritt einerseits der Tod die Bühne der Evolution (denn die sich ausschließlich vegetativ durch identische Teilung fortpflanzenden Einzeller sind potentiell unsterblich), andererseits setzt damit auch eine Evolution des sterblichen Soma ein, die in Richtung auf zunehmende Individualisierung verläuft (Buss 1987; Michod 1997b; siehe Abschnitt 6.1).

Tabelle 6.1: Einige Beispiele für phänomenologische Innovationen, die im Verlauf der biologischen Evolution bei vier großen Systemübergängen entstanden sind.

Systemübergang		Innovationen
von	zu	
Prokaryota	Eukaryota	Reduktionsteilung und genetische Kombinatorik; *inter*zelluläre Signal- und Erkennungssysteme
Einzeller	Vielzeller	Arbeitsteilung; Trennung von Soma und Keimbahn; Tod als konstitutives Merkmal des Organismus
solitäre Vielzeller	soziale Vielzeller	Prägung; Verwandtschaftsselektion; soziales Verhalten
prähominid	hominid	Sprache

- In den sozialen Systemen von Säugern und Vögeln, also Tieren mit konstanter Körpertemperatur und einem hochentwickelten Gehirn, kann Information von Generation zu Generation durch Erziehung und *Prägung* der Jungen weitergegeben werden, ein neues und wirksames Instrument zur Festigung der Kohäsion sozialer Gruppen, in die auch nicht miteinander verwandte Individuen integriert werden können (Abschnitt „Emanzipation des sozialen Phänotyps", S. 478).
- Mit der Erfindung der *Sprache* eröffnet sich die Möglichkeit der symbolhaften Neuschaffung der Welt. Damit beginnt neben der biologischen jene soeben erwähnte zweite Evolution, die kulturelle, die auf einem völlig neuen Umgang mit Information beruht.

Vom Standpunkt einer „Mehrschichten-Selektionstheorie" erscheint die biologische Evolution als ein globaler Prozeß der Entfaltung von Systemzuständen mit zunehmender ökologischer Durchsetzungsfähig-

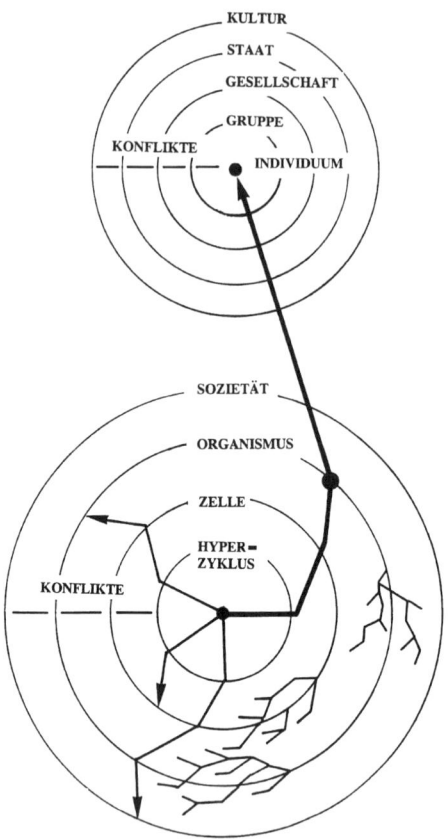

keit und Reichweite. Man kann sich diesen Vorgang auch in der Form einer Serie konzentrischer Kreise vor Augen führen, wobei jeder Kreis eine neue Organisationsstufe repräsentiert, auf der sich biologische Einheiten (Gene, Zellen, Individuen) jeweils zu komplexeren Systemen zusammengefügt haben (Abbildung 6.1). Die Stammbäume, jene beliebten Dokumentationen der genetischen Verwandtschaft von Organismen (Abbildung 4.7), werden in dieser Sichtweise zu Illustrationen relativ unbedeutender Abschnitte der Evolution degradiert, denn sie dokumentieren bloß die Entwicklung von *Mannigfaltigkeit* auf jeder

6.1 Darstellung der Evolution als ein diskontinuierlich sich erweiterndes systemares Ereignis. An jeder Diskontinuität, auf jeder Stufe von Hyperzyklen zu sozialen Systemen haben sich autonome Teile zu mehr oder minder integrierten Systemen mit neuen Eigenschaften zusammengeschlossen. *Konflikte* zwischen den jeweiligen Organisationsformen sind und bleiben unvermeidlich. Mit jeder Stufe der Organisation nehmen die Möglichkeiten zur Ausnützung der Umwelt zu. Neben einer generellen Evolution von Stufe zu Stufe, von den ersten replikationsfähigen Molekülen zu sozialen Systemen, lassen sich auf jeder einzelnen Stufe (auf der Peripherie jedes Kreises) auch separate Evolutionswege verfolgen. Letztere sind das Material, aus dem sich Stammbäume konstruieren lassen. Außerdem ist noch dargestellt, daß, vom Organisationsniveau des Individuums ausgehend, mit der Erfindung der Sprache eine zweite (die kulturelle) Evolution in Gang gekommen ist, die sich ebenso wie die erste (die biologische) Evolution als ein Versuch zum Aufbau umfassender Systeme von zunehmender ökologischer Reichweite verstehen läßt, diesmal allerdings mit Einheiten, deren Autonomie um vieles schwieriger unter Kontrolle zu bringen ist, als dies in den vorangangenen großen Systemübergängen möglich war.
◄

einzelnen Stufe der biologischen Organisation. Als Triebkräfte dieses Geschehens fungieren neben den Merkmalen des klassischen Darwinismus (Replikation, Variabilität, selektive Erblichkeit) die Mechanismen der systemaren Evolution, das dialektische Wechselspiel von *Konkurrenz* und *Kontrolle* sowie die *Konflikte* und *Kompromisse* zwischen autonomen, unbegrenzt replikationsfähigen, variablen biologischen Einheiten und einem jeweils restriktiven, übergeordneten Systemzustand.

6.1 Wege zur Individualität

In seinem berühmten Buch antwortete Erwin Schrödinger (1944) auf die Frage »What is Life?« zunächst mit dem Hinweis, daß Lebewesen offene Systeme sind, die der Umwelt hochwertige Energie entnehmen, diese in minderwertige Energie verwandeln und die Differenz an arbeitsfähiger Energie verwenden, um sich vor dem Sturz in das thermodynamische Gleichgewicht zu bewahren. Des weiteren bemerkte er sinngemäß folgendes: Die Gesetze der Physik und Chemie beruhen auf dem Verhalten riesiger Mengen gleichartiger Atome und Moleküle. Das Verhalten einzelner Partikel ist völlig unbestimmt (wie zum Beispiel die Brownsche Bewegung einzelner Moleküle demonstriert), aber das durchschnittliche Verhalten sehr vieler Partikel ist so regelmäßig, daß es die Formulierung deterministischer Gesetze erlaubt, zum Beispiel des Gesetzes der Diffusion. Ein völlig anderes Prinzip tritt uns in Lebewesen entgegen. Dort entsteht Organisation aufgrund des Verhaltens einer relativ kleinen Zahl von Atomen, die sich zu molekularen Konfigurationen zusammengeschlossen haben, von denen jede – und das ist das Entscheidende – *in der Unendlichkeit des Raumes vielleicht in nur ein oder zwei Kopien vorliegt.*

Diesen Gedanken Schrödingers möchte ich zum Ausgangspunkt eines abschließenden Exkurses über den Begriff der Individualität in der Biologie machen, beziehungsweise über die Evolution des Zustands, der mit diesem Begriff bezeichnet wird (Wieser 1995a).

Das haploide Genom einer menschlichen Zelle besteht aus etwa 3×10^9 Nucleotiden, und da jedes Nucleotid aus 32 bis 35 Atomen aufgebaut ist, setzt sich das diploide Konstruktionsprogramm einer menschlichen Zelle aus rund 2×10^{11} Atomen zusammen. Das ist eine sehr kleine Zahl. Ein Kubikzentimeter Wasser enthält 100 Millionen mal mehr Moleküle als das Erbprogramm der menschlichen Eizelle Atome. Hinzu kommt, daß sich aufgrund der durch Mutationen und Replikationsfehler eingeführten Variabilität die Genome sämtlicher Lebewesen (falls sie keine Klone repräsentieren) voneinander unterscheiden und damit als diskrete Lösungen allgemeiner genetischer Probleme aufgefaßt werden können. Mit anderen Worten: Die Gesetze der biologischen Evolution beruhen auf der spezifischen Anordnung jeweils relativ kleiner Ansammlungen von Atomen, während die Gesetze der unbelebten Welt auf der Gleichförmigkeit und großen Zahl statistisch verteilter Atome basieren. Schrödinger nannte die Makromoleküle der Nucleinsäuren, aus denen die Erbprogramme von Organismen aufgebaut sind, *aperiodische Kristalle* und hielt diese Eigenschaft, in der sich Ordnung (Kristall) mit Information (Aperiodizität) paart, für das zweite entscheidende Merkmal von Lebewesen (neben deren Konsum von Negentropie).

Der Schluß mag also berechtigt sein, daß jedes Lebewesen in seiner elementaren Zusammensetzung *einzigartig* ist und daß diese Einzigartigkeit, im Unterschied zu der in jüngster Zeit von Physikern zitierten *Ungleichheit* chemisch identischer Atome (Baeyer 1997), eine maßgebliche Rolle bei der biologischen Evolution spielt.

Etwa zehn Jahre nach dem Erscheinen von Schrödingers Buch wies ein weiterer Nobelpreisträger, P. B. Medawar (1957), darauf hin, daß „Einzigartigkeit" nicht nur das subjektive Erlebnis jedes menschlichen Individuums sei, sondern sich auch mit naturwissenschaftlichen Argumenten begründen lasse. Dabei bezog er sich auf die sowohl von den Erfahrungen der Transplantationsmedizin wie von den Erkenntnissen der Genetik und Proteinchemie gestützte Vermutung, daß sich jedes menschliche (höchstwahrscheinlich auch jedes tierische) Individuum durch die Einzigartigkeit seiner biochemischen Zusammensetzung auszeichne und daß darüber hinaus diese Einzigartigkeit auch die Physiologie und das Verhalten des Individuums beeinflusse. Als augenfälligste Demonstration dieser Annahme zitierte Medawar das Phänomen der Abstoßungsreaktion bei Gewebetransplantationen. Es hat den Anschein, als sei die biochemische Einzigartigkeit des Individuums nicht bloß – wie ein Fingerabdruck – ein klassifikatorisch nützliches Merkmal, sondern auch ein „Zustand", den das Individuum aufrechtzuerhalten trachtet, indem es sich gegen das Eindringen fremder Gewebestücke zur Wehr setzt.

Nun wissen wir zwar, daß es im Tierreich Ausnahmen vom Prinzip der Einzigartigkeit des Individuums gibt (so lassen sich zum Beispiel zwischen eineiigen Zwillingen Gewebestücke austauschen, ohne daß es zu Abstoßungsreaktionen kommt), aber das Phänomen ist doch so charakteristisch, daß wir uns die Frage nach seiner Bedeutung stellen müssen – und das impliziert in der Biologie unweigerlich die Frage nach seiner *Evolution.*

Wie bereits erwähnt, war die Erde fast zwei Milliarden Jahre lang ausschließlich von kleinen kernlosen (prokaryoten) Zellen besiedelt. Das Genom eines heutigen Prokaryoten besteht aus rund 4×10^6 Nucleotiden, und da dieser Zahl von Bausteinen ein kombinatorisches Potential von $4^{4 \text{ Millionen}}$ entspricht (siehe Abschnitt 2.5), muß wohl jede auf der Erdoberfläche vorkommende prokaryote Zelle als ein einzigartiges biologisches System bezeichnet werden. Allerdings ist zu bedenken, daß sich jede dieser Zellen teilen muß, um am Spiel der Evolution partizipieren zu können. Die ursprüngliche Form der Zellteilung ist die Mitose, bei der aus jeder Mutterzelle zwei *identische* Tochterzellen hervorgehen. In kurzer Zeit entsteht auf diese Weise ein Klon, dessen Bestandteilen nun aber *per definitionem* das Merkmal der Einzigartigkeit *nicht* zugeschrieben werden kann. Freilich geht die genetische Homogenität des Klons sehr schnell durch Mutationen verloren, genetisch heterogene Zellpopulationen formieren sich und werden unter dem Zugriff der Selektion weiter moduliert. Es erscheint müßig, am Beispiel dieser proteisch sich verändernden Muster von Zellansammlungen das Problem der biologischen Individualität zu erörtern. Entweder müßte man jeder Einzelzelle allein aufgrund ihrer physischen Autonomie den Status eines Individuums zuerkennen, oder man müßte diese Definition an das Merkmal der genetischen Einzigartigkeit (das die Zellen eines Klons durch Mutationen erwerben) knüpfen. Beides wäre ein gleichermaßen haarspalterisches Unterfangen.

Die Logik dieses Problems verändert sich nur geringfügig, wenn wir in einem nächsten gedanklichen Schritt in Betracht ziehen, daß die Zellen eines Klons auch aneinander haften bleiben und zu mehrzelligen Geweben heranwachsen können. Sprosse, Triebe, Ausläufer, Mycelien und andere sich vegetativ (also nur durch Mitosen) vermehrende Teile von Pflanzen und Pilzen gehören zu den wichtigsten Komponenten rezenter Ökosysteme. Aber auch unter Tieren gibt es Beispiele für Phasen rein vegetativer Vermehrung, etwa bei Blattläusen, Rädertierchen und niederen Krebsen. Ein großer Teil der biologischen Evolution fand und findet also in Populationen und Verbänden von prokaryoten und eukaryoten Zellen statt, die sich ausschließlich asexuell vermehren, sich durch Mutationen und Genaustausch verändern, diese Veränderungen an ihre Tochterzellen weitergeben und dem Einfluß der Selektion ausgesetzt sind (Fagerström et al. 1998). Welche Rolle spielt nun in dieser Gruppe von Lebewesen der Begriff der Individualität? Stellen wir uns etwa eine Pflanze vor, die Teil eines vegetativen Klons ist, sich aus diesem jedoch deutlich durch eine eigenständige Wuchsform abhebt. Ein solches Gebilde wird, dem englischen Sprachgebrauch folgend, als ein *Ramet* bezeichnet (von lateinisch *ramus*, Zweig). Ein Ramet gleich einer aus dem umliegenden Wasser sich emporhebenden, besonders geformten Welle, die sich in ihrer mikroskopischen Zusammensetzung vom Medium, dem sie entstammt, nicht oder nur geringfügig unterscheidet. Im Unterschied zur Welle stammt der Ramet allerdings von einem totipotenten Teil des Mutterklons ab und entwickelt sich zu einem mehrzelligen Gebilde, dessen Merkmale charakteristisch für die jeweilige Art sind. Weiterhin gilt, daß im Mutterklon somatische Mutationen stattfinden, die zu den Ausgangspunkten genetisch veränderter Zellinien werden können, und diese Zellinien konkurrieren miteinander um den Zugang zu Ressourcen oder zu einer Stammzellinie, die beschleunigten Transfer in die nächste Zellgeneration verspricht. Dies ist ein für viele Pflanzenarten charakteristisches Szenario der Entwicklung (Whitham und Slobodchikoff 1981).

Im Prinzip ließe sich ein Ramet somit als Individuum bezeichnen, weil er vom genetischen Substrat, dem er entstammt, physisch abgrenzbar ist, weil er sich aus einer einzigen totipotenten Zelle entwickelt hat und weil er sich in seiner genetischen Zusammensetzung von anderen verwandten Ramets manchmal unterscheidet. Da sich aber aus den Zellen eines Ramets durch vegetative Sprossung neuerlich identische oder fast identische Ramets entwickeln können, wird deutlich, daß wir uns weiterhin mit unseren definitorischen Bemühungen auf dünnem Eis bewegen. So spricht zum Beispiel einiges für die Annahme (die in der Literatur tatsächlich mehrmals formuliert wurde: Sonea 1991; Fagerström et al. 1998), daß das gesamte einem Pilz oder einer Pflanze zugeordnete Mycel oder vegetative Geflecht von Ausläufern als ein *einziges*

Individuum angesprochen werden sollte – selbst wenn es einen ganzen Kontinent bedeckte.

Mit der Erfindung der Sexualität hat sich diese Situation jedoch grundlegend geändert. In deren Wirkungsbereich bewegt sich unsere Diskussion über die Evolution der Individualität auf tragfähigerem Terrain. Zwei Aspekte dieser Evolution sind entscheidend. Zum einen ist durch die schon mehrfach erwähnten kombinatorischen Strategien der Sexualität (Meiose und Karyogamie) das Prinzip der genetischen Einzigartigkeit des Individuums auf eine völlig neue Basis gestellt worden, da sich auch die Kinder von ihren Eltern auf einzigartige Weise unterscheiden. Zum anderen läßt sich beobachten, daß die auf diese Weise zustande gekommenen genetischen Unikate in zunehmendem Maße vor Mutationen sowie vor der Invasion durch somatische Zellinien geschützt werden.

Die kombinatorischen Strategien des sexuellen Fortpflanzungsmodus mögen das Resultat von Auseinandersetzungen zwischen großen Wirten und kleinen Parasiten gewesen sein, aber einmal etabliert entwickelten sie ein Eigenleben. Innerhalb eines diploiden Organismus unterscheidet sich die Zellinie, deren Funktion die Bildung der haploiden Keimzellen ist, zwar grundsätzlich von allen anderen – den somatischen – Zellinien, aber sie ist dennoch wie diese Bestandteil des dichotomen Verzweigungsschemas, das die Differenzierung des vielzelligen Organismus aus einer totipotenten Zygote abbildet. Bei vielen Organismen, vor allem bei Pflanzen, aber auch in einigen Gruppen von Tieren, gibt es keine Barrieren zwischen den zu Keimzellen führenden und anderen Zellinien. In solchen Fällen können also somatische Mutationen Eingang in die Keimzellinie finden, wodurch der geschlechtsreife Organismus zu einer Chimäre wird. Im Reich der Tiere läßt sich jedoch auch eine Evolution konstantieren, deren Tendenz die zunehmende Abschirmung der Keimzellinie von allen anderen Zellinien des Organismus ist. Am Ende dieses Trends findet die Abschirmung der Keimzellinie bereits in einer frühen Phase der Embryonalentwicklung ihren Abschluß, so daß die Identität des Keimzellengenoms durch Veränderungen in somatischen Zellinien nicht mehr gestört werden kann. In der englischsprachigen Literatur spricht man von *sequestration* der Keimbahn (Buss 1987; siehe Abschnitt 4.1.1). Zudem wird durch die Reduktion der Zahl der Zellteilungen auch die Gefahr von Replikationsfehlern und sonstigen genetischen Veränderungen in der Keimbahn minimiert. Auf diesen Mechanismen beruht das sogenannte „Weismannsche Dogma", die von August Weismann (1892) postulierte absolute Trennung von Soma und Keimbahn. Zwar wissen wir heute, daß es sich hier nicht um jenes fundamentale Prinzip der biologischen Organisation handelt, als das es von August Weismann konzipiert worden war, doch ist es ein Prinzip, das für die meisten Tiergruppen gilt und in der grundsätzlichen Unterscheidung zwischen fakultativer Unsterblichkeit der artspezifischen Keimbahn und obligater Sterblichkeit des individuellen Soma mündet. Die Einzigartigkeit des individuellen Soma ruht allerdings nicht ausschließlich in der Einzigartigkeit des Genoms, aus dem es sich entwickelt, sondern auch in der Einzigartigkeit der Veränderungen, die ihm im Verlauf seiner Entwicklung widerfahren (siehe Abschnitt 3.1). So treten somatische Mutationen und variante Zellinien auf, die mit anderen Zellinien um Schlüsselpositionen im sich entwickelnden Keim konkurrieren. Die Resultate solcher Auseinandersetzungen werden im Erscheinungsbild des adulten Organismus sichtbar. Weiterhin wird dieses Erscheinungsbild – vor allem bei höheren Wirbeltieren – geprägt von den im Gehirn und im Immunsystem verarbeiteten und gespeicherten individuellen Erfahrungen, die insgesamt zwar keinen Eingang in die Keimbahn finden, aber die Eigenschaften und Verhaltensweisen des Phänotyps beeinflussen und auf diesem indirekten Weg unter gewissen Bedingungen auch Zugriff auf den weiteren Evolutionsverlauf der Population oder Art erhalten (Abschnitt „Phänokopien und Baldwin-Effekt"). Das gilt natürlich auch für die Mitglieder eines Klons. Auch die genotypische Identität eineiiger Zwillinge kann nicht verhindern, daß sich jeder der beiden Partner unter dem Einfluß von somatischen Veränderungen und epigenetischen Zwängen sowie aufgrund der spezifischen Verarbeitung von Information aus der Umwelt zu einem phänotypisch einzigartigen Individuum entwickeln wird. Die Vorstellung, geklonte Menschen (oder Tiere) wären exakte Kopien des Originals, beruht auf einem grundsätzlichen Mißverständnis über das Verhältnis zwischen Genotyp und Phänotyp.

Richtig verstanden ist es das spannungsreiche Verhältnis zwischen Genotyp und Phänotyp, das uns den Weg zu einer brauchbaren Definition des biologischen Individuums weist, etwa entlang folgender Argumentationskette: 1) Jedes durch den Mechanismus der sexuellen Fortpflanzung erzeugte Individuum ist genotypisch einzigartig (außer es ist Teil eines Klons). 2) Diese Einzigartigkeit wird in der Keimbahn bis zum Punkt der Bildung der (haploiden) Gameten konserviert. 3) Ihre *Expression* findet die genotypische Einzigartigkeit allerdings erst in dem durch Entwicklung und Erziehung geformten phänotypischen Lebenslauf, der die Zygote auf einzigartige Weise mit dem adulten Individuum verbindet.

Es gibt eine Reihe weiterer Hinweise darauf, welch hoher Stellenwert dem Systemzustand der Individualität vor allem bei Wirbeltieren, inklusive dem Menschen, zukommt. So wurzelt ja das von Medawar (1957) erstmals so dramatisch geschilderte Phänomen der Abstoßungsreaktion zwischen fremden Geweben in der vom Immunsystem organisierten Unterscheidung zwischen dem „Selbst" des Individuums und dem „Nichtselbst" der restlichen Welt (siehe Abschnitt 4.2.3, S. 325). Des weiteren hat die soziale Evolution dazu geführt, daß sich im Rahmen eines sozialen Systems Individuen auch als solche *erkennen*, was die Entwicklung spezifischer Erkennungssysteme impliziert. Auf der bisher letzten Stufe der biologischen Organisation werden sich Individuen ihrer Individualität *bewußt*, und sie vermögen diesem Sachverhalt jeweils einen *Namen* zu geben. So verwandelt sich etwa im Begriff „Freiheit" der biologische Zustand der Autonomie zu einem Symbol, für das zu sterben von Individuen manchmal als eine besondere Tugend angesehen wird. In dieser Fähigkeit zur Transzendierung des biologischen Seins wurzelt auch der Anspruch des Künstlers auf Unsterblichkeit. Ebenso wurzelt in ihr aber auch die Möglichkeit, die Leistungen des menschlichen Geistes als das eigentliche *Ziel* der biologischen Evolution zu mißverstehen.

7. Rückblick und Zusammenfassung

Daß es sich bei der biologischen Evolution um einen komplexen, vielschichtigen, multikausalen Prozeß handelt, sollte eigentlich allen klar sein, die über diesen globalen Vorgang jemals nachgedacht haben. Daher mutet es merkwürdig an, daß immer wieder nach des „Pudels Kern", nach einem singulären Begriff gesucht wurde und wird, dessen Anrufung das Rätselhafte des Prozesses mit einem Schlag beseitigen würde. Hoffnungsträger dieser Art war eigentlich schon der von Darwin mit besonderer Bedeutung ausgestattete Begriff „Selektion", der etwa von Lorenzen (1997) zu einem Zauberwort mit beinahe magischen Kräften hochstilisiert wird. Ähnliches gilt für Begriffe wie „Selbstorganisation" (Jantsch 1979; Haken 1987), „Autopoiese" (Varela et al. 1974; Margulis und Sagan 1997), „dissipative Strukturen" (Prigogine 1977), „egoistische Gene" (Dawkins 1976) und einige mehr. Daß solchen Begriffen singuläre Bedeutung und damit im Wettkampf der Ideen auch singuläre Macht zugeschrieben wird, hängt wohl eher mit der menschlichen Sehnsucht nach einfachen Erklärungen als mit wissenschaftlichen Notwendigkeiten zusammen.

Im Grunde sollte kein Zweifel daran bestehen, daß es sich bei der biologischen Evolution um eine Evolution von *Systemen* handelt und daß ein solcher Vorgang – wie soeben angedeutet – nur als ein komplexer, vielschichtiger, multikausaler Prozeß verstanden werden kann. Eine außerordentliche Vielfalt von Phänomenen und Prozessen muß in diesem Zusammenhang hinterfragt und erklärt werden, zum Beispiel: die Eigenschaften von sich selbst reproduzierenden Einheiten; die strukturellen und funktionellen Bedingungen für das Organisieren von Einheiten zu Netzen und komplexeren Systemen; Kontrollen und wechselseitige Abhängigkeiten beim Zusammenspiel der Teile in solchen Systemen; Bedingungen für Systemveränderungen; Optimierung des Verhältnisses zwischen Variabilität und Wandel einerseits, Stabilität und Dauer andererseits; die Zunahme von Komplexität sowie viele andere Facetten des globalen Geschehens. In diesem abschließenden Kapitel möchte ich einen Blick zurück auf die vorhergegangenen Kapitel werfen und aus der – dort bereits stark komprimierten – Darstellung der Vielfalt von Erscheinungen noch einmal die wesentlichsten Prinzipien und Perspektiven herausgreifen, die mir zum Verständnis der Evolution biologischer Systeme wichtig erscheinen. Die Verweise in der Randspalte erlauben dabei einen Zugriff auf die entsprechenden Kapitel oder Abschnitte im Hauptteil des Buches.

Kapitel 1

Ordnungsbegriffe und Modelle

An komplexen biologischen Systemen müssen mehrere Ebenen der Organisation unterschieden werden, deren Eigenschaften den Gang der Evolution maßgeblich beeinflußt haben. Das Charakteristische dieses Organisationsprinzips läßt sich durch ein Schichtenmodell und durch das Bild von den miteinander verschränkten

Abbildung 1.3

Netzen andeuten. Modelle und Bilder solcher Art müssen folgenden Befunden Rechnung tragen:

**Abbildungen
1.4 und 3.8**

1. Jeder der Organisationsebenen, die wir an einem biologischen System unterscheiden, kommt ein gewisses Maß an Eigenständigkeit zu. So gelten zum Beispiel auf der Ebene der morphologischen Gestalt andere Homologiekriterien als auf der molekulargenetischen Ebene, und auf dieser wird Information nach einem gänzlich anderen Prinzip gespeichert und verarbeitet als auf jener.

2. Trotz ihrer relativen Eigenständigkeit sind die Organisationsebenen derart eng miteinander vernetzt, daß sie die Vorstellung von einem unteilbaren und einzigartigen Ganzen, dem *Individuum*, zulassen. Aus letzterem Befund läßt sich ableiten, daß das *hierarchische Prinzip* (im Sinne einer linearen, auf- oder absteigenden Kommandostruktur) von geringer Relevanz für die biologische Organisation ist.

Das dialektische Verhältnis der Organisationsebenen zueinander läßt sich auch in dem Sinne deuten, daß die einzelnen Schichten zwar über spezifische Projektionsbahnen eng miteinander verknüpft sind, daß jede Schicht diesen verbindenden Bahnen aber auch ihre schichtenspezifischen Regeln aufzuzwingen vermag.

Neben grundsätzlichen strukturellen Prinzipien ist auch das ebenso grundsätzliche dynamische Prinzip der *Auseinandersetzung* zwischen den Teilen biologischer Systeme von Bedeutung. Das Grundmotiv solcher Auseinandersetzungen hat den Charakter eines *Spieles* – ein Bild, für dessen Verwendung sich in diesem Buch immer wieder Gelegenheit bietet. Weiterhin erscheint es notwendig, im Zusammenhang mit der Diskussion von

Abbildung
1.1

Lebensmodellen auf einige der in letzter Zeit so häufig diskutierten Begriffe einzugehen, von denen behauptet wird, sie trügen wesentlich zur Beantwortung der Frage „Was ist Leben?" bei. Exemplarisch in dieser Hinsicht ist die „Selbstorganisation dissipativer Strukturen", die nach Meinung einiger Autoren auch das entscheidende Organisationsprinzip biologischer Systeme repräsentiert. Es ist aber gerade das *Fehlen* eines systemaren Aspekts, der Mangel an Funktionalität und Zweckmäßigkeit der beschriebenen Strukturen, der dieses Bild als adäquates Lebensmodell diskreditiert. Dissipative Strukturen transportieren Entropie, organisieren sich jedoch nicht zu adaptiven, sich selbst erhaltenden Systemen, und die Verzweigungen (*Bifurkationen*) solcher Strukturen sind schon gar nicht imstande – was tatsächlich behauptet wurde –, die Verzweigungsmuster von Stammbäumen und die Entstehung neuer Arten abzubilden.

Kapitel 2

Das innere Netz

Wenn es um die Bedingungen für die Entstehung und Erhaltung minimaler biologischer Systeme geht, sind zunächst Hyperzyklen und Genome zu nennen, die das Geschäft ihrer eigenen Vermehrung betreiben. Dabei stehen zwei antithetische Prinzipien im Vordergrund: 1) die Bewahrung und Veränderung der genetischen Identität; 2) die Zähmung des Chaos.

1. Was ersteres Prinzip betrifft, so muß ein optimaler Kompromiß zwischen zwei divergierenden Tendenzen gefunden werden: Erfolgreiche genetische Lösungen sollen konserviert werden, doch ohne Veränderung gibt es keine Evolution. Replikation und Repara-

tur erweisen sich als universale Instrumente dieses Optimierungsprozesses. Der semikonservative Mechanismus der Replikation schafft Voraussetzungen nicht nur für die Erzeugung identischer Tochtergenome aus einem einzigen Muttergenom, sondern auch für die Reparatur von Replikationsfehlern. Dennoch schlüpfen Mutationen und Paarungsfehler durch die Netze der Reparaturmaschinerie und steuern neue genetische Varianten zum Rohmaterial der Evolution bei. Das Ausmaß dieses Innovationspotentials hängt sehr stark von der Effektivität der Reparaturmechanismen ab, und diese ist auf den jeweiligen Bedarf an Variabilität abgestimmt, das heißt, sie ist selbst eine variable Größe.

Mit der Erfindung der sexuellen Fortpflanzungsweise hat sich das Repertoire zur Veränderung des genetischen Materials dramatisch erweitert. Während bei prokaryoten Organismen genetische Veränderungen durch Mutationen und verschiedene Formen des Transfers von genetischem Material zwischen benachbarten Zellen hervorgerufen werden, treten bei eukaryoten Organismen Rekombinationsverfahren in den Vordergrund. Bei ersteren basieren evolutionäre Veränderungen überwiegend auf echten *Innovationen*, bei letzteren auf der *originellen Verwertung des Bestehenden*.

2. Bei der Produktion genetischer Varianten spielt der Zufall zwar eine wichtige Rolle, überlebensfähige genetische Lösungen kommen jedoch nur durch die *Zähmung* des Zufalls mittels konservativer Strukturen zustande. Der „Aufbau linearer Programme durch Entscheidungssequenzen" illustriert diese Strategie.   2.7.1

Um die Wirksamkeit dieser beiden Prinzipien an der
Wurzel der biologischen Evolution richtig einschätzen
zu können, ist es notwendig, den Begriff der Sprache in
das Repertoire biologischer Begriffe aufzunehmen. Wie
bei menschlichen Sprachen muß auch in der molekularen Sprache zwischen *Grammatik* und *Semantik* unterschieden werden. Der Aufbau des genetischen Programms folgt eindeutigen Regeln, von denen die wichtigsten beim Aufbau des *genetischen Codes* zur
Anwendung kommen. Den Verlauf der Evolution haben
diese Regeln jedoch nur deshalb beeinflussen können,
weil den Produkten des Regelwerks, den Ribonucleinsäuren und Proteinen, eine jeweils spezifische *Bedeutung* zukommt. Die Bedeutung zum Beispiel eines Proteins wurzelt in seiner dreidimensionalen Struktur, denn
diese entscheidet über seinen Erfolg als Enzym oder
Transkriptionsfaktor, und der Erfolg ist es, der von der
Selektion „gesehen" wird – nicht die lineare Sequenz
der Aminosäuren, die nach den Regeln des genetischen
Codes in den Ribosomen zusammengebaut wurde. Nun
hat sich herausgestellt, daß es in der molekularen Welt
biologischer Systeme sehr viel mehr Sequenzen als
räumliche Strukturen gibt, woraus folgt, daß die optimal
angepaßte dreidimensionale Struktur eines Proteins von
verschiedenen Punkten eines Stammbaumes und mittels
verschiedener Aminosäuresequenzen erreicht werden
kann. Die partielle Entkopplung von Sequenz und räumlicher Struktur bedingt, daß erstere unter einem weit geringeren Selektionsdruck steht als letztere. Zur Lösung
von topologischen Problemen steht der Evolution demzufolge eine viel größere Zahl von Sequenzvarianten zur
Verfügung, als es bei einer streng deterministischen Beziehung zwischen Aminosäuresequenz und Proteinstruktur der Fall wäre. Dadurch wird aber auch der Weg vom

genetischen Entwurf zum optimierten Produkt um einiges kürzer, als oftmals angenommen.

Das mittlere Netz: Zellen

Kapitel 3

Das mittlere Netz verknüpft die Maschinerie für die Replikation und Reparatur von Genomen mit dem Zellstoffwechsel. Dieser wird angetrieben durch die katalytischen Leistungen von Enzymen, strukturiert durch innere Kompartimentierung und ein flexibles Cytoskelett und gesteuert durch Signalsysteme, in denen Proteine ebenfalls Schlüsselpositionen einnehmen. Die Tatsache, daß das Zusammenspiel von genetischem Programm und Zellstoffwechsel seine differenzierteste Ausprägung auf dem Organisationsniveau der eukaryoten Zelle gefunden hat, bietet die Gelegenheit, ein für die gesamte Evolution wichtiges Bauprinzip zu erörtern. Ich spreche von der Emergenz neuer Systemeigenschaften durch *Symbiogenese*, das heißt durch die Stabilisierung symbiontischer Beziehungen zwischen nicht miteinander verwandten Organismen. Eukaryote Zellen sind die Produkte einer vor langer Zeit eingegangenen Symbiose zwischen Urkaryoten und Prokaryoten, wobei sich letztere zu den „Kraftwerken" der eukaryoten Zellen, zu Plastiden und Mitochondrien, entwickelt haben. Des weiteren diskutiere ich am Beispiel der eukaryoten Zelle das Verhältnis von Genotyp und Phänotyp, zu dessen Illustration ich das Bild von „Souffleur und Schauspieler" verwende; ein etwas gewagter Vergleich vielleicht, der jedoch die Spannung zwischen Text und Spiel sowie die Möglichkeit der Emanzipation des Spielers vom vorgeschriebenen Text andeutet. Jedenfalls gewährt das Bild dieser dynamischen Beziehung eine Vorstellung

3.1

Abbildung
3.1

von dem Einfluß, den der Phänotyp auf die Expression des Genotyps und damit auch auf den Gang der Evolution ausüben kann.

Innerhalb des weitgespannten mittleren Netzes lassen sich zwei größere Gruppen von Phänomenen unterscheiden: 1) das „Informationsmanagement" sowie 2) der Energie- und Stoffhaushalt von Zellen. Was das *Informationsmanagement* betrifft, seien folgende Gesichtspunkte hervorgehoben:

3.3 – 3.5

– Einerseits erwecken Bestandteile von Zellen manchmal den Eindruck von Maschinen, in denen molekulare Rädchen ineinandergreifen und an denen spezifische Prozesse mit hoher Präzision ablaufen. Andererseits bewegen sich Makromoleküle im inneren Milieu von Zellen wie Organismen im Milieu ihres Lebensraumes. Sie müssen mit oft drastischen Veränderungen dieses Milieus rechnen, etwa mit Veränderungen des pH-Wertes oder der Ionenstärke; sie müssen Hindernisse wie zum Beispiel Membranbarrieren überwinden und definierte Ziele, etwa einen Speicherplatz im Cytosol, ansteuern. Derartig variable Bedingungen haben zu Anpassungen und wechselseitigen Abhängigkeiten von Molekülen geführt. Proteine reagieren auf pH-Veränderungen mit einer Umverteilung ihrer elektrischen Ladungen. Kleine Signalmoleküle binden an Makromoleküle und dirigieren diese wie Lotsen zu den vorgesehenen Zielen. Große Geleitschutzproteine unterstützen andere Proteine beim Faltungsprozeß. Enzyme konkurrieren um Substrate und Cofaktoren. Die Pfade derartiger Auseinandersetzungen und Lösungsversuche sind eingebettet in das größere Beziehungsnetz des allgemeinen Stoffwechsels und daher im Detail nicht vorhersagbar. Ich verwende den Ausdruck *molekulare Ökologie der Expression,* als wären Zellen von Populationen verschiedener Molekülarten bevölkert, deren Aufgabe es ist, genetische Botschaften allen inneren Störungen und externen Einflüssen zum Trotz in spezifische phänotypische Merkmale zu transformieren – so wie es „Aufgabe" der Bewohner von Ökosystemen ist, Rohstoffe über ein trophisches Netz zu verteilen und in verschiedene Formen von Biomasse zu transformieren.

– Beim Signalverkehr in Zellen und Organismen ist zwischen einem *analogen* und einem *digitalen* Prinzip zu unterscheiden. An der Wurzel der biologischen Organisation steht das in einem digitalen Code verschlüsselte genetische Programm, denn nur dieses Prinzip erlaubt die weitgehend fehlerfreie und langfristige Speicherung sowie das Kopieren großer Informationsmengen. Für den Betrieb biologischer Systeme müssen ebenfalls große Informationsmengen bewegt und verarbeitet werden. Dies geschieht allerdings überwiegend nach dem analogen Prinzip, wobei Populationen besonderer Signalmoleküle (Hormone, Transkriptionsfaktoren, phosphorylierte Proteine) das Medium für solche Übertragungen darstellen. An kritischen Punkten, an denen Information von einem Medium auf ein anderes übertragen wird, befinden sich jedoch quasi-binäre Schalter, die Weichen stellen und den Informationsfluß nach Maßgabe der jeweiligen Bedürfnisse der Zellen steuern. Proteine, die in eindeutig unterscheidbaren Konformationen auftreten, sind die wichtigsten dieser digitalen Schalter.

Die Quintessenz des *Energie- und Stoffhaushalts von Zellen* läßt sich noch immer am eindrucksvollsten mit

3.3.2

3.6

der von Erwin Schrödinger (1944) popularisierten Formulierung zum Ausdruck bringen, wonach biologische Systeme offene dynamische Systeme sind, die der Umwelt hochwertige Energie entnehmen, diese in minderwertige Energie verwandeln und die Differenz an arbeitsfähiger Energie verwenden, um sich vor dem Sturz in das thermodynamische Gleichgewicht zu bewahren. Der Status der Irreversibilität und des thermodynamischen Ungleichgewichts ist Grundvoraussetzung für das, was wir „Leben" nennen. In der Zelle ist das Äquivalent dieser essentiellen Rahmenbedingung die Aufrechterhaltung eines energetischen Potentials, einer *Spannung*, mit der energieverbrauchende Prozesse angetrieben werden. Sichtbar wird das thermodynamische Ungleichgewicht zum einen in der elektrischen Ruhespannung von rund 100 Millivolt, wie sie zwischen dem Inneren und dem Äußeren von Zellen gemessen werden kann; zum anderen im ATP/ADP-Verhältnis, das in allen Zellen acht bis zehn Größenordnungen von seinem Gleichgewicht entfernt stabilisiert wird. Der Aufrechterhaltung dieser Ungleichgewichte dienen die rund 500 chemischen Reaktionen, die den Kern des zellulären Energiestoffwechsels repräsentieren und deren Vernetzung in Abbildung 3.13 skizziert ist. Die entscheidende Forderung an dieses Netz ist die Abstimmung von Angebot und Nachfrage im Fluß der Energieträger. Das bezieht sich vor allem auf das Verhältnis von ATP-Produktion und ATP-Verbrauch sowie auf das Verhältnis zwischen dem Export und dem Import von elektrischen Ladungen durch die Zellmembran. Man kann diese Forderung auch im Sinne einer scheinbaren Antithese formulieren, wonach *Gleichgewichte* zwischen Angebot und Nachfrage (ATP-Produktion – ATP-Verbrauch; Ionenexport – Ionenimport) dazu dienen, das für Lebensprozesse unabdingbare

**Abbildung
3.13**

thermodynamische *Ungleichgewicht* zu bewahren. Mit anderen Worten: Das Fließgleichgewicht ist jener Zustand eines offenen Systems, in dem ein hohes thermodynamisches Potential mit höchstmöglicher Effizienz stabilisiert wird.

Die Erhaltung eines dynamischen Zustands fern vom Gleichgewicht, die Abstimmung von Angebot und Nachfrage, die Verteilung von Energie und Stoffen gemäß der Priorität des Bedarfs: das sind, auf den Punkt gebracht, die Aufgaben des Zellstoffwechsels mit seinen Tausenden von Enzymen und chemischen Reaktionen. Früher dachte man, dieser Verteilungsprozeß werde von einigen wenigen regulatorischen Schlüsselenzymen kontrolliert, während den meisten Enzymen jeweils nur die Funktion eines Relais oder Knotenpunkts im Netz chemischer Wechselwirkungen zukomme. Heute wissen wir jedoch, daß die meisten Enzyme eines Stoffwechselnetzes imstande sind, auf Schwankungen der Konzentrationen von Substraten und Cofaktoren mit Modulationen ihrer katalytischen Aktivität zu reagieren. Das heißt, es gibt gute Gründe anzunehmen, daß bei Veränderungen von Systemzuständen viele, vielleicht sogar alle Enzyme eines Netzbereiches an der Kontrolle der jeweiligen Stoffflüsse teilhaben. Das hat zur Vorstellung einer *molekularen Demokratie* im Leben von Zellen geführt (Kacser und Burns 1979), zu deren Aufgaben, wenn man so will, auch das Finden von Kompromissen (etwa zwischen der Effizienz und der Geschwindigkeit eines Prozesses) oder von möglichst ökonomischen Lösungen von Verteilungsproblemen gehört. Der jeweils gefundene Kompromiß, die jeweils gefundene optimale Lösung kann auch als das Ergebnis eines evolutionären *Selektionsprozesses* angesehen werden, das zwar physikochemischen Axiomen nicht widerspricht, aus diesen jedoch nicht abgeleitet werden kann.

Kapitel 4   # Das mittlere Netz: Organismen

Vom Sein zum Werden, vom Werden zum Sein

4.1   Mit der Formel *Vom Sein zum Werden* hat Prigogine (1979) eine neue Denkweise der Physik kommentiert. Danach habe in der klassischen Physik die *Zeit* keine oder eine bloß eingeschränkte Rolle als geometrischer Parameter gespielt, während sie in der modernen Physik von zentraler Bedeutung sei. Der zweite Hauptsatz der Thermodynamik lehrt uns, daß das gesamte Universum in einen irreversiblen Prozeß eingebettet ist, der sich als die Zunahme von Entropie charakterisieren läßt und durch den der Dimension der Zeit eine eindeutige Richtung zugewiesen wird. Die Entwicklung in den Köpfen der Physiker verlief also gewissermaßen vom „ewigen Sein" des ersten zum „ewigen Werden" des zweiten Hauptsatzes der Thermodynamik. Im Lichte der biologischen Evolution kann dem Verhältnis von „Sein" und „Werden" jedoch eine nochmals andere Bedeutung gegeben werden. Dies hängt damit zusammen, daß das Soma tierischer Individuen aufgrund der partiellen Unabhängigkeit des Phänotyps vom Genotyp neben der Keimbahn eine zunehmend tragende und selbständige Rolle auf der Bühne der Evolution spielt. Während die biologische Existenz des sterblichen Soma gewissermaßen in eine Sackgasse der Zeit mündet, hat die Evolution neuronaler Netzwerke sowie des Bewußtseins Wege in eine virtuelle Form der Zeit eröffnet, in der es möglich ist, über Unsterblichkeit *nachzudenken*. Mit Hilfe von Ideen, die die Lebenszeit des Individuums überdauern, ist es sogar möglich, mehr oder minder dauerhafte Spuren in diese virtuelle Dimension zu zeichnen; ja, die Idee, daß es dem Menschen gegeben sei, durch seine Taten Unsterblichkeit zu erringen, war und ist eine maßgebliche Triebkraft der Geschichte.

6.1

Die Wege zu dieser Art von Sein führen über die Entwicklung des adulten vielzelligen Organismus aus einer befruchteten Eizelle. Dieser komplizierte Vorgang läßt sich am besten als das Wachstum und die Differenzierung einer enorm großen Population von Zellen deuten (etwa 10^{14} Zellen im Falle des menschlichen Organismus). Daß zwischen der Ökologie und Biologie von Zellpopulationen und dem Werden eines Organismus enge Beziehungen bestehen, demonstrieren zum Beispiel die Lebenszyklen von Schleimpilzen, die sowohl als Populationen amöboider Einzelzellen wie auch als vielzellige Organismen vorkommen. Der Übergang vieler Einzelzellen zu einem integrierten vielzelligen Organismus, wie ihn etwa der Schleimpilz *Dictyostelium* vorführt und wie er sich zu Beginn der Evolution vielzelliger Tiere vor rund einer Milliarde Jahren in zahllosen Varianten ebenfalls abgespielt haben dürfte, ist symptomatisch für einen zentralen Aspekt der Evolution, den wir als die Möglichkeit des *Übergangs zwischen verschiedenen Einheiten der Selektion* definieren wollen. Während sich freilebende Einzeller gewissermaßen nach eigenem Belieben vermehren können, sind Zellen eines vielzelligen Organismus hierzu nur in Abhängigkeit von den Zwängen in der Lage, die ihnen das *System* als Repräsentant seiner eigenen Entstehungsgeschichte auferlegt. Um den Takt der Vermehrung an die äußeren Umstände anzupassen, muß die Selektion dementspre-

**Exkurs
S. 504**

chend *entweder* an Einzelzellen *oder* am vielzelligen Organismus angreifen.

Die Probleme, die bei der Integration vieler Einzelzellen zu einem vielzelligen Organismus gelöst werden müssen, können unter folgenden Aspekten gesehen werden:

1. *Differenzierung und Arbeitsteilung.* Die Linien ursprünglich *totipotenter* Zellen werden in ihren Fähigkeiten Schritt um Schritt, das heißt Zellteilung um Zellteilung, eingeengt und zur Produktion zunehmend spezialisierter Zellen veranlaßt. Im ausgereiften Zustand verrichten Muskelzellen bevorzugt mechanische Arbeit, transportieren rote Blutzellen Sauerstoff und Kohlendioxid, produzieren Immunzellen Antikörper und so weiter. (Nicht berücksichtigt ist bei dieser Schilderung, daß sämtliche Zellen weiterhin zur Durchführung gewisser „Haushaltsfunktionen" imstande sein müssen.) Die Reduktion der Fähigkeiten einer totipotenten Zelle auf einen einzigen „Beruf" impliziert, daß der Großteil ihres genetischen Programms stillgelegt worden sein muß, was durch die chemische Inaktivierung von Genen geschieht.

2. *Zelluläres Gedächtnis.* Im Verband des Organismus müssen Zellen das Schicksal ihrer Spezialisierung an die nächste Zellgeneration weitergeben können. Was in der Evolution Anathema ist, nämlich die „Vererbung erworbener Eigenschaften", ist in der Ontogenese, der Entwicklung des vielzelligen Organismus, die Regel.

3. *Erkennung, Orientierung, Induktion, Raumplanung.* Ausdruck der Arbeitsteilung ist die Entwicklung differenzierter Gewebe und Organe, zu welchem Zweck Zellen über gewebe- und organspezifische Erken-

nungszeichen verfügen müssen. Mit deren Hilfe steuern Zellen bestimmte Punkte im Organismus an, um dort gemeinsam mit ebenso programmierten Geschwisterzellen integrierte Funktionsbereiche aufzubauen. Darüber hinaus wird die räumliche Anordnung der Organe im Körper durch die Etablierung von Nachbarschaftsbeziehungen realisiert, indem ein Organ oder Organteil mittels chemischer Faktoren die Differenzierung benachbarter Organe oder Organteile induziert. Schließlich wird die Anlage grundsätzlicher Bauplanmerkmale, wie zum Beispiel die Topologie von Körperachsen und Symmetrieebenen sowie die Gliederung und modulare Architektur des Körpers, durch ein über größere Distanzen operierendes System von Signalproteinen und Transkriptionsfaktoren gesteuert.

4. *Das Ende der Unsterblichkeit.* Mit der Entwicklung des geschlechtlichen Fortpflanzungsmodus und der dadurch bedingten Differenzierung von Keimbahn und Soma hat sich der Tod endgültig auf der Bühne der Evolution etabliert. Die Sterblichkeit des Soma kann als Teil einer Strategie zur Anpassung der fakultativ unsterblichen Keimbahn an die ständig wechselnden Bedingungen des Lebens angesehen werden. Wie sich in den letzten Jahren herausgestellt hat, erfüllt der Tod diese Aufgabe auf durchaus differenzierte Weise. So lassen sich strategische und taktische Maßnahmen zur Beendigung des somatischen Lebens unterscheiden. Im vielzelligen tierischen Organismus gilt die Begrenzung der von Körperzellen absolvierten Anzahl von Mitosen als die dominierende Strategie. In dieser Hinsicht unterscheiden sich die Zellen des Soma von den Zellen der Keimbahn, aber auch von Krebszellen oder Bakterienzellen. Auf dem gene-

tischen Mechanismus, dessen sich der Organismus hier bedient, basiert eine Theorie des Alterns, die sogenannte *Telomtheorie*. Daneben verfügt der Organismus aber auch über verschiedene *taktische* Rezepte zur Beeinflussung der Lebensdauer von Zellinien, zum Beispiel wenn sich Zellen auf ihren Wanderungen im Rahmen der Embryonalentwicklung gewissermaßen verirren, also Punkte im Körper ansteuern, an denen sie aufgrund ihrer molekularen Kennzeichnung nichts zu suchen haben. Solche Zellen werden entweder durch ein eingebautes Selbstmordprogramm oder über chemische Signale aus benachbarten Zellen zerstört, ein Vorgang, der unter dem Namen *Apoptose* bekannt geworden ist. In Krebszellen ist die Wirksamkeit teilungshemmender genetischer Mechanismen außer Kraft gesetzt worden. Indem sie die Fähigkeit zur unbegrenzten Zellteilung wiedergewinnen, geben sie nicht nur ihren Zustand der Spezialisierung auf, sondern sie zerstören auch den Organismus, dessen Zwänge die Basis für ihre Existenz als differenzierte Teile eines hochintegrierten Systems waren.

Die prekäre Harmonie des Organismus

Mannigfaltigkeit und Ordnung im Reich der Tiere. Was bei der Betrachtung des Tierreichs zunächst auffällt, ist seine Gliederung in eine begrenzte Zahl von Bauplänen, von denen sich die meisten seit der Zeit ihrer Entstehung vor 600 bis 1 000 Millionen Jahren nicht grundsätzlich verändert haben. Auch ist seit dieser Zeit eine nur geringe Anzahl neuer Baupläne (in etwa dem taxonomischen Begriff von „Phylum" oder „Stamm" entsprechend) hinzugekommen. Dies deutet jedenfalls darauf hin, daß für die biologische Evolution die „Be-

wahrung des Bestehenden", die (relative) Konstanz der
Form, ein ebenso wichtiges Prinzip ist wie die „Erfindung des Neuen", die Variabilität von Merkmalen, die ja
seit Darwin als die treibende Kraft dieser Evolution angesehen wird. Die relative Konstanz tierischer Baupläne
dokumentiert das schon erwähnte Prinzip der „Zähmung
des Zufalls", also die Tatsache, daß sich Neues nur auf
der Basis des schon Bestehenden durchsetzen kann, daß
nur jene genetischen Varianten zum Spiel der Evolution
zugelassen werden, die in die konservativen Strukturen
bereits etablierter Baupläne passen. Diese Einschränkung der biologischen Variabilität kann auch als eine
Bürde, als »Bürde der Tradition«, interpretiert werden
(Riedl 1975). Sie erklärt die von Theoretikern manchmal
als „Mängel" bezeichneten Besonderheiten morphologischer Konstruktionen im Tierreich. Von einem Mangel
zu sprechen, ist jedoch irreführend, denn es wird dabei
impliziert, die biologische Evolution wäre das Werk eines logisch operierenden und allmächtigen Konstrukteurs, dem manchmal eben auch Fehler unterlaufen. Für
den Evolutionsbiologen sind derartige Mängel hingegen
Ausdruck der einzig möglichen Strategie eines natürlichen Prozesses, der zwischen dem Zwang zur Innovation und dem Zwang zur Konservierung des Erfolgs
ständig Kompromisse finden muß. Eine weitere Quelle
von Kompromissen ist die Tatsache, daß jeder Organismus viele sehr unterschiedliche Aufgaben zu erfüllen
hat. Will er eine dieser Leistungen über Gebühr bevorzugen, dann muß er es – wie schon Goethe wußte – »an
anderer Stelle fehlen lassen«. Mit anderen Worten: Der
Organismus kann seinen Aufwand für den Betrieb einer
bestimmten Funktion nur so lange erhöhen, solange
nicht andere Funktionen beeinträchtigt werden. Dies ist
eigentlich eine Selbstverständlichkeit, aber doch auch

eine weise Lebensregel, die zu ignorieren sich Menschen nur auf eigene Gefahr leisten können. Gentechniker sollten sich zum Beispiel die Frage stellen, ob der Erfolg einer durch gentechnische Manipulationen erzwungenen Maximierung einer biologischen Leistung, etwa der Fleischproduktion bei Tieren, nicht durch die Zerstörung eines erprobten Gleichgewichts der Energieverteilung im Organismus zunichte gemacht werden kann.

Das Einbeziehen des Tierreichs in unsere Betrachtung erweitert den Umfang eines für den Verlauf der Evolution wichtigen Merkmals, der *Komplexität*. Wenn wir Komplexität als eine Eigenschaft von dynamischen Systemen ansehen und als den Reichtum von Verknüpfungen zwischen den Teilen solcher Systeme definieren, dann läßt sich im Verlauf der Evolution von den kleinsten Zellen bis zu menschlichen Gesellschaften zweifellos eine Zunahme an Komplexität feststellen. Um zu dieser Feststellung zu gelangen, muß man allerdings den Schichtenbau biologischer Systeme berücksichtigen. **Abbildung 1.3** Die Zahl der Teile und Verknüpfungsglieder nimmt auf jeder der unterschiedenen Schichten zunächst zu, erreicht aber einen kritischen Wert, der sich im weiteren Verlauf der Evolution nicht mehr wesentlich ändert. Daraus wurde von einigen Autoren geschlossen, die Zunahme von Komplexität sei eben kein allgemeines Merkmal des evolutionären Prozesses. Integrieren wir jedoch das Geschehen auf sämtlichen Ebenen der Organisation, dann wird deutlich, daß diese kritische Schlußfolgerung zu kurz greift. So nimmt zum Beispiel die mittlere Größe des Genoms von etwa 10^6 Basenpaaren bei den kleinsten Prokaryoten auf rund 3×10^9 Basenpaare bei Wirbeltieren zu. Innerhalb dieser Gruppe läßt sich dann zwar eine Zunahme der artspezifischen Varia-

bilität konstatieren, nicht aber ein weiterer Anstieg der
mittleren Genomgröße. Dafür vermehrt sich die Zahl
unterschiedlich differenzierter Zelltypen von zwei bis
vier bei den einfachsten Vielzellern auf circa 200 bei
Säugetieren. Das Abflachen auch dieser Kurve im Evolutionsverlauf scheint durch die dramatische Zunahme
der Größe und Vernetztheit des Gehirns bei den Wirbeltieren, insbesondere bei den Primaten, kompensiert zu
werden. Man gewinnt somit den Eindruck eines Stufen-
modells der Komplexität, das man wohl am besten als
die Abbildung eines *Vektors* oder *Trends* interpretiert,
nicht als ein Grundgesetz von der Art eines physikalischen Axioms. Es ist ja nicht zu übersehen, daß die am
wenigsten komplexen Lebewesen, kleine prokaryote
Zellen, seit dem Beginn des Lebens sämtliche Ökosysteme der Erde beherrschen und dies wohl auch in alle
Zukunft tun werden. Die Zunahme der Komplexität von
Systemen ist – bildhaft ausgedrückt – nichts anderes als
eine der vielen Strategien, mit denen die Evolution die
Eroberung und ökologische Vernetzung der Erde betreibt.

Die Erhaltung des Systems. Organismen können aus
zwei völlig verschiedenen Blickwinkeln gesehen werden. Zum einen als fast perfekt funktionierende Maschinen, zum anderen als enorm große Populationen von
Zellen, die sich, von jeweils einer einzigen Zelle ausgehend, in Richtung auf den reifen Zustand eines vernetzten, hochintegrierten sozialen Systems entwickeln: mit
einem inneren Milieu sowie mit wechselseitigen Abhängigkeiten und Auseinandersetzungen zwischen ihren
Teilen.

Was den Maschinencharakter von Lebewesen betrifft,
so sind zur Beschreibung seiner Leistungen die vor rund
50 Jahren eingeführten Begriffe der *Kybernetik* und *In-*

**Abbildung
4.10**

4.2.3

formatik weiterhin unentbehrlich. Sie liefern das rationale Fundament für das Verständnis zielgerichteter und
zweckmäßiger Funktionen auch in natürlichen, also
nicht von einem planenden Schöpfer künstlich herge-
stellten Gebilden. Die Regeln der Evolution erzwingen
jedoch in solchen zielgerichtet und zweckmäßig operierenden dynamischen Systemen strategische und taktische Manöver, die sich nicht vollständig mit kybernetischen oder nachrichtentechnischen Begriffen wie Steuerung, Regelung, Homöostase, Sollwert/Istwert-Verhält-
nis und Signal/Rauschen-Verhältnis oder Informationsgehalt definieren lassen, sondern für deren Verständnis
das Konzept eines evolutionären Optimierungsprozesses
unentbehrlich ist. So muß jedes am Evolutionsspiel teil-
nehmende System trachten, seine Reproduktionsleistung
zu *maximieren*. Diesem Zwang zur Maximierung steht
jedoch ein alternatives Prinzip gegenüber: die aufgrund
der Konkurrenz um begrenzte Ressourcen notwendige
Effizienz der Energienutzung. In Analogie zu einem von
Glansdorff und Prigogine (1971) eingeführten thermodynamischen Begriff kann auch vom Prinzip der *Entropieminimierung* in biologischen Systemen gesprochen
werden.

Die Alternative von Leistungsmaximierung und Entropieminimierung erklärt, warum wir in Lebensprozessen sowohl das Prinzip der *Verschwendung* wie das der
Ökonomie wiederzufinden meinen. Da in einem dynamischen offenen System Leistung und Effizienz nicht
gleichzeitig beliebig gesteigert werden können, muß es
in Organismen zwischen diesen beiden Tendenzen zu
Kompromissen kommen. Jener Kompromiß, der die
Überlebensfähigkeit und Fitneß eines Individuums am
ehesten garantiert, kann als dessen *evolutionäres* oder
„globales" Optimum bezeichnet werden. Nun haben

aber Organismen, wie gesagt, sehr unterschiedliche Funktionen zu erfüllen. Dynamische Gleichgewichte sind zu verteidigen, man muß sich entwickeln und wachsen, man muß fressen, atmen, jagen, sich vor Feinden schützen und so weiter. Jede dieser Funktionen ist mit Kosten und Nutzen verknüpft. Ressourcenverbrauch wird als *Kosten* definiert, Erhöhung der Überlebenswahrscheinlichkeit sowie der Reproduktionsleistung (Fitneß) als *Nutzen*. Da für die Kosten-Nutzen-Rechnung jeder einzelnen Funktion unterschiedliche Kriterien gelten, muß es zwischen den Leistungen eines Organismus – soweit sie um eine gemeinsame Ressource (meist Energie oder Zeit) konkurrieren – zu Kompromissen kommen, die wir als *lokale Optima* bezeichnen. Der Zusammenhang zwischen dem Nutzen oder Erfolg einer spezifischen physiologischen Leistung und dem Fitneßgewinn des jeweiligen Individuums ist allerdings sehr lose, seine Signifikanz schwer abzuschätzen. Dementsprechend haben lokale funktionelle oder strukturelle Optima den Charakter von *Wechseln* auf die Zukunft, die dem Individuum gewissermaßen von einer evolutionären Instanz ausgestellt werden. Je häufiger ein Individuum im Laufe seines Lebens erfolgreich ist, desto größer ist die Wahrscheinlichkeit, daß seine Wechsel einmal zur Auszahlung kommen werden.

Wenn in arbeitsteilig organisierten Systemen Optimierungsprozesse ablaufen, dann muß es Instanzen geben, die aus verschiedenen Lösungsmöglichkeiten jene Lösung auswählen, die unter den gegebenen Umständen die geeignetste und zielführendste zu sein verspricht. Dabei können die verschiedensten Auswahlkriterien zur Anwendung kommen. Im Immunsystem der Wirbeltiere ist es zum Beispiel der *Grad der Affinität* zwischen Antikörpern und Antigenen; im Energiestoffwechsel die *Effi-*

zienz der Energienutzung beim Erbringen einer bestimmten Leistung. In den Assoziationszentren des Gehirns wird darüber entschieden, durch welche von vielen möglichen motorischen oder kognitiven Reaktionen die beste Übereinstimmung zwischen einer vom Gehirn formulierten *Hypothese* und der *Wirklichkeit* erzielt werden kann, und so weiter.

Es hat also den Anschein, als sei die Population von Zellen, aus denen sich ein hochentwickelter Organismus zusammensetzt, an strategischen und taktischen Manövern beteiligt, die mit der natürlichen Selektion, einem Grundprinzip der biologischen Evolution, verglichen werden können. Nur spielen sich derartige Selektionsvorgänge eben im Phänotyp ab und sind zunächst bloß für die Leistungen des sterblichen *Individuums* von Bedeutung. Auch dieses stellt sich somit als ein *evolvierendes System* dar. Auf die phylogenetische Evolution nehmen die Ergebnisse solcher Selektionsprozesse allerdings insofern Einfluß, als *erstens* die Fähigkeit, in komplexen Situationen die jeweils optimale Lösung zu finden, natürlich auch eine erbliche genetische Komponente enthält und *zweitens* alle phänotypischen Entscheidungen, die das Verhalten eines Individuums beeinflussen, dieses auch in neue Umwelten transportieren können, in denen andere Selektionsbedingungen herrschen mögen als in der alten Umwelt. Diese Möglichkeit dokumentiert die enge Verzahnung von individueller Ontogenese und phylogenetischer Evolution und ist Bestandteil einer Organismustheorie, die auf dem Prinzip der *phänotypischen inneren Selektion* aufbaut.

4.2.4   **Überschußleistungen: Wachstum und Vermehrung.** Individuen sind Knotenpunkte in genealogischen Netzen, aus denen sich der evolutionäre Prozeß zusammensetzt. Um den Fortgang dieses Prozesses zu garantieren, müssen Nachkommen produziert werden, und um dieses Geschäft mit Erfolg betreiben zu können, müssen Individuen entsprechend gerüstet sein, zum Beispiel hinreichend groß und leistungsfähig, um die Energie- und Materialkosten der Reproduktion tragen zu können. Die Kosten von Wachstum und Vermehrung sind also jene, die über die Erhaltungskosten des Individuums hinausgehen. Damit verknüpfen sie aber auch das zeitlich begrenzte *Sein* des individuellen Soma mit dem fakultativ unbegrenzten *Werden* der Keimbahn. In diesem Sinne hat Ware (1982) von Wachstum und Vermehrung als *Überschußleistungen* im Energiebudget von Lebewesen gesprochen. Wachstum impliziert den Begriff der *Größe* und damit auch die Frage nach deren Grenzen. Was die individuelle Größe von Lebewesen betrifft, so hat sich diese während der ersten zwei Milliarden Jahre (etwa der Hälfte) der biologischen Evolution nur wenig verändert, denn es gab damals ausschließlich kleine prokaryote Zellen, die sämtliche Lebensräume der Erde besiedelten. Mit der Evolution des eukaryoten Zelltyps und, auf diesem aufbauend, der vielzelligen Pflanzen und Tiere setzte eine Evolution des Soma und der Körpergröße ein, die etwa im Tierreich von Einzellern mit einem Nanogramm (10^{-9} Gramm) Gewicht zu zehn Tonnen (10^7 Gramm) schweren Reptilien und Säugetieren führte. Da sich in vielen Stammeslinien eine Zunahme der Körpergröße feststellen ließ, wurde zu Beginn dieses Jahrhunderts gerne von einem grundlegenden Prinzip, ja einem „Gesetz" (dem Copeschen Gesetz) der Größenzunahme in der Evolution gesprochen. Wie im Falle der Komplexität kann es sich hier jedoch nur um einen unter mehreren Vektoren oder Trends handeln, denn Prokaryoten blieben weiterhin klein und beherrschen weiterhin sämtliche Lebensräume der Erde. Der Trend zum

Abbildung 4.16

4.2.2

Größerwerden signalisiert allerdings, daß große Organismen kleinen Organismen unter gewissen Bedingungen hinreichend überlegen sind, um sich im Lebenskampf durchzusetzen. Umgekehrt signalisiert der ungebrochene Reichtum an Bakterien, Parasiten, Sandlückenbewohnern und so weiter, daß unter wieder anderen ökologischen Bedingungen kleine Organismen großen Organismen hinreichend überlegen sind, um nicht auszusterben. Sowohl für den einen wie für den anderen Zustand, Kleinsein und Großsein, lassen sich Vor- und Nachteile definieren, und aus solchen Einsichten lassen sich Prognosen über den Gang der Evolution ableiten. Die wichtigsten Argumente für die Vorteile des einen wie des anderen Zustands haben etwas mit energetischen Überlegungen zu tun. Im Wasser, in dem ja das Leben begann, setzte die explosive Phase der Größenzunahme in der Evolution ein, als Organismen von mehr als etwa einem Milligramm Körpermasse entstehen konnten. Das geschah im Rahmen der Baupläne tierischer Vielzeller, deren Selektionsvorteil gegenüber kleineren Organismen (pro- und eukaryoten Einzellern) darin bestand, in ihrer Fortbewegungsweise nicht mehr durch die Reibungskräfte des Wassers eingeschränkt zu sein, sondern sich aufgrund ihrer größeren Masse einen neuen Bereich dieses Lebensraumes erobern zu können: den Bereich hoher *Reynoldszahlen*, in dem es möglich ist, vergleichsweise große Entfernungen mit vergleichsweise geringen Energiekosten zu überwinden. In weiterer Folge wurden zusätzliche Vorteile der Körpergröße sichtbar. *Zum einen* der sparsamere Energieverbrauch, denn der Steigerungsfaktor des Erhaltungsumsatzes von Tieren ist im Durchschnitt deutlich geringer als der Steigerungsfaktor ihrer Körpermasse. Daraus folgt vor allem, daß große Tiere Perioden des Nahrungsmangels

Abbildung
4.16

wesentlich länger überstehen können als kleine. *Zum anderen* bietet ein großer Organismus mehr Raum für die Entfaltung eines Organs, das sich für den weiteren Verlauf der Evolution als von kaum zu überschätzender Bedeutung erwiesen hat: des *Gehirns*, das an der Steuerung des Phänotyps beteiligt ist und dabei als Partner, in zunehmendem Maße aber auch als Konkurrent des Genoms auftritt.

Demgegenüber muß natürlich auch auf die Selektionsvorteile des *Kleinseins* hingewiesen werden: einerseits auf die – triviale – Möglichkeit der Besiedlung kleinräumiger Nischen; anderseits auf das entscheidende Kriterium des hohen Energieumsatzes, der es zum Beispiel Populationen kleiner Tiere erlaubt, eine bestimmte Ressource wesentlich schneller in eigene Körpersubstanz umzusetzen, als dies größere Tiere könnten. In Pionierzeiten, wenn es darum geht, einen neuen Lebensraum oder eine neue Ressource zu erobern beziehungsweise auszubeuten, werden also kleine, sich schnell vermehrende, aber kurzlebige Lebewesen bevorzugt sein; in Gleichgewichts- oder Mangelsituationen, wenn es darum geht, eine bestimmte Ressource mit höchstmöglicher Effizienz zu nützen, wird der Vorteil eher bei den größeren, genügsameren, langlebigeren Organismen liegen. Freilich folgen daraus keine Entweder-oder-Entscheidungen. In den Lebensräumen der Erde findet sich jede nur denkbare Kombination, mit allen nur denkbaren Übergängen zwischen den beiden Extremzuständen von Überfluß und Mangel, so daß sich die Gleichzeitigkeit des Auftretens der verschiedensten Lebensformen auch in begrenzten Zeit- und Lebensräumen ohne Schwierigkeit erklären läßt.

Dieser Exkurs über Groß- und Kleinsein ist für unser Verständnis von der Evolution deshalb so wichtig, weil er uns die Bedeutung der *ökologischen Dimension* der Evolution vor Augen führt. Über die relativen Vorteile von Groß- und Kleinsein, über die Koexistenz großer und kleiner, starker und schwacher, genügsamer und verschwenderischer Organismen zu diskutieren, ergäbe keinen Sinn, faßten wir die biologische Evolution nicht als ein *ökologisches* Geschehen auf; als ein Geschehen, in dem sich einerseits ökologische Abhängigkeiten spiegeln, das aber andererseits auch neue ökologische Abhängigkeiten produziert und provoziert. Sinngemäß gilt dies für sämtliche quantitativen Merkmale, die früher gerne verwendet wurden, um in der Evolution das Wirken immanenter Antriebe zu postulieren. Trends in Richtung auf, zum Beispiel, zunehmende Körpergröße, zunehmende Komplexität oder höhere Intelligenz lassen sich jedoch problemlos aus der Vorstellung von der Evolution als einem expandierenden ökologischen Prozeß ableiten, ohne daß man dahinter das Wirken mysteriöser Kräfte sehen müßte. In den fraktalen Räumen der Erde ist ausreichend Platz für kleine Fische, kooperative Parasiten und dumme Primaten.

Ein ganz besonderer Aspekt der ökologischen Dimension der Evolution eröffnet sich, wenn wir unter diesem Blickwinkel das Phänomen der *Fortpflanzung* betrachten. Sämtliche Variationen dieses Themas lassen sich mit ökologischen Determinanten in Verbindung bringen. Der Übergang von der poikilothermen (wechselwarmen) zur homoiothermen (gleichwarmen) tierischen Lebensform vor 200 bis 300 Millionen Jahren – um nur die für die Evolution der Menschheit wichtigste Variation zu erwähnen – markiert auch den Übergang zwischen zwei sehr unterschiedlichen Möglichkeiten, die Kosten zur Erhaltung der Keimbahn aufzubringen. Überspitzt formuliert (denn wie immer, wenn wir uns in der Biologie auf Verallgemeinerungen einlassen, erweisen sich Extreme als durch viele Zwischenformen miteinander verbunden), führt uns die poikilotherme Lebensform vor Augen, daß die Erhaltung der Keimbahn relativ hohe biochemische Produktionskosten verursacht. Da bei poikilothermen Lebewesen die Überlebenswahrscheinlichkeit der Nachkommen meist sehr gering ist, müssen große Mengen von Keimzellen gebildet werden (eine Auster produziert zum Beispiel bis zu 100 Millionen Eier, ein fettes Karpfenweibchen nicht viel weniger), und da dies die Ressourcen der Elterntiere bis zum äußersten belastet, repräsentiert die Summe aus Wachstum und Reproduktion den bei weitem dominierenden Posten im Energiebudget solcher Tiere. Demgegenüber haben sich bei der homoiothermen (im Vergleich zur poikilothermen) Lebensform nicht nur die Erhaltungskosten des Individuums etwa auf das Zehnfache erhöht, sondern der Luxus eines gleichmäßig temperierten inneren Milieus hat auch die Möglichkeit eröffnet, durch Brutpflege und soziales Engagement die Überlebenswahrscheinlichkeit der Nachkommen dramatisch zu erhöhen – mit der Konsequenz, die Zahl der Nachkommen um Größenordnungen vermindern zu können. Insgesamt investieren Bakterienpopulationen 90 bis 95 Prozent ihrer Lebensenergie in Produktion (Wachstum plus Reproduktion), Populationen poikilothermer Tiere 20 bis 40 Prozent, während die entsprechende Zahl bei Säugetieren und Vögeln nur bei ein bis drei Prozent liegt. Der gesamte Energieaufwand zur Aufrechterhaltung der Keimbahn ist bei homoiothermen Tieren zwar auch nicht viel geringer als bei poikilothermen, den größten Teil des Aufwands machen jedoch nicht mehr Produktionskosten, sondern die Kosten der sozialen Lebensweise aus, das heißt der Brutpflege und des breiten

Spektrums sozialer Verhaltensweisen. Die Entfaltung der sozialen Systeme von Vögeln und Säugetieren, inklusive des Menschen, ist untrennbar verknüpft mit diesem Wandel in der Verteilung von Stoffwechselenergie. Während in dem einen Fall die Persistenz der Keimbahn davon abhängt, daß es den Eltern, vor allem der Mutter, gelingt, einen möglichst großen Anteil der Stoffwechselenergie in Körperwachstum und Reproduktion zu transformieren, nimmt in dem anderen Fall dieser Anteil progressiv ab und wird ersetzt durch das, was wir heutzutage geneigt wären, als „Erhöhung der Lebensqualität" (Erwerb eines konstanten inneren Milieus) und „soziale Sicherheit" (Brutpflege, reziproker Altruismus) zu bezeichnen. Dabei darf allerdings nicht vergessen werden, daß diesem Wandel in der *Verteilung* ein drastischer Anstieg in der insgesamt *umgesetzten* Stoffwechselenergie vorangegangen war.

Das äußere Netz

Kapitel 5   Welche Wege, Mechanismen und Probleme sind für den Aufbau der *sozialen Ebene der biologischen Organisation* charakteristisch? Eine separate Betrachtung dieses Themas ist die logische Konsequenz des hier vertretenen Schichtenmodells. Dessen Besonderheit liegt darin, daß beim Schritt vom Individuum zum sozialen System der Begriff der *Umwelt* seine Bedeutung zu ändern scheint. „Umwelt" repräsentiert nicht bloß eine anonyme physikochemische Instanz, die über die Ergebnisse kompetitiver Auseinandersetzungen zwischen Individuen entscheidet, sie verkörpert sich auch in Gestalt anderer Organismen, die als autonome Akteure direkten Einfluß auf die Ergebnisse solcher Auseinandersetzungen nehmen. Wir haben diese besondere Rolle der Umwelt bei der Evolution von Systemen bereits angesprochen, etwa bei der Erwähnung der Symbiogenese, denn der Symbiont und der Wirt sind einerseits Partner in einem koevolutionären Spiel, andererseits ist der eine aber auch Teil der Umwelt des anderen.

3.2

Nun kommen jedoch neue Merkmale, neue Funktionen und neue Ebenen der Komplexität biologischer Systeme nicht nur durch das Fixieren spontaner Mutationen in natürlichen Populationen zustande, sondern auch – und in vielleicht höherem Maße – dadurch, daß sich bereits von der Selektion getestete autonome genetische Einheiten und Systeme zu neuen Organisationsformen zusammenfinden. Man bedenke etwa die folgenden Szenarien:

1. Die bereits von Darwin an eine zentrale Stelle seiner Theorie gerückte *sexuelle Selektion* folgt einer anderen Logik als die *natürliche Selektion*. Während diese die oben zitierte Rolle einer Instanz spielt, die auf sämtliche Individuen einer Population den gleichen „Druck" ausübt und die nicht mit sich handeln läßt, findet das Spiel der sexuellen Selektion innerhalb einer Population zwischen ausgewählten Individuen statt, die in ihren Reaktionen insoweit flexibel sind, als auch Kompromisse eingegangen werden können. Zum Beispiel indem bei Rivalenkämpfen ein Männchen zwar unterliegt, aber dennoch nicht vom Fortpflanzungsgeschäft ausgeschlossen wird. Aufgrund dieses doppelten Standards können Individuen, die sowohl den Kriterien der natürlichen wie denen der sexuellen Selektion zu folgen haben, in Konflikte geraten. Die hypertrophen sekundären Geschlechtsmerkmale ausgestorbener Arten (Riesenhirsch) deu-

ten auf die Natur und auf ein mögliches Ergebnis solcher Konflikte hin.

2. Einerseits legte der sexuelle Fortpflanzungsmodus die Grundlage für den Aufbau sozialer Systeme, deren Mitglieder einander als Artgenossen, oft aber auch als Individuen *erkennen* müssen. Andererseits ist dieser Mechanismus zur Erhaltung der Keimbahn selbst das Ergebnis von Wechselwirkungen zwischen autonomen Organismen unterschiedlichster Herkunft und Größe. Es hat nämlich den Anschein, als ob die verschiedenen Formen der Kombination von genetischem Material, wie sie mit der sexuellen Fortpflanzungsweise in die Evolution eingeführt wurden, ursprünglich Maßnahmen waren, mit denen große Wirte versuchten, sich gegen kleine Parasiten zu verteidigen, die aufgrund ihrer schnellen Generationenfolge und genetischen Wandelbarkeit gelernt hatten, alle anderen Verteidigungslinien der prospektiven Beute zu unterlaufen.

2.5.1

3. An den verschiedensten Punkten der Evolution haben sich sowohl nahe miteinander verwandte als auch einander völlig fremde Organismen immer wieder zu komplexeren Systemen mit überraschend neuen Eigenschaften zusammengeschlossen. Im Hinblick auf die dominanten ökologischen Faktoren, die dabei am Werke sind, können wir zwischen *trophischen Systemen* und *sozialen Systemen im engeren Sinne* unterscheiden. Im ersteren Fall ist es den Gliedern einer kurzen Nahrungskette gelungen, ihre trophischen Beziehungen dergestalt zu stabilisieren, daß sie gemeinsam an einem erweiterten Stoffwechsel partizipieren. Das bedeutet für viele einen Quantensprung ihrer ökologischen Möglichkeiten. Man denke an die Beziehungen zwischen autotrophen Symbionten und he-

terotrophen Wirten, etwa an Korallen und Flechten, die aufgrund dieser Symbiose in die Lage versetzt wurden, neue und extreme Lebensräume zu besiedeln. Oder an die folgenreichste und dauerhafteste aller derartigen Assoziationen, nämlich die zwischen bestimmten urkaryoten und prokaryoten Zellen, die vor 1,5 bis zwei Milliarden Jahren zur Bildung der eukaryoten Zelle geführt hat und damit den Anstoß zur Evolution aller vielzelligen Lebewesen gab. Der Aufbau integrierter Systeme aus autonomen Einheiten unterschiedlicher Herkunft ist nur mittels massiver Kontrollen möglich, durch die autonome Lebensstile systemaren Zwängen unterworfen werden. So paßt sich etwa im Verband einer Symbiose die hohe Teilungsrate kleiner autotropher Algenzellen dem langsamen Teilungsrhythmus des großen heterotrophen Wirtes an, und im Falle der aus autotrophen Bakterien hervorgegangenen Mitochondrien und Plastiden haben diese die Verfügungsgewalt über ihre eigene Vermehrung völlig verloren, da bis zu 95 Prozent ihrer Gene in das wesentlich größere Kerngenom des eukaryoten Wirtes transferiert wurden.

4. Die *sozialen Systeme im engeren Sinne* verdanken ihre Evolution den Vorteilen, die sich – im Vergleich zur völlig autonomen Lebensweise – aus der Kooperation zwischen den Individuen einer Fortpflanzungsgemeinschaft ergeben können. Diese Vorteile liegen vor allem in der Verbesserung der Ressourcennutzung, in der Absicherung und Erweiterung von Territorien sowie in der Erhöhung der Überlebenschancen der Nachkommen. Dem Erreichen dieser Ziele dienen Arbeitsteilung, Brutpflege, reziproker Altruismus und andere Formen von sozialem Verhalten. Da sich kooperatives gegenüber kompetitivem Verhalten nur

dann durchsetzen kann, wenn seine Vorteile relativ schnell sichtbar werden, pflegen sich soziale Systeme aus Fortpflanzungsgemeinschaften zu entwickeln, in denen verwandte Individuen in engem physischem Kontakt leben. Gegen den Hintergrund eines homogenen genetischen Substrats können sich lebenswichtige Signale in einer Population relativ rasch ausbreiten. Auf diesem Mechanismus beruht die Fixierung sowohl von arbeitsteiligem und altruistischem Verhalten als auch von Maßnahmen zur Unterdrückung autonomer Tendenzen in Individuen. Die höchstentwickelten sozialen Systeme im Tierreich, die Sozialstaaten der Insekten, haben ein Niveau der Integration erreicht, das dem des vielzelligen tierischen Organismus ähnlich ist. So ist denn auch der alte Begriff des „Superorganismus" zur Charakterisierung von Insektenstaaten in letzter Zeit wieder zu Ehren gekommen. Bei vielzelligen tierischen Organismen wurzelt das Prinzip der Arbeitsteilung in der Entwicklung und Differenzierung von Geweben. Die ursprüngliche Totipotenz der Zygote wird durch epigenetische Mechanismen Schritt um Schritt eingeschränkt, bis das funktionelle Schicksal der Zellen eines Gewebes – meist unwiderruflich – festgelegt ist. Im Superorganismus eines Insektenstaates ist dieser Differenzierungsprozeß vielschichtiger. Zum einen gibt es wie in tierischen Organismen epigenetische Mechanismen, durch die die Zugehörigkeit von Individuen zu einer bestimmten Kaste festgelegt wird; zum anderen kann ein und dasselbe Individuum im Laufe seines Lebens mehrere „Berufe" durchlaufen. In diesem Fall wird das Verhalten der Individuen durch chemische Signale gesteuert und an die jeweiligen Bedingungen im Stock angepaßt.

In allen hochintegrierten Systemen werden systemare Interessen durch *Verbote* durchgesetzt, deren Konsequenz die Einschränkung der Autonomie und Handlungsfreiheit der Teile des Systems ist.

5. In der zweiten großen Gruppe sozialer Systeme im Tierreich, den Sozietäten von Säugetieren und Vögeln, spielt das *Individuum* eine entscheidend wichtigere Rolle als in den Superorganismen der Insekten; ja, die für Wirbeltiere so charakteristischen, hierarchisch oder vernetzt aufgebauten Dominanzsysteme basieren auf den Unterschieden zwischen den Individuen der Gemeinschaft. Dabei können die individuellen Unterschiede sowohl genetisch determiniert als auch durch Prägung oder Erziehung erzwungen sein. Bei einigen Säugetierarten, vor allem Nagetieren, kann das Prinzip der individualisierten Gemeinschaft auch in ein rudimentäres Kastenprinzip übergehen, wobei das Verhalten der Individuen durch chemische Signale gesteuert wird. Es gibt sogar den Extremfall des Nacktmulls (*Heterocephalus glaber*), dessen kleine Kolonien sich in mancher Hinsicht als Superorganismen deuten lassen und damit nahelegen, daß der Unterschied zwischen den sozialen Systemen der Insekten und denen der homoiothermen Tiere kein grundsätzlicher, sondern ein zwar ausgeprägt asymmetrischer, aber doch gradueller sein mag. Trotz aller Übergänge ist die zunehmende Individualisierung jedoch ein Charakteristikum von Säugetiergemeinschaften, das seine höchste Ausprägung in den Sozietäten von Primaten gefunden hat. Viele Beispiele aus dieser Tiergruppe dokumentieren die Bedeutung der *phänotypischen Expression* für die Struktur einer Sozietät. Durch *Prägung* und *Lernen* werden die genotypischen Anlagen von Individuen an die aktuellen

Zwänge des Systems angepaßt. Das heißt, daß in den individualisierten Gemeinschaften von Primaten und einigen anderen Säugetierarten die charakteristischen Merkmale der Sozialstruktur, wie Arbeitsteilung und Dominanzverhältnisse, zwar im genetischen Programm der Art angelegt sind, daß sie ihre spezifische Ausprägung aber erst durch Lernprozesse und soziale Interaktionen erfahren.

Selektionseinheiten, Systemübergänge, Individualität

Kapitel 6

Die Evolution kooperativer Eigenschaften in biologischen Systemen muß von zwei Seiten gesehen werden. Zum einen von der Seite der *Teile* des Systems, also der Gene, Zellen oder Individuen, die bereit zu sein scheinen, ihre Autonomie einzuschränken, weil sie von der Einbindung in das System profitieren. Zum anderen von der Seite des *Systems*, das die zentrifugalen, systemzerstörenden Tendenzen der Teile unter Kontrolle halten muß. Das biologische System lebt also einerseits vom scheinbaren Autonomieverzicht der Teile (einem Mechanismus, den man auch als einen *altruistischen Akt* deuten kann), andererseits von der Ausübung massiver Zwänge zur Stärkung der *Kohäsion des Systems*. Hinter dieser Alternative verbirgt sich ein grundsätzliches evolutionäres Prinzip: *Beim Übergang vom Teil zum System wechseln auch die Angriffspunkte der Selektion*. Diese greift entweder am Teil oder am System oder mit unterschiedlicher Stärke an beiden an. Im Falle hochintegrierter Systeme, wie etwa des vielzelligen Organismus, fungiert das gesamte System als die dominierende Einheit der Selektion. Die Systemteile, die Zellen, haben ihre

Autonomie weitgehend verloren – aber eben doch nicht vollständig, denn manchmal kehren sie in den Zustand zurück, in dem sie die Ressourcen des Systems ausschließlich zur Förderung ihrer eigenen Vermehrung zu nützen trachten.

Im Falle weniger effektiv integrierter Systeme, etwa der individualisierten Gemeinschaften von Säugetieren, greift die Selektion sowohl an den systemaren Zwängen wie an den Eigenschaften der Individuen an. Das kann sich derart ausdrücken, daß unter gewissen Bedingungen – etwa wenn viele ähnliche Gruppen um begrenzte Ressourcen konkurrieren – das Überleben einer Gruppe davon abhängt, inwieweit sie, im Vergleich mit den konkurrierenden Gruppen, ihren inneren Zusammenhalt und die Effizienz ihrer Arbeitsteilung zu stärken imstande ist. Unter anderen Bedingungen, etwa wenn es darum geht, in Katastrophenzeiten neue Ressourcen zu erschließen, könnte dagegen jene Gruppe im Vorteil sein, in der ein besonders führungsstarkes Individuum die Spitze der Dominanzhierarchie erklimmt.

Die Erkenntnis, daß die Selektion entweder am Teil oder am System angreifen kann und daß das optimale Verhältnis zwischen diesen beiden Möglichkeiten von den jeweils herrschenden ökologischen und sozialen Bedingungen abhängt, ist der Schlüssel zum Verständnis der sozialen Evolution mit ihrer unstillbaren inneren Dynamik.

Jene Phasen der Evolution, in denen die Angriffspunkte der Selektion allmählich von Teilen auf Systeme übergehen, können als „die großen Übergänge der Evolution" (*The Major Transitions in Evolution*, Maynard Smith und Szathmáry 1995) bezeichnet werden. Für den heutigen Betrachter markieren diese Systemübergänge echte Stufen oder Zäsuren der biologischen Evolution, an denen meist grundsätzlich neue biologische Phänomene sichtbar werden. So war der Übergang von den kleinen prokaryoten zu den großen eukaryoten Zellen das Ergebnis der Evolution einer symbiontischen Beziehung zwischen Zellen und hatte unter anderem die Globalisierung des aeroben Stoffwechsels sowie die Erfindung der Sexualität (mit all ihren Begleiterscheinungen, wie Reduktionsteilung, genetischer Kombinatorik und interzellulären Erkennungssystemen) zur Folge. Der Übergang vom Einzeller zum vielzelligen Organismus brachte die Trennung von Keimbahn und Soma mit sich und bereitete den Auftritt des Todes auf der Bühne der Evolution vor.

Tabelle 6.1

Während die kombinatorischen Mechanismen der sexuellen Fortpflanzungsweise die *genotypische* Einzigartigkeit des eukaryoten Individuums begründeten, verantwortet die Trennung von Keimbahn und Soma dessen *phänotypische* Einzigartigkeit. Diese wurzelt in somatischen Veränderungen und epigenetischen Zwängen, die die Entwicklung des Individuums in spezifische Bahnen lenken. Vor allem aber verdankt der Phänotyp seine Einzigartigkeit der Spezifität, mit der Immunsystem und Gehirn sämtliche Einflüsse aus der Umwelt verarbeiten, so daß sogar genetisch identische Angehörige eines Klons den Charakter von Persönlichkeiten mit jeweils einzigartigen Lebensläufen erwerben.

Schlußwort:
Das egoistische Gen und
seine Partner

Das zentrale Thema dieses Buches ist das spannungsreiche Verhältnis zwischen Genotyp und Phänotyp in einer von mehreren Linien der biologischen Evolution – und zwar in jener, die in das Tierreich und zum Menschen führt. Das Genom enthält zwar ein Rezept zur Herstellung eines Organismus, doch dessen Leistungen können nur auf der Ebene des Phänotyps verstanden und analysiert werden. (Das heißt, sie können selbst bei vollkommener Kenntnis des genetischen Rezepts aus diesem nicht *abgeleitet* werden.) Für den jeweiligen Bauplan und das funktionelle Gefüge eines phänotypischen Systems sowie für dessen Beziehungen zur Umwelt gelten besondere Regeln. Diese kanalisieren die Expressionsmöglichkeiten des Genoms in Richtung auf spezifische Wechselwirkungen und Abhängigkeiten, wie sie etwa in der Genauigkeit der Translation, der optimalen Energienutzung, der richtigen Zeitmessung, der kostengünstigsten Fehlerkontrolle, in den Gesetzen des Wachstums und in den Prinzipien der Arbeitsteilung und Informationsverarbeitung zum Ausdruck kommen. Freilich werden auch die für solche Regelhaftigkeiten verantwortlichen physiologischen Prozesse von Genen gesteuert, und freilich müssen auch sie sich in Auseinandersetzungen mit der Umwelt bewähren. Dennoch läßt sich behaupten, daß der Phänotyp gleichsam die Bühne ist, auf der egoistische Gene zur Kooperation gezwungen (oder erzogen) werden. Nur durch das Zusammenwirken Hunderter oder Tausender von genetischen Einheiten kommt jene Vielzahl struktureller und funktioneller Kompromisse zustande, die es erlauben, den individuellen Organismus als eine Einheit, als *Einheit der Selektion*, anzusehen. So hat sich im Tierreich – und nur in diesem – eine von miteinander kooperierenden egoistischen Genen angetriebene Evolution vollzogen, die, neben vielen anderen Produkten, auch den mit einem leistungsfähigen Organ der Informationsverarbeitung versehenen intelligenten Primaten hervorgebracht hat. Diesem ist nicht nur auferlegt, den Anweisungen des Genoms zu folgen, sondern er vermag solchen Anweisungen auch zu widersprechen. Höchstentwickelter Repräsentant dieses Widerspruchs ist das menschliche Individuum, das imstande ist, in sein Leben Normen einzuführen, die es in der biologischen Evolution bis dahin nicht gegeben hat (zum Beispiel die Idee, *sämtliche* Vertreter der Art *Homo sapiens* seien Brüder oder Schwestern, oder die Idee, der Phänotyp könne durch seine Hervorbringungen Unsterblichkeit erringen).

In diesem Sinne spreche ich von *zwei Gesichtern* der Evolution und vergleiche das sich reflektierende *Individuum* mit einer Erfindung, in der sich die biologische Evolution gleichsam selbst betrachtet und kommentiert.

Zitierte Literatur

Ader, R.; Felten, D. L.; Cohen, N. (Hrsg.) *Psychoneuroimmunology*. New York (Academic Press) 1991.

Alberch, P. *Natural selection and developmental constraints: external versus internal determinants of order in nature.* In: De Rousseau, C. J. (Hrsg.) *Primate life history and evolution.* New York (Wiley-Liss) 1990, S. 15–35.

Alberts, B.; Bray, D.; Lewis, J.; Raff, M.; Roberts, K.; Watson, J. D. *Molecular biology of the cell.* 1. und 3. Aufl. New York/London (Garland) 1983 und 1994. [Aktuelle deutsche Auflage: *Molekularbiologie der Zelle.* Weinheim (Wiley-VCH) 1995.]

Alexander, R. D. *The evolution of social behavior.* In: *Ann. Rev. Ecol. Syst.* 5 (1974) S. 325–383.

Alexander, R. D. *The biology of moral systems.* New York (Aldine de Gruyter) 1987.

Alexander, R. D. *Über die Interessen der Menschen und die Evolution von Lebensabläufen.* In: Meier, H. (Hrsg.) *Die Herausforderung der Evolutionsbiologie.* München (Piper) 1988, S. 129–172.

Alexander, R. M. *Optima for animals.* London (Edward Arnold) 1982.

Amberson, W. R.; Roisen, F. J.; Bauer, A. C. *The attachment of glycolytic enzymes to muscle ultrastructure.* In: *J. cell. comp. Physiol.* 66 (1965) S. 71–90.

Ambros, V. *Genetic basis for heterochronic variation.* In: McKinney, M. L. (Hrsg.) *Heterochrony in evolution: a multidisciplinary approach.* New York (Plenum Press) 1988.

Anfinsen, C. B. *Principles that govern the folding of protein chains.* In: *Science* 181 (1973) S. 223–230.

Arigoni, F.; Pogliano, K.; Webb, C. D.; Stragier, P.; Losick, R. *Localization of protein implicated in establishment of cell type to sites of asymmetric division.* In: *Science* 270 (1995) S. 637–640.

Aronson, B. D.; Johnson, K. A.; Loros J. L.; Dunlap J. C. *Negative feedback defining a circadian clock: autoregulation of the clock gene frequency.* In: *Science* 263 (1994) S. 1578–1584.

Arruda, S.; Bomfim, G.; Knights, R.; Huima-Byron T.; Riley L. W. *Cloning of an M. tuberculosis DNA fragment associated with entry and survival inside cells.* In: *Science* 261 (1993) S. 1454–1457.

Ashby, W. R. *Design for a brain. The origin of adaptive behaviour.* 1. Aufl. London (Chapman & Hall) 1952, 2. Aufl. New York (John Wiley & Sons) 1960.

560   Die Erfindung der Individualität

Atkinson, D. E. *Cellular energy metabolism and its regulation*. New York (Academic Press) 1977.

Axelrod, R. *The evolution of cooperation*. New York (Basic Books) 1984.

Axelrod, R.; Dion; D. *The further evolution of cooperation*. In: *Science* 242 (1988) S. 1385–1390.

Ayre, D. J.; Grosberg, R. K. *Aggression, habituation, and clonal coexistence in the anemone Anthopleura elegantissima*. In: *Am. Nat.* 146 (1995) S. 427–453.

Baer, K. E. von *Über die Entwicklungsgeschichte der Thiere. Beobachtung und Reflexion*. Königsberg (Gebr. Bornträger) 1828.

Bayer, H. C. von *Gleich und doch verschieden*. In: *Die Zeit* 26. Dezember (1997) S. 35.

Baker, J. *Selective effects of insecticides on within-species variation: the lesson to be learnt when considering the environmental effects of pollutants*. In: *Agricult. Environm.* 7 (1982) S. 187–198.

Baldwin, J. M. *A new factor in evolution*. In: *Am. Nat.* 30 (1896) S. 441–451, 536–553.

Baltzer, F. *Entwicklungsphysiologische Betrachtungen über Probleme der Homologie und Evolution*. In: *Rev. Suisse Zool.* 57 (1950) S. 451–477.

Bateson, W. *Materials for the study of variation treated with especial regard to discontinuity in the origin of species*. London (Macmillan) 1894.

Becker, E. W. *Efficiency of muscle contraction. The chemimechanic equilibrium*. In: *Naturwissenschaften* 78 (1991) S. 445–449.

Beeckmans, S.; Driessche, E. van; Kanarek, L. *Clustering of sequential enzymes in the glycolytic pathway and the citric acid cycle*. In: *J. Cell Biochem.* 43 (1990) S. 297–306.

Begon, M.; Harper, J. L.; Townsend, C. R. *Ecology. Individuals, populations and communities*. Boston (Blackwell Science) 1986. [Aktuelle deutsche Ausgabe: *Ökologie*. Heidelberg/Berlin (Spektrum Akademischer Verlag) 1998.]

Bell, G. *The masterpiece of nature: The evolution and genetics of sexuality*. Los Angeles (University of California Press) 1982.

Bell, G. *Sex and death in Protozoa. The history of an obsession*. Cambridge (Cambridge University Press) 1988.

Bell, M. A. *Origin of metazoan phyla: Cambrian explosion or proterozoic slow burn?* In: *Trends Ecol. & Evol.* 12 (1997) S. 1–2.

Bell, S. P.; Stillman, B. *ATP-dependent recognition of eukaryotic origins of DNA replication by a multiprotein complex*. In: *Nature* 357 (1992) S. 128–136.

Bereiter-Hahn, J.; Airas, J.; Blum, S. *Supramolecular associations with the cytomatrix and their relevance in metabolic control: protein synthesis and glycolysis*. In: *Zoology* 100 (1997) S. 1–24.

Bernard, C. *Leçon sur les phénomènes de la vie commune aux animaux et aux végétaux*. Paris 1878.

Berridge, M. J. *The molecular basis of communication within the cell*. In: *Scientific American* October 1985. S. 142–152. [Deutsche Ausgabe: *Signalübertragung in die Zelle*. In: *Spektrum der Wissenschaft* 12 (1985). S. 136–146.]

Berridge, M. J. *Inositol triphosphate and calcium signalling*. In: *Nature* 361 (1993) S. 315–325.

Berridge, M. J. *Elementary and global aspects of calcium signalling*. In: *J. Exp. Biol.* 200 (1997) S. 315–319.

Bertalanffy, L. von *Theoretische Biologie*. Bd. 1 und 2. Berlin (Gebr. Bornträger) 1932 und 1942.

Bird, A.; Tweedie, S. *Transcriptional noise and the evolution of gene number*. In: *Philos. Trans. R. Soc. Lond.* B 349 (1995) S. 249–253.

Bischof, H.-J. *Song learning, filial imprinting, and sexual imprinting: three variations of a common theme?* In: *Biomed. Res.* 18, Suppl. 1 (1997) S. 133–146.

Bischof, H.-J. *Die Besonderheiten frühkindlichen Lernens bei Vögeln*. In: *BIUZ* 28 (1998) S. 214–221.

Bischof, N. *Ordnung und Organisation als heuristisches Prinzip des reduktiven Denkens*. In: Meier, H. (Hrsg.) *Die Herausforderung der Evolutionsbiologie* München (Piper) 1988, S. 79–128.

Blackman, F. F. *Optima and limiting factors*. In: *Ann. Bot. (London)* 19 (1905) S. 281–295.

Blau, H. M. *How cells know their place*. In: *Nature* 358 (1992) S. 284–285.

Blaxter, K. *Energy metabolism in animals and man*. Cambridge (Cambridge University Press) 1989.

Bodnar, A. G. et al. *Extension of life-span by introduction of telomerase into normal human cells*. In: *Science* 279 (1998) S. 349–352.

Boehm, C. *Impact of the human egalitarian syndrome on darwinian selection mechanics*. In: *Am. Nat.* 150 (1997) S. 100–121.

Böhm, H. *Activity of the stomatogastric system in free-moving crayfish*, Orconectes limosus *Raf*. In: *Zoology* 99 (1996) S. 247–257.

Bonner, J. T. *Size and cycle*. Princeton, NJ (Princeton University Press) 1965.

Bonner, J. T. *The origins of multicellularity*. In: *Integr. Biol.* 1 (1998) S. 27–36.

Bowring, S. A. et al. *Calibrating rates of early Cambrian evolution*. In: *Science* 261 (1993) S. 1293–1298.

Boyd, R.; Richerson, P. *Culture and cooperation*. In: Mansbridge, J. J. (Hrsg.) *Beyond Self-Interest*. Chicago (University of Chicago Press) 1990.

Bradshaw, A. D. *Genostasis and the limits to evolution*. In: *Philos. Trans. R. Soc. Lond.* B 333 (1991) S. 289–305.

Brand, M. D.; Couture, P.; Else, P. L.; Withers, K. W.; Hulbert, A. J. *Evolution of energy metabolism. Proton permeability of the inner membrane of liver mitochondria is greater in a mammal than in a reptile*. In: *Biochem. J.* 275 (1991) S. 81–86.

Brand, M. D.; Lee-Feng, C.; Rolfe D. F. S. *Regulation of oxidative phosphorylation.* In: *Biochem. Soc. Trans.* 21 (1993) S. 757–762.

Brandon, R. N. *Adaptation and Environment.* Princeton, NJ (Princeton University Press) 1990.

Brillouin, L. *Life, thermodynamics and cybernetics.* In: *Am. Sci.* 37 (1949) S. 554.

Broda, E. *The evolution of the bioenergetic processes.* Oxford (Pergamon Press) 1975.

Brown, C. *Total cell protein concentration as an evolutionary constraint on the metabolic control distribution in cells.* In: *J. Theor. Biol* 153 (1991) S. 195–203.

Bull, J. J.; Molineux, I. J.; Rice, W. R. *Selection of benevolence in a host-parasite system.* In: *Evolution* 45 (1991) S. 875–882.

Burda, H. *Individual recognition and incest avoidance in eusocial common mole-rats rather than reproductive suppression by parents.* In: *Experientia* 51 (1995) S. 411–413.

Burnet, F. M. *The clonal selection theory of acquired immunity.* Nashville, TN (Vanderbilt University Press) 1959.

Buss, L. W. *The evolution of individuality.* Princeton, NJ (Princeton University Press) 1987.

Buss, L. W.; Dick, M. *The middle ground of biology: themes in the evolution of development.* In: Grant, P. R.; Horn, H. S. (Hrsg.) *Molds, molecules, and metazoa.* Princeton, NJ (Princeton University Press) 1992, S.77–97.

Cairns-Smith, A. G. *Seven clues to the origin of life.* Cambridge (Cambridge University Press) 1985.

Calder, W. A. *Size, function, and life history.* Cambridge, MA (Harvard University Press) 1984.

Canfield, D. E.; Teske, A. *Late proterozoic rise in atmospheric oxygen concentration inferred from phylogenetic and sulphur-isotope studies.* In: *Nature* 382 (1996) S. 127–132.

Cannon, W. B. *The wisdom of the body.* New York (W. W. Norton) 1932.

Capra, F. *Lebensnetz.* Bern (Scherz) 1996.

Case, T. J. *On the evolution and adaptive significance of postnatal growth rates in the terrestrial vertebrates.* In: *Q. Rev. Biol.* 53 (1978) S. 243–279.

Casey, T. M.; Ellington, C. P. *Energetics of insect flight.* In: Wieser, W.; Gnaiger, E. (Hrsg.) *Energy transformations in cells and organisms.* Stuttgart (Thieme) 1989, S. 200–210.

Cavalier-Smith, T. *The evolution of cells.* In: Osawa, S.; Honjo, T. (Hrsg.) *Evolution of life.* Heidelberg (Springer) 1991, S. 271–304.

Cech, T. R.; Bass, B. L. *Biological catalysis by RNA.* In: *Ann. Rev. Biochem.* 55 (1986) S. 599–629.

Changeux, J.-P.; Danchin, A. *Selective stabilisation of developing synapses as a mechanism for the specification of neural networks.* In: *Nature* 164 (1976) S. 705–712.

Chelvanayagam, G.; Roy, G.; Argos, P. *Easy adaptation of protein structure to sequence*. In: *Prot. Engineer.* 7 (1994) S. 173–184.

Chomsky, N. *Language and mind*. New York (Harcourt Brace & World) 1968. [Deutsche Ausgabe: *Sprache und Geist*. Frankfurt am Main (Suhrkamp) 1972.]

Clark, E. A.; Brugge, J. S. *Integrins and signal transduction pathways: the road taken*. In: *Science* 268 (1995) S. 233–239.

Cohen, P. *Fatal flaw*. In: *New Sci.* 4. April (1998) S. 21.

Coninck, P. de; Schulman, H. *Sensitivity of CaM kinase II to the frequency of Ca^{2+} oscillations*. In: *Science* 279 (1998) S. 227–230.

Cope, E. D. *On the evolution of the vertebrata, progressive and retrogressive*. In: *Am. Nat.* 19 (1885) S. 140–148, 234–247, 341–353.

Cornish-Bowden, A. *The effect of natural selection on enzyme catalysis*. In: *J. Mol. Biol.* 101 (1976) S. 1–9.

Craig, E. A. *Chaperones: helpers along the pathways to protein folding*. In: *Science* 260 (1993) S. 1902–1904.

Cramer, W. A.; Knaff, D. B. *Energy transduction in biological membranes*. New York (Springer) 1989.

Crick, F. H. *Diffusion in embryogenesis*. In: *Nature* 225 (1970) S. 420–422.

Crozier, R. H.; Pamilo, P. *Evolution of social insect colonies. Sex allocation and kin selection*. New York (Oxford University Press) 1996.

Cuvier, G. de *Sur un nouveau rapprochement à établir entre les classes qui composent le Règne animal*. In: *Ann. du Muséum d'histoire naturelle.* Bd. 19 (1812) S. 73–84.

Damasio, A. R. *Descartes' Irrtum. Fühlen, Denken und das menschliche Gehirn*. München (List) 1995.

Darwin, C. *Über die Entstehung der Arten durch natürliche Zuchtwahl*. 6. Aufl. Stuttgart (Schweizerbart'sche Verlagsbuchhandlung) 1876.

Daut, J. *The living cell as an energy-transducing machine. A minimal model of myocardial metabolism*. In: *Biochem. Biophys. Acta* 895 (1987) S. 41–62.

Davidson, E. H. *Spatial mechanisms of gene regulation in metazoan embryos*. In: *Development* 113 (1991) S. 1–26.

Davidson, E. H.; Peterson, K. J.; Cameron, R. A. *Origin of bilaterian body plans: evolution of developmental regulatory mechanisms*. In: *Science* 270 (1995) S. 1319–1325.

Dawkins, R. *The selfish gene*. Oxford (Oxford University Press) 1976.

Dawkins, R. *Das egoistische Gen*. Berlin (Springer) 1978. [Aktuelle Ausgabe: *Das egoistische Gen*. Heidelberg/Berlin (Spektrum Akademischer Verlag) 1994.]

Dawkins, R. *The extended phenotype*. Oxford (Oxford University Press) 1982.

Dawkins, R.; Krebs, J. R. *Arms races between and within species*. In: *Proc. R. Soc. Lond. Ser.* B205 (1979) S. 489–511.

Dennett, D. C. *Darwin's dangerous idea.* New York (Simon & Schuster) 1995. [Deutsche Ausgabe: *Darwins gefährliches Erbe. Die Evolution und der Sinn des Lebens.* Hamburg (Hoffmann und Campe) 1997.]

De Beer, G. R. *Embryos and ancestors.* Oxford (Clarendon Press) 1958.

DeRisi, J. L.; Iyer, V. R.; Brown, P. O. *Exploring the metabolic and genetic control of gene expression on a genomic scale.* In: *Science* 278 (1997) S. 680–686.

DeVore, I. *Primate behavior; field studies of monkeys and apes.* New York/London (Holt, Rinehart & Winston) 1965.

Diamond, J. *The rise and fall of the third chimpanzee.* London (Radius) 1991. [Aktuelle deutsche Ausgabe. *Der dritte Schimpanse. Evolution und Zukunft des Menschen.* 2. Aufl., Frankfurt am Main (S. Fischer) 1994.]

Diamond, J.; Hammond, K. *The matches, achieved by natural selection, between biological capacities and their natural loads.* In: *Experientia* 48 (1992) S. 551–557.

Ding, H.-F., Rimsky, S.; Batson, S. C.; Bustin, M.; Hansen, U. *Stimulation of RNA polymerase II elongation by chromosomal protein HMG-14.* In: *Science* 265 (1994) S. 796–799.

Dodgson, C. L. (Lewis Carroll) *Through the Looking-Glass.* London 1872. [Deutsche Ausgabe: *Alice hinter den Spiegeln.* Frankfurt am Main (Insel) 1963.]

Dohle, W. *Zur Frage der Homologie ontogenetischer Muster.* In: *Zool. Beitr. N. F.* 32 (1989) S. 355–389.

Donoghue, M. J., Morris-Valero, R.; Johnson, Y. R.; Merlie, J. P.; Sanes, J.R. *Mammalian muscle cells bear a cell-autonomous, heritable memory of their rostrocaudal position.* In: *Cell* 69 (1992) S. 67–77.

Douglas, A. E. *Symbiotic interactions.* Oxford (Oxford University Press) 1994.

Douglas, A. E.; Smith, D. C. *The costs of symbionts to the host in green hydra.* In: *Endocytobiology* 2 (1983) S. 631–647.

Driever, W.; Nüsslein-Volhard, C. *The bicoid protein determines position in the Drosophila embryo in a concentration-dependent manner.* In: *Cell* 54 (1988) S. 95–104.

Driesch, H. *Philosophie des Organischen.* 2. Aufl. Leipzig (Wilhelm Engelmann) 1921.

Drischel, H. *Blutzuckerregelung.* In: Mittelstaedt, H. (Hrsg.) *Regelungsvorgänge in der Biologie.* München (Oldenbourg) 1956, S. 60–75.

D'Souza, T.; Dryer, S. E. *A cationic channel regulated by a vertebrate intrinsic circadian oscillator.* In: *Nature* 382 (1996) S. 165–167.

Dürer, A. *Vier Bücher über menschliche Proportion.* Nürnberg 1528.

Durkheim, E. *De la division du travail social. Étude sur l'organisation des sociétés supérieures.* Paris (Alcan) 1902. [Deutsche Ausgabe: *Über soziale Arbeitsteilung. Studie über die Organisation höherer Gesellschaften.* Frankfurt am Main (Suhrkamp) 1988, 1992.]

Dykhuizen, D. E.; Dean, A. M. *Enzyme activity and fitness: evolution in solution*. In: *Trends Ecol. & Evol.* 5 (1990) S. 257–262.

Edelman, G. M. *Neural Darwinism. The theory of neural group selection*. New York (Basic Books) 1987. [Deutsche Ausgabe: *Unser Gehirn, ein dynamisches System. Die Theorie des neuralen Darwinismus und die biologischen Grundlagen der Wahrnehmung*. München/Zürich (Piper) 1993.]

Edelman, G. M. *Topobiology. An introduction to molecular embryology*. New York (Basic Books) 1988.

Edelman, G. M. *Topobiology*. In: *Scientific American* May 1989, S. 44–52. [Deutsche Ausgabe: *Topobiologie*. In: *Spektrum der Wissenschaft* 7 (1989) S. 52–60.]

Edelman, G. M. *Bright air, briliant fire. On the matter of the mind*. New York (Basic Books) 1992. [Deutsche Ausgabe: *Göttliche Luft, vernichtendes Feuer. Wie der Geist im Gehirn entsteht – die revolutionäre Vision des Medizin-Nobelpreisträgers*. München/Zürich (Piper) 1995.]

Eibl-Eibesfeldt, I. *Grundriß der vergleichenden Verhaltensforschung*. München (Piper) 1967.

Eigen, M. *Molecular self-organization and the early stages of evolution*. In: *Q. Rev. Biophys.* 4 (1971) S. 149–212.

Eigen, M.; Winkler, R. *Das Spiel. Naturgesetze steuern den Zufall*. München (Piper) 1975.

Eigen, M.; Schuster, P. *The hypercycle. A principle of natural self-organization*. Part A: *Emergence of the hypercycle*. In: *Naturwissenschaften* 64 (1977) S. 541–565.

Eigen, M.; Schuster, P. *The hypercycle – a principle of natural self-organization*. Heidelberg (Springer) 1979.

Eigen, M.; Gardiner, W.; Schuster, P.; Winkler-Oswatitsch, R. *The origin of genetic information*. In: *Scientific American* April 1981. S. 88–116. [Deutsche Ausgabe: *Ursprung der genetischen Information*. In: *Spektrum der Wissenschaft* 6 (1981) S. 36–56.]

Eigen, M.; McCaskill, J.; Schuster, P. *The molecular quasispecies*. In: *Adv. Chem. Phys.* 75 (1989) S. 149–263.

Eldredge, N.; Gould, S. J. 1972. *Punctuated equilibria: An alternative to phyletic gradualism*. In: Schopf, T. J. M. (Hrsg.) *Models in Paleobiology*. San Francisco (Freeman, Cooper & Co.) S. 82–115.

Ellis, R. J.; Hemmingsen, S. M. *Molecular chaperones: proteins essential for the biogenesis of some macro-molecular structures*. In: *Trends Biochem. Sci.* 14 (1989) S. 339–342.

Else, P. J.; Hulbert, A. J. *Evolution of mammalian endothermic metabolism: „leaky" membranes as a source of heat*. In: *Am. J. Physiol.* 253 (1987) R1–R7.

Endler, J. A. *Natural selection in the wild. Monographs in population biology*. Princeton, NJ (Princeton University Press) 1986.

Fabry, S. *SNAREs, Membranen und Vesikel*. In: *BIUZ* 26 (1996) S. 179–186.

Fagerström, T.; Briscoe, D. A.; Sunnucks, P. *Evolution of mitotic cell-lineages in multicellular organisms.* In: *Trends Ecol. & Evol.* 13 (1998) S. 117–1120.

Farrell, A. P.; Bennett, W.; Devlin, R. H. *Extraordinarily big salmon can be inferior swimmers.* In: *J. Exp. Biol.* (1998), (im Druck).

Fell, D. A.; Thomas, S. *Physiological control of metabolic flux: the requirement of multisite modulation.* In: *Biochem. J.* 311 (1995) S. 35–39.

Fenchel, T.; Finlay, B. J. *Respiration rates in heterotrophic, free-living protozoa.* In: *Microb. Ecol.* 9 (1983) S. 99–122.

Fenchel, T.; Finlay, B. J. *The evolution of life without oxygen.* In: *American Scientist* 82 (1994) S. 22–29.

Feng, J. et al. *The RNA component of human telomerase.* In: *Science* 269 (1995) S. 1236–1241.

Fenner, F. *Myxoma virus and* Oryctolagus cuniculus. In: Baker, H. G.; Stebbins, G. L. (Hrsg.) *The genetics of colonizing species.* New York (Academic Press) 1965, S. 485–501.

Ferguson, A. *An essay on the history of civil society.* Edinburgh 1767. [Deutsche Ausgabe: *Versuch über die Geschichte der bürgerlichen Gesellschaft.* Frankfurt am Main (Suhrkamp) 1986.]

Ferrell, J. E. *Tripping the switch fantastic: how a protein kinase cascade can convert graded inputs into switch-like outputs.* In: *Trends Biochem. Sci.* 21 (1996) S. 460–466.

Filosa, M. F. *Heterocytosis in cellular slime molds.* In: *Am. Nat.* 91 (1962) S. 321–325.

Flemming, W. *Zellsubstanz, Kern und Zelltheilung.* Leipzig (F. C. W. Vogel) 1882.

Francis, L. *Clone specific segregation in the sea anemone Anthopleura elegantissima.* In: *Biol. Bull.* 144 (1973) S. 64–72.

Frank, R. H. *Passions within reason.* New York (W. W. Norton) 1988.

Frank, S. A. *Models of parasite virulence.* In: *Q. Rev. Biol.* 71 (1996) S. 37–78.

Freist, W. *Hyperspezifische Enzyme.* In: *ChIUZ* 27 (1993) S. 256–266.

French, D. L.; Laskot, R.; Scharff, M. D. *The role of somatic hypermutation in the generation of antibody diversity.* In: *Science* 244 (1989) S. 1152–1157.

Frisch, K. von *Tanzsprache und Orientierung der Bienen.* Heidelberg (Springer) 1965.

Fuchs, E.; Cleveland, D. W. *A structural scaffolding of intermediate filaments in health and disease.* In: *Science* 279 (1998) S. 514–519.

Galilei, G. *Discorsi e dimostrazioni mathematiche intorno a due nuove scienze attenenti alla mecanica e i movimenti locali.* Leiden (Elzevier) 1638. [Deutsche Ausgabe: *Unterredungen und mathematische Demonstrationen über zwei neue Wissenszweige, die Mechanik und die Fallgesetze betreffend.* Leipzig (Wilhelm Engelmann) 1890/91.]

Gamulin, V.; Rinkevich, B.; Schäcke, H.; Kruse, M.; Müller, I. M.; Müller, W. E. G. *Cell adhesion receptors and nuclear receptors are highly conserved from the lowest metazoa marine sponges to vertebrates.* In: *Biol. Chem.* 375, (1994) S. 583–588.

Gans, C.; Northcutt, R. G. *Neural crest and the origin of vertebrates: a new head.* In: *Science* 220 (1983) S. 268–274.

Gánti, T. *The principle of life.* Budapest (Gondolat) 1971.

Gehlen, A. *Der Mensch – seine Natur und seine Stellung in der Welt.* Berlin (Junker und Dünnhaupt) 1940.

Gehring, W. J. *The homeobox in perspective.* In: *Trends in Biochem. Sci.* 17 (1992) S. 277–280.

George, F. H. *The brain as a computer.* Oxford (Pergamon Press) 1961.

Georgescu-Roegen, M. *Energy and economic myths.* Elsmford, NY (Pergamon Press) 1977.

Georgopoulos, C. *The emergence of the chaperone machines.* In: *Trends Biochem. Sci.* 17 (1992) S. 295–299.

Gething, M.-J.; Sambrook, J. *Protein folding in the cell.* In: *Nature* 355 (1992) S. 33–45.

Gibbons, A. *When it comes to evolution, humans are in the slow class.* In: *Science* 267 (1995) S. 1907–1908.

Gilbert, S. F. *Developmental Biology.* 5. Aufl. Sunderland, MA (Sinauer) 1997.

Gilbert, W. *Why genes in pieces?* In: *Nature* 271 (1978) S. 501.

Girard, R. *Disorder and order in mythology.* In: Livingston, P. (Hrsg.) *Disorder and order: Proceedings of the Stanford international symposium (Sept. 14–16, 1981).* Saratoga, CA (Anma Libri) 1984, S. 80–97.

Glansdorff, P.; Prigogine, I. *Thermodynamic theory of structure, stability and fluctuations.* London (John Wiley & Sons) 1971.

Gnaiger, E. *Concepts of efficiency in biological calorimetry and metabolic flux control.* In: *Thermochimica Acta* 172 (1990) S. 31–52.

Gödel, K. *Über formal unentscheidbare Sätze des Principia Mathematica und verwandter Systeme I.* In: *Monatshefte Math. Phys.* 38 (1931) S. 173–198.

Goethe, J. W. von *Dem Menschen wie den Tieren ist ein Zwischenknochen der obern Kinnlade zuzuschreiben* (1786). In: *Die Schriften zur Naturwissenschaft.* Erste Abteilung, Bd. 9. Weimar (Hermann Böhlaus Nachfolger) 1954, S. 154–186.

Goethe, J. W. von *Erster Entwurf einer allgemeinen Einleitung in die vergleichende Anatomie, ausgehend von der Osteologie* (1795). In: *Die Schriften zur Naturwissenschaft.* Erste Abteilung, Bd. 9. Weimar (Hermann Böhlaus Nachfolger) 1954, S. 119–151.

Goldschmidt, R. *A preliminary report on some genetic experiments concerning evolution.* In: *Am. Nat.* 52 (1918) S. 28–50.

Goldschmidt, R. *Gen und Ausseneigenschaft.* In: *Ztschr. indukt. Abstamm. Vererbungsl.* 69 (1935) S. 38–131.

Goldstein, K. *The organism: a holistic approach to biology derived from pathological data in man.* Nachdruck 1995. New York (Zone Books) 1939.

Goodall, J. *The Chimpanzees of Gombe*. Cambridge, MA (Belknap Press of Harvard University Press) 1986.

Goodsell, D. S. *The machinery of life*. New York (Springer) 1993.

Gottschal, J. C.; Prins, R. A. *Thermophiles: a life at elevated temperatures*. In: *Trends Ecol. & Evol.* 6 (1991) S. 157–161.

Gould, S. J. *Ontogeny and phylogeny*. Cambridge, MA (Harvard University Press) 1977.

Gould, S. J. *Wonderful life. The Burgess shale and the nature of history*. London (Hutchinson Radius) 1989. [Deutsche Ausgabe: *Zufall Mensch. Das Wunder des Lebens als Spiel der Natur*. München (DTV) 1994.]

Gould, S. J. *Full house: the spread of excellence from Plato to Darwin*. New York (Harmony/Random House) 1996. [Deutsche Ausgabe: *Illusion Fortschritt. Die vielfältigen Wege der Evolution*. Frankfurt am Main (S. Fischer) 1998.]

Grene, M. *Hierarchies and Behavior*. In: Greenberg, G; Tobach, E. (Hrsg.) *Evolution of social behavior and integrative levels*. Hillsdale, NJ (Lawrence Erlbaum) 1988, S. 3–17.

Gröning, K. *Prä-mRNA-Splicing*. In: *BIUZ* 24 (1994) S. 315–322.

Günther, B. *Stoffwechsel und Körpergröße; Dimensionsanalyse und Similaritätstheorien*. In: Aschoff, J.; Günther, B.; Kramer, K. (Hrsg.) *Physiologie des Menschen*. Bd. 2 München/Berlin/Wien (Urban & Schwarzenberg) 1971, S. 117–152.

Gupta, R. S.; Golding, G. B. *The origin of the eukaryotic cell*. In: *Trends Biochem. Sci.* 21 (1996) S. 166–171.

Gutzeit, H. O. *Die Entwicklung der Eizelle bei Insekten*. In: *BIUZ* 20 (1990) S. 33–41.

Hacking, I. *The taming of chance*. Cambridge (Cambridge University Press) 1990.

Haeckel, E. *Natürliche Schöpfungsgeschichte*. Zweiter Teil. In: Schmidt-Jena, H. (Hrsg.) *Gemeinverständliche Werke* Bd. 2. Leipzig (Alfred Kröner) 1924.

Haig, D. *Genetic conflicts in human pregnancy*. In: *Q. Rev. Biol.* 68 (1993) S. 495–532.

Haig, D.; Grafen, A. *Genetic scrambling as a defence against meiotic drive*. In: *J. Theor. Biol.* 153 (1991) S. 531–558.

Haken, H. *Synergetics. An introduction*. Heidelberg (Springer) 1983.

Haken, H. *Die Selbstorganisation der Information in biologischen Systemen aus der Sicht der Synergetik*. In: Küppers, B. (Hrsg.) *Ordnung aus dem Chaos*. München (Piper) 1987, S. 127–156.

Haken, H. *Entwicklungslinien der Synergetik, I*. In: *Naturwissenschaften* 75 (1988) S. 163–172.

Haken, H. *Synergetik*. 3. Aufl. Heidelberg (Springer) 1990.

Halder, G.; Callaerts, P.; Gehring, W. J. *Induction of ectopic eyes by targeted expression of the eyeless gene in* Drosophila. In: *Science* 267 (1995) S. 1788–1791.

Hall, A. *A biochemical function for Ras – at last.* In: *Science* 264 (1994) S. 1413–1414.

Hall, B. G. *Spontaneous point mutations that occur more often when advantageous than when neutral.* In: *Genetics* 126 (1990) S. 5–16.

Hall, B. G. *Selection-induced mutations occur in yeast.* In: *Proc. Nat. Acad. Sci. USA* 89 (1992) S. 4300–4303.

Hall, B. K. *Baupläne, phylotypic stages, and constraint.* In: Hecht, M. K. et al. (Hrsg.) *Evol. Biol.* 29. New York (Plenum Press) 1996, S. 215–261.

Halling, P. J. *Do the laws of chemistry apply to living cells?* In: *Trends Biochem. Sci.* 14 (1989) S. 317–318.

Hamilton, W. D. *The genetical evolution of social behavior.* In: *J. Theor. Biol.* 7 (1964) S. 1–52.

Hammond, K. A.; Konarzewski, M.; Torres, R. M.; Diamond, J. *Metabolic ceilings under a combination of peak energy demands.* In: *Physiol Zool.* 67 (1994) S. 1479–1506.

Hanawalt, P. C. *Transcription-coupled repair and human disease.* In: *Science* 266 (1994) S. 1957–1958.

Harcourt, A. H.; Waal, F. B. M. de (Hrsg.) *Coalitions and alliances in humans and other animals.* Oxford (Oxford University Press) 1992.

Harley, C. B.; Vaziri, H.; Counter, C. M.; Allsopp, R. C. *The telomere hypothesis of cellular aging.* In: *Exp. Gerontol.* 27 (1992) S. 375–382.

Harris, R. B. S. *Role of set-point theory in regulation of body weight.* In: *FASEB J.* 4 (1990) S. 3310–3318.

Hart, M. H. *The evolution of the atmosphere of the earth.* In: *Icarus* 33 (1978) S. 23–39.

Hartl, D. L. *New perspectives on the molecular evolution of genes and genomes.* In: Waren, L.; Koprowski, H. (Hrsg.) *New perspectives on evolution.* New York (John Wiley & Sons) 1991, S. 123–137.

Hartwell, L. H.; Weinert, T. A. *Checkpoints: controls that ensure the order of cell cycle events.* In: *Science* 246 (1989) S. 629–634.

Harvell, C. D. *Coloniality and inducible polymorphism.* In: *Am. Nat.* 138 (1991) S. 1–14.

Hassenstein, B. *Biologische Kybernetik.* Heidelberg (Quelle & Meyer) 1965.

Hassenstein, B. *Modellrechnung zur Datenverarbeitung beim Farbensehen des Menschen.* In: *Kybernetik* 4 (1968) S. 209–223.

Haszprunar, G. *Ursprung und Stabilität tierischer Baupläne.* In: Wieser, W. (Hrsg.) *Die Evolution der Evolutionstheorie.* Heidelberg/Berlin (Spektrum Akademischer Verlag) 1994, S. 129–154.

Hayflick, L.; Moorhead, P. S. *The serial cultivation of human diploid cell strains.* In: *Exp. Cell Res.* 25 (1961) S. 585–621.

Hazel, J. R. *Thermal adaptation in biological membranes: is homeoviscous adaptation the explanation?* In: *Annu. Rev. Physiol.* 57 (1995) S. 19–42.

Heinrich, R.; Hoffmann, E. *Kinetic parameters of enzymatic reactions in states of maximal activity; an evolutionary approach.* In: *J. Theor. Biol.* 151 (1991) S. 249–283.

Heinrich, R.; Rapoport, T. A. *A linear steady-state treatment of enzymatic chains: general properties, control and effector strength.* In: *Eur. J. Biochem.* 42 (1974) S. 89–95.

Hesketh, J. *Compartmentation of protein synthesis, RNA targeting and c-myc expression during muscle hypertrophy and growth.* In: Loughna, P. T.; Pell, J. M. (Hrsg.) *Molecular physiology of growth.* Cambridge (Cambridge University Press) 1996, S. 99–118.

Hilt, W.; Wolf, D. H. *Proteasomen.* In: *Naturwissenschaften* 82 (1995) S. 257–268.

Hirokawa, N. *Kinesin and dynein superfamily proteins and the mechanism of organelle transport.* In: *Science* 279 (1998) S. 519–526.

Ho, D. D. et al. *Rapid turnover of plasma virions and CD4 lymphocytes in HIV-1 infection.* In: *Nature* 373 (1995) S. 123–126.

Hochachka, P. W.; Guppy, M. *Metabolic arrest and the control of biological time.* Cambridge, MA (Harvard University Press) 1987.

Hodgkin, J.; Barnes, T. M. *More is not better – brood size and population growth in a self-fertilizing nematode.* In: *Proc. R. Soc. Lond. Ser.* B 246 (1991) S. 19–24.

Hoekstra, R. F. *The evolution of sexes.* In: Stearns, S. C. (Hrsg.) *The evolution of sex and its consequences.* Basel (Birkhäuser) 1987, S. 59–91.

Hoffmann, P. *Die Photosynthese – ein photonengetriebener Wasserstoffgenerator – die entropische Grundlage des Lebens auf der Erde.* In: *Biol. Rundsch.* 28 (1990) S. 121–125.

Hölldobler, B.; Wilson, E. O. *The ants.* Cambridge, MA (Harvard University Press) 1990.

Holliday, M. A. *Body composition and energy needs during growth.* In: Falkner, F.; Tanner, J. M. (Hrsg.) *Human growth: a comprehensive treatise.* Bd. 2, 2. Aufl. New York (Plenum) 1986, S. 101–117.

Hoppeler, H. *The different relationship of V_{O_2}max to muscle mitochondria in humans and quadruped animals.* In: *Resp. Physiol.* 80 (1990) S. 137–146.

Horst, M.; Azem, A.; Schatz, G.; Glick, B. S. *What is the driving force for protein import into mitochondria?* In: *Biochim. Biophys. Acta* 1318 (1997) S. 71–78.

Hoyt, D. F.; Taylor, C. R. *Gait and the energetics of locomotion in horses.* In: *Nature* 292 (1981) S. 239–240.

Huang, Z.-Y.; Robinson, G. E. *Honeybee colony integration: worker-worker interactions mediate hormonally regulated plasticity in division of labor.* In: *Proc. Nat. Acad. Sci. USA* 89 (1992) S. 11726–11729.

Hubel, D. H.; Wiesel, T. N. *Receptive fields, binocular interaction and functional architecture in the cat's visual cortex.* In: *J. Physiol.* 160 (1962) S. 106–154.

Hug, H. *Proteinkinase C.* In: *BIUZ* 22 (1992) S. 336–341.

Hull, D. *Individuality and selection.* In: *Ann. Rev. Ecol. Syst.* 11 (1980) S. 311–332.

Humphreys, W. F. *Production and respiration in animal populations.* In: *J. Anim. Ecol.* 48 (1979) S. 427–453.

Hurst, L. D. *Intragenomic conflict as an evolutionary force.* In: *Proc. R. Soc. Lond. Ser.* B 248 (1992) S. 135–140.

Hurst, L. D.; Hamilton, W. D. *Cytoplasmic fusion and the nature of sexes.* In: *Proc. R. Soc. Lond. Ser.* B 247 (1992) S. 189–194.

Hurst, L. D.; Atlan, A.; Bengtsson, B. O. *Genetic conflicts.* In: *Q. Rev. Biol.* 71 (1996) S. 317–364.

Hurst, L. D.; Peck, J. R. *Recent advances in understanding of the evolution and maintenance of sex.* In: *Trends Ecol. & Evol.* 11 (1996) S. 46–52.

Hutchinson, G. E. *An introduction to population ecology.* London/New Haven, CT (Yale University Press) 1978.

Huxley, J. S. *The individual in the animal kingdom.* Cambridge (Cambridge University Press) 1912.

Huxley, J. S. *Problems of relative growth.* London (Methuen) 1932.

Ingber, D. E. *The riddle of morphogenesis: a question of solution chemistry or molecular cell engineering? Cell* 75 (1993) S. 1249–1252.

Jablonka, E. *Inheritance systems and the evolution of new levels of individuality.* In: *J. Theor. Biol.* 170 (1994) S. 301–309.

Jacob, F. *La logique du vivant. Une histoire d'hérédité.* Paris (Gallimard) 1970. [Deutsche Ausgabe: *Die Logik des Lebenden. Von der Urzeugung zum genetischen Code.* Frankfurt am Main 1972.]

Jacob, F.; Monod, J. *Genetic regulatory mechanisms in the synthesis of proteins.* In: *J. Mol. Biol.* 3 (1961) S. 318–356.

Jantsch, E. *Die Selbstorganisation des Universums.* München (Hanser) 1979.

Jerne, N. K. *The somatic generation of immune recognition.* In: *Europ. J. Immunol.* 1 (1971) S. 1–9.

Jones, G. H. *Chiasmata.* In: Moens, P. B.(Hrsg.) *Meiosis.* Orlando (Academic Press) 1987, S. 213–244.

Jordan, P. *Die Physik und das Geheimnis des organischen Lebens.* Braunschweig (Friedr. Vieweg & Sohn) 1941.

Kacser, H.; Beeby, R. *Evolution of catalytic proteins, or on the origin of enzyme species by means of natural selection.* In: *J. Mol. Evol.* 20 (1984) S. 845–852.

Kacser, H.; Burns, J. A. *The control of flux.* In: *Symp. Soc. Exp. Biol.* 32 (1973) S. 65–104.

Kacser, H.; Burns, J. A. *Molecular democracy: who shares the controls?* In: *Biochem. Soc. Trans.* 7 (1979) S. 1149–1160.

Kafka, P. *Gegen den Untergang. Schöpfungsprinzip und globale Beschleunigungskrise.* München (Carl Hanser) 1994.

Kaiser, D. *Bacteria also vote.* In: *Science* 272 (1996) S. 1598–1599.

Kajiura, L.; Rollo, C. D. *A mass budget for transgenic „supermice" engineered with extra rat growth hormone gene: evidence for energetic limitation.* In: *Can. J. Zool.* 72 (1994) S. 1010–1017.

Kauffman, S. A. *The origins of order. Self-organization and selection in evolution.* Oxford/New York (Oxford University Press) 1993.

Kawai, M. *Newly acquired precultural behavior of the natural troop of Japanese monkeys on Koshima islet.* In: *Primates* 6 (1965) S. 1–30.

Kawano, S.; Takano, H.; Mori, K.; Kuroiwa, T. *A mitochondrial plasmid that promotes mitochondrial fusion in Physarum polycephalum.* In: *Protoplasma* 160 (1991) S. 167–169.

Keller, M.; Blöchl, E.; Wächtershäuser, G.; Stetter, K. O. *Formation of amide bonds without a condensation agent and implications for origin of life.* In: *Nature* 368 (1994) S. 836–838.

Kenyon, C. J. *Pattern, symmetry and surprises in the development of Caenorhabditis elegans.* In: *Trends Biochem. Sci.* 8 (1983) S. 349–351.

Kerr, J. F. R.; Wylie A. H.; Currie, A. R. *Apoptosis, a basic biological phenomenon with wide-ranging implications in tissue kinetics.* In: *Brit. J. Cancer* 26 (1972) S. 239–257.

Kilbourne, E. D. *New viruses and new disease: mutation, evolution and ecology.* In: *Curr. Opinion Immunol.* 3 (1991) S. 518–524.

Kirk, D. L. *The ontogeny and phylogeny of cellular differentiation in Volvox.* In: *Trends in Genetics* 4 (1988) S. 32–36.

Kirschner, M. *Evolution of the cell.* In: Grant, P. R.; Horn, S. (Hrsg.) *Molds, molecules, and metazoa.* Princeton, NJ (Princeton University Press) 1990, S. 99–126.

Kleiber, M. *Body size and metabolism.* In: *Hilgardia* 6 (1932) S. 315–353.

Kleiber, M. *Der Energiehaushalt von Mensch und Tier.* Berlin (Parey) 1967.

Kleinig, H.; Sitte, P. *Zellbiologie.* 3. Aufl. Stuttgart (G. Fischer) 1992.

Knoll, A. H. *Proterozoic and early Cambrian protists: Evidence for accelerating evolutionary tempo.* In: *Proc. Nat. Acad. Sci. USA* 91 (1994) S. 6743–6750.

Knowlton, N. *Trench warfare on the shore: interclonal aggression in sea anemones.* In: *Trends Ecol. & Evol.* 11 (1996) S. 271–272.

Koch, A. L. *Quantitative aspects of cellular turnover.* In: *Antonie van Leeuwenhoek* 60 (1991) S. 175–191.

Koshland, D. E. *Switches, thresholds and ultrasensivitivy.* In: *Trends Biochem. Sci.* 12 (1987) S. 225–229.

Kratky, K. W. *Der Paradigmenwechsel von der Fremd- zur Selbstorganisation.* In: Kratky, K. W.; Wallner, F. (Hrsg.) *Grundprinzipien der Selbstorganisation.* Darmstadt (Wissenschaftl. Buchgesellschaft) 1990, S. 3–17.

Krebs, H. A. *Control of metabolic processes.* In: *Endeavour* 16 (1957) S. 125–132.

Krebs, H. A. 1969. *The role of equilibria in the regulation of metabolism.* In: Horecker, B. L.; Stadtman, E. R. (Hrsg.) *Current topics in cellular regulation.* Bd. 1. New York (Academic Press) S. 45–55.

Křemen, A. *Ribosomes as molecular energy machines.* In: *J. Theor. Biol.* 170 (1994) S. 231–238.

Kroemer, G., Petit, P.; Zamzami, N.; Vayssière, J.-L.; Mignotte, B. *The biochemistry of programmed cell death.* In: *FASEB J.* 9 (1995) S. 1277–1287.

Krogh, A. *The anatomy and physiology of the capillaries.* London/New Haven, CT (Yale University Press) 1929.

Kropotkin, P. *Gegenseitige Hilfe in der Entwicklung.* Leipzig (Th. Thomas) 1904.

Kuhn, T. S. *The structure of scientific revolutions.* Chicago (University of Chicago Press) 1962. [Deutsche Ausgabe: *Die Struktur wissenschaftlicher Revolutionen.* 14. Aufl. Frankfurt am Main (Suhrkamp) 1967.]

Kummer, H. *Sozialverhalten der Primaten.* Heidelberger Taschenbücher 162, Heidelberg (Springer) 1975.

Küppers, B.-O. *Die Komplexität des Lebendigen – Möglichkeiten und Grenzen objektiver Erkenntnis in der Biologie.* In: Küppers, B.-O. (Hrsg.) *Ordnung aus dem Chaos.* München (Piper) 1987, S. 15–48.

Lack, D. *The significance of clutch size.* In: *Ibis* 89 (1947) S. 302–352.

Lack, D. *The natural regulation of animal numbers.* Oxford (Clarendon Press) 1954.

Lakowski, B.; Hekimi, S. *Determination of life-span in* Caenorhabditis elegans *by four clock genes.* In: *Science* 272 (1966) S. 1010–1013.

Lamarck, J.-B. *Philosophie zoologique, ou exposition des considérations relatives à l'histoire naturelle des animaux.* Paris 1809.

Lampl, M.; Veldhuis, J. D.; Johnson, M. L. *Saltation and stasis: A model of human growth.* In: *Science* 258 (1992) S. 801–803.

Langille, R. M.; Hall, B. K. *Developmental processes, developmental sequences and early vertebrate phylogeny.* In: *Biol. Rev.* 64 (1989) S. 73–91.

Langman, R. E. *The immune system.* New York (Academic Press) 1989.

Laskey, R. A.; Honda, B. M.; Mills, A. D.; Finch, J. T. *Nucleosomes are assembled by an acidic protein which binds histones and transfers them to DNA.* In: *Nature* 275 (1978) S. 416–420.

Lawrence, P. A. *The making of a fly. The genetics of animal design.* Oxford (Blackwell Science) 1992.

Laybourn, P. J.; Kadonaga, J. T. *Threshold phenomena and long-distance activation of transcription by RNA polymerase II.* In: *Science* 257 (1992) S. 1682–1685.

LeBon, G. *Psychologie der Massen.* Stuttgart (Kröner) 1982.

LeClerc, J. E.; Li, B.; Payne, W. L.; Cebula, T. A. *High mutation frequencies among Escherichia coli and Salmonella pathogens.* In: *Science* 274 (1996) S. 1208–1211.

Leduc, S. *Die synthetische Biologie.* Halle an der Saale (L. Hofstetter) 1914.

Leigh, E. G. J. *How does selection reconcile individual advantage with the good of the group?* In: *Proc. Nat. Acad. Sci. USA* 74 (1971) S. 4542–4546.

Leigh, E. G. J. *Genes, bees and ecosystems: the evolution of a common interest among individuals.* In: *Trends Ecol. & Evol.* 6 (1991) S. 257–262.

Lenski, R. E.; May, R. M. *The evolution of virulence in parasites and pathogens: reconciliation between two competing hypotheses.* In: *J. Theor. Biol.* 169 (1994) S. 253–265.

Leonard, W. R.; Robertson, M. L. *Nutritional requirements and human evolution: a bioenergetics model.* In: *Am. J. Human Biol.* 4 (1992) S. 179–195.

Lesk, A. M.; Ross Boswell, D. *Does protein structure determine amino acid sequence?* In: *BioEssays* 14 (1992) S. 407–410.

Lewin, B. *Gene.* 1. und 2. Aufl. Weinheim (VCH) 1988 und 1991. [Aktuelle Auflage: *Molekularbiologie der Gene.* Heidelberg/Berlin (Spektrum Akademischer Verlag) 1998.]

Lewin, B. *Genes V.* Oxford (Oxford University Press) 1994.

Lewontin, R. C. *The units of selection.* In: *Ann. Rev. Ecol. Syst.* 1 (1970) S. 1–18.

Linsenmair, K. E. *Comparative studies on the social behaviour of the desert isopod* Hemilepistus reaumuri *and of a* Porcellio *species.* In: *Symp. Zool. Soc. London* 53 (1984) S. 423–453.

Lints, F. A. *The rate of living theory revisited.* In: *Gerontology* 35 (1989) S. 36–57.

Loof, A. de; Callaerts, P.; Broeck, J. van den *The pivotal role of the plasma membrane-cytoskeletal complex and of epithelium formation in differentiation in animals.* In: *Comp. Biochem. Physiol.* 101A (1992) S. 639–651.

Loomis, W. F. *Four billion years. An essay on the evolution of genes and organisms.* Sunderland, MA (Sinauer) 1988.

Lorenz, K. *Der Kumpan in der Umwelt des Vogels.* In: *J. Ornith.* 83 (1935) S. 137–413.

Lorenz, K. *Die angeborenen Formen möglicher Erfahrung.* In: *Z. Tierpsychol.* 5 (1943) S. 235–409.

Lorenzen, S. *Das Selektionsprinzip universell gültig als Naturgesetz.* In Fränzle, O.; Müller, F.; Schröder, W. (Hrsg.) *Handbuch der Umweltwissenschaften.* Landsberg (ecomed) 1997, Kap. III–2,2, S. 1–14.

Lotka, A. J. *Elements of physical biology.* Baltimore (Williams and Wilkins) 1925.

Luna, E. J.; Hitt, A. L. *Cytoskeleton-plasma membrane interactions.* In: *Science* 258 (1992) S. 955–964.

Malthus, T. R. *An essay on the principle of population, as it affects the future improvement of society, etc.* London (J. Johnson) 1798.

Maniotis, A. J.; Chen, C. S.; Ingber, D. E. *Demonstration of mechanical connections between integrins, cytoskeletal filaments, and nucleoplasm that stabilize nuclear structure.* In: *Proc. Nat. Acad. Sci. USA* 94 (1997) S. 849–854.

Margulis, L. *Origin of eukaryotic cells*. London/New Haven, CT (Yale University Press) 1970.

Margulis, L.; Sagan, D. *Slanted truth*. New York (Springer) 1997.

Marx, J. *Forging a path to the nucleus*. In: *Science* 260 (1993) S. 1588–1590.

Maturana, H. R.; Varela, F. J. *Autopoiesis and cognition. The realization of the living*. Boston (Reidel) 1980.

May, R. M.; Anderson, R. M. *Population biology of infectious diseases*. In: *Nature* 280 (1979) S. 455–461.

May, R. M.; Anderson, R. M. *Epidemiology and genetics in the coevolution of parasites and hosts*. In: *Proc. R. Soc. Lond. Ser.* B219 (1983) S. 281–313.

Maynard Smith, J. *The theory of games and the evolution of animal conflicts*. In: *J. Theor. Biol.* 47 (1974) S. 209–221.

Maynard Smith, J. *The evolution of sex*. Cambridge (Cambridge University Press) 1978.

Maynard Smith, J. *Evolution and the theory of games*. Cambridge (Cambridge University Press) 1982.

Maynard Smith, J. *Evolutionary genetics*. Oxford (Oxford University Press) 1989.

Maynard Smith, J. *Models of a dual inheritance system*. In: *J. Theor. Biol.* 143 (1990) S. 41–53.

Maynard Smith, J.; Szathmáry, E. *The origin of chromosomes I. Selection for linkage*. In: *J. Theor. Biol.* 164 (1993) S. 437–466.

Maynard-Smith, J.; Szathmáry, E. *The major transitions in evolution*. Oxford/Heidelberg (W. H. Freeman – Spektrum) 1995.

Maynard Smith, J.; Szathmáry, E. *Evolution. Prozesse, Mechanismen, Modelle*. Heidelberg/Berlin (Spektrum Akademischer Verlag) 1996.

Mayr, E. *Die Entwicklung der biologischen Gedankenwelt*. Berlin (Springer) 1984.

McMahan, U. J. *The agrin hypothesis*. In: *Cold Spring Harbor Symp. Quant. Biol.* 55 (1990) S. 407–418.

McMahon, T. A.; Bonner, J. T. *On size and life*. New York (Scientific American Books) 1983.

McShea, D. W. *Metazoan complexity and evolution: is there a trend?* In: *Evolution* 50 (1996) S. 477–492.

Medawar, P. *The uniqueness of the individual*. London (Methuen) 1957.

Medawar, P. *The uniqueness of the individual*. 2. Aufl. New York (Dover Publications) 1981.

Meléndez-Hevia, E.; Waddell, T. G.; Montero, F. *Optimization of metabolism: The evolution of metabolic pathways toward simplicity through the game of the pentose phosphate cycle*. In: *J. Theor. Biol.* 166 (1994) S. 201–220.

Meltzer, S. J. *The factors of safety in animal structure and animal economy*. In: *The Harvey Lectures 1906–1907*. Philadelphia/London (J. B. Lippincott) 1907, S. 139–169.

Metcalf, R. A.; Whitt, G. S. (1977a) *Intra-nest relatedness in the social wasp Polistes metricus*. In: *Beh. Ecol. Sociobiol.* 2 (1977) S. 353–360.

Metcalf, R. A.; Whitt, G. S. (1977b) *Relative inclusive fitness in the social wasp Polistes metricus*. In: *Beh. Ecol. Sociobiol.* 2 (1977) S. 353–360.

Metzger, W. *Gesetze des Sehens*. Frankfurt am Main (Kramer) 1975.

Meyer, A. *The evolution of body plans: HOM/Hox cluster evolution, model systems, and the importance of phylogeny*. In: Harvey, P. H. et al. (Hrsg.) *New uses for new phylogenies*. Oxford (Oxford University Press) 1996, S. 322–340.

Michener, C. D. *Comparative social behavior of bees*. In: *Annu. Rev. Entomol.* 14 (1969) S. 299–342.

Michod, R. E. (1997a) *Cooperation and conflict in the evolution of individuality. I. Multilevel selection of the organism*. In: *Am. Nat.* 149 (1997) S. 607–645.

Michod, R. E. (1997b) *Evolution of the individual*. In: *Am. Nat.* 150 (1997) S. 5–21.

Miketta, G. *Netzwerk Mensch*. Stuttgart (TRIAS) 1991.

Miller, S. L. *A production of amino acids under possible primitive earth conditions*. In: *Science* 117 (1953) S. 528–529.

Milligan, L. P. *Energetic efficiency and metabolic transformations*. In: *Fed. Proc.* 30 (1971) S. 1454–1458.

Mills, D. R.; Peterson, R. L.; Spiegelman, S. *An extracellular Darwinian experiment with a self-duplicating nucleic acid molecule*. In: *Proc. Nat. Acad. Sci. USA* 58 (1967) S. 217–224.

Millward, D. J.; Garlick, P. J.; Stewart, R. J. C.; Nnanyelugo, D. O.; Waterlow, J. C. *Skeletal muscle growth and protein turnover*. In: *Biochem. J.* 150 (1975) S. 253–243.

Millward, D. J.; Garlick, P. J.; Reeds, P. J. *The energy cost of growth*. In: *Proc. Nutr. Soc.* 35 (1976) S. 339–349.

Mink, J. W.; Blumenschine, R. J.; Adams, D. B. *Ratio of central nervous system activity to body metabolism in vertebrates its constancy and functional basis*. In: *Am. J. Physiol.* 241 (1981) R203–R212.

Mitchell, P. *Coupling of phosphorylation to electron and proton transfer by a chemi-osmotic type of mechanism*. In: *Nature* 191 (1961) S. 144–148.

Mitchell, P. J.; Tjian, R. *Transcriptional regulation in mammalian cells by sequence-specific DNA binding proteins*. In: *Science* 245 (1989) S. 371–378.

Mittler, J.; Antia, R.; Levin, B. *Population dynamics of HIV pathogenesis*. In: *Trends Ecol. & Evol.* 10 (1995) S. 224–227.

Mochly-Rosen, D. *Localization of protein kinases by anchoring proteins: A theme in signal transduction*. In: *Science* 268 (1995) S. 247–251.

Monod, J. *Zufall und Notwendigkeit*. München (Piper) 1971.

Morin, P. A.; Moore, J. J.; Chakraborty, R.; Jin, L.; Goodall, J.; Woodruff D. S. *Kin selection, social structure, gene flow, and the evolution of chimpanzees*. In: *Science* 265 (1994) S. 1193–1201.

Moritz, C.; McCallum, H.; Donnellan, S.; Roberts, J. D. *Parasite loads in parthenogenetic and sexual lizards (Heteronotia binoei): support for the Red Queen hypothesis.* In: *Proc. R. Soc. Lond. Ser.* B244 (1991) S.145–149.

Moritz, R. F. A.; Southwick, E. E. *Bees as superorganisms. An evolutionary reality.* New York (Springer) 1992.

Motluk, A. *Relaxing company.* In: *New Sci.* 13. September (1997) S. 10.

Mourant, A. E. *The distribution of the human blood groups.* Oxford (Blackwell Science) 1954.

Müller, G. B. *Evolutionäre Entwicklungsbiologie: Grundlagen einer neuen Synthese.* In: Wieser, W. (Hrsg.) *Die Evolution der Evolutionstheorie.* Heidelberg/Berlin (Spektrum Akademischer Verlag) 1994, S. 155–193.

Müller, G. B.; Wagner, G. P. *Homology, Hox genes, and developmental integration.* In: *Am. Zool.* 36 (1996) S. 4–13.

Müller, H.-P.; Schmid, M. *Arbeitsteilung, Solidarität und Moral. Eine werkgeschichtliche und systematische Einführung in die »Arbeitsteilung« von Emile Durkheim.* In: Durkheim, E. *Über soziale Arbeitsteilung. Studie über die Organisation höherer Gesellschaften.* Frankfurt am Main (Suhrkamp) 1992.

Müller, W. E. G.; Müller, I. M.; Rinkevich, B.; Gamulin, V. *Molecular evolution: evidence for the monophyletic origin of multicellular animals.* In: *Naturwissenschaften* 82 (1995) S. 36–38.

Murchison, C. *The experimental measurement of a social hierarchy in* Gallus domesticus, IV. In: *J. Gen. Psychol.* 12 (1935) S. 296–312.

Murray, A. W. *Creative blocks: Cell-cycle check points and feedback controls.* In: *Nature* 359 (1992) S. 599–604.

Murtha, M. T.; Leckman, J. F.; Ruddle, F. H. *Detection of homeobox genes in development and evolution.* In: *Proc. Nat. Acad. Sci. USA* 88 (1991) S. 10711–10715.

Muscatine, L.; McNeill, P. L. *Endosymbiosis in* Hydra *and the evolution of internal defense systems.* In: *Am. Zool.* 29 (1989) S. 371–386.

Needham, J. *On the dissociability of the fundamental processes in ontogenesis.* In: *Biol. Rev.* 8 (1933) S. 180–223.

Nesse, R. M.; Williams, G. C. *Why we get sick. The new science of Darwinian medicine.* New York (Random House) 1995. [Deutsche Ausgabe: *Warum wir krank werden. Die Antworten der Evolutionsmedizin.* München (C. H. Beck) 1997.]

Neumann, C.; Cohen, S. *Morphogens and pattern formation.* In: *BioEssays* 19 (1997) S. 721–729.

Neumann, J. von; Morgenstern, I. *Theory of games and economic behaviour.* Princeton, NJ (Princeton University Press) 1944.

Newell, N. D. *Phyletic size increase, an important trend illustrated by fossil invertebrates.* In: *Evolution* 3 (1949) S. 103–124.

Newsholme, E. A.; Start, C. *Regulation in metabolism.* London/New York (John Wiley & Sons) 1973.

Nguyen, Q. T.; Parsadanian, A. Sh.; Snider, W. D.; Lichtman, J. W. *Hyperinnervation of neuromuscular junctions caused by GDNF overexpression in muscle*. In: *Science* 297 (1998) S. 1725–1729.

Nicholls, D. G. *Bioenergetics. An introduction to the chemiosmotic theory.* London (Academic Press) 1982.

Nicholls, D. G.; Ferguson, S. J. *Bioenergetics 2.* London (Academic Press) 1992.

Nicolis, G.; Prigogine, I. *Fluctuations in non-equilibrium systems.* In: *Proc. Nat. Acad. Sci. USA* 68 (1971) S. 2102–2107.

Nicolis, G.; Prigogine, I. *Self-organization in non-equilibrium systems: from dissipative structures to order through fluctuations.* New York (Wiley-Interscience) 1977.

Nicolis, G.; Subba Rao, S. *Generation of spatially asymmetric information-rich structures in far from equilibrium systems.* In: *Coherence and chaos in dynamical systems.* Manchester (Manchester University Press) 1987.

Niedersen, U.; Krug, H.-J.; Pohlmann, L. *Wilhelm Ostwald – Von der Reversibilität zur Irreversibilität.* In: *ChIUZ* 26 (1992) S. 304–313.

Niehrs, C.; Steinbeisser, H.; De Robertis, E. M. *Mesodermal patterning of the vertebrate homeobox gene* goosecoid. In: *Science* 263 (1994) S. 817–820.

Nielsen, S. L.; Enriquez, S.; Duarte, C. M.; Sandjensen, K. *Scaling maximum growth rates across photosynthetic organisms.* In: *Funct. Ecol.* 10 (1996) S. 167–175.

Nikolov, D. B. et al. *Crystal structure of TFIID TATA-box binding protein.* In: *Nature* 360 (1992) S. 40–46.

Nilsson, G. E. *Brain and body oxygen requirements of Gnathonemus petersii, a fish with an exceptionally large brain.* In: *J. Exp. Biol.* 199 (1996) S. 603–607.

Nüsslein-Volhard, C. *Die Neubildung von Gestalten bei der Embryogenese von* Drosophila. In: *BIUZ* 24 (1994) S. 114–119.

Nüsslein-Volhard, C.; Frohnhöfer, H. G.; Lehmann, R. *Determination of anterioposterior polarity in* Drosophila. In: *Science* 238 (1987) S. 1675–1681.

Ohno, S. *The common ancestry of genes and spacers in the euchromatic region*: ominis ordinis hereditarum a ordinis priscum minutum. In: *Cytogen. Cell. Genetics* 34 (1982) S. 102–111.

Olovnikov, A. M. *A theory of marginotomy.* In: *J. Theor. Biol.* 41 (1973) S. 181–190.

Orgel, L. E. *Selection* in vitro. In: *Proc. R. Soc. Lond. Ser.* B205 (1979) S. 435–442.

Örstan, A. *Thermodynamics and life.* In: *Trends Biochem. Sci.* 15 (1990) S. 137–138.

Osiewacz, H. D. *Molekulare Mechanismen biologischen Alterns.* In: *BIUZ* 25 (1995) S. 336–344.

Ostwald, Wi. *Vorlesungen über Naturphilosophie.* Leipzig (Veit & Co.) 1902.

Ostwald, Wo. *Grundriss der Kolloidchemie.* Dresden (Theodor Steinkopff) 1909.

Ostwald, Wo. *Die allgemeinen Kennzeichen der organisierten Substanz.* In: Chun, C.; Johannsen, W. (Hrsg.) *Allgemeine Biologie.* Leipzig/Berlin (B. G. Teubner) 1915, S. 150–172.

Ovadi, J. *Old pathway – new concept: control of glycolysis by metabolite-modulated dynamic enzyme associations.* In: *Trends Biochem. Sci.* 13 (1988) S. 486–490.

Owen, R. *On the archetype and homologies of the vertebrate skeleton.* In: *Brit. Assoc. Rep.* 1846 (1848) S. 169–340.

Paabo, C. O.; Sauer, R. T. *Transcriptional factors: Structural families and principles of DNA recognition.* In: *Ann. Rev. Biochem.* 61 (1992) S. 1053–1095.

Page, T. L. *Time Is the essence: molecular analysis of the biological clock.* In: *Science* 263 (1994) S. 1570–1572.

Palade, G. E. *Intracellular aspects of the process of protein synthesis.* In: *Science* 189 (1975) S. 347–358.

Palmer, J. D. *Organelle genomes: going, going, gone!* In: *Science* 275 (1997) S. 790–791.

Pattee, H. H. *Physical theories of biological co-ordination.* In: *Q. Rev. Biophys.* 4 (1971) S. 255–276.

Patterson, C. *Homology in classical and molecular biology.* In: *Mol. Biol. Evol.* 5 (1988) S. 603–625.

Pawson, T.; Scott, J. D. *Signaling through scaffold, anchoring, and adaptor proteins.* In: *Science* 278 (1997) S. 2075–2080.

Peterson, J.; Cameron, R. A.; Davidson, E. H. *Set-aside cells in maximal indirect development: evolutionary and developmental significance.* In: *BioEssays* 19 (1997) S. 623–631.

Petsche, H. *Der Beitrag des Spontan-EEGs zum Verständnis kognitiver Funktionen.* In: *Wien. Klin. Wochenschr.* 109 (1997) S. 327–341.

Pette, D. *Plan und Muster im zellulären Stoffwechsel.* In: *Naturwissenschaften* 52/22 (1965) S. 597–616.

Pfanner, N. et al. *Uniform nomenclature for the protein transport machinery of the mitochondrial membranes.* In: *Trends Biochem. Sci.* 21 (1996) S. 51–52.

Pittendrigh, C. S. *Adaptation, natural selection, and behavior.* In: Roe, A.; Simpson, G. G. (Hrsg.) *Behavior and Evolution.* London/New Haven, CT (Yale University Press) 1958, S. 390–416.

Plotkin, H. *The nature of knowledge: concerning adaptations, instinct and the evolution of intelligence.* Cambridge, MA (Harvard University Press) 1994.

Pollard, J. W. *New genetic mechanisms and their implication for the formation of new species.* In: Ho, M.-W.; Fox, S. W.(Hrsg.) *Evolutionary processes and metaphors.* London (John Wiley & Sons) 1988, S. 63–84.

Pollard, J. W. *New genetic mechanism and their implication for the formation of new species.* In: Ho, M.-W.; Fox, S. W. (Hrsg.) *Evolutionary processes and metaphors.* London (John Wiley & Sons) 1998.

Pond, C. *The fats of life*. Cambridge (Cambridge University Press) 1998.

Porter, R. K.; Brand, M. D. *Body mass dependence of H⁺ leak in mitochondria and its relevance to metabolic rate*. In: *Nature* 362 (1993) S. 628–630.

Porter, R. K.; Brand, M. D. *Cellular oxygen consumption depends on body mass*. In: *Am. J. Physiol.* 269 (*Regulatory Integrative Comp. Physiol.* 38), (1995) R226–R228.

Portmann, A. *Der Mensch – ein Mängelwesen?* In: Portmann, A. (Hrsg.) *Entläßt die Natur den Menschen?* München (Piper) 1970, S. 200–209.

Pribram, K. H. *Toward a science of neuropsychology*. In: *Current Trends in Psychology and the Behavioral Sciences*. Pittsburgh (Pittsburgh University Press) 1954, S. 115–142.

Prigogine, I. *Vom Sein zum Werden*. München (Piper) 1977.

Prigogine, I. *Die physikalisch-chemischen Wurzeln des Lebens*. In: Meier, H. (Hrsg.) *Die Herausforderung der Evolutionsbiologie*. München (Piper) 1988; S. 19–52.

Prigogine, I.; Wiame, J. M. *Biologie et thermodynamique des phénoménes irréversibles*. In: *Experientia* 2 (1946) S. 451–453.

Prigogine, I.; Nicolis, G. *Biological order, structure and instabilities*. In: *Q. Rev. Biophys.* 4 (1971) S. 107–148.

Pütter, A. *Wachstumsähnlichkeiten*. In: *Pflügers Arch. ges. Physiol.* 180 (1920) S. 298–340.

Quiring, R., Walldorf, U.; Kloter, U.; Gehring, W. J. *Homology of the eyeless gene of Drosophila to the Small eye gene in mice and Aniridia in humans*. In: *Science* 265 (1994) S. 785–789.

Raff, M. C. *Social controls on cell survival and cell death*. In: *Nature* 356 (1992) S. 397–400.

Raff, R. A.; Kaufman, T. C. *Embryos, genes, and evolution*. Bloomington (Indiana University Press) 1983.

Raff, R. A.; Wray, G. A. *Heterochrony: developmental mechanisms and evolutionary results*. In: *J. Evol. Biol.* 2 (1989) S. 409–434.

Ratnieks, L. W. *Reproductive harmony via mutual policing by workers in eusocial Hymenoptera*. In: *Am. Nat.* 132 (1988) S. 217–236.

Ratnieks, F. L. W.; Visscher, P. K. *Worker policing in the honeybee*. In: Nature 342 (1989) S. 796–797.

Ray, T. S. *An approach to the synthesis of life*. In: Langton, C. G.; Taylor, C.; Farmer, J. D.; Rasmussen, S. (Hrsg.) *Artifical life II*. In: *Proceedings of the second workshop on the synthesis and simulation of living systems*. Bd. X, Santa Fe Institue for Studies in the Science of Complexity, 1991.

Rechenberg, I. *Evolutionsstrategie '94*. Stuttgart (Frommann-Holzboog) 1994.

Reeve, H. K.; Sherman, P. W. *Adaptation and the goals of evolutionary research*. In: *Q. Rev. Biol.* 68 (1993) S. 1–32.

Remane, A. *Die Grundlagen des natürlichen Systems der vergleichenden Anatomie und der Phylogenetik*. Leipzig (Geest und Portig) 1952.

Ricklefs, R. E.; Finch, C. A. *Aging. A natural history.* New York (Scientific American Library) 1995. [Deutsche Ausgabe: *Altern. Evolutionsbiologie und medizinische Forschung.* Heidelberg/Berlin (Spektrum Akademischer Verlag) 1996.]

Ridley, M. *The origins of virtue.* London (Viking) 1996. [Deutsche Ausgabe: *Die Biologie der Tugend. Warum es sich lohnt, gut zu sein.* Berlin (Ullstein) 1997.]

Riedl, R. *Die Ordnung des Lebendigen.* Hamburg (Parey) 1975.

Rieger, R. *The biphasic life cycle – a central theme of metazoan evolution.* In: *Am. Zool.* 34 (1994) S. 484–491.

Rifkin, J. *Entropy: A new world view.* New York (Bantam Books) 1981.

Rollo, C. D. *Phenotypes. Their epigenetics, ecology and evolution.* London (Chapman & Hall) 1994.

Rosato, E.; Piccin, A.; Kyriacon, C. P. *Circadian rythms from behaviour to molecules.* In: *BioEssays* 19 (1997) S. 1075–1082.

Rosenblueth, A.; Wiener, N.; Bigelow, J. *Behaviour, purpose and teleology.* In: *Philos. Sci.* 10 (1943).

Roth, G. *Das Gehirn und seine Wirklichkeit.* Frankfurt am Main (Suhrkamp) 1997.

Roth, V. L. *On homology.* In: *Biol. J. Linn. Soc.* 22 (1984) S. 13–29.

Rothman, J. E. *Mechanisms of intracellular protein transport.* In: *Nature* 372 (1994) S. 55–63.

Roux, W. *Der Kampf der Theile im Organismus.* Leipzig (Wilhelm Engelmann) 1881.

Roux, W. *Das Wesen des Lebens.* In: Chun, C.; Johannsen, W. (Hrsg.) *Allgemeine Biologie.* Leipzig/Berlin (B. G. Teubner) 1915, S. 173–187.

Rubner, M. *Über den Einfluß der Körpergröße auf Stoff- und Kraftwechsel.* In: *Ztschr. Biol.* 19 (1883) S. 535–562.

Ruddle, F. H.; Kappen, C. *Mammalian homeo box genes: evolutionary and regulatory aspects of a network gene system.* In: Changeux, J.-P.; Chavaillon, J. (Hrsg.) *Origins of the human brain. (Fyssen Foundation Symposium, No 5)* Oxford (Oxford University Press) 1996, S. 137–150.

Russell, R. B.; Barton, G. J. *Structural features can be unconserved in proteins with similar folds.* In: *J. Mol. Biol.* 244 (1994) S. 332–350.

Saks, V. A.; Khuchua, Z. A.; Vasilyeva, E. V.; Belikova, O. Y.; Kuznetsov, A. V. *Metabolic compartmentation and substrate channelling in muscle cells.* In: *Mol. Cell. Biochem.* 133/134 (1994) S. 155–192.

Sander, K. *Pattern specification in the insect embryo.* In: *Ciba Found. Symp. 29: Cell-patterning* (1975) S. 241–263.

Sauer, F.; Hansen, S. K.; Tjian, R. *Multiple TAF$_{II}$s directing synergistic activation of transcription.* In: *Science* 270 (1995) S. 1783–1786.

Schatz, G.; Dobberstein, B. *Common principles of protein translocation across membranes.* In: *Science* 271 (1996) S. 1519–1526.

Schidlowski, M. *Photoautotrophie und Evolution des irdischen Sauerstoffbudgets.* In: Jaenicke, R. (Hrsg.) *Atmosphärische Spurenstoffe. Ergebnisse aus dem gleichnamigen Sonderforschungsbereich.* Weinheim (VCH) 1987, S. 377–396.

Schidlowski, M. *Organic isotope record: index line of autotrophic carbon fixation over 3.8 yr of earth history.* In: *J. Southeast Asian Earth Sci.* 5 (1991) S. 333–337.

Schmid-Hempel, P. *Infection and colony variability in social insects.* In: Hamilton, W. D.; Howard, J. C. (Hrsg.) *Infection, polymorphism and evolution.* The Royal Society. London (Chapman & Hall) 1997, S. 43–51.

Schmitt, R. *Molekulare Propeller: Bakteriengeißeln und ihr Antrieb.* In: *BIUZ* 27 (1997) S. 40–47.

Schrödinger, E. *What is life? The physical aspect of the living cell.* Cambridge (Cambridge University Press) 1944. [Aktuelle deutsche Ausgabe: *Was ist Leben? Die lebende Zelle mit den Augen des Physikers betrachtet.* München/Zürich (Piper) 1989.]

Schuchert, P. Trichoplax adherens (*Phylum Placozoa*) *has cells that react with antibodies against the neuropeptid RFamid.* In: *Acta Zool.* 74 (1993) S. 115–117.

Schuster, P. *Molekulare Evolution und Ursprung des Lebens.* In: Küppers, B. O. (Hrsg.) *Ordnung aus dem Chaos.* München (Piper) 1987, S. 49–84.

Schuster, P. *Molekulare Evolution an der Schwelle zwischen Chemie und Biologie.* In: Wieser, W. (Hrsg.) *Die Evolution der Evolutionstheorie.* Heidelberg/Berlin (Spektrum Akademischer Verlag) 1994, S. 49–76.

Schuster, P.; Fontana, W.; Stadler, P. F.; Hofacker, I. L. *From sequences to shapes and back: a case study in RNA secondary structures.* In: *Proc. R. Soc. Lond. Ser.* B255 (1994) S. 279–284.

Seeley, T. D. *Adaptive significance of the age polyethism schedule in honeybee colonies.* In: *Behav. Ecol. Sociobiol.* 11 (1982) S. 287–293.

Seeley, T. D. *Honeybee ecology.* Princeton, NJ (Princeton University Press) 1985.

Sehgal, A.; Price, J. L.; Man, B.; Young, M. W. *Loss of circadian behavioral rhythms and per RNA oscillations in the Drosophila mutant timeless.* In: *Science* 263 (1994) S. 1603–1606.

Selye, H. *The Stress of Life.* New York (McGraw-Hill) 1956.

Sen, S. *Programmed cell death: concept, mechanism and control.* In: *Biol. Rev.* 67 (1992) S. 287–319.

Shanahan, F. *A gut reaction: lymphoepithelial communication in the intestine.* In: *Science* 275 (1997) S. 1897–1898.

Shapiro, J. A. *Bacteria as multicellular organisms* In: *Scientific American* June 1988, S. 62–69. [Deutsche Ausgabe: *Bakterien als Vielzeller.* In: *Spektrum der Wissenschaft* 8 (1988) S. 52–59.]

Shaw, D. *When DNA turns killer.* In: *New Sci.* 1970 (1995) S. 28–33.

Shenk, M. A.; Steele, R. E. *A molecular snapshot of the metazoan 'Eve'*. In: *Trends Biochem. Sci.* 18 (1993) S. 459–463.

Sherman, P. W.; Jarvis; J. U. M.; Alexander, R. D. *The biology of the naked mole-rat*. Princeton, NJ (Princeton University Press) 1991.

Siems, W. G.; Schmidt, H.; Gruner, S.; Jakstadt, M. *Balancing of energy-consuming processes of K 562 cells*. In: *Cell Biochem. Funct.* 10 (1992) S. 61–66.

Sigmund, K. *Games of Life*. Oxford (Oxford University Press) 1993. [Deutsche Ausgabe: *Spielpläne. Zufall, Chaos und die Strategien der Evolution*. Hamburg (Hoffmann und Campe) 1995.]

Simmons, D. L. *Dissecting the modes of interactions amongst cell adhesion molecules*. In: *Development 1993*, Suppl. (1993) S. 193–203.

Singer, M.; Berg, P. *Genes & Genomes*. Oxford (Blackwell Science) 1991. [Deutsche Ausgabe: *Die Sprache der Gene. Grundlagen der Molekulargenetik*. Heidelberg/Berlin (Spektrum Akademischer Verlag) 1993.]

Sitte, P. (1990a) *Phylogenetische Aspekte der Zellevolution*. In: *Biol. Rdsch.* 28 (1990) S. 1–18.

Sitte, P. (1990b) *Der „zweite genetische Code"*. In: *BIUZ* 20 (1990) S. 76.

Sitte, P. *Die Zelle in der Evolution des Lebens*. In: *BIUZ* 21 (1991) S. 85–92.

Slack, J. M. W. *Morphogenetic gradients – past and present*. In: *Trends Biochem. Sci.* 12 (1987) S. 200–204.

Slack, J. M. W.; Holland, P. W. H.; Graham, C. F. *The zootype and the phylotypic stage*. In: *Nature* 361 (1993) S. 490–492.

Smith, A. *The theory of moral sentiments*. London (A. Millar) 1759. [Deutsche Ausgabe: *Theorie der ethischen Gefühle*. Hamburg (Felix Meiner) 1977.]

Smith, A. *An enquiry into the nature and causes of the wealth of nations*. London (W. Strahan and T. Cadell) 1776. [Deutsche Ausgabe: *Der Wohlstand der Nationen*. München (DTV) 1988.]

Snyder, S. H. *Signalübertragung zwischen Zellen*. In: Zänker, K. S. (Hrsg.) *Kommunikationsnetzwerke im Körper*. Heidelberg/Berlin (Spektrum Akademischer Verlag) 1991, S. 45–65.

Somero, G. N. *Proteins and temperature*. In: *Annu. Rev. Physiol.* (57) 1995. S. 43–68.

Sonea, S. *Bacterial evolution without speciation*. In: Margulis, L.; Fester, R. (Hrsg.) *Symbiosis as a source of evolutionary innovation*. Cambridge, MA (MIT Press) 1991, S. 95–105.

Sorenson, A. A.; Burch, T. M.; Vinson, S. B. *Control of food influx by temporal subcastes in the fire ant, Solenopsis invicta*. In: *Behav. Ecol. Sociobiol.* 17 (1985) S. 191–198.

Spalding, D. A. *Instinct. With original observations on young animals*. In: *Brit. J. Animal Behav.* 2 (1873, Nachdruck 1954) S. 1–11.

Speakman, J. R.; McQueenie, J. *Limits to sustained metabolic rate: the link between food intake, basal metabolic rate, and morphology in reproducing mice, Mus musculus*. In: *Physiol. Zool.* 69 (1996) S. 746–769.

Spemann, H. *Zur Geschichte und Kritik des Begriffs der Homologie.* In: *Allgemeine Biologie. Die Kultur der Gegenwart.* 3. Teil, 4. Abtlg., 1. Bd. (1915) S. 63–86.

Spemann, H. *Experimentelle Beiträge zu einer Theorie der Entwicklung.* Berlin (Springer) 1936.

Spencer, A. N. *Neuropeptides in the Cnidaria.* In: *Am. Zool.* 29 (1989) S. 1213–1225.

Spiegelman, S. *An approach to the experimental analysis of precellular evolution.* In: *Q. Rev. Biophys.* 4 (1971) S. 213–253.

Spudich, J. L.; Koshland, D. E. jr. *Non-genetic individuality, chance in the single cell.* In: *Nature* 262 (1976) S. 476–471.

Srere, P. A. *Wanderings (wonderings) in metabolism.* In: *Biol. Chem.* 374 (1993) S. 833–842.

Srere, P. A.; Ovadi, J. *Enzyme-enzyme interactions and their metabolic role.* In: *FEBS Lett.* 268 (1990) S. 360–364.

Stearns, S. C. *The evolution of life histories.* Oxford (Oxford University Press) 1992.

Stein, W. D. *The sodium pump in the evolution of animal cells.* In: *Philos. Trans. R. Soc. Lond.* B 349 (1995) S. 263–269.

Steller, H. *Mechanisms and genes of cellular suicide.* In: *Science* 267 (1995) S. 1445–1449.

Sterrer, W. *Prometheus and Proteus: the creative, unpredictable individual in evolution.* In: *Evol. Cogn.* 1 (1992) S. 101–129.

Stewart, J. *Immunoglobulins did not arise in evolution to fight infection.* In: *Immunology Today* 13 (1992) S. 396–400.

Stewart, J. *Evolutionary transitions and artificial life.* In: *Artificial Life* 3 (1997) S. 101–120.

Stouthamer, A. H. *A theoretical study on the amount of ATP required for growth and maintenance in continuous and batch cultures of microorganisms.* In: *Biochim. Biophys. Acta* 301 (1973) S. 53–70.

Strange, C. J. *Biological ties that bind.* In: *BioScience* 47 (1997) S. 5–8.

Striedter, G. F.; Northcutt, R. G. *Biological hierarchies and the concept of homology.* In: *Brain, Beh. Evol.* 38 (1991) S. 177–189.

Stryer, L. *Biochemistry.* 3. Aufl. New York (W. H. Freeman) 1988. [Aktuelle deutsche Auflage: *Biochemie.* Heidelberg/Berlin (Spektrum Akademischer Verlag) 1996.]

Sulston, J. *Cell lineage.* In: Wood, W. B. (Hrsg.) *The nematode Caenorhabditis elegans. Cold Spring Harbor Monogr. Ser.* 17 (1988) S. 123–155.

Sulston, J. E.; Schierenberg, E.; White, J. G.; Thomson, J. N. *The embryonic cell lineage of the nematode Caenorhabditis elegans.* In: *Dev. Biol.* 100 (1983) S. 64–119.

Szathmáry, E. *Group selection of early replicators and the origin of life.* In: *J. Theor. Biol.* 128 (1987) S. 463–486.

Szathmáry, E. *From RNA to language.* In: *Current Biol.* 6 (1996) S. 764.

Takahashi, J. S. *Ion channels get the message.* In: *Nature* 382 (1996) S. 117–118.

Tam, L.-W.; Kirk, D. L. *The program for cellular differentiation in Volvox carteri as revealed by molecular analysis of development in a gonidialess/ somatic regenerator mutant.* In: *Development* 112 (1991) S. 571–580.

Taylor, C. R. *Scaling limits of metabolism to body size: implications for animal design.* In: Taylor, C. R.; Johansen, K.; Bolis, L. (Hrsg.) *A companion to animal physiology.* London (Cambridge University Press) 1982, S. 161–170.

Taylor, C. R.; Heglund, N. C. *Energetics and mechanics of terrestrial locomotion.* In: *Annu. Rev. Physiol.* 44 (1982) S. 97–107.

Thirring, W. *Do the laws of nature evolve?* In: Murphy, M. P.; O'Neill, L. A. J. (Hrsg.) *What is life? The next fifty years. Speculations on the future of biology.* Cambridge (Cambridge University Press) 1995, S. 131–136. [Deutsche Ausgabe: *Gibt es eine Evolution der Naturgesetze?* In: *Was ist Leben? Die Zukunft der Biologie.* Heidelberg/Berlin (Spektrum Akademischer Verlag) 1997, S. 151–156.]

Thompson, C. B. *Apoptosis in the pathogenesis and treatment of disease.* In: *Science* 267 (1995) S. 1456–1462.

Thompson, d'A. W. *On growth and form.* 2. Aufl. Cambridge, MA (Cambridge University Press) 1952. (1. Aufl. 1916.)

Thorpe, W. H. *The evolutionary significance of habitat selection.* In: *Anim. Ecol.* 14 (1945) S. 67–70.

Tinbergen, N. *An objectivistic study of the innate behaviour of animals.* In: *Biblioth. biotheor.* 1 (1942) S. 39–98.

Tinbergen, N. *The study of instinct.* Oxford (Clarendon Press) 1955. [Deutsche Ausgabe: *Instinktlehre. Vergleichende Erforschung angeborenen Verhaltens.* Berlin (Blackwell Wissenschafts Verlag) 1979.]

Tofts, C.; Franks, N. R. *Doing the right thing: ants, honeybees and naked mole-rats.* In: *Trends Ecol. & Evol.* 7 (1992) S. 346–349.

Tomas, R. N.; Cox, E. R. *Observations on the symbiosis of Peridinium balticum and its intracellular alga.* In: *J. Phycol.* 9 (1973) S. 304–323.

Tonegawa, S. *Somatic generation of antibody diversity.* In: *Nature* 302 (1983) S. 575–581.

Tosini, G.; Menaker, M. *Circadian rhythms in cultured mammalian cells.* In: *Science* 272 (1996) S. 419–421.

Townes, P. L.; Holtfreter, J. *Directed movements and selective adhesion of embryonic amphibian cells.* In: *J. exp. Zool.* 128 (1955) S. 53–120.

Trivers, R. L. *The evolution of reciprocal altruism.* In: *Q. Rev. Biol.* 46 (1971) S. 35–57.

Trivers, R. L. *Social evolution.* Menlo Park (Benjamin Cummings) 1985.

Tuomi, J.; Vuorisalo, T.; Laihonen, P. *Components of selection: an expanded theory of natural selection.* In: Jong, G. de (Hrsg.) *Population genetics and evolution.* Heidelberg (Springer) 1988, S. 109–118.

Turing, A. M. *On computable numbers with an application to the Entscheidungsproblem*. In: *Proc. London Math. Soc.* (Ser. 2) 42 (1937) S. 230–265.

Turing, A. M. *The chemical basis of morphogenesis*. In: *Trans. Roy. Soc. Lond.* 237 (1952) S. 37–72.

Valentine, J. W. *Late precambrian bilaterians: grades and clades*. In: Fitch, W. M.; Ayala, F. J. (Hrsg.) *Tempo and mode in evolution*. Washington, D.C. (National Academy Press) 1995, S. 87–107.

Valentine, J. W.; Collins A. G.; Meyer, C. P. *Morphological complexity increase in metazoans*. In: *Paleobiology* 20 (1994) S. 131–142.

Vanfleteren, J. R. *A monophyletic line of evolution? Ciliary induced photoreceptor membranes*. In: Westfall, J. A. (Hrsg.) *Visual cells in evolution*. New York (Raven Press) 1982, S. 107–136.

Van Valen, L. *A new evolutionary law*. In: *Evol. Theory* 1 (1973) S. 1–30.

Van Valen, L. *Homology and causes*. In: *J. Morphol.* 173 (1982) S. 305–312.

Varela, F. J. *Principles of biological autonomy*. New York (North Holland) 1979.

Varela, F. J.; Maturana, H. R.; Uribe, R. *Autopoiesis: the organization of living systems, its characterization and a model*. In: *Biosystems* 5 (1974) S. 187–196.

Verhulst, P.-F. *Notice sur la loi que la population suit dans sons accroissement*. In: *Corresp. Mathém. Phys.* 10 (1838) S. 113–121.

Vines, G. *Adipose is ok*. In: *New Sci.* 22. April 1995, S. 34–37.

Vogell, W.; Bishai, F. R.; Bücher, T.; Klingenberg, M.; Pette, D.; Zebe, E. *Über strukturelle und enzymatische Muster in Muskeln von Locusta migratoria*. In: *Biochem. Z.* 332 (1959) S. 81–117.

Volker, K. W.; Reinitz C. A.; Knull, H. R. *Glycolytic enzymes and assembly of microtubule networks*. In: *Comp. Biochem. Physiol.* 112B (1995) S. 503–514.

Vollmert, B. *Das Molekül und das Leben*. Reinbek (Rowohlt) 1985.

Waal, F. de *Unsere haarigen Vettern*. München (Harnack) 1983.

Waal, F. de *Der gute Affe*. München (Carl Hanser) 1997.

Waddington, C. *Organizers and genes*. Cambridge (Cambridge University Press) 1940.

Waddington, C. *The strategy of the genes*. London (Allen and Unwin) 1957.

Waddington, C. *New patterns in genetics and development*. New York (Columbia University Press) 1962.

Wagner, G. P. *Über die populationsgenetischen Grundlagen einer Systemtheorie der Evolution*. In: Ott, J. A.; Wagner, G. P.; Wuketits, F. M. (Hrsg.) *Evolution, Ordnung und Erkenntnis*. Berlin (Parey) 1985, S. 97–111.

Wagner, G. P. *The biological homology concept*. In: *Annu. Rev. Ecol. Syst.* 20 (1989) S. 51–69.

Wagner, G. P. *Der Dialog zwischen Evolutionsforschung und Computerwissenschaft*. In: Wieser, W. (Hrsg.) *Die Evolution der Evolutionstheorie*. Heidelberg/Berlin (Spektrum Akademischer Verlag) 1994, S. 221–233.

Wagner, G. P. *Complexity matters.* In: *Science* 279 (1998) S. 1158–1159.

Wagner, R. *Probleme und Beispiele biologischer Regelung.* Stuttgart (Thieme) 1954.

Waldrop, M. M. *The structure of the „second genetic code".* In: *Science* 246 (1989) S. 1122.

Wallace, B. G. *Signaling mechanisms mediating synapse formation.* In: *BioEssays* 18 (1996) S. 777–780.

Walter, M. R. *Archaean stromatolithes: evidence of the earth's earliest benthos.* In: Schopf, J. W. (Hrsg.) *Earth's earliest biosphere: its origin and evolution.* Princeton, NJ (Princeton University Press) 1983, S. 187–213.

Wang, J.; Whetsell, M.; Klein, J. R. *Local hormone networks and intestinal T cell homeostasis.* In: *Science* 275 (1997) S. 1937–1939.

Ware, D. M. *Power and evolutionary fitness of teleosts.* In: *Can. J. Fish. Aquat. Sci.* 39 (1982) S. 3–13.

Waxman, D.; Peck, R. *Pleiotropy and the preservation of perfection.* In: *Science* 279 (1998) S. 1210–1213.

Wcislo, W. T. *Behavioral environment and evolutionary change.* In: *Annu. Rev. Ecol. Syst.* 20 (1989) S. 137–169.

Weaver, V. M.; Roskelley, C. D. *Extracellular matrix: the central regulator of cell and tissue homeostasis.* In: *Trends Cell Biol.* 7 (1997) S. 40–42.

Wehner, R.; Gehring, W. *Zoologie.* 22. Aufl. Stuttgart (Thieme) 1990.

Wei, X. et al. *Viral dynamics in human immunodeficiency virus type 1 infection.* In: *Nature* 373 (1995) S. 117–122.

Weibel, E. R.; Taylor, C. R. (Hrsg.) *Design of the mammalian respiratory system.* In: *Respir. Physiol.* 44 (1981) S. 1–164.

Weibel, E. R.; Taylor, C. R.; Hoppeler, H. *The concept of symmorphosis: a testable hypothesis of structure-function relationships.* In: *Proc. Nat. Acad. Sci. USA* 88 (1991) S. 10357–10361.

Weisblatt, D. A.; Wedeen, C. J.; Kostriken, R. G. *Evolution of developmental mechanisms: spatial and temporal modes of rostrocaudal patterning.* In: *Curr. Top. Dev. Biol.* 29 (1994) S. 101–134.

Weismann, A. *Das Keimplasma: Eine Theorie der Vererbung.* Jena (G. Fischer) 1892.

Werner, E. E.; Hall, D. J. *Ontogenetic habitat shift in blue-gill: the foraging rate-predation risk trade-off.* In: *Ecology* 69 (1988) S. 1352–1366.

Wesson, R. *Die unberechenbare Ordnung. Chaos, Zufall und Auslese in der Natur.* München (Artemis & Winkler) 1993.

West, G. B.; Brown, J. H.; Enquist, B. J. *A general model for the origin of allometric scaling laws in biology.* In: *Science* 276 (1997) S. 122–126.

West Eberhard, M. J. *The evolution of social behavior by kin selection.* In: *Q. Rev. Biol.* 50 (1975) S. 1–33.

Wettstein, D. von; Rasmussen, S. W.; Holm, P. B. *The synaptonemal complex in genetic segregation.* In: *Annu. Rev. Genet.* 18 (1984) S. 331–413.

Wheeler, W. M. *The social insects: their origin and evolution.* London (Kegan Paul, Trench, Trubner & Co.) 1928.

Whitham, T. G.; Slobodchikoff, C. N. *Evolution by individuals, plant-herbivore interactions, and mosaics of genetic variability: the adaptive significance of somatic mutations in plants.* In: *Oecologia* 49 (1981) S. 287–292.

Wickens, M.; Takayama, K. *Deviants – or emissaries.* In: *Nature* 367 (1994) S. 17–18.

Wickner, W. T. *How ATP drives proteins across membranes.* In: *Science* 266 (1994) S. 1197–1198.

Widdows, J. et al. *Scope for growth and contaminant levels in North Sea mussels Mytilus edulis.* In: *Mar. Ecol. Prog. Ser.* 127 (1995) S. 131–148.

Wiener, N. *Cybernetics or control and communication in the animal and the machine.* Cambridge, MA (Mass. Inst. Technol.) 1948. [Deutsche Ausgabe: *Kybernetik. Regelung und Nachrichtenübertragung im Lebewesen und in der Maschine.* Düsseldorf (Econ) 1963.]

Wieser, W. *Organismen Strukturen Maschinen.* Frankfurt (Fischer Bücherei) 1959.

Wieser, W. *A new look at energy conversion in ectothermic and endothermic animals.* In: *Oecologia* 66 (1985) S. 506–510.

Wieser, W. (1986a) *Bioenergetik.* Stuttgart (Thieme) 1986.

Wieser, W. (1986b) *More on energy conversion in ectotherms and endotherms: biochemical versus social costs.* In: Oecologia 69 (1986) S. 634.

Wieser, W. *Vom Werden zum Sein.* Berlin/Hamburg (Parey) 1989.

Wieser, W. (1994a) *Die Evolution hat viele Gesichter – und jedes sieht dich an.* In: Haszprunar, G.; Schwager, R. (Hrsg.) *Evolution. Eine Kontroverse.* Thaur/Wien/München (Kulturverlag) 1994, S. 29–56.

Wieser, W. (1994b) *Gentheorien und Systemtheorien. Wege und Wandlungen der Evolutionstheorie im 20. Jahrhundert.* In: Wieser, W. (Hrsg.) *Die Evolution der Evolutionstheorie.* Heidelberg/Berlin (Spektrum Akademischer Verlag) 1994, S. 15–48.

Wieser, W. (1994c) *Cost of growth in cells and organisms: general rules and comparative aspects.* In: *Biol. Rev.* 68 (1994) S. 1–33.

Wieser, W. (1995a) *Was ist Leben? Erwin Schrödinger, die Evolution und die Erfindung der Individualität.* In: *Merkur* 552 (1995) S. 217–228.

Wieser, W. (1995b) *The energetics of fish larvae, the smallest vertebrates.* In: *Acta Physiol. Scand.* 154 (1995) S. 279–290.

Wieser, W. (1995c) *Die Optimierung des Energie- und Stoffhaushalts von Zellen durch die Evolution.* In: *BIUZ* 25 (1995) S. 140–145.

Wieser, W. (1997a) *A major transition in Darwinism.* In: *Trends Ecol. & Evol.* 12 (1997) S. 367–370.

Wieser, W. (1997b) *Das Gehirn im Tank und das Gehirn im Kopf.* In: *BIUZ* 27 (1997) S. 14–15.

Wieser, W. *Stabilität und adaptive Dynamik biologischer Systeme.* In: Brock, F.-E. (Hrsg.) *Handbuch der Naturheilkunde.* Landsberg (ecomed) 1998.

Williams, G. C. *Pleiotropy, natural selection, and the evolution of senescence.* In: *Evolution* 11 (1957) S. 398–411.

Williams, G. C. *Adaptation and natural selection.* Princeton, NJ (Princeton University Press) 1966.

Williams, G. C. *Plan and purpose in nature.* London (Weidenfeld & Nicolson) 1996. [Deutsche Ausgabe: *Das Schimmern des Ponyfisches. Plan und Zweck in der Natur.* Heidelberg/Berlin (Spektrum Akademischer Verlag) 1998.]

Williams, N. *Fractal geometry gets the measure of life's scales.* In: *Science* 276 (1997) S. 34.

Willke, H. *Systemtheorie. Eine Einführung in die Grundprobleme der Theorie sozialer Systeme.* 4. Aufl. Stuttgart/Jena (G. Fischer) 1993.

Wills, C. Das vorauseilende Gehirn. Frankfurt am Main (S. Fischer) 1996.

Wilson, A. C. *The molecular basis of evolution.* In: *Scientific American* October 1985, S. 164–173. [Deutsche Ausgabe: *Die molekulare Grundlage der Evolution.* In: *Spektrum der Wissenschaft* 12 (1985) S. 160–170].

Wilson, D. S. *The group selection controversy: history and current status.* In: *Ann. Rev. Ecol. Syst.* 14 (1983) S. 159–187.

Wilson, D. S. *Altruism and organism: disentangling the themes of multilevel selection theory.* In: *Am. Nat.* 150 (1997) S. 122–134.

Wilson, D. S.; Sober, E. *Reviving the superorganism.* In: *J. Theor. Biol.* 136 (1989) S. 337–356.

Wilson, D. S.; Sober, E. *Reintroducing group selection to the human behavioral sciences.* In: *Behav. Brain Sci.* 17 (1994) S. 585–654.

Wilson, D. S.; Dugatkin, L. A. *Group selection and assortative interactions.* In: *Am. Nat.* 149 (1997) S. 336–351.

Wilson, E. O. *Chemical communication among workers of the fire ant Solenopsis saevissima.* In: *Anim. Behav.* 10 (1962) S. 134–164.

Wilson, E. O. *Sociobiology. The new synthesis.* Cambridge, MA (Belknap Press of Harvard University Press) 1975.

Wilson, E. O. *Caste and division of labor in leaf cutter ants (Hymenoptera: Formicidae: Atta).* In: *Behav. Ecol. Sociobiol.* 14 (1983) S. 55–60.

Wilson, E. O. *Success and dominance in ecosystems: the case of the social insects.* In: Kinne, O. (Hrsg.) *Excellence in Ecology.* Bd. 2. Oldendorf/Luhe (Ecology Institute Nordbünte 23) 1990, S. 1–104.

Wilson, H. V. *On some phenomena of coalescence and regeneration in sponges.* In: *J. exp. Zool.* 5 (1907) S. 245–258.

Wilting, R.; Böck, A. *Die Flexibilität des genetischen Codes.* In: *BIUZ* 26 (1996) S. 369–379.

Wirtz, P. *Ansätze der Soziobiologie zum Verständnis der Evolution.* In: *BIUZ* 21 (1991) S. 189–195.

Wolpert, L. *Positional information and the spatial pattern of cellular differentiation.* In: *J. Theor. Biol.* 25 (1969) S. 1–47.

Wolpert, L. *Positional information revisited.* In: *Development* 107 (1989) S. 3–12.

Wray, G. A. *Punctuated evolution of embryos.* In: *Science* 267 (1995) S. 1115–1196.

Wray, G. A.; Levinton, J. S.; Shapiro, L. H. *Molecular evidence for deep Precambrian divergences among metazoan phyla.* In: *Science* 274 (1996) S. 568–573.

Wright, W. E.; Shay, J. W. *Time, telomeres and tumours: is cellular senescence more than an anticancer mechanism?* In: *Trends Cell Biol.* 5 (1995) S. 293–297.

Wuketits, F. M. *Die Bedeutung des Systemdenkens in der Biologie.* In: *BIUZ* 9 (1979) S. 73–79.

Wynne-Edwards, V. C. *Animal dispersion in relation to social behavior.* Edinburgh (Oliver & Boyd) 1962.

Yeh, W.-C.; McKnight, S. L. *Regulation of adipose maturation and energy homeostasis.* In: *Curr. Opinion Cell Biol.* 7 (1995) S. 885–890.

Yuh, C.-H.; Bolouri, H.; Davidson, E. H. *Genomic cis-regulatory logic: experimental and computational analysis of a sea urchin gene.* In: *Science* 279 (1998) S. 1896–1902.

Zänker, K. S. (Hrsg.) *Kommunikationswerke im Körper. Psychoneuroimmunologie – Aspekte einer neuen Wissenschaftsdisziplin.* Heidelberg/Berlin (Spektrum Akademischer Verlag) 1991.

Zänker, K. S. *Das Immunsystem des Menschen. Bindeglied zwischen Körper und Seele.* München (Beck) 1996.

Zemanek, H. *Elementare Informationstheorie.* Wien/München (Oldenbourg) 1959.

Zerbst, E. W. *Bionik. Biologische Funktionsprinzipien und ihre technischen Anwendungen.* Stuttgart (Teubner Studienbücher der Biologie) 1987.

Index